Cet ouvrage est publié dans le cadre d'une collection internationale par les Éditions Odile Jacob, Harvard University Press, Penguin Books et R. Piper Verlag.

LA DIVERSITÉ
DE LA VIE

L'édition originale en langue anglaise
de cet ouvrage est parue aux éditions
Harvard University Press sous le titre :
The Diversity of Life
© Edward O. Wilson, 1992.

www.odilejacob.fr

isbn : 978-2-738-10221-8

Edward O. Wilson

La Diversité de la Vie

*Traduit de l'anglais (États-Unis)
par Marcel Blanc*

Ouvrage traduit avec le concours
du Centre national du livre

À ma mère,
Inez Linnette Huddleston,
en témoignage d'affection
et de gratitude

NATURE VIOLENTE, VIE RÉSILIENTE

Chapitre 1

TEMPÊTE SUR L'AMAZONIE

La nuit, dans le bassin amazonien, les plus grands des déchaînements de violence commencent parfois par une petite lueur tremblotante à l'horizon. Sur la voûte parfaite d'un ciel que ne vient troubler aucune lumière d'origine humaine, c'est l'annonce d'un orage qui approche lentement. Le monde est sur le point de changer. C'est ce qui était en train de se passer un soir à la lisière de la forêt tropicale humide, au nord de Manaus, tandis que j'étais assis dans l'obscurité, l'esprit absorbé par les problèmes que posent la recherche sur le terrain et les grands projets, fatigué, soucieux, prêt à saisir la moindre occasion de me distraire.

Chaque soir après dîner, je transportais une chaise jusqu'à la clairière voisine pour échapper aux bruits et aux mauvaises odeurs du campement que je partageais avec des forestiers brésiliens. L'endroit s'appelait Fazenda Dimona. En direction du sud, la plus grande partie de la forêt avait été coupée et brûlée afin d'aménager des pâturages. Durant la journée, du bétail broutait dans la chaleur accablante réverbérée par l'argile jaune ; la nuit, des animaux et des esprits s'aventuraient sur ces terres ravagées. Vers le nord commençait la forêt vierge, l'un des derniers domaines encore sauvages à la surface de la planète. Elle s'étend sur cinq cents kilomètres avant de se diviser en galeries forestières et de se perdre au milieu des savanes du Roraima.

Enveloppé par une obscurité si profonde que je ne pouvais voir plus loin que le bout de mon bras tendu, j'étais obligé d'imaginer la forêt vierge comme si j'avais été assis dans ma bibliothèque, les lumières en veilleuse. Se trouver dans une forêt la nuit, c'est faire, la plus grande partie du temps, l'expérience d'une privation sensorielle, car le silence et l'obscurité y règnent comme au plus profond d'une grotte. La vie y est présente dans toute son abondance. La jungle grouille, mais d'une façon qui est le plus souvent inaccessible aux sens humains. 99 % des animaux se repèrent au moyen de traces chimiques déposées à la surface du sol, d'émissions odorantes lâchées dans l'air ou dans l'eau, d'effluves libérés dans le vent grâce à de petites glandes dissimulées dans les recoins de leur anatomie. Les animaux excellent dans ce type de perceptions, tandis qu'à cet égard, nous sommes nuls. Mais nous sommes des génies dans le domaine de la perception audiovisuelle, à égalité avec un petit nombre de groupes particuliers (les baleines, les singes, les oiseaux). C'est pourquoi nous attendons l'aurore, tandis qu'ils attendent la tombée de la nuit ; et puisque la vue et l'audition sont les conditions requises pour que dans l'évolution apparaisse l'intelligence, nous seuls avons été dotés des moyens de nous interroger sur la nuit amazonienne ou les modalités sensorielles.

Je balayai le sol avec le faisceau lumineux de ma lampe frontale, à la recherche de signes de vie, et ce sont des diamants que je trouvai ! Dispersés à intervalles réguliers de plusieurs mètres, de brillants points de lumière blanche s'allumaient et s'éteignaient chaque fois que passait mon faisceau. Celui-ci se réfléchissait, en effet, sur les ocelles de lycoses (ou araignées-loups), de la famille des Lycosidés, en train de chasser leurs proies (des insectes, en l'occurrence). Lorsqu'elles se trouvaient éclairées par ma lampe frontale, les araignées s'immobilisaient, ce qui me permettait de m'approcher d'elles à quatre pattes et de les observer en me mettant presque à leur niveau. Je pouvais en distinguer toute une gamme d'espèces, qui différaient par la dimension, la couleur et l'abondance des poils. On sait si peu de choses de ces créatures qui vivent dans la forêt tropicale humide ! Il serait tellement satisfaisant de passer des mois, des années, le reste de ma vie en ce lieu, jusqu'à ce que je sache toutes les nommer et que je connaisse tous les détails de leur biologie, me disais-je. Grâce à des spécimens admirablement conservés dans l'ambre, nous savons que les Lycosidés existent au moins depuis l'Oligocène (période qui débuta voici quarante millions d'années), et probablement depuis bien plus longtemps. De nos jours, ces araignées revêtent une multitude de formes, vivant dans le monde entier, et je n'en avais là qu'un minuscule échantillon ; mais même celles-ci, qui faisaient maintenant volte-face pour m'observer, depuis le sol dénudé d'argile jaune, auraient pu suffire à remplir la vie de plusieurs naturalistes.

La lune était couchée et la cime des arbres se découpait dans le ciel à la lueur des étoiles. On était en août ; c'était la saison sèche. L'air s'était suffisamment rafraîchi pour que l'humidité devienne agréable – du moins, sous les tropiques, imagine-t-on son caractère plaisant, faute de le ressentir vraiment. Il faudrait encore une heure avant que n'arrive l'orage dont j'avais deviné les signes avant-coureurs. Je pensais que je pourrais en profiter pour retourner dans la forêt et rechercher d'autres trésors grâce au faisceau lumineux de ma lampe frontale, mais j'étais trop fatigué après le travail de la journée. De nouveau vissé à ma chaise, ramené de force à moi-même, je me réjouissais de voir passer une étoile filante ou d'apercevoir de temps en temps le bref signal lumineux émis par des élaters (ou « scarabées à ressort »), tandis qu'ils recherchaient leurs partenaires sexuels dans les buissons voisins mais obscurs. J'attendais même avec plaisir d'entendre l'avion à réaction de ligne, passer à dix mille mètres au-dessus de nous, comme à l'accoutumée, tous les soirs aux alentours de dix heures. Après une semaine passée dans la forêt vierge, on ne perçoit plus ce lointain grondement comme un des traits irritants de la vie urbaine ; il apparaît plutôt comme un message réconfortant, rappelant que notre propre espèce est toujours là.

Mais j'étais content d'être seul. La discipline imposée par l'obscurité faisait affluer à mon esprit toutes sortes d'images nouvelles sur la morphologie et le comportement des organismes vivant dans la forêt vierge. Il suffisait que je me concentre quelques secondes et elles apparaissaient, vives comme des images cidétiques, derrière mes paupières closes, montrant des séries de vues sur des feuilles mortes et l'humus en voie de décomposition. C'est de cette façon que je triais mes souvenirs, et j'espérais qu'il pourrait s'en dégager par hasard quelque aperçu nouveau, que ne prévoyaient pas les théories abstraites exposées dans les manuels. J'aurais été content de tomber sur n'importe quelle combinaison nouvelle. Le stade qui compte le plus dans l'élaboration de la science ne consiste pas à mettre au point des modèles mathématiques et des protocoles expérimentaux, comme les livres classiques le laissent entendre. Cette phase n'intervient que dans un deuxième temps. Il s'appuie sur un mode de pensée plus primitif, dans le cadre duquel l'esprit du chercheur tisse des rapports entre des faits connus, des métaphores nouvelles, et la série désordonnée des images relatives aux phénomènes qui viennent d'être observés. Progresser consiste à élaborer de nouvelles manières de concevoir, et ce sont ces dernières qui dictent ensuite la mise au point des modèles et des protocoles expérimentaux. C'est facile à dire, mais difficile à réaliser.

Le sujet que j'abordais par intermittence ce soir-là se rapportait à la raison de ce voyage de recherches en Amazonie. En fait, c'était devenu une obsession, et comme toutes les obsessions, celle-là risquait de ne pas avoir d'issue. C'était le genre de problème que l'on aime remuer et qui ne cesse de revenir à l'esprit, parce que, de façon perverse, le fait même qu'il soit difficile à résoudre le rend agréable ; c'est comme une mélodie trop familière qui s'introduit sans crier gare dans votre esprit parce qu'elle vous aime et qu'elle ne vous quittera plus. J'espérais que quelque représentation nouvelle me permettrait de ne plus ressasser pour découvrir des idées remarquables et séduisantes.

Suivez-moi un moment dans les arcanes de mes réflexions personnelles ; elles vont nous guider jusqu'à un sujet d'importance centrale. Certaines formes de plantes et d'animaux sont dominantes ; elles donnent de multiples espèces nouvelles et se répandent dans la plus grande partie du monde. D'autres régressent, jusqu'à ce qu'elles deviennent rares et risquent de s'éteindre. Ces différences biogéographiques ont-elles une explication unique qui vaille pour toutes les sortes d'organismes ? Si on pouvait la formuler, ce serait une loi ou du moins un principe de succession dynastique dans l'évolution. Je me suis toujours demandé pour quelle raison les insectes sociaux, le groupe auquel je me suis consacré durant la plus grande partie de ma vie, comptent parmi les plus abondants de tous les organismes. Parmi les insectes sociaux, le sous-groupe dominant est représenté par les fourmis. Elles sont fortes de plus de vingt mille espèces, du cercle arctique jusqu'à la pointe de l'Amérique du Sud. Dans la forêt tropicale humide amazonienne, elles constituent plus de 10 % de la biomasse animale. Cela signifie que si vous vous mettiez à recueillir, préparer par dessication, puis peser chacun des animaux présents dans une partie donnée de la forêt, des singes et des oiseaux jusqu'aux acariens et aux nématodes, au moins 10 % du poids total serait représenté par les fourmis. Elles constituent presque la moitié de la biomasse totale des insectes et représentent 70 % des arthropodes individuels trouvés sur la cime des arbres. Elles sont à peine moins abondantes dans les prairies, les déserts et les forêts des zones tempérées que dans tout le reste du monde.

Comme à de nombreux chercheurs avant moi, il me semblait ce soir-là que la prédominance des fourmis avait certainement un rapport avec le développement de leur organisation sociale. Une colonie est une sorte de superorganisme : les ouvrières sont si étroitement soudées autour de la reine mère qu'elles paraissent se comporter comme si elles formaient une entité unique, parfaitement coordonnée. Lorsqu'une guêpe ou un autre insecte solitaire attaque une fourmi ouvrière dans son nid, elle fait plus que se confronter à un autre insecte. Elle se heurte à l'ouvrière et à l'ensemble de ses sœurs, unies par l'instinct de protéger la reine, de défendre leur territoire et d'assurer le développement de la colonie. Les ouvrières sont de petits « kamikazes », qui courent à la mort pour défendre le nid ou pour s'emparer d'une source de nourriture. Leur mort n'a pas plus d'importance pour la colonie que la chute des poils chez un mammifère.

On peut regarder d'une autre façon encore une colonie de fourmis. Les ouvrières qui patrouillent autour du nid ne sont pas simplement des insectes en quête de nourriture. Elles représentent un filet vivant jeté par le superorganisme, prêt à fondre sur une riche source de nourriture qui vient d'être découverte, ou à se rétracter lorsque se manifestent des ennemis trop puissants. Les superorganismes peuvent s'assurer la maîtrise de territoires au sol et sur la cime des arbres au détriment des organismes solitaires ordinaires. C'est sûrement la raison pour laquelle on trouve les fourmis partout en si grand nombre.

J'entendis autour de moi, comme un chœur grec, le concert des voix appelant à la prudence : est-il prouvé que c'est la raison d'être de leur prédominance ? N'est-ce pas un nouvel exemple de ces déductions douteuses selon lesquelles, puisque deux événements se produisent ensemble, l'un doit avoir engendré l'autre ? Un autre facteur ne pourrait-il pas être responsable des deux ? Par exemple, une plus grande aptitude individuelle au combat ? Ou des sens plus aiguisés ? Ou encore autre chose ?

Tel est le dilemme de la biologie évolutionniste. Nous sommes confrontés à des problèmes et nous disposons de solutions parfaitement claires – de beaucoup trop de solutions parfaitement claires. La difficulté consiste à choisir la bonne réponse. L'esprit solitaire tourne lentement en rond et ses percées sont rares. La solitude est plus efficace pour éliminer les mauvais schémas d'interprétation que pour en inventer de nouveaux. Au contraire, la découverte géniale résulte de l'effort collectif de nombreux chercheurs, et pour qu'on s'en souvienne facilement, il lui est attaché le nom de quelques-uns seulement – tant pis pour les autres. Sans se soucier de l'écoulement du temps, mon esprit dérivait ainsi dans la nuit, n'ayant pas encore choisi de port pour faire escale.

L'orage s'approchait. Des éclairs diffus striaient toute la portion occidentale du ciel. Les lourds cumulus apparurent, tels des monstres à la tête hypertrophiée, se mouvant lentement, inclinés vers l'avant, effaçant les étoiles. Une agitation violente s'empara de la forêt. Des éclairs éclatèrent à l'avant, puis plus près, à droite et à gauche, des décharges de dix mille volts parcourant à huit cents kilomètres à l'heure des trajectoires d'ionisation descendantes et déclenchant des contre-décharges montant vers le ciel dix fois plus vite, va-et-vient exécuté en une fraction de seconde et perçu comme un seul éclair et un seul grondement de tonnerre. Le vent fraîchit et la pluie se mit à inonder toute la forêt.

Au milieu de ce tumulte, un détail attira mon attention. Les éclairs opéraient comme des coups de projecteurs, illuminant le mur que formait la forêt. Je pouvais donc apercevoir fugitivement son organisation en strates : le couvert des cimes les plus élevées, à trente mètres de hauteur ; les arbres de taille intermédiaire, dispersés irrégulièrement en dessous ; les arbrisseaux et les arbustes, clairsemés tout en bas. Pendant de brefs instants, la forêt apparaissait comme un décor de théâtre. Son image devenait surréelle et je me trouvais ainsi projeté dans ce qu'avait dû être l'imagination humaine dans sa sauvagerie débridée, dix mille ans en arrière. Je savais que non loin d'ici des chauves-souris phyllostomes volaient dans la cime des arbres à la recherche de fruits ; des vipères des palmiers étaient enroulées sur elles-mêmes, embusquées au pied des orchidées ; des jaguars arpentaient les berges du fleuve ; dans leur environnement immédiat se dressaient huit cents espèces d'arbres – plus que celles peuplant toute l'Amérique du Nord – et un millier d'espèces de papillons, 6 % de la faune mondiale totale, attendaient l'aurore.

Nous savions bien peu de choses des orchidées poussant en cet endroit ; presque rien des mouches et des coléoptères ; rien des champignons et rien de la plupart des autres organismes. Dans une pincée de terre prélevée en ce lieu, on pouvait peut-être trouver cinq cent mille espèces de bactéries, et nous n'en savions absolument rien. C'était la nature sauvage, telle qu'elle avait dû apparaître aux yeux des voyageurs portugais du XVIe siècle, lorsqu'elle était encore largement inexplorée et paraissait pleine d'animaux et de plantes extraordinaires, capables de susciter des légendes. Depuis de tels lieux, les naturalistes, alors tout imprégnés d'esprit religieux, devaient écrire de longues lettres respectueuses à leurs commanditaires royaux, décrivant les merveilles du Nouveau Monde comme autant de témoignages à la gloire de Dieu. Il est encore temps de voir ce pays avec ces yeux-là, me disais-je.

Les mystères non résolus de la forêt vierge ne sont pas répertoriés et nous fascinent. C'est un peu comme ces îles qui ne sont pas encore baptisées et que recèlent les espaces vides des cartes anciennes, ou comme ces formes sombres aperçues au bas d'un récif, là où il plonge vers les abysses. Elles nous attirent en même temps qu'elles suscitent en nous d'étranges appréhensions. L'inconnu et le merveilleux sont des drogues pour l'imagination du scientifique ; ils suscitent un désir insatiable et univoque. Nous espérons de tout notre cœur que nous n'aurons jamais tout découvert. Nous prions pour qu'il reste toujours un monde comme celui à la lisière duquel j'étais assis dans l'obscurité. La forêt tropicale humide et ses trésors constitue l'un des derniers lieux sur lesquels peut se concrétiser ce rêve de tous les temps.

C'est pourquoi je continue de visiter les forêts, quarante ans après l'avoir fait pour la première fois, lorsque, étudiant frais émoulu de l'université, je m'envolai pour Cuba, fasciné par l'idée de « tropiques », libre enfin, comme Kipling l'a vivement recommandé, de partir chercher ce qui est caché, ce qui est perdu au-delà des Montagnes. Il est fort probable – en fait, il est même certain – que vous allez trouver une espèce nouvelle ou observer un phénomène nouveau, dans les jours, ou même dans les heures, qui suivent votre arrivée si vous travaillez d'arrache-pied. Vous pouvez aussi rechercher des espèces rares déjà découvertes, mais restant encore mal connues. De celles dont on ne trouve qu'un ou deux spécimens déposés dans un tiroir de musée il y a cinquante ou cent ans, et accompagnés seulement d'une simple note manuscrite précisant le lieu où ils ont été découverts et dans quel genre d'habitat (« Santarém, Brésil, nid au flanc d'un arbre dans une forêt inondée »). Dépliez le feuillet de papier rigide et jauni, et c'est un biologiste mort depuis longtemps qui vous parle : « J'ai été en ce lieu ; j'ai trouvé ceci ; maintenant, vous savez ; maintenant, c'est à vous de jouer. »

L'étude de la richesse biologique offre davantage que cela, cependant. C'est un modèle de recherche scientifique : l'expérience concrète se traduit en abstractions. Il s'agit de faire une observation qui se prête à la généralisation. Il s'agit de trouver une façon de décrire une partie du monde matériel encore inexplorée, ne serait-ce qu'au moyen d'un nom ou d'une phrase attirant l'attention sur ce qui nous paraît important. Chaque scientifique espère être le premier à établir un rapport entre différents phénomènes. Notre but est de repérer et de nommer un processus, peut-être une réaction chimique ou un type de comportement initiant un changement écologique, une nouvelle façon de classer les flux d'énergie ou d'apercevoir une relation entre proies et prédateurs qui les préserve simultanément, toutes sortes de choses, en fait. Nous voulons nous saisir d'une de ces bonnes vieilles questions qui suscitent d'intenses réflexions : pourquoi y a-t-il tant d'espèces ? Pourquoi les mammifères ont-ils évolué plus vite que les reptiles ? Pourquoi les oiseaux chantent-ils à l'aube ?

Il est, dans l'esprit, des hôtes discrets que l'on pressent, mais que l'on aperçoit rarement. Ils font bruisser les feuillages, laissent derrière eux un fumet et des empreintes assez profondes pour se remplir d'eau, retiennent un moment notre attention, puis s'évanouissent. La plupart des idées sont des rêves éveillés qui se dissolvent, ne laissent de traces qu'émotionnelles. Un scientifique de premier plan ne peut espérer en saisir et en expliciter que quelques-unes durant toute une vie. Personne n'a encore compris comment trouver à coup sûr les phrases et les équations qui constituent le discours de la science ; personne n'a encore énoncé la métaformule de la recherche scientifique. La compréhension est comme une conversion : un coup de chance frappant un esprit préparé à accueillir ces phrases et ces équations l'aide beaucoup.

Notre recherche prend place tout autant dans le monde externe que dans le monde interne. La valeur du gibier que l'on rapporte de la chasse effectuée d'un côté de la frontière mentale est corrélée à la valeur du gibier obtenu par la chasse de l'autre côté. Prenant acte que les idées scientifiques devaient être ainsi jugées de double façon, le grand chimiste Berzelius a écrit ces remarques en 1818 — mais elles n'en restent pas moins valables à toute époque :

> « Une théorie n'est rien d'autre que la conceptualisation cohérente des processus internes des phénomènes, et elle est vraisemblable et adéquate, lorsque tous les faits scientifiquement connus peuvent en être déduits. Elle peut d'ailleurs également se révéler fausse, ce qui malheureusement est assez souvent le cas. Malgré tout, à une certaine période du développement de la science, elle peut remplir sa fonction tout aussi bien qu'une théorie vraie. Puis, on apprend plus de choses, des faits commencent à l'invalider, et on est forcé de se mettre à chercher une autre façon de rendre compte des observations, de telle sorte que ces faits nouveaux puissent aussi en relever ; et c'est ainsi que, sans aucun doute, les théories devront être modifiées au cours des temps, à mesure que s'élargira le domaine des faits connus ; et peut-être qu'on n'atteindra jamais la vérité absolue. »

L'orage était arrivé, traversant à toute vitesse la forêt, les grosses gouttes éparpillées se transformant en trombes d'eau emportées par les rafales du vent. Il me fallait revenir à l'abri sous les toits en tôle ondulée de notre camp, où je m'assis et attendis avec les *mateiros*. Les hommes se déshabillèrent et sortirent nus, se savonnant et se rinçant sous la pluie torrentielle, riant et chantant. En (un bizarre) contrepoint, des grenouilles de la famille des leptodactylidés entonnèrent un coassement bruyant et monotone, non loin de là, depuis le sol de la forêt. Elles étaient partout autour de nous. Je me demandais où elles se trouvaient durant la journée. Je n'en avais jamais rencontré une seule tandis que, durant les journées ensoleillées, j'explorais minutieusement la végétation et les débris en train de se putréfier, ces habitats qu'elles sont censées préférer.

Plus loin, à un kilomètre ou deux, une troupe de singes hurleurs roux se mit de la partie, leur chœur représentant l'une des plus étranges émissions sonores que l'on puisse entendre dans toute la nature, aussi envoûtant à sa façon que le chant de la baleine mégaptère. Un mâle commença par émettre, sur un rythme de plus en plus rapide, une série de grognements de tonalité grave se terminant par des grondements prolongés ; il fut bientôt rejoint par les femelles, criant dans un registre plus aigu. Avec l'éloignement et le filtrage du feuillage abondant, le tout évoquait le vrombissement grave et métallique d'une machine.

Ces cris émis par temps de pluie ont généralement pour

fonction de marquer les territoires : ils permettent aux animaux de respecter certaines distances entre eux, laissant aux individus suffisamment d'espace pour rechercher leur nourriture et se reproduire. Ils me semblaient aussi, en ce moment, célébrer les forces vitales de la forêt : « Réjouissons-nous ! Les forces de la nature sont avec nous, cette pluie fait partie de notre vie ! »

Car c'est ainsi que fonctionne la biosphère. Les phénomènes physiques qui prennent place dans le milieu peuvent heurter avec la plus grande violence le monde vivant, celui-ci fait preuve d'une forte résilience, et il ne se produit pas grand-chose. Depuis bien longtemps, environ cent cinquante millions d'années, les espèces qui habitent la forêt tropicale humide ont évolué de façon à intégrer précisément ce genre de déchaînement de violence. Elles ont enregistré dans l'alphabet de leurs gènes que ces tempêtes de la nature doivent survenir de façon prédictible. Les animaux et les plantes en sont venus à prendre les épisodes de pluies diluviennes comme des phases normales de leur cycle vital. Dans les mares créées en ces occasions, ils accomplissent certaines des activités nécessaires, telles que repousser les concurrents, s'accoupler, rechercher des proies, pondre ; et dans les sols ramollis par les eaux, ils peuvent creuser des terriers.

À plus vaste échelle, ces tempêtes entraînent des modifications dans la structure globale de la forêt. Le dynamisme de la nature permet à la diversité de la vie de se développer par le biais de la destruction et de la régénération.

Voici, par exemple, en un endroit de la forêt, un arbre dont une branche-maîtresse est faible et vulnérable, couverte d'un tapis végétal dense constitué d'orchidées, de broméliacées et de toutes sortes de plantes croissant sur les troncs. La pluie remplit les cavités au niveau des gaines axillaires de ces épiphytes et imbibe l'humus et les dépôts terreux qui entourent leurs racines. Après des années de croissance, le poids de ces végétaux devient presque insupportable. Une rafale de vent vient cingler l'arbre, ou bien la foudre frappe le tronc : la branche casse, tombe droit vers le sol, sabrant tout sur son passage. En un autre point de la forêt, la couronne d'un géant qui dépasse toutes les autres prend le vent au point que l'arbre se met à se balancer au-dessus du sol détrempé par la pluie. Les racines peu profondes ne peuvent tenir et l'arbre entier bascule. Sa chute taille, comme à la hache, dans les arbrisseaux situés en dessous de lui et a pour effet d'enterrer les buissons et les herbes de l'étage inférieur. Les grosses lianes enroulées autour du tronc sont entraînées, et celles qui s'étendaient jusqu'aux arbres voisins agissent comme des câbles, mettant bas encore plus de végétaux. L'énorme entrelacs des racines se soulève, créant instantanément un monticule de terre brute. En un autre endroit, sur le bord de la rivière, les flots gonflés creusent furieusement sous une portion de berge en surplomb, jusqu'au point où celle-ci s'effondre sur une vingtaine de mètres. Ce faisant, elle entraîne avec elle un peu du plancher de la forêt qui, dans sa glissade, fait s'écrouler les arbres et enfouit la végétation de l'étage inférieur.

Ces petits épisodes de destruction ouvrent des trouées dans la forêt. Lorsque le ciel redevient clair, la lumière du soleil peut inonder le sol à leur niveau. La température de surface augmente et l'humidité décroît. La terre retournée s'assèche et se réchauffe, créant un milieu nouveau pour des animaux, des champignons et des micro-organismes différents de ceux qui vivent à l'obscurité, à l'intérieur de la forêt. Le mois suivant, des plantes colonisatrices prennent racine. Elles sont très différentes des jeunes plants et des buissons qui se plaisent à l'ombre dans le reste de la forêt. De petite taille, elles sont capables de croître très rapidement et ne forment qu'un seul couvert, s'étendant très en dessous des couronnes des autres arbres qui les environnent. Leurs tissus sont peu lignifiés et peuvent être consommés par les herbivores. L'arbre à feuilles palmées du genre *Cecropia,* spécialiste de la colonisation des trouées ouvertes dans les forêts d'Amérique centrale et du Sud, abrite de redoutables fourmis dans ses entre-nœuds creux. Ces insectes, qui portent le nom scientifique approprié *Azteca*, vivent en symbiose avec leur hôte, le protégeant de tous les prédateurs, à l'exception du paresseux et d'un petit nombre d'autres herbivores qui ont la particularité de brouter exclusivement *Cecropia*. L'ensemble des espèces fréquentant ces trouées est d'ailleurs très différent de celui qui caractérise le reste de la forêt.

Tout autour de cette végétation de deuxième génération, les arbres et les branches qui jonchent le sol entrent en putréfaction et commencent à se désagréger, offrant refuge et nourriture à toute une gamme de champignons basidiomycètes, de myxomycètes, de fourmis ponérinées, de coléoptères scolytidés, de poux et pucerons d'écorce, de forficules, d'embies, de zoraptères, de collemboles entomobryomorphes, de diploures japygidés, d'arachnides ambly-pyges, de pseudo-scorpions et de vrais scorpions, et d'autres formes vivantes qui fréquentent principalement ou exclusivement ce type d'habitat. Pris ensemble, ces organismes ajoutent des milliers d'es-pèces à la diversité biologique rencontrée dans la forêt tropicale humide.

Si vous pénétriez dans le fouillis de ces débris végétaux pour soulever des grands pans d'écorce pourrissante ou retourner de grosses branches, vous apercevriez ces êtres vivants grouillant partout. À mesure que les végétaux colonisateurs augmentent en densité, l'ombre devient plus épaisse et l'humidité s'accroît, ce qui devient propice aux autres espèces de la forêt, et les jeunes pousses de ces dernières commencent à apparaître et à se développer. D'ici une centaine d'années, les plantes spécialisées dans la colonisation des trouées seront éliminées par suite de la compétition pour la lumière, et la forêt « classique », avec ses grands arbres et son organisation étagée, refermera la brèche.

Dans cette succession des formations végétales, on peut comparer les espèces colonisatrices à des coureurs spécialistes des courses de vitesse, tandis que les espèces de la forêt « classique » sont des champions de la course de fond. À la suite des bouleversements dus à la tempête et à l'ouverture d'une trouée, toutes ces formes vivantes prennent position un bref instant sur la même ligne de départ. Les coureurs de vitesse s'échappent d'abord très loin en tête, mais tandis que la course se prolonge, les marathoniens l'emportent. Ces deux catégories de spécialistes créent une distribution de la végétation en mosaïque complexe, et l'ensemble de la forêt est sans cesse remanié par les chutes constantes d'arbres et les glissements répétés de terrain. Si on dressait la carte d'un territoire de plusieurs kilomètres carrés et si on la remaniait de décennie en décennie pour suivre les modifications survenues sur le terrain, on verrait la mosaïque passer par une série kaléidoscopique de configurations, tant ses contours ne cesseraient d'aller et de venir. C'est qu'en effet, à tout moment, un nouveau marathon se prépare en quelque point de la forêt. En définitive, le pourcentage des différents stades de remplacement d'un type de végétation par l'autre est toujours à peu près constant (stade initial ne comportant que les espèces colonisatrices ; divers stades comportant des proportions distinctes d'espèces pionnières par rapport aux espèces de la forêt « classique » ; stade où ces dernières ont complètement remplacé les premières). Si vous entreprenez de marcher n'importe quel jour sur un ou deux kilomètres, au hasard, à travers la forêt, vous traverserez un bon nombre de ces différents stades de remplacement, et vous pourrez comprendre à quel point le passage des tempêtes et la chute des géants de la forêt sont générateurs de diversité biologique.

C'est sur la base de cette diversité que les êtres vivants ont édifié la forêt tropicale humide jusqu'au point de la saturer. Et c'est encore cette diversité qui a permis à la vie de se répandre jusque dans les milieux les plus inhospitaliers de la planète. Une faune variée grouille dans les eaux peu profondes de l'Antarctique, l'un des habitats marins les plus froids de tout le globe. Des poissons nototheniidés, ressemblant à des perches, y nagent dans des eaux

---

Au verso : vu depuis le sol où habitent de nombreuses espèces d'insectes, un jeune arbre du genre Cecropia croît au sein d'une trouée ouverte par une tempête dans la forêt vierge amazonienne.

La diversité biologique est
la clé commandant le maintien
du monde dans l'état que nous lui
connaissons. Dans les endroits où
les espèces animales et végétales ont
été durement frappées par une tempête,
la vie peut repartir rapidement : des espèces
opportunistes se précipitent pour remplir les espaces vides.
Elles déclenchent des processus de remplacements successifs
au terme desquels l'environnement retrouve à peu près
l'état qu'il avait auparavant.

dont la température est à peine supérieure au niveau de congélation de l'eau de mer, mais en tout cas assez froide pour faire geler du sang ordinaire : simplement, ils synthétisent dans leurs tissus des glycoprotéines exerçant un effet « antigel », et ils peuvent ainsi prospérer dans ce milieu où aucun autre poisson ne le pourrait. Autour d'eux se pressent des populations nombreuses d'ophiures, de krills et d'autres animaux invertébrés, chaque espèce possédant ses propres moyens de protection contre le froid.

Dans le cadre d'un environnement radicalement différent, celui des régions les plus profondes et les plus obscures des grottes, dans le monde entier, des collemboles, des acariens et des coléoptères décolorés et aveugles vivent en se nourrissant des moisissures et des bactéries qui poussent sur des débris végétaux apportés jusque-là par les eaux circulant sous terre. Ils sont mangés à leur tour par d'autres coléoptères et araignées décolorés et aveugles, spécialisés eux aussi pour vivre dans l'obscurité perpétuelle.

Certains des déserts les plus hostiles du monde constituent l'habitat de toutes sortes d'insectes, de lézards et de plantes à fleurs. En Namibie, dans le sud-ouest de l'Afrique, des coléoptères possèdent des pattes dont l'extrémité est élargie en forme de rame, et ils s'en servent pour dévaler les dunes mouvantes à la recherche de matière végétale desséchée. D'autres, qui comptent parmi les insectes les plus rapides du monde, courent sur les surfaces brûlantes au moyen de leurs pattes bizarres en forme d'échasse.

Les archéobactéries, micro-organismes unicellulaires si différents des autres bactéries qu'on a proposé de les classer dans un nouveau règne, vivent dans les eaux à haute température qui s'échappent de sources hydrothermales et de cheminées volcaniques, dans les grandes profondeurs des mers. Les espèces du genre nouvellement découvert *Methanopyrus* se développent dans les eaux chaudes émises par des évents, qui sont situés au fond de la mer Méditerranée, dont la température atteint 110°C.

Les êtres vivants sont trop bien adaptés en de tels lieux. Ils peuvent se répandre jusqu'à la limite des conditions physiques qui permettent aux cycles biochimiques de se poursuivre, et présentent trop de diversité pour être gravement affectés par les tempêtes et les aléas ordinaires de la nature. Mais la diversité, cette propriété qui rend possible la résilience, est vulnérable aux chocs de plus grande ampleur que les perturbations naturelles. Elle peut aussi s'éroder petit à petit et de façon irréversible, s'il n'est pas mis fin aux contraintes physiques anormales. La vulnérabilité de la biosphère provient de la distribution géographique limitée des espèces. Chaque habitat, de la forêt vierge amazonienne aux baies antarctiques et aux sources hydrothermales, héberge une gamme particulière de plantes et d'animaux. Chaque espèce végétale et animale, dans chacun de ces domaines, n'est reliée qu'à une petite partie des autres espèces au sein de la chaîne alimentaire. Si on élimine l'une d'elles, une autre augmente ses effectifs pour prendre sa place. Si on en élimine un grand nombre, l'écosystème local commence à décliner de façon visible. Sa productivité chute, dans la mesure où les cycles alimentaires ont du mal à s'accomplir. Une grande partie de la biomasse subsiste sous forme de végétation morte et de boues pauvres en oxygène et métaboliquement peu actives, ou bien elle est tout simplement emportée au loin par les eaux de ruissellement. Des pollinisateurs moins efficaces se répandent dès lors que disparaissent les formes plus adaptées, comme les abeilles, les papillons, les oiseaux, les chauves-souris, etc. Moins de graines sont donc formées et disséminées, et moins de jeunes pousses croissent. Les effectifs des herbivores décroissent, bientôt suivis par ceux de leurs prédateurs.

Dans un écosystème qui s'érode, la vie continue et peut sembler superficiellement inchangée. Il existe toujours des espèces capables de recoloniser les zones dépeuplées et d'exploiter les ressources stagnantes, même sans grande efficacité. Au bout d'un certain temps, une nouvelle gamme d'espèces reconstitue une faune et une flore capables de faire tourner plus efficacement les cycles de l'énergie et des composés chimiques. Leur impact sur l'atmosphère – par les gaz qu'elles vont libérer – et sur la composition des sols – par les minéraux qu'elles y introduisent – est semblable à celui observé dans des habitats comparables en d'autres points de la planète, puisqu'il s'agit d'espèces adaptées à pénétrer et à faire revivre les zones où les écosystèmes déclinent. Et elles y arrivent parce qu'elles sont capables, dans ces conditions, de capter de plus en plus d'énergie et de matériaux et de laisser de plus en plus de descendants. Mais les capacités de restauration de la faune et de la flore au niveau de la planète entière dépendent des effectifs des espèces jouant ce rôle. Or ces dernières peuvent, elles aussi, glisser dans la zone rouge des espèces en danger d'extinction.

La diversité biologique – la « biodiversité », comme on dit aujourd'hui – est la clé commandant le maintien du monde dans l'état que nous lui connaissons. Dans les endroits où les espèces animales et végétales ont été durement frappées par une tempête, la vie peut repartir rapidement, tant que persiste suffisamment de diversité. Les espèces opportunistes, que l'évolution a précisément façonnées pour de telles occasions, se précipitent pour remplir les espaces vides. Elles déclenchent des processus de remplacements successifs au terme desquels l'environnement retrouve à peu près l'état qu'il avait auparavant.

Tel est le vivant dans son ensemble, qu'il a fallu un milliard d'années d'évolution pour élaborer. Il a inscrit dans ses gènes les tempêtes et créé le monde qui nous a créés. On lui doit la stabilité du monde. Lorsque je m'éveillai à l'aube, le matin suivant, Fazenda Dimona n'avait visiblement pas changé depuis la veille. Les mêmes grands arbres se dressaient comme une forteresse à l'orée de la forêt ; les mêmes myriades d'oiseaux et d'insectes se livraient à la recherche de leur nourriture dans la couronne des arbres ou dans la végétation d'en dessous, chacun à son heure. Tout cela paraissait pouvoir durer indéfiniment, avec une force qui invitait à demander quel niveau de violence il faut atteindre pour arriver à briser le creuset de l'évolution.

Chapitre 2

KRAKATAU

L'ÎLE de Krakatau – dont le nom était autrefois déformé en Krakataoa – n'était pas plus grande que celle de Manhattan. Située au milieu du Détroit de la Sonde, entre Java et Sumatra, elle a été détruite un lundi matin, le 27 août 1883, par une série de puissantes éruptions volcaniques. La plus violente se produisit exactement à 10 h 02 du matin. Elle s'accompagna d'un panache ressemblant à celui d'une grosse bombe thermonucléaire d'une puissance d'environ cent à cent cinquante mégatonnes de TNT et entraîna un puissant coup de vent voyageant à la vitesse du son autour de la terre, qui atteignit dix-neuf heures plus tard, un point diamétralement opposé sur le globe et situé près de Bogota, en Colombie. Puis, tournant autour de la terre, le vent revint en direction de Krakatau en décrivant la circonférence terrestre, et ainsi de suite sept fois, comme cela a été attesté. Le bruit des explosions ressemblait à celui de la canonnade d'un navire en détresse dans le lointain. On l'entendit vers le sud jusqu'à Perth en Australie, vers le nord jusqu'à Singapour, et vers l'Ouest jusqu'à l'île Rodriguez dans l'Océan indien, pourtant éloignée de 4 600 kilomètres, ce qui, dans l'histoire officiellement enregistrée, représente la plus longue distance à laquelle un bruit ait jamais été entendu.

Tandis que l'île s'effondrait dans la chambre souterraine vidée par l'éruption, la mer s'engouffrait dans la caldeira ainsi créée. Une colonne de projections, mêlant pièces de magma, rocs et cendres, monta à cinq kilomètres en l'air, puis retomba, soulevant les eaux de la mer pour former des lames de quarante mètres de haut, appelées « tsunami » (raz-de-marée). Ces gigantesques vagues, qui, aperçues à l'horizon, ressemblaient à des falaises, s'abattirent sur les rivages de Java et Sumatra, balayant des villes entières et tuant quarante mille personnes. Des fractions d'entre elles franchirent les détroits, débouchèrent en pleine mer et poursuivirent leur chemin sous forme de vagues voyageant dans le monde entier. Elles avaient encore un mètre de haut lorsqu'elles atteignirent les rives de Ceylan (aujourd'hui appelée Sri Lanka), où elles noyèrent encore une personne qui fut leur dernière victime. Trente-deux heures après l'éruption, elles arrivèrent au Havre, en France, réduites enfin à des ondulations de quelques centimètres de haut, formant une houle.

Les explosions avaient projeté plus de dix-huit kilomètres cubes de rocs et d'autres matériaux dans les airs. La plus grande partie de ces téphras (comme les appellent les géologues) retomba rapidement en pluie, mais un aérosol d'acide sulfurique et des poussières furent propulsés jusqu'à cinquante kilomètres de hauteur, puis se propagèrent dans la stratosphère tout autour du monde, suscitant pendant plusieurs années de brillants couchers de soleil rouge et des « anneaux de Bishop », c'est-à-dire des couronnes opalescentes autour du soleil.

À Krakatau, ce fut l'apocalypse. Les personnes qui se trouvaient assez près pour assister à l'éruption eurent le sentiment, durant toute la journée, de l'imminence de la fin du monde. Au moment de l'explosion maximale, à 10 h 02, un trois-mâts américain, le *W.H. Besse*, se dirigeait vers les détroits, à quatre-vingt-quatre kilomètres à l'est-nord-est de Krakatau. Le commandant en second nota dans son journal de bord que de « terrifiantes détonations » avaient été entendues, suivies d'

« un puissant nuage noir s'élevant dans la direction de l'île de Krakatoa ; le baromètre est tombé d'un pouce d'un seul coup, puis est vivement remonté et retombé d'autant à chaque fois ; appelé tout l'équipage et fait serrer toutes les voiles, ce qui était à peine exécuté au moment où la bourrasque nous a atteint avec une force terrifiante ; jeté l'ancre de bâbord avec toute la chaîne de la soute, vent se transformant en ouragan ; jeté l'ancre de tribord, il a fait de plus en plus sombre à partir de 9 h du matin, et au moment où la bourrasque nous a atteints, il faisait plus noir que dans aucune nuit que j'ai connue ; c'était minuit en plein midi, une formidable chute de cendres a accompagné l'ouragan, l'air est devenu si épais qu'il en était quasi irrespirable, aussi noté une forte odeur d'acide sulfurique, les matelots s'attendaient à être asphyxiés ; les bruits terribles provenant du volcan, les éclairs en zigzag emplissant tout le ciel, et partant dans toutes les directions, rendant l'obscurité encore plus noire ; le hurlement du vent à travers le gréage, tout cela formait l'une des scènes les plus effroyables et sauvages que l'on puisse imaginer, que personne, à bord, n'oubliera sûrement jamais, tout le monde pensant que les derniers moments du monde étaient venus ; l'eau filait en direction du volcan à la vitesse de douze milles à l'heure ; à quatre heures de

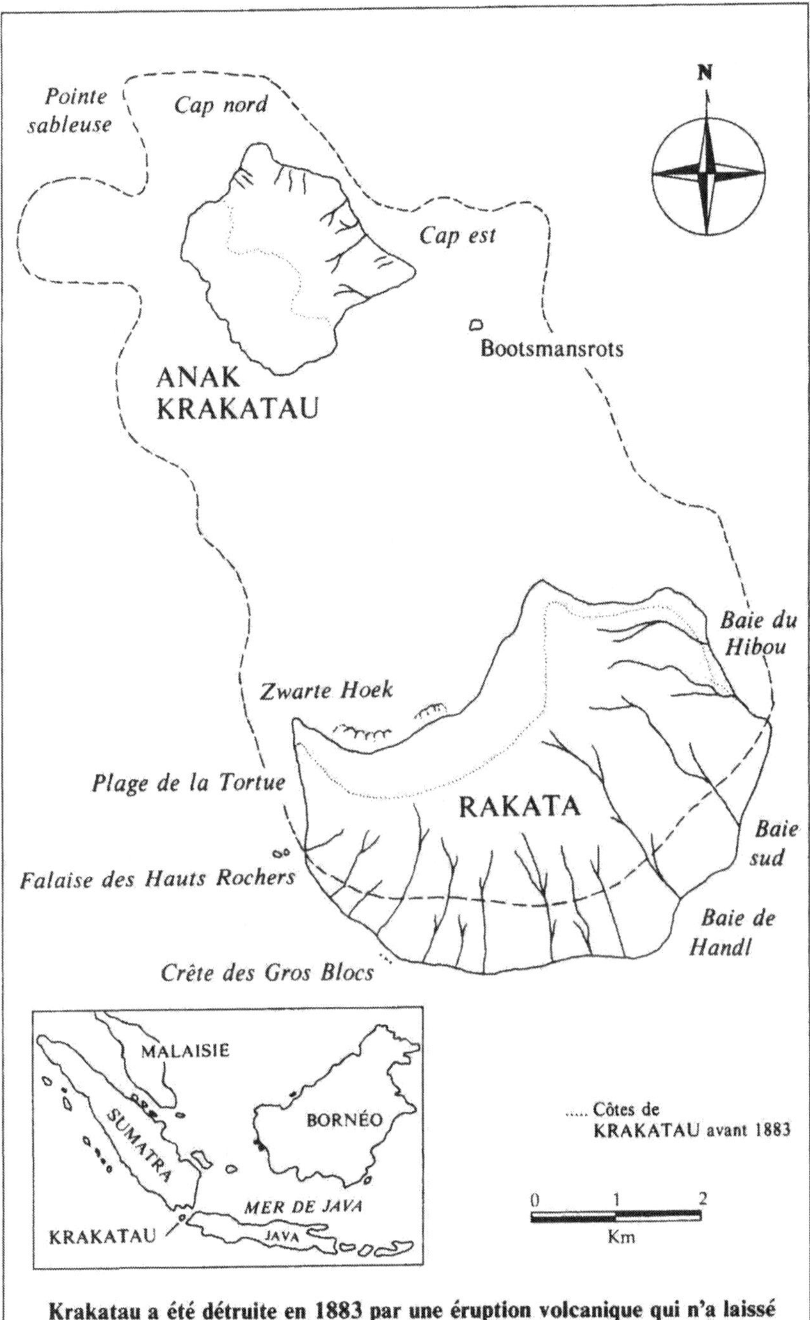

Krakatau a été détruite en **1883** par une éruption volcanique qui n'a laissé subsister que Rakata, un îlot dépourvu de toute vie animale ou végétale, à la pointe sud de l'ancienne île. Anak Krakatau est un cône volcanique qui a émergé de la mer en **1930**.

l'après-midi, le vent commença à se modérer, les explosions avaient pratiquement cessé, la pluie de cendres n'était plus aussi dense ; on pouvait donc commencer à voir son chemin sur les ponts ; le bateau était couvert de tonnes de fines cendres ressemblant à des ponces ; elles collaient aux voiles, au gréage et aux mâts. »

Les semaines suivantes, le Détroit de la Sonde semblait redevenu normal, si ce n'est que sa géographie avait changé. Le centre de l'île de Krakatau avait été remplacé par un cratère sous-marin de sept kilomètres de long et de 270 mètres de profondeur. Seule émergeait une portion de la pointe sud de l'île. Elle était couverte d'une couche de ponces mêlées d'obsidienne, de plus de quarante mètres d'épaisseur et présentant une température de 300° à 850°C (soit de quoi faire fondre du plomb à cette dernière température). Toute trace de vie avait bien sûr disparu.

Couverte de cendres, cette partie de l'île de Krakatau reçut le nom de Rakata. Elle fut d'abord une terre stérile. Mais bientôt la vie revint. En quelque sorte, la roue de l'histoire biologique s'était arrêtée, puis était revenue en arrière, re-jouant à introduire des organismes vivants sur une île. Les biologistes eurent tôt fait de comprendre l'occasion unique en son genre qu'offrait Rakata : celle d'assister depuis ses débuts à l'édification d'un écosystème tropical. Les organismes allaient-ils être différents de ceux qu'on trouvait auparavant ? Est-ce qu'une forêt tropicale humide allait recouvrir de nouveau l'île ?

Une expédition française en mai 1884, neuf mois après l'éruption, a été la première à rechercher des traces de vie. Elle constata que la plus grande des falaises était en train de s'éroder rapidement : des rochers dégringolaient sans cesse le long des pentes, soulevant des nuages de poussière et provoquant un bruit continu ressemblant « à un tir d'artillerie dans le lointain ». Des pierres tombaient en tournoyant, rebondissant sur les côtés des ravins et faisant jaillir des gerbes d'eau dans la mer. Ce qu'on avait pris de loin pour de la brume s'avéra être des nuages de poussière soulevés par les chutes de rocaille. L'équipage et les membres de l'expédition finirent par trouver un endroit pour débarquer en sûreté et se dispersèrent sur l'îlot pour observer l'état des lieux. Après avoir cherché minutieusement la présence d'organismes, le naturaliste de l'expédition écrivit : « En dépit de tous mes efforts, je n'ai pas trouvé la moindre trace de vie animale, si ce n'est, toutefois, une minuscule araignée, et une seule ; cet étrange pionnier de la restauration biologique était fort occupé à tisser sa toile. »

Une très jeune araignée ? Comment un tout petit organisme dépourvu d'ailes avait-il pu atteindre cette île vide aussi rapidement ? Les arachnologues savent que de nombreuses espèces d'araignées, à un moment donné de leur cycle vital, se laissent emporter dans les airs. Le scénario est généralement le suivant : l'araignée se tient sur le bord d'une feuille ou de quelque autre point situé en hauteur et laisse tomber un fil de soie hors de ses filières, à l'extrémité de son abdomen. Dès qu'il est assez grand, le fil peut être soulevé par un courant d'air, à la manière de la queue d'un cerf-volant. L'araignée sécrète alors de plus en plus de soie, jusqu'au point où le fil exerce une forte traction ascensionnelle. Elle lâche alors sa prise sur le substrat et s'élève dans les airs. Les jeunes araignées à peine plus grosses qu'une tête d'épingle et même les adultes de grande taille peuvent de cette façon atteindre parfois plusieurs milliers de mètres d'altitude et voyager sur des centaines de kilomètres avant de toucher le sol pour commencer une nouvelle vie. À moins de retomber en mer et de mourir. Ces voyageuses n'ont aucun moyen d'influencer leur point de chute.

Les araignées transportées dans les airs font partie de ce que les biologistes ont appelé de manière plaisante « plancton éolien ». Dans le langage ordinaire, le plancton se compose d'algues et de petits animaux transportés par les courants marins ; le terme d'éolien fait référence aux vents. Le plancton éolien se disperse presque uniquement sur de longues distances. Vous pouvez en voir des composants se former au-dessus des pelouses et des buissons par un bel après-midi d'été, lorsque les pucerons s'élèvent avec leurs ailes peu puissantes, juste assez haut pour être captés par le vent et emportés au loin. Une pluie de plancton éolien, composée de bactéries, de spores de champignons, de petites graines, d'insectes, d'araignées, et d'autres petits organismes vivants, tombe continuellement sur la plus grande partie des surfaces continentales de la planète. Elle est très peu dense et difficile à détecter minute par minute, mais elle met en jeu de grandes quantités d'organismes sur des périodes qui durent plusieurs semaines ou plusieurs mois. C'est de cette façon que la plupart des espèces ont colonisé l'îlot desséché et couvert de cendres qui représentait tout ce qui restait de Krakatau.

Dans les années 1980, Ian Thornton et une équipe de biologistes australiens et indonésiens, lors d'une visite dans la zone de Krakatau, ont réalisé des observations attestant la capacité du plancton éolien à introduire des organismes dans une région donnée. Ils ont étudié Rakata, mais ils ont aussi visité Anak Krakatau (« l'Enfant de Krakatau »), un petit îlot qui avait émergé en 1930 à la suite d'un réveil volcanique survenu le long du bord nord de la caldeira formée à l'emplacement de l'ancienne Krakatau. Sur ses coulées de lave couvertes de cendre, ils ont placé des pièges constitués de récipients de plastique blanc remplis d'eau de mer. Cette partie d'Anak Krakatau avait été formée au cours d'activités volcaniques de petite ampleur survenues entre 1960 et 1981. Pratiquement vierge de toute trace de vie, elle rappelait les conditions qui régnaient sur Rakata lorsque cet îlot avait été engendré dans les conditions que l'on sait. En dix jours, une surprenante quantité d'arthropodes apportés par le vent a été capturée. Après triage et identification, il s'est avéré que l'échantillon comportait soixante-douze espèces, comprenant des araignées, des collemboles, des grillons, des forficules, des poux et pucerons d'écorce, des punaises, des phalènes, des mouches, des coléoptères et des guêpes.

Les étendues d'eau séparant Rakata des îles voisines et des côtes de Java et de Sumatra ont pu encore être franchies d'autres façons. Le grand varan *Varanus salvator*, un reptile semi-aquatique, est probablement venu à la nage. On l'a aperçu dès 1899, se repaissant des crabes qui fréquentent ces rivages. Un autre animal a aussi été capable de venir en couvrant à la nage de longues distances : c'est le python réticulé, un serpent géant de huit mètres de long. Il est probable que toutes les espèces d'oiseaux soit venues en volant. Mais seulement une petite proportion des espèces habitant Java et Sumatra a gagné Rakata, car, comme on le sait bien, de nombreuses espèces vivant dans la forêt refusent, curieusement, de franchir des étendues d'eau, même pour atteindre des îles toutes proches. Des chauves-souris, égarées hors de leur chemin, ont atterri à Rakata. Des insectes de grande taille, comme des papillons et des libellules, sont probablement venus, eux aussi, par leurs propres moyens. Dans un contexte analogue, aux îles Keys de Floride, j'ai pu observer ces insectes voler facilement d'un rivage à l'autre, comme s'ils se déplaçaient au-dessus d'une prairie et non pas au-dessus d'une étendue d'eau salée.

Le transport par radeau est moins courant, mais il joue néanmoins un rôle important. Des branches et parfois des arbres entiers tombés dans les rivières peuvent être emportés jusqu'à la mer, chargés de micro-organismes, d'insectes, de serpents, de grenouilles et occasionnellement de rongeurs ou d'autres petits mammifères qu'ils abritaient au moment de la chute. Des blocs de pierre ponce, provenant d'anciennes îles volcaniques, peuvent aussi flotter, dans la mesure où ils sont suffisamment criblés de cavités pleines d'air.

À de très rares intervalles, de violents orages peuvent soulever dans les airs des lézards et des grenouilles et les emporter jusqu'à de lointains rivages. Des trombes d'eau peuvent faire de même pour les poissons, les transportant vivants jusqu'à des lacs et des rivières voisines.

Le flux migratoire peut encore être gonflé d'une autre façon : beaucoup d'êtres vivants transportent d'autres organismes sur leur propre corps. La plupart des animaux constituent de petites arches de Noé chargées de parasites. Des autostoppeurs occasionnels, en provenance du sol, peuvent aussi s'accrocher à leur peau, comme des bactéries et des protozoaires de toutes sortes, des spores de champignon, des vers nématodes, des tardigrades, des acariens et des poux de plumage. Les graines de certaines plantes ou de certains arbres transitent sans dommage dans l'intestin des oiseaux qui les mangent ; elles sont ensuite éjectées avec les fèces – ces dernières faisant immédiatement office de fertilisant. Un petit nombre d'arthropodes pratiquent ce que les biologistes appellent « la phorésie », c'est-à-dire le transport délibéré par « autostop » sur des animaux plus gros. Ainsi, les pseudo-scorpions, qui ressemblent de très près à de vrais scorpions, mais sont dépourvus de dard, se servent de leurs pinces (analogues à celles des homards) pour s'accrocher aux pilosités des libellules et d'autres gros insectes ailés. Ils se laissent ainsi emporter sur de longues distances à bord de ces « tapis volants ».

Les espèces colonisatrices n'ont donc cessé d'arriver à Rakata, en provenance de toutes les directions. Une clôture électrifiée de cent mètres de haut n'aurait pu arrêter leur flux. Des organismes transportés par voie aérienne auraient continué à tomber du ciel, donnant naissance à un riche écosystème. Mais dans la mesure où cette colonisation s'est accomplie de manière largement aléatoire, cela veut dire que la flore et la faune ne sont pas revenues à Rakata de la façon simple décrite dans les manuels, les plantes se développant d'abord jusqu'à donner une forêt, puis les herbivores proliférant, et enfin les carnivores. Les observations recueillies à Rakata puis sur Anak Krakatau ont révélé que le processus de restauration a plutôt eu lieu au petit bonheur, certaines espèces s'éteignant inexplicablement, et d'autres prospérant alors qu'elles auraient dû rapidement disparaître. Des araignées et des grillons carnivores, incapables de voler, ont persisté quasi miraculeusement sur de grandes zones dénudées de pierre ponce ; ils se sont nourris des minuscules insectes apportés par le plancton éolien. Les grands lézards et certains oiseaux ont fait pitance des crabes trouvés sur les plages, lesquels à leur tour se sont sustentés de plantes et d'animaux marins morts, apportés par les vagues sur la grève. (Le nom originel de Krakatau était Karkata, ce qui, en sanscrit, signifie « crabe » ; Rakata veut dire aussi crabe, dans la vieille langue javanaise.) Ainsi une certaine diversité des espèces animales avait pu s'établir, sans que cela ait dépendu entièrement de la végétation. Et de son côté, cette dernière s'était développée par plaques, tantôt s'étendant, tantôt reculant, dans toute l'île, créant ainsi une mosaïque irrégulière.

La faune et la flore ne s'étaient pas seulement ré-établies au petit bonheur, elles l'avaient fait aussi rapidement. À l'automne 1884, un peu plus d'un an après l'éruption, des biologistes avaient rencontré sur Rakata quelques pieds de plantes herbacées, probablement des genres *Imperata* et *Saccharum*. En 1886, il y avait quinze espèces d'herbes et d'arbrisseaux, en 1897, quarante-neuf, et en 1928, presque trois cents. Une végétation dominée par *Ipomoea* s'est répandue le long des côtes. Simultanément, la prairie parsemée de pins du genre *Casuarina* a cédé la place par endroits à des bandes plus denses d'arbres et d'arbrisseaux colonisateurs. En 1919, W.M. Docters van Leeuwen, des Jardins botaniques de Buitenzorg, a observé des parcelles de forêt, entourées de prairies presque continues. Dix ans plus tard, il a constaté l'inverse : la forêt recouvrait maintenant la totalité de l'île et était en train d'étouffer les dernières parcelles de prairies. Aujourd'hui, Rakata est entièrement recouverte d'une forêt vierge asiatique d'apparence extérieure typique. Cependant, le processus de colonisation est loin d'être achevé. Pas une seule des espèces d'arbres caractéristiques des forêts primaires denses de Java et Sumatra n'est revenue. Il faudra sans doute encore cent ans ou plus pour que s'installe une forêt en tout point comparable à celle des vieilles îles indonésiennes qui n'ont pas été perturbées et qui ont même dimension.

À part quelques insectes, araignées et vertébrés, les premiers colons de la plupart des genres d'animaux ont péri peu de temps après leur arrivée sur Rakata. Mais à mesure que la végétation s'est répandue et que la forêt a grandi, un nombre de plus en plus élevé d'espèces s'est installé. À l'époque des expéditions de Thornton de 1984-1985, on trouvait parmi les habitants de l'îlot trente espèces d'oiseaux (non marins), neuf espèces de chauves-souris, le rat des champs indonésien, l'ubiquitaire rat noir, et neuf espèces de reptiles, y compris deux de geckos et le grand varan *Varanus salvator*. Le python réticulé, signalé encore en 1933, n'était plus présent en 1984-1985. Une foule d'invertébrés, plus de six cents espèces, vivaient sur l'îlot. Il s'agissait de vers plats terrestres, de vers nématodes, d'escargots, de scorpions, d'araignées, de pseudo-scorpions, de scolopendres, de blattes, de termites, de poux et pucerons d'écorce, de cigales, de fourmis, de coléoptères, de phalènes et de papillons. Il y avait également des rotifères microscopiques et des tardigrades, ainsi qu'un riche assortiment de bactéries.

À première vue, la faune et la flore reconstituées de Rakata, autrement dit, de Krakatau, un siècle après l'apocalypse, ressemblent à l'écosystème typique d'une petite île indonésienne. Mais cette communauté d'espèces demeure extrêmement sujette à renouvellement. Par exemple, le nombre des espèces d'oiseaux vivant en permanence dans l'île semble à présent approcher un équilibre : son rythme d'accroissement s'est nettement ralenti depuis 1919, et le nombre final s'est fixé autour de trente. C'est d'ailleurs à peu près le nombre des espèces présentes dans d'autres îles indonésiennes de dimension voisine. En même temps, la *composition* en espèces d'oiseaux est moins stable. De nouvelles espèces sont arrivées, et d'autres, plus anciennes, ont décliné, puis se sont éteintes. Des hiboux et des gobe-mouches sont arrivés après 1919, par exemple, tandis que plusieurs autres espèces, qui résidaient depuis longtemps sur l'îlot, ont disparu (ce fut le cas du bulbul, *Pycnonotus aurigaster*, et de la pie-grièche à dos gris, *Lanius schach*). Les reptiles paraissent connaître eux aussi un semblable équilibre dynamique, de même que les blattes, les papillons nymphalidés et les libellules. Mais ce n'est pas le cas des mammifères vivant au sol (représentés seulement par les deux espèces de rat), ni les plantes, les fourmis ou les escargots. On n'a pas encore étudié assez longtemps la plupart des autres invertébrés vivant sur Rakata pour pouvoir juger de leur statut, mais en général, le nombre global de leurs espèces paraît continuer à s'accroître.

Rakata, ainsi que Panjang, Sertung et d'autres îles de l'archipel de Krakatau, détruites puis recouvertes de ponces par l'éruption de 1883, ont reconstruit, en l'espace d'un siècle, des communautés biotiques analogues à celles qui existaient avant. La diversité biologique s'est largement ré-établie. La question reste ouverte de savoir si des espèces endémiques, c'est-à-dire qui n'existaient que dans cet archipel avant 1883, ont été anéanties lors de l'explosion. Nous n'aurons jamais de réponse certaine, parce que ces îles avaient été assez peu explorées par les naturalistes avant que Krakatau n'attire l'attention du monde entier de façon si dramatique en 1883. Il paraît peu vraisemblable qu'il y ait jamais eu d'espèces endémiques. Ces îles sont si petites que le renouvellement naturel des espèces y a probablement été trop rapide, même en dehors des épisodes volcaniques, pour permettre à l'évolution d'atteindre le stade d'apparition d'espèces nouvelles.

En fait, l'archipel a souffert à plusieurs reprises du volcanisme, et sa faune et sa flore ont été détruites, ou du moins gravement affectées, à quelques siècles d'intervalle. Selon une légende javanaise, le volcan Kapi est entré, en 416 de notre ère, en violente éruption dans le Détroit de la Sonde : « Finalement, le mont Kapi explosa dans un formidable grondement et s'effondra dans les profondeurs de la terre. L'eau de la mer s'éleva et inonda les plaines. » Une série de plus petites éruptions s'est produite en 1680 et 1681, brûlant au moins une partie de la forêt.

Aujourd'hui, si vous passez en bateau près de ces îles, vous n'apercevez pas de signe trahissant les déchaînements de violence dont elles ont été l'objet, à moins, justement ce jour-là, que des fumées ne s'échappent de Anak Krakatau. L'épaisse forêt verte qui les recouvre témoigne à l'évidence de l'ingéniosité et de la résilience du monde vivant. Les éruptions volcaniques ordinaires ne sont donc pas suffisantes pour briser le creuset de la vie.

Chapitre 3

LES GRANDES EXTINCTIONS

Quel est le plus grand coup qui ait jamais frappé le monde vivant au cours des temps ? Les explosions qui se sont produites à Krakatau en 1883 ne sont pas les plus violentes que l'on ait enregistrées au cours de l'histoire. Une éruption survenue en 1815 à Tambora, à mille quatre cents kilomètres à l'est de Krakatau, sur l'île indonésienne de Sumbawa, a soulevé cinq fois plus de roches et de cendres qu'à Krakatau. Elle a infligé plus de dégâts à l'environnement, et tué des dizaines de milliers de personnes. Il y a environ soixante-quinze mille ans une éruption encore plus grande a eu lieu au centre de la région nord de Sumatra. Elle a soufflé une quantité phénoménale de matériel solide, mille kilomètres cubes, créant une dépression ovale de soixante-cinq kilomètres de long, qui s'est remplie d'eau douce et existe encore de nos jours sous le nom de Lac Toba. Des êtres humains du paléolithique vivaient sur l'île à cette époque. On ne peut qu'imaginer ce qu'ils ont pu éprouver à la vision d'une éruption cent fois plus puissante que celle de Krakatau, et quelles histoires sur les dieux et l'apocalypse ont dû proliférer ensuite dans leur culture.

Il est vraisemblable que de grandes éruptions se sont répétées au cours de longues périodes de temps géologique. C'est ce qu'indique un raisonnement statistique assez simple. La courbe de fréquence des éruptions volcaniques en fonction de leur intensité, dans le monde entier, présente, comme pour beaucoup de phénomènes pris au hasard, un maximum pour les niveaux inférieurs et s'étire très loin vers le bas, pour les niveaux supérieurs. Cela signifie que la plupart des éruptions représentent des perturbations relativement mineures, un panache de vapeur sortant d'une bouche volcanique ici, une petite coulée de lave là. Les jaillissements et les grandes coulées de lave, qui forment le niveau d'intensité suivant, sont moins fréquents, mais ils se produisent néanmoins chaque année, en un point ou un autre du monde. Un événement de la dimension de l'explosion de Krakatau ne s'observe qu'une fois ou deux par siècle. Une éruption aussi importante que celle de Toba est beaucoup plus rare, mais, sur plusieurs millions d'années, elle est probablement inévitable.

Le même raisonnement statistique peut s'appliquer à la chute des météorites. Dans la gamme des tailles qui va du grain de poussière au caillou, un grand nombre atteint la surface de la terre chaque année, zébrant le ciel à des vitesses s'échelonnant de quinze à soixante-quinze kilomètres par seconde. Beaucoup moins nombreux sont ceux dont la taille va de la balle de base-ball au ballon de football. Ils correspondent environ à la majorité de la trentaine de météorites dans le monde dont on suit toute la chute et que l'on va ensuite rechercher sur le terrain. Le plus gros qui ait jamais été observé aux États-Unis était un météorite de cinq mille kilogrammes, tombé le 18 février 1948 dans le comté de Norton, dans le Kansas. Sur des périodes de plusieurs millions d'années, quelques météorites seulement de dimensions vraiment gigantesques ont atteint la surface de la Terre. L'un d'eux, qui avait un diamètre de 1 250 mètres, a creusé le cratère de Canyon Diablo dans l'Arizona. Un autre monstre, de 3 200 mètres de diamètre, a créé la Chubb Depression à Ungava (Québec).

En extrapolant vers le haut de la gamme des événements violents, il est possible, et même vraisemblable, qu'une éruption volcanique ou un impact météoritique puisse se produire une fois tous les dix ou les cent millions d'années, avec une puissance si considérable que la Terre en soit littéralement ébranlée, que son atmosphère en soit drastiquement changée, et que cela entraîne l'extinction d'une proportion substantielle des espèces qui y vivent. Une catastrophe de ce genre s'est peut-être produite à la fin de l'ère mésozoïque, il y a soixante-six millions d'années, lorsque les dinosaures et un petit nombre d'autres groupes zoologiques dominants ont décliné ou se sont éteints. C'est la conclusion à laquelle sont arrivés Luis Alvarez et trois autres physiciens de Berkeley en 1979. Ils avaient trouvé des concentrations anormalement élevées d'iridium, un élément de la famille du platine, dans une mince couche géologique séparant les strates de l'ère mésozoïque, plus anciennes, de celles de l'ère cénozoïque, plus récentes. Plus précisément, la couche en question sépare les roches datant de la période crétacée (la plus récente des périodes du Mésozoïque) de roches datant de la période tertiaire (la plus ancienne du Cénozoïque). En remontant les strates de façon à franchir cette mince couche, représentant ce qu'on appelle la frontière K-T (les deux lettres correspondant respectivement aux deux périodes), on passe, dans les archives fossiles, d'une prédominance de dinosaures, assortie d'un petit nombre de mammifères, à une prédominance de mammifères et plus aucun dinosaure. L'iridium a une forte affinité pour le fer ; par conséquent, lors de la formation de la planète, la plus grande partie de cet élément a été attirée dans les profondeurs, au sein du noyau riche en fer qui figure au centre de la Terre. Sa présence dans la frontière K-T, si près de la surface, était donc un mystère.

L'équipe de Berkeley a noté que l'iridium est aussi abondant dans certains météorites. Sur la base de l'anomalie que je viens de présenter et d'une modélisation mathématique, ils ont alors avancé le scénario suivant : il y a soixante-six millions d'années, un météorite de dix kilomètres de diamètre serait entré en collision avec la Terre à la vitesse de soixante-douze mille kilomètres à l'heure. L'impact aurait libéré une énergie plus grande que l'explosion simultanée de toutes les armes nucléaires du monde. Il aurait ébranlé la terre comme un coup de gong, déclenché d'énormes incendies ravageurs et des raz-de-marée géants, de même qu'il aurait soulevé un immense nuage de poussière qui aurait enveloppé toute la planète, ce qui aurait eu pour effet de refroidir l'atmosphère en bloquant le rayonnement solaire (mais on ne sait pas s'il n'aurait pas plutôt eu l'effet inverse de la réchauffer, en retenant la chaleur comme dans une serre). En retombant, la poussière se serait déposée en une couche d'un demi-centimètre d'épaisseur, riche en iridium. Après cela, des pluies acides l'auraient lessivée pendant des mois ou des années. Tous ces effets se seraient combinés, selon le scénario d'Alvarez, pour tuer les dinosaures et tout un ensemble de plantes et d'autres animaux.

S'il s'est réellement produit un impact approchant de la puissance présumée, il aurait dû laisser d'autres indices que l'enrichissement en iridium de la surface terrestre. Au cours des recherches et des débats intenses qui ont suivi la thèse d'Alvarez, une nouvelle et importante observation a été faite. Les géochimistes savent que, lorsque le quartz est soumis à des pressions extrêmement fortes, comme celles qui s'exercent sur le site d'un impact, il est « traumatisé » : le réseau cristallin est désorganisé, de sorte que des plans irréguliers apparaissent sur des coupes minces de ce minéral examinées au microscope polarisant. On a effectivement trouvé de tels plans dans des grains de quartz découverts en certains points de la frontière K-T. Dès lors, l'hypothèse du météorite paraissait avoir de bonnes chances de tenir.

Première règle de l'histoire des sciences : lorsqu'une idée forte et nouvelle est proposée, une armée de critiques se lève bientôt et essaye de la faire tomber. Une telle attaque, qui reste, cependant, dans les limites de la courtoisie, est inévitable, parce que c'est ainsi, tout simplement, que les scientifiques travaillent. Il est, en outre vrai que, face aux critiques, les promoteurs d'une hypothèse se font moins nuancés et essayent d'être plus convaincants. Étant des êtres humains, la plupart des scientifiques ont tendance à se conformer au Principe psychologique de Certitude : d'après celui-ci, lorsqu'il existe des arguments pour et contre une thèse donnée, la conviction qui règne de part et d'autre ne se trouve pas diminuée, elle est au contraire renforcée. Pendant les années 1980, des centaines de spécialistes ont écrit plus de deux cents articles en faveur ou à l'encontre de l'hypothèse du météorite. Des tensions se sont manifestées dans les colloques scientifiques, des argumentations et des contre-argumentations ont été développées à longueur de colonnes dans *Science*, un petit secteur d'activités nouvelles s'est taillé progressivement sa place dans les laboratoires et les salles de séminaires des départements de recherche universitaires.

Règle numéro deux : l'idée nouvelle, comme notre Mère la Terre, prend de sérieux coups. Si elle est bonne, elle survit, probablement sous une forme modifiée. Si elle est mauvaise, elle meurt, généralement lorsque le dernier promoteur initial de l'hypothèse meurt ou prend sa retraite. Comme Paul Samuelson l'a dit un jour de la science économique, funéraille après funéraille, la théorie avance. Dans ce cas précis, les opposants à l'hypothèse du météorite ont pu en avancer une autre, également forte. Ils ont soutenu que, par cycles de quelques dizaines de millions d'années, d'énormes éruptions volcaniques – une seule gigantesque explosion représentant n fois la puissance de Krakatau ou bien de très nombreuses éruptions simultanées, équivalant chacune à Krakatau – pouvaient se produire et entraîner les effets observés au niveau de la frontière K-T. Certains volcans actuels émettent effectivement des cendres dans lesquelles on trouve des concentrations élevées d'iridium. Bien que les recherches sur le terrain n'aient pas encore résolu cette question dans un sens ou dans l'autre, il se pourrait aussi que leurs éruptions puissent engendrer des pressions assez fortes pour « traumatiser » le quartz.

Les partisans de l'hypothèse du volcanisme ont aussi avancé une autre observation pour contrecarrer la théorie du météorite : de nombreuses extinctions se sont produites à la fin du Crétacé, personne ne le nie ; mais elles n'ont pas toutes eu lieu d'un seul coup. Il a fallu des millions d'années, de part et d'autre de la frontière K-T, pour que les différents groupes s'éteignent. Les dinosaures, par exemple, ont décliné notablement pendant les derniers dix millions d'années qui ont précédé la fin du Crétacé. Dix millions d'années avant, dans le Montana et le sud de l'Alberta, on en trouvait environ trente espèces. Ce nombre a décru graduellement jusqu'à treize, juste avant la fin, le dinosaure à cornes *Triceratops* restant très abondant dans le groupe final. Les ammonoïdes, mollusques dotés d'une coquille cloisonnée semblable à celle du nautile nacré actuel, ont suivi une trajectoire analogue. C'est le cas aussi des inocérames (mollusques bivalves qui comprenaient des espèces géantes dotées de coquilles d'un mètre de large) et des rudistes, d'autres bivalves qui construisaient des récifs en entassant leurs coquilles. De nombreux groupes de foraminifères, micro-organismes marins ressemblant à des amibes et sécrétant un squelette de silice extrêmement élaboré, ont décliné par étapes tout au long d'un million d'années. Certains ont disparu avant la fin du Crétacé, d'autres plus tard, à différents moments. Tous ont été remplacés par de nouvelles sortes de foraminifères qui ont mis plusieurs centaines de milliers d'années pour apparaître. Les insectes ont franchi la frontière K-T relativement indemnes. Tous leurs ordres (les groupes de rang taxinomique le plus élevé au sein de la classe des Insectes) ont survécu, et notamment les Coléoptères (scarabées), les Diptères (mouches), les Hyménoptères (abeilles, guêpes et fourmis) et les Lépidoptères (papillons). La plupart de leurs familles (les groupes de rang taxinomique juste en dessous de l'ordre), sinon toutes, en ont réchappé elles aussi, notamment les Formicidés (fourmis), les Curculionidés (charançons) et les Stratiomyidés (mouches brunes, marquées de jaune et de blanc). Les archives fossiles sont encore trop pauvres en ce qui concerne le Crétacé pour permettre d'estimer l'extinction d'espèces particulières, comme la mouche domestique actuelle (*Musca domestica*) ou le papillon blanc du chou (*Pieris rapae*).

Afin de rendre compte de l'échelonnement des extinctions de part et d'autre de la frontière K-T, comme l'a mis en évidence la controverse, certains paléontologistes ont imaginé qu'une série de violentes éruptions auraient eu lieu pendant des millions d'années avant la fin du Crétacé ; elles auraient périodiquement provoqué à l'échelle planétaire des nuages de poussière, d'énormes incendies, des pluies acides, et des refroidissements climatiques. Ces événements néfastes auraient concouru à réduire les effectifs des populations de toutes sortes d'organismes et à ramener leur distribution géographique dans certaines régions limitées du globe. Certains types d'animaux, comme les dinosaures, les ammonoïdes et les foraminifères, auraient été touchés sévèrement. Les insectes et les plantes ont persisté plus ou moins intacts, peut-être en raison de leur capacité à fonctionner à bas niveau physiologique pendant des mois ou des années d'affilée.

Adaptant leur modèle, certains scientifiques favorables à l'hypothèse du météorite, mais impressionnés par ces données nouvelles sur les extinctions, ont abandonné l'hypothèse reposant sur un seul événement catastrophique. Ils ont postulé qu'une série d'impacts météoritiques plus petits, distribués sur le million d'années de la transition, auraient pu entraîner des extinctions progressives de part et d'autre de la frontière K-T.

Tous les paléontologistes n'ont pas été aussi pressés d'abandonner à la fois l'hypothèse du méga-Krakatau et celle de l'impact unique. Ils ont redoublé d'effort pour trouver des fossiles à proximité de la frontière K-T, afin de mieux préciser le moment des extinctions de masse. À présent, la balance paraît pencher quelque peu en faveur de l'hypothèse de l'événement unique. Sur la base de meilleures données fossiles, il semble très plausible que les dinosaures et les ammonoïdes aient été fauchés soudainement au moment de l'impact météoritique ou de la méga-éruption supposés. Les données sur les foraminifères restent ambiguës et controversées. L'étude des plantes apporte de bons arguments en faveur de l'idée de catastrophe unique. Leurs fossiles sont plus abondants et peuvent facilement être interprétés, surtout les grains de pollens, qui, année après année, s'accumulent dans les vases aux fonds des lacs. Dans l'Ouest de l'Amérique du Nord, il s'est produit une soudaine et sévère réduction du pollen fossile dû aux plantes à fleurs au niveau de la frontière K-T, suivie par une augmentation également brutale du pollen fossile dû aux fougères – il y a un « pic des fougères » bien connu dans les archives fossiles. Peu de temps après ce pic, le pollen des plantes à fleurs fait son retour, représentant cette fois un autre assortiment d'espèces. Le déclin temporaire des plantes à fleurs et l'essor des fougères sont des phénomènes compatibles avec l'idée qu'un hiver aurait régné au moment de la frontière K-T, autrement dit que l'atmosphère se serait obscurcie et que le climat se serait refroidi sous l'effet de nuages de poussière et de fumées persistant une année ou deux. Certaines espèces de plantes se sont éteintes, en particulier les plantes aux larges feuilles persistantes appartenant à la catégorie générale représentée de nos jours par les magnolias et les rhododendrons. Les descendantes de celles qui ont survécu de manière éparse sont revenues, après un certain temps, mais en tant que membres d'un ensemble différent, propre à l'ère post-Mésozoïque. Dans l'hémisphère Sud, les conséquences sur la végétation ont été moins sévères.

À présent, la plupart des paléontologistes penchent avec prudence en faveur de l'hypothèse d'une fin soudaine et catastrophique de l'ère mésozoïque. Entre-temps, des travaux ont été engagés pour découvrir ce genre de preuve, qui compte parmi les plus recherchées en science : une observation unique, facile à interpréter, et mettant en évidence de façon catégorique une seule grande cause, ce qui permet d'écarter toutes les explications alternatives. En l'occurrence, il s'imposait de trouver la trace laissée par l'impact : il devrait y avoir, quelque part sur la Terre, un cratère géant, que l'on pourrait dater précisément de la frontière K-T. Puisque les deux tiers de la planète sont occupés par de l'eau, les indices du grand impact devaient peut-être se trouver sur le fond océanique, où ils seraient restés inaperçus jusqu'ici. En 1990, on a proposé deux sites possibles pour le cratère en question, sur la base de la distribution du quartz « traumatisé » et de formations géologiques particulières au sein des strates accessibles : l'un se trouve dans la mer des Caraïbes, au sud-ouest d'Haïti, l'autre juste au sud de la partie occidentale de Cuba, à 1 350 kilomètres du premier site. Les preuves ne sont cependant pas assez fortes pour emporter la conviction. Les données géologiques continuent d'être étudiées, et de nouvelles recherches sont entreprises dans d'autres bassins océaniques.

On pourrait envisager un compromis. Les deux hypothèses, celle du météorite et celle du volcanisme, pourraient être toutes deux correctes. Ces deux types d'événements auraient pu se produire en même temps. Un météorite de dix kilomètres de diamètre frappant la planète à des dizaines de milliers de kilomètres à l'heure aurait ébranlé la surface de la Terre et provoqué l'obscurcissement du ciel. Il aurait pu aussi déclencher des éruptions volcaniques sur tout le globe. Ou bien une activité volcanique résultant d'une cause différente aurait pu être le facteur principal, l'impact météoritique donnant le coup de grâce aux dinosaures et aux animaux marins les plus sensibles, à l'époque que nous appelons la frontière K-T.

Cela nous amène à rappeler que l'extinction du Crétacé n'est que l'une des cinq catastrophes de ce genre qui se sont produites durant les derniers cinq cents millions d'années, et qu'elle n'a pas été la plus sévère. En outre, les plus anciens de ces événements ne paraissent pas avoir été associés à des impacts météoritiques ou à des phases de volcanisme extraordinairement intenses. Les cinq grandes extinctions de masse se sont produites dans l'ordre suivant, aux périodes géologiques et aux dates indiquées ci-après (en millions d'années avant notre époque) : Ordovicien, 440 millions d'années ; Dévonien, 365 millions d'années ; Permien, 245 millions d'années ; Trias, 210 millions d'années ; et Crétacé, 66 millions d'années. Une grande quantité de fluctuations de second et de troisième ordre sont intervenues aussi, mais ces cinq désastres se situent à l'extrémité de la courbe des événements violents. Ils ont le même rapport aux autres épisodes qu'une catastrophe à un accident, un ouragan à un orage d'été.

Les organismes qui montrent le plus clairement les variations d'effectifs révélatrices des extinctions sont les animaux qui vivent dans la mer – des mollusques et des arthropodes jusqu'aux poissons – pour la simple raison que leurs restes se déposent rapidement sur le fond, sont recouverts de sédiments et passent à l'état fossile avant d'avoir été complètement décomposés. En outre, il faut remarquer que les unités taxinomiques prises en compte dans l'évaluation des extinctions sont les familles d'espèces apparentées, parce que si un groupe était représenté par plusieurs espèces au moment du dépôt envisagé, au moins l'une d'entre elles aurait de bonnes chances d'apparaître ensuite sous forme fossile. Si l'on se fondait sur des espèces individuelles, beaucoup d'entre elles seraient sûrement rares ou très inégalement distribuées, ce qui introduirait de grandes erreurs statistiques.

Regardons par exemple les données nombreuses sur les animaux marins qui ont été rassemblées et analysées par John Sepkoski et David Raup de l'université de Chicago, ainsi que d'autres chercheurs. Les pertes en familles ont été à chaque fois les mêmes, 12 % environ, lors de chacune des exterminations de masse, sauf pour celle du Permien, qui a enregistré une vertigineuse perte de 54 %. Il existe des méthodes statistiques permettant d'évaluer le nombre des familles éteintes et d'en extrapoler les pertes en espèces auxquelles elles correspondent. On estime que la grande catastrophe du Permien a entraîné une perte de 77 à 96 % de toutes les espèces d'animaux marins. Raup a remarqué que « si ces chiffres sont raisonnablement proches de la vérité, cela veut dire que les êtres vivants (du moins les organismes supérieurs) à l'échelle de la planète sont passés tout près de la totale destruction ». Les trilobites et les poissons placodermes, deux groupes remarquables et dominants des périodes les plus anciennes, ont effectivement péri. Sur la terre ferme, les reptiles mammaliens, lointains ancêtres de l'homme, ont subi de graves pertes, et seuls quelques survivants ont réussi à passer au travers. Les insectes et les plantes ont été moins affectés ; d'une manière ou d'une autre, ils ont acquis cette armure invisible qui les a protégés lors de tous les épisodes ultérieurs.

On n'a pas trouvé d'iridium dans les couches datant de l'époque de chacune des quatre premières extinctions de masse. Ainsi, il est clair qu'il n'y a pas eu d'impact météoritique d'ampleur suffisante pour provoquer la plupart des catastrophes de premier ordre. Il y a eu des éruptions volcaniques massives dans le centre et au nord de la Sibérie, à peu près au moment des extinctions permiennes, peut-être suffisantes pour altérer le climat à l'échelle de la planète, mais le lien avec les disparitions d'espèces est loin d'être prouvé. Que s'est-il donc passé ? Pour Steven Stanley et certains autres paléobiologistes, l'agent principal des extinctions a été le changement du climat à long terme. Les preuves sont indirectes, mais convaincantes. Les organismes tropicaux se sont retirés en direction de l'équateur, et ce mouvement a atteint son maximum au moment des différentes crises. Les organismes constructeurs de récifs, notamment les algues et les éponges calcaires, ont été très touchés par ces modifications climatiques. Ils ont disparu sur de grandes régions de la planète. L'infrastructure des récifs, formée par les squelettes des organismes éteints, a ensuite été érodée par l'action des vagues ou bien recouverte par les sédiments. (L'un de ces récifs fossiles, formé en Australie il y a trois cent cinquante millions d'années, a, d'une façon ou d'une autre, résisté à l'érosion, et constitue encore un élément dominant du paysage.) Les aires de répartition des organismes tropicaux ont été comprimées vers l'équateur, et les glaciers ont pris de l'extension durant les différentes crises.

Il semble donc que la planète ait connu des périodes de refroidissement dramatique pendant les quatre premières crises. De nombreuses espèces ont ainsi été éliminées ou poussées dans des aires de répartition plus restreintes, ce qui les a rendues plus vulnérables à d'autres causes d'extinction.

Tout ce que j'ai dit jusqu'ici conduit à se poser la question de la cause ultime. Si le refroidissement planétaire a été l'agent des extinctions, comment a-t-il lui-même été engendré ? D'après les géologues, la cause la plus vraisemblable a été le mouvement des masses continentales et des mers qui les bordent, au cours de la dérive des continents. Lors des premières grandes extinctions — celles de l'Ordovicien, du Dévonien et du Permien — les masses continentales étaient réunies en un seul super-continent : la Pangée. Dans la mesure où son bloc austral, le Gondwana, jouxtait le pôle Sud à la fin de l'Ordovicien et du Dévonien, cela a entraîné de vastes glaciations, et les crises d'extinction sont survenues à peu près en même temps. Durant le Permien, la Pangée a dérivé vers le Nord, et les glaciers se sont étendus à la fois sur ses bords nord et sud. Dans la mesure où la glace s'est accumulée, le niveau des mers a baissé, réduisant drastiquement l'extension des mers chaudes dans lesquelles vivaient alors la majorité des êtres vivants.

La dérive continentale ne semble pas avoir été la cause d'un refroidissement à l'échelle planétaire à la fin du Mésozoïque. C'est pourquoi on peut se tourner légitimement vers des explications mettant en jeu des météorites ou des volcans. De nos jours, les masses continentales sont distribuées sur la planète de façon à favoriser de hauts niveaux de diversité biologique : les continents sont largement séparés, leurs rivages sont extrêmement longs et de vastes étendues de mers tropicales peu profondes sont parsemées d'une grande quantité d'îles. Durant les soixante-six millions d'années qui viennent de s'écouler, rien n'indique qu'il y ait eu des chutes de météorites ou des éruptions volcaniques à l'échelle mondiale, du moins rien d'assez puissant pour écrouler le château de cartes que nous appelons biodiversité.

Le monde vivant a subi des pertes à l'occasion de cinq événements majeurs, et à un moindre degré, ici et là, de par le monde, lors d'innombrables autres épisodes. Après chaque régression, il a rétabli au moins le niveau originel de diversité. Combien de temps a-t-il fallu pour que l'évolution efface les pertes subies lors des crises de premier ordre ? Le nombre de familles d'animaux marins est une mesure aussi fiable que peuvent le permettre les archives fossiles existantes. En général, cinq millions d'années ont suffit pour que s'instaure une bonne reprise. La récupération complète pour chacune des cinq grandes extinctions a requis des dizaines de millions d'années. En particulier, celle de l'Ordovicien a demandé vingt-cinq millions d'années, celle du Dévonien, trente millions d'années, celles du Permien et du Trias (combinées, étant donné leur proximité dans le temps) cent millions d'années, et celle du Crétacé, vingt millions d'années. Ces chiffres devraient faire réfléchir quiconque pense que, de toute façon, la Nature réparera ce que *Homo sapiens* a détruit. Peut-être que oui, mais pas dans un laps de temps ayant quelque sens pour l'humanité contemporaine.

Dans les chapitres qui vont suivre, je vais décrire la façon dont se forme la diversité du monde vivant, d'après l'opinion de la plupart des biologistes – des points de vue contraires seront aussi présentés. J'apporterai les preuves que l'humanité a déclenché la sixième grande crise d'extinction, précipitant au néant une grande proportion des espèces qui nous accompagnent, et ce en l'espace d'une génération. Et finalement, je soutiendrai que chaque parcelle de la diversité biologique est sans prix. Il faut les étudier, accorder beaucoup d'attention à chacune d'elles, et ne jamais les abandonner sans lutte.

Deuxième Partie

L'Essor De La Biodiversité

Chapitre 4

L'UNITÉ FONDAMENTALE

Il se pourrait que le mystère le plus étonnant de la vie porte sur les moyens qu'elle a utilisés pour créer tant de diversité à partir de si peu de matière. La biosphère, c'est-à-dire l'ensemble des organismes sur la planète, ne représente environ qu'un dix-milliardième de la masse de la Terre. Elle est distribuée de façon clairsemée au sein d'une couche d'un kilomètre d'épaisseur, comprenant le sol, l'eau et l'air, et elle est étalée sur une surface d'un demi-milliard de kilomètres carrés. Si le monde avait la taille d'un globe de bureau ordinaire et que l'on regardait sa surface de côté, à un mètre de distance, on n'y verrait à l'œil nu aucune trace de biosphère. Cependant, la vie organique s'est répartie en millions d'espèces, et chacune de ces unités fondamentales joue un rôle unique en son genre par rapport au tout.

Une autre image pour montrer à quel point la vie organique est ténue : représentez-vous en train d'accomplir un voyage qui parte du centre de la Terre, au pas du promeneur. Pendant les douze premières semaines, vous traversez des roches et des magmas brûlants, dépourvus de toute vie. À six minutes de la surface, sur les cinq cents mètres restants, vous rencontrez les premiers organismes, des bactéries se nourrissant de substances alimentaires qui ont filtré dans la profondeur des strates où circulent les eaux. Vous émergez à la surface, et pendant dix secondes, vous apercevez une éblouissante explosion de vie, des dizaines de milliers d'espèces de micro-organismes, de plantes et d'animaux, dans l'horizon balayé par votre regard. Une demi-minute plus tard, vous ne trouvez presque plus rien. Et deux heures plus tard, il ne reste plus que de faibles traces : vous ne rencontrez plus que les passagers des avions de ligne, êtres humains eux aussi remplis de bactéries.

La vie peut se caractériser fondamentalement comme une lutte entre un nombre immense d'organismes variés qui ne pèsent presque rien et qui cherchent à capter une toute petite quantité d'énergie. Son existence à l'échelle de la planète n'est tributaire que de 10 % de l'énergie solaire atteignant la surface de la Terre, proportion fixée par la photosynthèse réalisée par les plantes vertes. L'énergie disponible diminue ensuite fortement tandis qu'elle passe d'un organisme à l'autre dans la chaîne alimentaire : 10 % parvient aux chenilles et autres herbivores qui mangent les plantes et les bactéries ; 10 %, soit 1 % de la quantité originelle, arrive au niveau des araignées et autres carnivores de bas niveau qui mangent les herbivores ; 10 % de ce reliquat est récupéré par les oiseaux et autres carnivores de niveau intermédiaire qui mangent les carnivores de bas niveau, et ainsi de suite jusqu'aux carnivores du sommet de l'échelle, qui ne sont mangés par personne, excepté les parasites et les charognards. Les carnivores du sommet de l'échelle, qui comprennent notamment les aigles, les tigres et le grand requin blanc, sont contraints, par leur position au sommet de la chaîne alimentaire, à avoir de grandes dimensions et à être peu nombreux. Leur vie dépend d'une si petite partie de l'énergie disponible dans la biosphère, qu'ils côtoient toujours le bord de l'extinction, et qu'ils sont toujours les premiers à être touchés lorsque l'écosystème autour d'eux commence à s'éroder.

On peut comprendre rapidement beaucoup de choses à la diversité biologique en remarquant que les espèces sont arrangées en deux hiérarchies au sein de la chaîne alimentaire. La première est la pyramide de l'énergie, qui découle directement de la loi de diminution du flux d'énergie, évoquée ci-dessus : une quantité relativement grande d'énergie solaire arrivant sur la Terre se retrouve dans les plantes, tout en bas ; puis, elle va en diminuant continuellement jusqu'à atteindre une quantité minime chez les gros carnivores, tout au sommet. La seconde pyramide est formée par la biomasse, le poids des organismes. De loin, la plus grande partie de la masse physique représentée par l'ensemble des êtres vivants est matérialisée dans les plantes. La masse qui vient ensuite rassemble les organismes assurant la décomposition des matériaux organiques, des bactéries aux champignons et aux termites ; ensemble, ils extraient jusqu'à la dernière parcelle d'énergie fixée dans les tissus morts et les déchets, à tous les niveaux de la chaîne alimentaire, et en échange, retournent des substances chimiques dégradées aux plantes. À chacun des niveaux situés au-dessus des végétaux, la biomasse diminue, et ainsi de suite jusqu'aux carnivores du sommet de l'échelle, lesquels sont si peu abondants, que le fait d'en voir un dans la nature laisse un souvenir impérissable. Cela mérite d'être souligné nettement. Personne ne jette un deuxième regard sur un moineau ou un écureuil, ou même un seul sur un pissenlit ; mais la vue d'un faucon pèlerin ou d'un puma est un événement qui marque à vie. Ce n'est pas seulement en raison de leur taille (pensez à une vache) ou de leur férocité (pensez au chat domestique) ; c'est parce qu'ils sont rares.

La pyramide formée par la biomasse des organismes marins est, à première vue, étonnante : elle se présente sens dessus dessous. Pourtant, les organismes photosynthétiques captent bien presque toute l'énergie, laquelle subit ensuite des diminutions successives au cours de sa circulation, comme le veut la loi des 10 % ; mais ils représentent une masse physique moindre que celle des animaux qui les mangent. Comment cette inversion est-elle possible ? La réponse est que les organismes photosynthétiques ne sont pas des plantes comme celles que l'on connaît sur les continents. Il s'agit de phytoplancton, algues unicellulaires microscopiques transportées passivement par les courants marins. Au niveau cellulaire, les algues planctoniques fixent davantage l'énergie solaire et fabriquent plus de protoplasme que les plantes terrestres, et elles croissent, se divisent, et meurent à un rythme bien plus rapide. Elles sont consommées par de petits animaux, particulièrement des copépodes et d'autres petits crustacés transportés par les courants marins, et donc appelés zooplancton. Ceux-ci en cueillent d'énormes quantités, mais leurs champs marins, producteurs de matériaux photosynthétiques, n'en sont pas menacés d'épuisement pour autant. Le zooplancton est à son tour mangé par de gros invertébrés et des poissons, qui sont ensuite mangés par de plus gros poissons et des mammifères marins tels que des phoques, des marsouins ou des dauphins. Ces derniers sont chassés par l'orque et le grand requin blanc, les carnivores du sommet de l'échelle. L'inversion de la pyramide de la biomasse explique pourquoi les eaux du plein océan sont si claires et pourquoi vous pouvez y plonger votre regard et occasionnellement apercevoir un poisson, mais pas les plantes vertes – en l'occurrence ici, les algues –, ces organismes dont tous les animaux dépendent en dernier ressort.

Nous sommes arrivés à la question centrale. Les plus grands organismes de la Terre, ceux qui forment les superstructures visibles des pyramides de l'énergie et de la biomasse, doivent leur existence à la diversité biologique. De quoi donc est constituée la biodiversité ? Depuis l'Antiquité, les biologistes se sont sentis contraints de définir une unité atomique permettant de décomposer la biodiversité en parties élémentaires ; ils ont cherché à décrire ces dernières, à les mesurer et à les ré-assembler. Permettez-moi d'insister un peu plus sur cette importante question. La science occidentale s'est construite sur cette quête obsessionnelle, et jusqu'ici couronnée de succès, d'unités atomiques, à partir desquelles des lois et des principes abstraits peuvent être tirés. Les connaissances scientifiques sont écrites dans le langage des atomes, des particules subatomiques, des molécules, des organismes, des écosystèmes, ainsi que de nombreuses autres unités – et l'espèce est l'une de ces dernières. Le métaconcept qui rassemble toutes les unités est celui de la hiérarchie, qui suppose des niveaux d'organisation. Les atomes se lient pour former des molécules, lesquelles sont assemblées en noyaux cellulaires, mitochondries et autres organites, lesquels sont agrégés pour donner des cellules, lesquelles sont associées en tissus. En continuant vers le haut, on passe à des niveaux tels que les organes, les organismes, les sociétés, les espèces et les écosystèmes. La procédure inverse est une décomposition : elle permet de passer de l'écosystème à l'espèce, de l'espèce à la société et aux organismes, et ainsi de suite en descendant. En science, les travaux théoriques et expérimentaux sont guidés par l'idée – la foi, pourrait-on dire – que les systèmes complexes peuvent être décomposés en systèmes plus simples. On poursuit sans relâche cette quête des unités naturelles, jusqu'à ce qu'on les trouve, comme le vrai Graal, pour la plus grande joie de tous. La renommée scientifique attend ceux qui découvrent les lignes de fracture permettant la décomposition d'un tout et les processus par lesquels les petites unités sont assemblées pour donner des unités naturelles plus grandes.

C'est pourquoi le concept d'espèce est crucial pour l'étude de la biodiversité. C'est le Graal de la discipline biologique appelée systématique. Faute de cette unité naturelle qu'est l'espèce, on devrait laisser tomber une grande partie de la biologie, de l'écosystème jusqu'à l'organisme. On devrait accepter l'idée que des variations désordonnées peuvent se produire, et que des entités intuitivement évidentes telles que l'orme d'Amérique (*Ulmus americana*), le papillon blanc du chou (*Pieris rapae*) et l'espèce humaine (*Homo sapiens*), peuvent présenter des limites arbitraires. Sans espèces naturelles, les écosystèmes ne pourraient être analysés que dans les termes les plus généraux, en ne décrivant que de façon grossière et variable les organismes qui les composent. Les biologistes auraient du mal à comparer les résultats d'une étude à l'autre. Comment pourrions-nous, par exemple, émettre un jugement sur les milliers d'articles scientifiques portant sur la mouche du vinaigre, organisme sur lequel est fondée une grande partie de la génétique moderne, si l'on ne pouvait distinguer une variété de mouche d'une autre ?

J'en viens au vif du sujet et au « concept biologique de l'espèce » : *une espèce est une population dont les membres peuvent se croiser sans difficultés dans des conditions naturelles.* Cette définition paraît simple, mais elle souffre de nombreuses exceptions, toutes intéressantes, toutes révélatrices de la complexité qui règne dans la biologie de l'évolution elle-même. À mon avis, le Graal est bien en notre possession, même ébréché et terni. Le calice est là, posé sur l'autel. Je m'empresse d'ajouter que tous les biologistes n'admettent pas forcément que le concept biologique de l'espèce soit solide ou qu'il représente la pierre angulaire sur laquelle repose toute description de la diversité biologique. Ils pensent que ce rôle est mieux rempli par l'idée de gène ou d'écosystème, ou alors ils se contentent de travailler dans l'anarchie conceptuelle. Je pense qu'ils ont tort. Quoi qu'il en soit, nous reviendrons bientôt sur les difficultés de la notion d'espèce biologique, ce qui permettra d'évoquer leurs critiques.

Pour le moment, laissez-moi développer cette définition, qui est acceptée au moins provisoirement par une majorité de biologistes évolutionnistes. Remarquez qu'elle est assortie de la réserve : « dans des conditions naturelles ». Cela signifie que des hybrides résultant du croisement de deux sortes d'animaux en captivité, ou de deux sortes de plantes cultivées dans un jardin, ne permettent pas de classer leurs géniteurs comme membres d'une seule espèce. Pour prendre un exemple célèbre, les gestionnaires de parcs zoologiques ont depuis des années réalisé le croisement du tigre et du lion. Le rejeton qui en résulte s'appelle « tigron ». Mais l'existence d'un tel hybride ne prouve rien, sauf peut-être que le tigre et le lion sont génétiquement plus proches l'un de l'autre qu'ils ne le sont d'autres gros félins. On n'a pas encore répondu à la question de savoir si le tigre et le lion se croisent sans difficulté lorsqu'ils se rencontrent dans des conditions naturelles.

De nos jours, ces deux espèces ne viennent jamais à se rencontrer dans la nature, parce que l'expansion des populations humaines les a repoussées en différents points du Vieux Monde. Les lions se trouvent essentiellement en Afrique, au Sud du Sahara, à l'exception d'une petite population dans la forêt de Gir, au nord-ouest de l'Inde. Les tigres vivent de Sumatra à l'Inde et à l'Asie du Sud-Est, en petites populations menacées d'extinction. En Inde, on ne trouve aucun tigre dans la région de la forêt de Gir. Au premier abord, il pourrait donc sembler difficile, dans ce cas précis, de mettre à l'épreuve le concept biologique de l'espèce par l'observation de croisements se faisant sans difficultés dans la nature. Au cours des temps historiques, les aires de répartition des deux grands félins se recouvraient sur de grandes portions au Moyen-Orient et en Inde. Si l'on pouvait savoir ce qui s'est passé dans les temps anciens, on pourrait répondre à la question.

À l'apogée de l'Empire romain, lorsque l'Afrique du Nord était couverte de savanes fertiles – il était possible de se rendre de Carthage à Alexandrie sans quitter l'ombre des arbres – des

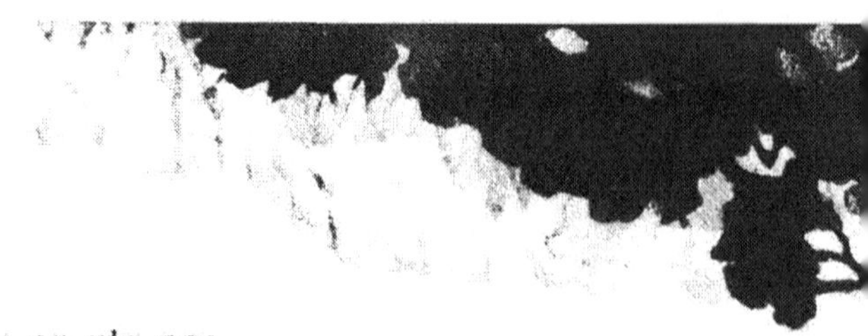

*La question à laquelle on n'a pas
encore répondu est de savoir si le tigre
et le lion se croisent sans difficulté
lorsqu'ils se rencontrent dans des
conditions naturelles.*

expéditions, composées de soldats armés de filets et de lances, étaient organisées pour capturer des lions : on en montrait dans les zoos ou ils figuraient dans les jeux de l'arène. Quelques siècles plus tôt, les lions étaient encore abondants dans le Sud-Est de l'Europe et le Moyen-Orient. Dans les forêts de l'Attique, ils s'attaquaient à l'homme, et étaient eux-mêmes chassés à titre de divertissement par les rois assyriens. Outre ces régions, leur aire de répartition s'étirait à l'est jusqu'en Inde, où ils prospéraient encore à l'époque de la colonisation britannique au XIXᵉ siècle. De leur côté, les tigres figuraient du nord de l'Iran à l'Inde, et de là, vers le Nord, jusqu'en Corée et en Sibérie et, vers le Sud, jusqu'à Bali. Pour autant que nous le sachions, aucun tigron n'a été signalé dans la zone de recouvrement de leurs aires de répartition. Cette absence est d'autant plus remarquable que, sous l'Empire britannique, les trophées de chasse étaient prisés et que l'on a consigné soigneusement les exploits cynégétiques pendant plus d'un siècle.

Nous avons une idée assez précise des raisons pour lesquelles les deux grands félins, en dépit du recouvrement passé de leurs aires de répartition, ne se sont pas hybridés dans la nature. Premièrement, ils ne se plaisaient pas dans les mêmes habitats. Bien que la ségrégation ait été loin d'être parfaite, les lions se trouvaient surtout dans les savanes et les prairies ouvertes, et les tigres dans les forêts. Deuxièmement, leur comportement était (et est encore) radicalement différent, avec des modalités non dépourvues de conséquences pour la recherche des partenaires sexuels. Les lions sont les seuls félins sociaux. Ils vivent en bandes, dont les noyaux permanents sont constitués par des femelles étroitement liées et leurs jeunes. Lorsqu'ils atteignent la maturité, les mâles quittent la bande où ils sont nés et rejoignent d'autres bandes, souvent par paires de frères. Les femelles et les mâles adultes chassent ensemble, les premières jouant le rôle dominant. Au contraire, le tigre, comme tous les autres félins à part le lion, est solitaire. Les mâles émettent dans leur urine une odeur différente de celles des lions, pour marquer leur territoire ; ils ne s'approchent les uns des autres et des femelles que brièvement, à la saison de reproduction. En résumé, il semble que les adultes des deux espèces aient eu peu de chances de se rencontrer et de se côtoyer assez longtemps pour engendrer des petits.

Chaque espèce biologique représente un patrimoine génétique collectif clos, une collection d'organismes qui n'échange pas de gènes avec d'autres espèces. Ainsi isolée, elle acquiert, par évolution, des traits diagnostiques héréditaires et se distribue sur une aire géographique qui lui est propre. Au sein de l'espèce, les individus particuliers et leurs descendants ne peuvent diverger beaucoup des autres, parce qu'ils doivent se reproduire sexuellement et mêler leurs gènes à ceux d'autres familles. Sur de nombreuses générations, toutes les familles appartenant à la même espèce biologique sont par définition liées en un seul groupe, par des liens généalogiques ascendants ou descendants ; elles évoluent donc toutes dans la même direction générale.

Le concept biologique de l'espèce fonctionne très bien si l'on ne considère qu'une petite région, telle qu'une province ou une petite île, et sur une courte période de temps. Prenez n'importe quel groupe d'organismes avec ce type de répartition et durant la période indiquée. Choisissez-en un au hasard : disons, par exemple, les rapaces du comté de Harris au Texas. Promenez-vous à pied dans ce qui reste d'habitats naturels autour de la ville de Houston, cherchant à voir des vautours, des buses, des busards, des balbuzards fluviatiles, des faucons et vous finirez par recenser seize espèces. Certains, comme la buse à épaulettes rousses (*Buteo lineatus*) et le faucon des moineaux (*Falco sparverius*), sont relativement communs. D'autres, comme la buse de Harlan (*Buteo harlani*) et le faucon des prairies (*Falco mexicanus*), sont rares. Au bout du compte, après avoir visité suffisamment de prairies, de bois de pins et de marécages boisés, vous aurez dressé la même liste que celle des ornithologues chevronnés ; vos observations coïncideront avec celles que rapporte Roger Tory Peterson dans son *Field Guide to the Birds of Texas and Adjacent States* (Guide pour l'observation sur le terrain des oiseaux du Texas et des États adjacents). Chaque espèce de rapace est caractérisée par une combinaison de traits anatomiques (autrement dit, c'est une combinaison qui permet le diagnostic de l'espèce) : cri d'appel, proies préférées, type de vol et répartition géographique. On peut penser que certaines de ces carctéristiques, comme le comportement reproducteur, peuvent contribuer à l'isolement reproductif des seize espèces. Les hybrides dans la nature sont quasiment inexistants.

Il vous est peut-être venu immédiatement à l'esprit que le consensus portant sur l'identification de ces espèces de rapaces pourrait être seulement un artefact culturel : le diagnostic des traits anatomiques et l'attribution des noms scientifiques n'obéiraient qu'à une convention. Et celle-ci se serait formée de la même façon que sont apparues les coutumes, c'est-à-dire en fonction des intuitions et des accidents de l'histoire – elle aurait dépendu de la première personne qui aurait utilisé les coloris du plumage pour classifier les types, de la première à appliquer un nom latin à telle ou telle catégorie d'oiseau identifiable, et ainsi de suite, jusqu'à ce qu'une classification émerge, laquelle aurait satisfait un nombre suffisant de gens. Et, pour finir, Roger Tory Peterson aurait donné son imprimatur. Mais tout cela est faux. Il existe un test qui permet de distinguer les artefacts culturels des unités naturelles : il consiste à comparer les classifications d'espèces réalisées dans des sociétés humaines qui n'ont jamais été en contact. En 1928, le grand ornithologue Ernst Mayr, tout jeune encore, se rendit dans les lointains Monts Arfak de Nouvelle-Guinée pour constituer la première collection complète d'oiseaux, y compris les rapaces. Avant de partir, il visita les collections les plus importantes qui figuraient déjà dans les muséums européens. L'étude des spécimens ramenés de l'ouest de la Nouvelle-Guinée lui suggéra qu'il devrait trouver vraisemblablement un peu plus d'une centaine d'espèces d'oiseaux dans les Monts Arfak. Il voyait l'espèce, à la manière d'un scientifique européen qui observe des oiseaux morts, puis les range en séries en fonction de leurs traits anatomiques, de même qu'un caissier de banque fait des piles de pièces de cinq, de dix et de cinquante centimes. Une fois son camp installé, au terme d'un long voyage plein de périls, il loua les services de chasseurs indigènes pour l'aider à collecter tous les oiseaux de la région. À mesure que les chasseurs rapportaient les spécimens, il notait le nom qu'ils utilisaient dans leur propre système de classification. En définitive, il découvrit que les habitants de la région des Monts Arfak reconnaissaient cent trente-six espèces d'oiseaux, ni plus, ni moins, et que leurs espèces correspondaient parfaitement à celles que distinguaient les biologistes européens travaillant en muséum. La seule exception était constituée par deux espèces qui se ressemblaient étroitement, et que Mayr, en scientifique expérimenté, arrivait à distinguer, mais que les indigènes, bien qu'excellents chasseurs, regroupaient sous le même nom.

Bien des années plus tard, alors que j'avais vingt-cinq ans (à peu près l'âge qu'avait Mayr à l'époque de son expédition dans les Monts Arfak), je fis un long voyage dans la région des Monts Saruwaget dans le Nord-Est de la Nouvelle-Guinée, pour collecter des fourmis. Je répétai le test interculturel, et constatai que les indigènes de cette région ne savaient pas discriminer les espèces de fourmis les unes des autres. Pour eux, une fourmi était une fourmi, un point c'est tout. En fait, il ne fallait pas s'en étonner. Ce n'était pas les fourmis des Monts Saruwaget ou les indigènes de la région qui ne réussissaient pas à ce test ; c'était seulement que les Papous n'avaient aucun besoin pratique de classer les fourmis. Au contraire, les chasseurs des Monts Arfak vivent de leur connaissance de la diversité des oiseaux, tout comme l'ornithologue européen. À l'époque de Mayr au moins, les oiseaux sauvages étaient leur principale source de viande.

Dans le même but, les tribus amérindiennes des bassins de l'Amazonie et de l'Orénoque ont une connaissance intime des plantes de la forêt vierge. Certains chamans et certains vieillards sont capables de mettre un nom sur un millier et plus d'espèces de

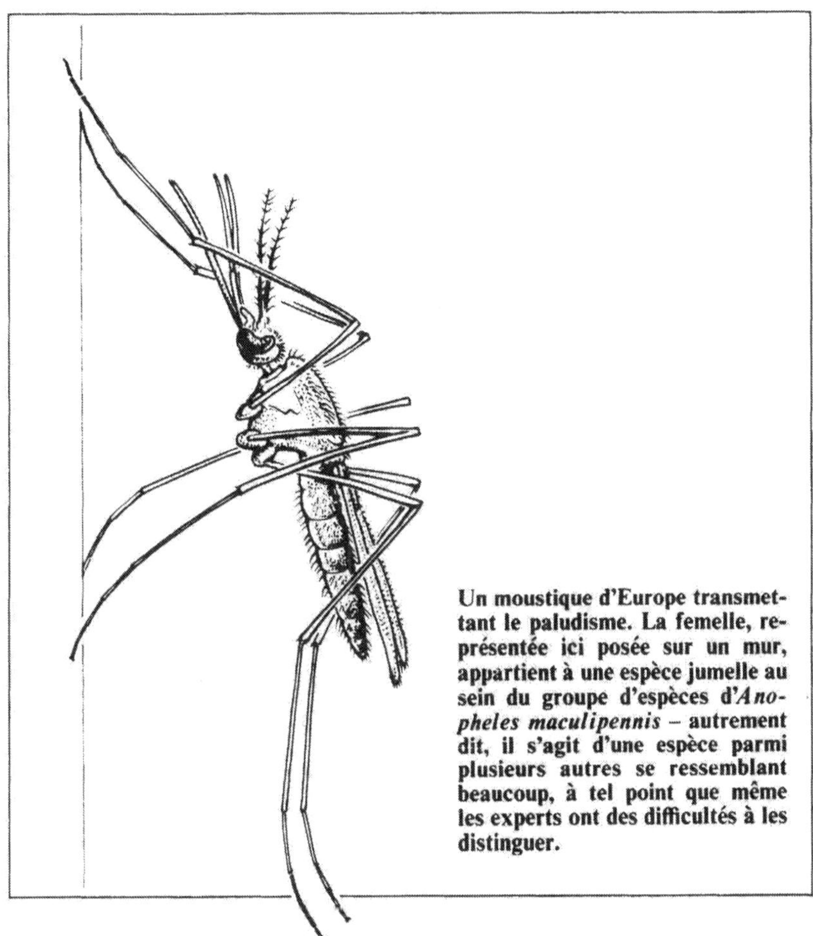

Un moustique d'Europe transmettant le paludisme. La femelle, représentée ici posée sur un mur, appartient à une espèce jumelle au sein du groupe d'espèces d'*Anopheles maculipennis* – autrement dit, il s'agit d'une espèce parmi plusieurs autres se ressemblant beaucoup, à tel point que même les experts ont des difficultés à les distinguer.

plantes. Non seulement les botanistes d'Europe et d'Amérique du Nord sont généralement d'accord avec les espèces que distinguent leurs collègues amérindiens, mais ils ont appris de ceux-ci quantités de choses concernant les habitats préférés, les saisons de floraison, et les usages pratiques des plantes. C'est un fait remarquable que la seule plante exploitée sur le plan alimentaire par les pays développés et qui ne soit pas déjà connue des populations indigènes est la macadamie ou noisetier d'Australie. Malheureusement, une grande partie des connaissances des indigènes sont en train de se perdre, dans la mesure où la culture européenne continue à pénétrer partout et où les dernières cultures à tradition orale des pays tropicaux s'affaiblissent et disparaissent. Nous sommes en train de perdre irrémédiablement des connaissances que l'on peut effectivement considérer comme scientifiques.

Dans toutes les cultures, l'élaboration d'une classification taxinomique relève de la survie. Le commencement de la sagesse, comme disent les Chinois, est d'appeler les choses par leur vrai nom. Lorsqu'on a découvert en 1895 que le paludisme est transmis par un moustique du genre *Anopheles*, divers gouvernements de par le monde ont entrepris l'éradication de ce vecteur de contamination en asséchant les régions marécageuses et en répandant des insecticides sur les régions infestées. En Europe, l'association entre l'agent du paludisme, le protozoaire parasite du sang *Plasmodium*, et le moustique vecteur *Anopheles maculipennis*, a paru d'abord incohérente, et les tentatives pour maîtriser le fléau n'ont souvent pas atteint complètement leur but. En certains endroits, le moustique était abondant et le paludisme rare ou absent, tandis qu'en d'autres le contraire était vrai. En 1934, le problème a été résolu. Les entomologistes ont découvert que *A. maculipennis* n'est pas une espèce, mais un groupe d'au moins sept espèces. Les moustiques adultes sont d'apparence extérieure quasiment identique, mais en fait, ils possèdent quantité de traits biologiques distinctifs, dont certains les empêchent de s'hybrider. Les premiers « caractères » de ce genre à avoir été détectés portaient sur la taille et la forme des masses d'œufs déposées par les moustiques femelles à la surface de l'eau. Par ailleurs, chez deux espèces, les œufs n'étaient pas pondus en masse, mais isolément. Cela a attiré l'attention des entomologistes, et d'autres pièces du puzzle se sont bientôt mises en place. On a trouvé rapidement d'autres caractères : la couleur des œufs, la morphologie des chromosomes, l'hibernation ou la reproduction continue durant l'hiver, et la répartition géographique. Le plus important est qu'on a pu ainsi reconnaître, sur la base de ces traits, celles des espèces qui se nourrissaient de sang humain et transmettaient le parasite responsable du paludisme. Dès lors, les membres dangereux du complexe *A. maculipennis* ont pu être spécifiquement éliminés. Le paludisme a disparu d'Europe.

C'est de cette façon que les systématiciens résolvent souvent des problèmes biologiques : ils repèrent les caractères qui permettent de discriminer des « espèces-jumelles ». À l'inverse, il leur arrive aussi souvent de regrouper des espèces jugées jusqu'ici valides, pour délimiter une espèce d'extension plus grande et sujette à variation, dès lors qu'ils ont démontré que n'existe qu'une seule population d'individus se croisant sans difficultés. Lorsque ces disjonctions ou ces regroupements sont pratiqués de façon judicieuse, ils ouvrent la voie à une interprétation correcte des organismes sur lesquels ont été accomplies ces opérations.

Cependant, le concept biologique de l'espèce pose de façon chronique de graves problèmes. Dès sa première formulation claire au tournant du siècle, il a souffert d'exceptions et d'ambiguïtés. La raison fondamentale en est que chaque espèce, définie comme une population ou un ensemble de populations isolées du point de vue de la reproduction, se trouve à un stade ou à un autre d'évolution qui la rend différente de toute autre espèce. Il s'agit, en outre, d'une entité unique en son genre, et pas simplement d'un exemplaire pris au sein d'une classe d'objets identiques, comme l'est un atome d'hydrogène ou une molécule de benzène. Elle est, de ce fait, d'une nature différente des notions physiques et chimiques qui correspondent à un ensemble de quantités mesurables. Un électron, par exemple, est une entité que l'on suppose exister, avec une charge électrique négative de $4,8 \times 10^{-10}$ unité et une masse de $9,1 \times 10^{-28}$ grammes. Bien sûr, personne n'a jamais vu d'électrons en réalité, mais les physiciens agissent comme s'ils existaient, parce que les propriétés qui sont attribuées aux électrons permettent d'expliquer avec précision les rayons cathodiques, les électro-aimants, l'effet photo-électrique, l'électricité et les liaisons chimiques. Une grande partie de la physique et de la chimie est fondée sur la représentation précise des mécanismes par lesquels les électrons se détachent des atomes et des molécules pour donner des ions positifs et des électrons libres. Dans le langage de la physique, ce sont des entités réelles ; on ne peut douter de leur existence « corporelle ». À l'université de Cambridge, dans les années 1930, Lord Rutherford et son équipe de recherche faisaient la louange de ces invisibles corpuscules, lors du dîner annuel au laboratoire Cavendish, sur l'air de la chanson bien connue *My Darling Clementine* :

> Là, dans leur gloire, les atomes
> S'ionisent et se recombinent.
> Oh mes chéris, oh mes chéris,
> Oh mes chéris, mes beaux ions.

Mais tous les membres d'une classe donnée sont identiques, et la classe est à jamais absolue et inaltérable.

Si l'on peut dire qu'un électron ou qu'un ion existent réellement et que tous les membres de leur classe sont interchangeables, de son côté, une espèce est une chose-en-soi qui partage simplement certaines propriétés avec la plupart des espèces, la plupart du temps. Car les espèces sont toujours en train d'évoluer, ce qui signifie que chacune change perpétuellement par rapport aux autres espèces. Dans certains cas, les espèces jumelles sont si semblables que seuls des tests biochimiques ou des expériences de croisements peuvent permettre de les distinguer, au grand désespoir des biologistes qui ont besoin de trier rapidement les organismes. On avait coutume de distinguer chez le petit protozoaire bien connu du genre *Paramecium*, très utilisé dans les cours de biologie au lycée, trois « espèces » courantes dans l'est des États-Unis : *P. aurelia*,

P. bursaria et *P. caudatum*, sur la base de différences morphologiques faciles à voir au microscope optique. Cependant, des recherches plus poussées ont révélé qu'il n'y avait pas moins de vingt espèces, distinctes au moins par leur mode de combinaison, qui constituent donc des populations évoluant indépendamment. La tentation est grande de fermer tout simplement les yeux sur cette complexité biologique et de s'en tenir aux trois vieilles espèces faciles à reconnaître, mais l'exemple du paludisme indique que ce n'est pas conseillé. Les biologistes savent au fond de leur cœur qu'on ne peut transiger sur des questions aussi importantes, et qu'ils doivent continuer à travailler jusqu'à ce que toutes les populations reproductivement isolées aient été définies, chacune des unités atomiques devant recevoir un nom.

Le cas des espèces jumelles ne soulève rien de plus que des problèmes techniques. Il ne menace pas de bouleverser la théorie biologique. Mais des problèmes conceptuels plus sérieux sont posés par les « semi-espèces », des populations qui se croisent partiellement – pas assez pour constituer un grand patrimoine génétique au sein duquel les croisements se font sans difficultés, mais suffisamment pour produire un bon nombre d'hybrides dans les conditions naturelles. C'est un problème crucial chez les plantes, surtout chez celles qui sont pollinisées par le vent, car le pollen est dispersé au loin et atterrit souvent sur les fleurs de la mauvaise espèce. Le long de la côte pacifique de l'Amérique du Nord, environ un tiers des espèces de pins et de chênes sont en réalité des semi-espèces. Cependant, d'une manière ou d'une autre, ces dernières restent des communautés reproductives distinctes. On peut les reconnaître en tant qu'entités particulières dans la nature, bien qu'elles échangent des gènes lors d'hybridations occasionnelles. On peut les distinguer par la morphologie de leurs feuilles et de leurs fleurs et l'habitat dans lequel elles croissent de préférence. Alan Whittemore et Barbara Schaal, après avoir étudié la façon dont les chênes blancs indigènes de la côte est des États-Unis diffèrent au niveau de l'ADN, ont formulé la conclusion suivante :

> Le genre *Quercus* (le chêne) est remarquable par le fait que les barrières de stérilité entre ses espèces sont très peu développées. Celles-ci sont interfécondes dans de nombreuses combinaisons, et on peut obtenir des hybrides naturels entre paires d'espèces très différentes l'une de l'autre, sur le plan morphologique et physiologique. Bien que l'on puisse observer une séparation écologique marquée entre certaines paires d'espèces interfécondes, beaucoup de ces dernières présentent des recoupements considérables de leur niche écologique.

Quoi qu'il en soit, les différentes espèces de chêne blanc restent distinctes. L'hybridation entre membres d'espèces différentes est beaucoup moins fréquente que les croisements entre membres d'une même espèce, et par conséquent les patrimoines génétiques collectifs restent partiellement clos.

Il est vrai, en outre, que l'abondance d'hybrides et le maintien de semi-espèces dans leur état ambigu ne sont peut-être pas un phénomène répandu chez les plantes. Les espèces tropicales paraissent échanger leurs gènes sur une moins grande échelle que celles des zones tempérées. En d'autres termes, elles se « comportent » davantage comme les animaux en maintenant de façon plus stricte la diversité des espèces. Puisque la grande majorité des espèces de plantes vit sous les tropiques, la tendance à conserver les acquis de l'évolution est peut-être un trait plus général du monde végétal que celle qui consiste à pratiquer une hybridation intense comme on l'observe chez les chênes. Une exception particulièrement frappante est celle d'un grand arbre du genre *Erythrina*, dont les espèces s'hybrident couramment. Mais l'étude génétique de l'hybridation et de la formation des espèces commence à peine chez les espèces tropicales, et on ne peut que rester prudent.

Le mécanisme de formation des espèces, que l'on expliquera au chapitre suivant, implique que, pendant un moment, après la séparation d'une espèce unique en deux nouvelles espèces – appelons-les A et B –, certains membres de l'espèce A peuvent être plus étroitement apparentés à des membres de l'espèce B qu'ils ne le sont à ceux de l'espèce A et vice versa. Ces apparentés de A et de B ont pratiquement les mêmes ancêtres communs, mais ils ont acquis quelques différences cruciales qui les empêchent d'échanger des gènes. Ils sont comme des sœurs qui vivent dans des pays différents séparés par des frontières infranchissables. Certains biologistes ont soutenu que de tels individus devraient être répertoriés dans la même espèce – laquelle serait une seule et unique « espèce phylogénétique » – indépendamment de leur incapacité à s'interféconder. D'autres biologistes, et j'en suis, contestent fermement une telle proposition. L'idée d'espèce phylogénétique est intéressante et utile, mais ne peut remplacer la notion d'espèce biologique. Prendre en considération les relations généalogiques unissant les individus à l'intérieur d'une population et d'une population à l'autre ne doit pas faire oublier l'isolement reproductif comme processus essentiel de diversification au sein de la population. Si les clans sororaux sont importants, les nations le sont encore plus.

Nous sommes maintenant confrontés à une difficulté conceptuelle encore plus importante pour le concept biologique de l'espèce. La notion d'un patrimoine génétique clos n'a pas de sens pour la minorité des organismes qui sont obligatoirement hermaphrodites – ceux qui ont des ovaires et des testicules s'autofécondent obligatoirement – ou bien parthénogénétiques (ceux qui produisent une progéniture à partir d'œufs non fécondés). Grâce à l'une ou l'autre de ces stratégies, divers micro-organismes, champignons, plantes, acariens, tardigrades, crustacés, insectes, et même des lézards, évitent les inconvénients, les périls et les émotions (du type de celles ressenties par les joueurs) liés à la reproduction sexuée.

Comment résoudre ce dilemme ? Les organismes asexués et ceux qui s'autofécondent tendent à assurer une remarquable constance. La vaste majorité d'entre eux, bien que libérée des contraintes évolutives de la compatibilité sexuelle, ne varient pas dans tous les sens, autrement dit ne déploient pas une vaste variation continue de formes, engendrant une grande confusion taxinomique. De façon générale, les combinaisons de gènes chez ces organismes tendent à se présenter en groupes, ce qui permet aux systématiciens d'assigner facilement la plupart des spécimens à leur catégorie spécifique. On admet généralement que ce regroupement découle du fait que les organismes déviants intermédiaires présentent une viabilité moins bonne et des performances reproductives inférieures. Seuls ceux qui ont une morphologie et un comportement proches de la norme sont à même de survivre et de se reproduire. Il faut remarquer d'autre part que de nombreuses espèces qui ne se reproduisent pas sexuellement se sont récemment développées à partir d'ancêtres se reproduisant sexuellement, et donc, n'ont pas eu assez de temps pour diverger ou proliférer. Á la longue, cependant, la délimitation de ces espèces par les biologistes deviendra arbitraire.

Le concept de patrimoine génétique clos perd de son sens dans le cas de la chrono-espèce, qui désigne les phases de l'évolution d'une même espèce laquelle correspond à des stades dans l'évolution de la même espèce au cours du temps. Regardons notre propre espèce, *Homo sapiens*, qui a évolué en ligne directe de *Homo erectus*, présente en Afrique et en Eurasie, il y a en gros un million d'années. Nous ne pouvons évidemment pas savoir si *H. sapiens* et *H. erectus* se croiseraient naturellement s'ils se rencontraient dans la nature. C'est une question creuse, si on l'extrait de son contexte ; c'est un koan de scientifique, l'équivalent du bruit fait par l'applaudissement d'une main durant un discours ennuyeux *. Cependant, les paléontologistes, poussés par les nécessités pratiques, ont raison de continuer de distinguer et de nommer des chrono-espèces. Il serait irresponsable de classer *H. sapiens* et *H. erectus* dans la même espèce, et encore plus d'y ajouter leur prédécesseur immédiat

---

* Dans le bouddhisme Zen, un « koan » est une énigme fondée sur un paradoxe et proposée par le maître au disciple pour exercer son esprit. Dans un koan classique, le maître frappe ses deux mains et dit à l'élève : « Ceci est le bruit des deux mains ; quel est le bruit d'une main ? » (N.d.T.)

H. habilis et – en remontant encore – les premiers australopithèques.

Désireux de trouver, même avec des réserves, quelque processus commun à une grande partie des organismes, les biologistes ne cessent de revenir au concept biologique d'espèce. En dépit de ses défauts, et bien qu'il ne puisse pas être employé comme une entité abstraite, à l'instar de l'électron, pour faire des calculs exacts, ce concept continuera vraisemblablement à tenir le devant de la scène pour la simple raison qu'il fonctionne suffisamment bien dans un bon nombre d'études chez la plupart des organismes.

La grande majorité des espèces se reproduit sexuellement et constitue des patrimoines génétiques clos. Le concept biologique de l'espèce fonctionne très bien dans l'étude des faunes et des flores locales, comme les rapaces du Texas, les moustiques d'Europe ou les primates de l'Ancien Monde, y compris *Homo sapiens*, et mieux encore dans l'étude des communautés bien délimitées, comme celles qui se sont installées sur les îles ou dans des habitats isolés, toutes conditions que l'on trouve, finalement, dans une grande partie du monde.

Pendant des années, j'ai enduré dans les séminaires et les couloirs d'université d'interminables débats sur le concept biologique d'espèce. J'ai lu une montagne d'articles exprimant des opinions diverses et assisté au va-et-vient de ce concept dans les esprits des biologistes évolutionnistes. Le nœud du problème semble être le processus démocratique de la science, dans la mesure où peu de scientifiques ont besoin de se prononcer à ce sujet : la plupart du temps, les biologistes peuvent en faire l'économie. En général, les systématiciens procèdent aux assignations d'espèces sur la base des différences observées sur les spécimens de muséums. Quand on leur demande si ces différences sont maintenues au moyen de l'isolement reproductif, ils répondent : probablement. Mais cela ne les préoccupe pas au point de chercher à le vérifier. Ils se contentent de voir que des différences morphologiques existent et laissent le soin aux biologistes des populations de trouver pourquoi il en est ainsi. Ces derniers sont enchantés, pour leur part, par la dynamique du processus de spéciation et les nombreux problèmes posés au concept biologique d'espèce par les premiers stades de la séparation des espèces. Pourquoi faudrait-il craindre le désordre ou même le chaos, l'espace d'un moment ? demandent beaucoup de chercheurs. Pourquoi ne pas jouer sur plusieurs concepts de l'espèce, chacun adapté à des circonstances précises ? Grisés par la course dans laquelle ils se sont lancés, et par les quelques applaudissements entendus sur la route, peu de ces chercheurs voient ce qu'ils auraient à gagner à courir jusqu'au bout.

Contrairement aux systématiciens, les biologistes des populations n'ont pas à faire la classification d'un million d'espèces. Et ils oublient que l'isolement reproductif entre des populations dont les membres se croisent est le point de non-retour dans la création de la diversité biologique. Pendant les premiers stades de la divergence, il peut y avoir moins de différences entre les deux espèces naissantes qu'il n'existe de variations au sein de chacune d'elles. Une brusque expansion du nombre des hybrides peut encore se produire et effacer la barrière, accentuant le flou du tableau. Mais dans la plupart des cas, les deux espèces naissantes sont embarquées dans un voyage sans fin qui les emportera et les séparera toujours davantage l'une de l'autre. À long terme, les différences entre elles excéderont de loin la variation existant entre les membres de leurs propres populations reproductrices. Dans le monde réel, la vaste gamme de la diversité biologique a été engendrée par la divergence entre les espèces, ces dernières ayant été à leur tour créées lors de l'étape déterminante cernée par le concept biologique d'espèce.

Peut-être qu'un jour les biologistes finiront-ils par avoir un seul concept, pouvant s'appliquer aux espèces se reproduisant par voie sexuelle, à celles se reproduisant par voie asexuelle, et aux chrono-espèces, et qui définirait ainsi, de façon incontestable, une unité naturelle unique. Mais j'en doute. La dynamique du processus évolutif et l'individualité des espèces rendent très invraisemblable que l'on puisse jamais formuler une définition de l'espèce complètement universelle. Au contraire, on continuera à reconnaître au moins deux concepts, chacun étant optimal dans des circonstances différentes, à l'instar des notions d'onde et de particules en physique. Parmi toutes les définitions proposées, le concept biologique de l'espèce restera vraisemblablement le pivot de l'explication de la diversité à l'échelle de la planète. Mais quel que soit le dénouement final, les imperfections du concept, et donc de notre système de classification, réfléchissent la nature idiosyncrasique de la diversité biologique. Elles donnent encore plus de raisons de veiller sur chaque espèce comme si c'était un monde en soi, qui méritent que des vies entières se consacrent à son étude.

Chapitre 5

LES NOUVELLES ESPÈCES

Comment est engendrée la diversité biologique ? On peut résoudre très rapidement ce problème fondamental en observant que l'évolution procède de deux façons différentes dans l'espace et dans le temps. Imaginons qu'une espèce de papillon aux ailes bleues évolue en une autre espèce aux ailes violettes. Au terme de ce processus, il y a bien eu évolution, mais celle-ci n'a donné qu'une sorte d'espèce. Imaginons maintenant une autre espèce de papillon, également pourvue d'ailes bleues. Au cours de son évolution, elle se divise en trois espèces, l'une aux ailes violettes, une autre aux ailes rouges, et la dernière aux ailes jaunes. Les deux modes d'évolution sont donc respectivement : le changement vertical au sein de la population d'origine ; et la spéciation – laquelle consiste en un changement vertical, plus une division de la population originelle en races ou espèces multiples. Le premier papillon bleu n'a connu qu'un pur changement vertical, sans spéciation. Le second a connu un changement vertical pur plus une spéciation. La spéciation requiert l'évolution verticale, mais cette dernière ne requiert pas la spéciation. La plus grande partie de la diversité biologique est engendrée en tant que produit secondaire de l'évolution, dirons-nous pour nous résumer.

C'était surtout au changement vertical auquel pensait Darwin lorsqu'il publia, en 1859, son magistral ouvrage, dont le titre complet est fort explicite : *On the Origin of Species by Means of Natural Selection, or the Preservation of Favoured Races in the Struggle for Life* (De l'origine des espèces au moyen de la sélection naturelle ou la préservation des races favorisées dans la lutte pour l'existence). Fondamentalement, Darwin expliquait que certains types héréditaires au sein d'une espèce (les « races favorisées ») survivent aux dépens des autres et, ce faisant, transforment la composition génétique de la totalité de l'espèce au fil des générations. Une espèce peut être altérée si profondément par la sélection naturelle qu'elle peut en être changée en une autre espèce, disait Darwin. Cependant, indépendamment du temps que cela demande et de l'importance du changement apporté, une seule espèce demeure. Pour créer de la diversité, au-delà de la simple variation entre les organismes concurrents, l'espèce doit se diviser en deux espèces ou plus au cours de l'évolution verticale.

Darwin comprenait de façon théorique la différence entre l'évolution verticale et la division des espèces, mais il ne disposait pas du concept biologique d'espèce, fondé sur l'isolement reproductif. Par la suite, il ne découvrit pas le processus par lequel se produit la multiplication. Ses idées au sujet de la diversité restèrent floues. En ce sens, le titre abrégé de son ouvrage, *On the Origin of Species* (De la genèse des espèces *), est trompeur.

La distinction entre les deux modes d'évolution est bien illustrée par l'évolution humaine. Le plus ancien hominidé connu dans les archives fossiles est l'australopithèque *Australopithecus afarensis*. Un hominidé est un membre de la famille appelée par les taxinomistes : Hominidae. Celle-ci réunit l'homme actuel, *Homo sapiens*, les espèces humaines primitives et les espèces antérieures qui ressemblaient à l'homme. Lorsque*A. afarensis* vivait dans la savane et dans les forêts d'Afrique, il y a de trois à cinq millions d'années, il semble, si l'on en croit les archives géologiques, qu'il était la seule espèce de ce type. Les rares fossiles dont on dispose montrent que les adultes marchaient à la manière d'un bipède à peu près comme le fait *Homo sapiens*. Cette posture était, et est encore, unique en son genre chez les mammifères. Elle a permis aux australopithèques de porter des charges dans leurs bras et leurs mains. Ils ont ainsi pu (eux-mêmes ou leurs descendants) transporter des bébés, des outils et de la nourriture sur de longues distances. Peut-être établissaient-ils des campements (bien qu'on n'en ait pas la preuve), et sur la base de cette pratique, ils se partageaient peut-être le travail entre ceux qui restaient garder le camp et ceux qui partaient en quête de nourriture. Le cerveau de*A. afarensis* n'avait rien d'exceptionnel. Sa capacité crânienne n'était pas supérieure à celle du chimpanzé actuel, environ quatre cents centimètres cubes. Mais le cadre était en place pour permettre l'évolution jusqu'à l'homme.

Au bout d'un certain temps, pas plus de deux millions d'années,

---

* La traduction du titre de l'ouvrage de Darwin, classiquement retenue par les éditeurs français, est : « De l'origine des espèces ». Mais le terme « origin » en anglais a aussi le sens de « genèse ». C'est à ce dernier que pense E.O Wilson ici. (N.d.T.)

les populations primitives d'australopithèques évoluèrent et se divisèrent en trois espèces distinctes au moins. Deux de celles-ci, les australopithèques évolués *Australopithecus boisei* et *Australopithecus robustus*, mesuraient 1,50 mètre et étaient dotées d'une sorte de crête osseuse sur le dessus du crâne (à la manière des gorilles). Celle-ci maintenait de puissants muscles masticateurs. Ces hominidés étaient probablement végétariens et possédaient des molaires de près de deux centimètres de long pour broyer des noix et autres graines dures, et déchiqueter des végétaux coriaces, à peu près comme le font les gorilles de nos jours. La troisième espèce issue des australopithèques primitifs, *Homo habilis*, était beaucoup plus proche de l'homme d'aujourd'hui ; en tout cas, suffisamment pour que les paléo-anthropologues l'aient retirée du genre *Australopithecus* et placée dans le genre *Homo*. *H. habilis* mesurait moins de 1,50 mètre et pesait environ quarante-cinq kilos. Sa morphologie était fondamentalement semblable à celle de l'homme moderne, à une exception de taille : son volume cérébral se situait entre six cents et huit cents centimètres cubes, ce qui ne représentait encore que la moitié de celui de *Homo sapiens*, mais déjà beaucoup plus que celui du chimpanzé actuel.

Au cours des deux millions d'années qui suivirent, les australopithèques disparurent, et avec eux la plus grande partie de la diversité des hominidés. *H. habilis* survécut et sa taille et sa capacité crânienne continuèrent à évoluer, d'abord lentement, puis très vite. Il se métamorphosa en l'espèce intermédiaire *Homo erectus*, atteignant ce niveau, ou « grade évolutif », comme les biologistes l'appellent, il y a 1,5 million d'années. À un moment donné des premiers temps de son histoire, *H. erectus* se répandit d'Afrique en Europe et en Asie.

Des fossiles trouvés à Chou-K'ou-Tien, près de Pékin, permettent de retracer, sur une période de 250 000 ans, l'évolution qui a suivi. Le volume cérébral a constamment grandi, passant de 915 à 1 140 centimètres cubes, tandis que les outils de pierre, taillés par l'homme de Pékin, sont devenus de plus en plus sophistiqués. Dans les populations de *H. erectus* disséminées sur de vastes étendues, la dimension du cerveau et la denture* se rapprochaient de leur forme actuelle, qu'elles atteignirent aux environs de – 500 000 ans. La chrono-espèce *H. sapiens*, autrement dit l'espèce moderne issue de l'espèce archaïque par le biais d'une évolution verticale, était apparue. Sa diagnose taxinomique était extraordi-

---

Au verso : guidés par une odeur spécifique, autrement dit un signal chimique d'attraction sexuelle, des papillons, mâles d'une espèce dont la chenille est un ver à soie géant, volent en direction des femelles de leur propre espèce, en ne prêtant nulle attention aux autres.

La genèse des espèces consiste simplement en l'acquisition, par le jeu de l'évolution, de quelque différence – n'importe quelle différence – qui empêche la production d'hybrides féconds entre des populations, dans des conditions naturelles.

naire : un cerveau 3,2 fois plus gros que celui d'un chimpanzé de même taille, logé dans une boîte crânienne sphérique, se balançant au sommet d'un corps en position debout sur de longs membres arrière ; des mâchoires et des dents peu développées ; une peau en grande partie nue, à l'exception de zones pileuses qui permettaient de tenir chaud à la tête et rendaient plus visibles les organes sexuels ; des organes internes soutenus par un pelvis en forme de bassin ; un pouce, anormalement long pour un primate, qui transformait la main en un instrument spécialisé dans le maniement des outils ; des aptitudes mentales façonnées pour le langage symbolique et la mémoire sémantique, grâce à de complexes centres du langage, localisés dans le cortex pariétal.

Donc, en résumé, l'évolution humaine illustre les deux modes d'évolution : les hominidés ont connu un certain degré de spéciation dans la période ancienne correspondant aux australopithèques, phase qui a été suivie de l'extinction de toutes les lignées, à l'exception du seul genre *Homo* qui a évolué rapidement. L'espèce ancestrale *Australopithecus afarensis* avait probablement un régime alimentaire omnivore. Les hominidés qui lui ont succédé ont combiné évolution verticale et processus parfait de formation de nouvelles espèces par isolement reproductif. Celles-ci se sont déployées dans différentes niches à la manière typique des groupes animaux en voie d'expansion. Les australopithèques *Australopithecus boisei* et *A. robustus* sont devenus de plus en plus végétariens. *Homo habilis*, qui avait déjà divergé assez pour qu'on le place à part, ajouta de la viande à son régime, grâce à la chasse, mais aussi à la récupération de carcasses abandonnées par les fauves. Simultanément, il continua de consommer suffisamment de végétaux pour garder ce que l'on appellerait aujourd'hui un régime équilibré. Puis, les australopithèques disparurent, peut-être poussés à l'extinction par *H. habilis* ou par son descendant *H. erectus*. La suite de l'évolution a surtout été le fait d'une seule espèce, qui a franchi les étapes menant de *H. habilis* à *H. erectus* et à *H. sapiens*.

Beaucoup d'espèces animales et végétales, y compris *H. sapiens*, conservent leur identité par le simple fait de ne pas se reproduire avec les autres espèces. Comment une telle ségrégation se met-elle en place ? Le processus qui y mène, si on le comprend bien, est étonnamment simple. Tout changement évolutif, quel qu'il soit, qui a pour effet de réduire les risques de produire un hybride fécond peut conduire à une nouvelle espèce. La raison en est que la formation d'un hybride fécond est un processus délicat et compliqué. C'est un peu comme mettre en orbite un véhicule spatial. Un très grand nombre d'organes différents doivent fonctionner correctement, et leur mise en action successive doit intervenir exactement au moment prévu. Sinon la mission échoue.

Considérons un mâle de l'espèce A et une femelle de l'espèce B, essayant d'engendrer un rejeton hybride fécond. Comme ils sont génétiquement différents l'un de l'autre, beaucoup de choses peuvent aller de travers. Il se peut que les deux individus veuillent s'accoupler en des lieux, en des saisons ou à des moments différents. Leurs signaux de cour sexuelle peuvent être mutuellement incompréhensibles. Et même si les représentants des deux espèces s'accouplent réellement, leur progéniture pourrait ne pas atteindre la maturité, ou si elle l'atteint, se révéler stérile. Le merveilleux n'est pas que l'hybridation ne réussisse pas, c'est qu'elle puisse tout bonnement marcher. *La genèse des espèces consiste donc simplement en l'acquisition, par le jeu de l'évolution, de quelque différence – n'importe laquelle – qui empêche la production d'hybrides féconds entre des populations, dans des conditions naturelles.*

Les biologistes désignent « toutes ces choses qui vont de travers » par l'expression compliquée : « mécanismes intrinsèques d'isolement ». Par intrinsèque, ils entendent héréditaires ; en d'autres termes, des différences inscrites dans les gènes des deux populations distinctes. Ils ne prennent pas en compte ici des facteurs extrinsèques, comme une rivière ou une chaîne de montagnes, qui sépareraient les populations A et B. À aucun moment dans le cours du processus reproductif, il ne doit se dessiner le moindre signe d'un mécanisme intrinsèque d'isolement, si deux populations doivent rester dans la même espèce. L'apparition petit à petit d'un seul de ces mécanismes les séparera en deux espèces distinctes. Du moins pourra-t-on les considérer comme telles, si l'on accepte le concept biologique d'espèce, ce qui est impératif, si l'on veut éviter la confusion dans les discussions sur l'évolution.

Et la confusion doit être évitée par tous les moyens possibles. Prenez n'importe quel ensemble d'espèces se reproduisant sexuellement et vivant de concert dans la même région. Elles sont reproductivement isolées l'une de l'autre par leurs propres mécanismes d'isolement. Ce n'est qu'une façon formelle de dire qu'il existe des différences héréditaires entre les espèces, comparées deux à deux, les empêchant d'engendrer un grand nombre d'hybrides féconds.

Regardons les moucherolles du genre *Empidonax*, ces petits oiseaux qui se perchent sur de grosses branches ou sur les lignes électriques et qui s'élancent de temps en temps comme une flèche pour happer des insectes au vol. On rencontre cinq espèces vivant de concert dans le nord des États-Unis. Elles demeurent génétiquement distinctes, en partie parce qu'elles préfèrent des habitats différents. Par exemple :

> Moucherolle tchébec (*E. minimus*), bois peu denses et champs cultivés
>
> Moucherolle des aunes (*E. alnorum*), marécages bordés d'aunes et fourrés humides
>
> Moucherolle à ventre jaune (*E. flaviventris*), bois de conifères et fondrières

En outre, chaque espèce utilise un chant qui lui est propre pendant la saison de reproduction, et celui-ci est si particulier que, lorsqu'il est associé à l'habitat d'élection, il y a peu de risques que surviennent des erreurs et que soient engendrés des hybrides.

Les possibilités d'erreurs pourraient, cependant, être illimitées, et c'est pourquoi les mécanismes intrinsèques d'isolement ont une diversité qui paraît infinie. Les exemples observés par les chercheurs sur le terrain ne sont pas simplement intéressants d'un point de vue académique. La mise en évidence de tels mécanismes permet d'interpréter beaucoup de phénomènes merveilleux de l'histoire naturelle qui resteraient autrement incompréhensibles. Voici quelques exemples :

– Les papillons d'Amérique du Nord dont les chenilles sont des vers à soie géants (famille des Saturniidés) s'envolent et s'accouplent à divers moments au cours de l'après-midi et de la nuit. Les femelles attirent les mâles sur des distances atteignant plusieurs kilomètres, au moyen de puissantes substances odoriférantes. Elles font saillir un organe en forme de sac, dont l'intérieur peut être retourné à l'extérieur, qui était jusque-là replié au sein de l'extrémité arrière de leur corps. Ce faisant, elles exposent la substance chimique à l'air, qui s'évapore et se disperse au vent. Les mâles y sont extrêmement sensibles. Dès qu'ils en détectent quelques molécules, ils remontent le flux odorant en volant, ce qui les conduit à proximité de la femelle. Chaque espèce de papillon de ver à soie géant n'est sexuellement active que pendant une durée de temps limitée au cours de chaque cycle journalier, de la façon suivante :

> Les femelles des papillons prométhée (*Callosamia promethea*) émettent leur signal entre 16 heures et 18 heures environ.
>
> Les femelles des papillons polyphèmes (*Antheraea polyphemus*) émettent leur signal entre 22 heures et 4 heures du matin environ.
>
> Les femelles des papillons cécropie (*Hyalophora cecropia*) émettent leur signal entre 3 heures et 4 heures du matin environ.

Et ainsi de suite pour les soixante-neuf espèces de Saturniidés, chacune d'entre elles ayant, pour autant que nous le sachions, sa propre *heure d'amour* *. Stimulés sexuellement au cours du vol,

---

* En français dans le texte (N.d.T)

les papillons choisissent les femelles de leur propre espèce, non seulement en fonction du moment de l'émission des signaux, mais aussi de la composition chimique de ces derniers. Grâce à la combinaison de ces facteurs, peu d'erreurs sont commises, et ainsi peu d'hybrides voient le jour.

– Les saltiques mâles, araignées de la famille des Salticidés, reconnaissent à l'œil nu les femelles de leur propre espèce. Le mâle fait sa cour devant la femelle. Celle-ci reconnaît instantanément si son partenaire est de la même espèce qu'elle, parce que sa tête est colorée de façon remarquable, et cela n'échappe pas à sa vue perçante, non plus qu'à l'œil de l'observateur humain. Dans les bois et les champs de la Nouvelle-Angleterre vit une espèce dont le front est rouge, la face blanche et les chélicères noires. Il en existe une autre au front gris, à la face rouge et aux crochets blancs ; encore une autre avec le front et la face noirs, et des poils blancs enveloppant les crochets comme des manchons d'hermine. Et une autre encore avec des touffes de poils se dressant derrière la tête comme de délicates ailes tachetées de noir. Les mâles prennent des postures et dansent devant les femelles. Dans une espèce donnée, ils augmentent l'effet des rayures verticales jaunes et noires de leurs crochets en levant au-dessus de la tête leurs pattes avant jaunes à bout noir, en un geste ressemblant à celui d'une personne qui se rend. Dans d'autres, ils oscillent entre une position haute et basse, ou exécutent un mouvement de va-et-vient latéral, ou courbent leur abdomen par-dessus leur tête, ou le tordent sur le côté, ou lèvent leurs pattes avant et les agite de gauche à droite, comme si c'était des bras de sémaphore. Quand, au cours d'expériences, les biologistes mettent des femelles en situation de choisir entre différents mâles, les araignées se fondent sur les colorations et les mouvements pour s'orienter vers les mâles de leur propre espèce.

– Les héliconies (familles des Héliconiacées) sont des plantes qui poussent surtout sous les tropiques en Amérique. Elles sont pollinisées par des oiseaux-mouches qu'elles attirent grâce à leurs énormes bractées en forme de fleur qui contiennent d'importantes réserves de nectar. À cette extravagante magnanimité des héliconies, les oiseaux-mouches retournent la politesse en acheminant leur pollen avec rapidité et efficacité. Ils leur sont ainsi très utiles, mais il y a un problème : les oiseaux aiment visiter plus d'une espèce d'héliconie, ce qui crée un risque d'hybridation. Aussi, ces plantes ont surmonté cette difficulté par l'acquisition de parties florales de différentes longueurs. Chaque espèce dépose son pollen sur une zone particulière du corps de l'oiseau-mouche. Ce dernier ne délivre à son tour le pollen qu'aux stigmates de la longueur requise, autrement dit qu'aux fleurs appartenant à la même espèce.

On peut ainsi continuer longtemps la liste, connue des biologistes, en énumérant les procédés complexes des moyens utilisés par les espèces pour éviter l'hybridation. On pourrait constater, ce faisant, que ceux-ci sont rarement répétés dans tous leurs détails. Un grand nombre des stratagèmes de la nature, les plus beaux et les plus raffinés, correspondent, en fait, à des mécanismes intrinsèques d'isolement, depuis les brillantes couleurs jusqu'aux odeurs séduisantes et aux sons mélodieux.

Mais attendez : j'ai parlé jusqu'ici de la genèse des espèces dans des termes paradoxaux. Selon les conceptions traditionnelles de la biologie, les « mécanismes » ont des « fonctions ». Cependant, ceux que nous avons évoqués relèvent de ce qui peut mal fonctionner, et non pas de ce qui fonctionne bien. En d'autres termes, la beauté surgit de l'erreur. Comment ces deux logiques apparemment contradictoires peuvent-elles être simultanément vraies ? La réponse, fondée sur l'étude de nombreuses populations dans la nature, est que *les différences entre les espèces prennent généralement naissance en tant que traits les adaptant à l'environnement, et non pas en tant que moyens d'isolement reproductif.* Les adaptations peuvent aussi servir de mécanismes intrinsèques d'isolement, mais ce résultat est accidentel. La spéciation est un sous-produit de l'évolution.

Pour comprendre la nature de cette étrange relation, considérons le cas particulier, mais très répandu, du mode de diversification appelé *spéciation géographique.* Imaginons une population d'oiseaux – disons, des moucherolles – qui a été séparée en deux par la dernière avancée des glaciers en Amérique du Nord. Pendant plusieurs milliers d'années, tandis que la population vivant dans la région correspondant aujourd'hui au sud-ouest des États-Unis s'est adaptée à la vie dans les bois peu denses, l'autre population, dans le sud-est des États-Unis, s'est adaptée à la vie dans les forêts de marécages. Ces différences, acquises indépendamment, ont été pertinentes. Elles ont permis aux oiseaux de survivre et de mieux se reproduire dans les habitats qui leur ont été les plus facilement accessibles au sud du front glaciaire. Après le recul des glaciers, les deux populations ont agrandi leur aire de répartition jusqu'à se rencontrer et se mêler dans les régions du Nord. Pour l'une d'elles, à présent, l'aire de reproduction se trouve dans les forêts peu denses ; l'autre, dans les régions de marais. Étant donné leurs préférences en matière d'habitat, fondées sur des différences héréditaires acquises pendant leur période de séparation géographique forcée, il est peu vraisemblable que les deux populations récemment apparues par évolution tendent à s'associer étroitement pendant la saison de reproduction et à donner des hybrides. La différence adaptative acquise en matière d'habitat a donc conduit accidentellement à un mécanisme d'isolement.

Une espèce donne naissance à deux espèces filles (ou plus) lorsque ses populations sont isolées assez longtemps l'une de l'autre par des barrières géographiques. Dans cet exemple, synthèse de divers cas réels, l'espèce parentale est d'abord largement distribuée sur un territoire constitué surtout de prairies *(en haut)*. Le climat local devient plus humide et une rivière sépare l'espèce en deux, de sorte qu'à présent une population vit dans une région de prairies, tandis qu'une autre vit dans une région boisée *(en bas)*.

Après un certain temps, l'évolution des deux populations leur fait atteindre le statut d'espèces nouvelles *(en haut)*. Lorsque la barrière constituée par la rivière disparaît, les deux nouvelles espèces sont capables de vivre ensemble sans s'interféconder *(en bas)*.

D'autres traits auraient aussi bien pu diverger entre deux populations d'oiseaux de ce type pendant leur période de séparation géographique, notamment les chants utilisés par les mâles pour attirer les femelles et délimiter, au sein de la forêt, des sites favorables à la construction des nids. N'importe laquelle de ces différences héréditaires aurait pu amoindrir les chances que des adultes de l'espèce des forêts et de celle des marécages ne s'accouplent. Et si un appariement s'était produit, les hybrides auraient été intermédiaires au niveau des traits nouvellement apparus par évolution. Ils n'auraient été bien adaptés ni aux bois peu denses ni aux marécages, et, par conséquent, auraient eu moins de chances de survivre. N'importe quelle sorte de barrière, depuis la préférence pour un habitat jusqu'à l'inadaptation des hybrides aurait pu fonctionner comme mécanisme intrinsèque d'isolement, dès l'instant où elle aurait été assez forte. Les deux populations, envisagées ci-dessus, sont devenues des espèces distinctes, parce qu'elles sont reproductivement séparées, même lorsqu'elles se rencontrent dans des conditions naturelles. L'espèce ancestrale unique d'avant la glaciation s'est divisée en deux espèces, résultat complètement accidentel de l'évolution verticale qu'ont subie ses populations lorsqu'elles ont été séparées par une barrière géographique.

La fission de l'espèce de moucherolle examinée ci-dessus est un exemple imaginé à partir de la synthèse simplifiée de phénomènes réels de spéciation survenus en Amérique du Nord pendant la dernière avancée des glaciers. Il s'est produit, de manière répétée, des événements de ce type dans de nombreuses parties du monde, chez toutes sortes de plantes et d'animaux, durant des centaines à des milliers d'années. De manière générale, on peut dire que le processus de fission d'une espèce est initié par des barrières géographiques qui s'élèvent, puis qui s'abaissent, poussant à la genèse d'une gamme de mécanismes d'isolement héréditaires, obtenus au hasard et suffisants à prévenir l'interfécondation des espèces nouvellement formées, lorsqu'elles viennent réellement à se côtoyer. Les biologistes évolutionnistes ont découvert que ces barrières peuvent se rencontrer sous les formes les plus diverses, comme le montrent ces exemples :

— Dans le Bassin amazonien, les sécheresses fragmentent la forêt, en certains points, ce qui donne des parcelles distinctes. Au sein de ces dernières, certaines populations de plantes et d'animaux nouvellement isolées commencent à diverger. D'autres populations sont fragmentées par les changements de trajet des cours d'eau, qui ouvrent et ferment répétitivement des couloirs dans la forêt vierge, reliant les parcelles.

— Le long de la côte de Nouvelle-Guinée, de grandes étendues qui bordent le continent sont partiellement submergées, quand le niveau de la mer monte. Celles qui jouissent de la plus haute situation continuent à émerger en tant qu'îles, et les populations qu'elles hébergent commencent à diverger.

– Les îles Hawaï subissent des colonisations répétées de la part d'oiseaux, de sauterelles, de guêpes, de petites libellules, d'escargots, de plantes à fleurs et d'autres sortes d'organismes apportés occasionnellement par le vent. Tandis que les premiers colons se multiplient et se répandent, ils évoluent par rapport au milieu particulier de ces îles, et par la suite, divergent des populations ancestrales restées sur le continent américain ou asiatique. Ils se répandent aussi d'île en île au sein de l'archipel et de vallée en vallée, ainsi que sur les sommets des montagnes à l'intérieur des îles, donnant de nouvelles populations isolées, en mesure de diverger. Une seule espèce ayant colonisé Hawaï il y a cent mille ans pourrait aisément avoir donné naissance à des centaines d'espèces, chacune ne vivant, de nos jours, que dans une île, une vallée ou sur une montagne particulières.

J'ai souligné les imperfections de la notion d'espèce en tant qu'unité naturelle. Les défauts qui l'affectent sont les inévitables conséquences des particularités de l'histoire. Chacune des populations d'animaux existe dans un état extrêmement dynamique, s'accroissant si elle le peut, pénétrant sur de nouveaux terrains lorsque c'est permis, évoluant dans de nouvelles directions, quand l'occasion se présente. La pure chance compte pour beaucoup dans l'orientation de leurs trajectoires évolutives.

Prenons le cas d'un milieu biologiquement varié comme une vallée occupée par une forêt sur Kauai, une plate-forme en eau peu profonde le long des rivages du lac Victoria, ou un marécage à cyprès du nord de la Floride. Certaines des espèces résidentes sont individuellement adaptées à d'étroites niches et ne sont installées que sur des aires géographiques limitées. Leur capacité de dispersion est faible, et elles n'ont que peu ou pas du tout d'espèces étroitement apparentées. Leur évolution verticale ne progresse que légèrement et la spéciation est bloquée. Elles n'ont pas de races géographiques et peu de perspectives de propagation. À l'extrême opposé, d'autres espèces ont des habitudes alimentaires souples et d'excellentes capacités de dispersion. Elles forment facilement de nouvelles populations et évoluent rapidement dans de nouvelles niches, impliquant toutes sortes de changements, allant du régime alimentaire à l'habitat et à la saison d'activité. Leur potentiel de diversification est élevé, et, en certains sites, elles accumulent les espèces, à la suite de cycles répétés de dispersion et de réinvasion.

Si nous examinons de près ce dernier groupe de populations qui évoluent de façon active, nous allons très vraisemblablement y rencontrer tous les stades de la spéciation géographique, tels que la théorie la plus communément admise les interprète. Au tout début, la population est répartie de façon continue sur toute son aire de distribution, et tous les organismes s'y croisent sans difficulté. Il n'y a que peu, voire pas du tout, de différences d'un bout à l'autre de son aire de répartition. Au stade suivant, la population est encore distribuée de façon continue, mais elle est divisée en sous-espèces. Là où celles-ci se rencontrent, elles se croisent sans difficulté. Imaginons une telle race de papillon au Texas, avec de grandes taches sur les ailes, et une autre au Mississipi, dépourvue de taches. Elles se rencontrent en Louisiane et s'y interfécondent, leurs descendants ayant des taches de taille intermédiaire. Ceux qui parmi eux vivent le plus près du Texas ont de plus grandes taches, qui rappellent celles de leurs parents texans ; et les descendants qui vivent le plus près du Mississipi ont de très petites taches, tendant à ne pas en avoir du tout, à l'instar de leur parents de l'État voisin.

Le temps passe et, à un stade plus avancé, les sous-espèces sont encore capables de s'interféconder sans difficulté si elles se rencontrent, mais déjà, elles ont divergé sur de nombreux points. Les papillons de ces populations peuvent différer non seulement au niveau des taches sur les ailes, mais aussi en ce qui concerne les plantes qu'ils préfèrent pour leur alimentation, la vitesse de croissance des chenilles, et ainsi de suite, au niveau de centaines de traits sujets à variation génétique. La divergence entre les sous-espèces sera encore accélérée si quelque barrière physique, comme une large rivière ou une bande de terre sèche au sein d'une plaine herbeuse, sépare les deux populations et restreint le flux de gènes entre elles.

Finalement, les deux populations divergent dans de telles proportions qu'elles ne s'interfécondent plus lorsqu'elles se rencontrent. Elles sont devenues des espèces biologiques pleinement constituées. Elles co-existent maintenant en Louisiane, sexuellement isolées l'une de l'autre par des différences portant sur la saison de reproduction, le comportement de cour ou d'autres mécanismes intrinsèques d'isolement, opérant seuls ou en combinaison – en d'autres termes, cet isolement consiste en une incapacité héréditaire à coordonner leur activité reproductive. Dans la zone de recoupement géographique, on ne rencontre que peu, voire pas du tout, d'hybrides.

Ce tableau correspond au déroulement bien ordonné de la spéciation géographique, telle qu'on la décrit traditionnellement. Il contient une part de vérité, mais l'évolution réelle ne se déroule pas de façon si rigoureuse. En fait, l'évolution procède souvent avec si peu d'ordre que la description fidèle de cas réels transforme leur étude scientifique en étude d'histoire naturelle, où les détails uniques en leur genre sont aussi importants que les principes permettant de les expliquer.

Considérons par exemple le cas de la sous-espèce. Cette catégorie paraît être un stade intermédiaire inévitable dans la progression aristotélicienne allant du stade : « pas de sous-espèce » à celui de la sous-espèce, et à celui de l'espèce. Mais qu'est-ce exactement qu'une sous-espèce ? Les manuels la définissent comme une race géographique, une population dotée de traits distinctifs et occupant une certaine partie de l'aire de distribution de l'espèce.

Mais qu'est-ce donc qu'une population ? Il semble aisé de répondre qu'une population clairement définie, reconnaissable par chacun au premier coup d'œil, occupe une partie exclusive de l'aire de répartition de l'espèce. Et les généticiens aiment à ajouter, pour que ce soit mathématiquement clair, et non pas parce que c'est absolument nécessaire, qu'une population est un « dème » : ses membres se croisent au hasard, et tout individu a une probabilité égale de s'accoupler avec un autre individu, membre de la population, quelle que soit sa localisation.

Peu de populations répondant à cette définition objective existent dans la nature. La plupart de celles qui ressemblent aux exemples donnés dans les manuels correspondent à des espèces en danger de disparition, ne comptant plus qu'un petit nombre de membres, de sorte que leur délimitation ne fait l'objet d'aucun doute. Les derniers pics à bec d'ivoire qui survivent dans une forêt montagneuse de l'est de Cuba constituent un exemple de cette catégorie à l'existence précaire. C'est aussi le cas du poisson cyprinodonte de Devil's Hole, qui arrive à peine à se maintenir dans une minuscule source du désert du Nevada, à Ash Meadow. Vous pouvez vous tenir à l'entrée du Devil's Hole (« Trou du Diable »), regarder quinze mètres plus bas, là où l'eau retombe sur une plate-forme rocheuse éclairée par le soleil et vous apercevrez la totalité de l'espèce en train de nager, comme des poissons rouges dans un bocal.

Heureusement pour les spécialistes de la conservation des espèces, et malheureusement pour la théorie des manuels, la plupart des espèces ne sont pas confinées de façon aussi stricte. Prenons le cas du pléthodon (*Plethodon cinereus*), l'une des salamandres les plus abondantes et les plus répandues d'Amérique du Nord. Son aire de répartition s'étend de la Nouvelle-Écosse et de l'Ontario, en passant par le sud jusqu'en Géorgie et en Louisiane. La distribution du pléthodon est presque continue dans une région qui couvre les trois quarts nord de son aire de répartition. Il est tentant de considérer l'ensemble des individus de cette zone comme une énorme population. C'est justement ce que font les taxinomistes en

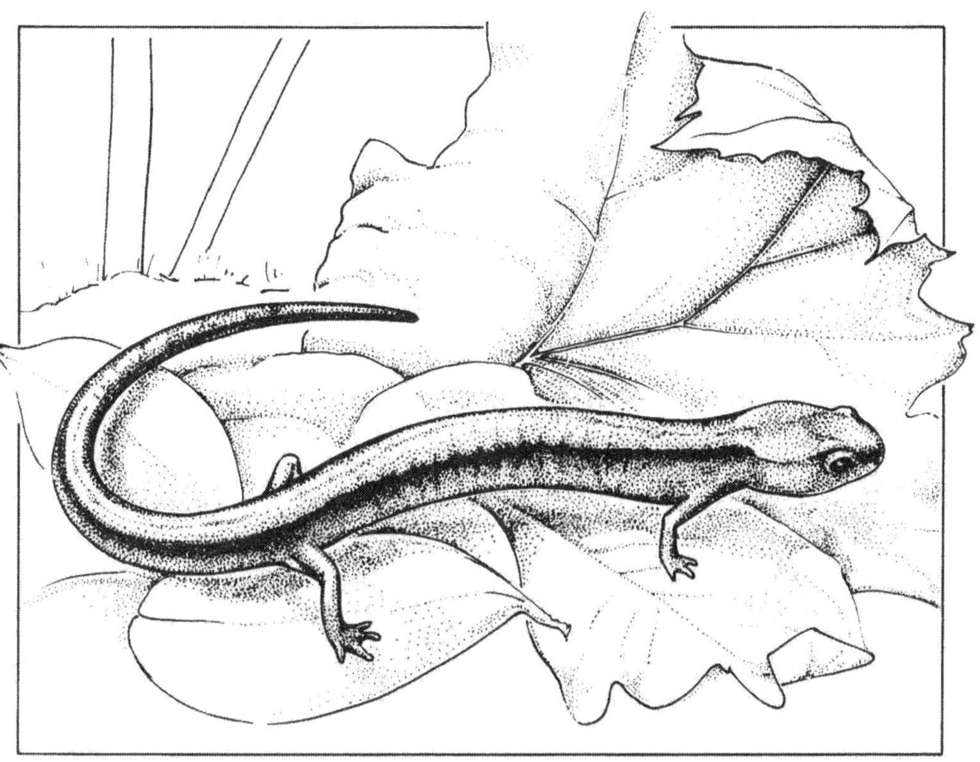

Le pléthodon *(Plethodon cinereus)* **de la région est de l'Amérique du Nord est une salamandre largement répandue. Elle présente un mode de variation raciale typiquement ambigu, de telle sorte que les sous-espèces ne peuvent être définies que par des critères subjectifs.**

la qualifiant de sous-espèce, appelée *Plethodon cinereus cinereus* (selon une règle formelle de nomenclature, pour désigner une sous-espèce, il suffit d'ajouter un troisième nom). Mais, en réalité, les pléthodons sont loin d'être distribués de façon continue. Ils figurent essentiellement dans des forêts de plaines humides, ce qui ne représente pas un habitat continu, mais un réseau irrégulièrement brisé recouvrant le pays. Même au sein des parcelles de forêt, la population est divisée en ensembles locaux qui peuvent augmenter de dimensions, se rétracter, et former de nouvelles configurations au cours des générations. On n'a pas fait de recherches pour savoir si les dèmes locaux des bois et des forêts dans les vallées pratiquaient l'interfécondation. On n'en sait donc rien. En résumé, si les biologistes disposaient de davantage de données, ils pourraient peut-être distinguer des milliers de populations à travers la vaste aire de distribution de *P. cinereus cinereus*. Un taxinomiste consciencieux pourrait légitimement vouloir diviser cette dernière en un grand nombre de sous-espèces, chacune ayant une aire de répartition plus petite.

Au Sud, dans les montagnes du nord de la Géorgie et de l'Alabama, il existe une autre sous-espèce, généralement reconnue comme telle, dénommée *Plethodon cinereus polycentratus*, séparée de *P. cinereus cinereus* par une bande de terrain de quatre-vingts kilomètres, où on ne trouve aucune de ces salamandres. Une troisième sous-espèce, *P. cinereus serratus*, se rencontre dans plusieurs sites bien séparés, c'est-à-dire dans les collines de l'Arkansas, de l'Oklahoma et de la Louisiane. Ces deux races supplémentaires présentent les mêmes problèmes que la sous-espèce principale de la région au Nord. Reconnaître trois sous-espèces est une façon pratique de décrire rapidement et grossièrement la réalité. On peut admettre cette classification, tant que l'on reconnaît que le découpage en petits morceaux de l'ensemble de l'espèce, en fonction de la géographie, est imprécis et, dans une large mesure, arbitaire. En fonction des critères utilisés, il admet une seule sous-espèce de *P. cinereus* ou des centaines.

Lorsqu'on veut définir des sous-espèces, une difficulté encore plus fondamentale se présente : c'est la discordance des traits par lesquels on peut les définir. Supposons que nous prenions le parti d'ignorer le problème des populations pour le moment. Imaginons qu'une espèce idéale soit composée de populations aisément cernables (je continuerai à l'appeler « pléthodon », pour que cela soit plus clair). Elle comprend des milliers de petites populations à travers toute l'Amérique du Nord. Les individus de la moitié *Sud*, de la Géorgie à la Virginie, présentent des rayures sur la plus grande partie du corps ; ceux de la moitié *Nord*, du Maryland au Canada, sont dépourvus de rayures. Sur la base de ce seul caractère, il y a deux sous-espèces, deux races géographiques : les pléthodons rayés méridionaux et les pléthodons unis septentrionaux. Nous remarquons, par ailleurs, que les individus de l'*Ouest* sont plus gros. Ces deux caractères, les rayures et la taille, sont ainsi discordants – ils se distribuent selon des directions géographiques différentes. On peut alors définir quatre sous-espèces : les gros individus rayés au *Sud-Ouest* ; les petits individus rayés au *Sud-Est* ; les petits individus unis au *Nord-Est* ; les gros individus unis au *Nord-Ouest*. Puis nous constatons que les yeux des jeunes sont de couleur ambre au sud-ouest d'une ligne allant des Grands Lacs à la Géorgie, et de couleur jaune au nord-est de cette ligne. Deux sous-espèces peuvent donc être ajoutées, ce qui porte le total à six. Regardant encore de plus près, nous constatons...

Et voici la leçon que nous pouvons tirer de cet exercice de géométrie : la plupart des traits qui varient géographiquement dans une espèce donnée sont discordants. Ils changent en différents endroits, dans différentes directions. Il s'ensuit que les sous-espèces sont reconnues en fonction des traits que les taxinomistes ont choisi d'étudier. Il s'ensuit également que plus le nombre de traits considérés est élevé, plus le nombre de sous-espèces que l'on peut reconnaître l'est aussi.

L'incertitude sur les frontières délimitant les populations, combinée à la discordance des traits, entraîne que la notion de sous-espèce est une unité arbitraire de la classification. Cette incertitude se reflète dans la confusion qui règne au sujet des races humaines. Dans le passé, les anthropologues se sont efforcés sans succès de définir des races humaines. Dans les années 1950, ils ont reconnu entre six et soixante races. De pareilles divergences sont dues précisément au fait que *Homo sapiens* est typiquement une espèce en train d'évoluer.

Les anthropologues, de même que les biologistes, ont maintenant largement abandonné le concept formel de sous-espèce. Ils préfèrent employer une formule commode pour désigner une certaine population, sur la base d'un ou deux traits caractéristiques. Ils disent, par exemple, « les Nord-Asiatiques tendent à avoir des plis épicanthiques plus marqués », en sachant bien que la distribution géographique de ce caractère diffère de celle des types sanguins, laquelle diffère à son tour de celle de la taille moyenne, de l'intolérance au lactose, du syndrome de Tay-Sachs, de la couleur des yeux, de la structure des cheveux, du degré de passivité des bébés, et ainsi de suite, pour des centaines d'autres traits, déterminés, ou pour le moins influencés, par les quelque deux cent mille gènes humains distribués sur les quarante-six chromosomes. Que ce soit en anthropologie ou en biologie, on se préoccupe à présent moins de décrire des sous-espèces que d'analyser la distribution géographique de traits particuliers et leur contribution respective, seuls ou en association avec d'autres, à la survie et à la reproduction.

La mise en sourdine de la notion de sous-espèce nécessite néanmoins une mise en garde. Il n'en reste pas moins que les populations existent réellement. Il y a indubitablement une variation génétique des traits. Il est peut-être artificiel de délimiter et de nommer une sous-espèce de pléthodon résidant dans le sud des États-Unis, mais il est néanmoins vrai que les membres de cette population présentent de nombreux traits génétiques particuliers et forment un réservoir de gènes unique en son genre. Il est en outre vrai que certaines populations d'animaux et de plantes très répandues sont suffisamment isolées et génétiquement distinctes pour former d'objectives sous-espèces, même dans le sens abstrait des manuels. Il est utile de donner le nom de sous-espèces à de telles populations. Stephen O'Brien et Ernst Mayr, par exemple, ont proposé une série de mesures, dans ce but, à l'usage des biologistes s'occupant de la conservation des espèces et des législateurs. Ils suggèrent que les sous-espèces soient définies en tant qu'ensembles d'individus occupant une partie définie de l'aire de répartition de l'espèce, dotés de gènes et de traits d'histoire naturelle distincts de ceux des autres sous-espèces. Les membres de différentes sous-espèces peuvent s'interféconder sans difficultés. Ils peuvent représenter soit des populations adaptées à des conditions locales, soit déjà eux-mêmes des hybrides entre sous-espèces.

Délimiter une sous-espèce, ce qui est parfois nécessaire pour l'application des lois sur la protection des espèces en danger d'extinction, est généralement une tâche difficile et sujette à controverses. L'évolution, pour le répéter une fois de plus, est un processus désordonné. Le cas du puma de Floride est exemplaire. Autrefois, le puma, aussi appelé couguar, se rencontrait dans tout le sud des États-Unis. À présent, sa population est réduite et cinquante individus, dans le sud de la Floride, forment la sous-espèce *Felis concolor coryi*. Les tests biochimiques ont révélé que cette minuscule population était dérivée de deux groupes souches : d'une part, les derniers survivants des pumas originels d'Amérique du Nord, et d'autre part, sept animaux d'origine mixte nord et sud-américaine, relâchés dans les Everglades entre 1957 et 1967. L'actuelle population est ainsi d'origine hybride, mais elle recèle une collection unique en son genre de gènes d'origine partiellement nord-américaine et mérite d'être protégée en tant que mammifère indigène.

L'ambiguïté de la notion de sous-espèce en tant qu'unité taxinomique est à l'origine d'un dilemme intéressant dans le domaine de la théorie de l'évolution. Voici donc une séquence idéale qui a pour point de départ une population géographiquement isolée, encore identique aux autres populations de la même espèce. Elle évolue ensuite en une sous-espèce, encore capable de s'interféconder avec les autres populations, dans la mesure où elles peuvent outrepasser les barrières géographiques et se rencontrer aux frontières de leurs aires de distribution. La sous-espèce évolue finalement en une espèce pleinement constituée, ce qui signifie que si elle rencontre les autres populations, elle ne peut plus s'interféconder avec elles. Le dilemme est le suivant : si les sous-espèces sont généralement difficiles à délimiter et ne peuvent être définies par un seul critère objectif, comment cette unité arbitraire peut-elle donner naissance à une espèce, parfaitement et objectivement définie ?

La réponse à cette énigme est grosse d'enseignement sur la genèse des espèces. Pour s'établir en tant qu'espèce, un groupe d'individus n'a besoin d'acquérir qu'une seule différence au niveau d'un trait biologique. Cette différence, un mécanisme intrinsèque d'isolement, les empêche de s'hybrider naturellement avec les autres populations. Il importe peu que les limites des populations, en tant que tout, soit peu marquées, ni que les autres traits varient de façon discordante à travers les populations qui composent une espèce. La seule chose qui compte est que, d'une manière ou d'une autre, un groupe d'individus, occupant une partie donnée de l'aire de répartition totale, acquiert par évolution une substance servant de signal d'attraction sexuelle, une danse nuptiale, une saison de reproduction, ou tout autre trait qui les empêche de s'interféconder avec les autres populations. Lorsque cela se produit, il naît une nouvelle espèce. L'unité vraiment objective, le patrimoine génétique clos des futures générations, est le groupe d'organismes individuels qui acquièrent un trait responsable de l'isolement. Celui-ci peut suffire à définir à lui seul cette nouvelle espèce. Les autres caractères qui varient géographiquement – la pilosité, la coloration, la résistance au froid, etc. – peuvent obéir à n'importe quelle distribution géographique, correspondant ou non avec celle du trait assurant l'isolement sexuel, sans que cela change le résultat. Une fois séparée, l'espèce va inévitablement évoluer en se différenciant des autres espèces par un nombre de traits allant croissant à mesure que le temps passe.

En outre, le changement décisif qui procure l'isolement ne peut être fondé que sur une légère altération des gènes ou des chromosomes. Par exemple, certaines espèces de papillons, appelées les tordeuses (famille des Tortricidés), sont séparées par des déviations relativement mineures dans leurs signaux chimiques d'attraction sexuelle. Les variations constatées d'une espèce à l'autre sont du type de celles généralement dues à des mutations dans un seul gène. La ségrégation peut être même, en fait, encore plus élémentaire. Certaines espèces de tordeuses sont séparées par un trait distinctif qui avoisine le minimum absolu concevable : il s'agit d'une différence, non pas dans la structure organique des substances composant le signal d'attraction sexuelle, mais dans les proportions de ces substances – lesquelles sont ici diverses sortes d'acétates. Les femelles de chaque espèce émettent un signal caractérisé par un bouquet particulier, que les mâles perçoivent, et sur la base duquel ils décident de se rapprocher ou de s'éloigner. En théorie au moins, un grand nombre d'espèces de tordeuses pourraient rapidement se former à partir de minimes changements au niveau des gènes contrôlant la structure chimique ou la proportion des substances entrant dans la composition du signal d'attraction sexuel.

À la spéciation géographique vient s'ajouter dans la nature un riche assortiment d'autres modes de spéciation. Le mieux connu est de loin la polyploïdie, autrement dit, l'accroissement du nombre des chromosomes. Plus précisément, un individu polyploïde présente dans chacune de ses cellules le double du nombre des chromosomes possédés par un individu ordinaire – ou le triple ou le quadruple ou n'importe quel autre multiple. La polyploïdie a un effet quasiment instantané, isolant pratiquement un groupe d'individus de leurs parents en une seule génération. Cet isolement immédiat découle du fait que les hybrides entre individus polyploïdes et non polyploïdes sont incapables de se développer normalement, ou, s'ils réussissent à se développer, sont incapables de se reproduire. La polyploïdie est responsable de la genèse de près de la moitié des espèces actuelles de plantes à fleurs et d'un petit nombre d'espèces animales.

La spéciation par polyploïdie est rendue possible par le fait que, chez toutes les espèces se reproduisant sexuellement, le cycle vital comprend deux phases. Au cours de la phase haploïde, il existe un seul jeu de chromosomes dans chaque cellule. Lors de la phase diploïde, qui lui succède, les cellules sont caractérisées par deux jeux de chromosomes. À la fin de la phase diploïde, il se produit une réduction du nombre des chromosomes, ramenant ceux-ci à un seul jeu : l'organisme revient donc à la phase haploïde, et ainsi de suite. La phase haploïde comprend notamment les spermatozoïdes et les ovules, chacun d'entre eux étant un petit organisme doté d'un seul jeu de chromosomes. Chez les plantes et les animaux supérieurs, la phase haploïde correspond exclusivement à cette période éphémère. Quand un spermatozoïde et un ovule s'unissent, le nombre de chromosomes double, et la phase diploïde commence. Deux petits organismes deviennent un seul petit organisme, lequel est alors capable de croître en un très gros organisme constitué de milliards de cellules diploïdes. Le nombre haploïde de chromosomes chez un être humain (le nombre qui figure dans chaque cellule sexuelle) est de vingt-trois ; le nombre diploïde, qui figure dans tous les autres tissus après la fécondation, est de quarante-six. Si le nombre de base est, par quelque moyen que ce soit, triplé (un être humain triploïde, par exemple, aurait soixante-neuf chromosomes), l'organisme en résultant risquera d'avoir des problèmes. Des difficultés se manifesteront vraisemblablement au cours du développement de l'embryon et, au-delà, dans la vie de l'adulte. Le syndrome de Down (ou trisomie 21) est l'un des exemples de ces nombreuses pathologies engendrées par des nombres triples de chromosomes – dans ce cas précis, il s'agit du triplement du chromosome 21 (ainsi dénommé parce que les biologistes donnent un numéro à chacun des chromosomes, pour les distinguer rapidement et commodément).

Lors de la production des cellules sexuelles, un individu triploïde rencontrera d'autres difficultés. Les deux jeux de chromosomes d'une plante ou d'un animal normal diploïde peuvent subir la méiose – la réduction à un jeu de chromosomes par cellule –

avec une relative facilité. Lors de la première division cellulaire de la méiose, lorsque la réduction intervient, les chromosomes homologues se regroupent d'abord par paires (chez les êtres humains, par exemple, ils forment vingt-trois paires), puis se séparent et se répartissent individuellement dans des cellules qui se trouvent ainsi être dotées du nombre haploïde de chromosomes. Chez un triploïde, les trois jeux de chromosomes s'emmêlent pendant la phase d'appariement-séparation, et le processus avorte ensuite, ou bien engendre un grand nombre de cellules sexuelles anormales.

Les triploïdes jouent un rôle crucial dans le processus d'isolement des espèces fondé sur la polyploïdie, tout simplement parce qu'ils sont les produits problématiques des tentatives de croisement entre les organismes polyploïdes et leurs apparentés diploïdes. Considéré dans sa totalité, le processus de spéciation par polyploïdie se déroule comme suit :

– Il commence par une plante polyploïde nouvellement apparue au sein d'une population diploïde. C'est généralement une tétraploïde, chez laquelle le nombre diploïde ordinaire a accidentellement doublé au début du développement embryonnaire. Chaque cellule ordinaire possède donc quatre jeux de chromosomes, et non pas les deux habituels. Par la suite, la plante tétraploïde – la nouvelle espèce – présente deux jeux de chromosomes dans chaque cellule sexuelle au lieu d'un seul.

– Supposez que les plantes de l'espèce souche aient dix chromosomes dans chaque cellule ordinaire et cinq dans chaque cellule sexuelle. Les plantes polyploïdes en ont donc respectivement vingt et dix dans les deux sortes de cellules. Les plantes diploïdes de l'espèce souche peuvent s'interféconder, de même que les plantes polyploïdes peuvent s'interféconder avec d'autres plantes polyploïdes.

– Certaines des plantes polyploïdes et diploïdes se croisent, engendrant des hybrides. Lorsqu'une cellule sexuelle « classique » (à cinq chromosomes) fusionne avec une cellule sexuelle polyploïde (à dix chromosomes), l'hybride est triploïde (quinze chromosomes). Par la suite, cette plante peut rencontrer des difficultés lors de sa croissance. Même si elle arrive à atteindre la maturité sexuelle, elle ne pourra pas produire des cellules sexuelles normales et sera stérile. La souche diploïde et les individus dérivés polyploïdes sont donc reproductivement isolés, et par suite, ces derniers représentent une nouvelle espèce, créée en une seule génération.

Il existe une autre façon, encore plus novatrice, par laquelle la polyploïdie peut créer de nouvelles espèces : en multipliant le nombre des chromosomes chez les hybrides déjà existant entre deux espèces. Les hybrides ordinaires de nombreuses espèces de plantes sont stériles, même lorsque ces dernières ont le même nombre de chromosomes et que la croissance de l'hybride se déroule sans problème jusqu'à la floraison. La raison de la stérilité est une incompatibilité des chromosomes parentaux dans le cadre de la formation des cellules sexuelles. Appelons les deux espèces parentes de l'hybride, A et B. Lorsqu'un chromosome de l'espèce A essaie de s'aligner avec le chromosome de l'espèce B qui est sa contrepartie (processus assurant normalement l'échange de blocs de gènes pendant la production de cellules sexuelles), cette opération ne va pas jusqu'au bout, parce qu'ils diffèrent trop l'un de l'autre.

Une façon de sortir de l'impasse consiste à doubler le nombre des chromosomes de l'hybride. Dès lors, pendant la production des cellules sexuelles, chaque chromosome A peut s'apparier avec un chromosome A identique, de même que chaque chromosome B peut être apparié à un chromosome B identique. Ainsi l'hybride polyploïde est fécond. Il peut se croiser avec d'autres polyploïdes de type identique, mais non avec l'un ou l'autre des parents diploïdes dont il est issu. De telles hybridations suivies du doublement du nombre des chromosomes surviennent de temps en temps spontanément dans la nature.

On peut créer de nouvelles espèces en laboratoire ou dans les serres, en faisant fusionner deux anciennes espèces sur ce mode frankensteinien. Le plus célèbre exemple en est l'hybride polyploïde du radis (*Raphanus sativus*) et du chou (*Brassica oleracea*), ces deux espèces parentales étant toute deux membres de la famille de la moutarde, les Brassicacées, mais reproductivement isolées, bien que génétiquement similaires. Le radis et le chou ont tous deux neuf chromosomes dans leurs cellules sexuelles et dix-huit chromosomes dans leurs tissus diploïdes. Des plantes hybrides peuvent être facilement produites par interfécondation. Elles ont elles aussi dix-huit chromosomes dans leurs tissus diploïdes, neuf issus de chacun des parents. Mais les deux jeux de neuf chromosomes ne peuvent s'apparier et permettre la formation de cellules sexuelles, lors de la division de réduction, un défaut qui rend l'hybride stérile. Lorsqu'on double le nombre des chromosomes de l'hybride, amenant le nombre diploïde à trente-six, il devient fécond. En effet, chaque chromosome de radis et chaque chromosome de chou a maintenant son exacte contrepartie, avec laquelle il peut s'apparier, et la production des cellules sexuelles peut dès lors suivre son cours normalement. Le radis-chou est une espèce auto-entretenue. Elle ne peut se croiser en retour avec l'une ou l'autre des espèces parentales.

En dépit de son importance manifeste pour la genèse de la diversité des plantes, la polyploïdie n'est peut-être pas le processus rapide le plus répandu dans l'ensemble des organismes. Un autre mode, peut-être même plus fréquent, est la spéciation sympatrique non liée à la polyploïdie. Le terme de *spéciation sympatrique* se réfère à la genèse d'une nouvelle espèce dans le même lieu que l'espèce parentale (littéralement, elles sont « du même pays »). On l'oppose à la spéciation géographique ou, plus formellement, allopatrique (« de pays différents »), au cours de laquelle la nouvelle espèce prend naissance dans un endroit différent, alors qu'elle est isolée par une barrière physique.

La spéciation par polyploïdie est sympatrique parce que la nouvelle espèce polyploïde surgit directement de l'espèce diploïde, sous la forme de quelques plantes, en une génération. La spéciation sympatrique non liée à la polyploïdie est simplement une genèse par quelque autre moyen. Dans cette catégorie, le processus le mieux étayé par des modèles et des observations est celui des races temporaires d'insectes, hôtes de certaines plantes sur lesquelles elles se nourrissent. En voici les étapes les plus importantes, telles qu'elles sont suggérées par Guy Bush et d'autres chercheurs, qui ont récemment élaboré et testé la théorie :

– Les membres de l'espèce parentale d'insectes vivent et se reproduisent sur une seule sorte de plante. Ce degré de spécificité est très répandu chez les insectes. Il caractérise sans doute des millions d'espèces d'insectes se nourrissant de plantes ou dotés de mœurs de parasites, ainsi que d'autres petits organismes passant la plus grande partie de leur vie sur une seule sorte de plante.

– Certains individus d'une espèce donnée migrent ensuite sur une seconde sorte de plante, où ils commencent à se nourrir et à se reproduire. La nouvelle plante hôte pousse dans l'immédiat voisinage de l'ancienne, si près même, que les plants individuels des deux peuvent être entremêlés. La migration opérée par l'insecte s'accompagne de modifications génétiques qui suffisent à déterminer une préférence pour la nouvelle plante et à accroître les chances de survivre sur celle-ci. Plus tard, lorsqu'ils se disperseront de plante en plante, les insectes qui ont évolué rechercheront la nouvelle espèce hôte.

– Quand la nouvelle lignée d'insectes s'est, sur le plan évolutif, suffisamment éloignée de la précédente, de sorte qu'elle s'est fermement installée sur la nouvelle plante hôte, sans toutefois s'isoler reproductivement de façon complète par rapport à la lignée parentale, elle constitue, par définition, une race d'hôte. Quand la race d'hôte diverge encore plus, accumulant assez de différences pour empêcher toute interfécondation, elle devient, par définition, une espèce au sens plein.

Les races d'hôtes peuvent se former et évoluer jusqu'au niveau de l'espèce en quelques générations. Certaines mouches des fruits du genre *Rhagoletis* paraissent être capables de procéder à une transition aussi rapide. En Amérique du Nord, les espèces (de ce genre d'insecte) qui infestent l'aubépine sont accidentellement passées aux arbres fruitiers domestiques. Ces mouches colonisatrices ont tendance à donner des races d'hôtes parce qu'elles ne se reproduisent que lorsque le fruit hôte est disponible, et les arbres, selon leur espèce, donnent des fruits à des moments différents de l'année. En 1864, *Rhagoletis pomonella*, qui vit normalement sur l'aubépine sauvage, s'abattit sur les pommes de la vallée de l'Hudson et ultérieurement sur celles de la plupart des régions où l'on cultive ce fruit en Amérique du Nord. Une seconde race d'hôtes de *R. pomonella* a colonisé les cerises du comté de Door, dans le Wisconsin, dans le milieu des années 1960. Les trois races sont partiellement séparées par la saison à laquelle leur fruit hôte arrive à maturité au cours du printemps et de l'été : dans l'ordre, cerise, pomme, aubépine.

La spéciation sur le mode sympatrique, qui s'effectue en l'espace d'un instant géologique, pourrait aisément avoir engendré de grands nombres d'espèces d'insectes, ainsi que d'autres invertébrés, connus pour leur spécialisation pour des plantes particulières. Elle pourrait aussi avoir sous-tendu la genèse d'un grand nombre de ces espèces parasites qui passent la plus grande partie, voire la totalité de leur vie, sur une sorte d'animal hôte. La théorie paraît correcte, bien qu'elle ne soit en grande partie qu'une hypothèse. Les stades initiaux sont difficiles à détecter, et peu d'études ont été menées sur les invertébrés qui ont le plus de chances de la présenter. Le grand intérêt porté aux mouches des fruits du genre *Rhagoletis* s'explique par les conséquences économiques des dégâts qu'elles provoquent.

En conclusion, les espèces peuvent se former rapidement et la diversité peut, par conséquent, augmenter de façon explosive. La connaissance que nous avons de l'évolution, toute imparfaite qu'elle soit, nous enseigne, à tout le moins, que la vie possède cette potentialité. Si elle bénéficie de circonstances adéquates, une nouvelle espèce peut se former en une ou en quelques générations.

Cette vision de la genèse de la diversité soulève une troublante question, assortie de sous-entendus éthiques : si l'évolution peut se produire aussi rapidement, le nombre des espèces étant rapidement renouvelé, pourquoi devrions-nous nous soucier de l'extinction des espèces ? La réponse est que les nouvelles espèces sont généralement des espèces à bon compte. Elles peuvent être très différentes dans leurs caractères apparents, mais être encore très semblables génétiquement aux formes ancestrales et aux espèces sœurs qui les entourent. Si elles occupent une nouvelle niche, elles le font probablement avec peu d'efficacité. Elles n'ont pas encore été adaptées finement par toutes les mutations et les épisodes de la sélection naturelle : or, cette dernière évolution est nécessaire pour qu'elles s'insèrent solidement dans la communauté des organismes dans laquelle elles sont apparues. Les paires d'espèces sœurs nouvellement créées sont souvent si proches l'une de l'autre dans leur régime alimentaire, le type de refuge préféré, leur susceptibilité à des maladies particulières, et d'autres traits biologiques, qu'elles ne peuvent pas coexister. Elles tendent alors à occuper des aires de répartition différentes, de sorte que la biodiversité des communautés locales ne peut être enrichie par la présence simultanée des deux.

Une grande diversité biologique requiert pour s'instaurer de longues périodes de temps géologique et l'édification de grands réservoirs de gènes uniques en leur genre. Les écosystèmes les plus riches se construisent lentement, sur des millions d'années. Il est en outre vrai que, par le seul jeu du hasard, peu d'espèces nouvelles sont suffisamment souples pour pouvoir gagner de nouvelles zones adaptatives et créer ainsi de nouvelles formes spectaculaires qui étendent les limites de la diversité. L'évolution n'atteint que rarement une ampleur telle qu'il en résulte un panda ou un séquoia géant. Pour que ceux-ci aient pu apparaître, il a fallu un coup de chance et une longue période d'essais et d'erreurs. Des créations de ce genre relèvent des processus à long terme de l'histoire, et la planète n'a pas les moyens de les voir se répéter, ni nous la longévité nécessaire pour cela.

Chapitre 6

LES FORCES DE L'ÉVOLUTION

QUEL est le moteur de l'évolution ? C'est la question à laquelle Darwin a apporté une réponse fondamentale. Les biologistes du XXᵉ siècle ont affiné cette dernière, ce qui a conduit à la synthèse appelée néo-darwinisme, théorie jouissant aujourd'hui d'un consensus non exempt de dissentiments. Pour exprimer la réponse à la question ci-dessus dans le langage de la biologie moderne, il faut descendre en dessous du niveau de l'espèce et de la sous-espèce pour arriver au niveau des gènes et des chromosomes, et de ce fait à la source ultime de la diversité biologique.

Le phénomène évolutif fondamental est un changement dans la distribution des gènes et des configurations de chromosomes au sein d'une population. Si une population de papillons est passée au cours du temps de 40 % à 60 % d'individus bleus, et si la couleur bleue est héréditaire, on peut dire qu'elle a subi une évolution de type simple. Les transformations de plus grande ampleur sont accomplies par le biais d'un grand nombre de changements statistiques de ce type, se produisant de façon combinée. Ces derniers peuvent prendre place au seul niveau des gènes, sans que cela se répercute sur la couleur des ailes ou sur n'importe quel autre trait apparent. Mais quelle que soit leur nature ou leur ampleur, les changements en cours s'expriment toujours par le pourcentage d'individus qui en sont porteurs au sein d'une population ou par leur proportion relative entre deux populations. L'évolution est fondamentalement un phénomène de populations. Les individus et leurs descendants immédiats n'évoluent pas. Ce sont les populations qui évoluent, dans le sens où les proportions des porteurs de gènes différents changent au cours du temps. Cette conception de l'évolution au niveau de la population découle inéluctablement de l'idée de la sélection naturelle, laquelle est au cœur du darwinisme. D'autres causes peuvent être aussi responsables de l'évolution, mais la sélection naturelle est, de loin, le facteur dominant.

L'évolution sous l'action de la sélection naturelle, telle que nous la comprenons aujourd'hui, est un cycle continu qui ne peut prendre fin qu'avec la mort de la totalité de la population. Son point de départ est l'apparition de variations sous forme de mutations, c'est-à-dire de changements au hasard dans la composition chimique des gènes, ou dans la position des gènes sur les chromosomes, ou dans le nombre des chromosomes eux-mêmes. Les gènes sont les parties de l'ADN qui déterminent en dernier ressort l'apparence des traits, depuis les plus simples comme la coloration des ailes, jusqu'aux plus complexes comme la puissance du vol. Chaque gène est composé d'un grand nombre de nucléotides – les « symboles » génétiques – pouvant aller jusqu'à plusieurs milliers. Chaque groupe de trois nucléotides spécifie un acide aminé. Les acides aminés sont, à leur tour, assemblés en protéines qui sont les briques élémentaires des cellules, celles-ci étant les briques élémentaires des organismes.

Un organisme ordinaire de grande taille, comme un être humain, compte environ cent mille gènes. La variation au niveau de traits quantitatifs, comme la date de floraison des plantes, la dimension des fruits, le diamètre de l'œil des poissons ou la couleur de la peau chez les êtres humains, demande la coopération d'au moins cinq gènes localisés en différents sites chromosomiques. La détermination de traits aussi complexes que la structure de l'oreille ou la texture de la peau nécessite le fonctionnement concerté d'une centaine de gènes.

Pour que le code nucléotidique se traduise par la mise en place des qualités caractéristiques d'une espèce, il faut un grand nombre d'étapes moléculaires. Celles-ci commencent par le passage des triplets de nucléotides de l'ADN à ceux de l'ARN messager, et de là, successivement, à l'ARN de transfert et aux acides aminés ; ces derniers s'enchaînent les uns aux autres pour donner les protéines ; certaines de celles-ci s'assemblent en structures cellulaires, et d'autres en enzymes qui catalysent la construction des cellules elles-mêmes ; des enzymes supplémentaires accélèrent le métabolisme ; et finalement, le système auto-organisé que représente un être vivant manifeste, dans sa totalité, les caractéristiques morphologiques, physiologiques et comportementales qui déterminent s'il vivra ou mourra, se reproduira ou non.

La forme de mutation la plus commune et la plus élémentaire consiste en une altération de la constitution chimique du gène, autrement dit, de façon plus précise, une substitution au hasard d'un nucléotide par un autre. L'anémie à cellules falciformes (drépanocytose) chez les êtres humains est l'un des exemples de l'évolution les mieux étudiés à ce niveau moléculaire ultime. La condition drépanocytaire apparaît chez peut-être une personne sur cent mille à chaque génération, en tant qu'altération d'un seul gène. Lorsqu'il est présent en double dose (non compensé par une contrepartie normale dans chaque cellule), le gène muté détermine une anémie parfaitement caractérisée. Rappelez-vous que chaque cellule contient deux chromosomes de chaque type et donc deux positions au niveau desquelles peuvent figurer le gène normal ou drépanocytaire. Ce dernier détermine un changement dans la constitution chimique de la molécule d'hémoglobine. Dès lors, celle-ci cristallise sous forme de fibres allongées, lorsque la quantité d'oxygène dans le sang tombe au-dessous d'un certain niveau. L'hémoglobine figure dans les globules rouges, lesquels ont normalement une forme de disque au centre aminci. Chez les malades souffrant de la drépanocytose, les fibres de l'hémoglobine anormale ont pour effet d'étirer le globule rouge en forme de faucille. En raison de ce changement de morphologie, ces cellules ont tendance à bloquer la circulation du sang dans les petits vaisseaux présents dans tout le corps, ce qui réduit l'irrigation des tissus en aval et entraîne une ischémie, c'est-à-dire une anémie locale. En dépit de ses effets débilitants, le gène mutant drépanocytaire s'est répandu largement dans certaines populations humaines. Les biologistes ont réussi à démêler les différents aspects de ce petit exemple de l'évolution humaine, qui va de la constitution chimique du gène à l'écologie, ce qui permet d'en brosser l'histoire globale suivante.

La mutation drépanocytaire correspond à la substitution accidentelle d'un nucléotide par un autre au niveau de l'une des milliards de positions assignées aux nucléotides le long des quarante-six chromosomes humains.

Ce changement au niveau d'un symbole génétique se traduit par le remplacement d'un acide aminé (l'acide glutamique) par un autre (la valine) en deux des positions qui leur sont assignées sur la molécule d'hémoglobine. Il y a 574 de ces positions, ce qui veut dire que 574 acides aminés constituent la molécule d'hémoglobine.

La substitution de l'acide glutamique par la valine fait que les molécules d'hémoglobine s'alignent pour former de longues fibres lorsque le globule rouge délivre son oxygène aux tissus environnants. Ce réarrangement déforme la morphologie du globule rouge qui prend l'allure d'une faucille.

Lorsque le gène muté est en double dose, plus du tiers des globules rouges sont déformés en faucille, et cela entraîne une sévère anémie. Lorsqu'il est en dose unique, moins d'1 % des globules rouges sont déformés, et au pire, cela n'entraîne qu'une légère anémie. Mais, et ceci est le plus important, le porteur d'un

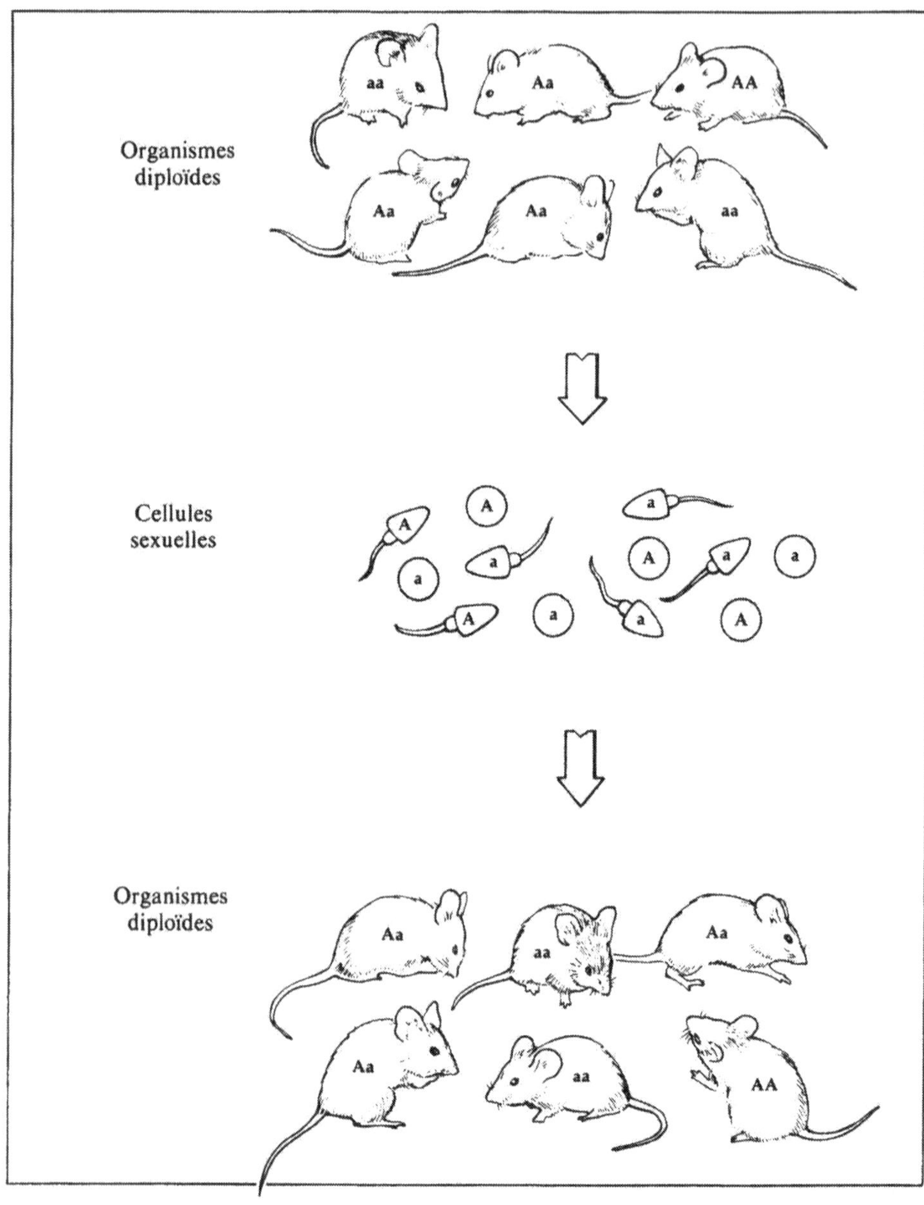

Le cycle vital et le patrimoine génétique collectif. Les organismes diploïdes, chacun ayant deux gènes d'un type donné par cellule, produisent des cellules sexuelles qui, individuellement, ne transportent qu'un gène d'un type donné. Ces cellules sexuelles, qui sont les spermatozoïdes et les ovules, constituent la phase haploïde du cycle. Les spermatozoïdes se combinent avec les ovules pour former la nouvelle génération d'organismes diploïdes. Ainsi, les gènes présents au sein d'une population – formant son patrimoine génétique collectif – se séparent et se recombinent répétitivement pour créer de nouvelles variations sur lesquelles pourra agir la sélection naturelle. (L'animal représenté ici est la souris des moissons des prés-salés, espèce menacée d'extinction vivant dans les régions de prés-salés de Californie.)

ou de deux gènes drépanocytaires est aussi protégé contre le paludisme malin. Cette dernière maladie, mortelle, est provoquée par un parasite ressemblant à l'amibe, appelé *Plasmodium falciparum*, qui envahit les globules rouges et s'en nourrit. Lorsque l'hémoglobine est de type drépanocytaire, le globule rouge est moins vulnérable à l'envahissement par le *Plasmodium*.

En raison de la résistance qu'elle confère, une seule dose de gène drépanocytaire (une par cellule) est un avantage dans les régions du monde où sévit le paludisme malin. Jusqu'aux temps historiques récents, cette zone comprenait l'Afrique tropicale, la Méditerranée orientale, la péninsule arabique et l'Inde. Dans toute cette région, la sélection naturelle a favorisé le gène drépanocytaire. Sa fréquence dépassait souvent 5 %, et elle montait jusqu'à 20 % dans un petit nombre de régions du Mozambique, de la Tanzanie et de l'Ouganda. L'action de la sélection naturelle obéit à un équilibre. Lorsque le gène devient fréquent, beaucoup de gens en possèdent une double dose et meurent d'anémie héréditaire. Lorsqu'il devient rare, beaucoup de gens meurent de paludisme, par suite de l'anémie induite par le parasite. Au cours des siècles, la fréquence du gène observée dans les populations d'Afrique et d'ailleurs a monté et descendu, en fonction de la fréquence avec laquelle celles-ci rencontraient le paludisme malin.

Parmi la multitude des mutations de gènes et de réarrangements chromosomiques qui surviennent au sein d'une population à chaque génération, nombre d'entre elles ont si peu d'effets qu'elles sont neutres, n'influant pas sur la survie et la reproduction. Ou alors elles affectent des traits quantitatifs comme la taille ou la longévité, selon des façons difficiles à apprécier. La grande majorité des effets assez importants pour être facilement détectés sont également délétères. Par définition, ils sont contrés par la sélection naturelle et, par conséquent, rares. Chez les êtres humains, ces défauts génétiques sont appelés des maladies génétiques. Celles-ci comprennent la trisomie 21, la maladie de Tay-Sachs, la mucoviscidose, l'hémophilie et la drépanocytose, ainsi que des milliers d'autres anomalies. D'un autre côté, quand une nouvelle mutation ou une nouvelle combinaison d'allèles (différentes versions d'un gène) rares pré-existants se trouve être supérieure à l'allèle ordinaire « normal », elle tend à se répandre dans toute la population. Au bout d'un certain temps, elle devient la nouvelle norme génétique. Si les êtres humains devaient vivre dans un milieu qui, d'une manière ou d'une autre, donnait à l'hémoglobine drépanocytaire un avantage darwinien total (et non pas seulement partiel) par rapport à l'hémoglobine ordinaire, alors, au bout d'un certain temps, le caractère drépanocytaire deviendrait prédominant et serait considéré comme la norme.

Le cas de la drépanocytose invite à se poser des questions au sujet des notions de bien et de mal. La sélection naturelle, nous enseigne-t-on, est éthiquement neutre. L'anémie due au paludisme est contre-balancée par une anémie héréditaire par l'intermédiaire d'un mécanisme « sans âme », celui de la survie différentielle. Ceux qui meurent de paludisme sont victimes de la rudesse du milieu. Ceux qui meurent d'une double dose de gène drépanocytaire sont des perdants darwiniens, éliminés en raison des conséquences corollaires accidentelles d'une mutation aléatoire. À chaque génération, la tragédie d'un grand nombre de morts se répète en raison d'une cause héréditaire, parce qu'il se trouve que, dans ce cas, l'action de la sélection naturelle ne s'est pas faite sur le mode directionnel, mais sur le mode dit « équilibrant ». Ce n'est pas un décret des dieux, et on ne peut pas non plus en tirer de précepte moral. Il se trouve que le gène drépanocytaire est répandu dans un petit nombre de régions du monde, parce que la molécule d'hémoglobine met en échec un parasite par le truchement d'une de ses formes mutantes facilement disponible, et elle le fait d'une façon amorale.

Le processus d'évolution par la sélection naturelle peut être résumé de la façon suivante. Des substitutions de nucléotides, au hasard, dans un gène entraînent des changements dans l'anatomie, la physiologie ou le comportement. De multiples variantes d'un gène donné, produites de cette façon, sont ainsi introduites au sein de la population. Le changement génétique peut aussi débuter par des variations de position des gènes sur les chromosomes ou par une augmentation ou une diminution du nombre des chromosomes (et donc de celui des gènes). Dit dans le langage de la biologie, le génotype peut être altéré par l'une ou l'autre de ces formes de mutation et cela donne un phénotype différent. Les nouveaux phénotypes, autrement dit les nouveaux traits morphologiques, physiologiques ou comportementaux, présentent généralement des aptitudes différentes à la survie et à la reproduction. Si ces différences sont favorables, c'est-à-dire vont dans le sens d'une augmentation de la survie et de la reproduction, les gènes mutants qui les déterminent se mettent à se répandre dans la population. Si ces différences sont défavorables, les gènes qui les déterminent vont décliner et peut-être même disparaître complètement.

On peut facilement voir pourquoi le darwinisme est à la fois la plus grande et la plus simple des idées scientifiques du XIXe siècle. Sa force provient du fait que la sélection naturelle est protéiforme. Dans certains cas, elle est meurtrière, reposant sur la prédation, la maladie et la famine. Dans d'autres cas, elle procède sans violence, agissant sur la dimension relative des familles, sans du tout accroître la mortalité. L'importance de ses effets peut varier dans d'énormes proportions, puisqu'elle peut présider à la détermination du nombre des soies sur une aile de mouche, aussi bien qu'à l'édification du cerveau humain. Comme le vieux dieu Protée, les formes qu'elle peut emprunter sont en nombre infini et elle possède donc les clés des réalisations de la Nature. La sélection naturelle présente ces propriétés quasi magiques parce que, en un sens, elle est une création de notre langage. Elle ne fait que représenter la synthèse de toutes les différences en matière de survie et de reproduction entre les génotypes, résultant de leurs effets sur les organismes. Mais ce qu'elle représente est bien réel et très puissant.

Le milieu est le théâtre, comme l'a jadis remarqué le spécialiste d'écologie scientifique, G. Evelyn Hutchinson, et l'évolution est la pièce dramatique. Et on peut ajouter : le contrôle génétique du processus de développement est le langage, et le phénomène des mutations l'inventeur des mots – mais un inventeur idiot dégoisant du charabia. Finalement, la sélection naturelle est le rédacteur et la force motrice, créatrice principale. Ni guidée par quelque vision, ni liée par quelque projet lointain, l'évolution écrit son texte mot à mot pour répondre aux demandes d'une ou de deux générations à la fois.

L'évolution sait d'autant moins où elle va que la fréquence des gènes ou des chromosomes peut être changée par l'effet du pur hasard. Ce processus, qui est une alternative à la sélection naturelle, est appelé dérive génétique. Il se produit le plus rapidement dans les très petites populations, et surtout quand les gènes sont neutres, n'ayant pas ou peu d'effet sur la survie ou la reproduction. La dérive génétique est un jeu de hasard. Supposons qu'une population d'organismes contiennent 50 % de gènes A et 50 % de gènes B au niveau d'un site chromosomique particulier, et qu'à chaque génération, elle se reproduit en transmettant les gènes A et B au hasard. Imaginons que la population ne comprenne que cinq individus et donc dix gènes au niveau de ce site chromosomique. Tirez dix gènes pour constituer la génération suivante. Ils peuvent être tous fournis par une seule paire d'adultes ou par cinq paires d'adultes. La nouvelle population pourrait contenir cinq gènes A et cinq gènes B, à l'image de la population parentale, mais il y a une probabilité élevée qu'étant donné la dimension réduite de l'échantillon, le résultat sera plutôt six A et quatre B, ou trois A et sept B, ou encore autre chose. Ainsi, dans de très petites populations, le pourcentage des allèles peut changer significativement en une génération par le seul fait du hasard. Ceci constitue, en bref, la dérive génétique, au sujet de laquelle les mathématiciens ont publié des volumes entiers de calculs complexes, généralement incompréhensibles.

Mais continuons. La dimension de la population est un facteur

Un gène peut changer la forme d'un crâne.
Il peut allonger la durée de vie, redessiner
les motifs colorés sur une aile
ou créer une race de géants.

critique en matière de dérive génétique. Si la population était constituée de cinq cent mille individus, porteurs de cinq cent mille gènes A et de cinq cent mille gènes B, le scénario serait totalement différent. Étant donné ce grand nombre, et même en considérant qu'un petit pourcentage seulement d'individus se reproduit – disons 1 % –, l'échantillon des gènes tirés pour constituer la génération suivante resterait très proche de 50 % de A et de 50 % de B à chaque génération. Dans de grandes populations comme celles-ci, la dérive génétique est donc un facteur relativement mineur dans l'évolution, ce qui signifie qu'il n'a que peu d'importance s'il est contré par la sélection naturelle. Plus sera forte cette dernière, plus vite la perturbation provoquée par la dérive sera corrigée. Si celle-ci conduit à une proportion élevée de gènes B, mais que les gènes A sont supérieurs aux gènes B, la sélection va tendre à faire retourner les gènes B à une plus faible fréquence.

Un corollaire important de la dérive génétique est l'effet fondateur qui, selon certains évolutionnistes, accélère la formation des espèces nouvelles. Supposons que nous partions de la même grande population contenant un assortiment d'allèles A et B. Là encore, pour simplifier, supposons qu'il y ait 50 % de chacun d'eux. Un petit groupe d'individus s'égare sur une île lointaine ou dans quelque autre lieu jusqu'ici non occupé par l'espèce. Prenez par exemple le cas d'un couple d'oiseaux qui vole jusqu'en ce nouveau lieu. Cette paire d'individus portent quatre gènes à chaque position chromosomique, dont celle où figurent les gènes A et B. Par pur hasard, il se peut que cette population fondatrice contienne deux A et deux B, conservant ainsi les proportions observées dans la population souche. Mais il y a aussi de grandes chances qu'elle contienne trois A et un B, ou un A et trois B, ou seulement des A ou seulement des B. En d'autres termes, puisque les populations fondatrices ont beaucoup de chances d'être de dimensions réduites, elles ont aussi beaucoup de chances de différer génétiquement de la population souche par le seul fait du hasard. Cette différence initiale, combinée avec l'isolement géographique et les exigences de la vie dans un nouveau milieu, peuvent pousser une population vers de nouveaux modes de vie, de nouvelles zones adaptatives. Cela peut aussi la conduire à édifier plus rapidement des barrières reproductives et à atteindre ainsi le statut d'espèce au sens plein du terme.

Trois traits caractéristiques de l'évolution concourent à lui donner un grand potentiel créateur. Le premier est constitué par la vaste gamme des mutations, comprenant les substitutions de nucléotides, les changements dans la position des gènes sur les chromosomes, les changements dans le nombre des chromosomes, et les déplacements de portions de chromosomes. Dans toutes les populations, de nombreux nouveaux types génétiques font continuellement irruption, concurrençant les anciens.

La deuxième voie par laquelle s'exerce la créativité de l'évolution provient de la vitesse à laquelle peut agir la sélection naturelle. Pour transformer une espèce, cette dernière n'a pas besoin des durées immenses de la géologie, qui recouvrent des milliers ou des millions d'années. Pour bien comprendre ce point, le mieux est de considérer les exemples fournis par la théorie de la génétique des populations. Soit un gène dominant, c'est-à-dire un gène dont l'expression l'emporte sur celle des gènes récessifs venant à occuper la même position chromosomique. Par exemple, le gène dominant qui détermine la coagulation normale du sang l'emporte sur celui de l'hémophilie, ou le gène dominant qui permet de rouler sa langue en une gouttière l'emporte sur celui qui ne le permet pas. Lorsqu'un gène dominant est présent dans les mêmes cellules que le gène récessif – cas de figure que l'on appelle la *condition hétérozygote –*, c'est le dominant qui s'exprime au niveau du phénotype. C'est seulement lorsque le gène récessif est seul, se présentant en double dose – c'est la condition homozygote – que le phénotype correspond à l'expression de ce dernier. Un gène dominant, dont le phénotype correspondant bénéficie d'un avantage de 40 % en matière de survie ou de reproduction par rapport au phénotype récessif, peut facilement le remplacer au sein de la population en vingt générations, passant d'une fréquence de 5 % à une fréquence de 80 % dans cet intervalle de temps. Vingt générations dans l'espèce humaine correspondent à seulement quatre cents ou cinq cents ans, et chez le chien, quarante ans ou moins, et chez la mouche du vinaigre, un an. Un gène récessif qui pourrait bénéficier du même degré d'avantage reproductif demanderait soixante générations pour accomplir le même changement de fréquence, ce qui reste une période très courte par rapport à la norme des durées géologiques. Si la dominance est incomplète – les deux gènes s'exprimant tous deux quand ils sont ensemble – et si l'avantage dont bénéficie le gène « gagnant » est total, le remplacement peut, au moins en théorie et dans les populations en laboratoire, être effectué en l'espace d'une seule génération.

La dernière façon par laquelle l'évolution peut se montrer créative concerne sa capacité à assembler des éléments pour donner des structures nouvelles et des processus physiologiques compliqués, y compris de nouveaux types de comportement, et ceci sans le secours d'aucun plan de construction ou de force directrice, simplement par le fait de l'action de la sélection naturelle sur les mutations au hasard. Ceci est un point extrêmement important que n'ont pas saisi les créationnistes et d'autres personnes critiquant la théorie de l'évolution : ceux-ci aiment à souligner que la probabilité d'assemblage des différentes parties composant un œil ou une main, ou des différents cycles biochimiques nécessaires à la vie, résultat d'une série de mutations génétiques, est infiniment petite – en fait, quasi nulle. Mais l'analyse théorique suivante montre que le contraire est vrai. Supposez qu'un nouveau trait puisse se former à la condition que deux mutations nouvelles, appelons-les C et D, apparaissent simultanément en des positions chromosomiques différentes. La probabilité d'apparition de C est d'un sur un million par organisme individuel, un taux de mutation courant dans le monde réel, et la probabilité d'apparition de D est aussi d'un sur un million. Donc, la probabilité que C et D apparaissent simultanément chez le même individu est de : un million par un million, soit un billion, autrement dit une quasi-impossibilité – comme les critiques mentionnés ci-dessus l'ont souligné. Mais la sélection naturelle tourne cette difficulté. Si C confère à elle seule ne serait-ce qu'un léger avantage, elle deviendra prévalente dans toute la population. Dès lors, la probabilité d'apparition de CD sera d'un million. Dans les populations de plantes et d'animaux, de dimension moyenne à grande, qui comptent souvent plus d'un million d'individus, la combinaison CD est quasiment certaine de s'instaurer.

En prenant ainsi l'évolution au niveau du gène, la façon dont nous pouvions envisager aussi bien la nature de la vie que la place de l'homme dans la nature s'en est trouvée changée. Avant Darwin, il était traditionnel de souligner la vaste complexité des êtres vivants pour prouver l'existence de Dieu. C'est le révérend William Paley qui, en 1802, a le mieux exprimé cet « argument du dessein » dans son ouvrage *Natural Theology*. Il fut le premier à recourir à la métaphore de l'horloger : l'existence de la montre implique l'existence de l'horloger. En d'autres termes, de grands effets impliquent de grandes causes. Le sens commun semblerait être en accord avec cette dernière déduction, mais le sens commun n'est que de l'intuition non étayée, et l'intuition non étayée est un raisonnement mené en l'absence des instruments et des connaissances scientifiques. Le sens commun nous dit que de gros satellites ne peuvent rester suspendus à trente-six mille kilomètres au-dessus d'un point de la planète ; et c'est pourtant ce qu'ils font, sur des orbites équatoriales dites synchrones.

L'évolution phénotypique, fondée sur l'expression des gènes au niveau des traits apparents des organismes, peut procéder rapidement. S'il est vrai qu'un seul gène peut aisément se substituer à un autre en moins d'une centaine de générations sous l'action d'une pression de sélection modérée, un seul gène peut aussi exercer de profonds effets sur la biologie d'une espèce. Un gène peut changer la forme d'un crâne. Il peut allonger la durée de vie, redessiner les motifs colorés sur une aile, ou créer une race de géants.

On peut bien comprendre ce point en faisant appel aux cas d'allométrie, c'est-à-dire aux cas où les différentes parties du corps ne croissent pas au même rythme. Un exemple classique est la croissance plus lente du crâne humain par rapport au corps chez les enfants, ce qui fait que les adultes ont une tête pas beaucoup plus grosse que celle d'un bébé, mais perchée en haut d'un corps bien plus grand. Si le phénomène d'allométrie est très marqué dans une espèce donnée, les adultes de petite taille peuvent différer fortement des adultes de grande taille au niveau de nombreux traits, même s'ils sont tous identiques génétiquement pour un trait considéré. Chez les animaux, ce phénomène peut atteindre des proportions extraordinaires. Dans certaines espèces de lucanes, telles que *Lucanus cervus*, les mâles de petite taille ont des mandibules simples et relativement courtes, tandis que les mâles de grande taille ont des mandibules plus massives, dont la longueur égale la moitié de celle du reste du corps, constituant des armes qui leur assurent la supériorité dans les combats. L'hérédité chez les mâles ne porte pas sur différents types corporels, ni même nécessairement sur une dimension corporelle particulière, mais plutôt sur le mode de croissance allométrique propre à tous les mâles. Les mâles qui ne réussissent à se procurer que peu de nourriture ou qui arrêtent tôt leur croissance n'atteignent que de petites tailles et ont une apparence du type de la femelle. Ceux qui atteignent de grandes tailles ont le statut de super-mâles, lourds et exagérément développés à l'avant. Le phénomène allométrique est relativement simple en lui-même, ne dépendant que de différences dans les rythmes de croissance entre diverses régions tissulaires. Dans ces conditions, il est facile d'imaginer comment peuvent se produire des changements rapides d'une ampleur comparable à celle que l'on imagine souvent caractériser la genèse d'une nouvelle espèce, et qui peuvent cependant être fondés sur le plus simple des changements héréditaires. Des mutations mineures dans un ou plusieurs gènes peuvent, en effet, aisément altérer les processus allométriques, de telle sorte que tous les mâles viennent à ressembler plus étroitement à des femelles. Alternativement, le changement pourrait jouer dans l'autre sens, de telle sorte que tous les lucanes mâles seraient dotés d'énormes mandibules.

Les systèmes sociaux des fourmis fournissent un exemple encore plus frappant des effets considérables que peut entraîner l'allométrie. Dans le système des castes au sein des colonies de fourmis, la morphologie de toutes les catégories d'individus, depuis les reines jusqu'aux soldats à grosse tête et aux ouvrières à petite tête, est déterminée par un mode de développement allométrique.

En fonction de la nourriture et des stimuli chimiques qu'elle reçoit à l'état de larve, une fourmi femelle peut devenir une reine, ou un soldat ou une ouvrière dite « minor ». L'appartenance d'une femelle à telle ou telle catégorie ne doit donc rien aux gènes ; mais ces derniers déterminent effectivement le mode allométrique propre à une colonie donnée, et ainsi la gamme des morphologies de son système de caste. Si le contrôle allométrique du développement est changé, ne serait-ce que légèrement, par des mutations génétiques, un système de caste caractérisé par des morphologies différentes peut se manifester.

Ainsi, la sélection naturelle est à la source de la diversité biologique. Les différences alléliques qui surviennent entre individus appartenant à une même espèce, au niveau de tous les chromosomes et de tous les gènes qu'ils portent, de concert avec les différences dans le nombre et la structure des chromosomes eux-mêmes, constituent ce qu'on appelle la variation génétique. En outre, cette dernière est le matériau à partir duquel se forment les nouvelles espèces, car elle est à l'origine des barrières reproductives héréditaires qui scindent les vieilles espèces en deux ou plusieurs nouvelles. Ainsi, il y a deux niveaux fondamentaux dans la diversité biologique : la variation génétique au sein des espèces et la variation génétique d'une espèce à l'autre.

Ces deux niveaux de la diversité biologique se retrouvent grossièrement dans la distinction que l'on peut faire entre micro-évolution et macro-évolution – la première consistant en ces petits changements dont on peut repérer la source au niveau des gènes et des chromosomes ; la seconde correspondant aux changements plus complexes et profonds qui se prêtent moins immédiatement à l'analyse génétique. La genèse de la couleur bleue des yeux relève de la micro-évolution ; celle de la vision des couleurs, de la macro-évolution. L'apparition et l'expansion de la drépanocytose sont un cas de micro-évolution ; la formation du système circulatoire dans lequel elle s'exprime est un cas de macro-évolution. La scission d'une espèce d'oiseau en deux espèces filles semblables est de la micro-évolution ; celle d'une espèce unique d'oiseau en une vaste gamme d'espèces, allant du type de la fauvette à celui du pinson, est de la macro-évolution.

À différentes époques, certains paléontologistes, impressionnés par les changements évolutifs frappants que l'on peut observer chez les fossiles, ont suggéré que la macro-évolution était trop complexe ou se produisait trop rapidement, ou à certaines occasions trop lentement, pour pouvoir s'expliquer par la théorie évolutionniste conventionnelle. La plus récente version de ce type de position a été formulée en 1972 par Niles Eldredge et Stephen Jay Gould,

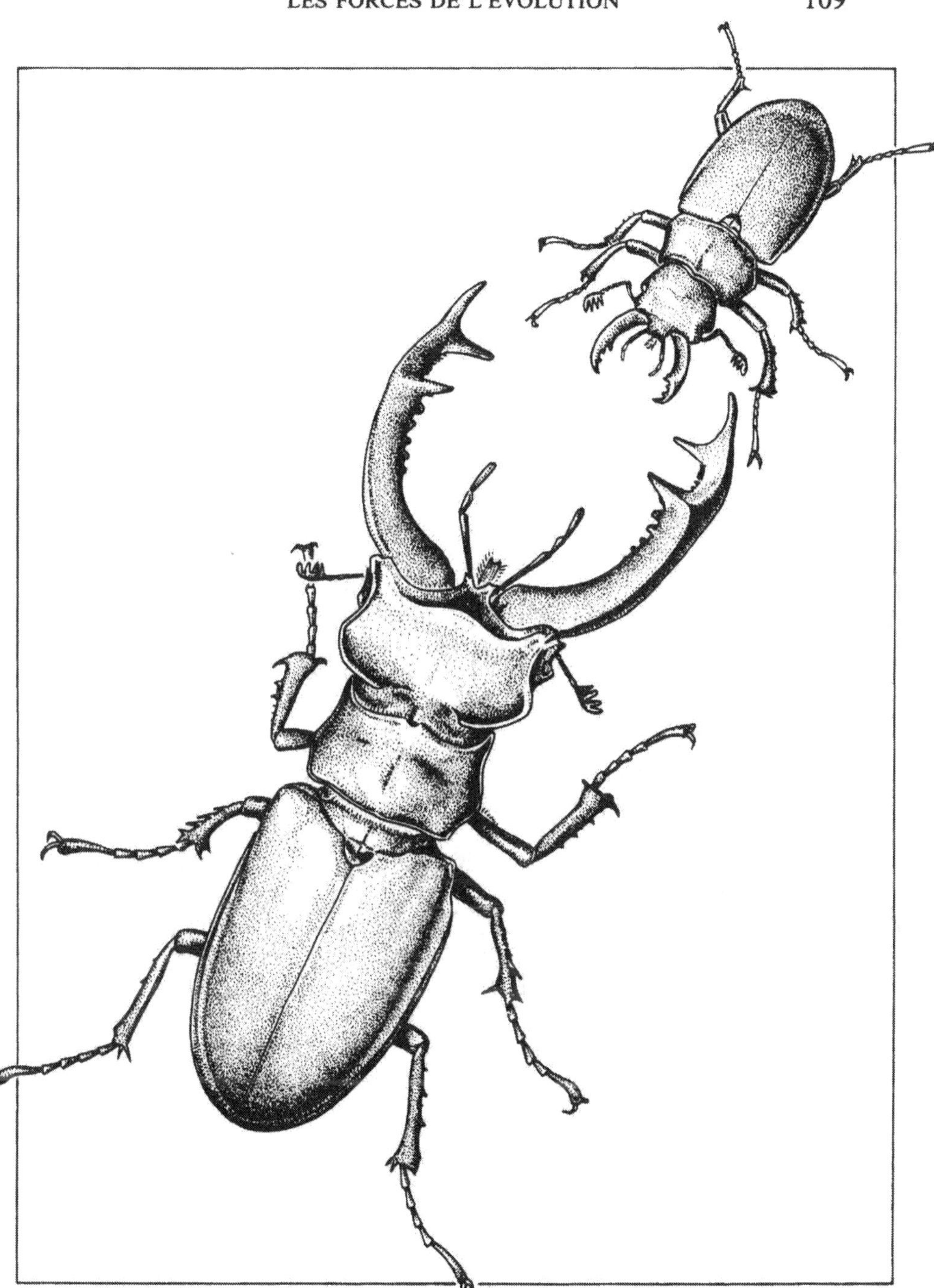

Deux lucanes mâles s'apprêtent à se battre. Les différences dans la forme de leur corps résultent d'un phénomène d'allométrie, autrement dit de la croissance plus rapide de certaines parties du corps relativement à d'autres. Dans cette espèce, la tête et les mandibules croissent plus rapidement, de telle sorte que le gros mâle est plus puissamment armé que son adversaire, plus petit.

sous le nom d'équilibres ponctués, et développée par eux-mêmes et d'autres auteurs dans des publications subséquentes. Elle consiste à dire que non seulement l'évolution fait périodiquement des bonds en avant, mais qu'elle tend à ralentir, jusqu'à pratiquement s'arrêter, à d'autres moments. Les espèces apparaissent de façon rapide et complètement formées à l'issue d'une poussée évolutive, puis subsistent presque inchangées pendant des millions d'années. Et, inversement, l'évolution rapide prend place en grande partie ou en totalité lors de la formation des espèces. L'alternance entre des bonds en avant et des pauses engendre un mode d'évolution saccadé, un équilibre ponctué, si peu ordinaire que cela suggère des processus évolutifs situés au-delà de la sélection naturelle agissant au niveau des gènes et des chromosomes. La macro-évolution, selon certaines formulations radicales, est d'une certaine façon unique en son genre, non semblable à la micro-évolution.

La thèse sur les équilibres ponctués a fait l'objet d'une grande attention parce qu'elle a d'abord été présentée comme un défi à la théorie néo-darwinienne de l'évolution ; en fait, une nouvelle théorie de l'évolution. Ce point de vue a été abandonné par la plupart de ses partisans. Il ne semble pas que l'évolution saccadée soit une modalité largement répandue, et la plupart des exemples avancés initialement n'ont pas été confirmés.

Et plus précisément, la possibilité d'une évolution rapide était déjà l'une des pierres angulaires de la théorie évolutionniste classique et, par conséquent, ne pouvait lui être opposée comme un défi. Les modèles de la génétique des populations, fondements d'une théorie quantitative, prédisent que l'évolution par sélection naturelle peut être si rapide qu'elle peut sembler presque instantanée au regard des temps géologiques. Ces mêmes modèles permettent aussi d'envisager des stases, ou de longues périodes caractérisées par une évolution faible, voire nulle, en mesure d'être détectée au niveau des fossiles. Les prédictions de la génétique des populations ont été confirmées par des décennies d'études très précises en laboratoire et dans la nature, et ceci sur un large éventail d'animaux, de plantes ou de micro-organismes. Ces travaux ont mis en évidence des transitions graduelles entre espèces étroitement apparentées dans toutes sortes de cas de figures, allant du petit pas caractérisant la micro-évolution jusqu'à la grande avancée propre à la macro-évolution, aussi bien que des premiers signes de la variation géographique jusqu'au vaste déploiement d'espèces dans des zones adaptatives multiples.

De façon générale, la continuité entre micro-évolution et macro-évolution a été confirmée. La théorie néo-darwinienne n'a pas été remise en question fondamentalement, mais seulement sur le plan sémantique – on a, pour ainsi dire, renommé la roue, plutôt qu'on ne l'a réinventée. Le terme « équilibre ponctué » est maintenant surtout utilisé pour décrire un mode d'évolution où alternent les phases rapides et lentes, surtout lorsque les phases rapides sont accompagnées d'une formation d'espèces. Son destin illustre le principe selon lequel, en science, les idées qui ont échoué, continuent à vivre en tant que fantômes dans le lexique des théories survivantes. Si l'on doit reconnaître une certaine valeur aux équilibres ponctués, ce n'est pas tant au niveau de leur contenu que de l'effet stimulateur qu'ils ont eu pour les recherches sur les rythmes d'évolution et sur l'attention favorable que le public s'est mis à accorder à toutes les études évolutionnistes.

Dire qu'il y a une différence quantitative, et non pas qualitative, entre micro- et macro-évolution, ne signifie pas, cependant, que tout ce que nous savons sur l'évolution est écrit dans le langage de la génétique moderne, et dans celui-ci seulement. Cela veut simplement dire que rien de ce que nous avons appris jusqu'à présent n'est incompatible avec cette règle, de la même façon que rien de ce que nous avons appris jusqu'ici sur les processus moléculaires au sein des cellules n'est incompatible avec la physique et la chimie contemporaines. Il n'en reste pas moins qu'il y a beaucoup d'autres aspects de l'évolution que ses seuls mécanismes génétiques.

L'un de ces aspects est représenté par la sélection au niveau de l'espèce, un processus qui a commencé à être fructueusement exploré par les paléontologistes – qui étudient les fossiles – aussi bien que par les néontologistes – qui travaillent sur les organismes actuels. Ce sujet a été quelque peu embrouillé par le fait que les deux catégories de spécialistes tendent à avoir chacune leur propre vocabulaire, mais le processus lui-même s'explique aisément. Une nouvelle espèce qui vient d'apparaître possède, tel un organisme nouveau-né, des traits qui lui sont propres. En fonction de ceux-ci, elle pourra durer longtemps ou peu de temps, avant de s'éteindre. Elle va aussi avoir tendance soit à se scinder en plusieurs espèces, soit à rester unique durant toute sa vie. Les traits héréditaires qui déterminent ces différents destins sont des propriétés « émergentes » des espèces, mais ne sont nullement le résultat de quelque mystérieux processus macro-évolutif. Ce sont des propriétés résultant de l'évolution des organismes composant l'espèce. Elles ont été engendrées par micro-évolution, en d'autres termes par des changements de la fréquence des gènes et des configurations chromosomiques, et se sont traduites au niveau supérieur de ces modalités évolutives relatives aux espèces, que l'on appelle la macro-évolution.

Ce processus de traduction est caractérisé par deux propriétés : il est aveugle et il peut se répercuter vers le bas pour ralentir ou accélérer l'évolution des organismes. Ces derniers, au cours de leur lutte pour la survie et la reproduction, ne sont pas concernés, au sens darwinien, par la persistance de l'espèce en tant que tout, ou par sa scission en de multiples espèces. Leurs gènes participent à la génération suivante ou périssent, en fonction de leurs propres caractéristiques, indépendamment du fait que l'espèce se répand et se multiplie par scission, ou au contraire qu'elle va en diminuant jusqu'à l'extinction. Les traits qu'ils possèdent déterminent néanmoins si l'espèce va durer longtemps ou non, ou si elle va rester une entité unique ou se multiplier. On a admis que cette influence représentait la traduction vers le haut de la micro-évolution, débouchant sur la macro-évolution. Inversement, et c'est le trait fondamental de la sélection d'espèces, la longévité d'une espèce, de même que sa tendance à en former de nouvelles, affecte la vitesse à laquelle les caractères cruciaux se répandent dans la faune ou la flore en tant que tout. C'est l'effet en retour vers le bas de la sélection des espèces, qui fait de celle-ci autre chose qu'une ennuyeuse exposition de l'évident.

Considérons un ensemble d'espèces pouvant être l'objet d'une sélection à ce haut niveau. Par *ensemble*, j'entends de multiples espèces descendant d'un ancêtre commun, comme les poissons cichlidés du lac Victoria ou les papillons lycénidés d'Amérique tropicale. La sélection naturelle entre les espèces peut renforcer la sélection au niveau des organismes qui se déroule au sein de chaque espèce. Par la suite, un trait peut évoluer plus rapidement au sein de l'ensemble des espèces en tant que tout. L'aspect de la faune ou de la flore va changer en conséquence. Alternativement, la sélection au niveau des espèces peut s'opposer à la sélection au niveau des organismes, ralentissant la propagation d'un trait donné.

Quelle est l'importance de la sélection au niveau des espèces ? Si l'ensemble est défini assez largement, comme par exemple les plantes vasculaires ou les vertébrés terrestres, elle est d'une importance extrême. À la fin de l'ère mésozoïque, les cycadales et les conifères cédèrent la place aux plantes à fleurs qui se répandirent jusqu'aux pôles. Après la catastrophe sur laquelle se termina le Mésozoïque, les mammifères supplantèrent les dinosaures et les crocodiliens. Mais nous savions déjà tout cela ; ces faits ne nous apprennent pas grand-chose sur le processus biologique de la sélection au niveau des espèces. Pour relier cette dernière à la sélection naturelle au niveau des individus et des populations, il nous faut envisager de plus petits ensembles d'espèces et connaître de façon plus précise les détails de leur écologie et de leurs adaptations. Il est facile d'imaginer l'existence de tels ensembles, mais plus difficile de les trouver dans la nature. Nous n'avons disposé jusqu'ici que d'exemples dispersés, dont voici quelques-uns, parmi les plus intéressants.

– Chez les insectes, le passage du comportement de prédateur ou de « charognard » à celui d'herbivore augmente le rythme de formation de nouvelles espèces. La raison en est qu'un nombre plus élevé d'espèces peut se spécialiser sur des types particuliers de plantes ou même sur différentes parties d'une même plante. Des radiations évolutives peuvent se produire dans ces niches encore plus rapidement par le biais de la formation de races d'hôtes, celles-ci étant, pense-t-on, les précurseurs d'espèces pleinement constituées. Chez les insectes de ce type, pour simplifier, la sélection individuelle et la sélection au niveau des espèces concourent à accroître la vitesse de l'évolution.

— Durant la seconde moitié du Mésozoïque, entre − 100 et − 66 millions d'années, les huîtres, divers coquillages et d'autres mollusques ont fait preuve de capacités de dispersion différentes, et par la suite, l'étendue de leur aire de répartition géographique a été variable. Parmi ces espèces, ce sont celles qui ont occupé les plus vastes aires qui ont perduré aussi le plus longtemps, au cours des temps géologiques. Or, l'étude des espèces de mollusques actuelles montre que la capacité de dispersion est probablement contrôlée par la sélection naturelle au niveau de l'organisme. Si cela est vrai, il s'ensuit que la sélection au niveau des individus et la sélection au niveau des espèces concourent à accroître l'aire de répartition géographique moyenne et la longévité des mollusques.

— Les fourmis, les coléoptères, les lézards et les oiseaux présentent ce que l'on a appelé *un cycle taxonique*. Certaines de ces espèces s'adaptent – plus exactement, les membres individuels de ces espèces s'adaptent – à des types d'habitats favorisant les phénomènes de dispersion. Il s'agit par exemple des rivages marins, des bords des rivières et des prairies balayées par le vent, qui sont, en effet, les meilleurs endroits possibles pour une dispersion à longue distance. Les espèces qui les fréquentent sont en mesure d'atteindre une large expansion géographique et un grand potentiel de spéciation. Lorsque certaines de ces populations très répandues pénètrent, au contraire, dans des habitats plus abrités, elles « s'installent » (se sédentarisent, en quelque sorte) – perdent leur disposition à la dispersion, et de ce fait, ont plus tendance à engendrer de nouvelles espèces. Finalement, elles déclinent jusqu'à s'éteindre. La question se pose : est-ce qu'elles se dirigent vers l'extinction plus rapidement, comme dans le cas des mollusques du Mésozoïque ? Si oui, on peut alors dire que les organismes qui s'adaptent à la vie dans des habitats restreints améliorent leur propre efficience darwinienne aux dépens de la longévité de leur espèce. En résumé, les deux niveaux de la sélection, celui de l'individu et celui de l'espèce, sont, dans ce cas, antagonistes.

— Un processus ressemblant à celui d'un cycle taxonique se déroule en Afrique depuis des millions d'années au sein de la riche faune d'antilopes, de buffles, et d'autres mammifères bovidés. Les espèces « généralistes », capables d'occuper plus d'un habitat – de passer de la forêt à la prairie, par exemple, et de revenir à la forêt ensuite – survivent bien plus longtemps. Celles qui sont spécialisées – ne pouvant vivre que dans des habitats particuliers – ont plus de risques d'y être piégées, et de s'acheminer vers l'extinction, lorsque le climat change et que la forêt avance et recule alternativement. Avec leurs populations ayant tendance à se fragmenter, les bovidés « spécialistes » ont aussi plus de chances d'engendrer de nouvelles espèces, de sorte qu'ils gagneront ou perdront des espèces plus rapidement que les bovidés « généralistes ». Globalement, la sélection naturelle agissant au niveau des individus conduit donc à une sélection naturelle des espèces, accroissant leur longévité, ou l'abaissant, en fonction des circonstances.

– Les plantes poussant dans les régions désertiques, comme *Dedeckera eurekensis* du désert Mojave, mettent en évidence un autre aspect de la sélection qui, s'exerçant au niveau de l'individu, peut entrer en conflit avec la sélection au niveau de l'espèce. Au cours des sécheresses, peu de graines ont de chances de germer. La sélection naturelle peut facilement conduire à une stratégie selon laquelle les plantes individuelles arrêtent de produire des graines, pour consacrer toutes leurs ressources à la survie. (La stratégie alternative, non utilisée par *Dedeckera*, consisterait à produire de nombreuses graines restent en sommeil jusqu'aux prochaines pluies.) Si les temps difficiles perdurent, la longévité des individus deviendra plus avantageuse que leur capacité de reproduction. L'espèce dont les membres auront été poussés par la sélection naturelle à adopter la stratégie de la longévité finira par ne présenter plus qu'un petit nombre d'individus vivant longtemps, mais quasiment stériles. Ces plantes individuelles survivantes sont gagnantes au jeu de la sélection pratiquée au niveau des organismes, mais leur réussite amène l'espèce au bord de l'extinction.

Il semble donc que l'action de la sélection naturelle au niveau de l'individu, qu'elle soit ou non accentuée par la sélection au niveau de l'espèce, puisse être exubérante, puissante, et éventuellement rapide. S'il existe, au départ, suffisamment de matériau héréditaire brut, et si la pression de sélection (résultat des différences en matière de survie et de reproduction) est forte, un gène ou un type chromosomique donné peut se substituer à un autre en moins d'une centaine de générations. Tout cela constitue donc des bases qui autorisent une micro-évolution rapide ou même les premiers stades de la macro-évolution.

Ces bases sont bien comprises sur le plan théorique et elles ont été vérifiées en laboratoire. Elles peuvent aussi s'observer dans les populations naturelles, lorsqu'une espèce est soumise à une nouvelle pression de sélection, comme la survenue d'un nouveau parasite ou l'instauration d'une nouvelle source alimentaire. La sélection naturelle a disposé de plus de temps qu'il n'en fallait pour créer des types d'organismes radicalement nouveaux. Pensez que l'ère des Reptiles a duré pendant cent millions de générations reptiliennes, et qu'à l'ère des Mammifères qui lui a succédé, il a fallu plus de dix millions de générations mammaliennes avant que l'espèce humaine n'apparaisse. Il a fallu à la Terre des centaines de millions d'années pour produire les premiers organismes cellulaires, lesquels ont été construits à partir d'un nombre astronomique de molécules efficaces.

L'aspect que nous comprenons le mieux dans l'évolution est celui de la génétique, et l'aspect que nous comprenons le moins bien est principalement celui de l'écologie. J'irais même plus loin et suggérerais que les grandes questions qui restent à comprendre en biologie de l'évolution sont d'ordre écologique et non pas génétique. Elles concernent les pressions de sélection exercées par le milieu, telles qu'elles sont révélées par l'histoire de lignées particulières, et non pas les mécanismes génétiques de nature très générale. Je peux me tromper. La biologie moléculaire se développe si rapidement et vigoureusement, qu'on pourrait peut-être découvrir de nouveaux mécanismes gouvernant l'évolution d'une façon ou d'une autre. Il reste tellement de choses à apprendre sur la façon dont les gènes fonctionnels, c'est-à-dire les exons de l'ADN, ont été engendrés, puis ont été recombinés et perfectionnés pour soutenir l'épanouissement de la diversité biologique. Il est en outre possible que des contraintes extra-génétiques pesant sur le développement embryonnaire, comme des limitations physiques fondamentales imposées à la dimension des cellules et à l'organisation tissulaire, jouent un rôle déterminant. Il se pourrait que des principes d'un nouveau genre, non encore découverts, régissent compétition et interférences entre cellules ou tissus. Beaucoup de surprises nous attendent dans l'étude du développement. Un de ces jours, il se pourrait que des découvertes dans les deux domaines fondamentaux que sont le code génétique et le développement embryonnaire ébranlent le néo-darwinisme jusque dans ses fondations. Mais j'en doute. Je crois que les plus grands progrès en biologie de l'évolution se feront en écologie et permettront un jour d'expliquer plus complètement pourquoi la diversité de la vie est d'une nature donnée plutôt que d'une autre.

Chapitre 7

LES RADIATIONS ADAPTATIVES

Vu à grande échelle, le tableau de l'évolution se présente, à l'instar d'une grande partie de l'histoire humaine, comme une succession de dynasties. Des organismes issus d'un ancêtre commun accèdent à la position dominante, élargissent leur aire de répartition géographique, et se scindent en de multiples espèces. Certaines de ces dernières acquièrent de nouveaux cycles vitaux et de nouveaux modes de vie. Les groupes qu'elles remplacent battent en retraite jusqu'à prendre le statut de relique, diminuant de taille sous l'effet de la concurrence, de la maladie, du changement de climat ou de tout autre changement du milieu ouvrant la voie aux nouveaux venus. Au bout d'un certain temps, le groupe ascendant lui-même ralentit et commence à décliner. Ses espèces s'éteignent une à une jusqu'à ce que toutes aient disparu. De temps en temps, dans une minorité de groupes, une espèce chanceuse tombe par hasard sur un nouveau trait biologique qui lui permet de se répandre et d'opérer à nouveau une radiation, ramenant d'une certaine façon à la domination le groupe phylogénétique auquel elle appartient.

Considérées à un moment donné de l'histoire paléontologique, toutes les dynasties successives, représentées à cet instant, forment un magnifique et complexe tableau déployé à la surface de la planète. Mais c'est à un palimpseste qu'il faut comparer ce dernier, autrement dit à un vieux parchemin sur lequel les groupes dominants actuels s'étalent avec ostentation, tandis que les anciens ne survivent que sous forme de traces, au sein de niches de dimensions réduites. Les mammifères – les grands vertébrés qui dominent aujourd'hui sur les continents – sont accompagnés de tortues et de crocodiles, derniers représentants du règne des reptiles de jadis. Les forêts de plantes à fleurs abritent de-ci de-là des fougères et des cycadales, vestiges de la végétation qui prévalait à l'ère des Reptiles. Et, au niveau des dimensions plus petites, l'air est empli de mouches, de guêpes et de papillons, c'est-à-dire de relatifs nouveaux venus dans l'évolution des insectes. Ils constituent des proies pour les libellules, des reliques paléozoïques qui possèdent encore des ailes tenues rigidement en extension et d'autres archaïsmes qui datent des origines du vol. Les libellules sont en quelque sorte les Fokkers et les Sopwith Camels * du monde des insectes, qui se sont arrangés pour se maintenir dans les airs pendant tout ce temps.

Le terme de *radiation adaptative* désigne l'expansion d'espèces descendant d'un ancêtre commun, au sein de différentes niches. La *convergence évolutive* reflète l'occupation de la même niche par les produits de radiations adaptatives diverses, notamment dans des parties du monde différentes. Le loup de Tasmanie (en Australie) est un marsupial dont l'apparence extérieure ressemble à celle du « vrai » loup d'Eurasie et d'Amérique du Nord, un mammifère placentaire. Le premier est le produit d'une radiation adaptative qui a eu lieu en Australie ; le second, le produit d'une radiation adaptative parallèle, qui a eu lieu dans l'hémisphère nord. Ces deux espèces présentent des convergences par le fait qu'elles ont occupé des niches semblables au sein de radiations adaptatives indépendantes survenues sur des continents différents.

On trouve des exemples quasi parfaits de radiations adaptatives et de convergences évolutives dans des archipels éloignés tout autour du monde, comme les Galápagos, les îles Hawaï et les Mascareignes. Elles sont également bien visibles dans les lacs anciens comme le lac Baïkal et les Grands Lacs de la Vallée du Rift en Afrique. Il s'agit de lieux tellement isolés que seuls un petit nombre d'espèces de plantes et d'animaux ont pu y arriver. Ces colons chanceux ont quitté des régions où la concurrence était intense, la pression des prédateurs et des maladies élevée, et les ressources en habitat et en aliments limitées. Ils sont arrivés dans un monde nouveau et en grande partie vide où, initialement du moins, de grandes possibilités s'offraient à eux en abondance.

Les archipels et les lacs ne sont pas seulement isolés ; ils sont aussi petits et relativement jeunes, comparés aux continents et aux océans, de sorte que les processus de radiation évolutive et de convergence ont pu y rester simples et sont, de ce fait, assez faciles à interpréter. C'est pourquoi les biologistes considèrent Hawaï comme l'un des plus importants laboratoires de l'évolution. C'est un archipel et non pas une île, trait qui se prête bien à la scission de populations en espèces pleinement constituées. Géographique-

---

* Les Fokkers et les Sopwith Camels étaient les avions utilisés respectivement par les Allemands et les Britanniques, lors de la Première Guerre mondiale (N.d.T.).

ment, c'est l'archipel le plus isolé en plein océan, de sorte que relativement peu d'espèces colonisatrices ont atteint ses rivages. Il est assez grand pour avoir pu fournir des niches aux radiations d'un grand nombre de nouvelles espèces, et cependant assez petit pour que les modalités des spéciations et des radiations adaptatives aient pu y être bien délimitées et facilement repérables. Finalement, bien que relativement jeune par rapport aux continents, il est cependant assez vieux, environ cinq millions d'années dans le cas de l'île Kauai, pour que les radiations adaptatives y aient atteint un certain degré de maturité.

On pense que les dix mille espèces endémiques d'insectes connues sur Hawaï descendent d'environ quatre cents espèces immigrantes. Certaines ont effectué des changements uniques en leur genre en matière d'habitat et de mode de vie. Dans le monde entier, presque toutes les larves de demoiselles (petites libellules aussi appelées « agrion ») sont aquatiques, se nourrissant des insectes qu'elles trouvent autour d'elles dans les mares, ainsi que d'autres proies d'eau douce. Mais sur Hawaï, la nymphe de l'une des espèces, *Megalagrion oahuense*, s'est complètement émancipée de l'eau et chasse à présent les insectes sur le sol des forêts humides de montagnes. Témoignant d'un changement encore plus radical, la chenille du papillon *Eupithecia* a abandonné son mode d'alimentation à base de plantes pour devenir un prédateur capturant ses proies en embuscade. Ces bizarres larves en forme de ver se tiennent au sein de la végétation, attendant que passent des insectes, pour les saisir d'un coup de leurs pattes avant. Une sauterelle du genre *Caconemobius* est passée de la vie sur terre à une existence particllement marine, vivant au milieu des gros cailloux de la zone de déferlement des vagues, se nourrissant des détritus flottants arrivant jusqu'au rivage. Une autre espèce du genre *Caconemobius* vit sur les coulées de lave dénudées, où elle s'alimente des débris végétaux apportés par le vent. Encore d'autres espèces de sauterelles du même genre, complètement aveugles, vivent dans des grottes. Ces chenilles tueuses et ces sauterelles aventurières ont toutes été découvertes ces vingt dernières années. Hawaï peut paraître familière au visiteur occasionnel, mais elle reste néanmoins un paradis plein de surprises pour le naturaliste explorateur.

Les phénomènes de radiations et de convergences sur les archipels éloignés sont marqués par la disharmonie, ce que l'on définit en biologie de l'évolution comme une représentation extrêmement disproportionnée de certains grands groupes en l'absence d'autres. Lorsqu'un petit nombre d'espèces se scindent rapidement et massivement par le fait de conditions exceptionnelles, elles s'emparent, ainsi que leurs descendantes, d'une grande partie de l'environnement et la gardent par la suite, s'adjugeant la part du lion en matière de diversité biologique. La faune et la flore sont ainsi globalement déséquilibrées par rapport à celle des continents, dont la grande diversité biologique a été engendrée par l'arrivée de nombreuses souches distribuée sur de longues périodes.

Hawaï héberge la faune d'oiseaux la plus disharmonique du monde. Jusque dans les temps historiques récents, plus d'une centaine des espèces connues y étaient endémiques, ce qui veut dire qu'elles lui étaient particulières, n'étant présentes nulle part ailleurs dans le monde. Sur ce nombre, soixante espèces ont été exterminées successivement par les Polynésiens et les colons européens, et quarante sont encore survivantes. Plus de la moitié sont ou étaient des oiseaux nectarivores, formant un groupe taxinomique unique en son genre, les « Drépanidinés », qui, dans la classification formelle, est une branche de la sous-famille des pinsons appelée les « Carduelinés », à son tour représentant une branche de la famille des Fringillidés, qui comprend les pinsons et les moineaux. Tous les oiseaux drépanidinés de l'archipel descendent d'un seul couple ou d'un petit groupe de colons, très vraisemblablement poussés sur ces îles par une tempête, il y a de nombreux milliers d'années. Cette espèce ancestrale était un oiseau relativement primitif de la sous-famille des Carduelinés, probablement petit, gracile, avec un bec ressemblant à celui d'un chardonneret. Son régime alimentaire consistait probablement en graines et en insectes. Parmi les Carduelinés non-hawaïens figurent le chardonneret, le serin, le bec-croisé, oiseaux qui se rencontrent dans tout l'hémisphère nord, mais qui sont plus spécialement concentrés dans les zones tempérées d'Europe et d'Asie. Il semble donc vraisemblable que les premiers colons hawaïens soient venus en volant ou aient été poussés par une tempête, depuis l'Asie ou l'Amérique. Leur population s'accroissant, ces oiseaux drépanidinés ont opéré alors une radiation adaptative explosive. Ils ont pénétré dans de nombreuses niches et se sont diversifiés simultanément au niveau de l'anatomie et du comportement. En tant que conquérants écologiques de premier ordre, ils offrent un exemple classique de radiation et de convergence évolutives, de dimension suffisamment petite pour qu'on puisse les disséquer et les expliquer avec une raisonnable certitude.

À vrai dire, c'est *autrefois* qu'ils ont offert un tel exemple. Avant l'arrivée des Polynésiens il y a deux mille ans, et avant celle des bateaux et des colons européens, dix-huit siècles plus tard, les forêts des îles Hawaï grouillaient d'oiseaux drépanidinés de la taille du moineau. Les diverses espèces se distinguaient par des colorations variées du plumage, rouge, jaune et vert olive, avec des bandes alaires colorées en noir, gris et diverses nuances de blanc. Encore aujourd'hui, l'écarlate apapane (*Himatione sanguinea*) se rencontre en populations d'un millier d'individus répartis sur un kilomètre carré, en certains endroits. Promenez-vous parmi eux dans une plantation d'ohia lehua, épiez leurs taches de brillante couleur, écoutez leurs délicats sifflements, et vous aurez ainsi un aperçu de ce que pouvait être autrefois Hawaï, avant que les premiers canoës tahitiens n'abordent ses rivages.

La plupart des oiseaux drépanidinés ont à présent disparu. Ils ont décliné jusqu'à l'extinction sous l'effet de la chasse excessive, de la déforestation, des rats, des fourmis carnassières, du paludisme et de l'hydropisie, maladies parasitaires véhiculées par des oiseaux exotiques introduits pour « enrichir » le paysage hawaïen. Ils ont disparu comme les espèces éteintes l'ont généralement fait, non pas au cours d'une dramatique catastrophe, mais sans que cela ait été remarqué, au terme d'un déclin durant lequel ceux qui les connaissaient pouvaient affirmer qu'ils n'en avaient vu aucun depuis un moment, que peut-être il y en avait encore quelques-uns dans telle ou telle vallée – mais, en fait, une nuit, un prédateur avait déjà happé le dernier individu vivant, disons un mâle solitaire, alors qu'il dormait. Dans les temps anciens des Polynésiens, plusieurs générations allaient peut-être s'écouler, le dernier panache de plumes en loques allait être rangé avec une coiffure de cérémonie mise de côté pour de bon, et l'espèce allait être aussi enterrée et oubliée, selon les termes de la liturgie catholique, qu'un mort dont on ne se rappelle pas.

Cependant la radiation présentée par les oiseaux drépanidinés restants est celle qui, dans le monde entier, possède la plus grande ampleur, parmi tous les groupes d'oiseaux apparentés. Le pseudokea de l'île Maui (*Pseudonestor xanthophrys*) présente une morphologie analogue à celle du vrai perroquet, mais se nourrit d'insectes et non pas de fruits et de graines. Il se sert de son robuste bec pour mettre en morceaux et fendre des brindilles et des branches afin d'atteindre les larves de coléoptères et d'autres insectes creusant des galeries dans le bois. Le psittirostre psittacin, appelé « ou » (*Psittirostra psittacea*), l'analogue du pinson, possède un gros bec avec lequel il se nourrit de graines, en premier lieu, et d'insectes, en second lieu, sur le mode « généraliste » du pinson. L'akepa (*Loxops coccinea*) se rapproche un peu du bec-croisé de l'hémisphère nord. Les pointes de son bec se croisent sur le côté, ce qui lui permet d'ouvrir les bourgeons foliaires et les gousses des légumineuses au moyen d'une torsion, afin de rechercher les insectes. D'autres espèces de *Loxops* et de *Himatione* ressemblent aux fauvettes, avec un petit corps délicat et un bec fin et court. Comme les fauvettes classiques, qui sont des oiseaux dominants sur la plupart des continents, ils chassent les insectes en train de voler ou posés sur des plantes. L'iiwi (*Vestiaria coccinea*) et plusieurs espèces de *Hemignatus* présentent d'étroites convergences avec les oiseaux nectarivores d'Afrique tropicale et d'Asie. Ils se servent de leurs longs becs effilés et recourbés vers le bas comme de pailles pour aspirer le nectar dans le calice des fleurs.

Les espèces de *Hemignatus* ont effectué une radiation adaptative miniature au sein de la radiation de plus grande envergure, un deuxième déploiement au sein des niches de grande dimension. Outre les espèces au bec incurvé et complet se nourrissant fondamentalement de nectar, elles comprennent le nukupuu, *Hemignathus lucidus*, dont la partie inférieure du bec est raccourcie à seulement un peu plus de la moitié de la longueur de la partie supérieure. Cette curieuse espèce est le résultat d'une évolution qui l'a amené à mi-chemin du statut d'un pic. Elle se sert en effet de la partie supérieure du bec pour se nourrir de nectar, tandis qu'avec la partie inférieure, elle frappe à petits coups secs sur les troncs et les branches, soulève des morceaux d'écorce, sonde les crevasses, et attrape les insectes qu'elle déloge ainsi.

Une seconde espèce, encore plus remarquable, l'akiapolaau (*Hemignathus wilsoni*), s'est avancée plus loin dans ce type d'évolution, au point d'avoir atteint presque complètement le stade du pic. Elle se sert de la partie inférieure de son bec, qui est courte et complètement droite, pour marteler le tronc et détacher des morceaux d'écorce comme avec un ciseau à bois. Walter Bock l'a décrit comme suit : « La partie supérieure incurvée du bec est maintenue levée et écartée de la moitié inférieure, lorsque l'oiseau est en train de faire un trou. Lorsque celui-ci a été foré et qu'un insecte a été découvert, la partie supérieure incurvée du bec est alors utilisée comme une sonde pour en rechercher d'autres. Cette combinaison d'une partie inférieure du bec, droite et fonctionnant comme un ciseau à bois, et d'une partie supérieure utilisée pour sonder, est inhabituelle. C'est un cas, peut-être unique en son genre, où les deux parties du bec, chez une même espèce, sont adaptées à deux tâches tout à fait différentes, chacune des deux étant essentielles au mode d'alimentation de cette espèce. »

Le passage du stade de l'oiseau nectarivore du type *Hemignathus* à celui des différents niveaux d'approche du type « pic », représentés par le nukupuu et l'akiapolaau, est un exemple instructif d'un changement évolutif se manifestant dans le cadre d'un processus de formation des espèces. La coexistence de ces différents stades, dans l'archipel contemporain des Hawaï, donne à voir, sous forme figée, un processus de micro-évolution atteignant le niveau de la macro-évolution. On peut dire de cette dernière, matérialisée par les deux stades suivant celui de l'oiseau nectarivore, qu'elle est

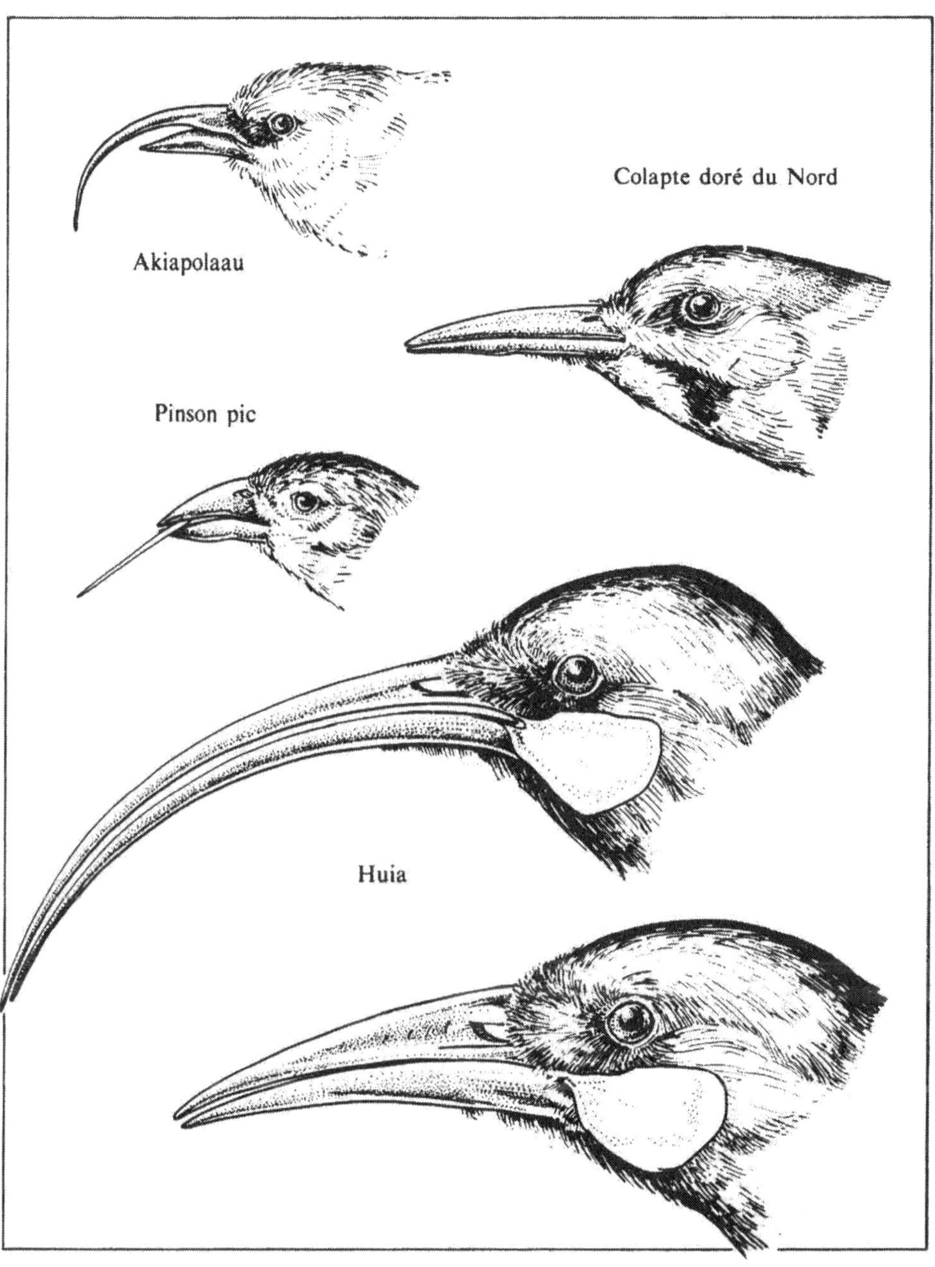

Les pics et espèces ressemblant à des pics représentés ici illustrent les deux notions de radiation et de convergence adaptatives. Lors de certaines radiations d'oiseaux dans diverses parties du monde, différentes lignées ont subi une évolution les amenant à occuper la niche du pic : il en est résulté, par exemple, l'akiapolaau, un oiseau drépanidiné des îles Hawaï ; le colapte doré, commun en Amérique du Nord, l'un des nombreux « vrais » pics ; le pinson pic des Galapagos ; et le huia de Nouvelle-Zélande *(la femelle en haut, le mâle en dessous).*

en quelque sorte de la micro-évolution sous une forme exagérée, avec de la multiplication d'espèces en plus.

Les oiseaux des Hawaï qui imitent de manière imparfaite le pic méritent une attention supplémentaire, dans la mesure où ils sont des exemples d'une évolution convergente imparfaite, issus d'une audacieuse radiation adaptative, à laquelle il a été donné trop peu de temps pour atteindre la maturité. Ils contrastent avec les membres de la famille des Picidés, lesquels méritent véritablement d'être appelés les vrais pics. Les Picidés, un groupe cohérent dont les ancêtres communs sont très éloignés de ceux des Drépanidinés hawaïens, comprennent environ deux cents espèces de par le monde. Parmi les dix-neuf espèces des États-Unis, on trouve le pic du nord bien connu, appelé colapte doré (ou pic doré – *Colaptes auratus*), le pic minule (*Picoides pubescens*), et les pics du genre *Sphyrapicus*. En faisaient partie également deux espèces récemment éteintes, victimes de la déforestation en Amérique du Nord, le pic à bec d'ivoire (*Campephilus principalis*), le plus grand des picidés de la zone néarctique, et le pic impérial du Mexique, qui lui est étroitement apparenté, *Campephilus imperialis*, le plus grand pic du monde.

Les picidés sont appelés les vrais pics, simplement parce qu'ils sont suffisamment répandus et communs pour avoir été les premiers oiseaux auxquels le nom vernaculaire ait pu être appliqué. Mais ils ont aussi de bonnes raisons d'être devenus les porteurs attitrés de ce nom. Ils sont les spécialistes les plus éminents de leur classe écologique. Beaucoup d'autres sortes d'oiseaux forent des trous et fouillent dans le bois pour y découvrir des insectes, mais aucun ne le fait avec l'impétuosité et la précision d'un picidé. La photographie au ralenti permet d'observer la façon dont s'y prend un pic commun, comme le pic fourmilier de Californie (*Melanerpes formicivorus*), pour frapper les troncs à la recherche des insectes. Le bec en forme de poinçon heurte le bois à la vitesse de vingt à vingt-cinq kilomètres à l'heure, subissant une décélération instantanée de 1 000 G – il faut savoir que 1 G est l'accélération nécessaire pour contrer la gravité déterminée par la Terre et qu'un astronaute subit 4 G au décollage d'une fusée. Un cerveau normal qui serait secoué des centaines de fois par jour par des chocs sur la tête de cette force serait réduit en bouillie. Le pic réussit à survivre parce qu'il possède deux traits peu ordinaires. Sa boîte crânienne est faite d'un os spongieux inhabituellement dense et il s'y attache deux ensembles de muscles en opposition, qui paraissent fonctionner comme des absorbeurs de chocs. De plus, le pic ne bouge sa tête, de haut en bas comme un métronome, que sur un seul plan, évitant les forces de rotation qui déporteraient le cerveau d'un côté et de l'autre et le détacheraient de ses ancrages sur la boîte crânienne.

Ce mode d'alimentation au moyen d'une sorte de marteau-piqueur n'est que l'une des adaptations des picidés. De nombreuses espèces présentent une queue raide en forme de coin qui leur permet de prendre appui sur le tronc, et des plumes en forme de soies au-dessus des narines, protégeant les conduits aériens de la poussière de bois. Elles possèdent également une langue cylindrique et collante qui peut être étendue jusqu'à vingt centimètres au-delà du bec et enfoncée dans les sinuosités des galeries d'insectes, afin de saisir ceux-ci. Elle peut ensuite être rétractée et enroulée dans une cavité décrivant un cercle à la surface interne de la boîte crânienne.

Par ailleurs, les picidés ne savent pas très bien voler au-dessus des étendues d'eau ; et c'est là que peut se greffer notre histoire. Ils n'ont jamais colonisé Hawaï pendant les millions d'années au cours desquels sa faune d'oiseaux a évolué. Les oiseaux drépanidinés ont été libres de s'emparer de la niche des pics, et ils l'ont fait au moyen de ces ingénieuses innovations que l'on peut voir chez l'akiapolaau. Cette espèce paraît vraiment relever du bricolage, quand on la compare à l'un des picidés perforant le bois de façon sophistiquée. L'akiapolaau n'aurait jamais survécu, s'il avait dû entrer en compétition avec des picidés hawaïens indigènes ; ou ne serait jamais apparu, si ceux-ci avaient déjà frappé les troncs à coups redoublés, lorsque les premiers drépanidinés ont atteint les rivages de l'archipel. Pour survivre, un pic, dont le terrain de chasse est constitué d'arbres morts ou mourants, a besoin d'espace : un couple reproducteur de pics à bec d'ivoire requiert environ huit kilomètres carrés de forêt primaire inondée. Lorsque son habitat a été drastiquement réduit par les coupes de bois dans le sud des États-Unis, cette espèce a été condamnée à l'extinction. La population des pics à bec d'ivoire n'a jamais été très grande. Elle s'est mise à décliner à toute vitesse, et les dernières fois où l'on a authentiquement observé des pics à bec d'ivoire datent des années 1970. Aujourd'hui, une minuscule population relique continue à vivre dans les forêts des montagnes de Cuba. Ainsi, les pics se livrent une intense concurrence pour l'appropriation des ressources relativement rares dont ils dépendent, et ils auraient presque certainement repoussé tout akiapolaau qu'ils auraient rencontré.

Les picidés sont aussi absents des Galápagos. Cet archipel volcanique, situé en plein océan, à huit cents kilomètres à l'ouest des côtes de l'Équateur, a été le siège d'importantes radiations adaptatives portant sur de nombreuses sortes d'animaux et de plantes. Leurs résultats ne sont pas aussi riches que ceux observés dans les îles Hawaï, mais ils sont suffisamment nets pour que cela ait inspiré à Darwin l'idée de l'évolution. Parmi ceux qu'il a trouvés les plus intéressants figurent les oiseaux appelés aujourd'hui « pinsons de Darwin », autrement dit la sous-famille des Géospizinés, dans la classification formelle. Un seul ancêtre arrivé dans ces îles a été à l'origine de la totalité des treize espèces actuelles, qui occupent certaines des mêmes niches écologiques que les oiseaux drépanidinés des Hawaï. Elles témoignent à l'évidence de la réalité de l'évolution, et un naturaliste de la stature de Darwin ne pouvait passer à côté. Il écrivit en 1842, dans son *Journal of Researches*, ces mots qui préfigurent sa théorie : « Le fait le plus curieux est la parfaite gradation de la taille des becs des différentes espèces de *Geospiza*. Étant donné cette gradation et cette diversité morphologique dans un petit groupe d'oiseaux étroitement apparentés, on pourrait réellement imaginer que, sur la base d'une pauvreté originelle en oiseaux dans cet archipel, une espèce particulière a été retenue et modifiée à différentes fins. »

Certaines des espèces de pinsons de Darwin ressemblent à des fauvettes, possédant un bec fin avec lequel elles capturent des insectes et boivent le nectar des fleurs. D'autres se présentent comme de « vrais » pinsons, utilisant leur bec relativement gros pour déchirer la chair des fruits et faire craquer la coque entourant les graines. Plus l'oiseau est grand, plus son bec est gros, et plus est vaste la gamme des objets alimentaires consommés. Dans les périodes difficiles, ceux qui possèdent les plus gros becs sont en mesure de se spécialiser sur les fruits et les graines les plus gros et les plus coriaces.

Les radiations adaptatives ne sont jamais complètes, ni dans les archipels ni sur les continents. Peut-être parce qu'il y a moins de fleurs dans les forêts sèches des Galápagos, les pinsons de Darwin n'ont pas pénétré dans la niche des nectarivores, si efficacement occupée par plusieurs espèces à Hawaï. Aucun d'eux ne possède le long bec recourbé ou la grande langue adaptés à la collecte du nectar dans le calice profond des fleurs. D'un autre côté, la radiation des Galápagos a engendré un type adaptatif unique en son genre chez les oiseaux du monde entier : le vampire. Sur les petites îles éloignées que sont Darwin et Wolf, des pinsons terrestres se posent sur le dos des fous, de gros oiseaux marins du genre *Sula*, et les piquent à la racine des plumes des ailes et de la queue, buvant le sang qu'ils font ainsi jaillir. Comme si cette scélératesse ne suffisait pas, le pinson vampire casse également les œufs des oiseaux marins en les poussant contre les rochers, puis en boit le contenu.

Deux géospizinés, le pinson pic (*Cactospiza pallida*) et le pinson de la mangrove (*Cactospiza heliobates*), ont pénétré dans la niche des pics, là encore d'une façon totalement nouvelle pour les oiseaux. La forme de leur bec est analogue à celle des oiseaux qui se nourrissent d'insectes. Ces oiseaux frappent la surface des troncs et des branches et détachent des morceaux d'écorce, mais ils ne procèdent pas comme s'ils donnaient des coups de marteau sur un plan vertical. En ce sens, ce sont des pinsons de Darwin ordinaires, voisins d'un petit nombre d'espèces d'allure semblable. Ils n'extraient pas non plus les insectes avec un long bec recourbé, comme le fait l'akiapolaau de Hawaï, ni ne les pêchent avec une grande langue sortie du bec à la manière des picidés. Ils ont effectué, pour ce faire, une innovation purement comportementale. Le pinson pic se saisit d'une épine de cactus, d'une brindille ou d'un pétiole de feuille, brandit cet objet linéaire devant sa tête comme s'il tirait la langue, puis insère de-ci de-là cette sonde de fortune dans les crevasses du bois, de façon à faire remuer les insectes et à les faire sortir pour les capturer. Cette astuce constitue l'un des quelques exemples d'utilisation d'outils connue chez les animaux. Lorsqu'on les voit faire cela, il est difficile de ne pas penser qu'ils sont intelligents. En fait, on en a observé qui corrigeaient leurs erreurs au cours de leur chasse aux insectes. On a vu un individu essayant de casser en deux une brindille qui s'était révélée trop longue pour être utilisée comme outil. Un autre, ayant essayé sans succès de sonder des crevasses avec une brindille fourchue, l'avait ensuite retournée pour se servir de l'autre extrémité, atteignant cette fois-ci parfaitement son but.

Comment ces oiseaux ont-ils pu faire cette innovation ? Peter Grant, qui a observé les pinsons de Darwin dans la nature plus que n'importe qui, pense qu'ils ont dû tomber par hasard sur ce mode d'utilisation d'un outil – ils ne l'ont donc pas « inventé » – puis, qu'ils ont dû continuer à le pratiquer par le biais du conditionnement opérant. « On peut imaginer, » écrit-il, « qu'un pinson pic en train de chercher sa nourriture n'ait pas rejeté, par hasard, le morceau d'écorce qu'il venait juste de retirer de l'ouverture d'une crevasse dans le bois, puis qu'il l'ait accidentellement poussé dans cette fissure et ait touché la proie ; celle-ci se serait alors dirigée vers la sortie jusqu'à se trouver à portée du bec, récompensant ainsi l'oiseau de sa manœuvre imprévue. » Une évolution par assimilation génétique s'en serait alors suivie. Autrement dit, les oiseaux dotés de la plus grande aptitude à faire cet apprentissage par essais et erreurs auraient imité ceux qui avaient trouvé la technique, et auraient donc mieux survécu. Au bout d'un certain temps, la population aurait alors contenu non seulement des oiseaux plus habiles, mais également des oiseaux chez lesquels se serait affirmé l'instinct de saisir et de manipuler d'emblée des brindilles. Les biologistes évolutionnistes pensent qu'une assimilation génétique de cette sorte peut, à l'occasion, énormément accélérer l'évolution, la flexibilité comportementale ouvrant de nouvelles voies.

Si la nécessité est la mère de toute invention, l'occasion

favorable est sûrement le terreau qui la rend possible. L'utilisation d'un outil par les pinsons de Darwin, de même que la fantastique double fonction du bec de l'akiapolaau d'Hawaï, est apparue en des lieux éloignés, où la concurrence des picidés était absente. Il existe un exemple encore plus bizarre illustrant ce principe : c'est celui du huia (*Heteralocha acutirostris*) de Nouvelle-Zélande. En l'absence de concurrence de picidés indigènes, cette étrange espèce, ressemblant au corbeau, a développé une division du travail entre le mâle et la femelle, leur permettant de fonctionner comme une sorte de pic en deux acteurs. Cette espèce est actuellement éteinte, les derniers individus ayant été aperçus sur North Island en 1907, mais on a accumulé assez d'observations dans la dernière période pour qu'on puisse décrire comment ces oiseaux foraient des trous, selon un procédé là aussi unique en son genre chez les oiseaux. Le mâle était armé d'un bec droit et robuste, semblable par sa forme à celui d'un picidé. Il entaillait, comme avec un ciseau à bois, aussi bien les troncs morts que les jeunes arbres, et saisissait les premières larves de coléoptères et d'autres insectes qui apparaissaient. Sa partenaire, au contraire, possédait un long bec incurvé et fin comme celui de nombreux nectarivores de Hawaï. Elle œuvrait en étroite collaboration avec le mâle, sondant les crevasses les plus profondes et attrapant les insectes hors de portée de celui-ci.

Les archives de l'histoire naturelle sont remplies de cas analogues de formation explosive d'espèces, en réponse à des circonstances écologiques favorables. Sur les Galápagos, Rarotonga, les Juan Fernandez, et d'autres îles perdues en plein océan, des membres de la famille de plantes appelée les Composées ont, de façon répétée, opéré des radiations évolutives les ayant amenés à occuper une grande partie des niches écologiques offertes à la végétation. Dans l'ensemble, les Composées sont parmi les plantes à fleurs les plus variées et les plus répandues du monde. On y trouve des plantes familières comme la marguerite, le tournesol, le chardon, l'œillet et la laitue. Leurs fleurs sont en réalité des capitules, formés d'une grande quantité de petites fleurs serrées les unes contre les autres, et entourées de structures ressemblant à des feuilles (bractées). Outre qu'elles ornent les jardins et les talus naturellement, on les trouve partout en tant que jolies herbes folles, comme le pissenlit ou le solidage, dominantes en été, mais disparaissant dès que viennent les rigueurs de l'hiver.

Sur les îles les plus éloignées, couvertes de forêts, de nombreuses espèces de composées dominent aussi parmi les arbres et arbrisseaux indigènes. Il s'agit de ce que l'on pourrait appeler simplement des arbres-laitues ou des arbres-asters, formes qui sont apparues par évolution à partir de petites plantes herbacées. Sainte-

Hélène est l'une des îles les plus isolées du monde, située au milieu de l'Atlantique à mi-distance entre l'Afrique et l'Amérique du Sud. Avant son occupation par des colons hollandais, puis britanniques, processus qui ne fut achevé qu'à la fin du XIXe siècle, ses pentes volcaniques étaient couvertes de composées arborescentes. En outre, croissaient aussi sur cette île d'autres espèces de composées, ainsi que d'autres plantes de type herbacé, la flore totale comprenant trente-six espèces endémiques de plantes à fleurs. Il vivait dans les forêts cent cinquante-sept espèces au moins de coléoptères propres à Sainte-Hélène, descendant de pas plus d'une vingtaine de populations-souches, se nourrissant de plantes, de bois mort, de champignons, et se mangeant les uns les autres. 70 % de ces insectes étaient des charançons, une proportion totalement différente de celle des faunes de coléoptères dans le reste du monde. Cependant, cet étrange ensemble zoologique et botanique fonctionnait. Sainte-Hélène était un écosystème pratiquement clos, une biosphère fonctionnant dans le plus grand isolement, pas très loin du modèle de la colonie embarquée à bord d'un satellite tournant dans l'espace.

Dans l'ensemble des flores des îles investies par de telles composées, il est possible de trouver chacune des étapes principales ayant conduit du stade de la plante herbacée, à celui de l'arbrisseau, puis de l'arbre. Chaque île est un laboratoire contemporain de la macro-évolution, et sa flore, une expérience évolutive indépendante en cours, attendant que des biologistes évolutionnistes en analysent les mécanismes et en racontent l'histoire. Ces expériences sont d'autant plus intéressantes qu'elles ont été répliquées dans d'autres groupes de plantes herbacées, et notamment par les membres de la famille des Lobéliacées. « La métamorphose des laitues en arbrisseaux ou en arbres, » a écrit Sherman Carlquist dans un exposé sur la biologie insulaire, « invite à faire des comparaisons avec l'évolution d'autres plantes sur d'autres îles. Les lobéliacées de Hawaï fournissent un cas presque parfaitement parallèle... Chaque mode de croissance et chaque type de feuille peut trouver sa contre-partie grossière, ce qui montre que les îles dotées d'un climat particulier et d'un degré donné d'isolement tendent à promouvoir ces formes, ces dimensions. »

Quelles forces sélectives poussent des plantes herbacées à atteindre de plus grandes dimensions et déterminent la formation des forêts sur les îles ? Diverses données provenant de sources variées suggèrent qu'il s'agit de l'occasion offerte par l'absence d'arbres ordinaires dans l'environnement. Dans leur immense majorité, les arbres des zones tempérées, tout comme ceux des régions tropicales, n'ont que de faibles capacités de dispersion. Les faines du hêtre, les graines des diptérocarpes, et les agrumes ne peuvent voyager bien loin de l'arbre qui les a produits ou survivre à l'immersion dans l'eau de mer. Mais les composées, parmi les plantes du type des « herbes folles », qui dominent le monde, ont d'excellents moyens de dispersion. Lorsque des îles telles que Sainte-Hélène ou Oahu ont émergé de la mer en tant que cônes volcaniques, ces plantes ont été évidemment les premières, avec d'autres herbes, à atteindre leurs rivages. Elles ont été aussi parmi les espèces pionnières de Krakatau, après l'explosion de 1883. Tout autour du globe, ces émigrantes à longue distance ont pu pénétrer dans des environnements en grande partie ou totalement dépourvus d'arbres ou d'arbrisseaux. Elles ont eu ainsi la possibilité d'évoluer vers le type des arbres et des arbrisseaux et d'occuper le terrain, avant que ces derniers n'arrivent, à supposer que cela ait été possible. Darwin a correctement évoqué ce processus dans *L'Origine des espèces*, recourant au concept nouveau de la sélection naturelle :

> Il semble que les arbres aient peu de chances d'atteindre les îles océaniques éloignées. De son côté, une plante herbacée n'a, en temps ordinaire, aucune chance de surclasser par la taille un arbre pleinement développé. Mais si elle s'établissait sur une île et n'avait que la concurrence des herbes à affronter, elle pourrait facilement tirer avantage de devenir de plus en plus grande et de dépasser par sa taille les autres plantes. S'il en était ainsi, la sélection naturelle aurait souvent tendance à permettre aux plantes herbacées d'augmenter leur taille lorsqu'elles croîtraient sur une île, et ceci indépendamment de l'ordre auquel elles appartiendraient, et ainsi les convertiraient d'abord en arbrisseaux, puis finalement en arbres.

Cette évolution des plantes herbacées insulaires vers le statut d'arbre nous amène à poser la question plus large de savoir pourquoi certains groupes d'organismes opèrent des radiations et pourquoi d'autres ne le font pas. L'exemple des Composées montre que des capacités de dispersion supérieures confèrent par moments cette possibilité à certains organismes. Une espèce capable de pénétrer dans une nouvelle île, un nouveau lac, ou tout autre milieu vide, de l'occuper, et de s'y diviser en de multiples espèces spécialisées, finira vraisemblablement par maîtriser le terrain, en empêchant d'autres espèces d'y pénétrer et de s'y diversifier. Sur les îles Galápagos, un petit groupe de moucherolles, de moqueurs et de fauvettes coexiste avec les treize espèces de pinsons de Darwin, mais aucune de ces espèces n'a effectué de radiation adaptative comparable. Est-il possible que les pinsons, ou plus exactement, le pinson ancestral, soit arrivé aux Galápagos le premier et ait, par là même, interdit aux arrivants ultérieurs de s'y installer ? Le statut dominant des pinsons de Darwin n'a peut-être récompensé rien de plus qu'une capacité de dispersion supérieure. Puisque nous ne connaissons pas la date d'arrivée de ces oiseaux, nous ne pouvons en être sûrs.

Inversement, il se pourrait que l'ancêtre des pinsons de Darwin ait pu évoluer et opérer une radiation de façon plus déterminée que ses concurrents, en raison de ses qualités propres, et indépendamment de sa date d'arrivée. Peut-être possédait-il une morphologie et un comportement « généralisés » (non spécialisés), qui lui ont permis de s'adapter rapidement à un milieu partiellement vide. S'il en a bien été ainsi, pourrions-nous en déduire quelles étaient les caractéristiques de l'espèce originelle ? Pas avec certitude, mais nous pouvons faire quelques conjectures assez sérieuses à ce sujet, car, aussi étonnant que cela puisse paraître, il existe encore une espèce ressemblant à l'espèce ancestrale. Un pinson de Darwin supplémentaire, la quatorzième espèce, vit sur l'île Cocos, un petit morceau de terre de quarante-sept kilomètres carrés situé à cinq cent quatre-vingts kilomètres au nord-est des Galápagos. Cette île montagneuse, qui est une possession de Costa Rica, n'abrite aucun être humain, et est recouverte par une forêt tropicale humide et dense. Le pinson de l'île Cocos, *Pinaroloxias inornata*, coexiste avec seulement trois autres espèces d'oiseaux qui s'y reproduisent – un coucou, une moucherolle et une fauvette jaune. La rareté des concurrents lui a permis de s'engager dans ce que les biologistes appellent une *relaxation écologique* : il s'agit de l'expansion d'une seule espèce dans de multiples habitats.

La relaxation écologique est un phénomène commun aux îles perdues dans l'océan qui n'ont que de petites faunes et flores – je l'ai observé de nombreuses fois chez des fourmis, par exemple – mais elle s'est réalisée à un degré extraordinaire dans le cas du pinson de l'île Cocos. Les membres de cette espèce, tout en restant capables de se croiser sans difficultés, occupent des niches habituellement réparties entre différentes espèces ou entre différents genres ou même entre différentes familles entières d'oiseaux. Ils sont distribués dans toutes sortes de milieux, du rivage au sommet des montagnes ; recherchent leur nourriture dans tous les étages de la forêt, depuis le sol jusqu'aux cimes des arbres ; et mangent des insectes aussi bien que des araignées, d'autres arthropodes, des mollusques, de petits lézards, des graines, des fruits et du nectar. À cet égard, le pinson de l'île Cocos dépasse de loin n'importe laquelle des espèces de pinsons de Darwin vivant sur les Galápagos. Le trait le plus frappant est que chaque oiseau individuel se spécialise dans un type donné de nourriture et maintient cette préférence pendant au moins plusieurs semaines, voire la vie entière. Cette radiation adaptative microcosmique paraît être fondée sur l'apprentissage par observation. Pendant un séjour de dix mois sur l'île Cocos, Tracey Werner et Thomas Sherry, les biologistes qui ont découvert le phénomène de relaxation écologique, ont observé des jeunes s'approchant de fauvettes jaunes et de bécasseaux et imitant leur mode d'alimentation respectif. Sans aucun doute, les jeunes oiseaux imitent aussi les membres plus âgés de leur propre espèce. À l'image des apprentis du Moyen Âge qui choisissaient leur maître au sein de corporations particulières, les jeunes oiseaux paraissent réussir dans la vie en fonction d'une éducation personnalisée.

Le bec du pinson de l'île Cocos se situe entre celui de la fauvette et du pinson. Cet oiseau ayant tendance à adopter des habitudes alimentaires sur une base individuelle, il aurait pu se produire, si les circonstances l'avaient permis, des phénomènes de spéciation rapide et de radiation adaptative sur le mode observé dans les Galápagos. Mais les circonstances ne l'ont pas permis. Le lieu est trop petit et trop éloigné des autres îles pour permettre la formation de nouvelles espèces. La radiation des pinsons de l'île Cocos est donc restée bloquée à un stade embryonnaire, une espèce occupant seule toute l'île.

Certaines sortes de plantes et d'animaux, en vertu de traits biologiques particuliers qu'ils possèdent déjà, semblent portées à se répandre et à s'emparer de nombreuses niches dans des milieux faiblement peuplés. Si le nouveau territoire est suffisamment complexe pour permettre la formation d'espèces et la spécialisation écologique, une radiation va s'accomplir jusqu'à son terme. Il existe un second exemple de disposition à la radiation, aussi parlant que celui des pinsons de Darwin : c'est celui des Cichlidés d'eau douce. Cette famille prolifique de poissons se rencontre du Texas à l'Amérique du Sud, pour ce qui concerne le Nouveau Monde, et d'Égypte à la province du Cap dans l'Ancien Monde. Une série d'espèces primitives vit aussi à Madagascar, et trois espèces supplémentaires sont endémiques au sud de l'Inde et à Sri Lanka.

Les Grands Lacs de l'est de l'Afrique, qui forment une guirlande le long de la Vallée du Rift, de l'Ouganda au Mozambique, grouillent de cichlidés. Ces poissons y dominent la faune aquatique, dans la mesure où leur radiation a occupé toutes les grandes niches disponibles pour les poissons d'eau douce. Les cichlidés sont les équivalents lacustres des oiseaux drépanidinés de Hawaï. Dans le lac Victoria, à lui tout seul, on trouve plus de trois cents espèces, parmi lesquelles les grands types adaptatifs suivants :

Astatotilapia elegans, dont la forme rappelle celle de la perche, se nourrit de façon « généraliste », sur le fond.

Paralabidochromis chilotes, à grande bouche aux lèvres épaisses, se nourrit d'insectes.

Macropleurodus bicolor, à petite bouche, possède des dents pharyngiennes en forme de galets pour écraser des escargots et autres mollusques.

Lipochromis obesus, au corps assez lourd et à la bouche relativement grande ; se nourrit des jeunes des autres poissons.

Prognathochromis macrognathus, ressemble au brochet, avec un corps élancé, une tête et des mâchoires proportionnellement trop grandes, des dents pointues ; se nourrit d'autres poissons.

Pyxichromis parorthostoma, à tête comprimée, bouche tournée vers le haut, et lèvres épaisses ; s'alimente probablement de façon spécialisée, mais on ne sait pas encore comment.

Haplochromis obliquidens, dents développées et plates au sommet ; se nourrit d'algues.

La série représentée par les cichlidés du lac Victoria est la plus grande du monde pour un seul groupe de poissons cantonné à un seul lieu. Un autre aspect en est remarquable : dans chacune des classes adaptatives, on trouve toutes les étapes reliant graduellement les espèces, depuis les premiers stades de la modification morphologique jusqu'à la spécialisation la plus extrême des formes corporelles. Par exemple, parmi les espèces se nourrissant de mollusques, on en trouve certaines dotées de quelques dents pharyngiennes, seulement légèrement élargies, qui servent à écraser les coquilles des proies. D'autres espèces, légèrement plus évoluées, possèdent un grand nombre de dents de ce type, dont beaucoup ont une forme de galet ; ces dents sont pressées sur les coquilles de mollusques, grâce à l'action de muscles pharyngiens relativement gros. D'autres espèces encore, spécialisées de façon poussée dans l'alimentation à base de mollusques, possèdent des os pharyngiens mêlés aux dents en forme de galet, le tout étant mû par des muscles pharyngiens encore plus puissants. On observe des morphoclines comparables – des séries d'espèces allant des plus généralisées aux plus spécialisées – chez les cichlidés se nourrissant d'algues et chez les prédateurs d'autres poissons.

Tous les cichlidés du lac Victoria semblent descendre d'une seule espèce ancestrale qui a colonisé cette étendue d'eau, à partir des lacs voisins plus anciens. La preuve en a été fournie en 1990 par Axel Meyer et ses collègues, sur la base du degré de ressemblance des patrimoines génétiques de ces poissons. Plus spécifiquement, quatorze de ces espèces, représentant neuf genres, montrent très peu de variation dans la séquence nucléotidique de leur ADN mitochondrial, leur diversité à ce niveau étant moindre que celle observée dans la totalité de l'espèce humaine.

La plupart des cichlidés du lac Victoria appartiennent à un plus grand groupe appelé « les *haplochrominés* », une désignation informelle utilisée dans les années passées pour suggérer que ces poissons auraient eu un ancêtre commun récent, hypothèse qui est maintenant soutenue par les données moléculaires. On rencontre d'autres haplochrominés dans le lac Malawi et le lac Tanganyika.

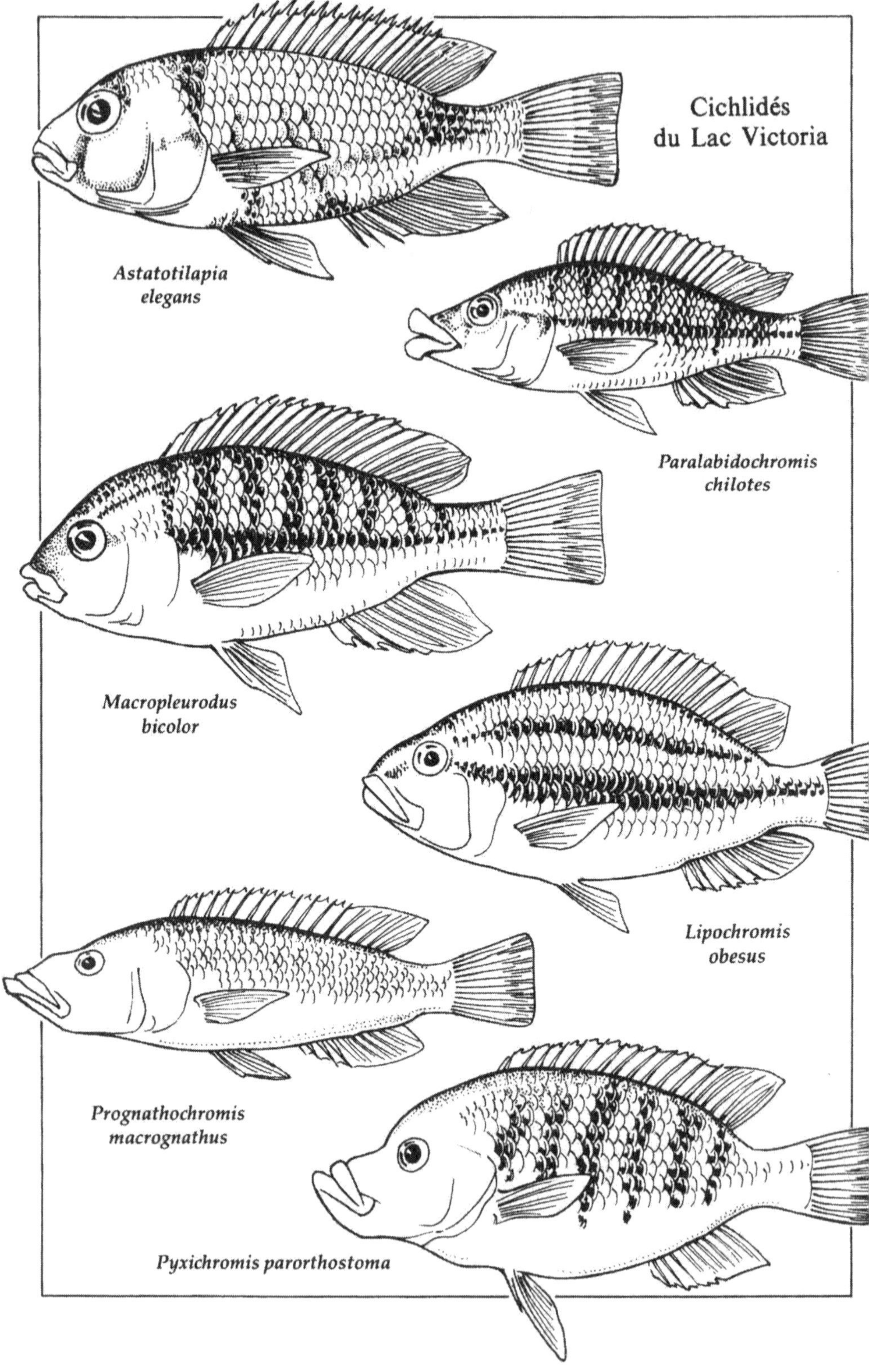

Cichlidés
du Lac Victoria
Astatotilapia
elegans
Paralabidochromis
chilotes
Macropleurodus
bicolor
Lipochromis
obesus
Prognathochromis
macrognathus
Pyxichromis parorthostoma

Ils ressemblent à ceux du lac Victoria au niveau des séquences d'ADN mitochondrial, mais ne leur sont pas aussi proches que les espèces du lac Victoria le sont entre elles.

Un autre trait remarquable des cichlidés du lac Victoria est la jeunesse de leur radiation. On estime que la formation du lac se situe entre deux cent cinquante mille et sept cent cinquante mille ans. Sur la base de la séquence d'ADN du gène du cytochrome *b*, dont l'évolution régulière au cours du temps sert d'« horloge moléculaire » chez tous les animaux, Meyer et son équipe ont pu calculer que la totalité de l'évolution des cichlidés s'était accomplie en moins de deux cent mille ans.

Les cichlidés du lac Victoria ont opéré une radiation adaptative de type particulier, dans la mesure où elle a abouti à ce que l'on appelle une *foule d'espèces* : il s'agit, autrement dit, d'un nombre relativement élevé d'espèces qui ont des ancêtres communs immédiats et sont distribuées dans une seule aire bien isolée, comme un lac, le bassin d'une rivière, une île ou une chaîne montagneuse. La principale énigme théorique posée par les foules d'espèces concerne le processus de leur génération. Comment des populations peuvent-elles de façon répétée se scinder en espèces au sein d'un habitat fermé, dépourvu de barrières géographiques ? Si les haplochrominés avaient suivi le modèle des poissons et les autres vertébrés, il semble qu'il aurait dû y avoir des barrières, comme des isthmes de terre ferme, alternativement découverts puis recouverts, pour que les populations se soient fragmentées et que chacun des groupes en résultant ait eu le temps de diverger jusqu'au niveau de l'espèce. À première vue, il semble que le lac Victoria n'ait connu que trop peu de cycles de ce genre au cours de son histoire, et il est douteux que cela aurait été suffisant pour engendrer trois cents espèces à partir d'un seul ancêtre. On ne peut s'empêcher de penser que les cichlidés ont pratiqué leurs spéciations sur le mode sympatrique, en d'autres termes, se sont scindés sans avoir été divisés par des barrières géographiques. D'un autre côté, il se pourrait que non. Rappelez-vous qu'un seul trait, comme un changement dans le comportement de cour ou dans la saison de reproduction, suffit à créer une nouvelle espèce. Pensez aussi que le lac Victoria est une grande étendue d'eau, de presque soixante-dix mille kilomètres carrés, ce qui est une superficie plus grande que celles du Ruanda et du Burundi réunies (des pays voisins). Il héberge des millions de ces petits poissons. Ses bords ondulent sur plus de vingt-quatre mille kilomètres de long, et il présente de nombreux habitats locaux, de caractère souvent très différent, allant des criques où clapotent les vagues aux bassins profonds loin du rivage, dont les planchers ne voient jamais la lumière solaire. En de nombreuses occasions durant les centaines de milliers d'années de leur histoire, les populations de cichlidés ont pu voir leur aire de distribution se resserrer le long du rivage et, par suite, se fragmenter en populations locales temporairement isolées. En théorie au moins, des variations génétiques dans la cour sexuelle ou la préférence pour un habitat donné, peuvent être fixées en quelques dizaines ou centaines de générations, un processus largement assez rapide pour engendrer trois cents espèces de cichlidés au cours de l'existence du lac Victoria.

L'explosion évolutive aurait pu se produire d'autant plus facilement si les poissons cichlidés avaient été enclins à procéder à des spéciations rapides à la manière des pinsons de Darwin. Pour vérifier cette hypothèse, il faudrait voir s'il n'existerait pas quelque part une espèce de cichlidé qui serait l'équivalent du pinson de l'île Cocos, c'est-à-dire une espèce qui n'aurait que peu de concurrents, voire pas du tout ; qui serait de morphologie extrêmement variable et pourrait adopter alternativement toutes sortes de modes de vie. Et, pour la délectation des biologistes et des auteurs de manuels, un tel exemple existe. Il ne figure pas dans les eaux surpeuplées des Grands Lacs africains, où la compétition et la spécialisation dans les foules d'espèces ont atteint un niveau de quasi-saturation. Pour trouver les conditions requises, il nous faut nous rendre dans la région de Cuatro Ciénegas, dans l'État de Coahuila, au nord du Mexique. Là, notre espèce, *Cichlasoma minckleyi*, vit dans les cours d'eau, les mares et les canaux. Petit poisson tacheté et ressemblant à la perche, il coexiste avec plusieurs autres poissons de taille similaire, y compris un autre cichlidé. Dans sa population figurent deux types différant radicalement par leur mode d'alimentation : le type dit « papilliforme », aux mâchoires et aux dents peu puissantes ; et le type dit « molariforme », aux mâchoires plus développées et aux dents en forme de galet. Ils paraissent appartenir à deux espèces totalement différentes, bien que ce ne soit pas le cas. Ils peuvent se croiser sans difficultés et constituent donc bien une seule espèce. Tous deux s'alimentent dans les mêmes lieux, se nourrissent d'un même large éventail de petites proies, comprenant des insectes, des crustacés, et des vers. Quand la nourriture se fait rare, cependant, les cichlasomes molariformes – mais non leurs congénères papilliformes – se rabattent de plus en plus sur les escargots, qu'ils sont seuls à être capables d'écraser avec leurs mâchoires plus puissantes et leurs dents robustes et aplaties. Grâce à leur régime alimentaire varié, les molariformes réduisent leur concurrence avec les papilliformes et sont en mesure de survivre durant les périodes difficiles. Il est facile d'imaginer une espèce analogue à *Cichlasoma minckleyi*, pénétrant dans une nouvelle étendue d'eau du type de celle du lac Vitoria, puis opérant une radiation dans de nombreuses niches en peu de temps. La première étape serait presque certainement une scission en deux espèces reproductivement isolées, l'une, analogue aux cichlasomes papilliformes se nourrissant exclusivement d'insectes et de proies au corps mou ; et l'autre, analogue aux cichlasomes molariformes, chassant les escargots et autres mollusques.

Les biologistes ont commencé à chercher plus systématiquement de telles espèces au seuil de la radiation adaptative et donc de la macro-évolution. La découverte la plus spectaculaire jusqu'ici, plus intéressante même que le pinson de l'île Cocos et du cichlasome mexicain, est celle de l'omble arctique, *Salvelinus alpinus*, un poisson ressemblant au saumon, que l'on rencontre dans les lacs et les rivières des régions polaires. Peu d'espèces de poissons vivant à ses côtés, l'omble arctique exploite une assez grande gamme de niches alimentaires que personne ne lui dispute. Beaucoup de populations locales réunissent plusieurs types morphologiquement distincts, dotés de différents types de régime alimentaire et de divers rythmes de croissance. Dans le Thingvallavatn (*vatn* = lac) d'Islande, on trouve quatre de ces types : l'un d'eux est grand et se nourrit sur le fond ; un autre est petit et se nourrit également sur le fond ; un autre encore choisit comme proies d'autres poissons ; et un dernier est végétarien et se nourrit d'algues. Skúli Skúlason et ses collègues de l'université d'Islande ont constaté que ces formes spécialisées diffèrent entre elles génétiquement, mais sont encore capables de se croiser sans difficultés, formant une seule espèce extrêmement plastique. Comme dans le cas des pinsons et des cichlasomes, les ombles arctiques paraissent correspondre à une radiation adaptative attendant de se réaliser, ou, qui peut-être, se réalisera si on lui en laisse le temps. Les lacs arctiques dans lesquels vit l'omble ont été créés par le retrait des glaciers continentaux, il y a seulement quelques milliers d'années.

L'histoire naturelle est d'autant plus agréable et intéressante qu'on la regarde sous l'angle de la théorie de l'évolution et qu'on y recherche les feux d'artifice des radiations adaptatives. Elle nous inspire d'autant plus d'appréhensions que nous apprenons à quelle vitesse de telles créations peuvent s'éteindre. La vaste majorité des groupes résultant de radiations adaptatives se maintiennent au maximum de leur diversité pendant des milliers et jusqu'à des millions d'années. Les poissons cichlidés du lac Victoria sont en train de disparaître quasi instantanément, si l'on se réfère à ces normes. Ils sont, en effet, en train d'être exterminés en masse par la perche géante du Nil, un prédateur vorace introduit dans les années 1920 en tant que poisson de pêche par les autorités ougandaises. Cet « éléphant des eaux douces », atteignant une longueur de deux mètres et un poids de cent quatre-vingts kilos, est en train de se répandre vers le sud, depuis son point d'introduction dans le nord, décimant les cichlidés sur son passage. Dans les endroits où il est devenu dominant, plus de la moitié des espèces de cichlidés ont disparu.

Dans la mesure où des groupes comme les poissons cichlidés africains ou les oiseaux drépanidinés hawaïens sont confinés à des sites restreints, comme un seul lac ou un seul archipel, ils sont extrêmement vulnérables aux changements survenant dans l'environnement, et ils peuvent être anéantis très facilement par l'action de l'homme. Dans le même cas, on trouve des groupes de plus haut niveau taxinomique et de plus grande répartition géographique, qui se cramponnent en tant que vestiges d'un passé flamboyant : il s'agit des cycadales, des crocodiles, des dipneustes, des rhinocéros et d'autres animaux appelés « fossiles vivants ». Eux aussi sont poussés au bord de l'extinction par les activités humaines, après avoir prospéré pendant des millions d'années. À l'extrême opposé, il existe un petit nombre de groupes qui ont maintenu l'intégralité des produits de leur radiation pendant une période équivalente. Ces espèces présentent une étonnante gamme de formes corporelles et de cycles vitaux radicalement différents, et sont largement distribuées et abondantes dans le monde entier. Parmi ces vieilles dynasties figurent les protozoaires ciliés, les araignées, les crustacés isopodes, les coléoptères, ainsi qu'un groupe dont, à mon avis, il faut particulièrement tenir compte dans toute discussion sérieuse sur la diversité et l'histoire naturelle : les requins.

Les requins sont des poissons qui forment les trois super-ordres des Squatinomorphes, Squalomorphes et Galéomorphes au sein de la classe des Chondrichthyens. Ces ombres que l'on voit glisser dans la mer, visions de cauchemars, ces prédateurs solitaires d'une effrayante rapidité, mettent en question l'importance darwinienne de l'intelligence, puisqu'ils existent depuis trois cent cinquante millions d'années. Petits animaux au corps robuste, appelés cladodontes, à la fin du Dévonien, ils ont ensuite effectué une radiation et maintenu une diversité élevée dans les mers du monde entier jusqu'au début du Permien. À partir de ce moment, il y a deux cent quatre-vingt-dix millions d'années, ils ont décliné réduisant leur diversité durant cent millions d'années. Ceux qui ont survécu ont fait un rétablissement, réalisé une seconde expansion, et réussi à traverser au complet la grande crise d'extinction qui a mis fin à l'ère des Dinosaures. Aujourd'hui, leur diversité est toujours aussi grande.

Vu de loin (un dos et une nageoire fendant la surface de la mer, aperçus un bref instant durant lequel le cœur s'arrête, avant que l'ombre en forme de torpille ne glisse vers les profondeurs), un requin d'une espèce donnée ne paraît pas très différent d'un requin d'une autre espèce, à l'exception de la taille. Mais, en réalité, les trois cent cinquante espèces qui ont été repérées de par le monde varient énormément, et dans de telles proportions que cela peut remettre en question la définition même du mot *requin* ; il est nécessaire de se référer à leur anatomie interne pour se rendre compte qu'ils ont des ancêtres communs et qu'ils peuvent tous être rangés dans le même groupe zoologique. Cette archaïque radiation des requins s'est traduite par des différences entre les espèces bien plus grandes que celles observées entre les membres des radiations encore dans leur jeunesse, comme celle des pinsons de Darwin ou des cichlidés des lacs africains. Il est tentant d'interpréter ce fait en supposant que le temps a dû aiguiser leurs spécialisations, dans la mesure où ils ont dû affronter plus de concurrents, et que l'extinction d'un grand nombre de leurs espèces n'a dû laisser perdurer jusqu'à aujourd'hui que les plus robustes et les plus durables.

S'il y a jamais eu dans l'imaginaire du grand public un requin archétypal, c'est vraisemblablement le requin tigre (*Galeocerdo cuvier*), un grand poisson quelquefois appelé la « poubelle de la mer ». Atteignant six mètres de long, pesant jusqu'à une tonne, les requins-tigres sont souvent attirés par les ports, où ils consomment presque n'importe quoi, pourvu que cela soit assez grand et porteur de protéines animales, même à l'état de traces. On a retrouvé dans l'estomac de ces animaux, des poissons, des chaussures, des bouteilles de bière, des sacs de pommes de terre, du charbon, des chiens et des morceaux de corps humain. Dans l'un de ces géants que l'on a disséqué, figuraient trois pardessus, un imperméable, un permis de conduire, un sabot de vache, les andouillers d'un cerf, douze homards non digérés, et une cage à poule, avec des plumes et des os encore à l'intérieur. Les requins-tigres mangent des êtres humains à l'occasion, autrement dit, ce n'est pas une pratique systématique, mais seulement fortuite, une simple conséquence de leur régime alimentaire œcuménique.

Ce n'est pas le cas du grand requin blanc, *Carcharodon carcharias*, redoutable tueur, qui, avec le crocodile d'estuaire et le tigre de la région de Sundarbans (Inde), reste le dernier prédateur de l'homme, encore en vie. Ce requin est, de toute façon, l'animal le plus effrayant de la planète – rapide, implacable, mystérieux (personne ne sait d'où il vient, ni où il va) et imprévisible. Il possède, à mon avis – très influencé par l'émotion, je l'avoue –, tous les attributs de *l'arete* du requin, de l'essence du requin. Il est plus prédateur, moins « charognard » que le requin-tigre, et consomme une vaste gamme de proies comprenant des poissons osseux, d'autres requins, des tortues marines, et aussi – et c'est là le point important qui concerne les êtres humains – des mammifères marins comme les marsouins, les phoques et les lions de mer. C'est dans les eaux froides aux alentours des colonies de phoques ou de lions de mer, par exemple au niveau des Farallon Islands de Californie ou de la Grande Barrière

La radiation adaptative des requins a donné des animaux de grande longueur, comme le grand requin blanc *(Carcharodon carcharias)*, qui se nourrit essentiellement de phoques et d'autres animaux marins. Un autre requin de forme encore plus bizarre est le squalelet féroce *(Isistius brasiliensis)*, parasite qui détache des morceaux de chair du corps de mammifères marins et de gros poissons sans les tuer.

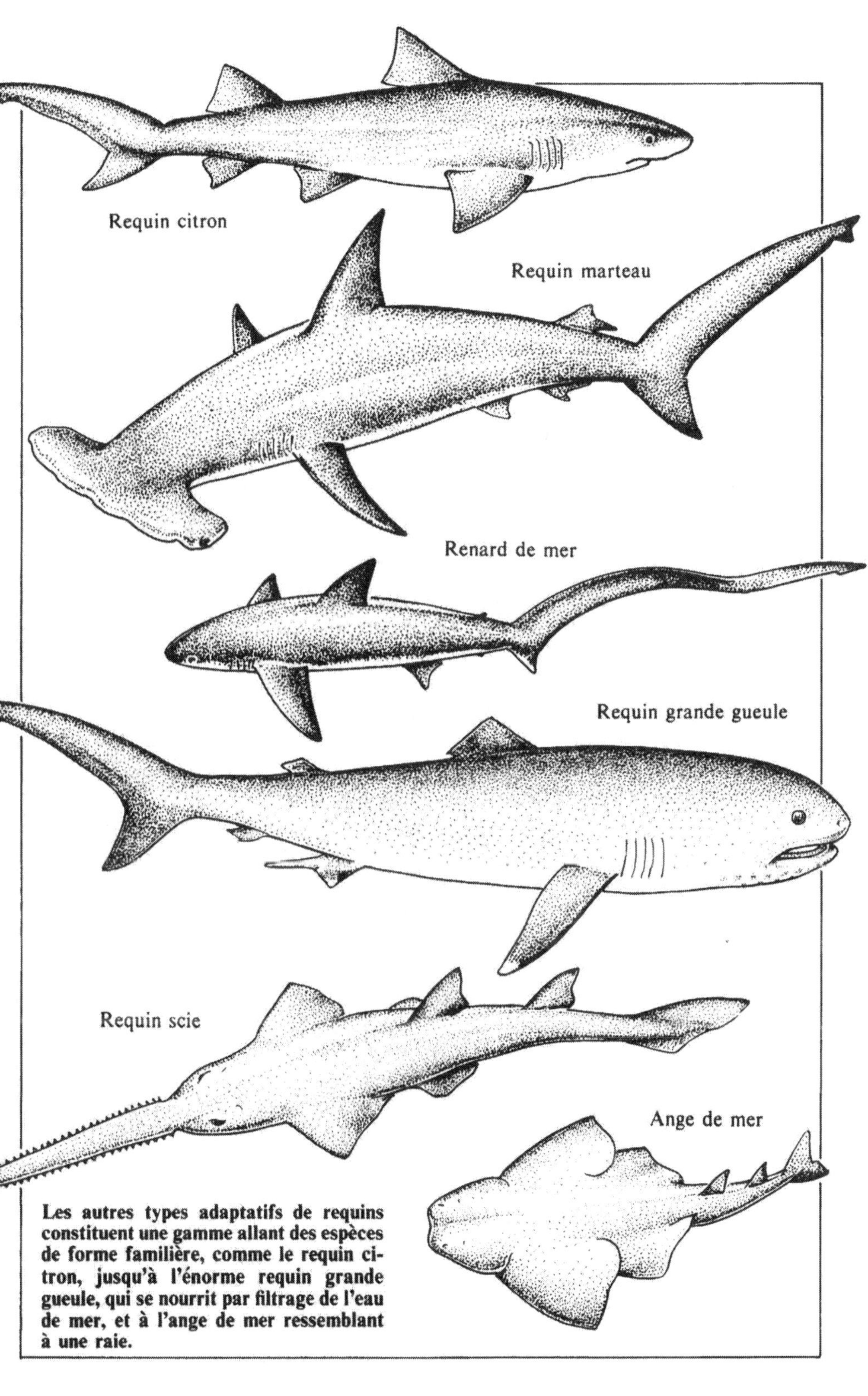

Les autres types adaptatifs de requins constituent une gamme allant des espèces de forme familière, comme le requin citron, jusqu'à l'énorme requin grande gueule, qui se nourrit par filtrage de l'eau de mer, et à l'ange de mer ressemblant à une raie.

récifale au large des côtes de l'Australie du Sud qu'on a le plus de chances d'apercevoir *Carcharodon carcharias*. Le grand requin blanc est dangereux tout bonnement parce qu'il ne fait pas de claire distinction entre les mammifères marins et les nageurs humains. Les plongeurs dans leur combinaison de caoutchouc et les nageurs se prélassant sur leur planche de surf, les bras ballant dans l'eau, constituent de vagues imitations de la silhouette des phoques ou des lions de mer. Le requin croit reconnaître sa proie habituelle, se promène autour pendant un moment pour l'examiner, se décide et fonce vers le nageur à la vitesse de quarante kilomètres à l'heure. Au dernier moment, il tourne ses yeux vers l'arrière pour les protéger de l'impact. Il ouvre largement son énorme bouche, soulève sa tête pour bien mettre en avant sa rangée de dents, et mord puissamment pendant une seconde. Puis il attend que sa victime meurt, vidée de son sang. Pendant ce laps de temps, tandis que le requin décrit des cercles à l'entour, des sauveteurs peuvent souvent récupérer la victime pour la transporter en lieu sûr, sans courir trop de risques eux-mêmes.

Je suis impressionné depuis des années par le grand requin blanc, à la fois par ce qu'il est réellement et par ce qu'il représente. Cela remonte, en fait, à une époque où son histoire était moins connue, et où il n'était pas encore devenu le symbole mythique de l'horreur dans la culture populaire. Nombre des traits de cette espèce sont effectivement impressionnants. C'est le champion de décathlon de la mer. Merveilleusement rapide et doté d'une force étonnante, il peut attaquer de grosses proies, et sa grande résistance lui permet d'effectuer de longs parcours en pleine mer. Un requin adulte peut mesurer jusqu'à sept mètres de long et peser trois mille trois cents kilos. Ses yeux, exagérément gros, résultent d'une adaptation à l'obscurité des eaux profondes dans lesquelles il chasse la plus grande partie du temps. La forme du grand requin blanc ressemble un peu à celle, classique, du thon, forme caractéristique des poissons pélagiques rapides : le corps est fuselé, doté de muscles formant une masse rigide, et d'un museau pointu pouvant fendre l'eau comme la proue d'un sous-marin. Des lignes en relief courent de chaque côté du tronc jusqu'à la queue, leur rôle étant de guider l'écoulement régulier du flot le long du corps. La puissante queue bat en souplesse, d'un côté à l'autre. La gueule, bordée de rangées parallèles de dents triangulaires crénelées, est maintenue partiellement ouverte, en un sourire permanent de clown, ce qui donne l'impression aux plongeurs humains que l'animal est content de les voir. L'eau passe continuellement de la bouche aux branchies situées en arrière, en un flux rappelant celui des statoréacteurs. Ce système assure l'approvisionnement en oxygène nécessaire à ce grand corps en activité. Le requin blanc, animal à sang chaud, patrouille dans les eaux froides de la plupart des océans de la planète et descend à la recherche de nourriture jusqu'à mille trois cents mètres en dessous de la surface.

En 1976, le naturaliste Hugh Edwards, qui s'était fixé pour but d'observer les grands requins blancs depuis une cage spéciale immergée dans les eaux au large de la station baleinière d'Albany à l'ouest de l'Australie, aperçut un grand mâle nageant à deux mètres de là. Il écrivit plus tard :

> Dans la vie de chacun, il y a des moments marquants, que l'on se rappelle longtemps après. J'étais en train d'en vivre un. Pendant le bref moment que dura son apparition, je ne perdis pas un seul des détails du requin – ses yeux, noirs comme la nuit ; le corps magnifique ; les longues fentes branchiales légèrement évasées ; les redoutables dents blanches ; les nageoires pectorales ressemblant aux ailes d'un grand aéroplane ; et par-dessus tout, cette impression d'équilibre dans l'eau, d'une grande puissance et intelligence. Voir ce requin vivant sous mes yeux était une révélation. Il était fort, il était beau. Par l'observation d'un requin mort ou par l'écoute d'un récit de seconde main, je n'aurais jamais pu percevoir cette vigueur, cette présence, comme me la faisait sentir cette créature vivante. Quelques secondes face à face valaient mieux que des années d'ouï-dire, d'illustrations, et de cadavres à la gueule béante.

Laissant de côté l'image de ce requin classique, je vais maintenant soutenir que, étant donné un temps suffisant, l'évolution peut affiner des types adaptatifs de façon à diversifier les radiations de la manière la plus extrême. De morphologie et de biologie très différentes de celles du requin blanc et du requin tigre, voici, par exemple, le squalelet féroce (*Isistius brasiliensis*). Ce n'est pas du tout un prédateur, mais un parasite, s'attaquant aux marsouins, aux baleines, au thon rouge, et même à d'autres requins. Mesurant un demi-mètre de longueur, profilé comme un cigare, ce requin possède une rangée incurvée d'énormes dents sur sa mâchoire inférieure. Il enfonce sa gueule dans le corps de ses victimes, et en détache un morceau conique de chair de cinq centimètres de largeur. Pendant de nombreuses années, on s'était demandé à quoi étaient dues ces cicatrices circulaires que l'on voyait sur les baleines et les marsouins ; on pensait qu'elles résultaient d'infections bactériennes ou de parasites invertébrés inconnus, jusqu'à ce que l'on découvre, en 1971, les véritables mœurs de ce petit requin. Le squalelet féroce s'attaque aussi aux sous-marins nucléaires, détachants des fragments, sans doute peu nourrissants, du néoprène qui revêt les dômes des sonars et les batteries d'hydrophones. Le squalelet féroce fournit ce que j'appelle la preuve d'une radiation adaptative achevée : l'existence d'une espèce spécialisée prenant pour base de son alimentation d'autres membres de son groupe, d'autres produits de la même radiation adaptative.

Également spécialisés dans une tout autre direction, on trouve les requins filtreurs, gigantesques poissons nageant lentement à la surface de l'eau, en pleine mer, filtrant et avalant d'énormes quantités de crustacés copépodes et d'autres petits animaux planctoniques, à la manière des baleines à fanons. Le requin-baleine (*Rhincodon typus*), atteignant treize mètres de long et pesant plusieurs tonnes, est peut-être le plus grand poisson qui ait jamais existé. À l'extrême opposé, on trouve le sagre vert (*Etmopterus virens*), qui, avec vingt-trois centimètres – la taille d'un gros poisson rouge –, est le plus petit de tous les requins.

D'autres grands types adaptatifs très différents entrent également dans la gamme des requins actuellement vivants :

Les requins-porcs (par exemple, *Heterodontus japonicus*) ; habitent les fonds situés près des côtes ; utilisent leurs dents dures, ressemblant à des molaires, pour se nourrir de mollusques.

Les requins à collerette (par exemple, *Chlamydoselachus anguineus*) ; habitent les profondeurs ; corps et nageoires allongés comme chez les anguilles ; dents en forme de hameçon.

Les requins anges de mer (par exemple, *Squatina dumerili*) ; posés sur les fonds ; ressemblent extérieurement aux raies, mais sont des requins sur le plan de l'anatomie.

Les renards de mer (par exemple, *Alopias vulpinus*) ; espèces pélagiques de grande taille qui nagent parfois par paires ; assomment des poissons plus petits en les cinglant de leur longue queue en forme de fouet.

Il est vraisemblable qu'il existe des espèces inconnues de requins qui sillonnent les mers. Certains sont probablement très grands. J'avance cette hypothèse en m'appuyant sur la découverte en 1976 du requin grande gueule (*Megachasma pelagios*). Le premier spécimen a été remonté des profondeurs au large de Hawaï par la U.S. Navy, après qu'il se soit empêtré dans un dispositif de protection de cargaison, utilisé comme ancre. Il mesurait presque cinq mètres de long et pesait sept cent cinquante kilos. À la surprise des autorités de la marine et des ichtyologistes consultés, il ne ressemblait à aucun requin connu. On a rencontré depuis quatre autres individus de la même espèce. Deux ont été attrapés dans des filets à mailles au large de la Californie, et deux autres se sont échoués, l'un au Japon, l'autre dans l'ouest de l'Australie.

La morphologie du requin grande gueule est si différente de celle de tous les requins connus jusqu'ici qu'on a placé cet animal dans une famille taxinomique propre, « les Mégachasmidés ». Son trait le plus frappant est une énorme gueule, qui lui sert à avaler l'eau de mer et à filtrer les copépodes, les euphausiacées, et d'autres petits animaux planctoniques dont il se nourrit. Le requin grande gueule se situe donc dans la même guilde écologique que le requin-baleine et l'énorme requin pèlerin des mers du nord. Son corps est cylindrique et flasque, ses yeux petits, ses mouvements puissants et lents. Il s'enfuit dans les eaux profondes à la moindre alerte. Sa mâchoire supérieure et son palais sont couverts d'un revêtement argenté, irisé, correspondant peut-être à un dépôt de guanine ou d'autres déchets réfléchissants. Lorsque le spécimen de Los Angeles se trouva pris dans un filet, des chercheurs en tenue de plongeur purent implanter des radio-émetteurs sur son corps, ce qui permit ensuite de le suivre en mer pendant deux jours. Durant ce temps, on observa que ce requin nageait à dix ou quinze mètres en dessous de la surface la nuit, puis descendait à deux cents mètres de profondeur le jour. Cette migration dans le sens vertical est typique des poissons fréquentant la couche de diffusion profonde, la partie de la mer (dans le sens vertical) occupée par une population dense d'organismes, détectables par sonar, et montant et descendant au cours de chaque cycle de vingt-quatre heures. Le fait que le requin grande gueule s'enfonce profondément pendant le jour et se montre, de manière générale, extrêmement prudent, explique que cette espèce soit restée inconnue pendant longtemps.

La métaphore de la succession de dynasties que j'ai employée au début de ce chapitre pour décrire les remplacements des groupes zoologiques, issus de radiations adaptatives, les uns par les autres, implique qu'il existe un équilibre dans la nature. Selon cette conception, une dynastie ne peut en tolérer une autre, qui lui ressemblerait étroitement. Une limite supérieure paraît imposée à la diversité organique, de sorte que, lorsqu'un groupe opère une radiation dans une partie du monde, un autre groupe doit battre en retraite. Mais, dans la mesure où l'évolution est incroyablement idiosyncrasique, on ne peut mettre la notion d'équilibre de la nature au rang des lois de la biologie. Du moins est-ce une règle, une tendance statistique : les groupes dominants en expansion tendent à remplacer ceux des groupes rencontrés dans les mêmes lieux et qui leur sont les plus proches sur le plan écologique.

Le remplacement d'un groupe par un autre est rarement, voire jamais, une guerre éclair. Presque toujours, il s'agit d'une guerre d'encerclement, au cours de laquelle le nouveau groupe pénètre graduellement dans le territoire du groupe ancien, enveloppant lentement ce dernier, et le remplaçant espèce par espèce. Tout aussi souvent, le remplacement est favorisé par la décimation de l'ancienne dynastie en raison de changements climatiques ou de disparition de ressources alimentaires. L'essor des mammifères après la chute des dinosaures est l'exemple classique des manuels, mais on peut trouver aussi des exemples similaires chez les coraux, les mollusques, les reptiles archosauriens, les fougères, les conifères, et d'autres organismes : certaines de ces espèces ont pris leur essor après que leurs concurrents ont péri lors d'une des grandes extinctions de masse. Elles ont temporairement gagné en saisissant l'occasion d'une niche écologique vacante, exactement comme les oiseaux drépanidinés de Hawaï ou les poissons haplochrominés du lac Victoria ont envahi des milieux nouvellement créés. Elles se sont, cependant, implantées à l'échelle mondiale, et non pas seulement au niveau d'un archipel ou d'un lac.

Nous en arrivons à présent à une question intéressante soulevée par la notion d'équilibre de la nature : que se passe-t-il lorsque deux dynasties ayant atteint leur maturité et se ressemblant étroitement, se rencontrent de plein fouet ? S'il était possible de se mettre à la place de Dieu et d'observer des événements se déroulant sur de grandes périodes des temps géologiques, l'expérience idéale serait lasuivante :attendezquedeuxpartiesdumondeisoléesl'unedel'autre se remplissent des produits de deux radiations indépendantes de plantes et d'animaux, de telle sorte que la majorité des espèces dans un territoire géographique ait son proche équivalent écologique sur l'autre territoire ; puis reliez les deux régions par un pont et regardez ce qui se passe. Lorsque les organismes se rencontrent, est-ce que ceux d'une région donnée remplacent les autres, de sorte qu'une seule communauté biotique finit par occuper la totalité de l'espace disponible ?

L'expérience a été, en fait, menée sur des temps géologiques assez récents, et nous pouvons faire de nombreuses déductions au sujet des événements qui se sont produits en comparant les espèces fossiles aux espèces actuelles. Il y a deux millions et demi d'années, l'isthme de Panama a émergé, permettant aux mammifères sud-américains de se mêler à ceux d'Amérique centrale et du Nord.Il me faut d'abord expliquer que les mammifères qui peuplent actuellement la planète proviennent fondamentalement de trois grandes radiations adaptatives, et de trois seulement. La raison en est qu'une radiation mammalienne a besoin d'un continent entier pour se déployer. Pour les insectes, une seule île convient parfaitement. Les coléoptères ont proliféré abondamment sur l'île de Sainte-Hélène dans l'Atlantique sud, Rapa dans le Pacifique sud, et Maurice dans l'océan Indien. Si des mammifères non volants avaient atteint ces mêmes petits morceaux de terre – ce qu'ils n'ont pas fait et ne pouvaient probablement pas faire avant la venue de l'homme – il est douteux que les espèces qui y seraient arrivées, aient pu se multiplier. Les mammifères, même les rats et les souris, sont en fait trop gros, trop actifs et ont besoin de se répartir sur de trop grands territoires. Pour donner une radiation adaptative de l'ampleur de celle des oiseaux drépanidinés ou des poissons cichlidés, il faut que leurs espèces trouvent devant elles tout un continent.

Le premier des trois continents sur lesquels une radiation mammalienne se soit complètement déployée est l'Australie. En termes de biogéographie, celle-ci est une île extrêmement grande, ayant été isolée du reste du monde depuis la fragmentation du supercontinent de Gondwana, il y a plus de deux cents millions d'années. La seconde étendue de terre assez vaste pour avoir pu accueillir une radiation mammalienne est le « Continent mondial », comprenant l'Afrique, l'Europe, l'Asie et l'Amérique du Nord (celle-ci allant au Sud jusqu'au bord méridional du plateau mexicain). Le Continent mondial a formé une unité plus ou moins cohérente tout au long de l'Ère des Mammifères, durant les soixante-six derniers millions d'années, et dans la mesure où ses différentes parties se sont maintenues à proximité l'une de l'autre, cela a permis à de nombreuses espèces de plantes et d'animaux de migrer entre elles. L'Amérique du Nord, l'élément qui a tendu à être le plus séparé des autres, a néanmoins été réunie à l'Europe par les territoires correspondant au Groënland et à la Scandinavie actuels, au cours des premiers temps de l'Ère des Mammifères. Par ailleurs, l'Alaska et le nord-est de la Sibérie ont été périodiquement réunis par des ponts de terre temporaires, le plus récent ayant existé il y a environ dix mille ans. La troisième masse continentale sur laquelle s'est déroulée l'évolution des mammifères est l'Amérique du Sud, laquelle s'est individualisée au moment de la fragmentation du Gondwana, a dérivé vers le Nord, et s'est finalement rattachée fermement à l'Amérique centrale et du Nord, il y a 2,5 millions d'années.

Pour la plupart des gens, les mammifères du Continent mondial sont les mammifères « typiques » et « vrais », simplement parce qu'ils sont les plus familiers. Ce sont les animaux dans la compagnie desquels nous sommes nés et avons grandi. Les mammifères d'Australie et d'Amérique du Sud sont néanmoins des animaux extrêmement évolués à leur façon.

De nos jours, trois grands groupes zoologiques composent la faune indigène (d'avant l'occupation humaine) de l'Australie. Le premier correspond aux monotrèmes, c'est-à-dire aux mammifères qui pondent des œufs, derniers représentants d'une radiation ancienne largement supplantée – ce sont les lignes effacées du palimpseste. Il comprend l'ornithorynque à bec de canard, une espèce aquatique paraissant formée de la tête d'un canard et du corps d'un rat musqué à pattes palmées ; et de l'échidné à bec court, vivant sur la terre ferme, que l'on peut décrire comme un porc-épic doté du museau cylindrique et effilé du fourmilier. Le second groupe est celui des mammifères placentaires, dont les jeunes sont attachés à un placenta au sein de l'utérus. Relatifs nouveaux venus en Australie, et représentant cependant déjà le tiers des espèces, ils comprennent une vaste gamme de chauves-souris et de rongeurs. Leurs ancêtres immédiats sont venus en passant d'une île à l'autre dans l'archipel indonésien pour atteindre le nord de l'Australie et se répandre ensuite dans différentes parties du continent.

Le troisième groupe indigène d'Australie est représenté par les marsupiaux, mammifères qui donnent naissance à des jeunes sous forme de minuscules foetus et les transfèrent ensuite jusqu'à un stade plus développé dans une poche ventrale (le marsupium). C'est ce troisième groupe, relativement ancien et toujours dominant, qui manifeste d'étroites convergences évolutives avec la faune placentaire du Continent mondial. Voici les principaux types mammaliens qui se correspondent dans ces deux régions et les rôles adaptatifs qu'ils remplissent.

Mammifères marsupiaux australiens	Mammifères placentaires du Continent mondial	Types adaptatifs
Rat marsupial (*Parentechinus apicalis*)	Souris	Omnivores petits, se dissimulant
Souris sauteuse marsupiale (*Antechinomys spenceri*)	Gerboise, rats kangourous	« Souris sauteuses » des régions désertiques ; se nourrissent d'insectes en Australie
Bandicoots (*Macrotis lagotis*, etc.)	Lapins, lièvres	Longues pattes pour le saut ; régime à base d'herbes et d'autres végétaux ; certains sont omnivores
Dasyures (*Dasyurus geoffroii* et *D. viverrinus*)	Petits félins	Prédateurs de petits mammifères, reptiles, et oiseaux
Phalangers volants (*Petaurus breviceps*, etc.)	Écureuils volants	Planeurs arboricoles dotés de membranes sur les côtés du corps ; principalement herbivores
Myrmécobies ou numbats (*Myrmecobius fasciatus*)	Fourmiliers	Se nourrissent de termites grâce à leur langue, souple, gluante et longue
Wallabies arboricoles (*Dendrolagus lumholtzi*)	Singes catarahiniens	Arboricoles, principalement herbivores
Taupe marsupiale (*Notoryctes typhlops*)	Taupes	Souterraines, se nourrissent d'insectes et de vers
Wombats (*Lasiorhinus krefftii*, etc.)	Marmotte d'Amérique	Se dissimulent, vivent dans des terriers. Herbivores
Grands kangourous (*Macropus robustus*, etc.)	Chevaux, antilopes et autres ongulés	Brouteurs, utilisent des dents antérieures en forme de ciseau et de larges molaires broyeuses
Sarcophile satanique (*Sarcophilus harrisi*)	Glouton	Prédateurs de petits animaux
Loup tasmanien ou thylacine (*Thylacinus cynocephalus*)	Loups, grands félins	Prédateurs des kangourous, autres mammifères et oiseaux

Le décor étant planté, nous sommes en mesure de suivre l'expérience annoncée. La radiation mammalienne d'Amérique du

Sud a été aussi vaste que celle d'Australie, et les convergences avec la faune du Continent mondial ont été encore plus marquées. Pourtant les espèces d'Amérique du Sud analogues à celles du Continent mondial paraissent beaucoup moins familières — toxodontes, félins marsupiaux, macrauchéniens, glyptodontes — parce que bien peu ont vécu assez longtemps pour être observées par des êtres humains. Elles ont disparu à peu près au moment où l'isthme de Panama a émergé, et que des éléments de la faune du Continent mondial sont passés en Amérique du Sud. D'autres ont survécu, mais n'ont pas réussi à se diversifier au même rythme que les envahisseurs nordiques. Dans l'échange des faunes, l'Amérique du Nord et du Centre s'est montrée plus généreuse que l'Amérique du Sud.

Avant ces migrations continentales dans les deux sens, appelées le Grand Échange Américain, les anciens mammifères endémiques d'Amérique du Sud étaient apparus à l'issue de deux séries de radiations et d'extinctions partielles. La première avait commencé vers la fin de l'ère Mésozoïque, il y a environ soixante-dix millions d'années, et avait culminé pendant les quarante millions d'années suivantes. Les premières lignées de ces mammifères archaïques étaient apparues encore plus tôt dans les temps mésozoïques, dans ce qui restait du Gondwana, lorsque l'Amérique du Sud était encore proche de l'Afrique et de l'Antarctique et que les dinosaures dominaient. Lorsqu'ils ont été débarrassés des contraintes que faisaient peser sur eux ces derniers, les mammifères se sont répandus, occupant les niches abandonnées. Dans les prairies, ont alors vécu des litopternes, semblables en apparence aux « vrais » chevaux du Continent mondial, membres de la famille des Équidés, avec lesquels les êtres humains allaient évoluer plus tard en étroite intimité. Les litopternes possédaient des sabots à l'état complètement différencié, et un équipement masticateur adapté au broutage, bien avant que ces spécialisations n'apparaissent chez les chevaux. D'autres litopternes évoquaient davantage les chameaux. Les toxodontes ressemblaient soit au rhinocéros, soit aux hippopotames, tandis que certains astrapothères et pyrothères se rapprochaient assez des tapirs et des éléphants. Les argyrolagides, bonnes imitations des rats kangourous, mais avec d'énormes yeux positionnés très à l'arrière du crâne, bondissaient dans la nature grâce à leurs pattes arrière fonctionnant comme des ressorts. Les borhyaenides, groupe zoologique comprenant des espèces ressemblant aux musaraignes, aux belettes, aux félins et aux canidés, étaient les principaux prédateurs des autres mammifères. Un félin marsupial aux dents de sabre, *Thylacosmilus*, présentait une étonnante ressemblance avec les tigres aux dents de sabre de la faune du Continent mondial.

Les herbivores de l'ancienne Amérique du Sud étaient surtout des placentaires, et les carnivores étaient des marsupiaux. Les paléontologistes ne savent pas vraiment pourquoi il en était ainsi, ni pourquoi, par ailleurs, les mammifères d'Australie étaient fondamentalement des marsupiaux, et ceux du Continent mondial, des placentaires. Il se pourrait que cela n'ait été dû qu'au hasard : tout se serait joué sur le premier groupe qui, fortuitement, aurait pénétré dans les grandes zones adaptatives considérées, opéré une radiation, et occupé le terrain, barrant ainsi la route à l'autre groupe. Nous ne connaîtrons peut-être jamais la réponse, car il n'y a que trois continents sur lesquels on puisse vérifier l'hypothèse. (La malédiction de la biologie de l'évolution est d'être limitée à une seule planète et à un petit nombre de continents et d'archipels.)

Il y a environ trente millions d'années, une seconde vague, venant cette fois du Nord, s'est frayé lentement une voie en Amérique du Sud en sautant d'île en île. L'Amérique du Nord et du Sud étaient encore séparées par un large détroit qui traversait le Bassin de Bolivar. L'actuelle Amérique centrale n'était alors représentée que par des îles éparpillées dans ce Bassin, les Antilles nouvellement formées n'étaient pas très loin et dérivaient vers l'Est. Un petit nombre d'espèces mammaliennes furent capables d'étendre leur aire de répartition vers le sud, en passant d'île en île, jusqu'à atteindre finalement le continent d'Amérique du Sud lui-même. Parmi celles-ci figurait une espèce primitive de primate : elle se mit à proliférer et donna le singe hurleur, l'atèle, le ouistiti, le singe titi, le tamarin, le saï, le saki, et d'autres habitants du couvert forestier. Beaucoup possédaient une queue préhensile, caractère distinctif des singes du Nouveau Monde (si un singe peut se suspendre par sa queue, il provient d'Amérique tropicale). Dans cette seconde vague, d'autres espèces ont encore mieux proliféré, parmi lesquelles les ancêtres du cochon d'Inde, du lièvre des pampas, du porc-épic, et du cabiai aquatique à tête chevaline, le plus gros des rongeurs de la planète.

Tu peux regarder des milliers de siècles comme s'ils duraient le temps d'un après-midi. Si nous pouvions remonter le temps et revenir au milieu du Cénozoïque pour nous promener dans une savane d'Amérique du Sud, alors que ce continent était encore entouré d'océans et de détroits, nous pourrions nous croire en plein safari quelque part dans un parc national en Afrique aujourd'hui. Chaque chose paraîtrait un peu déplacée, distordue et floue, comme une image regardée au travers de lentilles astigmatiques et, cependant, semblerait *presque* normale. Imaginons que nous nous trouvions au bord d'un lac, de bonne heure lors d'une matinée ensoleillée, regardant autour de nous en faisant lentement un tour d'horizon complet. La végétation ressemble beaucoup à celle d'une savane d'aujourd'hui. Là, sur le bord du lac, des animaux ressemblant à

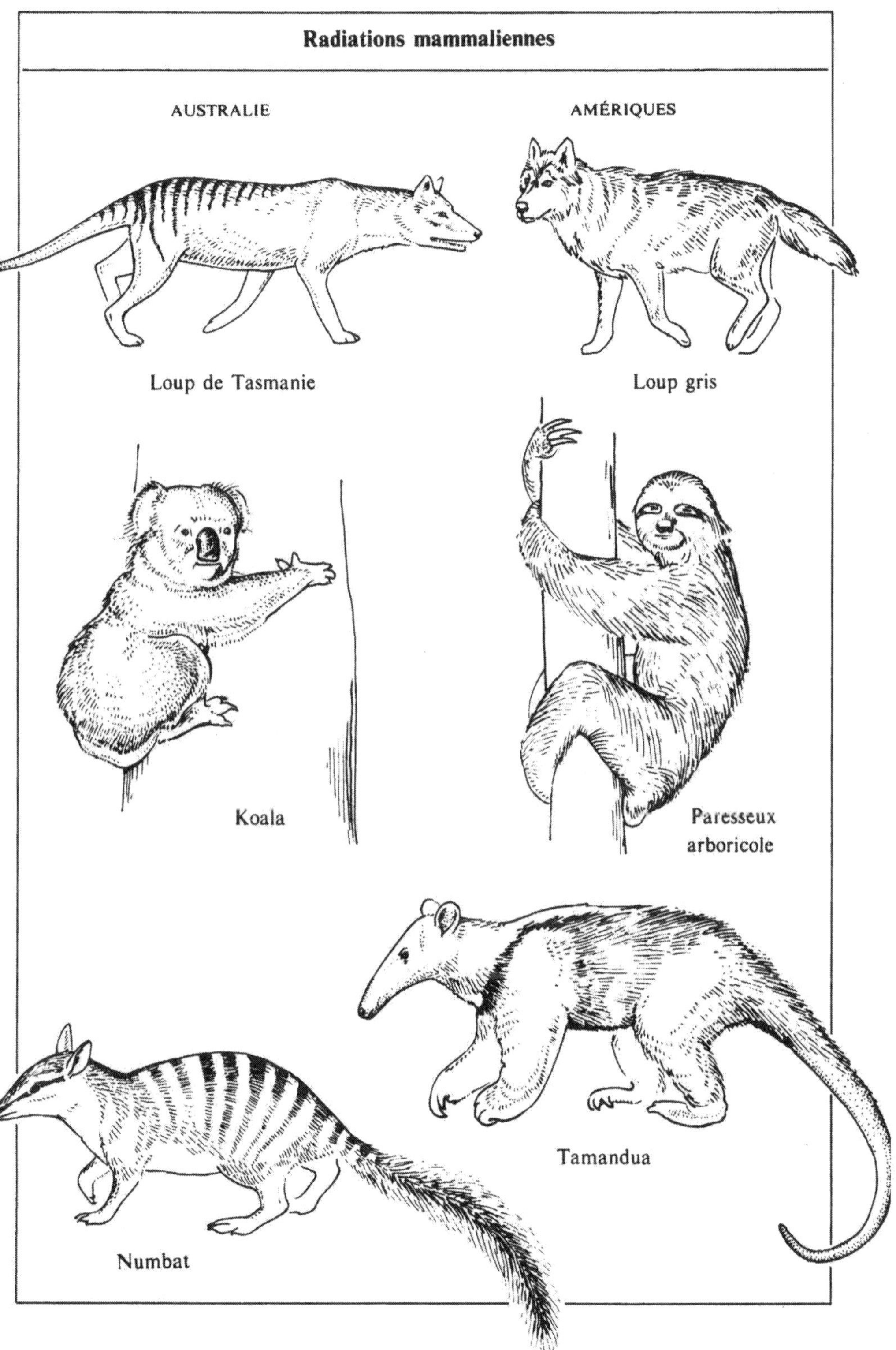

Radiations mammaliennes
AUSTRALIE
AMÉRIQUES
Loup de Tasmanie
Loup gris
Koala
Paresseux
arboricole
Tamandua
Numbat

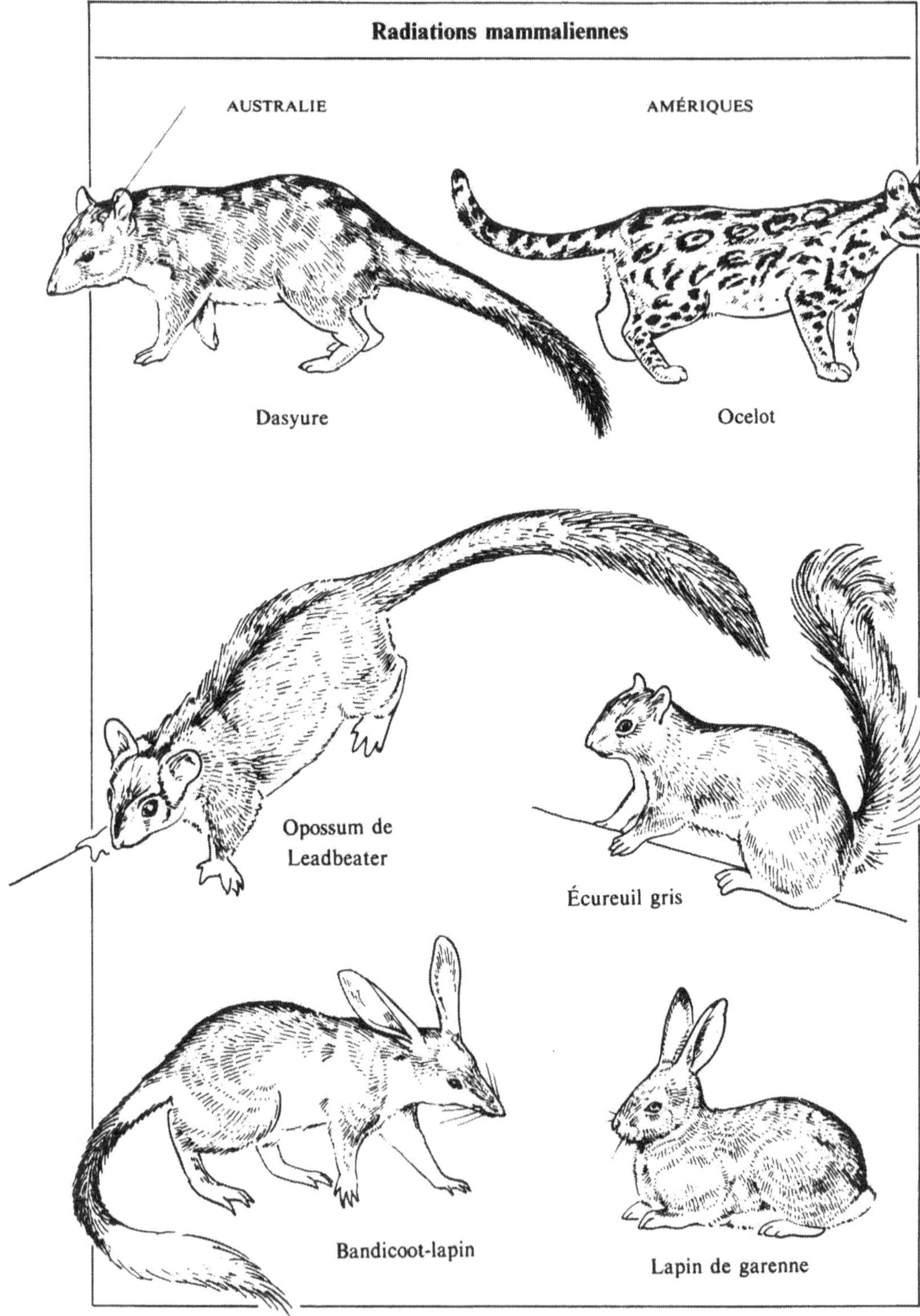
Radiations mammaliennes
AUSTRALIE
AMÉRIQUES
Dasyure
Ocelot
Opossum de
Leadbeater
Écureuil gris
Bandicoot-lapin
Lapin de garenne

des rhinocéros broutent des herbes aquatiques dans lesquelles ils sont enfoncés jusqu'au ventre. Sur le rivage, quelque chose ressemblant à une grosse belette traîne une drôle de souris dans un bosquet, puis disparaît dans un trou. Un organisme rappelant vaguement un tapir reste là à regarder, immobile, à l'ombre du taillis voisin. Sortant brusquement des hautes herbes, une sorte de gros félin charge un troupeau de – mais qu'est-ce ? – d'animaux qui ne sont pas vraiment des chevaux. Sa gueule est largement ouverte, les mâchoires faisant un angle de près de 180°, les canines pointant comme des poignards. Les pseudo-chevaux sont gagnés par la panique et se dispersent dans toutes les directions. L'un d'eux trébuche, et...

Les ressemblances entre les anciens mammifères d'Amérique du Sud et ceux du reste du monde étaient d'autant plus remarquables que les premiers n'avaient rien à voir avec les seconds. Ils étaient apparus en tant que méga-réplique expérimentale, selon leurs propres lignées évolutives dérivées de groupes souches différents ; et pourtant ils étaient arrivés aux mêmes résultats.

Si vous vous limitez à l'examen de faunes séparées pendant longtemps, et si vous vous contentez d'apprécier de façon large les similitudes de morphologie et de niche, vous pouvez arriver à la notion que l'évolution est prédictible. Mais des éléments sortant de l'ordinaire viennent toujours troubler les beaux schémas. Revenons à notre scène du Cénozoïque en Amérique du Sud ; nous tournons la tête, entendant des bruits de branches cassées, tombant au sol avec fracas, jetées à bas par quelque gros mammifère qui cherche sa pitance. Nous nous attendons à voir des éléphants, mais nous trouvons des paresseux terrestres, immenses, lourds, couverts d'une fourrure épaisse et rougeâtre, dotés d'une tête vaguement chevaline, cueillant des feuillages avec leurs mains griffues afin de s'en nourrir. Ils occupent la niche de l'éléphant, mais se servent d'outils différents. Et maintenant voici une énorme surprise. Il apparaît un *Titanis*, oiseau carnivore terrestre (ne volant pas), de trois mètres de haut, sa tête d'aigle munie d'un énorme bec crochu de trente-huit centimètres de long. Avançant par bonds sur ses pattes en forme d'échasse, comme une autruche malveillante, il tourne la tête de droite à gauche à la recherche d'une proie, qui peut être grosse comme un cerf. *Titanis* n'était que le plus gros de toute une gamme d'oiseaux terrestres appelés les phororacoïdes ; certains étaient de la dimension d'une oie. Jamais depuis cette époque, les mammifères n'ont eu à affronter de carnassiers aussi grands que les phororacoïdes ; et auparavant, ils n'avaient rencontré d'aussi redoutables prédateurs que dans les premiers temps de leur évolution à l'ère des Reptiles. En Amérique du Sud, *Titanis* et ses apparentés ont dû être de sérieux rivaux des borhyaenides et d'autres carnivores marsupiaux. Puisque les anatomistes considèrent que les oiseaux dans leur ensemble sont les descendants directs des dinosaures, suffisamment proches de ceux-ci pour être appelés dinosaures (bien que cela soit un peu exagéré), on pourrait peut-être dire des phororacoïdes qu'ils ont représenté l'ultime écho de l'Ère où ces reptiles dominaient.

Des phororacoïdes, des félins marsupiaux aux dents de sabre, des rhinocéros toxodontes – ce splendide ensemble de formes animales n'existe plus. Nous ne monterons jamais sur le dos d'un litopterne, ni ne donnerons jamais au zoo des cacahuètes à un pyrothère à longue trompe. Bien que l'histoire biologique soit constituée d'un flot d'événements au sein duquel on peut repérer l'enchaînement logique des causes et des effets, un accident externe peut tout changer. Lorsque le Bassin de Bolivar disparut et que l'isthme de Panama émergea en son centre il y a moins de trois millions d'années, la dernière vague de mammifères déferla rapidement en Amérique du Sud. Beaucoup de mammifères du continent mondial, qui avaient été arrêtés par le détroit de Bolivar, purent alors se rendre tout simplement en marchant en Amérique du Sud. La plupart avancèrent le long de couloirs formés par des prairies, qui, à l'époque, s'étendaient vers le Sud jusqu'en Argentine, le long des pentes orientales des Andes.

Cette pénétration a été couronnée de succès, au point qu'à peu près la moitié des mammifères actuels les plus familiers d'Amérique du Sud ont immigré du Continent mondial dans des temps géologiques récents : le jaguar, l'ocelot, le margay, le pécari, le tapir, le coati, le kinkajou, le chien forestier, la loutre géante, l'alpaca, la vigogne, le lama et le mastodonte récemment éteint. Par ailleurs, des mammifères autochtones de l'Amérique du Sud se sont déplacés dans la direction opposée. À un moment au moins, l'Amérique du Nord a hébergé des paresseux géants, des tatous, des opossums, des glyptodontes, des porcs-épics, des fourmiliers et des toxodontes. *Titanis* s'est répandu jusqu'en Floride.

Le Grand Échange Américain a entraîné pendant un temps un fort accroissement de la diversité mammalienne sur les deux continents. Considérons d'abord le niveau taxinomique de la famille. Chez les mammifères, des exemples en sont les Félidés (les chats et leurs apparentés) ; les Canidés (chiens et apparentés) ; les Muridés (les souris et les rats) ; et, bien sûr, les Hominidés (les êtres humains). Le nombre des familles mammaliennes en Amérique du Sud avant l'Échange était de trente-deux. Il s'est élevé à trente-neuf peu après que l'isthme ait relié les deux Amériques, puis est redescendu graduellement jusqu'au niveau actuel de trente-cinq. L'histoire de la faune nord-américaine est étroitement comparable : environ trente familles avant l'Échange, nombre qui s'est élevé à trente-cinq, puis qui est retombé à trente-trois. Le nombre des familles qui a migré a été à peu près le même des deux côtés.

Lorsque les biologistes voient un chiffre s'élever après une perturbation, puis retomber au niveau originel, qu'il s'agisse de la température du corps, de la densité des bactéries dans un flacon, ou de la diversité biologique sur un continent, ils soupçonnent qu'il existe un équilibre. La restauration du nombre des familles mammaliennes à la fois en Amérique du Nord et du Sud suggère qu'il existe un équilibre de ce genre dans la nature. En d'autres termes, il semble qu'il y ait une limite à la diversité, dans la mesure où deux grands groupes très semblables ne paraissent pas pouvoir coexister en maintenant leur radiation respective à l'état complet. Si l'on examine de près les espèces représentant des équivalents écologiques sur les deux continents, autrement dit les espèces occupant grossièrement les mêmes niches, cette hypothèse paraît confirmée. En Amérique du Sud, les gros félins marsupiaux et les petits prédateurs marsupiaux ont été remplacés par leurs équivalents placentaires. Les toxodontes ont cédé la place aux tapirs et aux cerfs. Cependant, certaines espèces spécialisées – les éléments sortant de l'ordinaire – ont réussi à se maintenir. Les fourmiliers, les paresseux arboricoles, et les singes continuent à s'épanouir en Amérique du Sud, tandis que les tatous sont non seulement abondants dans toute l'Amérique tropicale, mais ont même étendu leur aire de distribution à tout le sud des États-Unis.

En général, lorsque des espèces étroitement équivalentes sur le plan écologique se sont rencontrées pendant l'Échange, les éléments nord-américains ont prévalu. Ces derniers ont aussi atteint un plus haut degré de diversification, comme le montre le nombre des genres. Ce dernier niveau taxinomique correspond à des groupes d'espèces bien plus apparentées que celles composant une famille. Le genre *Canis*, par exemple, comprend le chien domestique, les loups et les coyotes ; parmi les autres genres chez les Canidés, on trouve notamment *Vulpes* (renards), *Lycaon* (chiens sauvages africains) et *Speothos* (chiens forestiers sud-américains). Pendant l'Échange, le nombre des genres a augmenté fortement à la fois en Amérique du Sud et du Nord, et est demeuré élevé par la suite. En Amérique du Sud, il a commencé à environ soixante-dix et a atteint cent soixante-dix, nombre qui est toujours valable actuellement. Cette croissance a principalement été le résultat de la spéciation et de la radiation des mammifères du Continent mondial après leur arrivée en Amérique du Sud. Les éléments de l'ancienne Amérique du Sud d'avant l'Échange n'ont pas été capables de se diversifier de façon significative, que ce soit en Amérique du Nord ou du Sud. Il s'ensuit que l'ensemble formé par les mammifères de l'hémisphère occidental présente une physionomie globale très fortement marquée par le Continent mondial. Près de la moitié des familles et des genres d'Amérique du Sud appartiennent à des lignées qui ont immigré d'Amérique du Nord dans les derniers 2,5 millions d'années.

Pourquoi les mammifères du Continent mondial ont-ils eu le dessus ? Les éléments qui permettraient de répondre à cette question ont largement été oblitérés par de complexes événements qui ont été imparfaitement préservés dans les archives fossiles : c'est comme si les paléontologistes n'avaient devant leurs yeux que les décombres laissés par une guerre. Aussi cette question reste irrésolue et s'inscrit dans ce problème plus large (encore non élucidé) qui consiste à comprendre les mécanismes de succession des dynasties. Les biologistes évolutionnistes ne cessent d'y revenir obsessionnellement, comme je l'ai fait moi-même cette nuit-là tandis que j'attendais la tempête à Fazenda Dimona, dans l'Amazonie brésilienne, entouré de mammifères descendants de ceux du Continent mondial. Qu'est-ce qui détermine le succès et la prédominance ? Avant de revenir une dernière fois au Grand Échange Américain, laissez-moi essayer de reformuler cette question au moyen de concepts plus adéquats.

Le succès en biologie est une notion relevant de l'évolution. Il est défini de façon précise par la longévité d'une espèce et de ses descendants. Cette dernière, dans le cas des oiseaux drépanidinés de Hawaï, par exemple, sera en définitive mesurée par le temps écoulé entre le moment où l'espèce ancestrale du type du pinson s'est séparée des autres espèces pour gagner Hawaï, et le moment où la dernière espèce de drépanidiné aura cessé d'exister.

La prédominance, au contraire, est une notion qui relève à la fois de l'écologie et de l'évolution. On peut la mesurer au mieux par la relative abondance d'un groupe d'espèces par rapport à d'autres groupes apparentés et par son impact relatif sur les autres organismes vivants autour de lui. En général, les groupes dominants auront vraisemblablement une plus grande longévité. Leurs populations, étant simplement plus grandes, auront moins de risques de décliner jusqu'à l'extinction en quelque point que ce soit de leur aire de répartition. Étant plus nombreuses, elles seront également capables de coloniser davantage de sites, ce qui accroîtra le nombre des populations et rendra en même temps moins vraisemblable que chacune d'elles ne s'éteigne. Les groupes dominants sont souvent capables d'empêcher que des groupes concurrents ne colonisent les lieux qu'ils occupent déjà, ce qui réduit encore leurs risques d'extinction.

Étant donné que les groupes dominants se répandent largement sur la terre et dans les mers, leurs populations tendent à se diviser en de multiples espèces adoptant différents modes de vie : les groupes dominants sont portés à opérer des radiations adaptatives.

Inversement, les groupes dominants qui se sont énormément diversifiés, comme les oiseaux drépanidinés de Hawaï ou les mammifères placentaires, sont, en moyenne, assurés de s'en sortir mieux que ceux composés d'une seule espèce ; par le fait même de leur extrême diversification, de tels groupes ont mieux réparti leurs investissements et persisteront certainement plus longtemps dans l'avenir. Si une espèce s'éteint, une autre, occupant une niche différente, prendra vraisemblablement la relève.

Les mammifères originaires d'Amérique du Nord se sont révélés dans l'ensemble dominants par rapport à ceux d'Amérique du Sud, et, finalement, sont restés extrêmement diversifiés. Sur les deux millions d'années qu'a duré l'Échange, leur dynastie a prévalu. Pour expliquer ce déséquilibre, les paléontologistes ont bâti une théorie largement acceptée, fondée sur un raisonnement de type évolutionniste, et qui bouscule le moins possible les faits. Ils estiment que la faune d'Amérique du Nord n'était pas insulaire et circonscrite à un territoire comme celle d'Amérique du Sud. Elle faisait (et fait encore) partie de la faune du Continent mondial, qui regroupait, au-delà du Nouveau Monde, l'Asie, l'Europe et même l'Afrique. Le Continent mondial était de loin la plus grande des deux masses continentales. Il avait donc mis à l'épreuve davantage de lignées évolutives, suscité l'apparition de compétiteurs plus forts, et perfectionné davantage les systèmes de défense contre les prédateurs et les maladies. Ces avantages ont permis aux espèces du Continent mondial de gagner lors de la confrontation. Elles ont gagné aussi par leur capacité de pénétration : beaucoup ont été capables de s'introduire de façon plus décisive dans des niches faiblement occupées, y opérant des radiations et s'y installant rapidement. À la fois par affrontement et par pénétration, les mammifères du Continent mondial ont pris le dessus.

On vient juste de commencer la mise à l'épreuve de cette théorie. Vraie ou fausse, soutenue ou non par les données empiriques, le simple fait de l'avancer et de chercher à la tester promet de relier la paléontologie de façon intéressante et nouvelle à l'écologie et à la génétique. Cette synthèse se poursuivra dès lors que l'étude de la diversité biologique s'étendra à d'autres disciplines, à d'autres niveaux d'organisation biologique et à d'autres périodes paléontologiques plus éloignées dans le temps.

Chapitre 8

LA BIOSPHÈRE INEXPLORÉE

En 1983, un organisme jusque-là inconnu, *Nanaloricus mysticus*, ressemblant vaguement à un ananas ambulant, a été découvert. Il a été classé comme espèce et genre nouveaux, appartenant à une famille, un ordre et un embranchement nouveaux au sein du règne animal. En forme de tonneau, long d'un quart de millimètre, recouvert de rangées d'écailles bien ordonnées et de piquants, il possède à l'avant une sorte de groin, et, à l'arrière, lorsqu'il est jeune, une paire d'ailerons rappelant par la forme ceux des manchots. *Nanaloricus mysticus* vit dans les graviers et les sables grossiers, à une profondeur de dix à cinq cents mètres au fond des océans du monde entier. On ne sait presque rien de son écologie et de son comportement, mais on peut deviner d'après la forme du corps et son équipement, qu'à la manière d'une taupe, il pratique le fouissage à la recherche de proies microscopiques.

Déclarer qu'il fallait envisager un embranchement nouveau pour classer une espèce était une décision hardie. Elle a été prise par le zoologiste danois Reinhardt Kristensen, qui a soutenu – et les autres zoologues ont été d'accord – que *Nanaloricus mysticus* était anatomiquement suffisamment distinct pour mériter d'être placé aux côtés des grands groupes tels que l'embranchement des Mollusques, lequel regroupe les escargots et les autres mollusques, et l'embranchement des Chordés, qui regroupe l'ensemble des vertébrés et leurs apparentés. C'était comme si l'on avait mis sur le même plan le Liechtenstein et l'Allemagne, ou bien le Bhoutan et la Chine. Kristensen appela le nouvel embranchement : Loricifères, du latin *lorica* (corset) et *ferre* (porter). Le corset en question faisant référence à la cuticule en forme de gaine qui enveloppe la plus grande partie du corps.

Les loricifères – un groupe maintenant nombreux, puisque trente autres espèces ont été découvertes dans la dernière décennie – vivent en compagnie d'une quantité d'autres animaux minuscules et bizarres dans les espaces ménagés entre les graviers ou les grains de sable, sur les fonds des océans. Ceux-ci comprennent notamment les gnathostomuliens (groupe élevé au statut d'embranchement en 1969), les rotifères, les kinorhynques et les crustacés céphalocarides. Cette faune lilliputienne est si mal connue que la plupart des espèces n'ont pas reçu de nom scientifique. Elles sont néanmoins cosmopolites et extrêmement abondantes. Et elles jouent très certainement un rôle crucial au sein des équilibres écologiques des océans.

Le cas des loricifères et de leurs microscopiques compagnons nous invite à nous rendre compte que nous savons bien peu de choses du monde vivant, même de celui qui peut nous être utile. Nous habitons une planète largement inexplorée. Arrêtons-nous-y un moment : notre Terre est une planète d'une certaine dimension, ses continents et ses mers sont disposés de telle et telle façon à sa surface, et tous les êtres vivants qui la peuplent sont tributaires du même codage par les acides nucléiques, de la même façon que tout ce qui est écrit en anglais repose sur vingt-six lettres. Dans l'univers, il doit exister une foule de planètes, dotées d'autres dimensions et d'autres géographies, peuplées d'êtres vivants tributaires éventuellement d'autres types de codes génétiques, chacune des combinaisons de ces facteurs déterminant un niveau particulier de biodiversité. Selon plusieurs séries de données, et notamment l'histoire des radiations adaptatives, il semblerait que la Terre soit au maximum ou au voisinage du maximum de sa propre capacité. Mais quelle est celle-ci ? Personne n'en a la moindre idée ; c'est l'un des grands problèmes non résolus de la science.

La biologie de l'évolution reste loin derrière les autres sciences de la matière, dans la mesure où, contrairement à ces dernières, elle ne nous fournit que peu de ces données fondamentales qui nous permettent de nous représenter notre univers. Nous savons, par exemple, que le diamètre de la Terre est de 12.742 kilomètres ; qu'il y a approximativement 10^{11} (100 milliards d'étoiles) dans la Voie Lactée ; qu'il y a 10 gènes dans un petit virus comme le φX174 ; que la masse de l'électron est de $9,1 \times 10^{-28}$ gramme. Mais combien d'espèces d'organismes y a-t-il sur la Terre ? Nous ne le savons pas ; nous ne connaissons pas même l'ordre de grandeur du nombre en question. Il pourrait être proche de 10 millions, mais aussi bien plus élevé, proche de 100 millions. On continue à découvrir un grand nombre d'espèces chaque année. Parmi celles déjà découvertes, plus de 99 % ne sont connues que par un nom scientifique, une poignée de spécimens dans les muséums, et quelques bouts de descriptions anatomiques dans les périodiques scientifiques. Il est parfaitement mythique de croire que les biologistes sablent le champagne à chaque fois qu'ils découvrent une nouvelle espèce. Nos muséums croulent sous les nouvelles espèces. Nous n'avons pas le temps de décrire plus qu'une petite fraction du flot de celles qui sont découvertes chaque année.

Avec l'aide d'autres systématiciens, j'ai récemment estimé que le nombre des espèces connues d'organismes (plantes, animaux et micro-organismes) était de 1,4 millions. La marge d'erreur de ce chiffre pourrait facilement être d'une centaine de mille, car, dans certains groupes d'organismes, les espèces sont très mal définies, et la littérature sur la biodiversité est, le plus souvent, présentée de façon très chaotique. Plus précisément, les biologistes évolutionnistes sont généralement d'accord pour reconnaître que cette estimation représente moins du dixième du nombre des espèces vivant réellement sur la Terre.

Pour comprendre comment cela est possible, considérons l'embranchement des Arthropodes, qui comprend tous les insectes, les araignées, les crustacés, les mille-pattes et les organismes apparentés, possédant un exosquelette chitineux articulé. On a décrit environ 875 000 espèces d'arthropodes, soit plus de la moitié des espèces connues d'organismes. Les insectes, en particulier, avec plus de 750 000 espèces connues, représentent la dynastie incontestablement dominante chez les animaux terrestres de petites et moyennes-petites tailles, et cette dynastie est née à la fin du Carbonifère, il y a plus de trois cents millions d'années. Chez les végétaux, les angiospermes (ou plantes à fleurs) exercent avec eux une co-domination depuis cent cinquante millions d'années : ils comprennent deux cent cinquante mille espèces, soit 18 % du total des espèces connues.

Ce n'est pas par hasard que les insectes et les plantes à fleurs représentent, ensemble, une diversité aussi immense. Ces deux dynasties sont liées par de complexes symbioses. Les insectes tirent parti, pour leur alimentation, de pratiquement tous les organes des plantes, et chacun des coins et recoins de celles-ci leur sert de refuge. D'un autre côté, une grande proportion des espèces de plantes dépend des insectes pour leur pollinisation et leur reproduction. Et en dernière analyse, elles leur doivent leur vie même, car les insectes remuent le sol autour de leurs racines et décomposent les tissus morts, leur fournissant les substances nutritives dont elles ont besoin pour leur croissance.

Les insectes, ainsi que d'autres arthropodes terrestres, sont si importants que s'ils disparaissaient, l'humanité ne pourrait probablement pas durer plus de quelques mois. La plupart des amphibiens, reptiles, oiseaux et mammifères connaîtraient l'extinction à

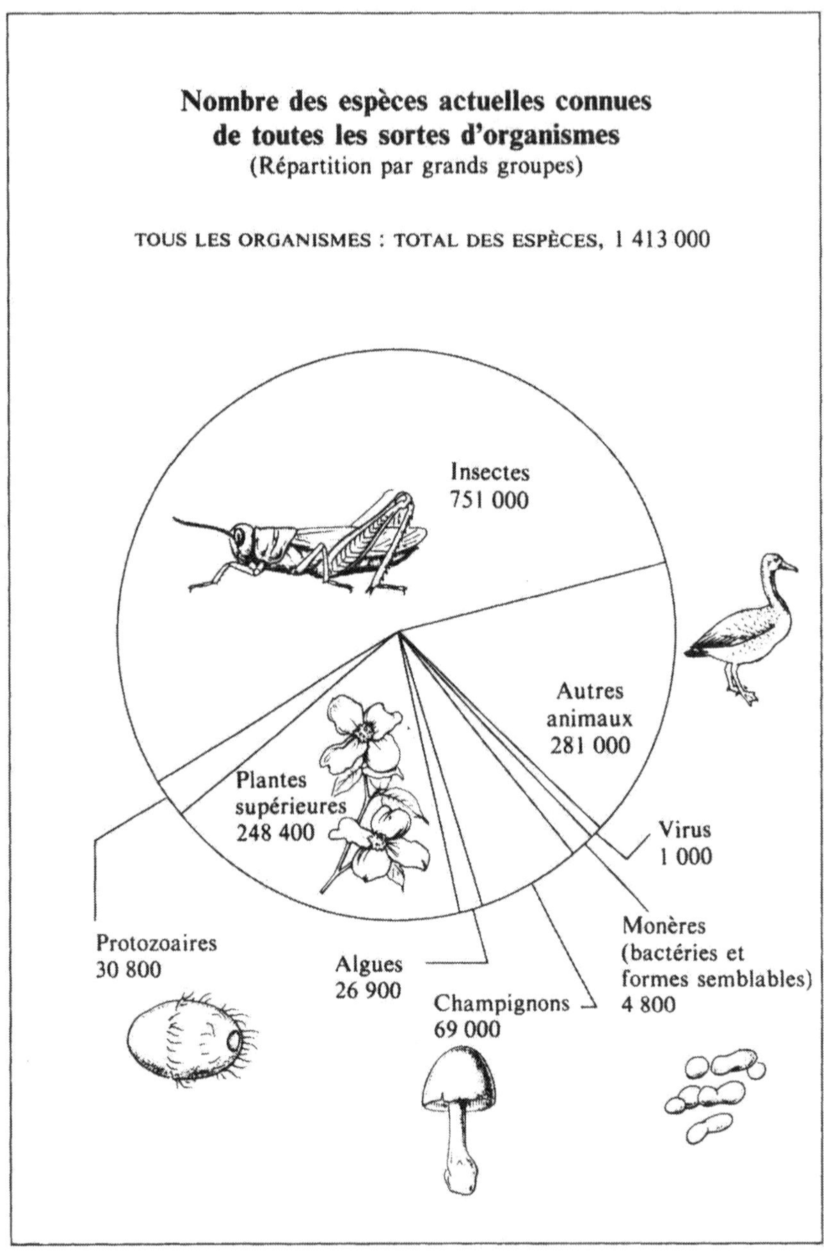

Les insectes et les plantes supérieures sont les éléments dominants au sein de la diversité des organismes vivants connus à ce jour, mais de très nombreuses espèces restent à découvrir chez les bactéries, les champignons, et d'autres groupes mal connus. Le total approximatif doit se situer entre dix et cent millions d'espèces.

**Nombre des espèces actuelles connues
de plantes supérieures**
(Répartition par grands groupes)

PLANTES SUPÉRIEURES : TOTAL DES ESPÈCES, 248 000

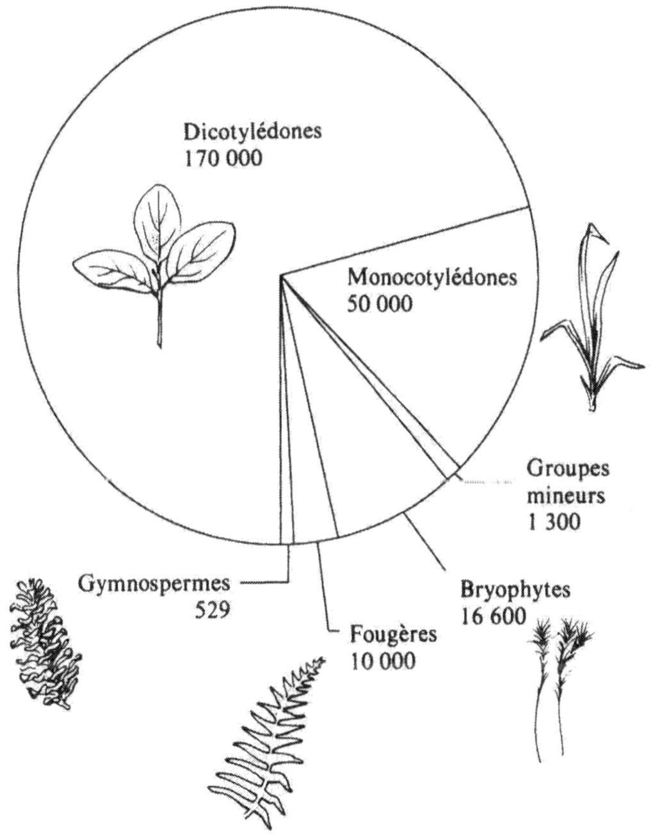

La diversité des plantes dans le monde entier est surtout due aux angiospermes (plantes à fleurs), lesquels comprennent, d'un côté, les herbes et d'autres monocotylédones et, d'un autre côté, une grande variété de dicotylédones, des magnolias aux asters et aux roses. La plupart des plantes à fleurs vivent sur la terre ferme ; les algues dominent en mer.

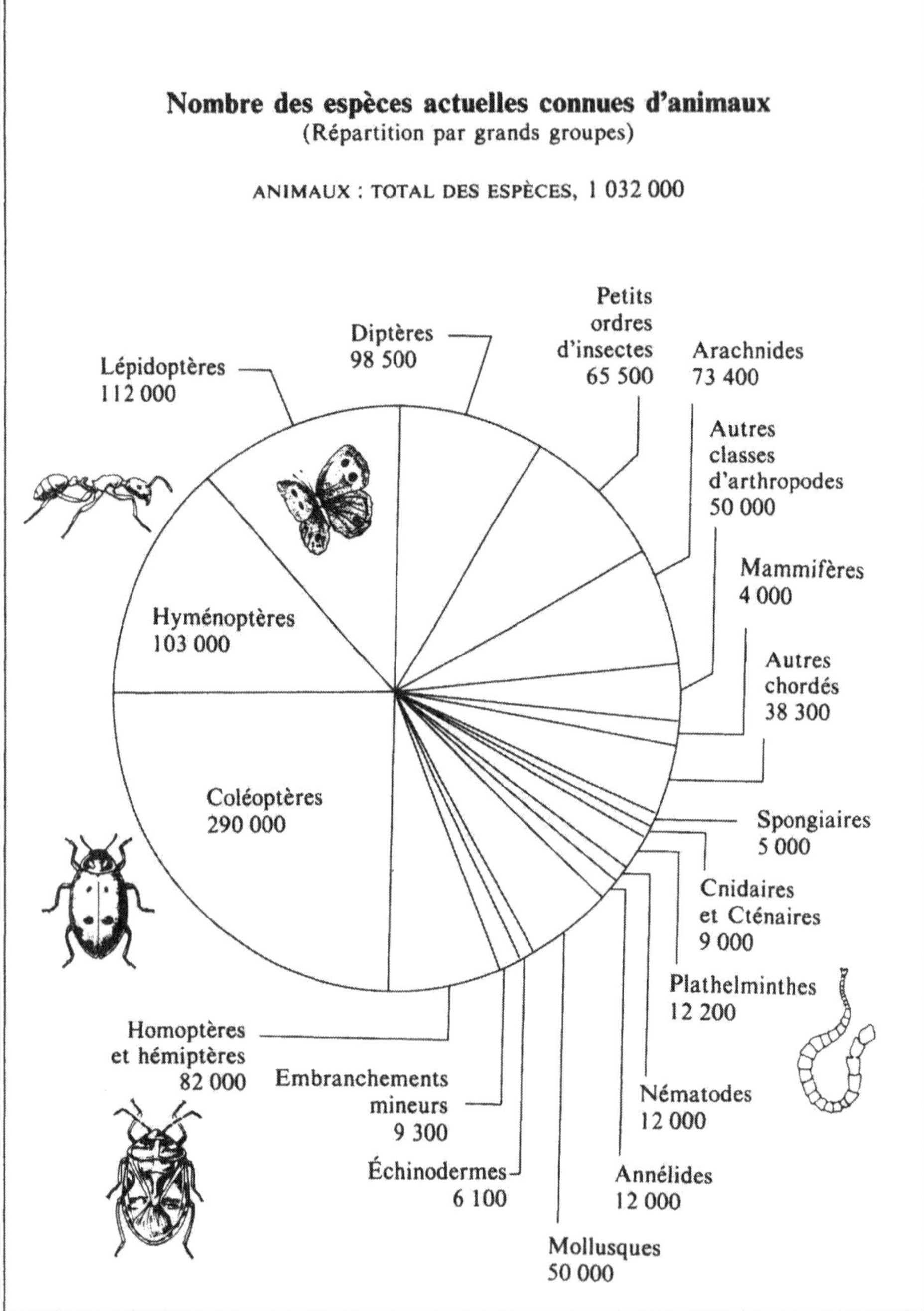

Parmi les animaux actuellement connus des scientifiques, le nombre des espèces d'insectes dépasse de loin tous les autres. En raison de ce déséquilibre, on peut dire que la plupart des espèces animales vivent sur la terre ferme ; mais si l'on considère le niveau des embranchements (Échinodermes, etc.), on s'aperçoit que pour trouver la plupart de ceux-ci, il faut aller en mer.

peu près dans le même délai. Ensuite disparaîtrait la plus grande partie des plantes à fleurs, et avec elle la base physique de la plupart des forêts et des autres habitats terrestres du monde. La surface des continents se mettrait littéralement à pourrir. Tandis que la végétation morte s'entasserait et se dessécherait, ce qui stopperait les cycles des substances alimentaires, d'autres formes complexes de végétation mourraient, et avec elles, presque tous les vertébrés terrestres. Les champignons, après avoir connu une explosion formidable, déclineraient rapidement, et la plus grande partie de leurs espèces disparaîtraient. La surface des continents reprendrait approximativement l'aspect qu'elle avait au début de l'ère paléozoïque : le sol serait recouvert d'un tapis de végétation pollinisé par le vent, parsemé de petits bouquets d'arbrisseaux et de buissons, et largement dépourvu de toute vie animale.

Générateurs de vie, les arthropodes nous entourent donc de toutes parts, sans que nous sachions leur nombre exact. Il y a beaucoup plus d'espèces que les 875 000 ayant reçu un nom scientifique à ce jour. En 1952, Curtis Sabrosky, qui travaillait pour le ministère américain de l'Agriculture, avança l'hypothèse, sur la base du flot de nouvelles espèces qui se déverse sans arrêt dans les muséums, qu'il devait y avoir environ dix millions d'espèces d'insectes, la biodiversité des autres arthropodes restant inconnue. En 1982, Terry Erwin du National Museum of Natural History tripla la mise, estimant qu'il devait y avoir trente millions d'espèces d'arthropodes, dont une grande majorité d'insectes, rien que dans la forêt tropicale. La plus grande partie de cette biodiversité se trouve dans la couronne des arbres de la forêt dense humide. Cet étage de feuilles et de branches, au niveau duquel se réalise la plus grande partie de la photosynthèse, était déjà connu pour sa richesse en variétés d'animaux. Cependant, il était resté inaccessible, à cause de la hauteur des arbres (trente à quarante mètres), de la surface lisse des troncs, et des essaims de fourmis et de guêpes qui attendent les grimpeurs humains à tous les niveaux.

Pour surmonter ces difficultés, les entomologistes ont mis au point la technique de la « bombe insecticide », consistant à envoyer dans la cime des arbres depuis le sol, un nuage d'insecticide à action rapide, chassant les arthropodes de leurs cachettes et les tuant. Ce protocole a été utilisé par Erwin et son équipe de recherche en Amérique centrale et méridionale, au cours d'interventions surtout nocturnes. Marchant le soir dans la forêt tropicale humide, ils choisissaient un arbre, disposaient en dessous de lui une série de bâches en entonnoir d'un mètre de large, reliées à des flacons partiellement remplis d'alcool à 70 %, liquide généralement employé pour la conservation des spécimens. Le matin suivant, avant l'aube, au moment où le vent tombait, l'équipe envoyait l'insecticide en l'air grâce à une sorte de « canon », et ceci, pendant plusieurs minutes. Puis, les chercheurs attendaient pendant cinq heures, tandis que les arthropodes morts ou en train de mourir tombaient en pluie par milliers, nombre d'entre eux étant recueillis dans les entonnoirs. Pour finir, les spécimens ainsi collectés étaient triés, grossièrement classés en fonction des grands groupes taxinomiques (tels que fourmis, coléoptères frondicoles, ou araignées salticidées) et envoyés à des spécialistes pour être étudiés de plus près.

Erwin lui-même a fait l'étude des coléoptères du couvert. Il a effectué quelques dénombrements sur un petit échantillon de forêt vierge du Panama, puis par extrapolations successives, il a avancé une estimation du nombre total des espèces d'arthropodes qui sont peut-être présentes dans les forêts tropicales du monde entier. Il a donc recensé cent soixante-trois espèces de coléoptères vivant exclusivement dans la couronne des arbres d'une seule espèce, *Luehea seemannii*, appartenant à la catégorie des légumineuses. Il existe à peu près cinquante mille espèces d'arbres tropicaux en tout, de sorte que si *Luehea seemannii* est un exemple moyen, le nombre total des espèces de coléoptères tropicaux habitant le couvert forestier serait de 8 150 000. Les coléoptères représentent environ 40 % du total des arthropodes (insectes, araignées et autres arthropodes). Si cette proportion est la même dans le couvert tropical, le nombre des espèces d'arthropodes dans cet habitat doit être d'environ vingt millions. Comme il y a environ deux fois plus d'espèces d'arthropodes dans le couvert de la forêt vierge que sur son sol, le nombre total d'espèces pourrait bien être de l'ordre de trente millions.

Les calculs d'Erwin ont représenté un important pas en avant dans le développement des connaissances sur la biodiversité. Cependant, le chiffre initial qu'il a obtenu au départ est un peu comparable à la pointe d'une pyramide retournée sur laquelle celle-ci serait en équilibre. À chacune des étapes de la série d'extrapolations conduisant au chiffre final de trente millions, le nombre des espèces peut varier considérablement vers le haut ou vers le bas, si l'on change les hypothèses. Ce sera un vrai coup de chance si le total réel tombe dans l'intervalle déterminé par ce chiffre, à dix millions près.

Reprenons la série des extrapolations en question. Peut-on réellement dire qu'il y a un aussi grand nombre d'espèces de coléoptères sur chaque espèce d'arbre, et ceci dans le monde entier ? Les données sont peu nombreuses, mais les légumineuses comme *Luehea seemannii* semblent porter une plus grande variété d'insectes que la plupart des autres espèces d'arbres. Cela pourrait faire chuter l'estimation du nombre total d'espèces de plusieurs millions. Est-ce que les arthropodes trouvés sur une espèce d'arbre

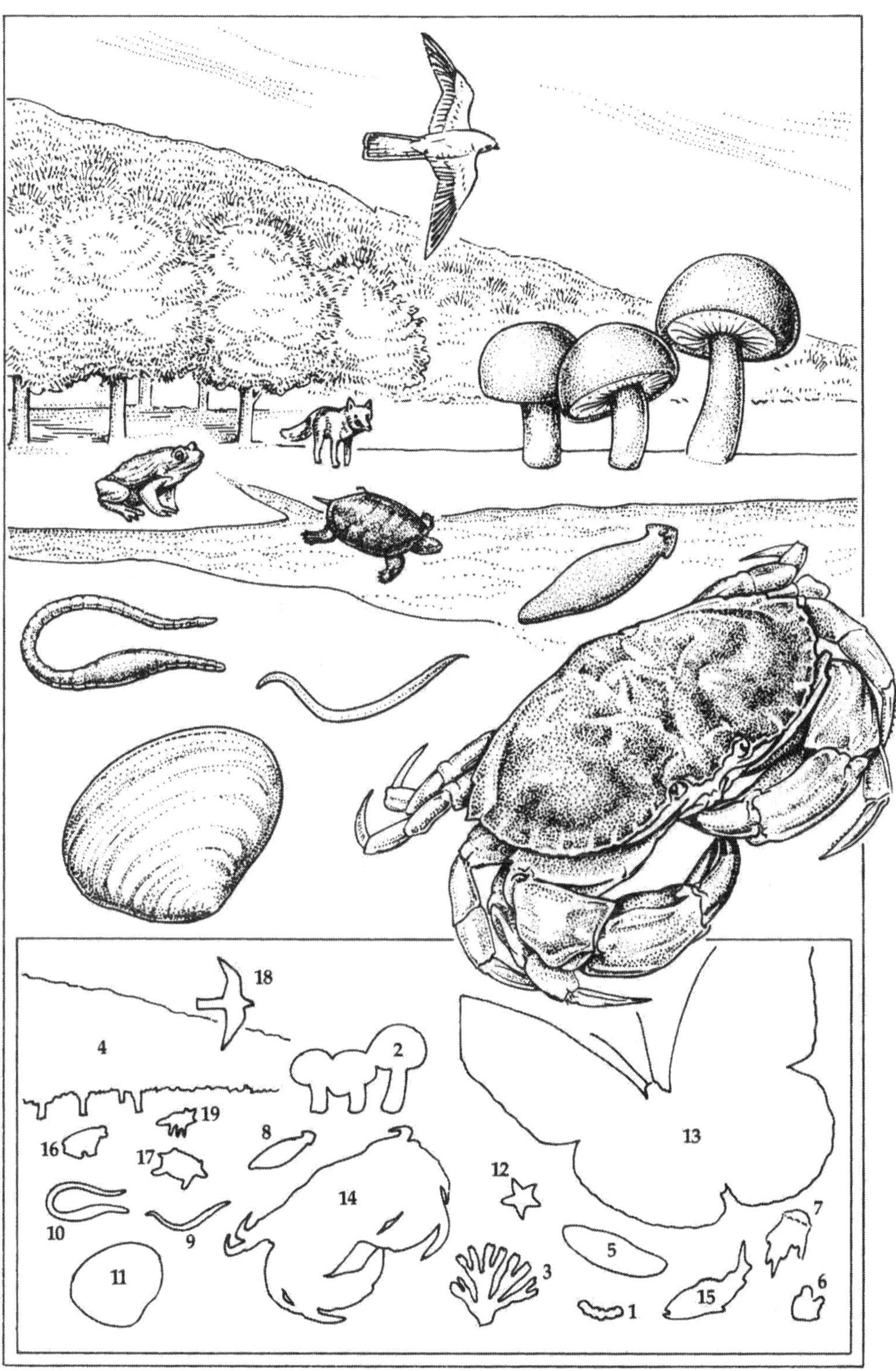
18
4
2
19
16
8
17
12
13
14
10
9
5
7
11
3
1
15
6

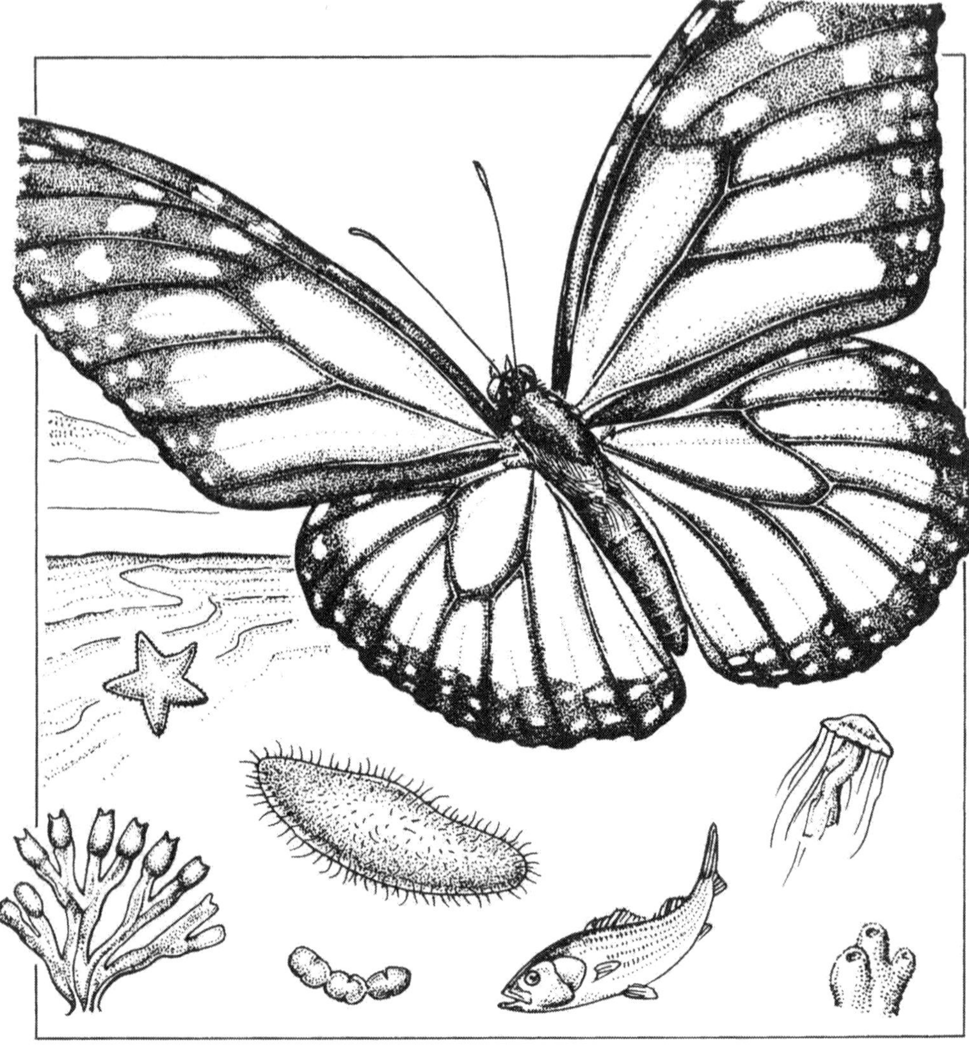

Le paysage des espèces. On a donné aux organismes représentatifs de chaque groupe une dimension grossièrement proportionnelle au nombre des espèces actuelles connues des scientifiques dans ce groupe. Le numéro de code et le nombre des espèces sont donnés ci-dessous. On a omis les virus et quelques groupes mineurs d'invertébrés.

1. Monères (bactéries, cyanobactéries), 4 800
2. Champignons, 69 000
3. Algues, 26 900
4. Plantes supérieures, 248 400
5. Protozoaires, 30 800
6. Spongiaires, 5 000
7. Cnidaires et Cténaires (coraux, méduses, cténophores et leurs apparentés), 9 000
8. Plathelminthes (vers plats), 12 200
9. Nématodes (vers ronds), 12 000
10. Annélides (vers de terre et leurs apparentés), 12 000
11. Mollusques, 50 000
12. Échinodermes (étoiles de mer et apparentés), 6 100
13. Insectes, 751 000
14. Arthropodes autres que les insectes (crustacés, araignées, etc.), 123 400
15. Poissons et chordés inférieurs, 18 800
16. Amphibiens, 4 200
17. Reptiles, 6 300
18. Oiseaux, 9 000
19. Mammifères, 4 000

sont les mêmes partout où l'on trouve cet arbre ? Un grand nombre
de données suggèrent que la gamme des coléoptères figurant dans
une espèce d'arbre donnée varie d'un lieu à l'autre. Cela pourrait
faire remonter l'estimation du nombre total. Est-ce que 10 % des
espèces de coléoptères trouvées sur une espèce d'arbre sont restreintes à cet arbre ? Un changement dans ces paramètres, sur
lesquels nous n'avons que peu de renseignements précis en ce qui
concerne les tropiques, pourrait faire varier l'estimation finale vers
le haut ou vers le bas.

Nigel Stork, ayant réévalué les estimations de Erwin après les
avoir modulées au moyen d'autres données provenant de Bornéo,
d'Angleterre et d'Afrique du Sud, a conclu que le nombre total
des espèces d'arthropodes tropicaux devait être, en effet, très élevé,
mais vraisemblablement inférieur à celui calculé par Erwin, et
devait se situer quelque part entre cinq à dix millions. Kevin Gaston
s'est rangé aux côtés des spécialistes de différentes sortes d'insectes
qui avancent, avec prudence, un total de cinq à dix millions
d'espèces. En définitive, les études que je viens de rapporter, ainsi
que d'autres, ne nous ont que partiellement éclairés. D'une certaine
façon, nous sommes de retour à la case départ : le nombre des
espèces d'organismes sur la Terre est immense, mais on ne peut
encore en donner l'ordre de grandeur.

Le grand naturaliste et explorateur William Beebe a dit, en
1917, du couvert de la forêt tropicale humide : « C'est encore un
continent de la vie qui reste à décrire, et qui n'est pas situé sur la
Terre, mais à trente ou quarante mètres au-dessus. » Les décennies
suivantes ont révélé un second continent inexploré à mille mètres,
et plus, en dessous de la surface des océans, sur le plancher des
grands fonds marins. Ce vaste domaine d'une superficie de trois
cents millions de kilomètres carrés représente, à l'exception peut-
être de certaines vallées de l'Antarctique, l'habitat le moins hospitalier de la planète : extrêmement froid, il y règne des pressions
énormes ainsi qu'une obscurité intense, trouée seulement de quelques
rares points lumineux dus aux mouvements d'organismes lumines-
cents. Les biologistes du début du XIXᵉ siècle pensaient que les
grands fonds marins étaient dépourvus d'êtres vivants. Les dragages
effectués lors de l'expédition du Challenger, de 1872 à 1876, ont
permis de réfuter ce point de vue : dans les échantillons de boue
remontés des fonds, on a trouvé une vaste gamme d'organismes
jusqu'ici inconnus. Ceux-ci constituaient le benthos abyssal, c'est-
à-dire la communauté biotique vivant sur le fond des océans (ou à
proximité). Dans les années 1960, un grand progrès a été accompli
grâce à l'introduction du traîneau épibenthique, lequel ratisse la
couche supérieure du fond marin au moyen d'un filet à petites
mailles et piège les petits organismes grâce à un système de clapets

empêchant qu'ils ne ressortent et soient perdus. Sur la base de ces nouveaux échantillons, on s'est rendu compte que la diversité de la vie animale dans les grands fonds atteignait un point que n'auraient jamais envisagé les biologistes, même dans leurs spéculations les plus hardies. Grâce à ces données, ainsi qu'à des photographies et à des échantillons plus sélectifs, rapportés récemment par des véhicules pouvant se mouvoir dans les grandes profondeurs, nous savons à présent que le benthos abyssal contient des foules de vers polychètes, de crustacés péricarides, de mollusques, et d'autres animaux trouvés nulle part ailleurs sur la Terre. Beaucoup de ces invertébrés marins sont minuscules et vivent durant des décennies sur des rythmes métaboliques ralentis. Les bactéries présentent des caractéristiques particulières : elles ne se multiplient qu'en eau froide et sous des pressions extrêmement élevées. Le benthos abyssal est un monde miniaturisé où règne la modération. Il n'y a pas moyen de deviner quel est le nombre total des espèces présentes; il s'agit probablement de centaines de mille, et sans doute bien au-delà. J. Frederick Grassle, après avoir passé en revue toutes les formes vivantes trouvées dans les échantillons recueillis jusqu'en 1991, a émis l'hypothèse que le nombre des espèces animales pourrait être de dizaines de millions. Quant à la biodiversité des bactéries et d'autres micro-organismes au sein du benthos abyssal, on ne peut pas même en deviner l'ordre de grandeur.

En un sens écologique, les animaux de la forêt tropicale humide et ceux du benthos abyssal sont aux antipodes les uns des autres ; on pourrait dire qu'ils habitent deux planètes distinctes. Leurs milieux sont aussi différents que possible, et leurs communautés biotiques n'ont pas en commun une seule espèce de plantes ou d'animaux. Pourtant leur biodiversité respective peut paraître bien petite devant celle des bactéries, des organismes qui occupent à saturation les deux milieux extrêmes évoqués ci-dessus, et aussi tous les autres milieux de la planète. Selon une opinion erronée répandue chez les biologistes et les non-biologistes, les bactéries seraient relativement bien connues, dans la mesure où elles sont importantes pour la médecine, l'écologie et la génétique moléculaire. Mais il n'en est rien ; en réalité, la vaste majorité des types bactériens est complètement inconnue et n'a jamais reçu de nom scientifique. De plus, on ne sait même pas par quels moyens on pourrait les détecter. Prenez un gramme de terre ordinaire, c'est-à-dire une pincée entre le pouce et l'index, et mettez-le dans le creux de votre main, vous tenez une petite quantité de grains de quartz, entremêlés de matière organique en décomposition et de substances nutritives à l'état libre, ainsi qu'environ dix milliards de bactéries. Combien d'espèces sont-elles présentes ? Prenez un millionième de cette pincée et répandez-la de façon égale sur des substances nutritives déposées dans une de ces petites coupelles que l'on utilise habituellement pour les cultures de micro-organismes. Si chacune des bactéries de cet échantillon de terre quasi invisible à l'œil nu pouvait se multiplier, nous pourrions voir se développer plus de dix mille colonies à la surface du milieu de culture, une par bactérie. Mais toutes ne se multiplient pas et nous obtenons seulement entre dix et cent colonies.

Certaines des bactéries qui n'ont pas donné de colonies étaient mortes au moment où nous avons fait l'ensemencement du milieu de culture. Mais la plupart n'ont tout simplement pas trouvé les conditions de milieu qui leur convenaient pour se diviser et former une colonie. C'est comme si ces espèces de bactéries se tenaient dans une cachette – refusant de répondre aux microbiologistes qui utilisent leurs techniques classiques. Elles attendent les conditions satisfaisantes en matière de température, d'acidité, de pression atmosphérique, et aussi en matière de combinaisons de glucides, lipides, protéines et minéraux, appropriées aux besoins métaboliques dictés par leurs gènes. En outre, chacune de ces espèces cachées peut être représentée dans la pincée de terre par seulement un ou deux individus sur un million. Pour déceler leur présence, les microbiologistes doivent essayer toutes sortes de milieux de cultures et de conditions ambiantes avant de tomber sur la bonne combinaison. Alors seulement, une colonie se met à proliférer, de sorte qu'on peut disposer d'assez de bactéries pour les isoler et les étudier par les moyens classiques de la microscopie et de la biochimie.

Les microbiologistes essaient rarement de trouver les bactéries « cachées ». Ils ne sont intéressés que par les groupes particuliers d'espèces dont on sait déjà qu'elles ont un intérêt pratique ou scientifique. L'une des plus célèbres espèces du monde, la bactérie du colon *Escherichia coli*, est l'organisme expérimental de prédilection en biologie moléculaire. Tous les manuels de biologie pour débutants font la louange de cette bactérie : elle a effectivement permis d'augmenter considérablement nos connaissances, grâce à son cycle vital rapide et à la facilité avec laquelle on peut la cultiver. Mais du point de vue du biologiste évolutionniste, *E. coli* n'est qu'un organisme symbiotique un peu particulier de l'intestin des gros mammifères, l'un de ceux qui aident à transformer les aliments digérés en fèces. Mais la foule des bactéries, la vaste majorité des autres espèces, qui représentent trois milliards d'années de radiation adaptative, ne font l'objet d'aucune étude, ni d'aucune communication annonçant leur identification.

Combien d'espèces de bactéries y a-t-il au monde ? Le guide officiel de la bactériologie, *Bergey's Manual of Systematic Bacteriology*, dans sa dernière édition de 1989, en recense environ quatre mille. Les microbiologistes ont toujours eu l'impression que le nombre véritable, tenant compte des espèces non diagnostiquées, est beaucoup plus grand, sans que personne ne soit capable de dire dans quelle mesure. Dix fois plus ? Cent fois ? Selon une étude récente, il pourrait y en avoir mille fois plus, le nombre total se situant dans les millions.

Jostein Goksøyr et Vigdis Torsvik ont essayé de trouver des espèces de bactéries « cachées » dans l'environnement. Au lieu de les rechercher une à une au moyen d'un milieu de culture approprié, ils ont choisi une autre méthode court-circuitant celle-ci : ils ont isolé et comparé directement l'ADN des bactéries. Ils ont prélevé de petites quantités de terre d'une forêt norvégienne de hêtres, située non loin de leur laboratoire. Par une série d'étapes d'extraction et de centrifugation, ils ont séparé les bactéries de la terre, puis isolé et purifié l'ADN de ces organismes pour n'en faire qu'un seul lot. Ils ont ensuite mis en œuvre de très hautes pressions pour couper les molécules d'ADN double-brin en fragments de taille uniforme. Puis, ils ont soumis ceux-ci à l'action de la chaleur, de telle sorte que chacun d'eux s'est dissocié en fragments d'un seul brin.

Dissocier l'ADN en simples brins signifie que l'on sépare les deux chaînes porteuses de l'information génétique, celle-ci étant codée sous forme de paires de base (lesquelles sont les symboles ou lettres au moyen desquels l'information génétique est « écrite » dans la cellule). Ces paires de base sont composées d'adénine-thymine et de cytosine-guanine, respectivement AT et GC en abrégé. Lorsqu'on suit la double hélice, on peut rencontrer n'importe laquelle des permutations AT ou TA ou CG ou GC. Par exemple, une séquence typique peut être : TA-CG-CG-AT-GC, et ainsi de suite pour les milliers ou les millions de symboles de l'information génétique contenue dans l'ADN d'une cellule. Lorsqu'on dissocie la double hélice de l'ADN, comme dans l'exemple précité, les deux « simples brins » complémentaires consisteront respectivement en une séquence T-C-C-A-G et une séquence A-G-G-T-C.

Si l'on refoidit la solution à 25°C en dessous de la température de dissociation, les brins d'ADN se ré-assemblent facilement pour redonner une double hélice ; les biochimistes disent que l'ADN est, par ce moyen, « renaturé ». Plus est élevée la proportion des brins complémentaires dans une solution, plus est rapide la réaction de renaturation. Si l'on prend des mélanges d'espèces et de lignées, comme dans le cas de nos bactéries du sol norvégiennes, la proportion des simples brins complémentaires sera bien plus basse que dans le cas où l'ADN d'une seule espèce est présent ; le processus de renaturation sera ralenti à un degré correspondant. La vitesse à laquelle s'effectue la renaturation peut être mesurée de façon précise et étalonnée en prenant pour référence de l'ADN simple brin fourni par une bactérie classique, telle que *E. coli*. De cette façon, il est possible d'estimer indirectement le pourcentage global de ressemblance entre les divers brins simples d'ADN dans un ensemble entier de bactéries – comme, par exemple, dans celui qui figure dans une pincée de terre.

Le pourcentage de ressemblance des brins simples d'ADN peut fournir indirectement un moyen de dénombrer les espèces de bactéries. Pour ce faire, de manière générale, les microbiologistes ne peuvent se servir de façon simple du concept biologique de l'espèce. Il leur est tout à fait impossible de repérer quelles sont les cellules bactériennes qui échangent de l'ADN, comme si ces organismes étaient autant d'oiseaux ou de chênes dans la forêt norvégienne. Ils sont obligés de se fonder sur la ressemblance de l'ADN d'une cellule à l'autre. La classification des bactéries repose sur la définition arbitraire suivante : une espèce bactérienne est formée de toutes les cellules dont la séquence de nucléotides est au moins identique à 70 %, et par suite, au moins différente à 30 % de la séquence de nucléotides des autres espèces. Cette limite relève, en fait, d'un excès de prudence. De nombreuses espèces supérieures de plantes et d'animaux sont séparées par beaucoup moins de 30 % de différence.

Je suis entré dans des détails très techniques afin de rendre compte des difficultés qu'affrontent les microbiologistes et de montrer pourquoi il a fallu tant de temps avant d'avoir quelques données sur la biodiversité chez les bactéries. Voici le résultat du groupe de recherche norvégien : ils ont trouvé entre quatre mille et cinq mille espèces bactériennes dans un seul gramme de terre provenant de la forêt de hêtres. Et ils ont trouvé un nombre similaire d'espèces, avec peu ou pas du tout de recoupements avec l'échantillon précédent, dans un gramme de sédiments déposés en eaux peu profondes, au large de la Norvège.

« Il est évident, a écrit Jostein Goksøyr, que les microbiologistes ne manqueront pas de travail pendant deux siècles. » S'il y a plus de dix mille types microbiens dans deux pincées de substrat provenant de deux endroits différents de Norvège, combien d'autres attendent d'être découverts dans d'autres habitats radicalement différents ? Là encore, nous n'en avons pas la moindre idée. Il paraît inévitable que nous devrions découvrir des séries de bactéries totalement nouvelles sur le plancher des grands fonds, à l'aisselle des orchidées de la forêt vierge, dans la couche d'algues qui recouvre la surface des lacs de montagne, et ainsi de suite, tout autour du monde, dans des centaines d'endroits que d'habitude nous ne remarquons pas. De récents forages dans des couches géologiques aquifères en Caroline du Sud ont révélé de grands nombres de bactéries particulières jusqu'à au moins cinq cents mètres de profondeur. Il est apparu que les espèces changeaient d'une strate à l'autre. Plus de trois mille formes, toutes nouvelles aux yeux des scientifiques, ont été trouvées dans les premiers sondages.

Il y a encore un autre monde bactérien inexploré : c'est celui qui figure dessus et à l'intérieur des grands organismes. Certaines de ces espèces sont des invités neutres, ne faisant ni bien ni mal à leurs hôtes. Pour d'autres, cependant, on sait qu'elles aident leurs hôtes à digérer, excréter, et même à produire de la lumière grâce à des réactions chimiques luminescentes au sein de leurs minuscules organismes. Nombre d'entre elles sont si utiles – essentielles même – à leurs hôtes que ceux-ci entretiennent des cellules et des tissus spécialisés pour les héberger, et recourent à de complexes procédures physiologiques et comportementales pour transmettre leurs symbiotes d'un sexe à l'autre ou de parents à enfants. Ce phénomène est bien illustré par la transmission des bactéries et des levures chez l'insecte coccidé *Rastrococcus iceryoides*. Ces micro-organismes décrivent des mouvements parallèles obéissant à une élégante chorégraphie au sein de l'œuf fécondé en cours de développement. L'un des auteurs qui font autorité en matière de symbiose a décrit le ballet de la façon suivante :

> Les deux types de symbiotes infectent le même site, de sorte qu'ils forment dans l'œuf mûr une boule arrondie au pôle supérieur. Quand la bande germinale approche d'eux, les deux partenaires, qui étaient unis jusqu'ici, se séparent, et il est intéressant de voir que leur hôte traite différemment chacun d'eux. D'abord, il ne s'intéresse qu'aux levures. Tandis que les noyaux vitellins migrent vers elles et, bientôt, pénètrent dans leur masse, les bactéries, qui, entre-temps, se sont beaucoup multipliées, glissent vers la périphérie de l'embryon en groupes irréguliers, sans cependant se lier aux noyaux. Les bactéries et les levures sont bientôt séparées. Dans le temps où les extrémités bourgeonnent, des membranes cellulaires se sont formées autour des levures, tandis que les groupes de bactéries, inchangés, sont disséminés de-ci, de-là, dans le plasma.

Bien que l'on ait découvert des centaines de partenariat de ce type, ils ne sont décrits dans la littérature que de manière fragmentaire. Très peu d'espèces de bactéries ont reçu un nom scientifique ou sont décrites autrement que par des expressions adjectivales du genre « en forme de bâtonnet » ou « en forme de vésicule ».

Pour donner une idée de notre ignorance, pensez qu'il y a des millions d'espèces d'insectes qui n'ont pas encore été étudiées, la plupart hébergeant des bactéries spécialisées. Des millions d'espèces d'autres invertébrés, depuis les coraux jusqu'aux crustacés et aux échinodermes, sont dans le même cas. Pensez que chaque type bactérien, chaque espèce si nous nous fondons sur la règle de la similitude de l'ADN, peut exploiter une centaine de sources de carbone, comme les sucres ou les acides gras. La plupart ne sont, en fait, capables de métaboliser qu'un seul à plusieurs de ces composés. Pensez, en outre, que les bactéries peuvent évoluer rapidement pour exploiter ces sources. Différentes souches et même différentes espèces ont la capacité d'échanger facilement des gènes, surtout pendant les périodes de pénurie et d'autres formes de stress dus à l'environnement. Leurs générations sont extrêmement courtes, permettant à la sélection naturelle d'agir sur de nouveaux assortiments de gènes en l'espace de quelques jours ou même de quelques heures, modifiant leurs caractéristiques héréditaires dans un sens ou dans l'autre, créant peut-être de nouvelles espèces.

Pensez, pour finir, à une superficie d'un centimètre de large – grosse comme un ongle – en un point choisi au hasard sur le sol d'une forêt. Un éclat de bois pourrissant par terre contient un autre ensemble de bactéries; des grains de sable apportés par les eaux de ruissellement, un millimètre plus loin, encore une autre flore bactérienne; et une petite quantité d'humus, et à un centimètre en dessous, une autre encore. En tout, cela représente des milliers d'espèces. Maintenant, faisons la somme des microflores délimitées de la même façon, distribuées dans la forêt entière, puis dans toutes les forêts et dans tous les habitats du monde entier : cela pourrait donner des millions d'espèces n'ayant jusqu'ici jamais été étudiées. Véritables « trous noirs » de la taxinomie, ces bactéries attendent d'être observées par les biologistes. Il n'y a pas beaucoup de scientifiques à s'être même jamais demandé comment on pourrait étudier et exploiter une telle biodiversité.

Tandis que se poursuit l'exploration du monde naturel, on continue à trouver de nouvelles espèces, même parmi les plus gros et les plus apparents des organismes. Dans la région du Chocó en Colombie, qui englobe les forêts tropicales humides de montagne à l'ouest de Medellín, la moitié des espèces de plantes n'ont pas encore été formellement étudiées et une grande partie d'entre elles n'ont pas encore de noms scientifiques. On découvre en moyenne deux espèces d'oiseaux chaque année en un point ou un autre du monde, généralement dans des vallées de montagne éloignées ou dans des recoins des dernières forêts tropicales survivantes. Même de nouvelles espèces de mammifères sont découvertes de temps en temps. En 1988, année qui fut particulièrement faste, la liste des nouvelles espèces identifiées comprenait : le propithèque de Tattersall (*Propithecus tattersalli*), une nouvelle forme de lémur de Madagascar ; le cercopithèque à queue splendide *Cercopithecus solatus*, un singe du Gabon, en Afrique centrale ; et un nouveau muntjac (sorte de cerf) dans les montagnes de l'ouest de la Chine.

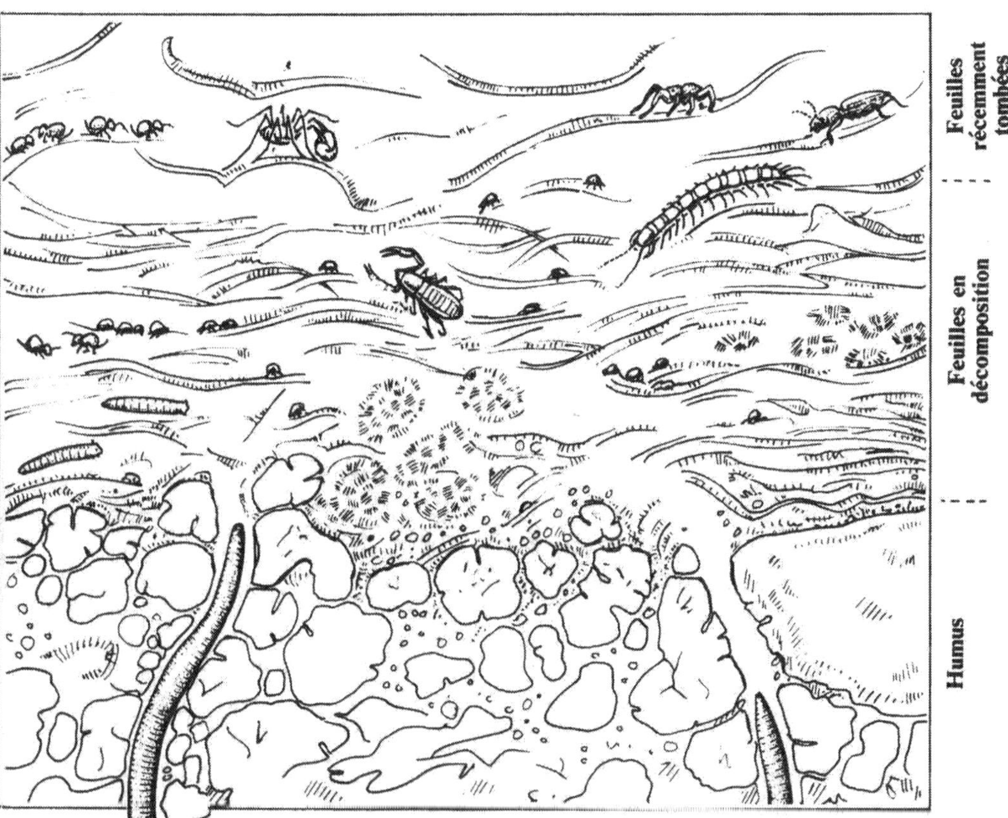

La vie grouillante d'une forêt à feuilles caduques d'Amérique du Nord semble se dérouler sur un plan à deux dimensions, lorsqu'on regarde le sol d'en haut, comme le fait habituellement un être humain *(à gauche)*. Dans cet assemblage de formes vivantes, le myriapode (mille-pattes) lithobiomorphe, qui est au centre, est entouré (en partant du sommet et en allant dans le sens des aiguilles d'une montre) d'une mouche verte, une guêpe sociale, un charançon des glands à long rostre, un coléoptère passalidé, un termite, une blatte du bois, une fourmi camponote, un cloporte, un coléoptère carabidé, une tique, un ichneumon, un puceron, une forficule, et un faucheux. Si l'on pratique une coupe verticale dans la litière des feuilles mortes et le sol *(à droite)*, on aperçoit un monde en trois dimensions, très différent. Les feuilles mortes empilées de façon lâche fournissent un habitat sec et aéré à différentes espèces comme, dans cet exemple, des petits collemboles de forme globuleuse, des minuscules acariens oribatidés en forme de tortue, un faucheux (en train de dévorer un escargot), une araignée saltique, un mille-pattes et un coléoptère carabidé. Quelques centimètres plus bas, dans la litière plus humide et plus dense des feuilles en voie de décomposition, et au milieu des matières fécales des vers de terre et des arthropodes, sont dispersés un plus grand nombre de collemboles et d'acariens, un pseudoscorpion (des pinces, mais pas de dard), et deux larves de mouches tipulidées, en forme de limace. Plus profondément encore, dans le sol et l'humus maintenant compact, deux vers de terre se tiennent dans leurs galeries.

En 1990, un primate jusque-là inconnu, le singe-lion à face noire, a été trouvé sur la petite île de Superaqui, au bord de la côte à seulement soixante-cinq kilomètres de la ville de Sao Paulo. Cela a été, selon les propres mots de Russell Mittermeier, « l'une des plus stupéfiantes découvertes primatologiques de ce siècle ». Et il était temps, pourrais-je ajouter, parce que cette espèce n'est plus représentée que par plusieurs dizaines d'individus. Un seul chasseur aurait pu provoquer l'extinction de l'espèce en quelques jours.

Même dans l'ordre des Cétacés, qui regroupe les plus gros animaux de la planète, les baleines, les marsouins et les dauphins, le recensement des espèces n'est pas achevé. Certes, les plus grandes espèces, celles des baleines à fanons, comme la baleine franche, le rorqual bleu et le mégaptère, avaient toutes été décrites dès 1878. En revanche, les baleines à dents, qui comprennent le cachalot géant, les orques, ainsi que leurs apparentées plus petites, les baleines à bec et les marsouins, ont continué à produire des espèces nouvelles au rythme moyen d'une par décennie pendant tout le XXᵉ siècle. Voici les onze espèces qui ont été découvertes depuis 1908, représentant 13 % ou plus de tous les cétacés vivants connus :

Baleine à bec d'Andrews, *Mesoplodon bowdonini* Andrews, 1908 ;
Marsouin à lunettes, *Australophocaena dioptrica* Lahille, 1912 ;
Baleine à bec de True, *Mesoplodon mirus* True, 1913 ;
Dauphin de Chine (baiji), *Lipotes vexillifer* Miller, 1918 ;
Baleine à bec de Longman, *Mesoplodon pacificus* Longman, 1926 ;
Tasmacète de Shepherd, *Tasmacetus shepherdi* Oliver, 1937 ;
Dauphin de Fraser, *Lagenodelphis hosei* Fraser, 1956 ;
Marsouin des ports du Golfe de Californie, *Phocaena sinus* Norris et Mcfarland, 1958 ;
Baleine à bec aux dents en forme de feuilles de ginkgo, *Mesoplodon ginkgodens* Nishiwaki et Kamiya, 1958 ;
Baleine à bec de Hubb, *Mesoplodon carlhubbsi* Moore, 1963 ;
Baleine à bec pygmée, *Mesoplodon peruvianus* Reyes, Mead et Van Waerebeek, 1991.

Beaucoup des petites baleines ou des petits marsouins ou dauphins cités ci-dessus n'ont été découverts que grâce à des morceaux de carcasses ou des cadavres échoués sur des rivages lointains, et leur histoire naturelle reste un mystère. Le spécialiste des cétacés Willem Mörzer Bruyns a écrit en 1971, à propos du tasmacète de Shepherd : « Six spécimens au total se sont échoués sur les plages de l'île Stewart, la péninsule de Banks, le détroit de Cook et la côte est de la Nouvelle-Zélande. » À propos de la baleine à bec d'Hector, découverte en 1871 : « Décrite à l'origine sur la base de trois crânes de jeunes très immatures, peut-être des nouveau-nés, trouvés dans les eaux de Nouvelle-Zélande... En 1967, le crâne d'une femelle adulte a été découvert en Tasmanie. » Et à propos de la baleine à bec de Longman : « Décrite d'après un crâne trouvé près de MacKay dans le Queensland, en Australie. En 1968, Maria Louise Azzaroli a décrit un second crâne découvert en 1955 près de Mogadiscio (Somalie), ce qui a établi la réalité d'une espèce distincte. » La rareté et le caractère insaisissable de ces espèces laissent penser qu'il existe d'autres géants dans les mers, attendant d'être découverts. On a aperçu à plusieurs reprises des individus d'au moins une espèce manifestement nouvelle dans les eaux tropicales de l'est du Pacifique, mais on n'a pu en capturer aucun.

Une grande partie de la diversité des espèces se trouve là sous nos yeux, sans que nous la voyions. Plus haut, j'ai défini les espèces jumelles comme deux populations (ou plus) si semblables dans leur apparence externe qu'elles sont souvent regroupées, même par des spécialistes de la taxinomie. Seule l'étude fine de petits détails de leur morphologie, de leur structure cellulaire, de leur biochimie et de leur comportement peut mettre en évidence leurs différences et permettre aux systématiciens de délimiter les espèces avec certitude. Au début de ma carrière, j'ai été amené, au cours d'un travail de classification des fourmis, à assigner toutes les populations de fourmis esclavagistes de la région orientale de l'Amérique du Nord, à deux espèces, pensant qu'il n'y avait que deux populations reproductivement isolées. C'était une erreur. Un autre entomologiste, William Buren, regarda de plus près, et répartit les fourmis esclavagistes en cinq espèces, sur la base de petites différences de pilosité, de forme et de couleur du corps, et des espèces de fourmis qu'elles prennent comme esclaves. Il ne fait guère de doute qu'il s'agit bien de populations reproductivement isolées, chacune ayant sa constitution génétique particulière.

Certains groupes zoologiques, comme les protozoaires et les champignons, abondent en espèces jumelles pour une raison purement pratique : il y a peu de signes apparents par lesquels on puisse, chez ces groupes, distinguer les espèces les unes des autres, même au moyen de techniques microscopiques de pointe. Étant donné les faiblesses du système sensoriel humain, ces espèces nous sont cachées. On peut s'attendre à ce que la diversité recensée de ces groupes zoologiques s'accroisse fortement à mesure qu'on identifiera les séquences d'ADN et les besoins physiologiques de plus en plus d'espèces. En outre, de nouvelles observations plus affinées conduiront certainement à élever un grand nombre de sous-espèces au rang d'espèces. Lorsqu'on aura établi la délimitation géographique exacte des populations, on s'apercevra que beaucoup de celles que l'on pensait être, auparavant, des espèces à répartition large, sont, en fait, formées par de multiples espèces, chacune ayant sa distribution propre.

La plus grande partie de la diversité biologique attend, cependant, d'être découverte, de la manière la plus traditionnelle, c'est-à-dire au moyen de randonnées, de pêche au filet, ou de chasse sous-marine. Pour apprécier la diversité, les biologistes continuent à sortir des laboratoires et à explorer le monde. Ils dénombrent les espèces sur trois modes, en fonction de la largeur de l'aire géographique couverte. La diversité alpha correspond au nombre d'espèces dans un habitat donné en un site. Deux de mes collaborateurs, Stefan Cover et John Tobin, et moi-même, avons entrepris récemment de battre le record mondial de la diversité alpha chez les fourmis. Nous y sommes arrivés, en observant deux cent soixante-quinze espèces recueillies sur huit hectares de forêt tropicale humide près de Puerto Maldonado au Pérou. La diversité bêta, le second type de mesure, montre que le nombre d'espèces augmente lorsqu'on ajoute les habitats voisins. Si notre étude de Puerto Maldonado incluait la forêt des marais, les berges des rivières et des parcelles de prairies, notre répertoire porterait presque certainement le nombre de ses entrées à trois cent cinquante. Finalement, la diversité gamma correspond à la totalité des espèces dans tous les habitats d'une vaste région. Si l'on recensait exhaustivement toutes les fourmis du Pérou, vallée par vallée, et ceci sur tout le réseau des affluents de l'Amazone, cela donnerait facilement deux mille espèces. C'est, bien entendu, la diversité gamma que les biologistes ont jusqu'ici appréciée avec le moins de précision. Et c'est pourquoi ils se dépêchent de se rendre sur les crêtes de montagnes inexplorées, les parties des cours d'eau les plus proches de leurs sources et les récifs coralliens. Dans la plupart des pays du monde, surtout sous les tropiques, on a jeté la sonde, mais elle est encore en train de filer et nous n'avons aucune idée du moment où elle touchera le fond. L'attrait de l'aventure physique, de l'exploration de coins perdus au bout du monde, nécessitant de se salir et de transpirer, fait encore partie de la science.

Mais imaginez un moment que toute la biodiversité de la planète soit enfin inventoriée et décrite à raison d'une page par espèce, par exemple. Cette description comporterait le nom scientifique, un dessin ou une photographie, une brève diagnose, et des indications sur le lieu où l'on trouve l'espèce. Si elle était publiée en livres, de format classique, reliés en volumes ordinaires de mille pages, d'une largeur de dix-sept centimètres, avec des couvertures entoilées, cette Grande Encyclopédie de la Vie occuperait, dans une bibliothèque, soixante mètres d'étagère par million d'espèces. S'il y a cent millions d'espèces d'organismes sur la Terre, cela donnerait six kilomètres d'étagères, la taille d'une bibliothèque publique de moyenne dimension. Bien entendu, les études sur la biodiversité n'en viendront jamais là. Bien avant que toutes les espèces ne soient découvertes, bien avant que nous ayons rangé nos filets à papillons et nos presses pour végétaux, les descriptions des espèces seront enregistrées sous forme électronique, de telle sorte que la Grande Encyclopédie pourra consister en disquettes n'occupant pas plus qu'une boîte rangeable sur le coin d'un bureau. On pourra, pour chaque espèce, ajouter bien plus de renseignements, à mesure qu'on en disposera, depuis la séquence de son génome jusqu'à son rôle dans les écosystèmes, et ces données seront facilement disponibles par le biais de réseaux reliant les centres régionaux et internationaux d'étude de la biodiversité.

Dans la Grande Encyclopédie de la Vie figureront d'autres types de mesure de la biodiversité, actuellement utilisés par les biologistes. L'un d'eux s'appelle l'équitabilité : il s'agit du degré d'égalité dans la répartition des espèces. Jusqu'ici, j'ai parlé de la mesure de la diversité seulement en termes de nombre des espèces : tant d'espèces de bactéries dans une pincée de sol ; tant d'espèces de fourmis dans une zone de la forêt tropicale humide. Il est aussi important de savoir quelle est l'abondance relative des espèces. Supposons que nous ayons rencontré une faune de papillons comprenant un million d'individus, répartis entre cent espèces. Il se pourrait, par exemple, que l'une de celles-ci soit extrêmement abondante, et qu'elle soit représentée par 990 000 individus, tandis que chacune des autres espèces comprendrait donc en moyenne cent individus. Il y a bien cent espèces, mais tandis que nous marchons au long des sentiers de la forêt et à travers champs, nous rencontrons le papillon abondant presque tout le temps et rarement chacune des autres espèces. Cette faune a une faible équitabilité. Puis, dans un site voisin, nous rencontrons une seconde faune de papillons, comprenant les mêmes cent espèces ; mais cette fois toutes sont également abondantes, chacune étant représentée par dix mille individus. Cette faune possède l'équitabilité la plus élevée possible. Intuitivement, nous voyons bien que la faune de haute équitabilité est la plus diverse des deux, puisque chaque papillon tour à tour rencontré est moins prédictible, et nous donne donc en moyenne plus d'informations, tout comme chaque mot donne plus d'informations dans le cadre d'un vocabulaire riche pleinement utilisé. Étudier une faune très diverse revient à continuellement recevoir de l'information — et donc du plaisir, au sens esthétique ultime. Cette dimension de la diversité a aussi une importance pratique en écologie. Une faune de haute équitabilité aura vraisemblablement un impact très différent sur un écosystème qu'une autre de faible équitabilité, dans la mesure où elle entretiendra une plus grande variété de plantes et d'autres animaux dépendants d'elle.

Les biologistes mesurent la biodiversité non seulement au niveau des espèces, mais aussi au niveau des genres, familles et autres catégories supérieures de la classification, jusques et y compris les embranchements et les règnes. Chacune de ces catégories supérieures regroupe des espèces qui se ressemblent et dont on suppose qu'elles dérivent d'ancêtres communs. En particulier, un genre est un groupe d'espèces placées ensemble dans une catégorie de la classification parce qu'elles sont très semblables et possèdent des ancêtres communs plus ou moins immédiats. Une famille est un groupe de genres semblables et apparentés (les espèces qui la composent sont globalement apparentées de façon plus lointaine) ; un ordre est un groupe de familles semblables et apparentées ; et ainsi de suite en remontant la hiérarchie de la classification jusqu'au niveau du règne, lequel regroupe les plantes dans leur ensemble, les animaux dans leur ensemble, et ainsi de suite. Voici, sous sa forme la plus ramassée, l'assignation taxinomique complète du chat domestique, *Felis domestica* :

> Espèce : *domestica*
> Genre : *Felis*
> Famille : Félidés
> Ordre : Carnivores
> Classe : Mammifères
> Embranchement : Chordés
> Règne : Animaux

Les principes de base de la classification suivent une logique évidente qui peut être explicitée en peu de mots. Premier principe : l'espèce est l'unité fondamentale. Deuxième principe : on recourt à deux définitions dans l'élaboration de la classification hiérarchique, qui sont les suivantes. Une catégorie est un niveau abstrait de classification. Il s'agit par exemple de l'espèce, du genre, de la famille, etc. Un taxon, au contraire, est un groupe concret d'organismes, un ensemble particulier donné de populations, auquel on attribue le rang de l'une ou l'autre des catégories. L'espèce *Felis domestica* et la famille des Félidés sont des exemples de taxa. Les catégories désignent les notions abstraites ; les taxa, les ensembles d'organismes réels. Troisième principe : un taxon de niveau supérieur, comme le genre *Felis*, est un groupe d'espèces qui descendent toutes d'une seule espèce ancestrale. Les espèces d'un taxon différent de même rang, comme les grands félins du genre *Panthera*, descendent toutes d'une *autre* espèce ancestrale. Quand deux genres sont regoupés pour former une famille, dans ce cas, les Félidés, on considère qu'ils descendent d'une espèce ancestrale encore plus ancienne qui a donné les deux espèces ancestrales plus récentes, qui à leur tour ont donné naissance aux espèces formant respectivement les deux genres en question. Quatrième principe : comme ces derniers exemples le font bien apparaître, les catégories supérieures sont des constructions abstraites, inventées pour plus de commodité. Elles sont fondées sur l'idée que les espèces se scindent pour donner de nouvelles espèces au cours du temps. De plus, ces catégories supérieures reflètent le mode de branchement engendré par les scissions successives. La discipline qui étudie les modes de branchement en vue de décrire le changement évolutif s'appelle la *cladistique*, et l'élaboration de catégories classificatoires (genre et au-dessus) se conformant aux résultats de la cladistique est appelée la *systématique phylogénétique*. On s'efforce de rendre les classifications cohérentes avec la phylogénie, autrement dit avec l'arbre généalogique des espèces.

Cinquième et dernier principe : les limites exactes des taxa de rang élevé sont arbitraires. Les espèces elles-mêmes, les unités atomiques, plus ou moins sont naturelles. Il en est de même de leurs arbres phylogénétiques (généalogiques), si nous les avons établis correctement. Mais les *limites* des genres, familles et des taxa de rang encore supérieur, les lignes dessinées autour des groupes d'espèces, sont arbitraires. Cela peut sembler paradoxal, parce que je viens juste de dire que le but de la cladistique est d'établir une classification naturelle au niveau du genre et au-dessus. Ce qui est parfaitement vrai. La cladistique nous permet de juger quelles espèces ont le plus de chances de posséder un ancêtre commun, confirmant le choix de les placer dans le même genre ou dans la même famille ou dans un taxon de plus haut niveau. Ce qui est arbitraire, ce sont les limites de chaque taxon de niveau élevé. Faut-il garder *Felis* et *Panthera* dans des genres séparés, ou doivent-ils être regroupés dans le seul genre *Felis* ? Les deux types de classification sont corrects au regard de la cladistique. Et encore : doit-on considérer que les Félidés constituent la seule famille regroupant tous les félins, ou doit-on la diviser en deux familles, disons les Félidés, les « vrais » félins, et les Acinonycidés, les guépards ? La cladistique ne donne pas de réponse sur ce point.

Les systématiciens considèrent les arbres évolutifs tels qu'on les a reconstruits. Ils regardent quelles espèces descendent d'ancêtres communs et peuvent être rassemblées pour donner des taxa de niveau supérieur, c'est-à-dire des groupes d'espèces apparentées. Ils recourent à des critères le plus souvent issus du sens commun pour décider de la façon dont ils peuvent diviser les groupes en groupes plus petits. Si toutes les espèces sont très semblables, il est plus judicieux de les placer dans un seul genre. Si une espèce diffère beaucoup des autres, même si elle possède un ancêtre commun, la décision la plus sage est de définir un nouveau genre, attirant l'attention sur ses caractéristiques inhabituelles. Savoir si

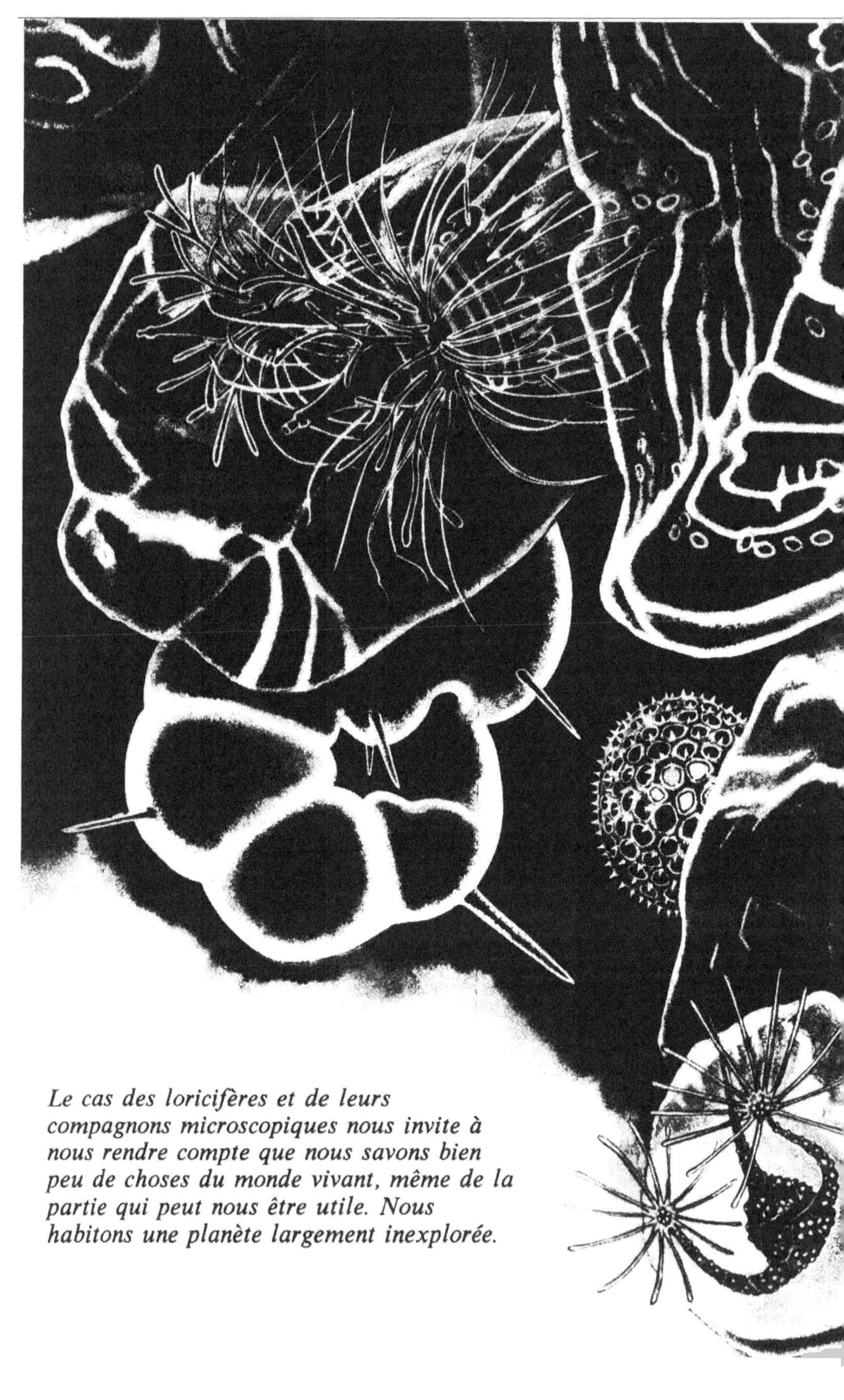

Le cas des loricifères et de leurs compagnons microscopiques nous invite à nous rendre compte que nous savons bien peu de choses du monde vivant, même de la partie qui peut nous être utile. Nous habitons une planète largement inexplorée.

l'on doit reconnaître un genre ou deux est, dans la plupart des cas limites, une question d'estimation. La systématique est certes une science, mais elle relève aussi un peu de l'art.

Cette solution est un peu approximative, mais il ne peut en être qu'ainsi dès lors que l'on reconnaît la nécessité d'atteindre à un compromis. La définition subjective des catégories taxinomiques supérieures reflète la nature chaotique de l'évolution organique. Comme les étoiles dans l'univers en expansion, les espèces sont toujours en train d'évoluer, s'éloignant des autres espèces, jusqu'à ce qu'elles s'éteignent – ou, dans un petit nombre de cas, abolissent leurs barrières reproductives et s'hybrident. Ce principe de l'évolution découle à son tour de l'immense diversité rendue possible par les réarrangements dans les séquences de symboles nucléotidiques constituant le génome des organismes. Ce dernier comprend un million de nucléotides chez les bactéries et entre un et dix milliards de nucléotides chez les plantes supérieures et les animaux. L'évolution procède, pour la plus grande part, au moyen de substitutions au hasard d'un ou de plusieurs de ces symboles, puis du tri de ces mutations et de leurs combinaisons par la sélection naturelle. Puisque les mutations se produisent au hasard, et que la sélection naturelle dépend des conditions locales du milieu, différant d'un endroit à un autre, et d'un moment à un autre, il n'y a pas deux espèces qui suivent exactement la même voie au-delà de quelques étapes. Le monde réel consiste donc en espèces qui diffèrent les unes des autres selon des directions et des distances infiniment variées. Pour autant que nous le sachions, il n'existe aucun moyen de les séparer ou de les réunir en groupes, si ce n'est par la volonté de l'esprit humain, dès lors qu'il juge cela pratique et esthétiquement plaisant.

Si l'on se rend compte que l'évolution est comparable à un univers en expansion, cela a encore une autre conséquence, qui porte sur le rang taxinomique des espèces et leur valeur telle qu'elle est perçue par l'homme. Chaque espèce, une fois née, est potentiellement destinée à donner un genre ou même un taxon de rang encore supérieur, pourvu qu'il lui soit laissé assez de temps pour évoluer et se scinder en de multiples espèces. Plus longtemps ce dernier ensemble survit et évolue, plus il devient génétiquement différent du reste des autres êtres vivants. Puis, étant donné que l'extinction est presque inévitable, il va en s'amenuisant, jusqu'à ce qu'il ne reste plus que quelques espèces reliques. Celles-ci sont anciennes, uniques en leur genre et précieuses. Considérons le cas d'une espèce ayant vécu très longtemps. Soit ses espèces sœurs ont été éliminées par l'extinction, soit elle est la seule représentante d'une lignée ancienne qui ne s'est jamais divisée pour donner de multiples espèces. Elle se présente donc en tant qu'espèce isolée, nécessitant que lui soit accordé le rang de genre, de famille ou d'une catégorie encore supérieure. Elle mérite une attention particulière de la part du genre humain, étant donné l'histoire qu'elle nous permet d'entrevoir. Tel est le cas du grand panda, seule espèce membre du genre *Ailuropoda* ; du poisson cœlacanthe *Latimeria chalumnae*, le plus célèbre des fossiles vivants ; et de l'hatteria, *Sphenodon punctatus*, un reptile ressemblant à un lézard, présent sur quelques petites îles au large de la Nouvelle-Zélande, et l'un des deux membres de l'ordre des Rhynchocéphales qui survit depuis l'ère mésozoïque.

La diversité chez les êtres vivants est le résultat d'une expansion ayant pris place à chaque niveau de la hiérarchie taxinomique : tant d'espèces par genre, tant de genres par famille, et ainsi de suite, en remontant. Tout au sommet, un total de quatre-vingt-neuf embranchements sont actuellement répartis entre les différents règnes. Quant à ceux-ci, leur nombre est de cinq, selon une classification largement admise, mais cependant très subjective. Il s'agit des :

> Plantes : ce règne comprend les végétaux multicellulaires, allant des algues aux plantes à fleurs ;
> Champignons : règne qui regroupe ce qu'on appelle ordinairement les champignons, les moisissures et autres organismes analogues ;
> Animaux : regroupe les animaux multicellulaires, depuis les éponges et les méduses jusqu'aux vertébrés ;
> Protistes : organismes eucaryotes unicellulaires (protozoaires et autres organismes unicellulaires) ;
> Monères : organismes procaryotes unicellulaires (comme les bactéries et les cyanobactéries).

La biologie du XVIIIᵉ siècle avait accompli un progrès fondamental dans la description de la diversité des êtres vivants en se fondant sur la plus ou moins grande ressemblance des espèces pour effectuer des regroupements entre celles-ci. Ultérieurement, il a été proposé une autre façon de décrire la biodiversité : celle des niveaux d'organisation du monde vivant. Ceux-ci constituent une hiérarchie se présentant comme suit :

> Écosystème
> Communauté
> Guilde
> Espèce
> Organisme
> Gène

On saisira mieux de quoi il s'agit en prenant un exemple concret qui permet d'apercevoir toute la série. Le voici : *un autour des palombes* (Accipiter gentilis) *est en chasse, recherchant des passereaux dans la Forêt-Noire d'Allemagne, volant à toute vitesse et à basse altitude au-dessus des sapins, changeant brusquement de direction. Il vient d'apercevoir un pouillot siffleur* (Phylloscopus sibilatrix) *se reposant sur une branche de pin. Quelques petits coups d'ailes puis une longue dégringolade silencieuse, et il s'abat sur sa proie.*

L'autour vit dans un écosystème particulier, la forêt de sapins des montagnes de la Forêt-Noire. Le pays est couvert d'une terre granitique provenant de l'érosion de collines basses et arrondies, parcourues de rivières, qui représentent la partie haute des cours du Danube et du Neckar. L'écosystème est formé de cette base physique, plus tous les organismes vivant dans la forêt, les bois, les clairières, et les petits cours d'eau. Les éléments physiques et biotiques, des rochers et ruisseaux jusqu'aux arbres, aux rapaces et aux passereaux, sont étroitement liés les uns aux autres. L'énergie circule, comme dans un système de vases communicants, d'une espèce à l'autre, via les chaînes alimentaires. Les substances nutritives décrivent des cycles biogéochimiques sans fin, passant des organismes, à la terre, l'eau, l'air, et retour. Les caractéristiques de la couverture pédologique et des systèmes d'écoulement des eaux dépendent de façon intime des organismes qui vivent dans la forêt. L'écosystème de la Forêt-Noire est unique en son genre par la combinaison particulière de son milieu physique et des organismes qui l'habitent. Quittons maintenant cette région pour embrasser de notre regard le sud de l'Allemagne, puis l'Europe, puis le monde entier, afin d'y apprécier la diversité des écosystèmes existant actuellement. Nous nous apercevons que les possibilités peuvent se chiffrer de façon astronomique – cela correspond à la combinaison des millions d'espèces et de tous les milieux physiques distinguables dans lesquels elles peuvent vivre. À proprement parler, ce nombre est incalculable, ce qui est un constat intéressant, mais sans grande importance. C'est le nombre réel des écosystèmes qui compte. Chacun de ces derniers possède une valeur intrinsèque. De la même façon que les différents pays accordent une importance particulière à des épisodes historiques définis, à certains livres classiques, œuvres d'art, et autres signes de la grandeur nationale, ils doivent apprendre à accorder de la valeur à leurs écosystèmes particuliers, uniques en leur genre, caractéristiques d'un lieu et d'une époque donnés.

Au sein de l'écosystème de la Forêt-Noire, l'autour des palombes appartient à une communauté particulière d'organismes, celle des espèces liées par la chaîne alimentaire et par toutes les activités qui influencent les cycles vitaux des espèces. Le sapin fait partie de la chaîne alimentaire de l'autour des palombes, parce qu'il nourrit la chenille dont fait sa pâture le passereau qui est mangé par le rapace. La buse variable, fréquente en Europe, fait partie de la même communauté, étant donné qu'elle entre en concurrence ou parfois en symbiose avec lui. Le petit oiseau qu'elle tue occasionnellement diminue le volume du garde-manger de l'autour. Le nid qu'elle abandonne et laisse disponible pour l'autour augmente les chances de reproduction de cet oiseau qui fait moins de discrimination en matière de nid. Chaque écosystème est plus ou moins riche en communautés. L'appréciation de cette diversité est, en fait, subjective, puisque les limites des communautés peuvent rarement être repérées avec exactitude.

À l'intérieur de la communauté, l'autour fait partie d'une guilde, un ensemble d'espèces qui vivent en un même lieu et collectent la même nourriture par des moyens semblables. À strictement parler, l'autour ne partage sa guilde qu'avec une autre espèce dans la communauté de la Forêt-Noire, l'épervier d'Europe (*Accipiter nisus*). Ce sont tous deux des éperviers, possédant des ailes courtes et arrondies ainsi qu'une grande queue. Ils chassent les petits oiseaux, en pratiquant un vol rapide, tourbillonnant en spirales au-dessus de la forêt, avec de brusques ascensions au-dessus des arbres. Parmi les autres guildes de la Forêt-Noire, l'une d'entre elles comprend les insectes trouvant leur pâture sur les fleurs d'asters ; les fauvettes et les pouillots ; et les musaraignes habitant la forêt et les petites souris. Dans la mesure où les guildes nous apportent des informations sur l'écologie, elles ont autant d'importance pour évaluer la diversité au sein d'un écosystème que le nombre des espèces.

Nous arrivons aux niveaux les plus bas de la diversité biologique. L'autour des palombes est une espèce, un réseau de populations locales mal définies, distribuées de l'Europe à l'Asie, et dans une partie de l'Amérique du Nord (Canada et nord-ouest des États-Unis). Les oiseaux individuels qui la composent sont les dépositaires de la diversité génétique, c'est-à-dire des différences existant entre les chromosomes et les gènes, et celles-ci représentent le niveau de diversité juste en dessous de celui de la diversité des espèces. Il est facile de se représenter en quoi consiste ce niveau en recourant à des exemples familiers de l'hérédité humaine. Une variation dans un seul gène détermine si le lobe inférieur de l'oreille est libre ou attaché par sa base. Le lobe libre de l'oreille est un caractère dominant. Pour qu'un être humain possède un lobe de l'oreille libre parfaitement développé, il suffit que, dans ses cellules, l'un de ses deux gènes relatifs à ce caractère corresponde au lobe libre. Ce n'est que si les deux gènes en question sont récessifs et déterminent un lobe attaché que l'être humain développe ce trait. Les gènes déterminant cette caractéristique du lobe figurent parmi les deux cent mille, ou plus, distribués au niveau des quarante-six chromosomes. Parmi les autres exemples de variation humaine déterminée par un seul gène, on trouve les groupes sanguins, la capacité à rouler sa langue en une sorte de gouttière, la présence d'une pointe de la chevelure sur le front, la capacité du dernier segment du pouce à se tenir très recourbé en arrière, lorsque le pouce est étendu (« le pouce de l'auto-stoppeur »), et une myriade de maladies héréditaires, depuis l'anémie falciforme jusqu'à l'albinisme, l'hémophilie et la chorée de Huntington. Beaucoup d'autres traits, comme la taille, la couleur de la peau et la prédisposition au diabète, sont déterminés par des séries de gènes présents au niveau de différents sites chromosomiques, et travaillant en coopération (c'est ce qu'on appelle les polygènes).

En dénombrant les variations de ce type dans les traits apparents résultant de mutations au niveau de gènes individuels et de polygènes, il serait possible d'arriver à une estimation chiffrée de la diversité génétique totale. Mais elle resterait en dessous de la réalité, par plusieurs ordres de grandeur. La raison en est que les variations dans les gènes occupant la même position chromosomique déterminent des différences qui sont souvent invisibles ; elles prescrivent des variations dans les protéines qui ne sont détectables que par une analyse chimique. Dans les années 1960, on a fait de grands progrès dans ce dernier domaine par l'introduction de l'électrophorèse sur gel, une technique qui permet la purification rapide et l'identification des enzymes. Lorsque des molécules sont déposées sur un support, comme un gel poreux, sur lequel elles peuvent se mouvoir, et qu'elles sont soumises à un champ électrique, elles migrent à une vitesse proportionnelle à leur propre charge électrique. Par suite, elles s'espacent les unes des autres, comme des coureurs plus ou moins rapides à la course. Les enzymes sont des molécules protéiques dont les propriétés, y compris la charge électrique, sont prescrites par les gènes.

Les variations, même petites, provoquées dans les gènes par des mutations se traduisent par des variations dans les enzymes, lesquelles se répercutent (mais pas toujours) dans des variations de la charge électrique, ce qui induit ces molécules à migrer à des vitesses différentes et à se séparer les unes des autres sur les plaques de gel soumises à un champ électrique. Pour tirer avantage de cette chaîne causale, les généticiens mettent en œuvre une procédure très simple. Ils broient des tissus prélevés chez des organismes à étudier, extraient les matériaux contenant les enzymes, et les placent à l'extrémité d'une plaque de gel. Ils laissent ensuite les enzymes migrer dans le champ électrique, puis les colorent pour repérer leurs positions sur le gel. Ils observent alors les enzymes qui se sont séparées sur la plaque, les dénombrent et les identifient, ce qui leur permet de déduire quels sont les gènes les déterminant et leur nombre. En prenant pour échantillon de nombreux individus au sein d'une espèce, et en appliquant la technique à différentes enzymes – révélant ainsi différents gènes – ils peuvent estimer la diversité génétique globale au sein d'une espèce.

La technique de l'électrophorèse a été appliquée à une vaste gamme d'organismes, allant des plantes à fleurs et des insectes aux poissons, oiseaux et mammifères. De tous les résultats ainsi obtenus, l'un d'entre eux est particulièrement clair : la diversité génétique est très grande, bien plus grande que celle à laquelle on s'attendait à l'époque d'avant l'électrophorèse, lorsque les chercheurs s'appuyaient principalement sur des traits visibles comme le lobe de l'oreille ou la couleur de la peau. Afin d'exprimer cette diversité de façon chiffrée, les généticiens recourent au concept de polymorphisme. On dit d'un gène qu'il est polymorphe, lorsqu'il se présente sous de multiples formes, ou allèles, comme on les appelle de façon technique. Les allèles ne sont pris en compte que si leur fréquence dépasse un seuil arbitrairement choisi, généralement 1 % du total pour un gène donné. En d'autres termes, c'est seulement si l'allèle du lobe libre de l'oreille était représenté à plus de 1 % dans les populations humaines qu'on l'inclurait dans le calcul (en fait, sa représentation atteint 45 %), et c'est seulement dans ce cas que le gène du lobe de l'oreille pourrait être dit polymorphe (et il l'est, dans la réalité). Les études d'électrophorèse ont montré que, dans la grande majorité des espèces, de 10 à 50 % des gènes sont polymorphes. Le chiffre moyen est grossièrement de 25 %.

Un haut niveau de polymorphisme par gène au sein des populations entraîne aussi un haut niveau de polymorphisme au sein des organismes individuels. En moyenne, chez chaque individu, de 3 à 20 % des gènes sont polymorphes, selon les espèces. Cela signifie que chaque organisme est hétérozygote pour ce nombre-là de gènes ; chez les êtres humains, cela veut dire que l'on doit posséder dans chaque cellule un gène pour le lobe libre de l'oreille et un gène pour le lobe attaché ; ou un gène pour le type sanguin A et un gène pour le type sanguin O, et ainsi de suite pour les deux cent mille gènes, ou plus, qui figurent dans le patrimoine génétique d'un être humain.

Cependant, la technique de l'électrophorèse ne donne qu'une estimation minimale de la diversité génétique, et celle-ci est certainement très en dessous de la réalité. Certaines variantes enzymatiques n'ont ni charge électrique ni configuration moléculaire qui permettrait de les séparer, de sorte qu'elles restent « silencieuses » à l'électrophorèse. Afin de mesurer exactement et définitivement la diversité génétique, il est nécessaire de dépasser le niveau des protéines et d'atteindre celui des gènes eux-mêmes ; autrement dit, il s'agit de déchiffrer la séquence des nucléotides, des symboles chimiques de l'information génétique. La véritable mesure de la diversité génétique est, en dernière analyse, celle de la diversité en nucléotides. Celle-ci doit être déterminée paire de base par paire de base sur une grande partie des chromosomes et chez de nombreux individus appartenant à la même espèce.

Au cours des années 1980, des progrès rapides ont été faits dans le domaine du séquençage de l'ADN. Le projet « génome humain » a été lancé et le but qu'il s'est fixé n'est rien moins que l'établissement de la carte nucléotidique complète d'un être humain. Un projet similaire existe pour l'une des espèces de la mouche des fruits. Lorsque le séquençage sera devenu assez économique, et que le déchiffrement de l'information génétique sera une pratique aussi courante que de compter les plumes ou les molaires, nous serons techniquement prêts pour essayer de répondre à la question de savoir quelle est la grandeur de la biodiversité sur la Terre.

En attendant, je m'aventure à avancer un chiffre hypothétique à ce sujet : si l'on estime qu'il y a de l'ordre de 10^8 (cent millions) espèces sur la Terre, et qu'il existe en moyenne, chez chaque espèce, 10^9 nucléotides, cela donne un total de 10^{17} (cent millions de milliards) paires de nucléotides déterminant la diversité génétique totale dans l'ensemble des espèces. La diversité des nucléotides, soit dit en passant, est limitée à un maximum de quatre sortes de nucléotides par site, ce qui ne modifie donc pas même d'un ordre de grandeur le chiffre final.

Ce chiffre de 10^{17} mesure donc d'une certaine façon la diversité totale du monde vivant. Cependant, il ne prend pas encore en compte les différences entre individus appartenant à la même espèce. Si l'on ajoute cette dimension, la biodiversité potentielle est alors bien plus grande. Pensez que, au sein d'une espèce courante, se reproduisant sexuellement, deux nucléotides figurant au niveau du même site sur deux chromosomes différents peuvent engendrer trois combinaisons ; les symboles AT et CG, par exemple, peuvent engendrer les combinaisons (AT) (AT) ; (AT) (CG) ; et (CG) (CG). Supposons que seulement un sur mille des sites possède deux variantes de ce type : 10^6 positions chromosomiques (c'est-à-dire le millième des 10^9 positions figurant dans la totalité du génome de l'espèce) seraient donc susceptibles d'être occupées par l'une des trois combinaisons. Et il y aurait donc au total 10^{18} combinaisons possibles pour chaque espèce. Ce chiffre très élevé n'est cependant qu'une sous-estimation. Le vrai chiffre, quel qu'il soit, représente la biodiversité potentielle au niveau de l'organisme, le grand champ des combinaisons génétiques possibles à travers lequel voyage chaque espèce, dotée de ses matériaux génétiques bruts, guidée par la sélection naturelle et maintenant, de plus en plus, par les mains ignorantes de l'humanité.

Chapitre 9

LA CRÉATION DES ÉCOSYSTÈMES

Un pygargue à tête blanche – individu signalant la présence d'une espèce – vole au-dessus de la forêt domaniale de Chippewa dans le Minnesota. Un millier d'espèces de plantes composent la végétation en dessous de lui. Pourquoi cette combinaison particulière prévaut-elle, plutôt qu'un millier d'espèces de rapaces et une de plante ? Ou un millier d'espèces de rapaces et un millier d'espèces de plantes ? Il est normal de se demander si les nombres que nous observons sont gouvernés par des lois mathématiques. Si celles-ci existent, il s'ensuit que nous pourrions un jour prédire la biodiversité en d'autres lieux, pour d'autres groupes d'organismes. Maîtriser la complexité par des moyens économiques de ce type représenterait le couronnement de la science écologique.

Il n'existe malheureusement pas de telles lois, du moins aucune qui n'ait encore été trouvée par les biologistes. Mais s'il n'en existe pas au sens entendu par les physiciens et les chimistes, il y a, comme dans toute étude portant sur l'évolution, des principes pouvant être énoncés sous forme de règles ou de tendances statistiques. La discipline qui s'efforce de formuler de tels principes moins stricts s'appelle « l'écologie des communautés biotiques ». Elle est encore jeune et en pleine expansion, ce qui est une façon polie de dire qu'elle est bien loin des sciences physiques – mais elle progresse, et ne manque pas d'ambition.

Comment la biodiversité prend-elle corps dans le cadre de la création d'écosystèmes ? Nous pouvons aborder cette question importante en remarquant qu'il existe deux possibilités extrêmes.

Au verso : La loutre marine et les oursins dont elle se nourrit, dans une forêt d'algues brunes sur les côtes de Californie.

Au sein des communautés biotiques, il existe de petits et de grands acteurs, et les plus grands de ces derniers sont représentés par des espèces constituant des clés de voûte. Comme leur nom l'indique, la disparition de l'une d'elles entraîne des bouleversements considérables dans une grande partie de la communauté.

L'une est qu'une communauté d'organismes, comme celle occupant la forêt domaniale de Chippewa, se formerait dans le désordre le plus total. Les espèces iraient et viendraient comme de purs esprits. Le fait qu'elles coloniseraient le territoire en question ou s'éteindraient ne serait pas déterminé par la présence ou l'absence des autres espèces. Par conséquent, selon ce modèle extrémiste, le niveau de la biodiversité serait fixé au hasard, et les habitats dans lesquels vivent les diverses espèces ne coïncideraient pas, sauf par accident. La seconde possibilité extrême est celle de l'ordre parfait. Les espèces seraient si étroitement interdépendantes, les chaînes alimentaires si rigides, les symbioses si fermement installées, que la communauté ressemblerait à un grand organisme – à une sorte de superorganisme. Cela signifie que si l'on nous donnait le nom d'une seule de ses espèces, disons la moucherolle verte, ou la salamandre marbrée, ou la fougère lutin, nous pourrions immédiatement connaître le nom des milliers d'autres, sans avoir davantage d'informations sur cette communauté biotique particulière.

Les spécialistes de l'écologie scientifique rejettent ces deux possibilités extrêmes. Ils pensent que la façon dont se constitue une communauté répond à une solution intermédiaire : la présence d'une espèce particulière dans un habitat convenable est largement déterminée par le hasard, mais pour la plupart des organismes, le hasard est fortement influencé par la nature des espèces déjà présentes.

Au sein de ces communautés peu structurées, il y a de petits et de grands acteurs, et les plus grands de ces derniers sont représentés par des espèces constituant des « clés de voûte ». Comme leur nom l'indique, la disparition de l'une d'elles entraîne des bouleversements considérables dans une grande partie de la communauté. Il s'agit, par exemple, du déclin jusqu'à l'extinction ou presque, de beaucoup d'autres espèces, ou, au contraire, de leur prolifération jusqu'à des niveaux d'abondance sans précédent. Quelquefois, d'autres espèces, qui avaient, jusque-là, été exclues de la communauté par le jeu de la concurrence ou l'absence d'occasions favorables sont en mesure de pouvoir l'envahir, ce qui modifie encore plus sa structure. Si l'on réintroduit l'espèce « clé de voûte », la communauté reprend en général, mais pas toujours, l'aspect qu'elle avait originellement.

L'espèce « clé de voûte » la plus efficace du monde est peut-être la loutre marine (*Enhydra lutris*). Ce merveilleux animal, grand et au corps souple, cousin de la belette, dotée de moustaches comme un chat, se figeant dans d'adorables postures pour regarder fixement, a jadis prospéré dans la zone des algues brunes, au voisinage des côtes allant de l'Alaska jusqu'au sud de la Californie. Elle a été chassée pour sa fourrure par les explorateurs et les colons européens, de sorte qu'à la fin du XIXe siècle, elle était proche de l'extinction. Dans les endroits où elle a complètement disparu, une série inattendue d'événements s'est déroulée. Les oursins, qui constituent normalement l'une des proies de prédilection de la loutre marine, se sont mis à proliférer de façon explosive et ont commencé à consommer dans de grandes proportions les algues brunes et les autres algues croissant près du rivage. À l'époque où la loutre était présente, les algues brunes, ancrées sur le fond et s'élevant jusqu'à la surface de la mer, constituaient de véritables forêts. À la suite de la quasi-extinction de la loutre marine, elles ont pratiquement disparu, ayant été littéralement dévorées. De grandes étendues des bas-fonds de l'océan ont pris une allure désertique, et ont été appelées les « terres pauvres à oursins ».

Grâce à un puissant soutien du public, les spécialistes de la conservation des espèces ont pu réintroduire la loutre marine et restaurer son habitat originel et la biodiversité correspondante. Un petit nombre de ces animaux avaient réussi à survivre en des points situés aux extrémités de l'aire de répartition, c'est-à-dire dans les plus externes des îles Aléoutiennes au Nord, et dans un petit nombre de sites au Sud, le long de la côte californienne méridionale. On en a transporté un petit nombre d'entre eux en des points disséminés sur les côtes des États-Unis et du Canada. La population des loutres s'est alors mise à croître et celle des oursins à décroître. La forêt d'algues a retrouvé sa luxuriance originelle. Une foule d'espèces d'algues plus petites est arrivée, ainsi que des crustacés, des calmars, des poissons et d'autres organismes. La baleine grise s'est rapprochée des côtes pour parquer ses jeunes au sein des brèches qui trouaient par endroits la forêt d'algues brunes, et pour s'y nourrir du plancton présent en haute densité.

Les spécialistes de l'écologie, de même que les organismes qu'ils étudient, ne peuvent contraindre la nature à se conformer à leurs vœux. Ils cherchent à saisir des occasions exceptionnelles, se servant de la découverte fortuite d'espèces « clés de voûte », comme la loutre marine, pour tâcher de comprendre les principes d'organisation des communautés biotiques dans différents environnements. On a trouvé d'autres exemples. Dans les forêts encore intactes d'Amérique du Sud et du Centre – plus exactement, dans le malheureux petit nombre des forêts encore non perturbées – les jaguars et les pumas prennent pour proie un vaste éventail de petits animaux rencontrés au niveau du sol. Ce sont des prédateurs qui patrouillent à la recherche de toute proie qui se présente, par opposition à des prédateurs comme les guépards et les chiens sauvages, qui ne s'intéressent qu'à certaines proies qu'ils prennent en chasse. Ces grands félins sont particulièrement friands de coatis, membres de la famille du raton laveur, dotés d'un corps et d'un museau allongés, ainsi que d'agoutis et de pacas, des rongeurs de grande taille, dont il existe plusieurs espèces, les unes ressemblant à un petit chevreuil, les autres à un gros lièvre. Lorsque les jaguars et les pumas ont disparu de l'île de Barro Colorado, au Panama, parce que la forêt n'occupait plus une superficie suffisante pour qu'ils y trouvent de quoi se nourrir, la population de leurs proies a rapidement décuplé. Les conséquences de cette modification de l'équilibre écologique sont maintenant en train de se répercuter vers le bas de la chaîne alimentaire. Les coatis, les agoutis et les pacas se nourrissent de grosses graines tombant du couvert de la forêt vierge. Lorsque ces animaux sont trop nombreux, comme c'est le cas actuellement sur l'île de Barro Colorado, ils réduisent la capacité de reproduction des espèces d'arbres particulières qui produisent ces graines. D'autres espèces d'arbres, dont les graines sont trop petites pour intéresser les animaux en question, tirent bénéfice de la capacité de compétition diminuée des arbres précédents. Leurs graines donnent un plus grand nombre de jeunes arbres capables d'atteindre leur plus grande taille et l'âge de la reproduction. Au bout de quelques années, la composition de la forêt va changer en leur faveur. Il semble inévitable que les espèces animales qui se nourrissent exclusivement de ces graines se mettront à proliférer ; que les prédateurs s'attaquant à ceux-ci s'accroîtront ; que les champignons et les bactéries qui parasitent les arbres à petites graines et les animaux qui leur sont associés se répandront ; que les animaux microscopiques se nourrissant de champignons et de bactéries deviendront plus denses ; que les prédateurs de ces organismes se multiplieront, et ainsi de suite, tout au long de la chaîne alimentaire, dans un sens et puis dans l'autre, à mesure que l'écosystème propagera et réverbérera les effets de la disparition des espèces « clés de voûte ».

D'une façon très différente, les éléphants, les rhinocéros et d'autres grands herbivores jouent le rôle d'espèces « clés de voûte » dans les savanes et les prairies boisées sèches d'Afrique. Lorsqu'ils peuvent atteindre leur densité élevée naturelle, ils régulent la totalité de la structure physique de ces habitats.

« Les éléphants africains actuels renversent, brisent ou déracinent les arbres », a écrit Norman Owen-Smith, altérant la physionomie de la végétation et donc les conditions d'habitat pour les autres espèces animales. Les arbres détruits par les éléphants sont remplacés par des arbrisseaux ou des herbes de régénération, qui offrent un feuillage plus accessible aux petits herbivores. Les feuilles des plantes ligneuses à croissance rapide sont moins puissamment protégées par des défenses chimiques que celles des arbres à croissance lente qu'elles remplacent. Les cycles des substances alimentaires tournent aussi plus vite. La pression de pâturage exercée par les rhinocéros blancs et les hippo-potames transforme les prairies d'herbes moyennement grandes en une mosaïque de parcelles d'herbes basses et d'herbes hautes. Les herbes courtes, rampantes, sont généralement moins fibreuses et plus riches en substances alimentaires que les herbes plus grandes. La conséquence de ces changements dans la végétation est donc que la qualité de l'alimentation est améliorée pour les petits herbivores plus sélectifs. Les espèces animales qui dépendent d'une couverture dense de végétation ligneuse ou d'herbes hautes afin d'échapper aux prédateurs peuvent persister dans les zones moins bouleversées.

Pendant des millions d'années, les grands herbivores de l'Afrique sub-saharienne ont parcouru sans entraves les vastes plaines de ces régions, créant une mosaïque d'habitats : une bande d'herbes basses par ici, un taillis d'acacias ou un reste de forêt riveraine par là, des mares bordées de roseaux (issues de trous bourbeux où se vautrent les grands herbivores) disséminées partout... Le résultat a été un énorme enrichissement de la diversité biologique.

Si l'on passe maintenant du niveau des vastes plaines où patrouillent les éléphants, au ras du sol, nous apercevons une classe

Une espèce « clé de voûte » au ras du sol : un essaim de « fourmis de visite » avance dans la savane. Les armées de fourmis de ce type modifient considérablement l'effectif des populations d'insectes et des petits animaux dans les habitats qu'elles traversent.

complètement différente d'espèce « clé de voûte ». Tandis que les grands mammifères régulent la structure de la végétation, une colonie de fourmis, appelées « fourmis de visite », procède, à leurs pieds, à la capture de millions de victimes chaque jour et altère la nature de la communauté biotique formée par les petits animaux. Vue à quelques mètres de distance, une colonne de fourmis de visite en train d'opérer un raid ressemble à une chose vivante, un pseudopode géant en train de s'étirer pour engloutir sa proie. Les victimes sont attrapées au moyen de mandibules en forme de crochets, piquées mortellement, et ramenées au bivouac, un labyrinthe de chambres et de tunnels souterrains, abritant la reine et les immatures. Le corps expéditionnaire comprend plusieurs millions d'ouvrières qui se déversent hors de ce refuge. Les légions affamées émergeant du bivouac forment une nappe en mouvement qui s'étire pour prendre la forme d'un arbre. Le tronc de ce dernier commence au niveau du nid, sa couronne se déploie en un front qui progresse vers l'avant, de nombreuses branches effectuant sans cesse un mouvement de va-et-vient entre les deux. L'énorme foule des fourmis dessine une forme, mais n'a pas de chef de file. Les ouvrières très excitées courent d'avant en arrière sur toute la longueur de la nappe, à la vitesse moyenne d'un centimètre à la seconde. Celles qui se trouvent à l'avant-garde progressent sur une courte distance, puis cèdent leur position à d'autres coureuses. Derrière elles, les colonnes de fourmis ressemblent à de gros cordages noirs étalés sur le sol, se tortillant lentement d'un côté à l'autre. Le front, avançant à vingt mètres à l'heure, recouvre tout le sol et la végétation basse qui se trouve sur son chemin. Il se déploie comme le delta d'une rivière, et les ouvrières y courent frénétiquement en tout sens, mangeant la plupart des insectes, des araignées, et des autres invertébrés se trouvant sur leur chemin, attaquant les serpents et les autres gros animaux qui n'ont pas pu s'enfuir.

Jour après jour, les fourmis de visite fauchent dans le monde animal aux alentours de leur bivouac. Elles réduisent sa biomasse et changent la proportion des espèces. Les insectes volants les plus actifs peuvent leur échapper, de même que les invertébrés trop petits pour que les fourmis leur prêtent attention, et en particuliers les nématodes, les acariens et les collemboles. Les autres insectes et invertébrés sont sévèrement touchés. Une seule colonie de fourmis, comprenant vingt millions d'ouvrières – toutes filles d'une seule reine mère – représente une charge très lourde à supporter par un écosystème. Même les oiseaux insectivores doivent quitter ce lieu, afin de trouver ailleurs suffisamment de nourriture.

Il est donc maintenant bien établi qu'un groupe supérieur d'espèces exerce une influence sur la diversité biologique dans des proportions sans commune mesure avec ses effectifs. Les scientifiques sont attirés par des facteurs de ce genre, exerçant de puissants effets – pas seulement en écologie, mais aussi dans des secteurs aussi différents que l'astrophysique ou la neurobiologie – parce qu'ils permettent de comprendre rapidement beaucoup de choses, ainsi que d'amorcer l'analyse de systèmes qui resteraient, autrement, trop difficiles à interpréter. Mais ils peuvent conduire à des errements, si on ne prête d'attention qu'à eux. Il vient un moment, dans toute science, où il vaut mieux s'éloigner de l'évident et du frappant, et tâtonner à la recherche de procédures plus subtiles pour mettre en évidence des phénomènes cachés. Dans l'étude des communautés biotiques, cela revient à accorder plus d'attention au contexte, à l'histoire et au hasard.

Récemment, une approche a donné des résultats intéressants : elle consiste à déduire les règles qui président à l'assemblage des espèces constituant les faunes et les flores. Tandis que la démarche visant à identifier une espèce « clé de voûte » prend les communautés biotiques comme elles sont et essaye de se représenter ce qui se passerait si l'espèce en question disparaissait, la recherche des règles d'assemblage tente de reconstituer la séquence dans laquelle les espèces se sont ajoutées les unes aux autres quand la communauté s'est édifiée. Elle fait même davantage : elle postule les séquences qui sont possibles et celles qui ne le sont pas. Permettez-moi d'expliquer cette idée au moyen d'un exemple imaginaire, choisi pour sa clarté. Une certaine espèce de plante s'établit, disons, sur une île montagneuse. Sa présence permet à une espèce de coléoptère de coloniser l'habitat, car elle dépend d'elle pour sa nourriture. Une espèce de guêpe qui parasite le coléoptère s'ajoute ensuite. Dans un tout autre domaine de l'espace écologique, où il peut y avoir de la concurrence, on peut observer la mise en œuvre d'une autre règle d'assemblage. Arrive sur l'île une espèce de pic ; appelons-la A. Elle prolifère tellement et domine si bien les ressources alimentaires que lorsque deux autres espèces de pics arrivent, B et C, seule l'une ou l'autre, mais non les deux, peut s'insérer dans la communauté. Donc, nous obtenons une faune de pics consistant soit en AB, soit en AC, en fonction du nouveau venu qui est arrivé le premier. Pour finir, il arrive une espèce de pic D. Dans la mesure où elle occupe une niche particulière – par exemple, consistant à se nourrir sur les grands conifères – elle peut s'insérer en compagnie des deux autres espèces, si la combinaison préexistante est AB, mais non s'il s'agit de AC. Il s'ensuit que la première faune stable de pics dans cette communauté biotique est soit ABD, soit AC.

Les règles d'assemblage des espèces déterminent lesquelles peuvent coexister dans une communauté d'organismes (telle que celle formée, par exemple, par les espèces d'oiseaux occupant une parcelle de forêt). Ces règles déterminent aussi dans quelle séquence les espèces peuvent coloniser l'habitat. On voit ici une représentation symbolique de telles règles (imaginaires) : elles sont dessinées sous forme de pièces de puzzle qui peuvent être emboîtées selon l'une ou l'autre de deux combinaisons, ABD ou AC.

Les spécialistes de l'écologie déduisent les règles d'assemblage des espèces en observant lesquelles vivent réellement ensemble dans la nature. La démarche utilisée par Jared Diamond dans une étude originale sur les oiseaux de Nouvelle-Guinée a consisté à comparer des communautés dans de nombreux sites différents pour voir quelles combinaisons d'espèces se rencontraient et lesquelles s'observaient rarement, voire jamais. Les conclusions auxquelles on arrive de cette façon peuvent ensuite être approfondies par des études détaillées portant sur les habitats préférés des espèces individuelles. Supposons, dans l'exemple du pic envisagé ci-dessus, que B et C ne coexistent presque jamais dans les mêmes sites, parce qu'elles entrent en compétition jusqu'à ce que l'une ou l'autre soit éteinte. Supposons, en outre, que de nouvelles études permettent de préciser les choses : B et C se rencontrent ensemble sur certaines montagnes, mais presque toujours à des altitudes différentes, de sorte qu'elles sont, en fait, rarement membres de la même communauté. Sur les montagnes où elles se rencontrent toutes deux, B vit entre 200 et 1 000 mètres d'altitude, et C, entre 1 000 et 2 000 mètres. Sur les montagnes où l'une des deux espèces seulement se rencontre, celle-ci se distribue sur tous les niveaux entre 200 et 2 000 mètres. Cette expansion en l'absence d'un concurrent traduit le même phénomène que nous avons déjà évoqué : la relaxation écologique. La constriction de l'aire de répartition observée en présence de l'espèce concurrente est appelée « *déplacement écologique* ». L'observation de phénomènes de relaxation et de déplacement écologiques laisse supposer que, lorsque B et C occupent la même région géographique, elles ne peuvent vivre ensemble dans le même habitat et la même communauté. Elles se retirent à des niveaux où chacune de son côté est supérieure – dans l'exemple considéré, B dans les basses altitudes, C dans les altitudes élevées.

Il va être intéressant maintenant de retourner à Krakatau et de se rappeler l'exemple que cela nous a donné en matière d'assemblage des espèces. Une communauté biotique n'arrive pas sur une île de ce type en tant que produit fini. Au contraire, elle s'édifie à la manière d'un château de cartes, une espèce après l'autre, en suivant de façon plus ou moins stricte des règles d'assemblage. Le plus souvent, les systèmes de propagation, qu'il s'agisse de graines de plantes ou de bandes d'oiseaux, sont mis en échec. Par exemple, les graines trouveront un sol qui ne leur convient pas, ou atterriront dans des clairières encore trop petites dans les forêts, tandis que les oiseaux constateront que les espèces qui sont leurs proies ne sont pas encore arrivées, ou que de redoutables concurrents sont déjà là. Et même parmi les espèces qui se sont déjà établies un peu plus tôt sur l'île, beaucoup d'entre elles ne pourront pas persister alors que les conditions changent inexorablement : des zones herbeuses sont éliminées par la croissance de la forêt ; des maladies frappent ; un concurrent plus puissant s'installe ; des fluctuations au hasard des effectifs amènent la population au niveau zéro. La composition de la communauté biotique change constamment, et par un jeu d'essais et d'erreurs (involontaires), après d'innombrables coups d'arrêt et de redémarrages, sa biodiversité s'accroît lentement. Des espèces qui avaient d'abord été exclues finissent par trouver une place ; des paires ou des trios d'espèces symbiotiques sont maintenant bien adaptées l'une à l'autre ; la forêt est devenue plus profonde et plus riche ; de nouvelles niches se sont formées. La communauté biotique approche ainsi d'un état de maturité, d'un état d'équilibre dynamique, avec des espèces arrivant et disparaissant sans cesse, tandis que leur nombre total oscille entre d'étroites limites.

Tout au long du processus de colonisation, des ajustements prennent place. Des espèces qui étaient en conflit trouvent quelquefois un compromis au moyen du déplacement écologique. Elles cèdent une partie de l'environnement à leurs concurrents et survivent. Les Fourmis de feu, par exemple, sont parmi les animaux territoriaux les plus agressifs que l'on connaisse, et on ne trouve généralement pas plus de deux ou trois de ces espèces coexistant dans la même communauté biotique. Leurs colonies, comprenant une reine mère et des milliers d'ouvrières capables de mordre et de piquer, se combattent les unes les autres. Les plus petites sont détruites et les plus grandes délimitent entre elles des frontières territoriales par une continuelle *guerre d'usure*, se repoussant l'une l'autre, jusqu'à ce qu'un équilibre des forces soit atteint. Au cours des années 1930, une espèce d'Amérique du Sud, la Fourmi de feu *Solenopsis invicta*, fut accidentellement introduite dans le port de Mobile dans l'Alabama. Elle prospéra tout de suite, ne nécessitant que quarante années pour se répandre dans le sud des États-Unis, depuis les Carolines jusqu'au Texas. Sur toute l'étendue de cette aire de distribution, elle affronta une Fourmi de feu indigène, *Solenopsis geminata*, qui, jusqu'ici, avait été une fourmi dominante à la fois dans les bois et les habitats ouverts. Cette dernière est encore abondante, de nos jours, mais elle a été en grande partie forcée de se replier sur des sites boisés éparpillés. Les habitats généralement préférés des Fourmis de feu, c'est-à-dire les pâturages, les pelouses et les bords des routes, sont maintenant occupés par la nouvelle venue. Si l'on pouvait, d'une façon ou d'une autre, retirer la Fourmi de feu importée (ce qui est ardemment désiré par les citoyens du sud des États-Unis, mais malheureusement irréalisable), la Fourmi de feu indigène réoccuperait certainement ses anciens domaines.

Le cas de la Fourmi de feu illustre le principe bien connu selon lequel des espèces étroitement similaires peuvent s'adapter l'une à l'autre, si leurs besoins sont élastiques. C'est justement l'élasticité qui caractérise au plus haut point les pinsons de Darwin des Galápagos, pour la simple raison que leur survie à long terme en dépend. Ils vivent sur des îles volcaniques désertes, présentant des milieux rudes et variables, où les ressources offertes changent de mois en mois, ou d'année en année. Pendant la saison humide, lorsque poussent la plupart des plantes et que la nourriture est abondante, les oiseaux jouissent d'un régime alimentaire très varié. Les espèces qui vivent sur la même île, et qui sont morphologiquement très semblables, se nourrissent en grande partie des mêmes types d'aliments. À la saison sèche, la nourriture devient rare et les espèces tendent à sélectionner des types d'aliments différents. Certaines se spécialisent, tandis que d'autres élargissent leur régime alimentaire.

L'île minuscule appelée Daphné Major héberge deux espèces résidentes, le pinson terrestre de dimension moyenne, *Geospiza fortis*, et le pinson des cactus, *Geospiza scandens*. Tous deux vivent au sein des peuplements denses de cactus opuntias. À la saison humide, lorsque le cactus est en pleine floraison, les deux espèces mangent à peu près la même chose, c'est-à-dire le nectar et le pollen des fleurs, ainsi que diverses sortes de graines et d'insectes. À la saison sèche, alors que les ressources en nourriture diminuent, *scandens* se concentre sur les parties comestibles des plants de cactée. *Fortis* élargit son régime alimentaire pour y inclure une plus grande variété d'aliments qu'auparavant, partout où il peut en trouver.

Imaginons que deux espèces de ce type s'insèrent dans la même communauté biotique pendant un temps assez long pour qu'une évolution puisse se produire. Lorsqu'elles s'étaient rencontrées pour la première fois, elles avaient fait preuve d'élasticité, de sorte qu'elles avaient pu suffisamment diverger dans leurs habitudes pour atténuer leur concurrence. Elles avaient manifesté ainsi des différences d'ordre phénotypique, résultant du milieu et non pas de leurs gènes. L'une des deux, ou chacune d'entre elles, avait restreint l'expression de certains traits les plus faciles à modifier, ce qui avait le plus vraisemblablement conduit à l'abandon de certaines parties de l'habitat et de certains types d'aliments. Maintenant, tandis que les générations se succèdent, des différences génétiques peuvent apparaîtrent, venant renforcer les divergences de comportement entre les deux espèces. Les oiseaux individuels peuvent trouver avantageux d'exceller dans les parties de la niche écologique dans lesquelles ils ont été poussés. Dans la mesure où ceux qui ont été prédisposés génétiquement à le faire laisseront davantage de descendants, la population dans son ensemble en viendra à se spécialiser – à ne manger que certains aliments ou à ne construire des nids que dans un habitat. Les différences entre les deux espèces s'étendront ensuite à l'anatomie et à la morphologie. Ainsi elles se concurrenceront moins, vraisemblablement au prix de la perte d'une partie de leur élasticité originelle. Elles auront subi le changement évolutif appelé *déplacement de trait*.

Le changement de la taille du bec et des habitudes alimentaires chez les pinsons de Darwin sont les exemples classiques d'un déplacement de trait. La radiation adaptative chez les treize espèces des Galápagos a porté dans une large mesure sur des variations de la grosseur du bec, qui a en partie été façonné par le phénomène de déplacement de trait. La pression de sélection qui a poussé à cette évolution a été l'accroissement de l'efficacité grâce à une plus grande spécialisation. La force exercée au niveau des bords coupants du bec et au niveau de sa pointe peut être d'autant plus grande que sa base (la région de connexion avec le squelette facial) est large. Les pinsons dotés de gros becs sont mieux armés pour entailler des fruits plus résistants et écraser ou faire éclater des graines plus grosses. Les pinsons dotés de petits becs sont obligés de se limiter à des aliments moins résistants, mais ils trouvent une compensation dans le fait qu'ils peuvent fouiller dans des fentes étroites et manipuler de petits objets. On peut faire une grossière comparaison avec certains produits de la technologie humaine. Pour tourner de gros boulons ou tordre rapidement un gros fil de fer, il faut se servir d'une pince de soldat de première ligne ou d'une pince à bec de perroquet. Pour manipuler de petits boulons ou des fils de fer minces, il est nécessaire d'avoir des pinces à bec, qui sont plus fines et relativement plus longues.

Les phénomènes de déplacements de traits, au cours de la radiation des pinsons de Darwin, ne se sont pas limités à la forme du bec. La dimension des muscles des mâchoires, les mouvements stéréotypés exécutés par les oiseaux pendant qu'ils mangent, et peut-être même la biochimie du système digestif, ont été eux aussi altérés, dans la mesure où ils font partie des spécialisations alimentaires des diverses espèces. Mais la grosseur du bec demeure, de tous les traits, le plus évident et le plus facilement mesurable. C'est un révélateur permettant d'étudier commodément l'ensemble plus vaste des changements liés à la spécialisation.

Pour prouver la réalité d'un phénomène de déplacement de trait comme moteur d'une radiation adaptative, il faut démontrer l'existence d'une modalité particulière de la variation géographique des espèces : dans les sites où deux espèces sont en contact, leur morphologie doit être plus différente que dans les endroits où elles vivent seules (les deux espèces peuvent même, dans ce dernier cas, présenter des convergences). Dans le cas particulier des pinsons de Darwin, cela revient à chercher de fortes différences entre les espèces qui vivent ensemble sur certaines îles, et particulièrement pour des traits comme la grosseur du bec, qui leur permettent de se spécialiser et de réduire la compétition. Et l'observation-contrôle doit consister à voir si, sur les îles n'hébergeant qu'une seule des deux espèces, celles-ci se ressemblent plus étroitement pour les traits que l'on pense être le plus sensible à la compétition. Si l'on peut faire cette double observation de façon nette et convaincante, alors, on peut raisonnablement conclure que, là où une espèce donnée a été obligée d'entrer en concurrence, elle a évolué morphologiquement de façon à s'éloigner de son adversaire, afin d'occuper une niche spéciale ; et là où elle n'a pas rencontré de concurrence, elle est restée morphologiquement telle quelle – ou alors a évolué dans la direction de l'adversaire, de façon à occuper les deux niches.

Pour voir s'il y avait bien eu des phénomènes de déplacements de traits chez les pinsons de Darwin, Peter Grant a tiré parti du fait que certaines des espèces se rencontrent sur de nombreuses îles des Galápagos. Il a observé treize cas dans lesquels des paires d'espèces étroitement apparentées se rencontraient simultanément sur diverses îles. Dans onze de ces cas, il a constaté qu'elles différaient davantage au niveau de la grosseur du bec que lorsqu'elles se rencontraient à l'état isolé sur leur île propre. Les preuves n'étaient cependant pas totalement convaincantes. Grant a admis que ce résultat aurait pu éventuellemnt être engendré par un autre phénomène que la compétition : il aurait pu également provenir du renforcement reproductif des différences qui isolent les espèces en tant que patrimoines génétiques collectifs distincts. Si deux espèces s'hybrident dans les sites où elles se rencontrent et que les hybrides sont inférieurs ou stériles, il est avantageux pour les deux espèces d'éviter absolument de se croiser. L'un des moyens pour ce faire peut consister en l'apparition de traits, comme des formes de bec très distinctes, qui permettent aux individus de reconnaître les membres de leur espèce avec une plus grande précision. En utilisant des femelles empaillées qui, en dépit de leur immobilité, peuvent être courtisées par des mâles qui ne se doutent de rien, Grant a découvert que les mâles préféraient les femelles ayant la bonne forme de bec, s'ils vivaient de concert sur leur île avec l'espèce semblable. Ils étaient beaucoup moins sélectifs, cependant, sur les îles où leur espèce était seule présente. En d'autres termes, la forme du bec paraissait vraiment être utilisée par les mâles comme signal de reconnaissance des femelles de leur propre espèce, et le renforcement reproductif semblait vraiment opérationnel en tant que processus évolutif. Cependant, en évaluant soigneusement le rôle respectif des différents facteurs, Grant a montré que le phénomène de déplacement de trait résultait fondamentalement de la compétition, tandis que le renforcement reproductif venait s'y surajouter en second. Cela signifie qu'à partir du moment où la concurrence a poussé à une évolution divergente des becs, les espèces de pinsons de Darwin apparentées se fondent ensuite sur les différences morphologiques ainsi acquises pour éviter de s'hybrider.

Le phénomène de déplacement de trait a été mis en évidence de façon convaincante dans un petit nombre d'autres groupes d'organismes, comprenant notamment les grenouilles, les mouches des fruits, les fourmis et les escargots, mais c'est loin d'être un processus biologique universel. Il est responsable d'un peu plus de spécialisation de-ci de-là, et permet à un peu plus d'espèces de s'insérer dans des communautés locales. Il représente l'un des processus par lequel les communautés biotiques peuvent s'organiser jusqu'à un certain point, sous-tendant l'accroissement de la diversité biologique générale.

Aux forces qui accroissent la biodiversité, ajoutons les prédateurs. Dans une expérience célèbre effectuée sur la côte de l'État de Washington, Robert Paine a découvert que les carnivores, loin d'exterminer leurs espèces-proies, les protègent contre l'extinction et par là sauvent la diversité. L'étoile de mer *Pisaster ochraceus* est un prédateur « clé de voûte », s'attaquant aux mollusques vivant dans les zones rocheuses balayées par les marées, comme les moules, les patelles et les chitons. Elle s'attaque aussi aux anatifes, lesquels ressemblent à des mollusques, mais sont en réalité des crustacés enfermés dans une coquille, vivant à l'état fixé. Dans les endroits étudiés par Paine où se rencontrait cette étoile de mer, quinze espèces de mollusques et d'anatifes coexistaient. Lorsque Paine retira les étoiles de mer (une à une, à la main), le nombre des espèces déclina à huit. Ce qui s'était produit était inattendu, mais logique a posteriori. Libérées des déprédations dues à *Pisaster*, les populations de moules et d'anatifes se mirent à atteindre des densités anormalement élevées, empêchant les autres espèces de se développer. En d'autres termes, le prédateur était dans ce cas moins dangereux que les concurrents. La règle d'assemblage des espèces dans une communauté biotique est donc la suivante : insérez un prédateur particulier et plus d'espèces d'animaux sédentaires peuvent s'installer dans la communauté, ultérieurement.

Un degré supplémentaire de complexité est encore ajouté par la symbiose, définie de façon large comme l'association intime de deux espèces ou plus. Les biologistes reconnaissent trois classes de symbioses. Dans le parasitisme, la première classe, l'organisme symbiotique est dépendant de l'hôte et lui nuit, mais sans le tuer. Autrement dit, le parasitisme est une prédation dans laquelle le prédateur mange sa proie par fractions inférieures à l'unité. Étant « consommé » par petits morceaux à la fois et restant en mesure de survivre, souvent assez bien, un organisme-hôte peut entretenir une population entière d'une autre espèce, et même aussi de plusieurs espèces, simultanément. Un seul être humain malchanceux, qui ne serait pas soigné, pourrait, du moins en théorie, héberger des poux de tête (*Pediculus humanus capitis*), des poux de corps (*Pediculus humanus humanus*), des poux de pubis (*Phtirus pubis*), des puces (*Pulex irritans*), des larves d'œstres humains (*Dermatobia hominis*), et une multitude de nématodes, de vers plats, de trématodes, de protozoaires, de champignons et de bactéries, tous métaboliquement adaptés pour vivre sur le corps humain. Chaque espèce d'organisme, en particulier chaque sorte d'animal ou de plante de grande dimension, est l'hôte d'une telle faune ou flore personnalisée. Le gorille, par exemple, possède sa propre espèce de poux de pubis, *Phtirus gorillae*, qui ressemble de près à celle de l'être humain. Il existe un acarien qui vit uniquement du sang qu'il suce au niveau des pattes arrière des fourmis appartenant à la caste des soldats chez une espèce de fourmi légionnaire d'Amérique du Sud. On connaît de minuscules guêpes dont les larves parasitent les larves d'autres sortes de guêpes, lesquelles vivent à l'intérieur du corps de chenilles de certaines espèces de papillons, lesquelles trouvent leur nourriture sur certaines sortes de plantes, lesquelles vivent sur d'autres plantes.

Les commensaux ajoutent encore un degré à la diversité : il s'agit d'organismes symbiotiques qui vivent sur le corps d'individus membres d'autres espèces, ou dans leur nid, sans leur nuire, ni leur être bénéfiques. La plupart des êtres humains transportent sur leur front, sans le savoir, deux sortes d'acariens, de minuscules organismes au corps vermiforme et à la tête évoquant celle de l'araignée, si petits qu'ils sont presque invisibles à l'œil nu. L'un (*Demodex folliculorum*) habite dans les follicules pileux, l'autre (*Demodex brevis*) dans les glandes sébacées. Vous pouvez observer vos propres acariens, ceux que vous portez sur votre front, en procédant de la façon suivante : tirez fermement sur la peau avec une main et, de l'autre, passez lentement dans la direction opposée une spatule ou le bout d'un couteau à beurre, afin de faire sortir par pression un peu de matériel gras, provenant des glandes sébacées. (Évitez d'utiliser un couteau pointu ou un instrument tranchant.) Ensuite étalez ce matériel sur une lamelle porte-objet, et placez celle-ci, face en bas, sur une gouttelette d'huile pour immersion que vous avez préalablement déposée sur une lame de préparation microscopique. Enfin examinez le matériel au microscope ordinaire. Vous verrez ces organismes dont on peut dire qu'ils grouillent littéralement dans votre peau.

Personne ne s'apercevra jamais autrement de la présence de ces acariens sur son front. Ceux-ci, ainsi que d'autres commensaux, bénéficient de petites quantités de substances nutritives pratiquement dépourvues d'utilité pour leur hôte, et vivent leur vie en toute sécurité et en parfaite modestie. Leur biomasse est petite, voire microscopique, et leur diversité immense. Ils sont partout, mais ne les voit pas qui veut. Sur les feuilles des arbres dans les forêts vierges tropicales croissent de petits jardins plats d'un centimètre de large, formés de lichens, de mousses et d'hépatiques. Parmi ces épiphylles – plantes qui vivent sur les feuilles – prospère une foule de minuscules acariens, collemboles, poux et pucerons d'écorce. Certains de ces organismes se nourrissent des épiphylles, tandis que d'autres prennent les premiers pour proie. Ainsi une seule feuille d'un arbre, ne représentant souvent qu'un dix-millième de ce grand organisme, héberge toute une faune et une flore miniatures.

Le lien le plus étroit entre les organismes, celui qui donne au mot *communauté* plus qu'un sens métaphorique, est représenté par le mutualisme. Cette troisième sorte de relation, souvent considérée comme la vraie symbiose, et à laquelle on réserve l'emploi du mot dans la prose courante, consiste en une coexistence intime de deux espèces qui profite à chacune. Une grande partie du bois mort est décomposé par les termites – pas vraiment par les termites, mais par des protozoaires et des bactéries qui vivent dans leur intestin postérieur. Et on ne peut pas dire que ce soit seulement ces micro-organismes qui mangent le bois, car ils ont besoin des termites, lesquels leur offrent dans leur intestin, un habitat traversé d'un flot continu de bois malaxé en une sorte de bouillie assimilable. Aussi serait-il plus juste de dire : une grande partie du bois mort est décomposée par la symbiose termites-micro-organismes. Les termites récoltent le bois, mais sont incapables de le digérer ; les micro-organismes peuvent digérer le bois, mais sont incapables de le récolter. On pourrait aussi dire qu'au cours de millions d'années, les termites ont domestiqué les micro-organismes pour satisfaire leurs besoins particuliers. Le formuler ainsi serait, cependant, du chauvinisme de « grand-organisme ». Il serait également correct de dire que les termites ont été mis au service des besoins des micro-organismes. La nature de la symbiose mutualiste est telle que, pour atteindre le plus haut degré d'intimité, les partenaires sont combinés en un seul organisme.

Les symbioses mutualistes sont plus que des curiosités dont se délectent les biologistes. La plus grande partie de la vie sur les continents dépend en dernière analyse d'un cas de symbiose mutualiste : il s'agit des mycorhizes (mots grecs signifiant champignons-racines), lesquels réalisent la coexistence intime et mutuellement dépendante de champignons et des systèmes racinaires des plantes. La plupart des plantes, des fougères aux conifères et aux plantes à fleurs, hébergent sur leurs racines des champignons spécialisés dans l'absorption du phosphore et des substances nutritives chimiquement simples figurant dans le sol. Les champignons impliqués dans les mycorhizes cèdent une partie de ces matériaux vitaux à leur plante-hôte, et celles-ci leur rendent la politesse en fournissant un abri et des glucides. Les plantes privées de leurs champignons croissent lentement ; beaucoup meurent.

Selon les espèces, certains champignons pénètrent dans les cellules externes des racines de leur plante-hôte, tandis que d'autres enveloppent l'ensemble des racines pour former un véritable tissu dense. À peu près n'importe où dans le monde, si l'on déterre une plante, on aperçoit un entrelacs de délicates fibres enserrant des masses de particules de terre. Certaines d'entre elles correspondent vraisemblablement aux petites racines de la plante, mais d'autres représentent le feutrage d'hyphes des champignons symbiotiques. Chez de nombreuses sortes de plantes, les hyphes fongiques ont, au cours de l'évolution, complètement remplacé les radicelles.

Sans le partenariat plantes-champignons, la colonisation même de la terre ferme par les plantes supérieures et les animaux, il y a quatre cents à quatre cent cinquante millions d'années, n'aurait probablement pas pu être accomplie. Le sol dénudé, cinglé par les pluies de cette époque, n'était certainement pas hospitalier à des organismes plus complexes que les bactéries, des algues simples et des mousses. Les premières plantes vasculaires étaient dépourvues de feuilles, ne produisaient pas de graines et ressemblaient super-ficiellement aux prêles et aux isoètes actuelles. En s'alliant aux champignons, elles purent prendre possession de la terre. Certaines de ces pionnières évoluèrent pour donner ces lycopodes et ces ptéridospermes de la taille des arbres, qui formèrent les grandes forêts du Paléozoïque à l'origine du charbon. Elles donnèrent aussi naissance aux ancêtres des conifères actuels et des plantes à fleurs, dont les forêts ont fini par héberger au bout d'un certain temps la plus vaste gamme d'animaux qui ait jamais existé. De nos jours, les forêts vierges tropicales, qui paraissent contenir plus de la moitié des espèces de plantes et d'animaux vivant sur la planète, ne peuvent croître que grâce à un véritable tapis de champignons impliqués dans les mycorhizes.

Les récifs coralliens, l'équivalent marin des forêts vierges, sont aussi édifiés sur la base de symbioses mutualistes. Les organismes proprement dits, responsables de la charpente calcaire du récif, sont des polypes apparentés aux méduses, et comme elles, ils se servent de tentacules pennés pour capturer des crustacés et d'autres petits animaux. Pour leur alimentation en molécules énergétiques, ils dépendent aussi d'algues unicellulaires, qu'ils hébergent dans leurs tissus, et auxquelles ils donnent certaines des substances nutritives qu'ils tirent de leurs proies. Chez la plupart des espèces de coraux, chaque polype individuel sécrète un squelette de carbonate de calcium en forme de manchon ou de calice qui entoure et protège le corps mou. Les colonies de coraux croissent par bourgeonnement de nouveaux polypes, ce qui entraîne un empile-ment des squelettes selon une géométrie propre à chaque espèce. Le résultat est un merveilleux, prodigieux amas de formes, consti-tuant le récif – un fouillis de coraux cornus, de coraux à méandre, de coraux corne de cerf, d'orgues de mer et de gorgones en éventail ou non ramifiées. À mesure que croît la colonie, les polypes les plus anciens meurent, laissant leur squelette calcaire intact en dessous et, à la longue, les membres vivants forment une couche qui figure au sommet d'un récif de plus en plus grand, formé par les restes de squelettes. Ces massives accumulations, qui remontent à des milliers d'années, jouent un rôle majeur dans la formation des îles tropicales, donnant en particulier les récifs frangeants des îles volcaniques, puis les atolls, lorsque les volcans disparaissent par le jeu de l'érosion. Elles apportent la base physique et l'approvisionnement en énergie photosynthétique, permettant la constitution de communautés extrêmement denses, dans lesquelles on trouve des milliers d'espèces, allant du frelon de mer à la squille et au requin tapis.

En résumé, qu'avons-nous appris jusqu'ici sur les modalités de l'édification des communautés biotiques ? Nous savons, bien sûr, que les rapports entre les espèces sont structurés. Mais nous ignorons dans quelle mesure, et ceci pour toutes les sortes de communautés – comme celle représentée par tous les animaux d'une parcelle de forêt d'arbres feuillus, ou d'un récif corallien, ou d'une source dans le désert. Nous avons seulement acquis des connaissances sur quelques cas d'espèces « clés de voûte », sur quelques règles d'assemblages d'espèces, sur quelques phénomènes de concurrence et de symbiose, tous processus qui sont comparables à de faibles forces gravitationnelles au sein des communautés biotiques.

Nous avons appris, dans certains cas, comment deux ou trois espèces s'ajustent l'une à l'autre, mais non comment tout un groupe d'espèces s'ajustent les unes aux autres au sein d'une communauté. On a quelques indications sur les connaissances qui pourraient être prochainement acquises grâce à une plus grande sophistication des recherches. Représentez-vous une communauté en tant que chaîne alimentaire, un réseau d'espèces qui mangent d'autres espèces. Imaginez ce qui peut se passer si une espèce s'éteint, si elle ne prend plus part à la chaîne alimentaire, comme cela a été le cas pour la loutre marine. Quelles en seraient les conséquences ? Sur la base des recherches de terrain et de modèles mathématiques, les spécialistes de l'écologie ont mis en évidence quelques-unes des propriétés les plus générales des chaînes alimentaires, ce qui peut nous permettre d'envisager des réponses à notre question. Ils ont constaté que les chaînes alimentaires ont peu d'étapes. Si vous repérez qui mange qui au sein d'une chaîne alimentaire, vous trouverez généralement qu'il y a cinq étapes, voire moins. Par exemple : dans une clairière marécageuse au nord des États centraux, les roseaux sont mangés par des sauterelles acrididée, les sauterelles par des araignées théridiidée, les araignées par des fauvettes à couronne rousse, et les fauvettes par des busards Saint-Martin. Puisque les roseaux ne mangent personne, et que les rapaces ne sont mangés *par* personne (sauf par les bactéries et les autres organismes assurant la décomposition des cadavres, lorsqu'ils meurent), ces deux espèces représentent les extrémités de la chaîne. Une deuxième règle est que le nombre des étapes dans la chaîne n'augmente pas lorsque la taille de la communauté s'accroît. Quel que soit le nombre des espèces qui réussissent à persister au sein de la communauté, le nombre moyen d'étapes entre une espèce donnée de plantes et un prédateur donné du sommet de la hiérarchie ne s'accroît pas.

Je cite ces deux règles pour montrer certains des principes les mieux établis de l'écologie des communautés. Mais c'est aussi dans le but de montrer combien ils sont minces et incomplets. Imaginez que vous enleviez les fauvettes à couronne rousse de la chaîne alimentaire du marais évoquée ci-dessus. Celle-ci est donc interrompue, mais l'écosystème reste intact, plus ou moins. La raison en est que chaque espèce dans cette chaîne est liée à des chaînes supplémentaires. D'autres espèces d'oiseaux, restant présentes dans le marais, mangeront davantage d'araignées, et les busards Saint-Martin se tourneront presque imperceptiblement vers un plus grand nombre d'oiseaux, de rongeurs, de serpents, et d'autres organismes. Les acariens vivant sur les plumes, les poux des oiseaux et autres organismes symbiotiques ne figurant que sur les fauvettes à couronne rousse – et qui font partie encore d'autres chaînes – auront disparu avec leurs hôtes, mais leur perte n'aura eu que des conséquences négligeables pour la communauté en tant que tout.

Élargissez cette expérience imaginaire : vous retirez deux espèces de fauvettes, puis toutes les fauvettes, et finalement tous les passereaux. Tandis que vous sabrez toujours plus profondément la communauté, les conséquences s'y font sentir de plus en plus sévèrement dans une portion de plus en plus grande, mais de taille indéterminée. Retirez les fourmis, principaux prédateurs et « charognards » des insectes et d'autres petits animaux, et les effets vont encore devenir plus intenses – et cependant, encore moins prévisibles dans le détail. La plupart des espèces d'oiseaux, de fourmis et d'autres plantes et d'animaux sont liées à de multiples chaînes alimentaires. Il est très difficile de déterminer quelles espèces survivantes vont prendre la place des espèces disparues et jusqu'à quel point elles seront compétentes dans ce rôle. Les physiciens peuvent suivre avec exactitude la trajectoire d'une seule particule ; ils peuvent prédire avec certitude les interactions de deux particules ; ils commencent à se perdre, s'il y en a trois ou davantage. Gardez présent à l'esprit que l'écologie est bien plus complexe que la physique.

Le processus inverse de l'extinction est l'accumulation d'espèces au sein des communautés. Les écologistes sont incapables, dans la majorité des cas, de prédire quelles espèces peuvent encore pénétrer dans une communauté et augmenter sa biodiversité. Choisissez un habitat au hasard. Dans quelle mesure est-il densément peuplé en espèces ? Quelle est la limite supérieure d'une diversité stable, le plus grand nombre d'espèces pouvant être préservé sans intervention humaine ? Il est facile d'augmenter la diversité locale par l'introduction de plus en plus d'espèces –, des orchidées implantées sur les troncs d'arbres ; des tigres élevés en captivité et relâchés dans la jungle – mais la plupart vont finalement périr. Sans de constantes interventions, la plupart des communautés surchargées en espèces retourneront à un stade inférieur de diversité, ressemblant peut-être à celui de départ, mais pas nécessairement.

L'indéterminisme régnant dans la structure d'une communauté est encore accru par l'existence des rapports entre espèces, sous-jacents aux chaînes alimentaires classiques, et pour lesquels on a bien peu de lois ou de règles sûres. Les phénomènes de concurrence – en particulier ceux résultant du principe d'exclusion des espèces – sont difficiles à cerner. Il en est de même des conséquences découlant de la disparition des « charognards » et des organismes symbiotiques. Le plus difficile à mesurer de tous les phénomènes est l'impact des espèces qui altèrent le milieu au long de nombreuses années. Les espèces d'arbres dominantes peuvent devenir trop envahissantes et changer les régimes de température et d'humidité, convenant jusque-là aux autres plantes et animaux. Dans le cadre de leur activité constructrice, les termites retournent et enrichissent le sol ; ils altèrent la composition des éléments chimiques et déterminent quelles espèces de plantes peuvent pousser près de leurs tunnels souterrains. Les populations d'acariens et de collemboles s'y développent, tandis que, corrélativement, les spores de champignons et l'humus y vont en diminuant – tout cela dans des proportions indéterminées.

L'imprédictibilité des écosystèmes découle de la particularité des espèces qui les composent. Chaque espèce est une entité représentant un ensemble de gènes et une histoire évolutive uniques en leur genre, de sorte que chacune d'elles se rapporte d'une façon particulière au reste de la communauté. Je terminerai ce chapitre en donnant mon exemple favori de ce type d'idiosyncrasie qui empêche d'établir des lois. Les trous dans les arbres sont souvent remplis d'eau de pluie, créant de petits habitats aquatiques pour des animaux et des micro-organismes. Sur la côte ouest des États-Unis vivent des larves d'une espèce de moustique dépendant de ces trous dans les arbres, *Aedes sierrensis*. Elles se nourrissent de microscopiques protozoaires ciliés, *Lambornella clarki*, qui ressemblent à la paramécie bien connue des étudiants débutants en biologie. Ces protozoaires se nourrissent à leur tour de bactéries et d'autres micro-organismes se reproduisant dans l'eau qui comble ces trous. Après que les protozoaires aient été exposés de un à trois jours à l'odeur des larves de moustiques, ils renversent les rôles. Certains d'entre eux se métamorphosent en formes parasites qui envahissent le corps des larves et commencent à se nourrir de leurs tissus et de leur sang. Ainsi, une partie de la chaîne alimentaire est complètement retournée, créant un cycle dans lequel chaque espèce est simultanément prédateur et proie de l'autre.

Les cycles de prédation et de contre-prédation reliant le protozoaire et le moustique peut être pris comme figure emblématique des directions que la recherche en écologie doit prendre : l'analyse des écosystèmes en détail, du bas vers le haut. Les biologistes sont en train de revenir à l'histoire naturelle avec des idées renouvelées sur ce qu'ils doivent y chercher. Ils ne peuvent espérer apprendre beaucoup plus de l'approche inverse, allant du haut vers le bas, c'est-à-dire de l'étude des écosystèmes (en matière de flux d'énergie, de cycles des substances alimentaires, de biomasse) conduisant à des déductions sur les communautés et les espèces. C'est seulement à partir de connaissances détaillées sur les cycles vitaux et la biologie d'un grand nombre d'espèces faisant partie d'écosystèmes qu'il sera possible d'établir les principes et les méthodes qui permettront de suivre avec précision le devenir de ceux-ci, face aux attaques représentées par les activités humaines.

Alors, il sera peut-être possible de répondre à la question qui m'est le plus souvent posée sur la diversité du monde vivant : si un nombre suffisant d'espèces subissent l'extinction, les écosystèmes vont-ils s'effondrer, et l'extinction de la plupart des autres espèces va-t-elle s'ensuivre ? « Peut-être » est la seule réponse que l'on puisse donner actuellement. D'ici que nous ayons accumulé les connaissances nécessaires, cependant, il sera peut-être trop tard. Il n'y a qu'une planète et qu'une expérience à observer.

Chapitre 10

LA BIODIVERSITÉ ATTEINT
SON MAXIMUM

Il y a trois milliards d'années, il n'y avait pas d'êtres vivants présents à la surface des continents. Mieux encore, celle-ci était inhabitable. Il n'y avait pas de couche d'ozone dans la stratosphère, et dans la couche d'air en dessous, les molécules capables d'engendrer de l'oxygène étaient trop peu nombreuses pour en produire. Le rayonnement ultraviolet de courte longueur d'onde atteignait le sol sans que rien ne l'en empêche et irradiait intensément les roches basaltiques nues. Il agressait les organismes qui s'y aventuraient au sortir de la mer, stoppait leurs synthèses enzymatiques, lésait leurs membranes qui devenaient, dès lors, perméables aux poisons présents dans le milieu, et détruisait leurs cellules. Mais dans l'eau, à l'abri des mortels rayonnements, les organismes microscopiques fourmillaient. Ils étaient proches des cyanobactéries actuelles (quelquefois appelées « algues bleues ») et comprenaient aussi toute une gamme de bactéries et d'espèces ressemblant à des bactéries. La plupart étaient unicellulaires et procaryotes, et quelques-uns consistaient en des cellules enchaînées les unes aux autres en des filaments. Ces organismes simples n'avaient ni membrane nucléaire, ni mitochondries, ni chloroplastes, ni d'autres organites qui donnent leur complexité structurale aux cellules des plantes et animaux supérieurs.

Une grande partie des premières formes vivantes était concentrée dans de minces feuillets ressemblant à de l'écume, appelés des « tapis microbiens ». En dessous d'eux, croissaient des formations sédimentaires particulières appelées stromatolites, autrement dit des empilements de couches (*stroma* = tapis) jonchant les fonds marins de faible profondeur, comme des papiers d'emballage sur le plancher d'un entrepôt. Ces roches coiffées d'une couche d'organismes se forment encore de nos jours, dans les zones du rivage en dessous du niveau des marées, en un petit nombre de lieux éparpillés, comme la péninsule de Baja California, et le nord-ouest de l'Australie. Certaines sont assez tendres pour être coupées au couteau. D'autres sont imprégnées de tellement de calcaire qu'elles sont aussi dures que les stromatolites fossiles. Ces formations rocheuses croissent par accrétion. Les organismes vivants qui figurent à leur surface sont périodiquement recouverts de vase et de débris apportés par les marées ou les tempêtes. Ils se multiplient en se superposant, traversant la couche de vase pour se retrouver de nouveau en surface, bénéficiant de l'eau claire et des rayons du soleil ; de cette façon, la hauteur du stromatolite s'accroît continuellement.

Les tapis microbiens, de nos jours, ne coiffent pas toujours d'épaisses colonnes. Beaucoup consistent en de minces feuillets sans soubassement, se développant dans des habitats marginaux où les conditions physiques sont sévères et les prédateurs et les organismes concurrents rares : il s'agit par exemple, de sources thermales, de marais salants, de lacs antarctiques, de sédiments des grandes profondeurs, de surfaces rocheuses humides des sols continentaux. Les stromatolites sont actuellement rares et disséminés, comparés à d'autres écosystèmes. Mais il y a trois milliards d'années, tout l'espace disponible dans les mers peu profondes était probablement recouvert de toute une gamme de ces formations microbiennes, chaque sorte étant spécialisée dans une niche particulière de lumière, de température et d'acidité.

Depuis l'origine de la vie, les tapis microbiens ont constitué des communautés biotiques d'une considérable complexité. L'apparence unie de la surface, lorsqu'on la regarde à l'œil nu, est trompeuse. Si l'on pratique une coupe verticale dans l'un de ces tapis et qu'on l'examine au microscope, on peut y apercevoir de grandes quantités d'organismes photosynthétiques, distribués sur une profondeur d'un millimètre en dessous de la surface. Sur cette courte distance, la moitié de la hauteur d'une lettre capitale sur cette page, la lumière solaire va en s'atténuant jusqu'à n'avoir plus que 1 % de l'intensité qu'elle présente dans l'eau figurant au-dessus du stromatolite. C'est à peu près la même perte en énergie que subit la lumière solaire lorsqu'elle descend de la couronne des arbres jusqu'au plancher d'une forêt dense. Et l'analogie va même plus loin : la communauté du tapis microbien est organisée un peu de la même manière qu'une forêt. Les cyanobactéries, qui captent l'énergie solaire, sont distribuées de haut en bas dans le plan vertical, à la manière de différentes sortes d'arbres, les espèces qui tolèrent le moins l'ombre étant positionnées tout en haut, et celles qui s'en accommodent bien, tout en bas. Elles utilisent cette énergie pour combiner l'eau et le gaz carbonique en molécules organiques, tout en libérant de l'oxygène. Plus bas, dans l'équivalent miniature de l'intérieur obscur de la forêt (ou de la profondeur des mers, en dessous du niveau jusqu'où pénètre la lumière solaire), vivent des bactéries sulfo-oxydantes. Ces organismes archaïques, qui ont pu précédé les cyanobactéries dans l'évolution, ne sont pas photosynthétiques. Ils ne décomposent pas l'eau en hydrogène et oxygène avec l'aide de l'énergie solaire, mais rompent les liaisons sulfures, faibles en énergie, sans le secours de la lumière solaire.

Dans le cas des « tapis microbiens » des temps anciens, il y avait presque certainement, nageant dans l'eau à leur voisinage, des populations de cyanobactéries et d'autres formes de procaryotes, différentes de celles figurant dans les « tapis ». Certaines vivaient au moyen de la photosynthèse, d'autres en prenant des procaryotes pour proies ou en décomposant leurs cellules lorsqu'elles étaient mortes. Au niveau des êtres microscopiques, la vie devait déjà être diverse, et mettre en jeu de grandes quantités d'énergie et de substances nutritives. Cependant, ces premiers organismes ne devaient pas être si variés que cela, par comparaison avec les ensembles biotiques d'aujourd'hui. Point de forêts et de prairies, entretenant la vie de millions de plantes et d'animaux, ne recouvraient le sol des continents ; point de forêts d'algues ne garnissaient la proximité des côtes océaniques ; aucun vol de sternes ne chassait le poisson dans les eaux bleues des mers. Si vous et moi pouvions remonter le temps pour patauger sur les rivages des océans de cette époque, à la recherche de plantes et d'animaux visibles à l'œil nu, nous ne trouverions rien qui puisse être qualifié de vivant, mais seulement, à la surface des roches, des taches gluantes, brunes et vertes, ayant l'aspect peu engageant de l'écume recouvrant les mares. Les organismes visibles à l'œil nu et la grande diversité du vivant ne viendraient que plus tard.

La diversité biologique a été multipliée par mille depuis les premiers temps de ces « tapis microbiens ». Elle s'est développée dans le cadre du progrès évolutif, qui lui-même a été marqué par quatre grandes étapes au cours des âges :

– L'apparition de la vie proprement dite, de façon spontanée à partir de molécules organiques prébiotiques, il y a 3,9 à 3,8 milliards d'années de cela. Les premiers organismes étaient unicellulaires et donc microscopiques. Les écosystèmes stromatolitiques sont apparus au plus tard il y a 3,5 milliards d'années.

– L'apparition des organismes eucaryotes – « les organismes supérieurs » – il y a environ 1,8 milliard d'années. Leur ADN est enveloppé dans des membranes, et le reste de la cellule contient des mitochondries et d'autres organites bien délimités. D'abord, les eucaryotes ont été des unicellulaires, à la manière des protozoaires

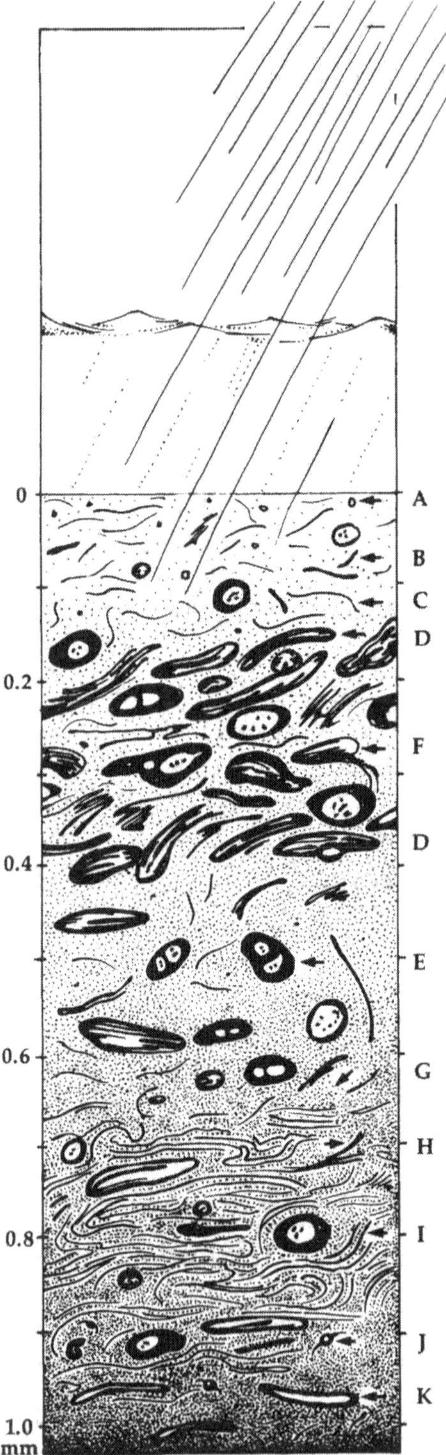

Parmi les écosystèmes les plus primitifs de la planète figurent les tapis microbiens : il s'agit d'organismes microscopiques assemblés en minces couches. Dans ces structures existant sur la Terre presque depuis l'origine de la vie, et figurant sur les fonds marins peu profonds, les organismes sont rangés par espèces, en fonction de la profondeur au sein de l'épaisseur du tapis (1 mm) – ce dernier paramètre déterminant la quantité de lumière et la nature des substances alimentaires qu'ils reçoivent.

A   diatomées (algues microscopiques)
B   *Spirulina* (cyanobactérie ou algue bleue)
C   *Oscillatoria* (cyanobactérie)
D   *Microcoleus* (cyanobactérie)
E   bactéries non photosynthétiques
F   diverses cyanobactéries unicellulaires
G   mucilage bactérien
H   *Chloroflexus* (chlorobactériale)
I   *Beggiatoa* (bactérie sulfo-oxydante)
J   organismes hétérotrophes non identifiés
K   manchons de cyanobactéries abandonnés

actuels et des formes les plus simples des algues, mais ils ont donné bientôt naissance à des organismes plus complexes, composés de nombreuses cellules eucaryotes, organisées en tissus et en organes.

– L'explosion cambrienne, il y a 540 à 500 millions d'années. Les animaux macroscopiques, assez grands pour être visibles à l'œil nu, sont tout à coup abondants, et donnent une radiation évolutive qui engendre les types adaptatifs majeurs qui existent aujourd'hui.

– L'apparition de l'esprit humain, dans les derniers stades de l'évolution du genre *Homo*, probablement à une date comprise entre un million et cent mille ans avant aujourd'hui.

Certains biologistes et philosophes sont gênés par l'expression « progrès évolutif ». C'est vrai qu'elle est inexacte et empreinte d'une touche d'humanisme, mais je l'utilise précisément dans ce sens pour mettre en évidence un paradoxe d'une importance capitale, si l'on veut comprendre la diversité biologique. Au sens strict, le concept de progrès implique un but, et l'évolution n'a pas de but. Il n'y a pas de but inhérent à l'ADN, pas plus qu'il n'en est impliqué dans les forces impersonnelles de la sélection naturelle. Il faut admettre que le fait de poursuivre un but est une forme spécialisée de comportement, faisant partie des caractéristiques manifestes ou phénotypiques de l'organisme, au même titre que l'ossature, les enzymes digestives et le déclenchement de la puberté. Après que les êtres humains et d'autres organismes dotés d'une activité nerveuse supérieure aient été amenés à la vie par le biais de la sélection naturelle, ils ont eu la possibilité de poursuivre des buts, dans le cadre de leur stratégie de survie. Dans la mesure où la formulation de buts est une réponse aux nécessités du milieu, programmée dans « le for intérieur » de ces organismes, on peut dire que la vie de ces entités est déterminée par le passé immédiat et le présent, non par l'avenir (des objectifs à atteindre). Pour résumer, on peut donc affirmer que l'évolution ne s'est pas déroulée de façon à atteindre des objectifs ; aussi semblerait-il qu'elle n'ait rien eu à voir avec le progrès.

Et cependant, il y a un autre sens du mot « progrès » qui a, sans conteste, un rapport avec l'évolution. Le terme de diversité biologique vise une vaste gamme d'entités allant du simple au complexe, les plus simples apparaissant les premières au cours de l'évolution, et les plus complexes, ultérieurement. Bien des retournements se sont produits en chemin, mais la moyenne globale, au cours de l'histoire de la vie, s'est déplacée du simple et du petit nombre au plus complexe et nombreux. Au cours du dernier milliard d'années, les animaux, dans leur ensemble, ont évolué vers le haut, en matière de taille, de façons de se nourrir et de se défendre, de complexité cérébrale et comportementale, d'organisation sociale, et de précision dans la maîtrise des conditions du milieu – dans chaque cas, s'éloignant davantage de l'état inanimé que ne l'avaient fait leurs prédécesseurs, plus simples. Plus précisément, les moyennes globales pour ces traits et leurs limites supérieures se sont élevées. Donc, le progrès est une propriété de l'évolution de la vie dans son ensemble, qu'on le juge au regard de pratiquement n'importe quel critère intuitif, y compris l'acquisition de la faculté de poursuivre des buts, dans le cadre du répertoire comportemental des animaux. Il n'est pas raisonnable de juger cette notion non pertinente. Comme nous en adjure C.S. Peirce, n'essayons pas de nier sur le plan philosophique, ce que nous savons, au fond de nous-même, être vrai.

Il est un domaine de l'évolution dans lequel s'est manifestée une indéniable tendance au progrès, c'est celui de la biodiversité : celle-ci n'a cessé de croître sous la pression de plus en plus forte exercée par les différents milieux terrestres. Durant la dernière décennie, les géochimistes et les paléontologistes ont pu mieux cerner cet aspect de l'histoire de la vie, grâce à de nouvelles méthodes permettant de détecter des fossiles microscopiques dans des roches sédimentaires datant d'un milliard d'années ; à l'analyse chimique des milieux anciens ; et à l'examen statistique de l'abondance relative des espèces éteintes.

Il y a plus de trois milliards d'années, une grande proportion des organismes vivant sur la Terre libérait de l'oxygène par le biais de la photosynthèse. Mais cet élément, si vital pour le monde vivant d'aujourd'hui, ne s'accumulait pas dans l'eau ou l'atmosphère. Il était capté par le fer à l'état ferreux, dissous dans l'eau et assez abondant pour saturer les mers de ces lointaines époques. Ces deux éléments se combinaient pour former des oxydes ferriques, lesquels sont insolubles dans l'eau et se déposaient donc sur le fond des océans. Comme J. William Schopf l'a joliment résumé, le monde rouillait.

Dans la mesure où ils ne pouvaient disposer d'oxygène à cause de sa captation par le fer, les organismes étaient obligés de rester anaérobies. Les voies aérobiques du métabolisme, qui fournissent de l'énergie libre de façon efficace, ne pouvaient au mieux être apparues que comme des adaptations auxiliaires. Il y a 2,8 milliards d'années, le réservoir ferrique était partiellement rempli, et dans un petit nombre d'habitats locaux, de petites quantités d'oxygène moléculaire pouvaient déjà avoir été accumulées. C'est à peu près à cette époque que sont apparus les organismes aérobies, lesquels étaient encore des procaryotes unicellulaires. Au cours du milliard d'années qui a suivi, la teneur en oxygène s'est élevée, à l'échelle de la planète, pour atteindre environ 1 % de l'atmosphère. Il y a 1,8 milliard d'années, les premiers organismes eucaryotes ont surgi :

il s'agissait de sortes d'algues, précurseurs des organismes photo-synthétiques dominants des mers actuelles. Il y a six cents millions d'années, au plus, vers la fin de l'ère protérozoïque, les premiers animaux ont fait leur apparition. Membres de la faune d'Édiacara, nommée d'après les monts d'Édiacara, au sud de l'Australie, où l'on a trouvé beaucoup de ces premiers spécimens, c'était des organismes à corps mou, et généralement plats. Ils ressemblaient vaguement à des méduses, à des vers annélides, et à des arthropodes, et certains pouvaient être des membres de ces groupes zoologiques qui survivent aujourd'hui.

Il y a approximativement 540 millions d'années, au voisinage du début du Cambrien, la première des périodes de l'Eon Phané-rozoïque (grande division des temps géologiques dans laquelle nous nous trouvons actuellement), un important événement s'est produit dans l'histoire de la vie. Les animaux ont augmenté de taille et se sont multipliés de façon explosive. La teneur atmosphérique en oxygène a atteint, à cette époque, une valeur voisine de celle d'aujourd'hui (21 %). Il y a probablement un rapport entre ces deux données, car des animaux grands et actifs ont besoin d'une respiration aérobie et d'un approvisionnement abondant en oxygène. En l'espace de quelques millions d'années, les archives fossiles ont enregistré la présence de presque tous les embranchements actuels d'invertébrés de plus d'un millimètre de long et dotés de structures squelettiques, donc capables de se conserver et d'être ultérieurement décelés. Une grande partie des ordres et classes actuels est égale-ment entrée en scène. Il s'est ainsi produit ce que l'on appelle « l'explosion cambrienne », le « big bang » de l'évolution animale. Les bactéries et les organismes unicellulaires avaient depuis long-temps atteint des niveaux également élevés de sophistication bio-chimique. À partir de l'explosion cambrienne, ils ont pu effectuer une spectaculaire et nouvelle radiation évolutive : ils ont augmenté la gamme de leurs niches écologiques, incluant désormais au nombre de celles-ci, la vie sur les corps des animaux et sur leurs produits d'excrétion. Ils ont créé un monde microscopique de microbes pathogènes, de micro-organismes symbiotiques, et d'agents de décomposition. Dans ses grandes lignes au moins, la vie dans les mers présentait un aspect moderne, il y a cinq cents millions d'années au plus tard.

À cette époque également, une épaisse couche d'ozone avait été constituée, capable de bloquer les rayons mortels de courte longueur d'onde. La zone des rivages découverte par les marées et la terre ferme, à la surface des continents, est devenue habitable par des êtres vivants. À la fin de l'Ordovicien, il y a 450 millions d'années, les premières plantes, probablement dérivées des algues multicellulaires, ont envahi les continents. Ceux-ci étaient généra-

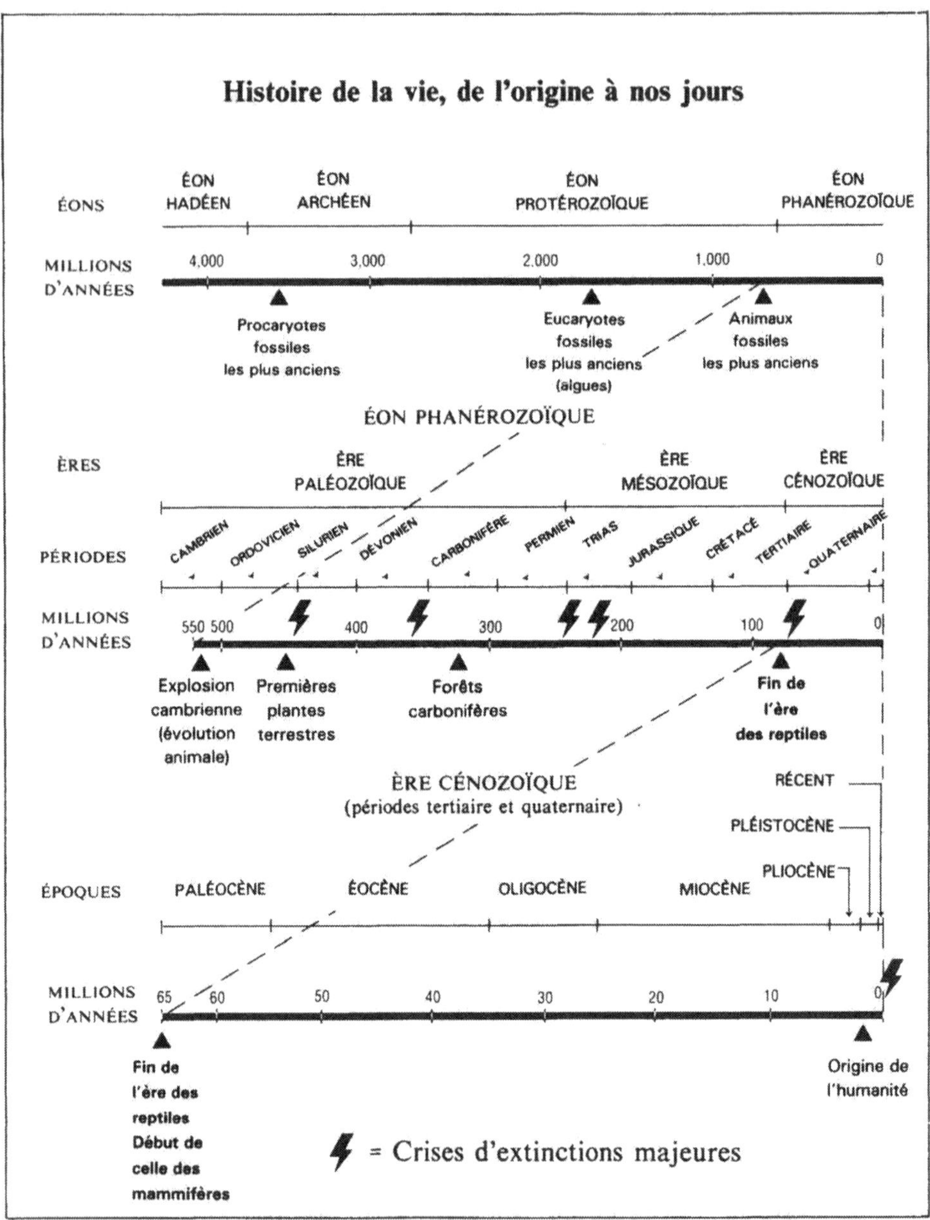

L'histoire de la vie remonte à plus de trois milliards et demi d'années, lorsque les premiers organismes unicellulaires sont apparus. On a indiqué sur ce diagramme les épisodes cruciaux de l'évolution, en les situant par rapport aux divisions des temps géologiques : éons divisés en ères, ères en périodes, et périodes en époques. La biodiversité a subi des épisodes de réduction drastique à l'occasion de crises d'extinctions de masse, signalées ici par des symboles en forme d'éclairs.

lement plats (il n'y avait pas de montagnes), et les climats étaient tempérés. Les animaux ont bientôt suivi : des invertébrés, dont la nature nous est encore inconnue, ont creusé des terriers et des galeries dans les sols primitifs. Les paléontologistes ont retrouvé ces traces, mais non encore les restes fossiles des animaux correspondants. En l'espace de cinquante à soixante millions d'années, au début du Dévonien, les plantes avaient formé d'épais tapis à la surface des continents, ainsi que des massifs d'arbustes. Les premiers arachnides, acariens, myriapodes et insectes y fourmillaient, de petits animaux réellement façonnés pour la vie sur la terre ferme. Ils ont été suivis par les amphibiens, descendus des poissons à nageoires charnues, puis toute une série de vertébrés terrestres, de relatifs géants parmi les animaux vivant sur la terre ferme, qui allaient inaugurer l'ère des Reptiles. Puis est venue l'ère des Mammifères et finalement l'ère de l'Homme, tandis que se produisaient continuellement des bouleversements au niveau des classes et des familles.

Il y a 340 millions d'années, les végétaux pionniers avaient cédé la place aux forêts qui allaient donner le charbon, et qui étaient dominées par des arbres très hauts (des lycopodes), des ptéridospermes et des prêles arborescentes, ainsi que de nombreuses sortes de fougères. Le monde vivant n'était pas loin d'atteindre sa biomasse maximale. Plus que jamais auparavant, de la matière organique était investie dans des organismes. Les forêts grouillaient d'insectes, et notamment de libellules, de coléoptères et de blattes. À la fin du Paléozoïque et au début du Mésozoïque, il y a environ 240 millions d'années, la plus grande partie des végétaux qui avaient participé aux forêts carbonifères avaient péri, à l'exception des fougères. Les dinosaures ont pris leur essor au sein d'une végétation nouvellement formée, surtout tropicale, de fougères, de conifères, de cycadales et de cycadéoïdes. Cent millions d'années plus tard, les plantes à fleurs ont conquis la place dominante parmi la végétation des continents, formant les forêts et les prairies dans le monde entier. Les dinosaures ont péri tandis que régnait déjà cette végétation de type essentiellement moderne, et que les forêts tropicales humides étaient en train de concentrer la plus vaste biodiversité de tous les temps.

Au cours des six cents millions d'années passées, malgré des épisodes d'extinction de masse, la biodiversité est allée en croissant, de manière générale. Dans les mers, les ordres d'animaux marins ont grimpé légèrement au-dessus de cent au Cambrien et à l'Ordovicien, et sont restés à ce niveau durant les 450 millions d'années suivant. Les familles, les genres et les espèces ont suivi un destin très semblable jusqu'à la fin du Paléozoïque, il y a 245 millions d'années. Ces groupes zoologiques ont subi une chute très marquée, en raison de la catastrophe représentée par l'extinction de masse survenue à la fin de l'ère Paléozoïque, suivie seulement cinquante millions d'années plus tard par un épisode moins intense, à la fin du Trias. Par la suite, ils sont remontés fortement pour atteindre des niveaux sans précédent dans les derniers millions d'années. Sur la terre ferme, la diversité des plantes et des animaux, après un retard de cent millions d'années pendant lequel s'est déroulée la colonisation de ce nouveau milieu, a suivi la même trajectoire jusqu'à notre époque.

À chaque crise d'extinction, c'est le nombre des espèces qui a subi la plus forte diminution, tandis que le nombre des classes et des embranchements a été moins affecté. Plus la catégorie taxinomique envisagée est de bas niveau, plus elle a été diminuée. À la fin de l'ère Paléozoïque, une proportion très élevée, 96 %, des espèces d'animaux marins et de foraminifères a disparu, comparée à la proportion de 78 à 84 % des genres et de 54 % des familles. Apparemment, il n'y a pas eu de disparition d'embranchements.

Cette vulnérabilité décroissante en fonction du rang taxinomique est un artefact, une conséquence directe de la façon hiérarchique dont les biologistes classent les organismes. Mais c'est un artefact intéressant et techniquement utile, pour des raisons qui apparaissent bien dans la métaphore appelée « scénario du champ de bataille ». Imaginons des fantassins de première ligne, avançant,

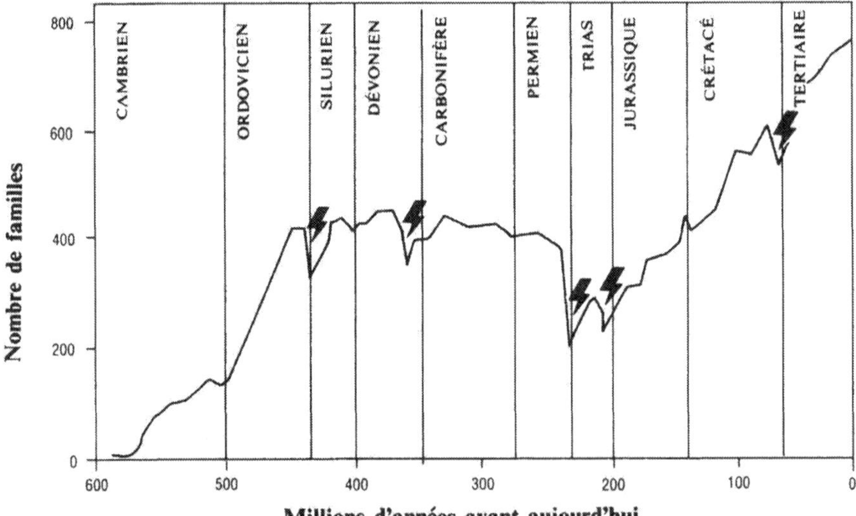

La diversité biologique a augmenté lentement à mesure que s'écoulait le temps géologique avec, parfois, des retours en arrière dus aux extinctions de masse planétaire. Jusqu'ici, il s'en est produit cinq, indiquées sur le diagramme par des symboles en forme d'éclair. Les données présentées concernent les familles (groupes d'espèces apparentées) d'organismes marins. Un sixième déclin majeur est à présent en cours, en raison des activités de l'homme.

comme cela se faisait au XVIIIᵉ siècle, sur un seul rang sur le champ de bataille, formant une ligne continue hérissée d'armes. Chaque homme représente une espèce, et appartient à une section (un genre), laquelle représente une unité au sein d'une compagnie (une famille), à son tour membre d'un bataillon (un ordre), et ainsi de suite jusqu'au corps d'armée. La probabilité d'être tué par une balle est à chaque instant égale pour tous les hommes. Quand l'un d'eux tombe, l'espèce qu'il représente est éteinte, mais les autres membres de la section-genre continuent à marcher, de sorte que, même avec un effectif plus petit, le genre survit. Au bout d'un certain temps, tous les membres d'un genre ont pu périr, mais des restes d'autres genres figurent encore sur la ligne de front, de sorte que la compagnie-famille avance toujours. À la fin de la longue marche mortelle, la vaste majorité des espèces, genres, familles, ordres, et même classes ont pu périr, mais aussi longtemps que reste vivante une espèce, parmi les innombrables que compte au départ un embranchement-corps d'armée, ce dernier survit.

Au long des six cents millions d'années d'évolution de l'Éon Phanérozoïque, les espèces ont subi un renouvellement presque total. Sur toutes les espèces qui ont vécu à quelque période que ce soit, plus de 99 % ont péri, pour être remplacées par un nombre encore plus grand d'espèces issues des survivantes. C'est ainsi que s'est déroulée la succession des dynasties au cours de l'histoire de la vie, et chacune de ces dernières a souvent pris son essor à la suite d'un épisode d'extinction ayant balayé des compagnies-familles et des bataillons-ordres entiers. 99 % n'est pas un chiffre aussi surprenant que cela. Imaginez un groupe zoologique, comme les amphibiens archaïques du Paléozoïque, par exemple. Un millier d'espèces meurent, mais l'une d'elles survit, engendrant les reptiles primitifs. Un millier d'espèces de ceux-ci meurent aussi, mais une survivante continue, représentant l'ancêtre des dinosaures du Mésozoïque. Le taux de survie des espèces dans cette séquence est de 1 sur 2.000. En d'autres termes, une seule lignée a persisté, sur les deux mille qui ont existé, et cependant la vie s'est épanouie aussi diverse qu'auparavant.

Cela nous amène à envisager la possibilité remarquable qu'aucun embranchement n'ait jamais péri. Laissez-moi formuler cette hypothèse de façon plus opérationnelle : aucun des grands groupes qui se sont éteints ne peut être assigné de façon catégorique à un rang taxinomique aussi élevé qu'un embranchement. Un grand nombre de bataillons et de régiments a complètement disparu, mais pour aucun d'entre eux, nous ne pouvons être sûrs qu'il constituait un corps d'armée entier. Si jamais il y a eu de vrais embranchements à avoir péri, ils ont dû correspondre à ceux qui sont apparus durant l'explosion cambrienne de la diversité animale. Quelque chose, à cette époque, s'est produit dans l'environnement – vraisemblablement, un accroissement de la disponibilité en oxygène – qui a permis l'apparition de grands animaux dans les mers. Les eaux de la planète entière ont représenté un nouveau monde dans lequel les animaux au-dessus d'un centimètre ont eu la possibilité d'évoluer et de donner des radiations adaptatives. Et c'est ce qu'ils ont fait, engendrant la plus grande partie ou la totalité des embranchements qui ont persisté jusqu'à nous.

Il est largement admis que l'explosion cambrienne a été une période d'expérimentation tous azimuts, au cours de laquelle ont été inventés, puis écartés, des plans d'organisation anatomique que l'on n'avait jamais vus jusque-là et qui ne devaient plus jamais l'être par la suite. Si cette manière de voir est correcte, certaines des espèces à courte durée de vie qui ont été les plus particulières sur le plan morphologique doivent être considérées comme des embranchements qui se sont éteints. Il s'ensuit également qu'au niveau des embranchements, la biodiversité a atteint son pic durant l'explosion cambrienne, puis est allée en décroissant jusqu'au niveau actuel. Cette interprétation est soutenue par les fossiles bien conservés du schiste de Burgess de Colombie britannique, qui datent du Cambrien inférieur à moyen, et qui semblent ne pouvoir se ranger dans aucun embranchement établi. On a trouvé aussi d'autres fossiles du type de Burgess, également bizarres, en Europe, en Chine et en Australie.

Il ne fait guère de doute, lorsqu'on considère l'ensemble de ces fossiles, que de nombreux types animaux sortant de l'ordinaire sont apparus au Cambrien, puis ont disparu après une brève existence. Dans le langage de la taxinomie, cela revient à dire que des ordres et des classes sont apparus et n'ont duré que quelques millions d'années. Mais on ne peut pas encore affirmer avec certitude, sur la base des fossiles, que des plans d'organisation anatomiques radicalement nouveaux – déterminant des embranchements – ont été créés, puis écartés. En 1989, Simon Conway Morris, un spécialiste des faunes du type de Burgess faisant autorité, a reconnu onze embranchements actuels au sein de ces ensembles fauniques fossiles, de concert avec « dix-neuf plans d'organisation anatomique qui, pour la plupart, sont aussi différents les uns des autres que de tous les embranchements figurant par ailleurs dans les faunes de cette époque ». Cette ample radiation, continuait Conway Morris, se reflète également au sein de l'embranchement des Arthropodes, lequel existe toujours. Dans le schiste de Burgess, « la série des types morphologiques (au sein des arthropodes) semble presque infinie. L'impression globale est celle d'une énorme mosaïque, chaque espèce individuelle répondant à un schéma différent en matière de nombre et de type d'appendices articulés ; nombre de segments et ampleur de la fusion des tergites ; et proportions globales du corps ».

Cependant, prise dans son ensemble, la diversité connue des arthropodes parmi les fossiles du Cambrien n'excède pas celle des arthropodes actuels, et elle se situe probablement très en deçà. La gamme des ordres et des classes chez ceux de ces derniers qui vivent actuellement dans les mers demeure vaste. Au Cambrien, les insectes n'étaient pas encore apparus et n'avaient pas encore répandu à profusion sur les continents et dans les eaux douces, toutes sortes d'espèces à la morphologie adaptée au fouissage ou à la nage, ni n'avaient encore conquis les airs au moyen d'extraordinaires formes volantes. Je ne peux m'empêcher de penser que si nous prenions seulement quatre espèces actuelles de cette seule classe (les Insectes) – disons le ver de la simulie, le fulgore géant à gros rostre, la cochenille femelle et la punaise d'eau – et que nous les soumettions à des conditions de conservation aussi bonnes que celles qui ont donné les fossiles de Burgess, elles pourraient être classées de façon erronée comme quatre embranchements distincts. En apparence, elles répondent à quatre plans d'organisation anatomique complètement différents.

Les paléontologistes qui ont travaillé sur les faunes du type de Burgess ont fait preuve d'une admirable prudence. Ils ont appelé « problematica » ces fossiles dont les plans d'organisation ne sont assignables à aucun des embranchements actuels. Lorsque l'on a trouvé de meilleurs spécimens, comme dans les couches fossilifères de Chenjiang du Sud de la Chine, et que l'on a mis au point de meilleures méthodes d'études, les énigmes de certains « problematica » se sont éclaircies. Récemment, on a pu ainsi placer les organismes dotés de piquants et de plaques des genres *Hallucigenia*, *Microdictyon* et *Xenusion* parmi les Onychophores, un embranchement actuel regroupant des animaux ressemblant à des chenilles, que l'on pense être intermédiaires entre les arthropodes et les vers annélides. Et l'on a montré que l'un des fossiles représentant l'étrangeté même, *Wiwaxia corrugata*, sorte de limace dotée d'écailles et de longs piquants sur le dos, correspond, en fait, à un ver polychète, c'est-à-dire à un membre d'un embranchement existant, celui des Annélides.

Pour résumer ce qui peut être dit à ce jour sur la grande diversité rencontrée dans des faunes comme celles de Burgess : le nombre des embranchements actuels d'animaux est d'environ trente-trois, tous ayant des représentants dans la mer. Une vingtaine d'entre eux comprennent des animaux assez grands et abondants pour laisser des fossiles du type de ceux conservés dans les couches fossilifères de Burgess. Onze embranchements animaux du Cambrien ont été identifiés avec certitude. Pour autant que nous le sachions, aucun de ces embranchements ne s'est éteint. Le niveau de la diversité dans les mers s'est accru peu à peu après l'explosion cambrienne, et il s'est également élevé sur les continents après l'apparition des forêts carbonifères et de leurs habitants, les insectes et les amphibiens. De façon générale, la plus grande croissance s'est accomplie dans les derniers cent millions d'années.

On peut se demander pourquoi, en dépit de grands ou de petits déclins temporaires, en dépit du remplacement presque complet des espèces, des genres et des familles en des occasions répétées, la biodiversité a constamment tendu à augmenter. Une partie de la réponse relève du fait que les masses continentales ont changé dans un sens qui a augmenté la formation d'espèces. Durant les temps paléozoïques, il n'y avait à la surface de la planète qu'un seul supercontinent appelé la Pangée. Au début du Mésozoïque, la Pangée s'est divisée en deux grandes masses, la Laurasie au Nord et le Gondwana au Sud ; l'Inde s'est détachée et a constitué un petit fragment qui a dérivé lentement vers le Nord à la rencontre de l'arc himalayen. Il y a environ cent millions d'années, les continents ont pris leur configuration actuelle, les espaces océaniques allant en s'élargissant entre eux. Les grands ensembles faunistiques et floristiques ont évolué dans des conditions d'isolement croissant. La longueur des côtes a partout augmenté, ce qui a multiplié d'autant la superficie des habitats au voisinage des rivages, disponibles pour les organismes vivant sur les fonds. Les mers peu profondes se sont développées, s'avançant et se retirant à la surface des continents, déterminant puis abolissant de nouveaux habitats, occupables par des organismes adaptés. Il s'est ainsi créé ce que l'on a appelé « des provinces fauniques et floristiques », qui ont subi des allées et venues. Mais notre planète connaît aujourd'hui un maximum de diversité.

On peut dire que ce pic atteint au Cénozoïque a été, en définitive, le résultat de : premièrement, la création, au niveau planétaire, d'un milieu aérobie ; et deuxièmement, la fragmentation de la masse continentale originelle en plusieurs éléments. Mais, l'explication de la biodiversité planétaire ne se borne pas à cela. Le nombre des espèces vivant ensemble dans des habitats particuliers, des baies peu profondes ou des forêts tropicales, par exemple, s'est aussi accru par à-coups. Il a au moins doublé chez les organismes marins et plus que triplé chez les plantes terrestres durant les cent derniers millions d'années. Il s'ensuit que les communautés locales contiennent aujourd'hui bien plus d'espèces que par le passé – autrement dit, ou bien les espèces apparaissent plus rapidement, ou bien elles meurent plus lentement.

Pour comprendre comment la diversité des communautés locales

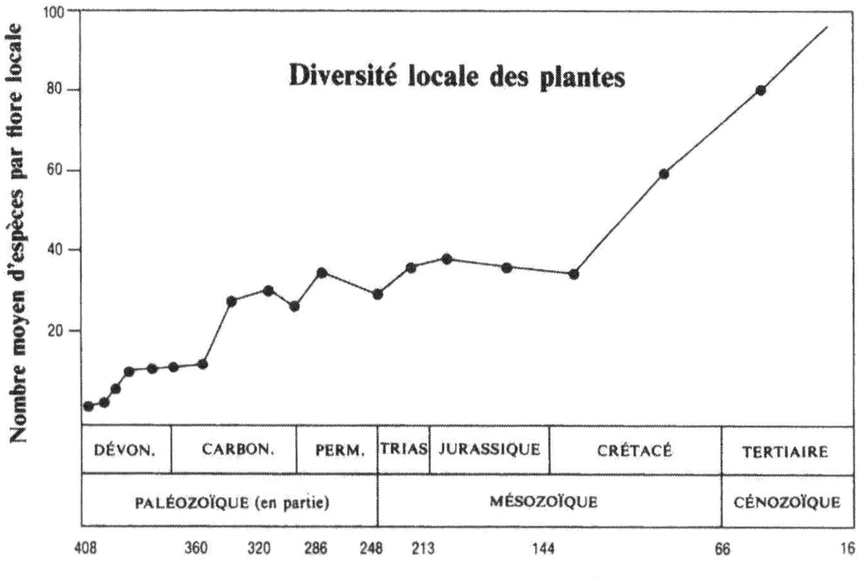

Le nombre moyen d'espèces de plantes trouvées dans les flores locales s'est élevé constamment depuis que les plantes ont conquis le milieu terrestre il y a quatre cents millions d'années. Cette augmentation reflète la complexité croissante des écosystèmes terrestres dans le monde entier.

s'est accrue au cours des temps géologiques, il nous faut retourner aux faunes et aux flores actuelles, chez lesquelles il est possible d'analyser la biologie des espèces individuelles de façon plus détaillée. D'abord, nous pouvons comparer les communautés actuelles pauvres avec celles qui sont riches en espèces. Il saute aux yeux qu'il existe, dans ce domaine, un gradient de diversité en fonction de la latitude, autrement dit que le nombre des espèces (ou de toute autre unité taxinomique) s'accroît lorsqu'on descend des pôles vers l'équateur. Voici, par exemple, ce que donne ce gradient dans l'hémisphère nord, dans le cas des espèces d'oiseaux qui s'y reproduisent, et qui occupent des territoires grossièrement de même dimension :

Groenland	56
Labrador	81
Terre-Neuve	118
État de New York	195
Guatemala	469
Colombie	1 525

Près de 30 % des 9 040 espèces d'oiseaux existant dans le monde se rencontrent dans le Bassin Amazonien, et 16 % figurent, en outre, en Indonésie. Les aires de répartition de ces deux dernières faunes d'oiseaux correspondent, pour la plus grande part, à des forêts tropicales humides et à des habitats étroitements associés, comme les forêts des bords des rivières et des marais.

En fait, une grande partie du gradient évoqué ci-dessus s'explique par l'extraordinaire richesse des forêts tropicales humides. Ce grand type d'habitat, ou *biome*, comme l'appellent les spécialistes de l'écologie, est défini comme suit : il s'agit de forêts croissant dans des régions recevant au moins deux cents centimètres d'eau de pluie, celle-ci étant répartie de façon assez égale tout au long de l'année, ce qui autorise une forte croissance d'arbres à feuilles larges et persistantes. Cette forêt est organisée en multiples strates, allant de la strate arborescente supérieure, comprenant les arbres atteignant trente mètres de haut ou plus et parsemée de loin en loin de géants de plus de quarante mètres ; à la strate arborescente inférieure, moins dense ; et au sous-étage des arbrisseaux dont la hauteur ne dépasse pas le niveau de la poitrine. Les lianes et les plantes grimpantes s'enroulent autour des troncs, et pendent du haut des grosses branches jusqu'à toucher le sol. Des jardins d'orchidées et d'autres épiphytes garnissent les plus grosses de ces dernières. Les palmiers sont fréquents au sein des strates inférieures et moyennes de beaucoup de forêts tropicales humides, donnant au visiteur à pied une impression de luxuriante beauté et de trompeuse paix. Ces différentes strates interceptent si efficacement la lumière solaire que la végétation du plus bas niveau, peu irriguée en énergie, est aussi clairsemée que celle figurant dans une forêt de genévriers. On peut y marcher aisément, poussant de côté les branches et les frondes entrecroisées, contournant les troncs des grands arbres, se baissant pour passer sous les lianes et les branches des arbres bas. Il n'est presque jamais nécessaire de se tailler un passage à la machette à travers le fouillis de la végétation, comme le veulent les clichés sur la jungle. On n'a besoin de machette que pour les zones où les plantes ont repoussé secondairement, et pour les lisières de forêts. Les forêts tropicales humides sont des cathédrales vertes. Elles ressemblent aux douces forêts des pays tempérés que la plupart d'entre nous connaissons, sauf qu'elles atteignent de grandes hauteurs et qu'elles sont restées jusqu'ici mystérieuses et sauvages.

Dans la profondeur de la forêt tropicale humide, la lumière solaire tombe par taches, sur le sol qui est recouvert par endroits d'une fine couche de feuilles et d'humus, tandis qu'il est complètement dénudé dans d'autres. En dehors des petits secteurs éclairés, il fait si sombre au niveau du sol qu'il est nécessaire d'avoir une lampe de poche pour pouvoir l'étudier soigneusement, pour y voir les insectes, les araignées, les cloportes, les mille-pattes, les faucheux et d'autres petits organismes qui y fourmillent, à la fois les escouades

des « charognards » œuvrant dans les cimetières et les prédateurs qui les chassent à leur tour.

On estime que les forêts tropicales humides contiennent plus de la moitié des espèces d'organismes existant sur la Terre, bien qu'elles ne couvrent que 6 % de la surface totale des continents. Je dis qu'on « estime », parce qu'il n'y a pas eu, à ce jour, de mesure exacte de la biodiversité, que ce soit au niveau du monde entier ou des forêts tropicales humides en particulier. L'évaluation : « plus de la moitié », a simplement émergé en tant que consensus fondé sur des rapports techniques et des conversations entre experts, appuyé par des impressions plus ou moins vérifiées et des extrapolations logiques avancées par les théoriciens de la diversité biologique. Il est largement fondé, je l'avoue, sur des observations limitées et des analyses pas très méthodiques. Cependant, globalement, cette estimation hypothétique paraît vraiment convaincante.

Voici les éléments du raisonnement qui sous-tend l'évaluation de « plus de la moitié ». Le gradient de diversité en fonction de la latitude, que j'ai illustré au moyen des oiseaux, est un vrai principe général en biologie : les espèces sont les plus nombreuses dans les régions équatoriales de l'Amérique du Sud, de l'Afrique et de l'Asie. Un autre exemple bien clair est fourni par les plantes vasculaires, qui comprennent les plantes à fleurs, les fougères, et divers types moins importants comme les lycopodes, les prêles et les isoètes. L'ensemble de ces plantes représente 99 % des végétaux peuplant les continents. Sur les 250 000 espèces connues environ, 170 000 (68 %) se rencontrent sous les tropiques et dans les régions subtropicales, surtout dans les forêts tropicales humides. Le maximum de la diversité des plantes à la surface de la Terre est représenté par la flore distribuée sur trois pays andins, la Colombie, l'Équateur et le Pérou. Là, plus de 40 000 espèces se rencontrent sur un territoire qui représente seulement 2 % de la surface de la totalité des continents. Le record mondial en ce qui concerne la diversité des arbres, en un site donné, a été observé par Alwyn Gentry, dans la forêt équatoriale près de Iquitos, au Pérou. Il a trouvé environ trois cents espèces dans chacune des deux parcelles d'un hectare qu'il a étudiées. Peter Ashton a découvert plus de mille espèces au cours d'un recensement effectué sur l'ensemble des dix parcelles d'un hectare qu'il a étudiées à Bornéo. Il faut comparer ces chiffres aux sept cents espèces indigènes distribuées sur l'ensemble du territoire des États-Unis et du Canada, correspondant aux grandes variétés d'habitat observées dans ces régions, de la mangrove des marais de Floride aux forêts de conifères du Labrador.

Dans les forêts tropicales humides, les papillons présentent une richesse encore plus disproportionnée. Les nombres d'espèces les plus élevés du monde ont été enregistrés dans le bassin du Rio Madre de Dios, dans le sud-est du Pérou. À ce jour, Gerardo Lamas et ses collaborateurs ont dénombré 1 209 espèces de papillons dans les 55 kilomètres carrés de la Réserve de Tambopata. Serrant de près ce score, Thomas Emmel et George Austin ont identifié 800 espèces dans une parcelle de forêt de plusieurs kilomètres carrés à Fazenda Rancho Grande, près du centre de l'État de Rondonia, à l'est du Brésil. En tenant compte du nombre probable des espèces appartenant à des groupes zoologiques encore mal étudiés, ils ont estimé que le chiffre total devait se situer entre 1 500 et 1 600 espèces. Non loin de là, à Jaru, le 5 octobre 1975, un entomologiste a enregistré à lui seul la présence de 429 espèces de papillons en l'espace de 12 heures (depuis, la forêt en cet endroit a été rasée en vue d'ouvrir des terres à l'agriculture). Par comparaison, il y a seulement 440 espèces de papillons dans tout l'est de l'Amérique du Nord et 380 dans la zone correspondant à l'Europe plus la côte méditerranéenne de l'Afrique du Nord.

Les fourmis rivalisent avec les papillons pour la forte pente de leur variation en fonction de latitude. Dans la réserve de Tampobata, Terry Erwin a recouru au « canon à insecticide » pour recueillir tous les insectes figurant sur un seul arbre de la forêt vierge appartenant à la catégorie des Légumineuses. J'ai effectué l'identification des fourmis dans l'échantillon ainsi recueilli et ai recensé quarante-trois espèces réparties dans vingt-six genres, ce qui est à peu près équivalent à ce l'on trouve chez la totalité des fourmis des îles britanniques. À leur tour, les fourmis sont dépassées, et de loin, par les coléoptères. Erwin estime que l'on en rencontre plus de dix-huit mille espèces dans un hectare de forêt vierge panaméenne, la plupart étant inconnues de la science – en d'autres termes n'ayant pas encore reçu de nom scientifique. À ce jour, on en connaît 24 000 espèces dans l'ensemble des États-Unis et du Canada, et 290 000 dans le monde entier.

Ainsi, sur les continents, la biodiversité tend vers son maximum vers le Sud, pour chaque groupe zoologique. Un petit nombre de plantes et d'animaux, tels que les conifères, les aphidés et les salamandres, présentent plus de diversité dans les zones tempérées. Ce sont des exceptions, et, en tout cas, ces organismes ne sont pas d'une extraordinaire diversité. Il y a, par exemple, moins de quatre cents espèces de salamandre connues dans le monde entier. D'autres groupes de plantes et d'animaux sont surtout tropicaux, mais spécialisés dans la vie dans les déserts, les prairies et la forêt sèche. Eux aussi sont généralement moins divers que les habitants des forêts tropicales humides voisines.

Dans les mers, les organismes vivant à faible profondeur suivent la même tendance en fonction de la latitude : la diversité du plancton et des animaux qui vivent sur le fond s'accroît vers les tropiques, et les plus fortes concentrations d'organismes se trouvent dans les récifs coralliens, l'équivalent marin des forêts tropicales humides. La diversité des êtres vivants qui y figurent est extrêmement élevée, la plupart d'entre eux n'ayant pas encore été étudiés. On peut trouver des centaines d'espèces de crustacés, de vers annélides, et d'autres invertébrés dans une seule tête corallienne, l'équivalent d'un arbre de la forêt vierge.

Pour résumer la règle valable actuellement à l'échelle de la planète, les gradients de diversité en fonction de la latitude s'élèvent lorsqu'on se dirige vers les tropiques ; c'est là une caractéristique générale indéniable du monde vivant. Et sur les continents, la biodiversité est fortement concentrée dans les forêts tropicales humides. À elles seules, les faunes d'insectes sont tellement énormes dans ces forêts, comprenant peut-être des dizaines de millions d'espèces, dépassant même la richesse des récifs coralliens, que sur cette seule base, il est raisonnable de supposer que plus de la moitié de toutes les espèces figure dans cette zone.

L'un des grands problèmes théoriques de la biologie évolutionniste est de comprendre la cause de cette prééminence des tropiques. Les biologistes ont invoqué tour à tour le climat, l'énergie solaire, la quantité de terrain habitable, la diversité des habitats disponibles, l'ampleur et la fréquence des perturbations de l'environnement, le degré d'isolement des faunes et des flores, et les idiosyncrasies de l'histoire – impondérables pour leur plus grande part. Beaucoup d'auteurs ont considéré le problème insoluble, supposant qu'il relevait d'un tissu de causes difficiles à démêler, ou qu'il avait été engendré par des phénomènes géologiques du passé, disparus depuis longtemps. Et cependant, une petite lueur est en vue. Un assez grand nombre d'analyses et de travaux théoriques solides ont été réalisés, permettant de suggérer une solution relativement simple, ou du moins facilement compréhensible : il s'agit d'une théorie de la biodiversité où celle-ci est fonction de l'énergie, de la stabilité et de la superficie. Pour la résumer en peu de mots, plus la zone envisagée reçoit d'énergie solaire, plus est grande la diversité qui peut y régner ; plus est stable le climat qui y prévaut, à la fois de saison en saison et d'année en année, plus grande est sa biodiversité ; et plus est vaste sa superficie, plus grande est sa biodiversité.

Les preuves sur lesquelles s'appuie cette théorie sont venues de divers secteurs, et sont riches d'enseignements, non seulement sur la diversité biologique, mais aussi sur l'importance du milieu physique dans l'organisation des écosystèmes. David Currie, par exemple, a étudié les effets d'une vaste gamme de facteurs du milieu sur le nombre des espèces d'arbres et de vertébrés dans différentes parties de l'Amérique du Nord. Ce continent constitue un excellent laboratoire pour une telle analyse multifactorielle. Il est entièrement situé dans la zone tempérée et présente partout les mêmes saisons bien marquées, bien que l'on y observe des variations très grandes d'est en ouest dans les précipitations et la topographie. Dans ces conditions – ne pensons plus aux Tropiques pour le moment – le facteur le plus déterminant est la quantité d'énergie solaire et d'humidité dont peuvent disposer les organismes tout au long de l'année. Il existe une variable qui est proportionnelle simultanément à ces deux facteurs : c'est l'évapo-transpiration, la quantité d'eau qui s'évapore d'une surface saturée. Celle-ci dépend à son tour de l'énergie disponible pour effectuer l'évaporation de l'eau, et cette énergie provient de la chaleur du rayonnement solaire, combinée à la température de l'air ambiant et au mouvement des courants d'air capables de produire un effet d'assèchement. La quantité d'eau qui s'évapore d'une surface saturée dépend aussi, dans une moindre mesure, de l'humidité ambiante. En Amérique du Nord au moins, les milieux chauds et humides permettent la croissance de davantage d'arbres. La diversité des vertébrés terrestres, c'est-à-dire des mammifères, des oiseaux, des reptiles et des amphibiens, s'élève avec l'énergie solaire, mais dépend moins de l'humidité. On pourrait dire de manière succincte que les endroits secs ne conviennent pas aux arbres, mais que c'est moins net pour les vertébrés. Pour les deux sortes d'organismes, cependant, plus d'énergie solaire signifie plus de diversité.

Les régions du monde où règnent les températures les plus élevées, tout au long de l'année, sont les zones tropicales et équatoriales, et les habitats qui connaissent les plus grandes chaleur et humidité combinées sont les forêts tropicales et équatoriales humides. Pour une quantité égale de substances nutritives, les endroits les plus chauds et les plus humides sont aussi les plus productifs en termes de tissus végétaux et animaux qui peuvent se développer chaque année. Il semblerait donc que plus est élevée la productivité en matière vivante, plus est élevée le nombre des espèces qui peuvent coexister dans une même communauté. Autrement dit, plus est grand le gâteau, plus il peut être découpé en tranches assez grandes pour être compatibles avec la vie d'espèces individuelles.

Mais les ressources énergétiques et la production de biomasse ne peuvent être les seuls facteurs expliquant la prééminence des tropiques dans le domaine de la biodiversité. Qu'est-ce qui empêcherait une espèce extrêmement bien adaptée dans chaque grande catégorie – une plante à fleurs, une grenouille, un coléoptère creusant des galeries dans le bois – de s'emparer de la totalité d'un habitat ? Quelque chose de ce genre s'est passé dans les marécages à palétuvier rouge et les marais à spartine, deux des habitats humides où la végétation est la plus luxuriante du monde. Dans chacun d'eux, une seule espèce de plante représente plus de 90 % de la végétation. Mais les écosystèmes simples sont l'exception, et la diversité dans les écosystèmes, la règle. Une explication plus complète des gradients en fonction de la latitude demande que l'on élargisse l'analyse à l'examen du rôle des saisons. Dans les régions tempérées et polaires, les organismes sont soumis à de grandes variations de température au cours de l'année. Ils doivent s'adapter à une vaste gamme d'environnements physiques et biologiques dans le cadre de leur cycle vital. En hiver, certaines espèces végétales meurent après avoir dispersé leurs graines, d'autres subissent la chute des feuilles, etc, tandis que chez les espèces animales, certaines hibernent, d'autres descendent de la montagne pour occuper des zones de plus basse altitude ; d'autres descendent des arbres pour vivre au sol ; d'autres s'enfoncent plus profondément dans la terre ; d'autres changent de régime alimentaire pour se tourner vers des proies résistant au froid ; d'autres changent de rythme d'activité et de nocturnes deviennent diurnes ; et d'autres encore, dans le cas des oiseaux migrateurs et des papillons monarques, quittent complètement un pays pour un autre. Au printemps, les animaux jouissent de la poussée de la végétation nouvelle, mais celle-ci va ensuite en s'amenuisant à mesure que gagne la sécheresse de la fin de l'été, ce qui oblige à changer de nourriture et d'habitat.

Dans la mesure où les animaux et les plantes des climats froids sont donc adaptés à des environnements locaux variés, ils occupent aussi de plus vastes aires géographiques. En particulier, ils sont distribués sur une plus large gamme de latitudes. Si un papillon peut prospérer dans le printemps frais et humide de la Nouvelle-Angleterre, il peut endurer l'hiver de la Floride. Ce principe a été appelé la règle de Rapoport, d'après l'écologiste argentin Eduardo Rapoport, qui l'a suggéré le premier en 1975. Il signifie que si vous voyagez en direction du Sud en partant de l'Amérique du Nord, ou en direction du Nord en partant de la zone tempérée de l'Amérique du Sud, l'aire de distribution de chaque espèce diminue constamment, à mesure que vous vous rapprochez de l'Équateur. Et ce qui est aussi important, la distribution en altitude des espèces, autrement dit leur aire de distribution sur les pentes des montagnes, va aussi en diminuant. Ainsi, par unité de surface, bien plus d'espèces sont accumulées dans les tropiques que dans les zones tempérées plus froides.

De plus grandes ressources énergétiques, une plus grande production en biomasse, le rétrécissement des aires de distribution géographique au sein de milieux moins variables – toutes ces circonstances concourent à élever le degré de biodiversité sous les tropiques au cours de l'évolution sur de vastes durées. Mais d'autres facteurs sont aussi à prendre en considération pour expliquer l'exubérance tropicale. Un climat stable sans saisons marquées permet à de plus nombreux organismes de se spécialiser dans des secteurs plus étroits du milieu, de surclasser les « généralistes » qui les entourent, et de persister sur de plus longues périodes de temps. Les espèces sont ainsi entassées dans le milieu, étroitement serrées les unes contre les autres. Il semble qu'aucune niche ne reste inoccupée. La spécialisation tend vers des extrêmes bizarres et beaux. Dans les clairières baignées de soleil des forêts vierges d'Amérique centrale, on rencontre, allant et venant dans l'air immobile, des libellules géantes ressemblant à des hélicoptères – les bandes qui figurent sur leurs ailes transparentes en train de battre donnent l'impression que celles-ci tournent autour de leur corps. On ne trouve pas leurs nymphes dans les mares et les ruisseaux, leurs repaires classiques chez les autres libellules, mais dans les aisselles emplies d'eau des épiphytes poussant dans la hauteur des arbres. Les adultes se nourrissent en attrapant les araignées sur leur toile. Sur les pattes arrière des soldats d'une espèce de fourmi légionnaire sont attachés des acariens parasites que l'on ne trouve nulle part ailleurs dans le monde. Tandis qu'ils sucent le sang de leur hôte, ils leur permettent de les employer en tant que pieds artificiels ; les fourmis marchent en s'appuyant sur le corps de leur parasite, sans que cela paraisse gêner ni l'un, ni l'autre. L'acarien recouvre les griffes par lesquelles la fourmi se suspend lorsqu'elle est au nid, les rendant inutilisables ; mais cela n'a pas d'importance : le parasite possède des pattes arrière recourbées de la taille des griffes de la fourmi, et son hôte les utilise comme les siennes. Dans les forêts tropicales humides de Papouasie (Nouvelle-Guinée), vit un charançon dont la taille est à peu près de la moitié du pouce humain. Il se déplace lentement, vit longtemps et son dos est couvert d'algues, de lichens et de mousses. Dans ce jardin ambulant miniature habitent des espèces particulières de minuscules acariens et nématodes. Je pourrais ainsi continuer longtemps avec ce bestiaire, passant d'un pays à l'autre – la littérature sur la biologie tropicale n'est jamais à court de phénomènes surprenants. Lorsque les niches classiques sont déjà complètement occupées, il semble que des espèces entreprenantes en inventent de nouvelles.

Marchez dans une forêt tropicale humide, à la recherche de spécimens de n'importe quel groupe que ce soit, qu'il s'agisse d'orchidées, de grenouilles ou de papillons. Vous constaterez que les espèces changent de façon subtile tous les cent ou mille mètres. L'une d'elles est fréquente en un point donné, puis va en diminuant et disparaît, remplacée par une espèce très semblable, non rencontrée jusque-là. Puis, soudain un coup de chance : voilà un individu unique d'une espèce jamais rencontrée auparavant dans le secteur entier. Recueillez-le ou du moins photographiez-le soigneusement, parce que vous n'en reverrez plus jamais. Dans les forêts vierges d'Amérique centrale, le papillon nymphalidé *Dynamine hoppi* est une jolie espèce, remarquable par ses grandes taches blanches sur les ailes antérieures et des irisations métalliques bleues sur les bandes alaires postérieures. Elle n'a été observée qu'à trois reprises. Une femelle a été recueillie par l'entomologiste Philippe de Vries dans une clairière de Finca La Selva, au Costa Rica, un jour de juillet. C'est le seul individu de cette espèce qu'il avait trouvé au cours d'un séjour de six mois consacré à l'étude des papillons de cette forêt particulière. Une seconde femelle a été capturée l'année suivante au même endroit, également au cours du mois de juillet. Puis, plus aucun. Si vous retournez dans la forêt jour après jour, d'une année sur l'autre, et que, muni d'un filet et de binoculaires, vous l'explorez secteur par secteur, votre liste d'orchidées, de grenouilles ou de papillons ne va cesser de croître.

Au premier abord, la diversité de la forêt vierge semble défier irrémédiablement tout essai d'interprétation ; mais, au bout d'un certain temps, une règle générale émerge : il y a un petit nombre d'espèces communes, la plupart étant distribuées en parcelles éparpillées, et de très nombreuses espèces rares, certaines même extrêmement rares, comme *Dynamine hoppi*. Comment une telle courbe aussi asymétrique peut-elle être engendrée ?

Certaines des espèces rares sont au bord de l'extinction, surtout dans les secteurs où la forêt a été perturbée ou élaguée, mais il y a aussi une autre explication, plus vraisemblable. La plupart des espèces sont spécialisées pour vivre dans certaines conditions au sein de la forêt. Certains arbres croissent mieux quand ils sont longtemps exposés à la lumière solaire directe (pour d'autres, ce serait un petit nombre d'heures d'insolation directe) ; quand la pente dans laquelle ils sont enracinés est bien drainée (pour d'autres, mal drainée) ; et quand les espèces requises de champignons symbiotiques vivant sur les racines sont bien présentes (pour d'autres, sont absentes). Si n'importe laquelle de ces trois conditions varie, il y a beaucoup de chances que les arbres d'une espèce donnée cèdent la place à une autre espèce. Toute une série d'espèces particulières d'insectes prospèrent lorsque sont disponibles de grosses branches tombées à terre arrivées à un certain stade de décomposition (par exemple, le bois est encore ferme, mais cependant assez fragilisé pour qu'il se casse sous la pression de la main, l'écorce étant encore en place). Ces espèces disparaissent lorsque l'état de décomposition des branches est plus avancé (le bois s'émiette, l'écorce se détachant sous l'effet de son propre poids). D'un endroit à l'autre de la forêt, le stade de décomposition des branches mortes est variable.

La forêt tropicale humide peut sembler uniforme, vue des fenêtres d'un avion qui la survole, mais lorsqu'on la parcourt à pied, elle semble d'une hétérogénéité sans fin, un labyrinthe décourageant de milieux physiques locaux éphémères, et d'aires de répartitions spécifiques chevauchantes. Les espèces individuelles sont les plus abondantes dans les endroits qui leur offrent exactement les conditions dont elles ont besoin. Leurs populations y engendrent une luxuriante descendance, augmentent de dimension, et envoient des colons dans toutes les directions. De tels sites constituent ce que l'on appelle des *zones de production* pour les espèces favorisées. Les colons atteignent des lieux souvent moins convenables, où ils peuvent survivre et même se reproduire pendant un temps, mais pas dans des proportions suffisantes pour que la population s'auto-entretienne. Ces endroits sont appelés des *zones de disparition*. Dans le modèle écologique des « zones de production-zones de disparition », les populations qui connaissent la réussite renflouent les populations en train de péricliter. Si vous délimitez au hasard une parcelle – un hectare, cent hectares ou ce que vous voudrez – vous y trouverez des zones de productions pour certaines espèces, de façon relativement courante, et des zones de disparition pour d'autres espèces, plus rarement. Les deux types de zones se rencontrent dans toutes les sortes d'habitat, mais elles sont à l'origine d'une plus grande biodiversité dans les forêts tropicales, où les conditions du milieu requises par les espèces ont été fixées de façon rigide au cours de l'évolution.

La notion d'un équilibre entre zones de production et zones de disparition a été le résultat capital de la magnifique étude menée par Stepen Hubbel et Robin Foster sur la diversité des arbres dans une parcelle de cinquante hectares de l'île de Barro Colorado, au Panama. Les chercheurs et leurs diligents assistants ont suivi, pendant plusieurs années, le destin de 238 000 arbres et arbrisseaux, appartenant à 303 espèces. Sur la base de leurs observations, Hubbell et Foster ont conclu :

> Les populations d'une grande partie (au moins un tiers) des espèces rares (moins de cinquante individus au total) ne semblent pas s'auto-entretenir, dans la parcelle étudiée. Leur présence semble résulter d'une immigration en provenance de foyers de population extérieurs à la parcelle, et leurs effectifs restent probablement bas en raison de conditions défavorables de régénération ou d'une absence de l'habitat approprié, ou de ces deux facteurs, dans la parcelle.

L'énergie solaire abondante et la constance du climat ont encore été d'une autre façon à la source d'une élévation du niveau de la biodiversité : elles ont permis le développement d'espèces vivant sur le dos d'autres. Un milieu clément, peu variable, autorise l'existence de grandes espèces qui ne peuvent survivre dans les conditions plus rudes d'autres climats. Des espèces plus petites, présentant souvent une grande variété, peuvent vivre sur ces grands organismes. Dans les forêts tropicales, mais non dans les forêts à feuilles caduques des régions tempérées, ni dans les forêts de conifères, les lianes ligneuses abondent. Elles commencent par pousser sur le sol en tant qu'herbes, puis émettent de longues pousses le long des troncs des arbres voisins ou sur n'importe quelle autre plante disponible. À maturité, toutes traces de leurs origines classiques ont disparu. Elles ressemblent à de grosses cordes ancrées au sol, s'étendant depuis leurs racines jusque dans les hauteurs des arbres qui les soutiennent, entremêlant leurs branches et leurs feuilles avec celles de leurs hôtes. Elles créent une forme supplémentaire de végétation, source de nourriture et lieu de refuge pour certains animaux qui ne pourraient pas survivre autrement. À leur côté, croît une autre catégorie de plantes grimpantes, qui s'accrochent aux troncs au moyen de crampons. Les plus importantes de ces dernières sont représentées par les arums, qui comprennent les philodendrons et les monsteras. Ces dernières plantes possèdent de grandes feuilles en forme de cœur, et tolèrent très bien une grande pénombre (c'est pourquoi elles sont très appréciées comme plantes d'intérieur). Dans les forêts vierges, les plantes grimpantes garnissent les troncs d'un tapis dense. Leurs tiges et leurs racines permettent l'accumulation de couches de terre et de matières organiques en décomposition, ce qui constitue un habitat pour un autre ensemble unique en son genre de minuscules plantes, insectes, scorpions, cloportes et autres invertébrés moins courants. Ces formes en série sont adaptées à un mode de vie pratiquement absent des zones tempérées.

Cependant, le facteur qui contribue le plus à la multiplication de la diversité tropicale est constitué par les épiphytes, des plantes qui croissent sur les arbres, mais sans tirer d'eux l'eau et les substances nutritives dont ils ont besoin. Il s'agit en majorité d'orchidées, mais on trouve aussi parmi elles toutes sortes de fougères, de cactées, de gesnériacées, d'arums, de membres de la famille du poivrier, etc., représentant ensemble 28 000 espèces connues appartenant à 84 familles, soit un peu moins de 10 % de toutes les plantes supérieures. Ces plantes arboricoles transforment les grosses branches des arbres en jardins suspendus babyloniens. Chacune d'elles constitue un petit habitat, garni d'une bonne quantité de terre grâce à la poussière apportée par les vents, et hébergeant beaucoup d'animaux, qui peuvent aller des acariens et des nématodes jusqu'aux serpents et aux petits mammifères. Les broméliacées « réservoir » de l'Amérique tropicale contiennent jusqu'à un litre d'eau dans leurs feuilles formant un récipient aux parois rigides. Dans ces sortes de bassins vivent des animaux aquatiques trouvés nulle part ailleurs, et notamment les têtards des grenouilles habitant dans les arbres et les larves très particulières de certains moustiques et libellules.

Dans la réserve forestière de montagne de Monteverde au Costa Rica, Nalini Nadkarni et d'autres botanistes ont observé ce qui pourrait bien être le cas le plus achevé d'organismes en portant d'autres sur le dos. Il s'agit de l'écosystème végétal sans doute le plus complexe du monde en ce qui concerne sa structure physique. Les jardins d'épiphytes figurant sur certaines des plus grosses branches horizontales des grands arbres sont si exubérants et touffus qu'ils ressemblent aux fourrés d'une forêt miniature. On y trouve même de petits arbres, appartenant à des espèces qui, d'habitude, ne se trouvent que sur le sol. Le château de cartes écologique est, dans leur cas, devenu une haute tour, emblématique du caractère prodigieux que peut avoir la vie sur terre : de grands arbres hébergent des orchidées et d'autres épiphytes ; les épiphytes hébergent des arbres plus petits avec leurs systèmes racinaires ; des lichens et d'autres minuscules plantes poussent sur les feuilles des plus petits arbres ; des acariens et de petits insectes se repaissent au milieu de ces plantes figurant sur le dessus des feuilles ; et des protozoaires et des bactéries vivent dans les tissus de ces insectes.

L'augmentation de la biodiversité s'explique aussi par des effets de superficie : plus une forêt ou un désert ou un océan ou n'importe quel autre habitat est grand, plus il y peut figurer d'espèces. Selon une grossière approximation, on peut estimer que la multiplication par dix de la superficie d'un habitat peut permettre le doublement du nombre des espèces qu'il héberge. Autrement dit, si une île recouverte d'une forêt a une superficie de mille kilomètres carrés et possède cinquante espèces de papillons, une île voisine également couverte d'une forêt et mesurant dix mille kilomètres carrés pourra héberger le double de ce nombre, soit cent espèces. Les raisons de cet accroissement logarithmique sont complexes, mais deux facteurs peuvent être repérés. Une île plus grande peut héberger une population, disons de papillons, plus nombreuse, et par suite, davantage d'espèces rares peuvent être accumulées dans une même forêt. Et une île plus grande aura vraisemblablement des habitats additionnels, dans lesquels des espèces trouveront refuge. Elle pourra avoir, par exemple, une montagne centrale, offrant une zone aux conditions restrictives – telles que de plus fortes chutes de pluie et des températures plus basses qui conviendraient à des papillons adaptés à ce type de régime climatique. Les superficies offertes sous les tropiques aux espèces de plantes et d'animaux sont vastes, qu'il s'agisse de terre ferme ou d'eaux peu profondes, et une extrême diversité peut donc s'y développer.

Et le temps doit être aussi pris en compte ; plus exactement, je veux dire qu'il faut prendre en compte les vastes durées laissant la possibilité à l'évolution de se dérouler ; permettant aux grands organismes pouvant en porter d'autres sur leur dos d'apparaître ; à des rapports symbiotiques de s'établir ; à la concurrence de se réguler ; aux extinctions de diminuer ; et permettant donc aux espèces de s'accumuler en grand nombre. Nous voilà revenus à la stabilité climatique en tant que facteur favorisant la biodiversité, mais sur une plus large échelle. Les forêts tropicales humides, contrairement à une grande partie des forêts et des prairies des zones tempérées, n'ont pas été éliminées par les glaciers continentaux de l'Âge glaciaire. Elles n'ont jamais été dévastées par l'avancée des langues glaciaires, ni contraintes de se retirer dans de nouveaux territoires situés à des centaines de kilomètres de leur aire de répartition originelle. Certes, les fortes sécheresses ayant accompagné le développement des cycles glaciaires dans les latitudes élevées ont contraint les forêts tropicales humides à diminuer de superficie, et à laisser la place à des prairies et, en certains endroits, à des semi-déserts. Ce type de phénomène a été particulièrement marqué en Afrique équatoriale. Il n'en est pas moins resté une grande quantité de zones-refuges, où des ensembles d'espèces ont pu persister plus ou moins intacts, le long du cours des rivières, dans certaines régions restreintes où la pluie a continué à tomber modérément, dans des zones reliques sur les flancs des montagnes enveloppées par les nuages. Chaque fois que les pluies ont de nouveau arrosé à longueur d'année les bassins des rivières équatoriales, les forêts tropicales humides se sont étendues pour tapisser de nouveau la planète. Le point historique intéressant est que ces forêts ont persisté sur de vastes parties des continents depuis l'apparition des plantes à fleurs, il y a cent cinquante millions d'années, constituant des sortes de places fortes pour celles-ci. Juste avant l'apparition de l'homme, elles occupaient encore plus de 10 % de la surface des terres, soit environ vingt millions de kilomètres carrés, et dans les temps plus anciens, bien plus que cela. Au cours de l'Éocène, entre −60 et −50 millions d'années, la bordure continentale correspondant aux îles britanniques actuelles était recouverte de forêts semblables dans leurs grandes lignes à celles du Vietnam d'aujourd'hui.

Essayons de mettre à l'épreuve cette notion de stabilité climatique. S'il est nécessaire que celle-ci règne sur une vaste superficie et pendant de longues durées au cours de l'évolution pour qu'apparaisse une biodiversité élevée, cette dernière devrait s'observer partout dans le monde où la stabilité climatique prévaut, et pas seulement dans les forêts tropicales. La région idéale pour vérifier cette hypothèse devrait présenter un milieu stable, ne recevant que peu d'énergie. Celle-ci pourrait alors être considérée comme facteur négligeable, et le rôle de la stabilité pourrait plus clairement apparaître. Les fonds marins de grande profondeur, par leurs caractéristiques géographiques et historiques, répondent bien à ces prescriptions : ils couvrent une superficie de plus de deux cents millions de kilomètres carrés, n'ont pas été perturbés dans la plupart des endroits pendant des millions d'années (pas d'hivers, pas de saisons sèches), et ne reçoivent pratiquement pas d'énergie, sauf au niveau de bouches volcaniques très dispersées et sous la forme d'une fine pluie de matière organique tombant des zones éclairées au-dessus. Les animaux y sont, pour la plupart, de petits vers annélides, des étoiles de mer et d'autres échinodermes, ainsi que des coquillages et d'autres mollusques bivalves. Par comparaison avec les espèces semblables habitant les fonds de faible profondeur bien éclairés, ils représentent des effectifs clairsemés, sont peu mobiles et vivent longtemps. Mais, en accord avec l'hypothèse sur la stabilité, ils sont extrêmement divers. Ils représentent des centaines de milliers d'espèces, peut-être des millions. Nous avons donc là la confirmation, à un point étonnant, que le facteur « stabilité », au sein de la théorie générale de la biodiversité, joue bien un rôle.

Quelles sont les niches dans lesquelles les espèces des fonds marins de grande profondeur peuvent s'entasser ? Il n'y a ni forêts ni rivières. Sur de vastes étendues, le plancher océanique apparaît plat et dénudé comme un désert. Cependant, en un sens biologique, il est loin d'être uniforme. À l'échelle du millimètre, celle des petits animaux et des micro-organismes, il offre des niches finement délimitées, dans lesquelles les organismes des grands fonds peuvent se spécialiser. Les sédiments s'accumulent en de petits monticules, tandis que les terriers creusés par les vers et les bivalves fouisseurs déterminent des creux et des bosses. Les disponibilités en nourriture varient énormément de point en point. Presque la totalité de l'énergie arrive sous la forme d'animaux morts et de matériaux végétaux provenant d'en haut. Chaque morceau — tête de poisson ; pièce de bois charriée, imbibée d'eau ; fragment de grande lame d'algue — représente une aubaine sur laquelle s'assemblent les animaux pour s'en repaître et prolifèrent les bactéries et les autres organismes microscopiques. Leurs prédateurs se rassemblent aussi, et au bout d'un certain temps, une minuscule communauté locale se trouve formée, dont la composition est souvent différente de celle d'autres communautés figurant à quelques mètres de là. Les ressources alimentaires ne varient pas seulement à l'échelle locale, mais aussi d'une région à l'autre, sur les milliers de kilomètres carrés des fonds océaniques. Les parties qui jouxtent l'embouchure des grandes rivières reçoivent des tronçons et des grosses branches charriés jusqu'à la mer, ainsi que des sédiments plus riches en substances nutritives, ayant été lessivés à la surface du continent par les eaux de pluie. Dans la région de la mer des Sargasses, dans l'Atlantique nord, les fonds marins sont les cimetières des couches de sargasses, recevant les végétaux et les animaux morts directement de cet écosystème unique en son genre, se développant dans les eaux claires de la surface.

Dans chaque habitat terrestre ou aquatique, quelle que soit sa biodiversité, la taille d'un organisme exerce une importante influence sur le nombre des espèces de son groupe. Les plantes et les animaux très petits sont, de loin, beaucoup plus divers que les très grands organismes. Les herbes et les épiphytes dépassent les arbres, et les insectes surpassent les vertébrés. Cette règle est aussi valable à des niveaux taxinomiques plus fins : parmi les quatre mille espèces de mammifères figurant de par le monde, une décroissance du poids d'un facteur mille (très grossièrement) se traduit par une multiplication par dix du nombre des espèces. Cela veut dire qu'il y a environ dix fois plus d'espèces de la taille d'une souris que d'espèces de la taille d'un cerf.

L'explication de cette pyramide de la diversité réglée par la taille est que les petites espèces peuvent exploiter le milieu en de plus petites niches que les grands organismes. En 1959, les écologistes G. Evelyn Hutchinson et Robert MacArthur ont suggéré que le nombre des espèces s'accroît en proportion directe de la décroissance de la surface corporelle des animaux, ou en proportion du carré de la décroissance de leur poids. L'explication de cette règle, ont-ils proposé, est que les animaux vivent sur des surfaces, et ils ont donc besoin d'espaces proportionnels au carré de la longueur de leur corps. En effet, ils se meuvent non pas le long d'une droite, ni dans un espace à trois dimensions, mais sur une surface ; de sorte que pour chaque millimètre d'accroissement dans la longueur de leur corps, ils ont besoin d'un millimètre carré de plus pour trouver de nouveaux rôles, ouvrir de nouvelles niches, et se scinder en de nouvelles espèces. Donc, plus la taille d'un animal s'exprime en un nombre élevé de millimètres, moins d'espèces peuvent correspondre au carré de cette longeur.

Bien que cet exercice de mathématique soit séduisant, il n'est pas très précis. La nature suit toujours des voies bien trop tortueuses pour obéir à des formulations simples, sauf de très loin. Pour voir pourquoi il en est ainsi, et pour s'approcher davantage de la vérité, imaginons un gros coléoptère de cinquante millimètres de long, vivant sur le tronc d'un arbre. Tandis qu'il fait le tour du tronc, se repaissant de lichens et de champignons, il accomplit un parcours égal à sa circonférence, soit cinq mètres. Mais cet insecte ne tient pas compte du monde de bien plus petite dimension qui figure sous ses pieds. Il ne prête guère attention aux dépressions et aux creux dans l'écorce qui ne dépassent pas une largeur d'un millimètre. Dans ces irrégularités du relief, vivent d'autres espèces de coléoptères assez petits pour pouvoir en faire leur domaine. Leur existence se déroule dans un espace dont l'échelle est totalement différente. Pour eux, les irrégularités du relief ne sont pas insignifiantes. S'ils tournent autour du tronc en descendant et remontant le long des flancs des crevasses, ils accomplissent un parcours dix foix plus grand que celui effectué par le coléoptère géant, qui ignore ces minuscules dépressions. La surface du tronc est cent fois plus grande pour les petits coléoptères, le carré de la différence des parcours effectués par le grand coléoptère et par eux. Cette disparité dans les surfaces fréquentées par les deux types d'insectes se traduit par davantage de niches. D'une crevasse à l'autre, de nombreux facteurs peuvent varier comme l'humidité ou la température et toutes sortes de combinaisons d'algues et de champignons peuvent se présenter (c'est la nourriture des coléoptères). Ces petits insectes peuvent se spécialiser dans l'exploitation de davantage de types d'habitats et de nourriture, et par suite, un plus grand nombre d'espèces peuvent apparaître par évolution.

Descendons encore plus bas dans le microscopique. Sous les pattes des petits coléoptères se trouvent des crevasses encore plus petites, des amas d'algues et de champignons trop menus pour qu'ils puissent y entrer. À ce dernier niveau, vivent cependant les plus petits de tous les insectes, en compagnie d'acariens oribatidés coriacés, mesurant moins d'un millimètre de long. En examinant soigneusement la surface sur laquelle vivent les espèces de cette faune minuscule, on s'aperçoit qu'elle est au moins cent fois plus grande que celle arpentée par les coléoptères de la taille immédiatement supérieure, et mille fois plus grande que celle parcourue par le grand coléoptère, dominant tout cet ensemble. Finalement, les minuscules insectes et acariens se tiennent sur des grains de

Dans l'évolution de la biodiversité, plus la taille des animaux est petite plus il y a d'espèces différentes. Au sein de groupes déterminés d'animaux comme les insectes, les organismes les plus petits sont capables d'exploiter plus de niches écologiques que les autres et ainsi de rassembler plus d'espèces dans des communautés locales. Dans les forêts humides montagneuses de Nouvelle-Guinée, le charançon géant (*Gymnopholus lichenifer*) porte une masse de lichens sur son dos qui constitue un microhabitat abritant plusieurs espèces de mites et de XXX. À ses pieds, des scarabées XXX d'espèces inconnues vivent dans leur propre environnement.

sable figurant au sein de minces couches d'algues et des rhizoïdes des mousses, et sur un seul grain de sable peuvent croître des colonies de bactéries représentant des dizaines d'espèces de bactérie, ou davantage.

Je me suis particulièrement appesanti sur le microcosme figurant à la surface d'un tronc d'arbre pour bien faire ressortir que dans le monde réel, dans lequel les espèces se multiplient tant que rien ne les arrête, l'espace n'est pas euclidien mais fractal. La dimension des superficies dépend de celle de la baguette qui les mesure ou, plus exactement, de la taille des animaux vivant sur l'arbre et de la dimension du territoire sur lequel ils cherchent leur nourriture.

Dans le monde fractal, un écosystème entier peut figurer dans le plumage d'un oiseau. Parmi les organismes les plus remarquables vivant dans ce milieu très particulier, on trouve les acariens des plumes, des arachnides se nourrissant, semble-t-il, des sécrétions grasses et des détritus cellulaires. Les individus sont si petits et territoriaux qu'ils peuvent passer la plus grande partie de leur vie sur une partie déterminée d'une plume donnée. Chaque espèce est spécialisée pour un type de plume et un site particulier de la plume, comme, par exemple, la partie externe du tuyau d'une rémige primaire ou la lame d'une tectrice, ou l'intérieur d'une plume de duvet, et ainsi de suite dans ce qui, pour ces acariens, est l'équivalent d'une forêt d'arbres et d'arbrisseaux. Chez une espèce de perroquet, le conure vert du Mexique, trente espèces d'acariens ont été répertoriées, chacune présentant quatre stades dans son cycle vital, ce qui donne un total de plus de cent formes vivantes. Chacune de ces formes est caractérisée, à son tour, par son propre site préféré et son comportement. Un seul perroquet peut héberger quinze espèces ou plus d'acariens des plumes, sept d'entre elles occupant différents sites sur la même plume individuelle. Tila Pérez de l'université nationale du Mexique a récemment recueilli six espèces dans les plumes de spécimens de muséums de la perruche de Caroline, maintenant éteinte. Si cette faune quasi-microscopique était propre à cet oiseau, ce qui semble vraisemblable, alors, ces espèces d'acariens ont aussi péri, lorsque le dernier oiseau est mort dans le marais de la Santee en Caroline du Sud dans les années 1930.

Les études statistiques ont montré que les animaux qui présentent le plus de diversité sont non seulement petits, mais aussi extrêmement mobiles, ce qui leur donne accès aux sources de nourriture les plus abondantes et variées, ainsi qu'à toutes sortes d'autres ressources. L'exemple le plus parfait de ce principe est fourni par les insectes, si divers et abondants qu'ils ont acquis, dans le grand public, une image de quasi-invincibilité. (*Après la guerre nucléaire, une blatte contemple le paysage brûlé, perchée sur une cannette de bière éventrée.*) On demande souvent aux entomologistes si les insectes viendraient à dominer la Terre, au cas où l'homme provoquerait sa propre extinction. C'est l'exemple même de la fausse question appelant une réponse non pertinente : les insectes dominent la Terre depuis longtemps. Ils sont apparus sur les continents il y a près de quatre cents millions d'années. Au Carbonifère, cent millions d'années plus tard, ils ont effectué une radiation évolutive, donnant des formes presque aussi diverses que celles existant aujourd'hui. Depuis, ils ont dominé les habitats sur la terre ferme et dans les eaux douces, dans le monde entier. Ils ont facilement survécu à la grande crise d'extinction qui est survenue à la fin de l'ère paléozoïque, lorsque le monde vivant a subi bien davantage que l'équivalent d'une guerre nucléaire totale. Il y a aujourd'hui, à chaque instant, un milliard de milliards d'insectes vivant dans le monde. Cela représente environ mille milliards de kilos de matière vivante, ce qui est tout de même plus que le poids total de l'ensemble des être humains. Cela représente des millions d'espèces, dont la plupart n'ont pas encore reçu de nom scientifique. Comparée à ces énormes masses d'animaux à six pattes, l'espèce humaine est une nouvelle venue, puisqu'elle est apparue il y a moins de deux millions d'années et n'a qu'une faible prise sur la planète. Les insectes peuvent prospérer sans nous, mais nous, et la plupart des organismes vivant sur les continents, péririons sans eux.

Richard Southwood a expliqué la prééminence et l'hyperdiversité des insectes au moyen de trois mots : taille, métamorphose et ailes. La taille explique qu'ils aient pu délimiter des niches écologiques de petite dimension, ce qui a permis corrélativement la formation de nombreuses espèces. Les métamorphoses, qui permettent le passage d'un stade du cycle vital à l'autre – de la larve ou de la nymphe à l'adulte – expliquent que chaque espèce ait pénétré dans plus d'un habitat, et qu'ainsi davantage de niches aient été déterminées. Les ailes expliquent qu'ils aient pu se disperser aux quatre coins du milieu continental, par-delà les lacs et les déserts, jusqu'aux plus hauts sommets des feuillages et aux plus lointains sanctuaires, leur permettant d'arriver facilement jusqu'à de nouvelles ressources alimentaires, jusqu'à de nouveaux lieux où s'accoupler et échapper aux ennemis. À cela, il faut ajouter la préemption : étant donné que les insectes ont été les premiers à se répandre dans toutes les niches terrestres, y compris les airs, ils ont, sans aucun doute été trop bien installés pour être évincés par des nouveaux venus.

L'espèce humaine est venue au monde en tant que produit tardif des radiations évolutives qui, au cours des cinq cent cinquante millions d'années du Phanérozoïque, ont mené la biodiversité planétaire à son plus haut niveau de tous les temps. Plus qu'en un sens biblique, l'humanité est née dans le jardin d'Éden, et l'Afrique a été son berceau. Durant la plus grande partie de son histoire géologique récente, de l'ère mésozoïque jusqu'il y a approximativement quinze millions d'années, ce continent a été séparé de l'Europe au Nord, et de l'Asie à l'Est, par la Tethys, une mer tropicale d'eaux peu profondes, reliant l'océan Atlantique à l'océan Indien. Dans la mesure où celle-ci s'est rétrécie pour donner une relique, la mer Méditerranée, l'Afrique s'est trouvée reliée à l'Europe et à l'Asie et a désormais fait partie du continent mondial, ce domaine biogéographique plus ou moins unifié, au sein duquel les grands groupes de plantes et d'animaux ont pu se répandre. Avant cette époque, l'Afrique était une île-continent semblable par la masse et l'isolement à l'Australie et à l'Amérique du Sud. Tout comme ces masses continentales isolées, elle avait développé une faune mammalienne particulière : des éléphants, des hyracoïdes, des girafes, des barythériens, des rats à trompe, et, ce qui n'est pas le moindre, les australopithèques et les premiers vrais hommes. Certains des groupes zoologiques qui ont vécu en Afrique y ont été indigènes. D'autres, comme les grands félins et les primates, ont prospéré dans toute l'Europe et l'Asie et ont périodiquement envahi l'Afrique, où, de temps en temps, leurs lignées se sont ramifiées en de multiples espèces, au cours de secondes poussées évolutives. Les australopithèques et les premiers hommes ont représenté les produits finaux de radiations secondaires survenues postérieurement à l'époque de la Tethys. Ils sont entré en scène, marchant debout, portant le feu prométhéen – la conscience de soi et la connaissance, attributs volés aux dieux – et tout a changé.

TROISIÈME PARTIE

L'IMPACT HUMAIN

Chapitre 11

LA VIE ET LA MORT
DES ESPÈCES

Chaque espèce mène un genre de vie qui lui est propre, et chaque espèce meurt d'une façon différente. Le gui de Nouvelle-Zélande *Trilepidea adamsii* était une jolie plante avec des feuilles glabres d'un vert clair, des fleurs tubulaires rouges teintées de vert jaunâtre, et des fruits ovales d'un rouge vif. Cette espèce a disparu en 1954 du dernier territoire qu'elle occupait, sur l'île du Nord. Elle croissait, en tant que parasite, sur les arbrisseaux et les petits arbres dans le sous-étage de la forêt indigène. Elle n'avait jamais été très répandue, et lors des premières explorations botaniques menées par des Européens, elle était limitée à quelques sites de la péninsule nord, autour d'Auckland.

Trilepidea adamsii a péri à la suite d'une série de circonstances que personne n'aurait pu prévoir, il y a une centaine d'années. Son habitat a été réduit par la déforestation, d'abord par le fait des Maoris qui occupaient l'île depuis mille ans, puis par celui des colons britanniques, à la fin du XIXᵉ siècle, qui accélérèrent beaucoup le processus. Déjà menacée, la population de ce gui tomba sous le joug des collectionneurs désireux de s'approprier des spécimens d'une plante rare. La multiplication de la plante fut, de plus, ralentie par le déclin de la population d'oiseaux, lui-même entraîné par la déforestation et la prédation accrue exercée par les mammifères introduits dans l'île. Les oiseaux sont nécessaires à la multiplication du gui, car ils transportent ses graines d'un arbre-hôte ou d'un arbrisseau-hôte à un autre. Au début des années 1950, *Trilepidea adamsii* était proche de l'extinction. On ignore exactement comment cette espèce a péri. Les derniers plants ont peut-être été mangés par l'opossum à queue touffue, un mammifère qui se nourrit du feuillage des arbres et qui a été délibérément introduit d'Australie dans les années 1860, dans le but d'instaurer un commerce de la fourrure. Ces opossums n'ont jamais été assez abondants pour détruire le gui, lorsque celui-ci prospérait, mais ils ont pu le pousser à l'extinction, tout à la fin.

Considérons ce paradoxe familier de la biodiversité : presque toutes les espèces qui ont jamais existé sont éteintes, et cependant il y a aujourd'hui plus d'espèces vivantes qu'il n'y en a jamais eu par le passé. La solution de ce paradoxe est simple. La vie et la mort des espèces ont été étalées sur plus de trois milliards d'années. Si elles durent en moyenne, disons, un million d'années, il s'ensuit que la plupart ont péri au cours de ce vaste laps de temps géologique, de la même manière que tous les gens qui ont existé durant les dix mille dernières années sont morts, ce qui n'empêche que la population humaine est actuellement plus importante qu'elle n'a jamais été. Le renouvellement aurait été encore plus considérable s'il s'était situé au niveau dynastique, une espèce donnant naissance à de nombreuses espèces, la plupart ou toutes cédant la place à des groupes ascendants ultérieurs.

L'évolution porte, en effet, sur des dynasties, et le chiffre d'un million d'années pour la longévité des espèces serre d'assez près la réalité. Cependant, ce qui est réellement intéressant n'est pas la longévité d'une espèce, mais celle d'un clade, lequel est composé d'une espèce et de tous ses descendants. La longévité d'un clade doit être considérée depuis le moment où l'espèce-souche s'est pour la première fois séparée des autres espèces jusqu'au moment où le dernier organisme, appartenant à l'ensemble formé par cette espèce et tous ses descendants, a disparu. L'extinction des chrono-espèces, ou la pseudo-extinction comme on l'appelle, ne compte pas. Si une espèce évolue à un point tel que les biologistes peuvent la reconnaître comme nouvelle espèce ou chrono-espèce, elle ne s'est pas éteinte ; elle a simplement beaucoup changé. Le clade continue de vivre, et sa lignée particulière de gènes perdure.

Chaque grand groupe d'organismes semble être caractérisé par une longévité particulière de ses clades. En raison de la relative richesse en fossiles des dépôts sédimentaires des zones marines peu profondes, on a pu déterminer, de manière à peu près certaine, la durée des clades de poissons et d'invertébrés qui y vivent. Au Paléozoïque et au Mésozoïque, leur longévité moyenne était située entre 1 et 10 millions d'années – par exemple, 6 millions d'années pour les étoiles de mer et d'autres échinodermes ; 1,9 million d'années pour les graptolites (animaux coloniaux lointainement apparentés aux vertébrés), et 1,2 à 2 millions d'années pour les ammonites (mollusques à coquille ressemblant au nautile actuel). Sur les continents, la longévité des clades de plantes à fleurs durant le Cénozoïque semble aussi s'être située dans la fourchette de 1 à

10 millions d'années. Celle des mammifères a varié de 0,5 à 5 millions d'années, suivant les époques géologiques.

La probabilité de l'extinction des espèces au sein des clades est plus ou moins constante au cours du temps. Par suite, la fréquence des espèces, au sein d'un clade qui perdure, décline de façon exponentielle. Pour prendre un exemple très simplifié, si la moitié des espèces est encore vivante après un million d'années, la moitié de celles-ci (soit un quart du nombre de départ) persistera après deux millions d'années, la moitié de ces dernières (un huitième) durera trois millions d'années, et ainsi de suite. Cette décroissance est souvent accélérée par des changements climatiques qui provoquent des vagues d'extinctions et des séries de nouvelles naissances – les extinctions ne se sont pas seulement manifestées sous forme de grandes catastrophes qui ont mis fin au Paléozoïque et au Mésozoïque ; elles se sont réalisées aussi sous la forme d'événements de plus petites dimensions et plus fréquents. Ainsi, les clades de buffles et d'antilopes en Afrique sub-saharienne ont duré de cent mille ans à plusieurs millions d'années. Mais, il y a environ 2,5 millions d'années, nombre d'entre eux ont péri, tandis que d'autres ont simultanément fait leur apparition. L'événement sous-jacent à cet épisode semble avoir été une période de refroidissement et une diminution des pluies, qui ont entraîné l'expansion de prairies sur une grande partie du continent africain.

L'instabilité locale du climat n'est que l'une des raisons de ne pas généraliser trop rapidement au sujet de la durée de vie des espèces, d'après les archives fossiles. Les espèces jumelles, si semblables dans leur morphologie au point d'être indistinguables en tant que fossiles, peuvent se succéder rapidement sans que l'on puisse le déceler. De petites espèces locales peuvent aussi subir un renouvellement rapide dans des lieux où la fossilisation se produit rarement, comme les vallées désertiques ou l'intérieur des petites îles, ne laissant aucune trace de leur existence.

Nous savons pertinemment que des espèces se forment actuellement dans les forêts d'altitude du nord des Andes, de façon abondante et sans que cela puisse laisser de traces à l'état fossile. Dans les habitats montagneux de Colombie, de l'Équateur et du Pérou, les populations de plantes et d'animaux sont sujettes à de rapides évolutions et à de précoces extinctions, par le simple fait de leur localisation géographique. Les montagnes sur lesquelles elles vivent sont isolées et diffèrent les unes des autres par la température, les chutes de pluie et les espèces composant les communautés locales. Les populations sont petites. Alwyn Gentry et Calaway Dodson estiment qu'en des lieux de ce type, certaines espèces d'orchidées peuvent se multiplier en l'espace de seulement quinze ans. On peut en déduire que la durée de vie de ces espèces

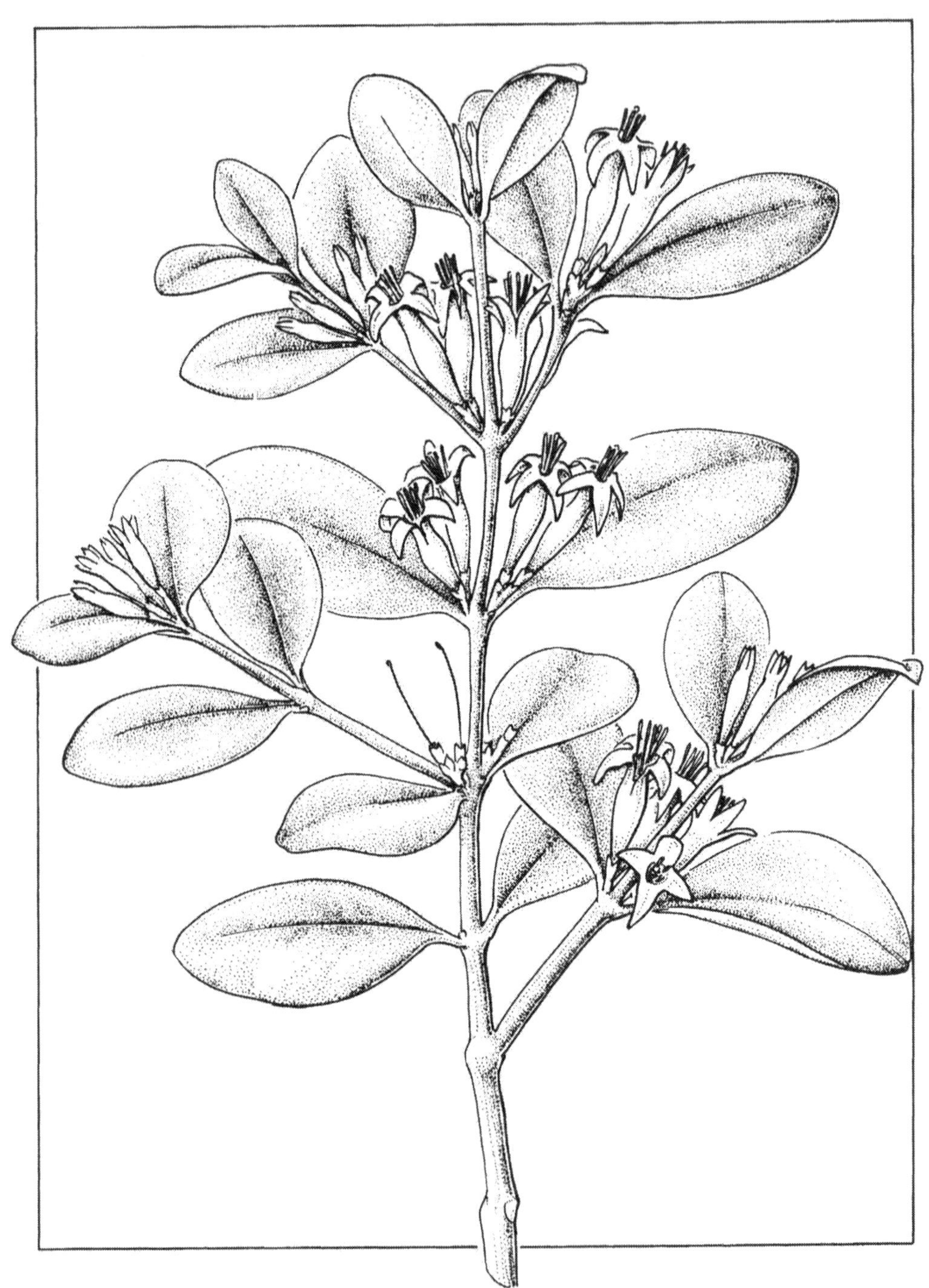

Une espèce éteinte, le gui de Nouvelle-Zélande *(Trilepidea adamsii)*.

y est vraisemblablement courte, mesurable en décennies ou siècles. Les orchidées sont de loin les plus diverses des plantes actuelles, comprenant au moins dix-sept mille espèces, soit 7 % de toutes les plantes à fleurs. Beaucoup sont rares et n'ont qu'une distribution locale, comme les espèces endémiques des Andes, et elles peuvent naître et s'éteindre à des rythmes élevés, sans laisser de traces. De façon générale, la biologie des orchidées est telle que l'on ne peut appréhender toute leur histoire. Elles vivent souvent sous les tropiques, où les archives fossiles sont pauvres. La plupart sont des épiphytes croissant dans la couronne des arbres des forêts, un habitat de tissus végétaux qui ne peut pas conduire à la fossilisation. Et contrairement à la grande majorité des autres plantes à fleurs, elles ne dispersent pas leur pollen sous la forme de simples grains pouvant se déposer dans les lacs et les cours d'eau et devenir des microfossiles faciles à étudier. En effet, les orchidées rassemblent leur pollen sous forme de masses compactes, les pollinies, qui sont transportées de fleur en fleur par les insectes. De concert, ces deux traits – spéciation rapide et particularité de la pollinisation – font que les populations d'orchidées ne laissent pratiquement pas de traces qui permettraient de mesurer la longévité de leurs espèces.

Et il n'y a pas que les orchidées. Celles-ci nous signalent simplement que, outre les espèces dont on sait, par leurs fossiles, qu'elles ont eu une longévité comprise entre un et dix millions d'années, il existe un vaste ensemble caché d'espèces apparaissant et disparaissant à un rythme bien plus élevé. Les espèces nouvelles occupent généralement de petites aires de répartition et commencent souvent sous la forme d'un petit groupe d'individus pionniers atterrissant sur les rivages d'une île ou sur des crêtes montagneuses éloignées. Si l'extinction de ces jeunes populations vulnérables est élevée – l'équivalent de la mortalité infantile chez des organismes luttant contre des conditions du milieu difficiles – il se pourrait qu'une grande proportion des espèces meure jeune sans laisser de traces témoignant qu'elles ont existé. La naissance et la mort de la plupart des espèces gisent donc peut-être derrière un voile d'artefacts. Seules les populations les plus répandues vivant dans ou au voisinage de l'eau sont fossilisables de façon régulière ; et on ne peut faire de mesures de longévité que chez celles-ci. Mais derrière le voile évoqué plus haut, il y a eu un grand nombre d'espèces qui ont eu jadis des aires de répartition restreintes et dont on ne pourra plus jamais rien savoir.

Pour lever un peu ce rideau, pour nous rendre compte de la manière dont vivent et meurent les espèces rares, il nous faut emprunter un chemin moins direct et retourner aux principes de l'écologie et de l'histoire naturelle. Cette dernière est de l'écologie exprimée dans les détails de la biologie des espèces individuelles qui vivent encore ou n'ont péri que récemment. Prenons d'abord les lois de l'écologie. Celles-ci sont écrites dans les équations de la démographie. Le nombre de plantes ou d'animaux au sein d'une espèce particulière est exactement déterminé par le taux de naissance des nouveaux individus, l'âge auquel ils se reproduisent et l'âge auquel ils meurent. La distribution de la population par tranches d'âge (combien il y a de nouveau-nés, combien de jeunes, combien d'adultes et combien de vieux) est réglée par les rythmes de naissance et de mort. Ces derniers sont influencés par la taille de la population, ou plus précisément, par sa densité. Le nombre d'oiseaux vivant dans un bois ou celui des cellules d'algues entassées sur une pierre humide affecte les ressources alimentaires dont ces organismes peuvent disposer, l'intensité avec laquelle ils sont attaqués par les prédateurs ou les agents pathogènes, la mesure dans laquelle leur reproduction est retardée, la longévité des individus, et la nature des concurrents pouvant pénétrer dans la même communauté. Tout cela a d'importantes conséquences : en dernière analyse, l'écologie est une question de démographie, et la démographie se traduit ensuite en histoire naturelle, dont les paramètres sont fonction des lieux et des moments particuliers. Les équations de la démographie sont spécifiées par le contexte.

Il en est de même lorsque nous passons à un niveau supérieur, celui de la vie et de la mort des espèces individuelles. Les lois de la diversité biologique sont écrites dans les équations de la spéciation et de l'extinction. Les écologistes et les paléontologistes ont commencé à se mettre en quête de ces lois, ayant pris conscience de l'importance des données sur les taux de naissance des espèces et sur la longévité des clades qu'elles engendrent. Ils commencent à se rendre compte que ces lois ressemblent à celles de l'écologie, et sont en train de les traduire, elles aussi, en termes d'histoire naturelle.

Prenons le cas d'une île qui vient de se former dans la mer, encore dépourvue de tout être vivant, disons, par exemple, Krakatau en 1883, ou Surtsey au large de l'Islande en 1963, ou Kauai, il y a cinq millions d'années. Les plantes et les animaux arrivent bientôt, apportés par la voie des airs sous forme de plancton aérien ou poussés sur le rivage par les tempêtes. Considérons alors un groupe particulier, disons les oiseaux vivant à l'intérieur des terres, ou les reptiles, ou les herbes. Au début, le rythme d'arrivée des nouvelles espèces dans le groupe en question est relativement élevé, mais il chute ensuite inévitablement, parce que les espèces à fort pouvoir de dispersion ont été les premières à s'établir. Sur les îles et les continents voisins, il y a d'autres espèces pouvant franchir la mer, mais elles ont, dans l'ensemble, une moindre capacité de colonisation. Tandis que la population de l'île comprend de plus en plus d'espèces du groupe considéré – oiseaux, reptiles ou herbes – le rythme d'arrivée d'espèces non encore établies ne cesse de diminuer. Il avait pu commencer avec une moyenne d'une nouvelle espèce par an, mais décline ensuite durant le siècle suivant, atteignant la moyenne d'une espèce tous les dix ans. Simultanément, le taux d'extinction s'élève, puisque davantage d'espèces sont en compétition pour l'espace et les ressources disponibles.

À la longue, le taux d'extinction des espèces déjà installées sur l'île, exprimé en nombre d'espèces par année, finira par égaler le taux d'immigration de nouvelles espèces sur l'île, lui aussi exprimé en nombre d'espèces par année. Donc, le nombre des espèces présentes sur l'île sera dans un état d'équilibre dynamique. De nouvelles espèces continuent d'arriver, d'anciennes continuent de disparaître, la composition de la flore et de la faune est constamment en train de changer, mais le nombre des espèces présentes à tout moment reste, à la longue, le même.

Ce modèle très simple d'un équilibre entre immigration et extinction est à la base de la théorie de la biogéographie insulaire que Robert MacArthur et moi-même avons élaborée en 1963. Nous avions remarqué que les faunes et les flores des îles du monde entier montrent une relation constante entre la superficie de l'île et le nombre des espèces qui y vivent. Plus l'île est grande, plus il y figure d'espèces. Cuba possède beaucoup plus d'espèces d'oiseaux, de reptiles, de plantes et d'autres organismes que la Jamaïque, laquelle présente, à son tour, une faune et une flore plus riches en espèces que Antigua. Cette relation s'observe presque partout, des îles Britanniques aux Antilles, aux Galápagos, aux Hawaï, ainsi qu'aux archipels d'Indonésie et du Pacifique Ouest, et elle obéit à une règle arithmétique claire : le nombre des espèces (oiseaux, reptiles, herbes) double approximativement lorsque la superficie est multipliée par dix. Prenons un cas réel, celui des oiseaux vivant à l'intérieur des terres, dans le monde entier. Il y a en moyenne environ cinquante espèces sur les îles de mille kilomètres carrés et à peu près deux fois plus, soit cent espèces, sur des îles de dix mille kilomètres carrés. Si l'on veut exprimer cela de façon plus précise, le nombre des espèces s'accroît conformément à l'équation $S = CA^z$ où A est la superficie, S le nombre des espèces, C une constante, z une autre constante, biologiquement intéressante, qui dépend du groupe d'organismes envisagé (oiseaux, reptiles, herbes). La valeur de z dépend aussi de la proximité entre l'île et les zones sources (grande, dans le cas des îles indonésiennes ; très faible, dans le cas des Hawaï et d'autres archipels de l'est du Pacifique). En bref, z est un paramètre. Il est constant pour un groupe donné d'organismes et un ensemble déterminé d'îles, comme, par exemple, les oiseaux des Antilles, mais peut changer, si nous considérons d'autres organismes sur d'autres îles, comme les herbes d'Indonésie. Sa valeur s'échelonne entre 0,15 et 0,35 au sein des faunes et des flores du monde entier. Dans le cas de la règle empirique selon laquelle une multiplication par dix de la surface double le nombre des espèces, $z = 0,30$ ou $\log_{10} 2$. Remarquez que nous pouvons, et c'est très important pour la pratique de la conservation des espèces, lire cette règle dans l'autre sens : une *division* par dix de la superficie fait diviser par deux le nombre des espèces.

L'augmentation de la biodiversité en fonction de la superficie met en évidence ce que l'on appelle *l'influence de la superficie*, et celle-ci peut être déduite de façon directe du modèle biogéographique de l'équilibre en espèces dans une île. Imaginons une série d'îles venant d'émerger au voisinage d'un continent, toutes situées à égale distance du rivage de ce dernier, mais de tailles variées. Toutes ces îles vont peu à peu être gagnées par des espèces, et le taux d'immigration, c'est-à-dire le nombre d'espèces arrivées chaque année, va être à peu près le même d'une île à l'autre, puisqu'elles sont toutes situées à la même distance du continent. D'un autre côté, le taux d'extinction augmentera plus lentement sur les îles de grande superficie. La raison en est qu'une superficie plus grande signifie plus d'espace disponible pour les animaux ; plus d'espace disponible pour les animaux signifie de plus grandes populations pour les espèces, et finalement, de plus grandes populations signifie une espérance de vie plus longue pour celles-ci. Vous avez d'autant moins de chances de terminer complètement ruiné que vous êtes plus riche au départ, et davantage d'individus peuvent être accumulés sur de grandes superficies avant qu'ils ne deviennent pauvres. Ainsi, sur une grande île, le taux d'extinction global ne devient égal à celui d'immigration que longtemps après que de nombreuses espèces l'ont colonisée, et, à égalité, les grandes îles ont davantage d'espèces que les petites.

L'*influence de la distance* est la suivante : plus une île est éloignée du continent ou d'autres îles, moins nombreuses sont les espèces qui y vivent. Comme pour l'influence de la superficie, ce phénomène biogéographique peut s'expliquer de façon simple à partir du modèle de l'équilibre insulaire. Il suffit d'inverser les paramètres et d'imaginer maintenant que les îles sont toutes de même taille, mais à des distances variables du continent. Tandis qu'elles accueillent des espèces d'oiseaux, de reptiles ou d'herbes, le taux d'extinction sur toutes les îles s'accroît à peu près à la même vitesse (parce qu'elles sont toutes de même taille). Mais les îles éloignées se remplissent plus lentement ; les organismes ont une plus grande distance à parcourir, et le taux d'immigration en espèces (nouvelles espèces arrivant chaque année) est plus faible. Le taux

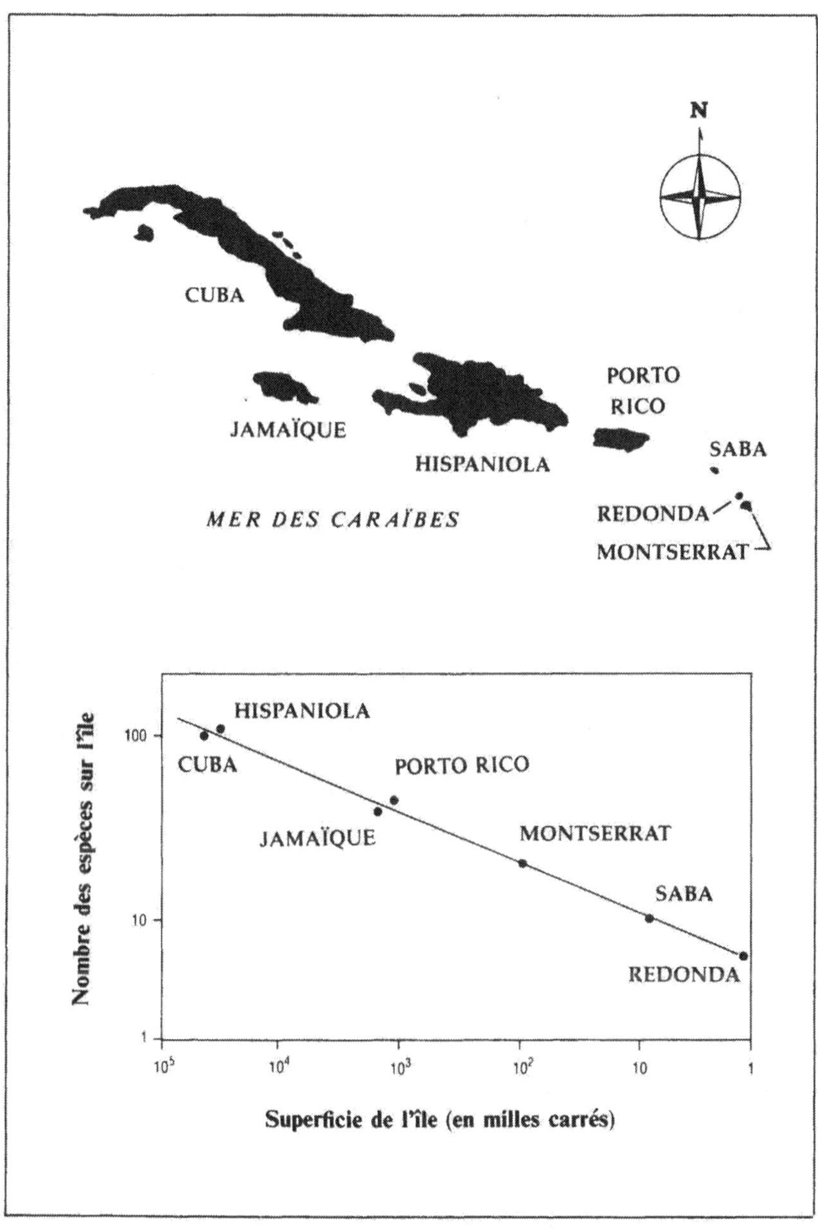

Le nombre des espèces vivant sur une île augmente ou diminue en fonction de la superficie de celle-ci. Un exemple typique est illustré ici : celui de la diversité des espèces de reptiles et d'amphibiens aux Antilles. Une diminution de 90 % de la superficie, quand on passe d'une île à l'autre, se traduit par une diminution de 50 % du nombre des espèces.

d'extinction vient à égaler celui d'immigration alors que moins d'espèces sont représentées. Les îles éloignées atteignent donc leur équilibre avec moins d'espèces que les îles proches.

Cependant, on ne peut, sur la seule base d'un raisonnement théorique, même solide et plausible, prétendre avoir complètement élucidé des processus écologiques aussi complexes que l'augmentation du nombre des espèces. Il faut aussi effectuer des expériences pour confirmer les prédictions de la théorie et, dans le cas de l'écologie, en particulier, confronter celles-ci aux stimulants défis de l'histoire naturelle. Mais comment effectuer des expériences sur des archipels et des faunes et des flores entiers ?

La solution est de se rabattre sur un modèle miniature. Au cours des années 1960, j'ai passé énormément de temps à me pencher sur des cartes des États-Unis et à méditer, cherchant à localiser de petites îles qui pourraient souvent être visitées et manipulées d'une façon ou d'une autre pour tester les modèles de la biogéographie insulaire. J'ai beaucoup réfléchi sur les insectes, des organismes assez petits pour entretenir de grandes populations en des sites restreints. Une faune d'oiseaux et de mammifères requiert pour s'épanouir une île de la taille de Guernesey ou de Martha's Vineyard, mais des aphidés ou des coléoptères vivant sur l'écorce des arbres peuvent prospérer en grand nombre sur un seul arbre. Pour finir, j'ai fixé mon choix sur les Cayes de Floride, surtout sur les minuscules îlots à palétuviers rouges qui parsèment les eaux peu profondes de la Baie de Floride immédiatement à l'Ouest. Les palétuviers tolérant l'eau salée peuvent y figurer à l'état isolé ou par forêts de centaines d'hectares. Ils sont présents en très grand nombre, des Dix Mille Îles dans le haut de la baie aux archipels miniatures s'étirant le long du bord nord des Cayes Inférieures.

En 1966, Daniel Simberloff, alors étudiant licencié de l'université de Harvard et aujourd'hui éminent professeur d'écologie à l'université d'État de Floride, vint me rejoindre pour essayer de transformer les îlots à palétuviers en des sortes de laboratoires de plein air. Nous avions besoin d'une série de petits Krakatau, d'îles qui pourraient être complètement débarrassées de leurs insectes, araignées et autres arthropodes, pour les étudier mois après mois. Cela n'était rien moins que d'assister à une recolonisation à partir de rien, et de vérifier si, oui ou non, la biodiversité pouvait atteindre un équilibre. Avec l'autorisation de l'Administration nationale des Parcs, nous avons choisi quatre minuscules îlots pour notre expérience, de quinze mètres de large et couverts de palétuviers rouges. Afin de mettre à l'épreuve la notion de l'influence de la distance, nous avons choisi un îlot situé à deux mètres d'une grande île, un autre à cinq cent trente-trois mètres de celle-ci, plus deux autres situés entre eux. La distance de deux mètres peut sembler insignifiante, n'étant pas plus grande que la taille d'un arrière des Boston Celtics *, mais cela représente mille fourmis ouvrières alignées bout à bout – ce qui, traduit à l'échelle humaine, donnerait un peu plus d'un mille anglais **. Nous nous sommes mis au travail. Parcourant chacun des îlots, du sol boueux jusqu'au sommet des arbres, examinant chaque millimètre carré des feuilles et de l'écorce, sondant chaque fissure et crevasse, prenant des photographies et recueillant des échantillons, nous avons dressé une liste aussi complète que possible des espèces d'insectes et d'autres arthropodes, présentes sur les quatre îlots. Ces premiers résultats ont déjà montré que l'influence de la distance était manifeste. Sur l'îlot le plus proche de la grande île figurait le plus d'espèces ; sur le plus éloigné, il y en avait le moins ; et sur les deux îlots situés entre les deux, un nombre intermédiaire.

Ensuite, nous avons loué les services d'une entreprise de Miami spécialisée dans la lutte contre les nuisibles afin de détruire tous les arthropodes vivant sur les îlots, au moyen de la méthode habituellement employée pour désinsectiser des immeubles entiers. Les employés ont d'abord recouvert les îlots de tentures de nylon caoutchoutées. Ils ont alors envoyé à l'intérieur de celles-ci un gaz, le bromure de méthyle, en concentration et durant un laps de temps prédéterminés, de façon qu'il soit fatal aux arthropodes, mais non aux palétuviers. Lorsque nous avons retiré les tentures, nous avons eu devant nous quatre îlots vides, quatre petites Krakatau.

La recolonisation a commencé en l'espace de quelques jours. En moins d'un an, les populations animales ont retrouvé le niveau qu'elles avaient antérieurement sur les îlots. Et leurs effectifs se sont échelonnés de nouveau en fonction de la règle de la distance : de 43 espèces, ils sont passés à 44 espèces sur l'îlot le plus proche ; de 25, ils ont arrivés à 22 sur la plus lointaine, et des niveaux approchant de très près ceux qui existaient auparavant, sur les îlots intermédiaires. Ces chiffres se sont maintenus de façon remarquablement constante jusqu'à la fin de la seconde année, moment où l'on a arrêté les observations. L'équilibre a aussi présenté un état dynamique, de nombreuses espèces colonisant un îlot donné, disparaissant après un mois ou deux, puis faisant une seconde apparition ou cédant la place à une ou deux espèces semblables. En observant ces faunes, on a eu l'impression d'un vrai kaléidoscope, le nombre total des espèces restant plus ou moins équilibré, mais la composition changeant constamment, un peu comme lorsqu'on

---

* Célèbre équipe de basket de la ville de Boston, voisine de l'université Harvard, où travaille l'auteur (N.d.T.).
** Le mille anglais mesure 1 609,31 mètres (N.d.T.).

observe le flot des voyageurs dans un aéroport. À mi-parcours de l'expérience, de 7 à 28 % seulement des espèces de nouveaux colons, suivant les îlots, étaient les mêmes que celles qui existaient avant la désinsectisation.

Cette expérience des Cayes de Floride a fourni des renseignements nouveaux sur la capacité des différents groupes à immigrer et à perdurer. Les araignées sont arrivées sur les îlots par voie aérienne, emportées au-dessus des eaux comme en ballon dirigeable, suspendues à leur fil de soie. Mais beaucoup de leurs espèces se sont rapidement éteintes. Leurs lointains apparentés, les acariens, ont mis plus de temps à arriver, transportés dans les airs comme des particules de poussière, mais leurs espèces individuelles ont duré plus longtemps. Les blattes, les sauterelles, les papillons de nuit et les fourmis sont arrivés tôt et ont opéré une colonisation durable. Les différents groupes de « mille-pattes » que constituent les chilopodes et les diplopodes étaient bien établis avant la désinsectisation, mais ils ne sont pas réapparus au cours des deux années durant lesquelles nous avons poursuivi les observations.

Cette expérience sur les îlots aux palétuviers a été inspirée par Krakatau et par l'idée qu'il était intéressant d'observer une île débarrassée de toute vie animale. Une seconde méthode pour étudier l'équilibre biogéographique des espèces serait de réduire la dimension des îles et d'observer le déclin du nombre des espèces, tandis que l'équilibre passerait d'un haut à un bas niveau. À la fin des années 1970, Thomas Lovejoy a adopté cette démarche pour mener à bien ce qui allait devenir la plus grande expérience de biologie de tous les temps. Il s'est appuyé sur une loi brésilienne qui enjoignait aux propriétaires de parcelles de garder au moins 50 % de leurs terres recouvertes de forêts ; ils pouvaient convertir librement le reste en pâturages et en terres cultivées. Avec le soutien du W.W.F. (World Wildlife Fund) et du gouvernement brésilien, Lovejoy s'est fixé comme but d'observer la façon dont allait évoluer la diversité en espèces dans les lots de forêt épargnés, tandis qu'allait progresser la déforestation. Il a persuadé les propriétaires des terres longeant la route Boa Vista, au nord de Manaus, de garder des parcelles de forêt, mesurant de un à mille hectares. Un collègue ornithologue, Richard Bierregaard, s'est joint à lui comme directeur de recherches sur le terrain, puis d'autres experts ont été conviés à participer, en tant qu'invités, au développement de cet énorme programme de recherches. Tous ces biologistes se sont fixé pour but d'étudier la diversité des espèces en des sites déterminés, d'abord lorsque les lots forestiers étaient dans leur état originel, puis après qu'ils aient été transformés en îles par la déforestation. (L'un de ces lots correspondait à Fazenda Dimona, l'endroit où je me suis assis pour attendre la tempête.)

Cette entreprise hardie a d'abord été appelée « Programme de recherches sur la taille critique minimum des écosystèmes », car son but était de déterminer la plus petite taille que pouvait avoir une réserve de forêt tropicale humide afin de préserver les espèces de plantes et d'animaux originaires du voisinage immédiat. Quelles doivent être les dimensions d'un territoire afin de préserver, disons, 99 % de toutes les espèces originelles pendant cent ans ? Ultérieurement, cette étude a fait partie du « Programme de recherches sur la dynamique biologique des parcelles de forêts », dont le but a été de couvrir tous les habitats du Brésil. Les membres des équipes de recherches l'appellent, en raccourci, « Recherches sur les parcelles de forêt », et de nombreux Brésiliens l'appellent « Projeto Lovejoy ». Les observations près de Manaus ont commencé juste avant la déforestation, à la fin des années 1970, et il est prévu qu'elles se poursuivent jusqu'au siècle prochain.

On s'attend à ce que les observations de Manaus fournissent des montagnes de données, mais dès la première décennie, de 1979 à 1989, des faits intéressants sont apparus. La diversité en espèces au sein des petites « îles » a décru très rapidement, comme prévu. Les extinctions d'espèces ont été énormément accélérées par un phénomène inattendu : la pénétration très profonde, à l'intérieur des parcelles de forêt, des vents soufflant dans la journée. Ceux-ci ont asséché les zones en bordures des parcelles, et sur une distance de cent mètres ou plus vers l'intérieur de ces dernières, les arbres et arbrisseaux adaptés à la vie en forêt profonde sont morts. De nombreuses espèces de plantes et d'animaux ont disparu des plus petites parcelles, mais un petit nombre a augmenté ses effectifs. Les raisons expliquant ces changements sont quelquefois évidentes, mais aussi, bien souvent, déconcertantes. Les colonies de fourmis légionnaires qui ont besoin de plus de dix hectares pour entretenir la masse de leurs ouvrières ont rapidement disparu des parcelles de un à dix hectares. Avec elles, ont disparu cinq espèces d'oiseaux dont la stratégie alimentaire consiste à suivre les essaims de fourmis et à capturer les insectes fuyant en avant de leur front large de dix mètres. Les papillons de la forêt profonde affectionnant l'ombre ont rapidement décliné à la suite des effets nuisibles des vents asséchants, mais d'autres espèces spécialisées dans la vie en bordure de forêt et les zones de régénération ont prospéré. Les grosses abeilles euglosses, aux teintes bleu et vert métallique, qui sont les pollinisatrices numéro un des orchidées et d'autres plantes, ont été frappées durement dans toutes les parcelles mesurant moins de cent hectares. Les singes sakis, qui se nourrissent de fruits, ont disparu des parcelles de dix hectares. Mais les singes hurleurs roux, qui mangent des feuilles et peuvent donc diversifier leur nourriture, ont subsisté. Les grands mammifères vivant au sol, comme les félidés

– le chat-tigre, le jaguar, le puma – ou les pécaris ou les pacas, ont simplement quitté les parcelles les plus petites et ont disparu complètement de leur faune.

À la fin des années 1980, on a pu assister à l'expansion d'effets de second ordre au sein de la chaîne alimentaire. Les pécaris étant partis, il n'y a plus eu de dépressions bourbeuses formant de petites mares temporaires. En l'absence de celles-ci, trois espèces de grenouilles du genre *Phyllomedusa* n'ont pu se reproduire et ont disparu. Dans la mesure où les mammifères et les oiseaux ont décliné, les crottes et les cadavres sont devenus plus rares. Les scarabées qui se nourrissent de ces matières ont alors subi une chute de leurs effectifs, que ce soit en nombre d'espèces ou en nombre d'individus. La taille moyenne des coléoptères survivants est devenue plus petite. Bert Klein, qui a réalisé les observations sur ces différents changements, a prédit que davantage de répercussions se feraient encore sentir dans l'avenir, sur de vastes secteurs de la communauté animale. Elles toucheraient en particulier les acariens carnivores qui sont transportés par les coléoptères et s'attaquent aux vers des mouches, et au-delà, affecteraient les organismes provoquant des maladies chez les mammifères et les oiseaux :

> La diminution de la population de certains scarabées entraînerait sans aucun doute des changements de second ordre dans la propagation des acariens, ce qui pourrait induire des changements de troisième ordre dans les populations de mouches se reproduisant par le biais des crottes et des cadavres. La réduction du nombre de mouches pourrait conduire à des changements de quatrième ordre, mais des études sont nécessaires pour déterminer la nature éventuelle de ces derniers. Par ailleurs, en mangeant et en enterrant les crottes et les cadavres, les scarabinés tuent les larves de nématodes et d'autres parasites gastro-intestinaux des vertébrés. Par conséquent, un changement dans la population de ces bousiers pourrait modifier l'incidence des parasites et des maladies dans certaines parcelles de forêt isolées ou certaines réserves biologiques.

Étant donné que ces perturbations se propagent par cercles successifs au sein des communautés biotiques, la diversité des espèces, dans les plus petites parcelles de forêt, descend en spirale vers des niveaux imprédictibles. Nous pouvons cependant au moins dire ceci : la forêt amazonienne découpée en de nombreuses petites parcelles va tendre à n'être plus que le squelette d'elle-même.

La théorie confirme les intuitions du sens commun en avançant le théorème suivant : plus la dimension moyenne de la population d'une espèce donnée diminue au cours du temps, et plus cette dimension fluctue de génération en génération, plus vite la population va atteindre le niveau zéro et s'éteindre. Imaginons une population de moineaux sur une île, comprenant mille individus et variant, sous l'effet du seul hasard, d'une centaine, dans un sens ou dans l'autre, et ceci une à deux fois par siècle. Sur une autre île, figurent une centaine de moineaux de la même espèce, et cette population varie, elle aussi, d'une centaine d'individus, une à deux fois par siècle. Cette seconde population, qui est à la fois plus petite et soumise à des fluctuations de plus grande amplitude, possède une espérance de vie bien plus courte. Plus exactement, de nombreuses populations de ce type vont s'éteindre plus tôt que beaucoup d'autres, comparables en tous points, sauf au niveau de la taille.

Cette prédiction s'est révélée exacte, ainsi que l'a montré une étude méticuleuse, portant sur une centaine d'espèces d'oiseaux vivant au large des côtes anglaises et irlandaises, menée par Stuart Pimm, Lee Jones et Jared Diamond. Ces chercheurs ont trouvé que la durée de vie des populations locales insulaires d'oiseaux est d'autant plus courte que leur taille est petite. Elle est également d'autant plus courte qu'elles fluctuent plus largement au cours du temps.

Afin d'apprécier l'importance de la taille des populations dans un cadre plus large, imaginons que nous cherchions à protéger une population locale d'une destruction catastrophique. Nous nous arrangeons pour que l'habitat reste intact, que des ressources alimentaires permanentes soient assurées, et qu'aucune maladie ou prédateur dévastateur ne se manifeste. Les fluctuations dans le nombre des individus composant la population ne dépendent alors que du pur hasard des naissances et des morts – combien de femelles s'accouplent cette année, combien de petits vont passer le cap du bas âge, et ainsi de suite. Le hasard lui-même ne fait que représenter la somme de nombreux autres événements largement imprévisibles, jouant sur les chutes de pluie, les ressources alimentaires, et les attaques des ennemis. Grâce à des modèles mathématiques retraçant l'évolution de ces populations maintenues dans un cadre constant, il est possible de voir que leur taille et leurs fluctuations peuvent avoir d'énormes conséquences sur leur longévité. Une multiplication par dix de la taille moyenne d'une population, passant par exemple de dix à cent individus, peut augmenter sa longévité de plusieurs milliers de fois. Dit de façon plus pratique, il existe un seuil en dessous duquel une population est en danger d'extinction imminente d'une année à l'autre. Le côté réconfortant de cette théorie est que l'on peut souvent sauver une espèce en danger d'extinction, au moyen d'un accroissement relativement modeste de la superficie de son habitat, et donc de la dimension moyenne de sa population.

Étant donné que l'extinction est irrémédiable, les espèces rares font l'objet d'une attention toute particulière de la part des biologistes spécialistes de la conservation. Les praticiens de cette jeune discipline scientifique conduisent leurs études avec le même sens de l'urgence que des médecins dans les services hospitaliers du même nom. Ils essaient d'établir au plus vite un diagnostic et de trouver rapidement des moyens de prolonger la vie des espèces en question, jusqu'à ce que l'on puisse apporter des remèdes plus définitifs. Pour ces praticiens, il est une notion parfaitement claire : les populations composant une espèce sont généralement petites et disparaissent fréquemment ; mais si d'autres naissent au même rythme dans le cadre de la colonisation de nouveaux sites, et si ces dernières populations sont nombreuses, alors, l'espèce en tant que tout n'est pas particulièrement en danger. La rareté nécessite donc d'être définie à de nombreux niveaux, afin d'être envisagée de façon réaliste. Les idées fondamentales peuvent être mieux cernées en décrivant le cas de trois des espèces d'oiseaux les plus en danger d'extinction en Amérique du Nord.

La sylvette de Bachman. Une espèce est en danger d'extinction si elle se rencontre sur une vaste superficie, mais avec une faible fréquence sur toute son aire de répartition. C'est le cas de la sylvette de Bachman *(Vermivora bachmanii),* qui est l'oiseau le moins répandu d'Amérique du Nord par le nombre d'individus au kilomètre carré au sein de son territoire géographique. Elle est petite, la poitrine jaune, avec du vert olive sur le dos. Chez le mâle, la gorge est noire. Cet oiseau se reproduisait jadis dans les régions marécageuses liées aux rivières et plantées de bosquets, de l'Arkansas à la Caroline du Sud. On ignore quelles sont actuellement son aire de nidification et la taille de sa population. Il semble que cette espèce soit proche de l'extinction – et peut-être même est-elle déjà éteinte.

La sylvette de Kirtland. Une espèce est rare, même si elle est présente en forte densité en certains sites, mais qu'elle est limitée à un petit nombre de populations distribuées sur un petit territoire. C'est le cas de la sylvette de Kirtland (*Dendroica kirtlandii*), dont la poitrine est jaune citron et le dos gris tirant sur le bleu avec des rayures noires ; de plus, il existe un masque sombre chez le mâle. Cette espèce est faiblement coloniale, et son aire de nidification est restreinte à la région des pins gris dans la partie nord de la péninsule inférieure du Michigan. Entre 1961 et 1971, les effectifs de la population connue sont tombés de mille à quatre cents oiseaux. Le responsable de ce déclin est, semble-t-il, le molothre à tête brune (*Molothrus ater*), un oiseau qui dépose ses œufs dans les nids de cette sylvette. Les populations de cette dernière sont tout aussi denses dans les sites où on le rencontre, mais la restriction progressive de son aire de répartition l'a amené près de son extinction.

Le pic à cocarde rouge. Une espèce peut être rare même si elle a une vaste aire de répartition et qu'elle est nombreuse si elle est spécialisée dans l'occupation d'une niche rare. Un exemple frappant est fourni par le pic à cocarde rouge (*Picoides borealis*), dont le dos est zébré, la poitrine blanche tachetée de noir, et les joues blanches marquées d'une touche de carmin. Il est distribué sur la plus grande partie du sud-est des États-Unis, mais a besoin de forêts de pins de plus de quatre-vingts ans d'âge. Cet oiseau vit en petites sociétés composées d'un couple reproducteur et de plusieurs petits, ces derniers aidant leurs parents à protéger et à élever leurs plus jeunes frères. Chaque groupe requiert une moyenne de quatre-vingt-six hectares de forêt, afin de recueillir une quantité suffisante d'insectes. Pour faire son nid, le pic à cocarde rouge creuse des cavités dans des pins à longues aiguilles âgés de quatre-vingts à cent vingt ans, dont le cœur du tronc a déjà été détruit par un champignon. Ces exigeantes conditions ne sont plus faciles à satisfaire dans les forêts de pins du Sud. En 1986, on a estimé que la population totale de pics en mesure de se reproduire était seulement de six mille. Elle était en train de baisser constamment, de près de 10 % par an au Texas et probablement aussi vite ailleurs. L'espèce paraissait condamnée, à moins d'arrêter immédiatement les coupes dans les forêts de vieux pins.

Les espèces piégées par la spécialisation et la réduction des habitats forment la plus grande classe des espèces en danger d'extinction. Il n'est pas difficile d'expliquer pourquoi la sylvette de Bachman est rare dans le Sud des États-Unis, en dépit de l'abondance des marais dus aux rivières, dans lesquels elle pourrait se reproduire. Cette espèce hiverne (ou hivernait) dans les forêts de l'ouest de Cuba et de l'île des Pins voisine, que l'on a pratiquement rasées, pour y cultiver la canne à sucre. Le goulot d'étranglement résulte de la perte des zones d'hivernage, ce qui a condamné à la famine durant l'hiver les sylvettes restantes, nées l'été aux États-Unis, dans des conditions de plus grande abondance.

John Terborgh a décrit de façon poignante son observation de l'une des dernières sylvettes de Bachman. En mai 1954, alors qu'il était un ornithologue amateur de dix-huit ans (il est aujourd'hui un scientifique, brillant spécialiste de l'ornithologie), il entendit dire qu'on avait aperçu un mâle de l'espèce de Bachman, à Pohick Creek, en Virginie, non loin du lieu où il habitait. On lui avait dit que le chant de la sylvette de Bachman ressemblait à celui de la sylvette verte à gorge noire et se terminait par la chute : *zi-zi-zi-zi-tsiou*.

Je me suis rendu à l'endroit que l'on m'avait décrit et, à mon grand étonnement, je l'ai entendu ! Je n'ai eu aucune difficulté à voir l'oiseau. C'était un mâle doté de tout son plumage. Il était posté sur une branche découverte à peu près à six mètres de hauteur et je pouvais le voir parfaitement bien tandis qu'il chantait. C'est à peine s'il s'est arrêté pendant les deux heures que j'ai passées là. À regret, je m'en suis allé, me demandant si je renouvellerais jamais cette observation. Et je ne l'ai jamais renouvelée.

Comme d'autres ornithologues amateurs devaient l'attester, ce mâle est revenu sur le même site les deux printemps suivants. Il n'a jamais été rejoint par aucune femelle. Ses extraordinaires performances de chant signifiaient qu'il était pourtant en excellente condition pour se reproduire, mais aucune femelle de la même espèce ne devait jamais le rejoindre.

Le plus rare des passereaux aux États-Unis : au sud de ce pays, la sylvette de Bachman est une espèce au bord de l'extinction, si elle n'est pas déjà éteinte. Ce dessin d'un mâle en train de chanter est inspiré de l'une des dernières photographies prises de cette espèce.

Je pense que, chaque printemps, les oiseaux qui restaient encore, franchissaient le golfe du Mexique. En tout petit nombre, ils se déployaient sur de vastes superficies dans le sud-est des États-Unis, devenant alors aussi difficiles à localiser que des aiguilles dans une botte de foin. Vers la fin, il est vraisemblable que la plupart des mâles de la population, comme celui de Pohick Creek, ne devaient jamais être rejoints par des femelles. Une fois cette situation installée, il n'y a plus eu aucune chance de sauver l'espèce dans la nature.

De la même manière, la sylvette de Kirtland hiverne dans les forêts de pins de deux îles du nord des Bahamas, appelées la Grande Bahama et Abaco. Terborgh a écrit que, en dépit de tout le soin que l'on pourrait apporter à la protection de la sylvette de Kirtland et de son habitat dans le Michigan, son destin serait probablement à la merci des intérêts commerciaux prévalant dans les Bahamas. Dans l'ensemble, les oiseaux migrateurs sont en train de décliner dans tous les États-Unis, en raison de la même maladie de l'environnement que celle affectant les sylvettes : leurs aires d'hivernage sont en train d'être dévastées par la coupe des arbres et la destruction de la forêt par le feu. Les perspectives sont particulièrement sombres pour les espèces qui dépendent des forêts en voie de diminution rapide au Mexique, en Amérique centrale et aux Antilles.

Plus haut, j'ai parlé de la spécialisation, ce piège subtil de l'opportunisme évolutif, et de la façon dont il est affecté par la sélection naturelle au niveau de l'espèce. Une ressource abondante apparaît, et une espèce s'adapte de façon à l'utiliser et à l'exploiter en exclusivité par rapport à tous les autres concurrents. Pour rester les plus compétitifs, les membres de l'espèce en question abandonnent leur aptitude à disputer efficacement d'autres ressources. L'avantage qu'ils gagnent génération après génération – c'est ainsi que procède la sélection naturelle – conduit l'espèce à s'insérer dans une aire de répartition de plus en plus restreinte. Elle devient alors plus sensible aux changements survenants dans l'environnement. Les organismes individuels portant les gènes de la spécialisation ont triomphé, mais au bout du compte, l'espèce, en tant que tout, perdra la bataille, et tous les organismes qui la composent périront. À l'ère paléozoïque, toute une famille d'escargots, les platycérides, prospéra en exploitant un mode de vie particulier consistant à s'attacher au pôle anal des crinoïdes, un groupe d'échinodermes appelés lys de mer. Ils se nourrissaient des matières fécales de leurs hôtes, qu'ils pouvaient s'approprier directement et avec une compétition minimale. Lorsque les crinoïdes s'éteignirent, la multitude des ingénieux platycérides connut le même sort.

Sur les hautes falaises qui s'éboulent au-dessus de la rivière Apalachicola en Floride croissent les derniers représentants de l'espèce d'arbre appelée torreya de Floride ou « cèdre puant » (*Torreya taxifolia*), un petit conifère du sous-étage forestier. Ce sont les reliques d'un climat plus froid, datant de l'époque où la dernière avancée des glaciers poussa des éléments nordiques jusqu'au sud des États-Unis. Lorsque les glaciers se retirèrent, il y a dix mille ans, la plupart des espèces de plantes et d'animaux se répandirent de nouveau en direction du Nord, pour ré-occuper la plus grande partie de leur ancienne aire de répartition, qui était vaste. Le torreya de Floride n'a pu se répandre, en partie à cause de sa dépendance pour des terres riches et humides d'origine calcaire. À la fin des années 1950, un champignon a frappé la petite population de l'Apalachicola et amené l'espèce au bord de l'extinction.

Dans les cours d'eau du système de l'Apalachicola, autour de la zone où poussent les torreyas en voie de disparition, on trouve de petites populations de la tortue à carte de Barbour, une belle espèce dotée d'excroissances en dents de scie tout le long de la ligne médiane sur le dos de la carapace et d'enjolivures formant une décoration sur le bord ventral. La femelle présente un aspect étonnant. Elle est beaucoup plus grande que le mâle et sa tête est agrandie de façon grotesque. Cette espèce n'est apparue par évolution que dans ce système de rivières, et ne s'est pas répandue au-delà. Elle est à présent menacée d'extinction, dans la mesure où les milieux d'eau douce sont de plus en plus perturbés en Floride.

Caché dans les déversoirs à fond bourbeux des points d'eau de la même région vit l'amphiume monodactyle, une espèce naine, membre d'un genre de salamandres géantes. J'ai visité l'habitat de cette espèce rare et peut-être en voie de disparition le jour où j'ai examiné les derniers peuplements de torreyas. Marchant avec un autre naturaliste sous un soleil brûlant, et parcourant une plaine plantée de chênes de Caroline, l'un des milieux les plus désolés dans l'est des États-Unis, nous avons découvert le point d'eau que je cherchais, dans une petite gorge étroite de vingt mètres de profondeur. C'était comme une oasis ; ses pentes étaient couvertes d'un bois épais de feuillus et son intérieur miséricordieusement frais. Dans son fond plat et boueux, un petit ruisseau décrivait des méandres. C'est là que vit le timide amphiume monodactyle. Il se nourrit d'une espèce de ver aquatique également peu ordinaire, limitée elle aussi à cet habitat. Nous avons trouvé les vers, mais ne sommes pas restés assez longtemps pour localiser les salamandres, car même durant la journée, les moustiques étaient si féroces que la plaine peuplée de chênes de Caroline nous a paru un lieu bien plus accueillant.

Une aire de distribution géographiquement restreinte, comme celle des espèces endémiques de l'Apalachicola comporte un risque supplémentaire : il suffit qu'une maladie se répande une seule fois (donnant ce que l'on appelle une *épizootie*, pour différencier ce phénomène des épidémies humaines), qu'intervienne un incendie, ou une gelée sévère, ou des bûcherons avec leurs tronçonneuses pendant une journée, et l'espèce peut s'éteindre. La spécialisation est périlleuse même pour des espèces à large distribution, car leurs populations locales, aussi nombreuses et étendues qu'elles soient, ont individuellement plus de chances de s'éteindre, jusqu'à ce que toutes aient finalement par hasard disparu.

Les archives fossiles se conforment à ce principe général. Récemment, j'ai étudié des fourmis préservées dans l'ambre trouvé en République Dominicaine, et datant du début du Miocène, il y a environ vingt millions d'années. Cette sorte de résine sécrétée par les arbres, et conservée à l'état fossile, est très abondante dans ce pays des Caraïbes, dont elle est l'une des richesses. Christophe Colomb en acquit des pièces par le troc, lors de son second voyage en 1493-94, qui provenaient d'une région minière encore en activité aujourd'hui, près de l'actuelle Santiago. Les fourmis sont, parmi les insectes, les plus abondantes au sein de la matrice dorée translucide, beaucoup étant conservées à la perfection, comme si elles avaient été montées dans un verre teinté par un maître joaillier. Chez des brocanteurs, j'ai acheté au total 1 254 pièces d'ambre contenant des spécimens. J'en ai fait des sections transversales que j'ai polies de façon à pouvoir examiner les fourmis sous différents angles au microscope. Je les ai alors étudiées et en ai fait des dessins très détaillés, comptant les poils quasi invisibles de leurs pattes, mesurant la largeur de leur tête au centième de millimètre près, établissant la formule des indentations de leurs mandibules (on peut identifier les espèces et même les fourmis individuelles par la forme et l'arrangement de ces indentations). Comparant les espèces figurant dans l'ambre à celles qui vivent en Amérique tropicale aujourd'hui, j'ai estimé que certaines d'entre elles étaient spécialisées et relativement rares, parce que leurs plus proches parentes actuellement vivantes possèdent ces caractéristiques : elles ne recherchent que certains types de proies (comme les mille-pattes ou les œufs d'arthropodes) ou alors nichent dans des lieux inhabituels. J'ai alors constaté que les espèces spécialisées et leurs descendantes, dans la région de la République Dominicaine et des Antilles, avaient été bien plus frappées par l'extinction que les espèces « généralistes ».

Mes observations sur ces fourmis fossiles prouvaient donc que l'abondance d'une espèce favorise sa survie ; et c'est aussi ce qu'a constaté Steven Stanley chez des espèces de mollusques qui vivaient sur le pourtour du Pacifique Nord au Pléistocène, il y a environ deux millions d'années. Selon ses données, il est apparu que l'abon-

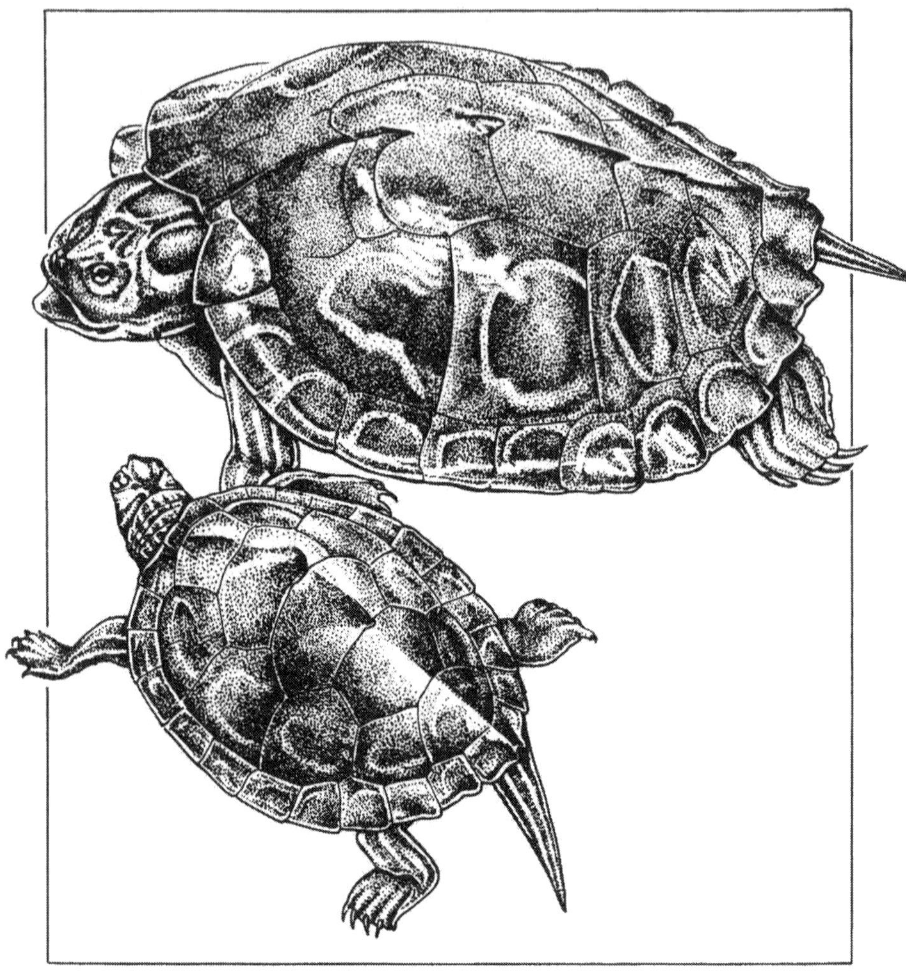

La tortue à carte de Barbour est une espèce menacée d'extinction, dont la distribution est limitée au réseau hydrographique de l'Apalachicola (péninsule de Floride) et aux portions adjacentes de l'Alabama et de la Géorgie. Dans cette espèce, la femelle est beaucoup plus grande que le mâle ; en outre, elle possède une tête démesurée.

dance d'une espèce, autrement dit la taille de sa population totale, était le facteur le plus déterminant de sa survie. Voici ce qu'a écrit Steven Stanley :

> Une notion qui s'est dégagée de cette étude se rapporte au mode de vie des coquillages qui s'enfoncent dans la vase ou le sable des fonds marins. Au cours des deux derniers millions d'années, les espèces qui possédaient un siphon ont connu un taux de survie bien plus élevé que les espèces qui n'en avaient pas. Le siphon est un

tube de chair qui permet d'apporter l'eau à l'animal enfoui, et aussi de le débarrasser de ses déchets. La possibilité de s'enfoncer rapidement et profondément rend les espèces dotées d'un siphon moins vulnérables aux prédateurs que les espèces dépourvues de cet organe. Par suite, la plupart des espèces de bivalves fouisseurs qui présentent d'abondantes populations sont dotées de siphon, tandis que la plupart des espèces dépourvues de siphon ne comptent que de maigres effectifs. Or, le taux de survie des espèces dotées de siphon dans les régions du Pacifique (84 %) est deux fois plus élevé que celui des espèces dépourvues de siphon (42 %). Cette observation est compatible avec l'idée que l'abondance des populations est l'un des facteurs déterminant de façon décisive la probabilité d'extinction d'une espèce.

Le même principe s'applique largement à tout le règne animal : les espèces caractérisées par une grande taille corporelle, tout comme celles dotées d'une grande spécialisation, présentent des populations de petites dimensions et par suite sont frappées d'extinctions plus précoces. Les grands mammifères d'Amérique du Nord et d'Eurasie ont été les premiers à ployer sous les coups des chasseurs humains. Les loups, les lions, l'ours, l'élan, le bouquetin ont, en grande partie, disparu. Les renards, les ratons-laveurs, les écureuils, les lapins, les souris et les campagnols ont prospéré. Dans leur étude sur les oiseaux habitant les îles au large des côtes britanniques, Stuart Pimm et ses collègues ont trouvé que les espèces de grande taille, comme les rapaces et les corvidés, connaissaient plus souvent des extinctions locales que les espèces plus petites, comme les roitelets et les moineaux. La plus grande vulnérabilité des grands oiseaux est en partie – mais pas totalement – due à leurs plus petites populations. Si on élimine le facteur « dimension de la population » (en ne considérant que des populations de même taille, indépendamment de l'espèce), on s'aperçoit que la vulnérabilité demeure. Celle-ci semble provenir de leurs taux de reproduction plus bas. Les rapaces et les corvidés élèvent moins de petits que les roitelets ou les moineaux. Lorsqu'ils affrontent des taux élevés de mortalité, ils sont plus lents à s'en remettre ; s'ils sont frappés de nouveau, ils présentent plus de risques de s'éteindre complètement. Les perspectives sont inversées lorsque des populations de petits et de gros oiseaux sont au bord de l'extinction et qu'elles ne comptent plus que sept couples reproducteurs (ou moins). Dans ce cas, la plus grande longévité des grands oiseaux est le facteur le plus important. Les rapaces vivent plus longtemps que les moineaux et courent moins de risques de s'éteindre complètement avant qu'un couple ait amené des jeunes à la maturité.

Lorsqu'une population décroît jusqu'à ne plus comprendre que quelques individus, elle s'approche de l'extinction par le biais de ce que les généticiens appellent la *dépression due à la consanguinité*. Imaginons le cas extrême d'une population d'oiseaux, disons une espèce infortunée de passereau, ramenée à un seul couple reproducteur, celui d'un frère et d'une sœur. Ils sont tous deux récessifs pour un gène léthal. Cela signifie que chaque oiseau porte un gène léthal sur l'un de ses chromosomes et un gène normal au niveau du même site sur le chromosome correspondant. Le gène normal l'emporte sur le gène léthal, et chacun des oiseaux reste plus ou moins en bonne santé. S'ils avaient été homozygotes pour le gène léthal, en en possédant deux au lieu d'un seul, ils seraient morts. Le frère et la sœur s'accouplent. Il y a une chance sur deux qu'un spermatozoïde transmette le gène léthal et une chance sur deux qu'un ovule en fasse autant : chaque cas de figure a une égale probabilité, comme au jeu de pile ou face. La probabilité qu'un descendant reçoive deux gènes léthaux et en meure est la même qu'obtenir deux piles en jetant deux fois en l'air une pièce : un demi (probabilité du spermatozoïde porteur du mauvais gène) multiplié par un demi (probabilité de l'ovule porteur du mauvais gène) égale un quart. Une population réduite à un couple de frère et sœur est donc amenée à abandonner un quart de son potentiel reproducteur.

Pourquoi donc la consanguinité, contrairement à l'appariement au hasard entre individus non apparentés, engendre-t-elle une diminution de l'état de santé et du potentiel reproducteur ? Les frères et sœurs, les cousins germains et les parents et leurs enfants sont si étroitement apparentés que les gènes léthaux récessifs dont ils sont porteurs ont beaucoup de chances d'être les mêmes. Chaque être humain et chaque mouche drosophile, des organismes typiques à cet égard, porte en moyenne un à plusieurs gènes léthaux récessifs. Mais il y a un grand nombre de gènes de ce type dans la totalité de la population, et chacun d'eux ne se rencontre que chez un sur des centaines ou des milliers d'individus. La probabilité que deux individus non apparentés soient porteurs du même gène défectueux est très petite, même si tous deux portent un type ou un autre de gène défectueux quelque part sur leurs chromosomes. Il n'y a que peu de risques que se trouvent réunis deux exemplaires du même gène léthal chez un être humain, de sorte que des maladies mortelles, comme le syndrome de Tay-Sachs ou la mucoviscidose, sont, fort heureusement, rares. La probabilité que l'une ou l'autre de ces maladies se manifeste est, cependant, énormément augmentée si les progéniteurs d'un enfant sont étroitement apparentés, et cette condition a plus de chances de se réaliser dans une population petite et fermée.

Voilà donc comment l'on se représente fondamentalement la dépression liée à la consanguinité. Mais, dans la réalité, une population n'y obéit qu'à sa propre façon, et par des voies subtiles. Seuls une fraction des gènes défectueux sont léthaux. La plupart sont « subléthaux » ou « subvitaux ». Ils interfèrent à des degrés divers avec le développement, réduisent la vigueur et diminuent la fertilité. Ce sont, par exemple, les gènes qui raccourcissent la vie et provoquent la stérilité chez les guépards et les gazelles conservés dans les zoos, ou bien ceux qui infligent des malformations cardiaques congénitales aux épagneuls de race trop pure.

Les biologistes spécialistes de la conservation ont essayé de définir les limites en dessous desquelles une espèce est manifestement en grand danger d'extinction en raison de la dépression génétique. Ils ont trouvé que la santé génétique d'une population dépend d'une règle empirique grossière qu'ils appellent la règle des « 50 – 500 ». Lorsque la dimension effective de la population descend en dessous de 50 et que des gènes défectueux sont présents, la dépression due à la consanguinité devient assez répandue pour que la croissance de la population soit ralentie. Les éleveurs ne se soucient généralement pas de la dépression due à la consanguinité tant que la population effective de leurs animaux domestiques dépasse 50. Mais ils considèrent qu'ils risquent d'avoir des problèmes lorsque ce nombre descend en dessous de 50. Lorsque la taille de la population effective est inférieure à 500, la dérive génétique (la fluctuation au hasard de la fréquence des gènes) est assez forte pour éliminer certains gènes et réduire la variabilité de la population dans son ensemble. Simultanément, le taux de mutation n'est pas assez élevé pour contre-balancer cette diminution. Il s'ensuit que l'espèce voit constamment diminuer ses capacités à s'adapter aux changements rencontrés dans l'environnement. La dépression due à la consanguinité, serrant la vis génération après génération, raccourcit la longévité de l'espèce. Et c'est aussi ce que fait la diminution des réserves génétiques au cours des générations. Pour le dire de la façon la plus concise possible : une population de cinquante individus ou plus n'est adéquate que pour le court terme seulement ; et une population de cinq cents individus au moins est nécessaire pour qu'une espèce se maintienne en vie et en bonne santé à long terme.

J'ai utilisé l'expression « taille effective de la population » pour parler de façon précise du phénomène de détérioration génétique. C'est une notion d'importance considérable dans la théorie de la biologie de la conservation. Pensez à une population réelle, comme celle des moineaux friquets de l'île de May en Écosse. Elle peut ne comprendre que des mâles, et dans ce cas, la population effective est zéro. Ou elle peut être composée de 1 000 individus trop âgés pour se reproduire, plus cinq femelles et cinq mâles en bonne santé, et qui sont appariés au hasard ; dans ce cas, la population effective est de dix. La notion de taille effective d'une population se rapporte à une population théorique, où les appariements se font au hasard, qui possède le même niveau de dérive génétique que la population réelle. Il y a, dans notre dernier cas imaginaire, 1 010 moineaux, mais le millier d'individus ayant dépassé l'âge de la reproduction ne compte pas. Tous ces moineaux friquets sont génétiquement équivalents à une population de dix oiseaux vivant par eux-mêmes. La taille effective décline à mesure que la stérilité augmente au sein de la population, en raison de l'âge des individus ou de tout autre facteur. Elle décline aussi dans la mesure où les adultes abandonnent l'appariement au hasard et se tournent vers des apparentés pour se reproduire. Il faut donc se rendre compte que l'âge, la santé, et les modes d'appariement des individus ont d'importantes conséquences sur la trajectoire génétique d'une population et finalement sur sa survie même. Même si les bois et les champs paraissent abonder d'une certaine sorte d'animaux ou de plantes, ces espèces sont peut-être vouées à l'extinction.

Les biologistes et les généticiens spécialistes de la conservation ont une approche très générale de ces sujets. Ils ont élaboré un cadre théorique lâche, sur lequel ils ont plaqué quelques connaissances acquises dans les laboratoires et les zoos. Ils ont ainsi compris qu'une diminution des effectifs des nouvelles générations, conséquence de la consanguinité et du passage rapide à l'homozygotie de gènes délétères ayant déjà une fréquence élevée, signifiait un péril immédiat pour une population. Mais si la consanguinité ne se développe que graduellement, la population a de plus grandes chances d'échapper à un goulot d'étranglement. En outre, tandis que passent les générations, la dépression due à la consanguinité va aller en s'atténuant, puisque la sélection naturelle va purger la population de ses gènes défectueux. En effet, à mesure que les gènes les plus pernicieux vont passer à l'état homozygote chez les individus, ils vont être éliminés et leur fréquence va baisser dans la population.

Cependant, le facteur le plus déterminant dans la mort d'une espèce n'est pas le tribut payé par une population à cause de ses gènes défectueux. Le plus important est la taille de la population et la façon dont elle est subdivisée et se distribue sur le terrain. Il est risqué de dire, à propos d'une espèce que l'on désire conserver dans une réserve : « Faisons en sorte qu'elle soit formée d'une population totale de taille effective comprenant cinq cents individus et elle sera assurée de perdurer. » Si l'espèce a été réduite à une population limitée à un seul site, un unique incendie peut la détruire, même si elle comprend cinq mille membres. Cette même population limitée peut aussi être durement frappée par une maladie ou par un refroidissement local ; ou bien l'espèce proie dont elle dépend pour sa nourriture peut avoir connu l'extinction ; ou bien un pollinisateur crucial (s'il s'agit d'une plante à fleurs) peut avoir disparu. Les drastiques réductions dans la taille d'une population, provoquées par de tels changements dans l'environnement, sont appelées des « accidents démographiques » et ceux-ci peuvent être mortels. Pour une espèce qui a réussi à passer les détroits de la petite taille de la population, le Scylla de l'accident démographique est plus dangereux que le Charybde de la dépression liée à la consanguinité.

Seul un petit nombre d'espèces n'est représenté que par une seule population vulnérable localisée en un seul site. Il s'agit notamment du térébrionidé aptère géant *Polposipus herculeanus*, qui est limité aux arbres morts figurant sur la minuscule île appelée Frigate Island dans l'archipel des Seychelles. Il y a aussi l'arbre « hau kuahiwi » (*Hibiscadelphus distans*), espèce qui comprend en tout et pour tout dix arbres de six mètres de haut poussant sur une falaise rocheuse sèche de l'île Kauai. Et peut-être que le cas le plus curieux de tous est celui du cloporte de Socorro (*Thermosphaeroma thermopilum*), un crustacé aquatique qui a perdu son habitat naturel et survit dans un établissement de bain abandonné au Nouveau-Mexique. La plupart des espèces ne se présentent pas comme cela. Dans certains cas, elles sont constituées de populations si isolées les unes des autres qu'elles ne peuvent jamais échanger d'individus ; mais le plus souvent une espèce correspond à une métapopulation, c'est-à-dire une population de populations, entre lesquelles les individus migrent occasionnellement.

Considérée sur de vastes durées, on peut se représenter une espèce comme une série de lumières clignotantes, s'allumant et s'éteignant, dispersées sur un terrain baigné d'obscurité. Chaque lumière est une population vivante. Sa localisation correspond à un habitat capable d'héberger l'espèce. Quand l'espèce est présente en ce site, la lumière est allumée, et quand elle est absente, la lumière est éteinte. Tandis que nous observons le terrain sur de nombreuses générations, des lumières s'éteignent lorsque des extinctions locales se produisent, puis se rallument lorsque des colons en provenance des sites « allumés » ré-envahissent les mêmes lieux. La vie et la mort des espèces peuvent alors être envisagées d'une façon qui invite à l'analyse et à la mesure. Si une espèce réussit à allumer autant de lumières qu'il s'en éteint, de génération en génération, elle peut persister indéfiniment. Quand les lumières s'éteignent en plus grande quantité qu'il ne s'en rallume, l'espèce court à sa perte.

On peut trouver dans cette façon de concevoir l'existence des espèces sous forme de métapopulations, une source de réconfort, mais aussi de quoi alimenter le pessimisme. Même lorsque des espèces ont localement connu l'extinction, elles reviennent souvent rapidement, à condition que les habitats qu'elles occupaient soient restés intacts. Mais si ces derniers ont subi une réduction de leur nombre, le système entier peut s'effondrer. Toutes les lumières s'éteignent, même s'il reste quelques habitats intacts. Un petit nombre de réserves soigneusement surveillées peuvent ne pas être suffisantes. Lorsque le nombre des populations capables de repeupler des sites vides est insuffisant, elles ne parviennent pas à coloniser d'autres lieux et disparaissent. Le système décrit une spirale descendante, dont on ne peut freiner la course et empêcher l'extinction de l'ensemble des lumières.

Un exemple de métapopulation en train de s'effondrer est fourni par le papillon bleu de Karner (*Lycaeides melissa samuelis*), qui vit sur une lande à pins dans le haut de l'État de New York, appelée le Bois de Pin d'Albany. Une lande de pins est une étendue de dunes et de terres relativement stériles et sablonneuses, plantées d'arbres et d'arbustes – avec comme éléments dominants, dans le cas des bois d'Albany, le pin rigide, le chêne buisson et le chêne-châtaignier nain. Cette végétation est fréquemment brûlée par des incendies déclenchés par la foudre. Le papillon bleu de Karner vit au sein de la lande sous forme d'un réseau de petites populations locales, chacune étant liée au lupin blanc (*Lupinus perrenis*), dont ses chenilles se nourrissent exclusivement. Le lupin est lui-même distribué en petits lots dispersés, et ne croît que dans les secteurs où le feu a détruit la végétation basse, permettant aux rayons du soleil d'atteindre les petites plantes herbacées. Ces incendies sont à la fois un fléau et une bénédiction pour le papillon bleu de Karnel. Ils détruisent les populations locales, mais ouvrent la voie à une recolonisation et à un développement encore plus vigoureux des générations ultérieures. À chaque fois qu'un site est brûlé et que le lupin y prolifère, des papillons bleus adultes y émigrent, en provenance des sites voisins où l'espèce a survécu. Ce papillon, en d'autres termes, constitue ce que les écologistes appellent une « espèce vagabonde », poussée de lieu en lieu par son attachement évolutif à une niche instable.

Le Bois de Pin d'Albany couvrait jadis dix mille hectares, assez pour permettre à la métapopulation du papillon bleu de Karner de jouer indéfiniment à ce jeu de « la ruine du joueur ». Le développement urbain dans la région de Albany-Schenectady l'a réduit à mille hectares, ce qui n'est plus suffisant pour entretenir la métapopulation. Cette espèce de papillon va probablement s'éteindre, comme l'a fait il y a longtemps une population semblable sur l'île de Manhattan, à moins que l'on ne maintienne l'habitat restant à sa superficie actuelle et que les populations de lupins et de papillons soient entretenues à des niveaux convenables par des incendies déclenchés et soigneusement contrôlés par des gestion-

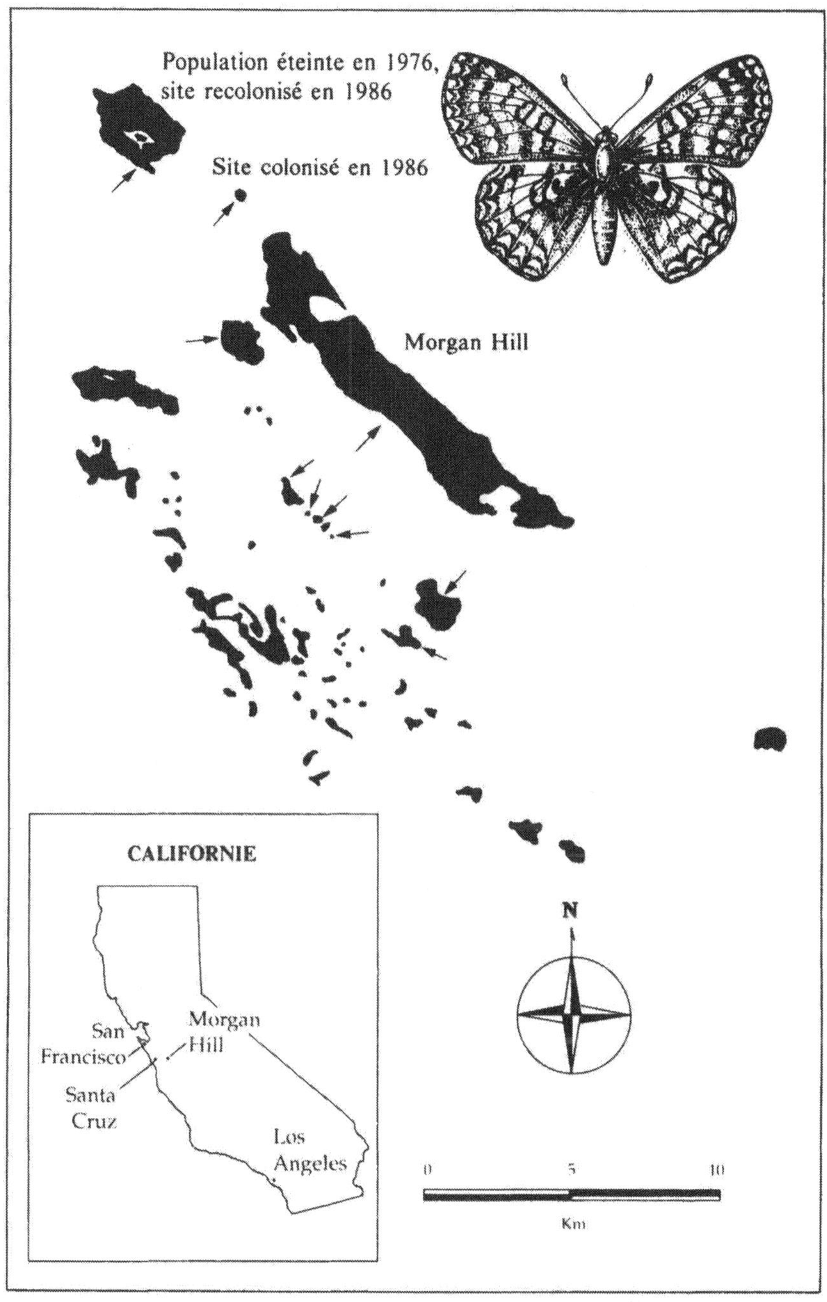

Une métapopulation du papillon américain, appelé le chalcédoine *(Euphydrias chalcedona)*, vit au sud de San Francisco sur d'étroites prairies, un habitat qui est représenté ici en noir ; les parcelles occupées en 1987 sont indiquées par des flèches. Dans les métapopulations, l'occupation des milieux convenables change d'une année à l'autre.

naires humains. Le papillon bleu de Karner se trouve à cette croisée des chemins vers laquelle s'acheminent des milliers d'espèces : il doit cesser d'être une espèce véritablement sauvage ou périr.

Toutes les espèces qui ont été maltraitées par l'homme lui font ses adieux. J'ai commencé ce tour d'horizon avec le gui de Nouvelle-Zélande, suis arrivé à un fragile papillon menacé par le développement urbain dans l'État de New York, et terminerai avec un perroquet du Brésil, l'ara de Spix. C'est l'un des oiseaux les plus en danger d'extinction dans le monde et l'un des plus beaux : totalement bleu, le dessus de la tête sombre, verdâtre sur le ventre, et un masque noir autour des yeux jaune citron. L'espèce *Cyanopsitta spixii* est si particulière qu'elle a été assignée à un genre propre. Elle n'a jamais été très répandue, et sa distribution était limitée aux palmeraies et aux forêts en bordure de rivière, du sud de l'État de Pará à celui de Bahia, près du centre du Brésil. Elle est devenue très rare par le fait des amateurs d'oiseaux qui, au milieu des années 1980, payaient jusqu'à 40 000 dollars pour un seul oiseau. Les Brésiliens qui chassaient l'ara de Spix disent que son déclin a été accéléré par l'importation d'abeilles africaines, lesquelles ont établi leurs colonies dans les trous d'arbre qu'affectionnait l'oiseau. On peut penser que cette affirmation ressemble à un argument sciemment avancé pour se disculper, mais elle a peut-être un fond de vérité. C'est de l'histoire naturelle plausible, et, par suite, trop complexe pour avoir été inventée. Quoi qu'il en soit, il ne fait aucun doute que les collectionneurs et les chasseurs qui les fournissaient ont été les agents de l'extermination. En 1987, il n'y avait plus que quatre de ces oiseaux dans la nature, et en 1990, un seul mâle. Ce dernier ara de Spix, selon Tony Juniper, du Comité international pour la protection des oiseaux, « cherche désespérément à se reproduire. Il explore les trous pouvant servir de nid et montre tous les signes du comportement de reproduction ». Aux dernières nouvelles, ce mâle se serait apparié à un ara femelle de l'espèce d'Illiger (*Ara maracana*). On ne s'attend pas à ce qu'il en résulte des hybrides.

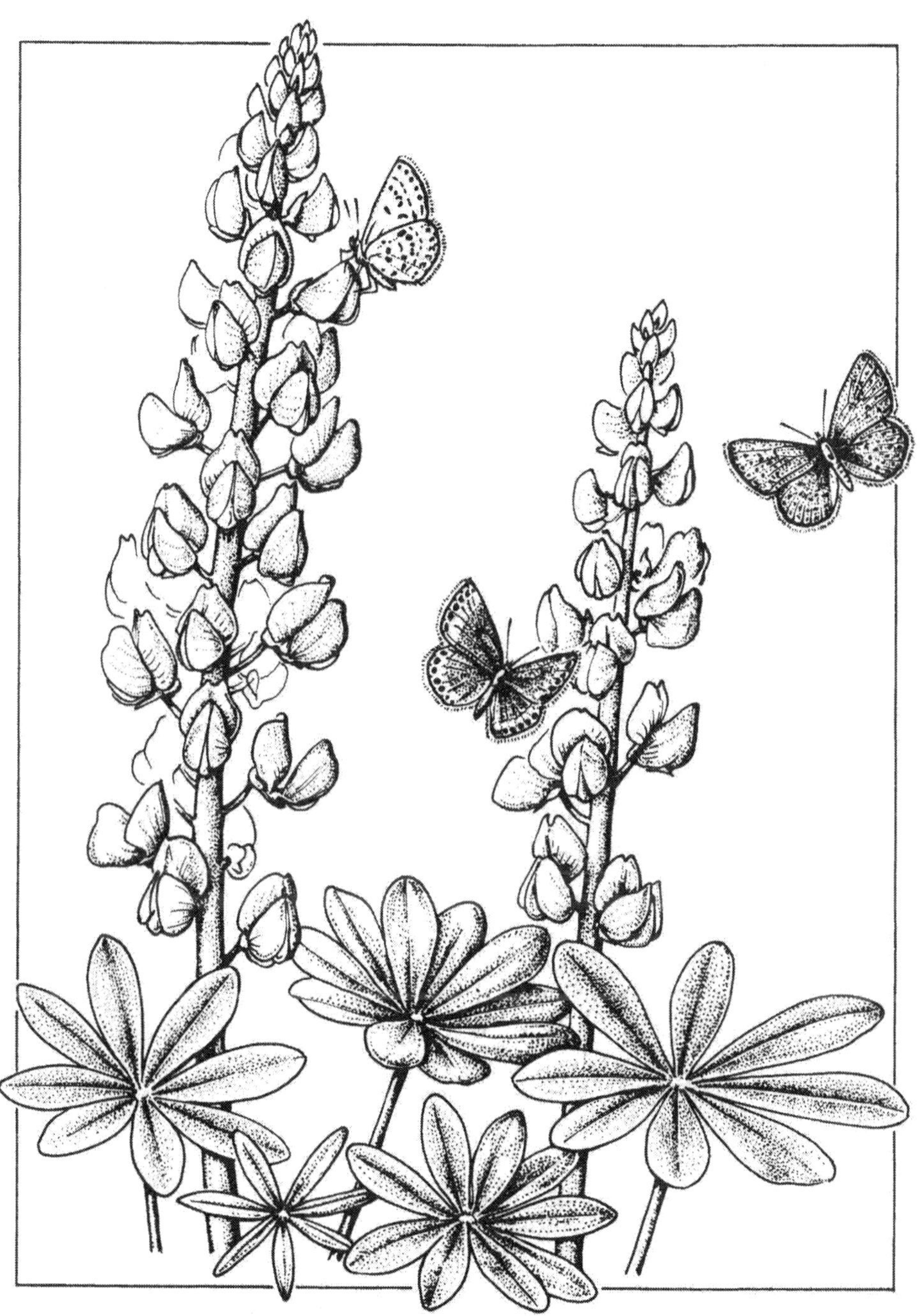

Le papillon bleu de Karner et sa plante-hôte, le lupin blanc.

Chapitre 12

LA BIODIVERSITÉ MENACÉE

Cachée au milieu des contreforts occidentaux des Andes, en Équateur, à quelques kilomètres de Rio Palenque, il existe une petite montagne appelée Centinela. Son nom mérite d'être associé désormais au processus d'hémorragie silencieuse qui affecte de nos jours la diversité biologique. Lorsque la forêt qui poussait sur cette montagne a été coupée, il y a une dizaine d'années, un grand nombre d'espèces rares se sont éteintes. Elles ont tout simplement péri comme cela, passant d'un stade où leurs populations prospéraient à celui du néant, en quelques mois. Aujourd'hui se déroulent dans le monde entier, des extinctions anonymes de ce genre – appelons-les des « extinctions centineléennes ». Il ne s'agit pas de blessures ouvertes que tout le monde peut voir et se dépêcher de panser, mais de processus souterrains, de déperditions invisibles de tissu vital. C'est seulement par hasard, à la suite d'un contretemps dans leur programme, que des témoins oculaires ont pu observer ce qui se passait sur la Centinela.

Alwyn Gentry et Calaway Dodson, les témoins en question, étaient en mission hors de leur centre de recherches, le Jardin Botanique du Missouri à Saint Louis. Gentry et Dodson ont fait cette découverte parce qu'ils sont des naturalistes-nés. J'entends par là qu'ils sont membres d'une catégorie spéciale de biologistes de terrain, celle des scientifiques qui ne font pas de la science pour réussir, mais essaient de réussir pour faire de la science – au moins cette sorte de science. Même s'ils doivent payer leur voyage, ils iront sur le terrain pour faire de la biologie, pour observer, sous le soleil ou la pluie, les données concrètes de l'évolution, et, par là, préserver le souvenir de lieux comme Centinela.

Lorsque Gentry et Dodson ont visité cette montagne en 1978,

ils ont été les premiers à en faire l'exploration botanique. La Centinela n'est que l'un des très nombreux monts mal connus qui se déploient de chaque côté des Andes sur 7 200 kilomètres, du Panama à la Terre de Feu. De hauteur moyenne à élevée, ces contreforts montagneux, situés à des latitudes tropicales, sont recouverts de forêts d'altitude. Lorsqu'on les parcourt à pied, il est bien visible qu'il s'agit d'îles écologiques, se terminant en haut par des alpages sans arbres, encerclées en bas par les forêts tropicales humides, et séparées les unes des autres par de profondes vallées. À l'instar des véritables îles des océans, elles tendent à être peuplées d'espèces de plantes et d'animaux qui leur sont propres, lesquelles sont donc endémiques, et que l'on ne trouve nulle part ailleurs ou, au mieux, dans quelques sites voisins. Sur la Centinela, Gentry et Dodson ont découvert quatre-vingt-dix espèces de plantes de ce type, surtout des formes herbacées poussant sous la couronne des arbres, de concert avec les orchidées et les autres épiphytes qui poussent sur les troncs et les branches des arbres. Plusieurs de ces espèces ont des feuilles noires, un trait tout à fait inhabituel et encore mystérieux sur le plan de la physiologie.

En 1978, les agriculteurs de la vallée d'en bas ont commencé à s'installer le long d'une route privée nouvellement construite et à élaguer la forêt de montagne. C'est une pratique classique en Équateur. Au moins 96 % des forêts, sur le versant situé du côté du Pacifique, ont été rasées, sans qu'il y ait eu beaucoup de réactions de la part des spécialistes de la conservation en dehors de l'Équateur, et sans que le gouvernement local ait imposé des mesures de régulation. En 1986, la Centinela était complètement déboisée et on y faisait désormais pousser des cacaoyers et d'autres plantes cultivées. Quelques plantes endémiques ont persisté à l'ombre des cacaoyers. Plusieurs autres continuent à être présentes dans les forêts des montagnes voisines, elles-mêmes menacées de déboisement. Je ne sais pas si des espèces à feuilles noires ont survécu.

Le cas de la Centinela, et d'autres cas semblables de plus en plus nombreux nous apprennent que les extinctions d'espèces ont été bien plus considérables, ces dernières années, que les biologistes de terrain, moi y compris, ne l'avaient imaginé jusqu'ici. Toutes sortes d'espèces rares sont en train de disparaître sans que nous nous en rendions compte. Elles entrent dans l'oubli à la manière du mort dans l'*Elegie* de Gray, laissant tout au plus un nom, une trace, qui va en s'effaçant dans un coin reculé du monde, disparaissant sans que leurs potentialités aient été reconnues.

Même chez les organismes bien visibles, l'extinction des espèces a été jusqu'ici beaucoup plus importante qu'on ne l'avait généralement admis. Au cours des dix dernières années, des scientifiques travaillant sur les oiseaux fossiles, et notamment Storrs Olson,

Helen James et David Steadman, ont mis en évidence des données prouvant que les espèces d'oiseaux des îles du Pacifique ont été poussées à l'extinction par les premiers colons humains, des siècles avant l'arrivée des Européens. Ils ont, en effet, recueilli des ossements fossiles ou subfossiles dans toutes sortes de sites où les oiseaux morts avaient pu tomber ou été jetés : dunes, avens calcaires, bouches volcaniques, fonds des lacs dans les cratères, et lieux de décharge des déchets culinaires aux abords des anciennes habitations humaines retrouvées par les archéologues. Sur chacune des îles, les restes des oiseaux avaient été déposés durant une période allant à peu près de − 8 000 ans à aujourd'hui, période au cours de laquelle sont arrivés les Polynésiens. On ne peut guère douter, au vu de ces données que, en particulier dans la région du Pacifique allant des îles Tonga à l'archipel d'Hawaï, les Polynésiens ont exterminé au moins la moitié des espèces endémiques qu'ils ont trouvées à leur débarquement.

Cette vaste série d'îles a été occupée par le peuple qui a laissé les objets archéologiques de style « Lapita », et qui a été l'ancêtre des Polynésiens actuels. Ces populations ont émigré de leur mère-patrie, située dans les îles qui bordent la Mélanésie ou l'Asie du Sud-Est, et se sont répandues de façon régulière vers l'Est, passant d'archipel en archipel. Avec une grande audace et probablement une lourde mortalité, ces migrants ont voyagé à bord d'outriggers ou de canoës doubles sur des centaines de kilomètres. Il y a environ trois mille ans, ils se sont installés aux îles Fidji, Tonga et Samoa. De proche en proche, ils ont finalement atteint l'archipel d'Hawaï – n'abordant l'île de Pâques, la plus éloignée des îles habitables du Pacifique, que vers 300 après Jésus-Christ.

Pour leur subsistance, ces colons apportaient avec eux, dans leurs canoës, des plantes et des animaux domestiques, mais aussi, surtout au début de leur installation, se rabattaient sur tout ce qui pouvait se manger dans la faune sauvage : poissons, tortues et toutes sortes d'espèces d'oiseaux. Ceux-ci n'ayant jamais vu de grands prédateurs se laissaient facilement attraper. Il s'agissait de colombes, de pigeons, de râles, d'étourneaux, et d'autres espèces dont on commence seulement à retrouver les restes fossiles. Nombre de ces dernières étaient endémiques, ne vivant que sur les îles découvertes par les ancêtres des Polynésiens. Ces voyageurs n'ont donc progressé qu'en s'appuyant sur les ressources alimentaires fournies par la faune locale, et ont détruit, ce faisant, une grande partie de celle-ci. Sur Eua, appelée aujourd'hui Tonga, vingt-cinq espèces d'oiseaux vivaient dans les forêts lorsque les colons arrivèrent aux alentours de 1 000 ans av. J.C. ; il n'y en a plus que huit aujourd'hui. Dans presque chaque île du Pacifique vivaient plusieurs espèces endémiques de râles ne volant pas, avant que n'arrivent les Polynésiens. Aujourd'hui, il ne reste que quelques populations de ces oiseaux en Nouvelle-Zélande et sur Henderson, une île inhabitée, édifiée sur un récif corallien, et située à 190 kilomètres au nord-est de Pitcairn. On pensait généralement que celle-ci était l'une des dernières îles habitables restées vierges de toute présence humaine. Mais on a récemment découvert des objets archéologiques révélant que les Polynésiens avaient colonisé Henderson, puis l'avaient abandonnée, probablement parce qu'ils avaient décimé la faune aviaire. Sur les petites îles comme celles-ci, manquant de terres arables, les oiseaux constituaient la source de protéines la plus facilement accessible. Les colons ont fait chuter leurs populations, poussant à l'extinction certaines espèces, puis ont connu la famine ou ont émigré de nouveau.

Hawaï, le dernier des paradis polynésiens, a subi les plus grands dégâts, mesurés en termes de produits de l'évolution perdus. Quand les colons européens se sont établis après la visite de Cook en 1778, il y avait approximativement cinquante espèces d'oiseaux vivant sur l'île. Dans les deux siècles qui ont suivi, un tiers d'entre elles a disparu. Nous savons maintenant, d'après les découvertes d'os fossiles, que beaucoup d'autres avaient déjà subi l'extinction par le fait des indigènes hawaïens : trente-cinq ont été identifiées avec certitude, et il faut y ajouter très vraisemblablement vingt autres, pour lesquelles les preuves sont moins fiables. Parmi celles qui ont été identifiées jusqu'ici, figurent un aigle semblable au pygargue à tête blanche américain, un ibis ne volant pas, et tout un ensemble d'étranges hiboux dotés de courtes ailes et de pattes extrêmement longues. Les plus remarquables de tous étaient des oiseaux bizarres ne volant pas, descendant des canards, mais possédant de minuscules ailes, d'énormes pattes, et un bec ressemblant à celui des tortues. Helen James et Storrs Olson notent que :

> bien qu'ils aient été terrestres et herbivores, comme les oies, nous avons pu déduire de la présence d'un syrinx que ces étranges oiseaux étaient issus soit des tadornes (Tadorninés), soit plus vraisemblablement des canards de surface (Anatinés), et peut-être même du genre *Anas*. Il se pourrait qu'ils aient eu un rôle écologique analogue à celui des grandes tortues des Galápagos et des îles de l'Ouest de l'océan Indien. Dans la mesure où nous avons maintenant reconnu trois genres et quatre espèces de ces oiseaux, et puisqu'ils ne sont ni phylétiquement des oies, ni fonctionnellement des canards, nous avons forgé un nouveau terme, *moa-nalo*, pour désigner plus commodément tous ces canards ne volant pas et ressemblant à des oies, qui vivaient dans les îles Hawaï.

Les oiseaux indigènes qui ont survécu aux Hawaï sont pour la plupart des reliques peu remarquables, de petites espèces discrètes, dont la distribution est restreinte aux forêts de montagne restantes.

Elles ne sont que les pâles ombres des grandes figures comme les aigles, les ibis et les moas-nalos qui accueillirent les colons polynésiens à l'époque où naissait l'Empire byzantin et où la civilisation maya atteignait son apogée.

Des extinctions centineléennes se sont aussi produites sur d'autres continents et d'autres îles, lorsque les populations humaines se sont répandues hors d'Afrique et d'Eurasie. L'humanité a eu tôt fait d'éliminer les espèces les plus grosses, lentes et agréables à consommer. En Amérique du Nord, il y a douze mille ans, juste avant que les chasseurs-cueilleurs paléo-indiens ne soient venus de Sibérie par le Détroit de Behring, le continent grouillait de grands mammifères bien plus divers que ceux rencontrés aujourd'hui dans n'importe quelle partie du monde, y compris l'Afrique. Douze mille ans en arrière peuvent sembler renvoyer à une époque aussi ancienne que l'ère des Dinosaures ; mais c'était avant-hier au regard des normes de la géologie. L'humanité était en plein remue-ménage à cette époque. Elle comprenait huit millions de personnes, et beaucoup de populations étaient à la recherche de nouvelles terres. La fabrication des hameçons et des harpons pour la pêche était alors très répandue, de concert avec la mise en culture des graminées sauvages et la domestication du chien. La construction des premières villes, dans le Croissant fertile, commencerait un millier d'années plus tard seulement.

Dans l'ouest de l'Amérique du Nord, dans les régions libérées par le front glaciaire, les prairies et les taillis faisaient du paysage un Serengeti américain. La végétation et les insectes étaient semblables à ceux vivant dans l'ouest américain d'aujourd'hui – vous auriez pu cueillir les mêmes fleurs sauvages et capturer au filet les mêmes papillons – mais les grands mammifères et les oiseaux étaient spectaculairement différents. En regardant depuis un point donné – disons, par exemple, la lisière d'une forêt bordant une rivière – en direction de la plaine, vous auriez pu apercevoir des troupeaux de chevaux (l'espèce éteinte, d'avant la ré-introduction de cet animal par les Espagnols), des bisons à longues cornes, des chameaux, des antilopes de plusieurs espèces, et des mammouths. L'espace d'un instant, vous auriez sans doute vu des tigres aux dents de sabres, manœuvrant peut-être de concert, à l'instar des troupes de lions ; de terribles loups géants et des tapirs. Autour de la carcasse d'un cheval mort, il y aurait peut-être eu, rassemblés, les représentants de toute une radiation adaptative d'oiseaux « charognards » : condors, énormes tératornithidés ressemblant au condor, ciconiidés charognards, aigles, faucons et vautours, s'esquivant et se menaçant (ces comportements sont bien connus chez les espèces qui ont survécu), les plus petits oiseaux happant des morceaux de chair et attendant que la carcasse ait été assez nettoyée par les plus gros et que ceux-ci aient abandonné la partie.

Près de 73 % des genres de grands mammifères qui ont vécu à la fin du Pléistocène ont maintenant disparu. En Amérique du Sud, cette proportion est de 80 %. Celle des genres de grands oiseaux qui se sont éteints est à peu près comparable. L'effondrement de la diversité en espèces s'est produit à peu près au moment où les premiers chasseurs paléo-indiens ont pénétré dans le Nouveau Monde, il y a 12 000 à 11 000 ans, puis sont descendus vers le Sud, à une vitesse moyenne de seize kilomètres par an. Cela n'a pas été une fluctuation accidentelle. Les mammouths prospéraient depuis deux millions d'années et étaient représentés par trois espèces – la colombienne, l'impériale et la laineuse. En l'espace d'un millier d'années, toutes trois étaient éteintes. Le paresseux terrestre, une autre espèce ancienne, a disparu presque simultanément. La dernière population connue, s'aventurant hors des grottes pour se nourrir, à l'extrémité ouest du Grand Canyon, s'est éteinte il y a environ dix mille ans.

S'il s'agissait d'un procès, les Paléo-Indiens pourraient être condamnés sur la base des seules preuves circonstancielles, puisque la coïncidence temporelle est très forte. On pourrait aussi estimer qu'ils avaient un mobile très évident : la nourriture. Les restes des mammouths, bisons et autres grands mammifères sont mêlés à des ossements humains, des charbons produits par des feux, et des outils de pierre taillée de la culture de Clovis. Ces tout premiers Américains étaient des chasseurs expérimentés, et ils ont trouvé sur leur route des animaux n'ayant aucunement été préparés par l'évolution à affronter des prédateurs de ce type. De même chez les oiseaux, ce sont les plus vulnérables face aux chasseurs humains qui ont connu l'extinction. Parmi eux figuraient notamment des aigles et un canard ne volant pas. D'autres victimes ont été représentées par d'innocents spectateurs : les condors, les tératornithidés et les vautours, dépendant des populations de grands mammifères venant d'être exterminées.

À la décharge des Paléo-Indiens, leur avocat pourrait faire valoir qu'il existe un autre coupable. La fin du Pléistocène a été non seulement l'époque de l'invasion par l'homme de l'Amérique du Nord, mais aussi celle d'un réchauffement climatique. À mesure que les glaciers continentaux ont battu en retraite à travers le Canada, les forêts et les prairies se sont rapidement étendues vers le Nord. Des changements d'une pareille ampleur ont dû exercer de profonds effets sur la vie et la mort des populations locales. À titre de comparaison, entre 1870 et 1970, l'Islande s'est réchauffée en moyenne de 2°C durant l'hiver, et d'un peu moins durant le printemps et l'été. Deux petites espèces d'oiseaux arctiques, le harelde de Miquelon et le petit pingouin, ont décliné presque jusqu'à l'extinction. En même temps, le fuligule morillon, le vanneau huppé et plusieurs autres espèces plus méridionales se sont établis sur l'île et ont commencé à se reproduire. Certains indices laissent penser qu'il s'est produit des phénomènes analogues durant le grand déclin du Pléistocène. Par exemple, les mastodontes étaient apparemment spécialisés pour la vie en forêts de conifères. Comme ce type de végétation a migré vers le nord, les proboscidiens se sont déplacés avec eux. Au bout d'un certain temps, ils se sont retrouvés concentrés dans la zone des forêts de sapins au Nord-Est, puis ont disparu. Leur extinction pourrait être le résultat, d'une part, d'une chasse excessive, mais aussi du phénomène de fragmentation et de réduction de leurs populations, entraîné par un habitat en train de se rétrécir.

Laissons la défense argumenter encore plus vigoureusement : pendant des dizaines de millions d'années avant la venue de l'homme, des genres de mammifères sont nés puis ont péri en grand nombre, l'extinction de certains étant accompagnée de l'apparition d'autres, de sorte qu'à long terme a prévalu un certain équilibre. Ces remaniements ont été concomitants de changements climatiques très semblables à ceux qui se sont produits il y a 11 000 ans, et peut-être ont-ils été engendrés par eux. Au cours des dix derniers millions d'années, a souligné David Webb, six grands épisodes d'extinction ont affecté les grands mammifères d'Amérique du Nord. Parmi eux, l'épisode terminal du Pléistocène (période nommée le Rancholabréen, d'après le lieu-dit Rancho La Brea, en Californie) n'a pas été le plus catastrophique. Le plus grand, d'après les données dont on dispose,

> a été celui de la fin du Hemphillien (il y a près de cinq millions d'années), lorsque plus de soixante genres de mammifères terrestres (dont trente-cinq étaient grands et pesant plus de 5 kg) ont disparu de ce continent. L'épisode d'extinction de la fin du Rancholabréen (il y a environ dix mille ans) vient tout de suite après, par l'importance ; plus de quarante genres ont alors connu l'extinction, dont une majorité de grands mammifères... Certains indices laissent penser que ces épisodes d'extinction ont coïncidé avec la fin de cycles glaciaires, périodes au cours desquelles on pense que se sont manifestés des instabilités et des extrêmes climatiques.

Au cours de deux grandes crises d'extinction, au moins, les grands mammifères herbivores ont été décimés, tandis que le climat se détériorait et que les vastes savanes continentales laissaient la place aux steppes. À la fin de l'Hemphillien, même des mammifères herbivores comme le cheval, le rhinocéros et l'antilocapre ont décliné rapidement.

Ce débat entre paléontologistes incriminant la chasse excessive et ceux préférant invoquer les changements de climat paraît reproduire, dans un cadre différent, la polémique portant sur la fin de l'ère des Dinosaures. Les Paléo-Indiens ont remplacé ici la météorite géante. Des preuves indirectes sont opposées à d'autres preuves indirectes, tandis que les deux partis cherchent les indices irréfutables. Cette dispute n'est pas engendrée par des conflits idéologiques, ni par des querelles de personnes. Elle découle de la façon dont se fait au mieux la science.

Cela étant dit, je vais maintenant laisser de côté l'impartialité. Je pense que les partisans de la chasse excessive ont les arguments les plus convaincants pour expliquer ce qui s'est passé en Amérique il y a douze mille ans. Il paraît vraisemblable que les populations humaines de la culture de Clovis se soient répandues dans le Nouveau Monde en décimant la plupart des grands mammifères, au cours d'une sorte de « guerre éclair des chasseurs », étalée sur plusieurs siècles. Certaines des espèces condamnées ont perduré par endroits pendant une période pouvant aller jusqu'à deux mille ans, mais le résultat a été le même : une extermination rapide, à l'échelle des temps de l'évolution, où la durée normale des espèces et des genres se mesure en millions d'années.

Il y a une autre raison pour laquelle on peut accepter ce verdict provisoire. Paul Martin, qui a remis cette idée à l'honneur (une proposition semblable avait été faite un siècle plus tôt pour les mammifères européens), a attiré l'attention sur ce fait important : à chaque fois que les colons humains sont arrivés pour la première fois sur un territoire, non seulement en Amérique, mais aussi en Nouvelle-Zélande, à Madagascar, et en Australie, une grande partie de la mégafaune – mammifères, oiseaux et reptiles de grande taille – a disparu rapidement peu de temps après, que le climat ait changé ou non. Les données étayant cette constatation ont été rassemblées par des chercheurs de différentes opinions, depuis bien des années. Cela va évidemment dans le sens de l'hypothèse de la chasse excessive, et non pas dans celle du changement de climat.

Avant l'arrivée de l'homme aux environs de 1 000 ap. J-C, la Nouvelle-Zélande hébergeait des moas, de gros oiseaux ne volant pas, vivant uniquement sur cette île. Ils présentaient un corps ovoïde, d'énormes pattes et un long cou terminé par une minuscule tête. Les premiers Maoris, arrivant de leur mère patrie polynésienne située plus au Nord, en ont trouvé environ treize espèces, dont les tailles allaient de la grosse dinde à des oiseaux géants pesant 230 kilos ou plus – ces derniers représentant les plus grands des oiseaux ayant jamais existé. Les moas avaient, en fait, opéré une radiation adaptative, remplissant de nombreuses niches. Ces dernières correspondaient à celles normalement occupées par des mammifères, de grande et moyenne tailles. Mais ceux-ci n'étaient pas représentés en Nouvelle-Zélande. Les Maoris se sont mis à massacrer les moas en grand nombre, laissant en certains lieux, disséminés sur toute la Nouvelle-Zélande, des signes témoignant incontestablement de cette chasse. Sur l'île du Sud, où l'on trouve la plupart de ces restes, ils consistent en amoncellements d'os de moas datant de 1100 à 1300. Au cours de cette brève période, la viande de moa a manifestement constitué une part importante de l'alimentation des premiers colons polynésiens. Les massacres ont commencé par le nord de l'île, là où sont entrés les Maoris, puis se sont lentement portés vers le Sud. Plusieurs Européens ont prétendu avoir vu des moas au début du XIXe siècle, mais il est impossible de vérifier leurs dires. Les archéologues, de même que la tradition populaire, tiennent les chasseurs maoris pour responsables de la disparition des moas, comme le déclare ce chant du folklore néo-zélandais :

> Pas de moas, pas de moas,
> Dans la vieille Ao-tea-roa.
> Impossible d'en attraper.
> Ils les ont mangés.
> Ils sont partis et il n'y a plus de moa !

Le carnage qui a pris place en Nouvelle-Zélande est allé bien au-delà de l'extinction des moas. En peu de temps, vingt autres espèces d'oiseaux vivant sur cette île ont été exterminées, parmi lesquelles neuf espèces d'oiseaux ne volant pas (outre le moa). Le sphénodon, seul reptile membre actuel de l'ordre des Rhynchocéphales, a été poussé au bord de l'extinction, de concert avec des grenouilles et des insectes ne volant pas, uniques en leur genre. Leur déclin a été en partie consécutif à la déforestation et à l'incendie de vastes zones de territoires. Il a été accéléré par les rats qui ont débarqué avec les Maoris et se sont répandus en très grand nombre : les espèces autochtones n'avaient que peu de défenses naturelles contre ces envahisseurs. Au XIXe siècle, les colons britanniques sont arrivés dans ce bel archipel déjà fort endommagé. Comme partout, ils se sont mis à en réduire la biodiversité, avec une malsaine ingéniosité de leur propre cru.

Madagascar, la quatrième des plus grandes îles du monde, représente un petit continent pratiquement à elle seule. Complètement isolée pendant soixante-dix millions d'années, tandis qu'elle dérivait vers le nord dans l'océan Indien, elle a été le théâtre d'une tragédie biologique analogue à celle de la Nouvelle-Zélande. En dépit de la proximité de l'Afrique, les premiers colons humains de Madagascar ne sont pas venus de ce dernier continent, mais de la lointaine Indonésie. Ils sont arrivés aux alentours de 500 ap. J-C.

Dans les siècles qui ont immédiatement suivi, la mégafaune de la grande île s'est évanouie. Aucun changement climatique important n'a accompagné cet événement ; il semble être l'œuvre des seuls pionnniers malgaches. De six à douze espèces d'« oiseaux-éléphants », grandes et ne volant pas comme les moas, ont disparu. Elles comprenaient le plus gros oiseau de l'histoire géologique récente, *Aepyornis maximus*, un géant emplumé de près de trois mètres de haut, doté d'énormes pattes. On peut encore arriver à reconstituer ses œufs, de la taille d'un ballon de football, en rassemblant des fragments présents en grandes quantités dans les sites archéologiques malgaches. Ont été également éliminées sept des dix-sept genres de lémurs, des primates étroitement apparentés, parmi les mammifères actuels, aux singes et à l'homme. Les lémuroïdes ont effectué une spectaculaire radiation adaptative à Madagascar. Celles de leurs espèces qui ont disparu étaient les plus grandes et les plus intéressantes de toutes. L'une d'elles courait à quatre pattes comme un chien, et une autre possédait de grands bras et se balançait probablement dans les arbres comme un gibbon. Une troisième, aussi grande qu'un gorille, grimpait aux arbres et ressemblait à un énorme koala. Ont également disparu un oryctérope, un hippopotame pygmée, et deux grosses tortues terrestres.

C'est fondamentalement la même histoire de destruction qui s'est produite lorsque les populations humaines ont atteint pour la première fois l'Australie, il y a environ trente mille ans, là aussi à partir de l'Indonésie. Un nombre élevé de grands mammifères se sont bientôt évanouis, dont notamment le lion marsupial, le gigantesque kangourou mesurant 2,50 mètres de haut, et d'autres espèces ressemblant, l'une au paresseux terrestre, l'autre au rhinocéros, l'autre encore au tapir, ou à la marmotte, etc., ou plus exactement, à des mélanges de ces types familiers de la faune du Continent mondial. Il est, cependant, plus difficile, dans le cas des aborigènes australiens, de leur imputer une chasse excessive, puisque le moment de leur arrivée sur ce continent est très éloigné dans le temps, que les extinctions se sont étalées sur une plus grande période, et que les fossiles et les sites où les chasseurs ont laissé des traces sont rares. Il est aussi vrai que l'Australie a connu une sévère période de sécheresse entre −26 000 ans et −15 000 ans, au cours de laquelle s'est produit le plus grand nombre des extinctions d'animaux. Nous savons aussi que les aborigènes australiens étaient d'excellents chasseurs, dont la tactique consistait à incendier de vastes portions de territoires arides. Ils pratiquent encore ainsi. Il est possible que l'homme ait joué un rôle dans les extinctions en Australie, mais les preuves dont nous disposons ne nous permettent pas de juger de son influence par comparaison avec l'assèchement de l'intérieur du continent.

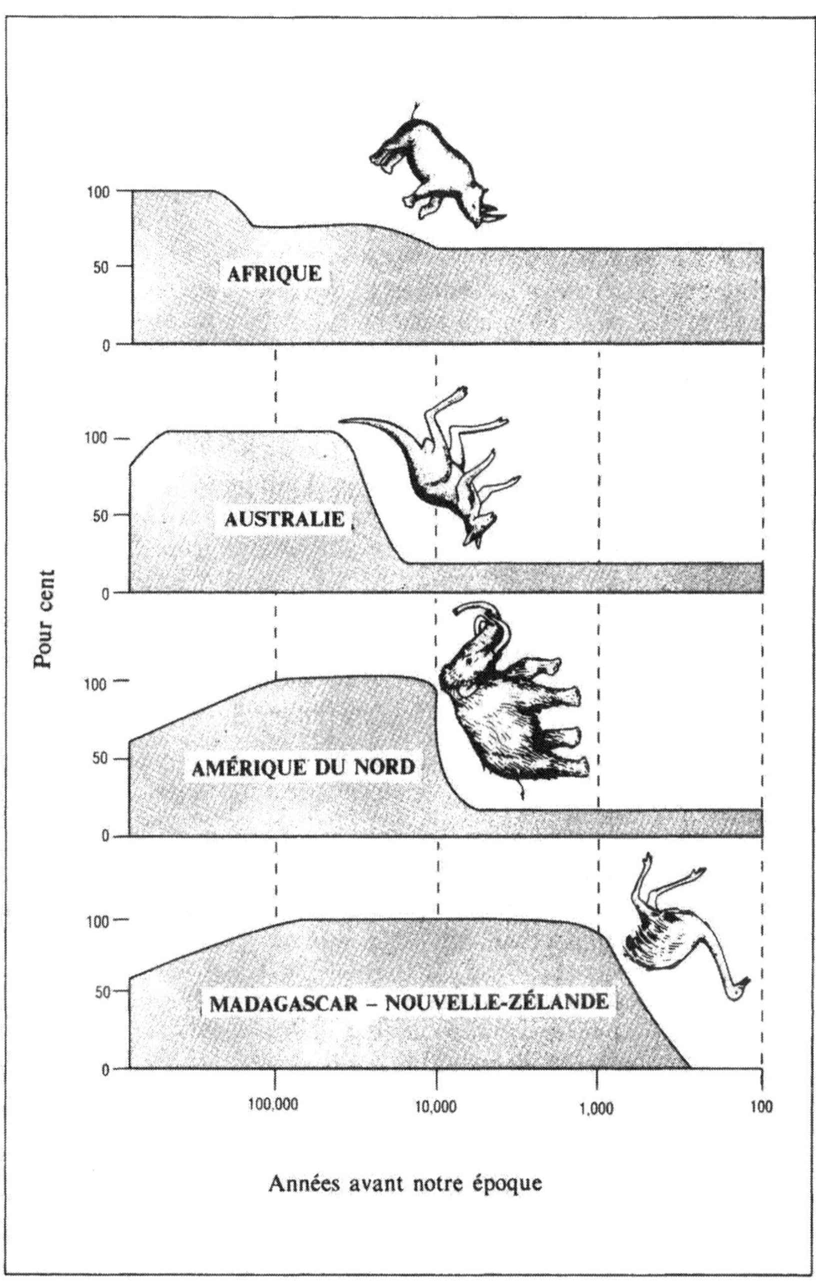

L'extinction des grands mammifères et des oiseaux ne volant pas a coïncidé étroitement avec l'arrivée de l'homme en Amérique du Nord, à Madagascar et en Nouvelle-Zélande, et moins nettement, à une époque antérieure, en Australie. En Afrique, où l'homme et les animaux ont évolué ensemble pendant des millions d'années, les effets destructeurs ont été moins sévères.

En 1989, Jared Diamond a dressé l'acte d'accusation dans l'affaire de l'extinction des mégafaunes. Le climat, a-t-il dit, ne peut avoir été le seul coupable. Il a posé la question suivante : comment se fait-il que les changements de climat et de végétation, lors de la retraite des derniers glaciers, ont conduit à des extinctions de masse en Amérique du Nord, mais non en Europe et en Asie ? La différence entre ces continents n'a pas relevé du climat, mais du fait que l'Amérique a été colonisée par l'homme pour la première fois. Et, par suite, la mégafaune s'y est trouvée pour la première fois confrontée aux chasseurs humains. Mais, a aussi demandé Jared Diamond, pourquoi l'hécatombe s'est-elle produite en Amérique du Nord à la fin du dernier cycle glaciaire, qui clôt l'ère quaternaire, et non pas à la fin de l'un ou l'autre des vingt-deux cycles glaciaires qui l'ont précédé ? Là aussi, la différence est constituée par l'arrivée des chasseurs paléo-indiens. Et comment se fait-il, a ajouté Diamond, que les reptiles d'Australie ont bien survécu aux invasions humaines durant la préhistoire, de même que les petits mammifères et oiseaux ? Et, finalement, pourquoi de grandes espèces, comme le loup marsupial ou le kangourou géant ont disparu à peu près en même temps de l'intérieur aride de l'Australie et des forêts humides de ce continent, aussi bien que des forêts humides de montagne de la Nouvelle-Guinée voisine ?

Les extinctions du Quaternaire ont été sélectives dans l'espace et dans le temps, parce qu'elles semblent s'être produites dans les lieux et les moments où des animaux naïfs ont rencontré pour la première fois l'homme. Nous soutenons, en outre, qu'elles ont été sélectives en ce qui concerne les taxa et la taille des victimes, parce que les chasseurs humains se sont concentrés sur certaines espèces (par exemple, les grands mammifères et les oiseaux ne volant pas), et en laissant de côté d'autres (par exemple, les petits rongeurs). Nous soutenons que les extinctions quaternaires ont affecté les espèces dans tous les habitats, parce que l'homme chasse dans tous les habitats, et que les chasseurs humains ne font du bien à aucune espèce, sauf par le biais accidentel des modifications de l'environnement et de l'élimination d'autres espèces.

« Les chasseurs humains ne font du bien à aucune espèce. » C'est là une vérité générale et la clé de toute la triste histoire. Tandis que la vague humaine s'est déployée sur les dernières terres vierges, comme une couverture étouffante – les Paléo-Indiens dans toute l'Amérique, les Polynésiens à travers l'océan Pacifique, les Indonésiens à Madagascar, les marins hollandais sur l'île Maurice (où ils rencontrèrent et exterminèrent le dodo) – ces populations n'ont été retenues par aucune éthique de la conservation des espèces, ni par aucun savoir sur l'endémisme. Pour elles, le monde devait sûrement sembler illimité. Si le ptilope ou la tortue géante disparaissaient d'une île, on les trouverait sûrement sur une autre. Ce qui comptait était de se nourrir au jour le jour et d'avoir une famille prospère; que le chef puisse recevoir son tribut; et que puissent se dérouler les célébrations des victoires, les rites de passage et les fêtes. Comme l'a dit le chauffeur de camion mexicain qui a tué l'un des deux derniers pics impériaux, le plus grand de tous les pics du monde : « C'était un magnifique morceau de viande. »

De la préhistoire à aujourd'hui, les cavaliers de l'apocalypse écologique se sont illustrés dans la chasse effrénée, la destruction des habitats, l'introduction d'animaux tels que rats ou chèvres, et les maladies transportées par ces derniers animaux. Dans la préhistoire, les principaux agents ont été la chasse excessive et les animaux introduits. Par la suite, et encore aujourd'hui, le facteur prépondérant parmi toutes les forces léthales est la destruction des habitats, suivi de l'invasion des animaux exotiques. Chacun des agents renforce les autres, de sorte que le filet de la destruction n'en devient que plus serré. Aux États-Unis, au Canada et au Mexique, on sait que 1 033 espèces de poissons ont peuplé les eaux douces durant les temps historiques récents. Sur ce nombre, 27 (soit 3 %) se sont éteintes dans les cent dernières années, et deux cent soixante-cinq autres (soit 26 %) sont concernées à des degrés divers par l'extinction. Elles tombent dans l'une ou l'autre des catégories définies par l'Union internationale pour la conservation de la nature et des ressources naturelles (IUCN), qui publie les *Red Data Books* (Livres des données sur les espèces en péril) : « Éteintes » ; « Menacées » ; « Vulnérables » ; et « Rares ». Les facteurs qui les ont poussées au déclin ont été :

Destruction physique de l'habitat	73 % des espèces
Déplacement par espèces introduites	68 % des espèces
Pollution chimique de l'habitat	38 % des espèces
Hybridation avec d'autres espèces	38 % des espèces
ou sous-espèces	
Pêche excessive	15 % des espèces

Ces chiffres font un total de plus de 100 %, parce que les populations de poissons peuvent être affectées par plus d'un facteur à la fois. Si l'on considère que la destruction de l'habitat est à la fois due à la réduction physique des lieux convenables pour vivre et à la pollution chimique rendant ces derniers impropres à toute vie, alors, ce facteur rend compte de plus de 90 % des cas de déclins. Enfin, l'action combinée de ces différentes causes explique que le taux des extinctions a constamment augmenté au cours des quarante dernières années.

Chez les poissons, comme chez tous les groupes sur lesquels nous avons des données suffisantes, nous savons que les déprédations ont commencé dans la préhistoire et les temps historiques les plus anciens, et qu'elles ont été énormément accentuées par les générations actuelles. Les premiers hommes ont tué net la plupart des grands animaux. Ils ont aussi décimé des plantes et des animaux moins apparents sur des îles et dans des vallées, des lacs et des réseaux hydrographiques isolés, où les espèces vivaient en petites populations, le dos au mur. Maintenant, c'est notre tour. Armés de tronçonneuses et de dynamite, nous nous attaquons à la dernière forteresse de la biodiversité – les continents, et à un degré moindre, mais qui va croissant, les mers.

Sera-t-il jamais possible de faire le bilan des pertes continuelles de diversité biologique ? Je ne pense pas qu'il y ait de problème scientifique plus important pour l'humanité dans l'immédiat. Les biologistes ont du mal à fournir même une estimation approximative de l'hémorragie, parce que, pour commencer, ils savent trop peu de choses sur la biodiversité. L'extinction est le processus biologique le plus obscur et le plus local. Personne ne verra jamais la mort du dernier papillon d'une espèce donnée, happé au vol par un oiseau ou la fin de la dernière orchidée d'une certaine sorte, à la suite de l'effondrement de l'arbre qui la portait, dans quelque forêt de montagne lointaine. On nous dit que telle plante ou tel animal est au bord de l'extinction ou peut-être déjà éteint. Nous retournons alors au dernier lieu où on les a aperçus, et après que plusieurs années se soient écoulées sans que nous ayons vu un seul individu, nous déclarons que l'espèce est éteinte. Mais on peut continuer à espérer. Le pilote d'un petit avion survolant les marais de la Louisiane pense qu'il a aperçu quelques pics à bec d'ivoire prendre leur envol, puis revenir à l'abri des feuillages. « Je suis certain que c'était des becs d'ivoire, et non pas des grands pics. J'ai vu tout à fait clairement les doubles bandes blanches sur le dos et les bandes alaires. » On a entendu une sylvette de Bachman chanter quelque part. Peut-être. Un chasseur jure qu'il a vu des loups de Tasmanie dans la garrigue de l'ouest de l'Australie, mais c'est probablement de la pure invention.

Afin d'établir qu'une espèce donnée est vraiment éteinte, il faut que vous la connaissiez bien, y compris sa distribution exacte et ses habitats préférés. Vous devrez observer longtemps et minutieusement sans résultat. Mais la vaste majorité des espèces n'est pas bien connue ; on doit encore donner un nom scientifique à 90 % d'entre elles. Aussi les biologistes admettent-ils qu'il n'est pas possible de chiffrer exactement le nombre des espèces en train de s'éteindre ; nous nous contentons le plus souvent de répondre évasivement, disant que ce nombre est très grand. Mais on peut donner une meilleure réponse. Laissez-moi pour commencer avancer cette proposition de portée générale : *dans la petite minorité des groupes de plantes et d'animaux que nous connaissons bien, l'extinction progresse à un rythme rapide, bien supérieur à celui qui existait avant l'apparition de l'homme. Dans de nombreux cas, le niveau atteint est désastreux : le groupe entier est menacé d'extinction.*

Pour illustrer cela, je vais présenter un certain nombre de cas : à chaque fois que nous pouvons apporter des précisions, nous pouvons le plus souvent voir l'extinction en train de se réaliser. Puis je prendrai une approche plus théorique, recourant aux modèles de la biogéographie insulaire, pour arriver à une estimation des taux d'extinction dans les forêts tropicales humides, lesquelles renferment plus de la moitié de toutes les espèces de plantes et d'animaux du monde. Voici donc les différents cas annoncés :

— Un cinquième des espèces d'oiseaux dans le monde entier a été éliminé dans les deux derniers millénaires, principalement à la suite de l'occupation d'îles par l'homme. Ainsi, au lieu des 9 040 espèces vivant actuellement, il y en aurait probablement eu environ 11 000, si elles avaient été laissées à elles-mêmes. Selon une récente étude du Comité international pour la préservation des oiseaux, 11 % des espèces vivant actuellement (soit 1 029) sont aujourd'hui en danger d'extinction.

— On a recensé 164 espèces d'oiseaux dans les îles Salomon, au sud-ouest du Pacifique. Le *Red Data Book* ne rapporte l'extinction que d'une seule espèce. Mais en fait, douze autres n'ont plus été aperçues depuis 1953. La plupart de ces dernières sont des espèces qui nichent au sol et qui sont donc particulièrement vulnérables aux prédateurs. Ceux des habitants des îles Salomon qui connaissent bien ces oiseaux ont affirmé que certaines de ces espèces ont été exterminées par des chats importés.

— De 1940 à 1980, la densité des populations de passereaux migrateurs du milieu des États-Unis à la côte atlantique a chuté de 50 %, et de nombreuses espèces se sont localement éteintes. L'une des causes paraît être la destruction accélérée des forêts des Antilles, du Mexique, et de l'Amérique Latine, qui constituent les habitats d'hiver pour ces migrateurs. Le sort de la sylvette de Bachman affectera probablement d'autres passereaux résidant l'été aux États-Unis, si la déforestation continue.

— Environ 20 % des espèces de poissons d'eau douce du monde entier sont soit éteintes, soit dans un état de dangereux déclin. La situation approche un stade critique dans de nombreux pays tropicaux. On a récemment mené une étude consistant à rechercher les 266 espèces de poissons fréquentant exclusivement les eaux douces dans les plaines de la péninsule de Malaisie. On n'en a trouvé que 122. Le lac Lanao, sur l'île Mindanao de l'archipel des Philippines, est célèbre, chez les biologistes évolutionnistes, pour la radiation adaptative des poissons cyprinidés qui s'est produite uniquement à l'intérieur de ses eaux. On en avait autrefois décrit dix-huit espèces endémiques réparties en trois genres. Lors d'une recherche récente, on n'en a retrouvé que trois espèces, représentant l'un des genres. On a attribué les pertes à la pêche excessive, ainsi qu'à la concurrence exercée par des espèces de poissons nouvellement introduites.

– L'épisode d'extinction le plus catastrophique de l'histoire récente est peut-être représenté par la destruction des poissons cichlidés du lac Victoria, ceux-là mêmes que j'ai pris plus haut comme le paradigme de la radiation adaptative. À partir d'une seule espèce originelle, plus de trois cents espèces étaient apparues par évolution, occupant la plupart des grandes niches écologiques propres aux poissons d'eau douce. En 1959, les colons britanniques ont introduit la perche du Nil, en tant que poisson destiné à la pêche sportive. Cet énorme prédateur, qui peut atteindre près de deux mètres de long, a fait chuter dans des proportions considérables les populations de poissons cichlidés et conduit certaines des espèces à l'extinction. On s'attend à ce qu'il finisse par éliminer plus de la moitié de ces espèces endémiques. Cette perche n'affecte pas seulement les poissons, mais a aussi un impact sur l'écosystème entier du lac. Dès lors que disparaissent les cichlidés mangeurs d'algues, les plantes aquatiques se mettent à proliférer et à se décomposer, ce qui appauvrit les eaux profondes en oxygène, et accélère le déclin des cichlidés, des crustacés, et d'autres formes de vie. Un groupe de spécialistes de la biologie des poissons, réuni pour travailler sur ce problème, a fait l'observation suivante en 1985 : « Jamais jusqu'ici, l'homme n'avait, par un seul acte malencontreux, mis en danger d'extinction simultanément autant d'espèces de vertébrés, et ce faisant, menacé les ressources alimentaires et le mode de vie traditionnel de populations riveraines d'un lac. »

– Les États-Unis possèdent la plus grande faune du monde en matière de mollusques d'eau douce, surtout riche en moules et en escargots respirant au moyen de branchies. Cela fait longtemps que ces espèces ont amorcé un profond déclin par suite de l'installation de barrages sur les rivières, de la pollution et de l'introduction de mollusques étrangers et d'autres animaux aquatiques. Au moins douze espèces de moules sont maintenant éteintes sur toutes leurs aires de répartition, et 20 % des espèces restantes sont en danger. Même lorsque l'extinction ne s'est pas encore produite, l'extermination des populations locales est incessante. Le lac Érié et le réseau hydrographique de l'Ohio présentaient originellement de denses populations de soixante-dix-huit espèces différentes ; dix-neuf sont maintenant éteintes et vingt-neuf sont rares. Dans une portion de la rivière Tennessee, appelée Mussel Shoals, dans l'Alabama, il y avait autrefois une faune de soixante-huit espèces de moules. Leurs coquilles présentaient des spécialisations morphologiques qui les adaptaient à la vie dans les cours d'eau peu profonds, avec des fonds de sables et de graviers, et des courants rapides. Lorsque le barrage appelé Wilson Dam a été construit au début des années 1920, le captage des eaux et l'augmentation de la profondeur qui s'en est suivi, ont entraîné l'extinction de quarante-quatre de ces espèces. Parallèlement, le captage des eaux et la pollution se sont combinés pour provoquer l'extinction de deux genres et de trente espèces d'escargots dotés de branchies dans la rivière Tennessee et la Coosa, sa voisine.

— Les mollusques terrestres et d'eau douce sont, de façon générale, vulnérables à l'extinction, parce que beaucoup d'entre eux sont spécialisés pour vivre dans des habitats très restreints, et sont incapables de se déplacer rapidement d'un lieu à un autre. Le sort des escargots arboricoles de Tahiti et Moorea illustre ce principe de façon terrible. Comprenant onze espèces réparties dans les genres *Partula* et *Samoana* – une radiation adaptative miniature en un seul petit endroit – ces escargots ont récemment été exterminés par une seule espèce d'escargot carnivore exotique. Cela a été le résultat de deux décisions prises par les autorités locales, qui se sont révélées deux monumentales bêtises. D'abord, l'escargot géant africain *Achatina fulica* a été introduit dans ces îles en tant que ressource alimentaire. Puis, lorsqu'il a été répandu au point de devenir nuisible, on a introduit l'escargot carnivore *Euglandina rosea*, afin de limiter la population d'*Achatina*. Mais *Euglandina* s'est mis à se multiplier prodigieusement, avançant sur un front de 1,2 kilomètre par an. Il s'est attaqué non seulement à l'escargot géant africain, mais à tous les escargots arboricoles indigènes qu'il a rencontrés sur son chemin. Le dernier des escargots arboricoles sauvages s'est éteint sur Moorea en 1987. Sur l'île voisine, Tahiti, la même séquence est en train de se dérouler. Et aux Hawaï, la totalité du genre endémique d'escargot arboricole *Achatinella* est menacée d'extinction par *Euglandina* et par la destruction de l'habitat. Vingt-deux espèces sont maintenant éteintes et les dix-neuf restantes sont en danger.

— Une récente étude du Centre de conservation des plantes a révélé qu'entre 213 et 228 espèces de plantes, sur un total d'environ vingt mille, ont connu l'extinction aux États-Unis. 680 autres espèces et sous-espèces sont en danger de s'éteindre d'ici l'an 2 000. Les trois quarts d'entre elles se rencontrent en cinq endroits : la Californie, la Floride, Hawaï, Porto Rico et le Texas. Le caractère périlleux de la situation est bien illustré par le cas de *Banara vanderbiltii*. En 1986, ce petit arbre des forêts humides recouvrant les régions calcaires à Porto Rico n'était plus représenté que par deux plants individuels croissant sur les terres d'une ferme près de Bayamon. In extremis, on a pu obtenir des boutures, et celles-ci sont en train d'être cultivées avec succès dans le Jardin Tropical Fairchild de Miami.

— En Allemagne de l'Ouest, l'ancienne République fédérale, 34 % des 10 290 espèces d'insectes et d'autres invertébrés ont été classées comme menacées ou en danger en 1987. En Autriche, ce chiffre était de 22 % sur 9 694 espèces d'invertébrés, et en Angleterre, 17 % sur 13 741 espèces d'insectes.

— Les champignons d'Europe occidentale semblent être en pleine période d'extinction de masse, au moins à l'échelle locale. Une recherche intensive en des endroits particuliers d'Allemagne, d'Autriche et de Hollande a révélé qu'ils avaient subi une perte de 40 à 50 % du nombre de leurs espèces durant les soixante dernières années. La cause principale de ce déclin semble avoir été la pollution atmosphérique. Beaucoup des espèces qui ont disparu participaient à des mycorhizes, autrement dit à ces associations symbiotiques augmentant l'absorption des substances nutritives par les racines des plantes. Les spécialistes de l'écologie se demandaient depuis longtemps quel pourrait être l'effet de la disparition de ces champignons sur les écosystèmes continentaux. Nous le saurons bientôt.

— Pour les espèces au bord de l'abîme, qu'il s'agisse d'oiseaux ou de champignons, la fin peut survenir de deux façons différentes. Beaucoup d'entre elles, comme les escargots arboricoles de Moorea, sont emportées par l'équivalent métaphorique d'un coup de fusil — elles sont balayées, mais l'écosystème dont elles font partie reste intact. D'autres sont détruites par un holocauste, dans lequel l'écosystème entier périt.

— La distinction entre coup de fusil et holocauste est tout particulièrement intéressante, lorsqu'on considère le cas de la chouette tachetée des États-Unis (*Strix occidentalis*), une espèce en danger d'extinction qui a fait l'objet d'une intense controverse dans ce pays depuis 1988. Chaque couple de ces chouettes requiert environ trois à huit kilomètres carrés de conifères ayant plus de deux cent cinquante ans d'âge. Seul ce type d'habitat est susceptible de fournir à ces oiseaux assez de gros arbres creux pour faire leur nid et une étendue suffisante de sous-étage forestier pour une chasse fructueuse en souris et autres petits mammifères. Au sein de l'aire de répartition de la chouette tachetée dans l'ouest des États de l'Oregon et de Washington, les habitats convenables sont essentiellement restreints à douze forêts domaniales. La controverse s'est engagée d'abord au sein de l'U.S. Forest Service *, puis s'est

---

* L'équivalent américain de l'Office national des Forêts (N.d.T.).

étendue au grand public. En dernière analyse, elle consistait en une opposition entre les forestiers, qui voulaient continuer à déboiser la forêt primitive, et les défenseurs de l'environnement qui désiraient protéger une espèce en danger d'extinction. L'économie locale, aux alentours de l'aire de distribution de la chouette, était concernée ; les enjeux financiers étaient considérables et l'affrontement entre les deux camps suscitait donc beaucoup de passions. Les forestiers demandaient : « Croit-on vraiment que nous allons renoncer à des milliers d'emplois pour une poignée d'oiseaux ? » Ce à quoi répondaient les défenseurs de l'environnement : « Devons-nous priver les générations futures d'une espèce d'oiseau pour quelques années de plus de production de bois ? »

Dans tout ce tintamarre, on a complètement oublié le sort qui attendait un habitat entier, la forêt ancienne de conifères, avec ses milliers d'autres espèces de plantes, d'animaux et de micro-organismes, dont la grande majorité n'a pas été étudiée, ni classée. Parmi elles, figurent trois espèces rares d'amphibiens, la grenouille à queue et les salamandres « Del Norte » et « Olympique ». Il existe aussi dans cette forêt, l'if occidental, *Taxus brevifolia*, source du taxol, la plus puissante des substances anti-cancéreuses dont on dispose. C'est donc d'une autre façon que devrait être formulé le débat : quelles découvertes peut-on encore faire dans les forêts anciennes de la côte nord-ouest du Pacifique ?

L'abattage de forêts primitives et d'autres désastres, suscités par la croissance des populations humaines, sont les facteurs qui contribuent le plus à mettre en danger la biodiversité où que ce soit. Mais même les données qui permettent d'établir cette conclusion conduisent à une sous-estimation, dans la mesure où elles ne concernent principalement que les vertébrés et les plantes. Les grands organismes bien visibles sont ceux qui sont le plus susceptibles d'être victimes d'un « coup de fusil », d'une chasse ou d'une cueillette excessives ou de l'introduction d'organismes concurrents. Ils sont de la plus grande importance immédiate pour l'homme et celui-ci leur prête la plus grande partie de sa malveillante attention. Les êtres humains chassent le cerf et le pigeon plutôt que le cloporte ou l'araignée. Ils ouvrent des routes dans la forêt pour aller chercher du sapin de Douglas, et non pas des mousses et des champignons.

Sur la planète, il n'y a pas beaucoup d'habitats couvrant plus d'un kilomètre carré qui contiennent moins d'un millier d'espèces de plantes et d'animaux. Des parcelles de forêt tropicale humide ou de récif corallien en hébergent des dizaines de milliers, même après avoir décliné jusqu'au point de ne plus présenter qu'une petite partie de leur richesse originelle. Mais quand un habitat *entier* est détruit, presque toutes les espèces sont réduites à néant. Il n'y a pas que les aigles et les pandas qui disparaissent, mais aussi les plus petits invertébrés, algues et champignons, dont on n'a pas encore fait le recensement, et qui sont les acteurs invisibles à la base de l'existence des écosystèmes. Les spécialistes de la conservation des espèces admettent tous maintenant que l'on doit distinguer entre les phénomènes de type « coup de fusil » et ceux de type « holocauste ». Ils soulignent qu'il faut préserver des habitats entiers et non pas seulement des espèces « phares » figurant en leur sein. Ils sont douloureusement conscients que le dernier troupeau survivant de rhinocéros de Java ne pourra être sauvé, si la dernière forêt dans laquelle ils vivent doit être rasée ; ou que la préservation des aigles harpies nécessite que l'on soustraie aux tronçonneuses chaque parcelle de forêt tropicale humide autour d'eux. La relation est réciproque : quand des espèces vedettes comme les rhinocéros et les aigles sont protégées, elles servent de « parapluie » à tous les êtres vivants qui les entourent.

Ainsi donc, il faut ajouter à la liste des espèces en danger et menacées celle, grandissante, des écosystèmes, lesquels renferment des masses énormes d'espèces. En voici quelques exemples qui méritent une attention immédiate :

Les forêts des monts Usambara, en Tanzanie. Distribués à des niveaux d'altitude très variés et arrosés de façon très différente par les précipitations pluvieuses, les monts Usambara portent l'une des plus riches communautés biologiques de l'est de l'Afrique. Ils donnent asile à un grand nombre d'espèces de plantes et d'animaux que l'on ne trouve nulle part ailleurs ; mais la superficie sur laquelle s'étendent leurs forêts est en train d'être réduite de façon drastique : on en a déjà coupé la moitié (soit 450 kilomètres carrés environ) entre 1954 et 1978. La croissance rapide des populations humaines, les coupes de bois intensives et la mise en culture des parcelles de terre défrichées conduisent à l'extinction des dernières réserves pour des milliers d'espèces.

Le mont San Bruno en Californie. Dans ce petit refuge encerclé par la métropole de San Francisco vivent un certain nombre d'espèces de vertébrés, de plantes et d'insectes, protégées au niveau fédéral. Certaines sont endémiques à la péninsule de San Francisco, comme le papillon thècle de San Bruno, ou le serpent jarretière de San Francisco. La faune et la flore indigènes sont menacées par la circulation hors des routes des véhicules tous terrains, l'extension d'une carrière et l'invasion des terres par l'eucalyptus, l'ajonc et d'autres espèces de plantes étrangères.

Les oasis de la dépression de la mer Morte, en Israël et Jordanie. Ces refuges humides, appelés *ghors*, au sein d'une région fondamentalement désertique, représentent des écosystèmes tropicaux isolés, alimentés par des sources d'eau douce. Ils constituent de véritables poches d'une faune et une flore africaines anciennes, isolées par les terres arides du fossé d'effondrement du Jourdain. En 1980, j'ai parcouru à pied l'une d'elles, appelés Ein Gedi, pratiquement dans toute sa longueur, avançant au sein de la luxuriante végétation qui couvre la rive du ruisseau alimenté par la source, m'émerveillant de l'eau cristalline de ce dernier qui abrite des poissons cichlidés endémiques et des algues émeraudes. J'ai étudié les grosses fourmis tisserandes qui nichent sur la rive – un petit échantillon d'Afrique à une heure de route de Jérusalem. En grimpant et m'écartant du sentier riverain d'une centaine de mètres, je me suis retrouvé dans le paysage désertique du Moyen-Orient. Les ghors sont d'un exceptionnel intérêt scientifique, parce qu'ils mettent en contact direct une faune et une flore africaines avec un ensemble d'espèces différentes, relevant d'autres zones biogéographiques, allant de l'Europe jusqu'au Moyen-Orient et à l'Asie tempérée. Ces oasis sont menacées par le surpâturage, l'exploitation minière et le développement commercial. Reflétant bien la situation politique de la région, plusieurs sont utilisés comme terrains minés.

Si les espèces s'évanouissent en masse lorsque leurs habitats isolés s'effondrent, elles périssent de façon encore plus catastrophique lorsque des systèmes entiers sont détruits. Si la déforestation d'une crête montagneuse dans les Andes peut faire s'éteindre un grand nombre d'espèces, le même traitement appliqué à toute une série de ces crêtes en détruira des centaines de milliers. Ces vastes aires ont été appelées « zones rouges » par Norman Myers en 1988. Elles représentent les cas à traiter d'urgence dans la politique de conservation des espèces au niveau planétaire. Ce sont des zones qui, à la fois, contiennent un grand nombre d'espèces endémiques, et sont extrêmement menacées ; leurs grands habitats ont été réduits à moins de 10 % de leur extension originelle ou sont destinés à tomber à ce bas niveau d'ici quelques décennies. Myers a établi une liste qui comprend dix-huit de ces « zones rouges ». Bien que, prises ensemble, elles ne représentent qu'une minuscule superficie, seulement 0,5 % de la surface des terres émergées sur le globe, elles hébergent de façon exclusive un cinquième des espèces de plantes dans le monde. Les « zones rouges » comprennent une gamme très étendue de forêts et de garrigues de type méditerranéen, et figurent sur tous les continents, excepté l'Antarctique. Chacune d'entre elles mérite une attention particulière et immédiate.

La province floristique de Californie. Ce domaine bien connu, de climat méditerranéen, s'étirant du sud de l'Oregon jusqu'à Baja California, est reconnu par les botanistes comme un foyer évolutif

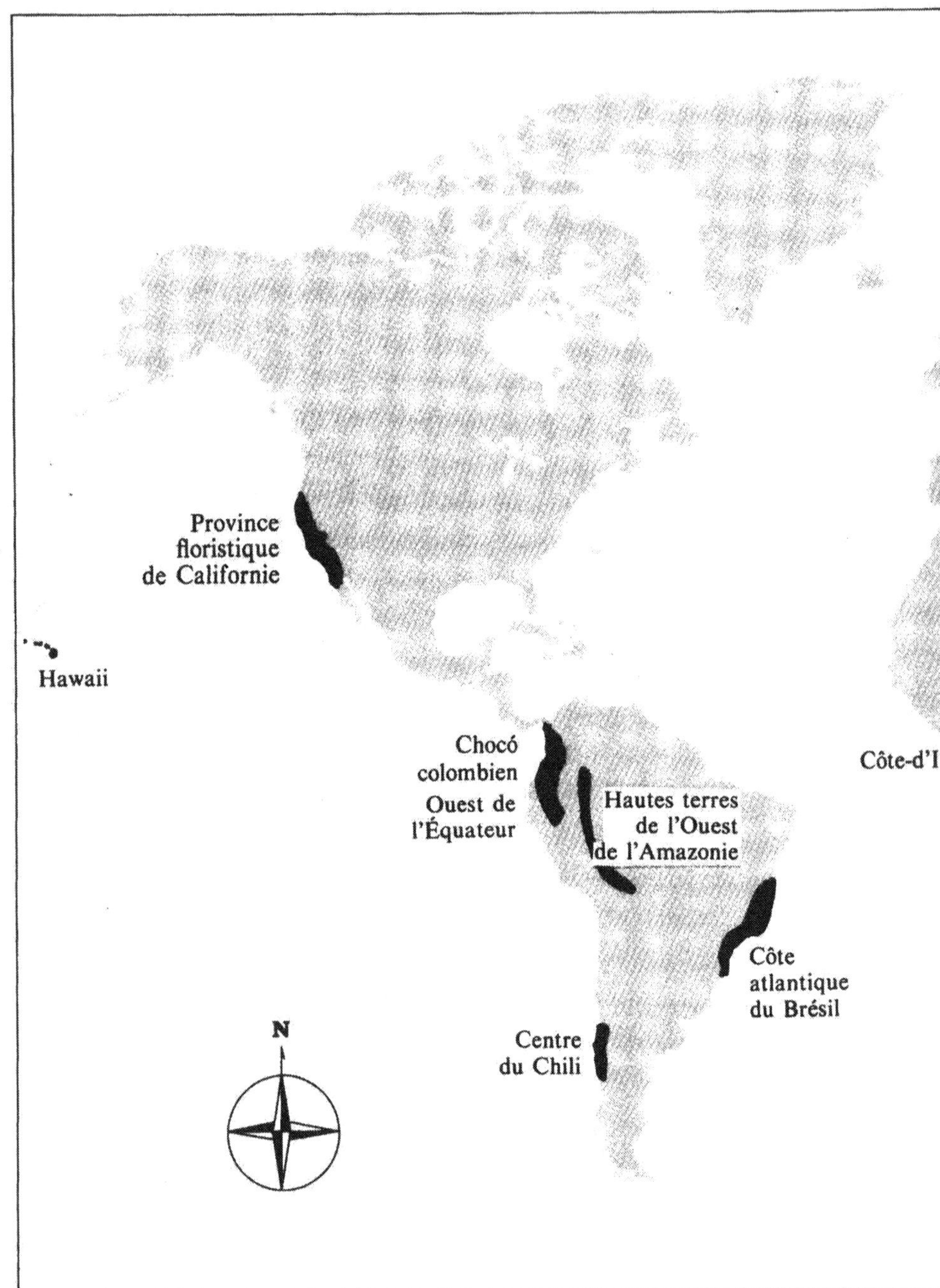

Les zones foncées sont des sites où figurent de nombreuses espèces ne se rencontrant nulle part ailleurs et en grand danger d'extinction en raison de l'activité humaine. Les dix-huit zones foncées repérées ici correspondent à des forêts et à des garrigues de type méditerranéen suffisamment bien connues pour qu'on puisse les prendre en compte de façon certaine. Mais cette carte, fondée sur des études préliminaires, est loin d'être complète.

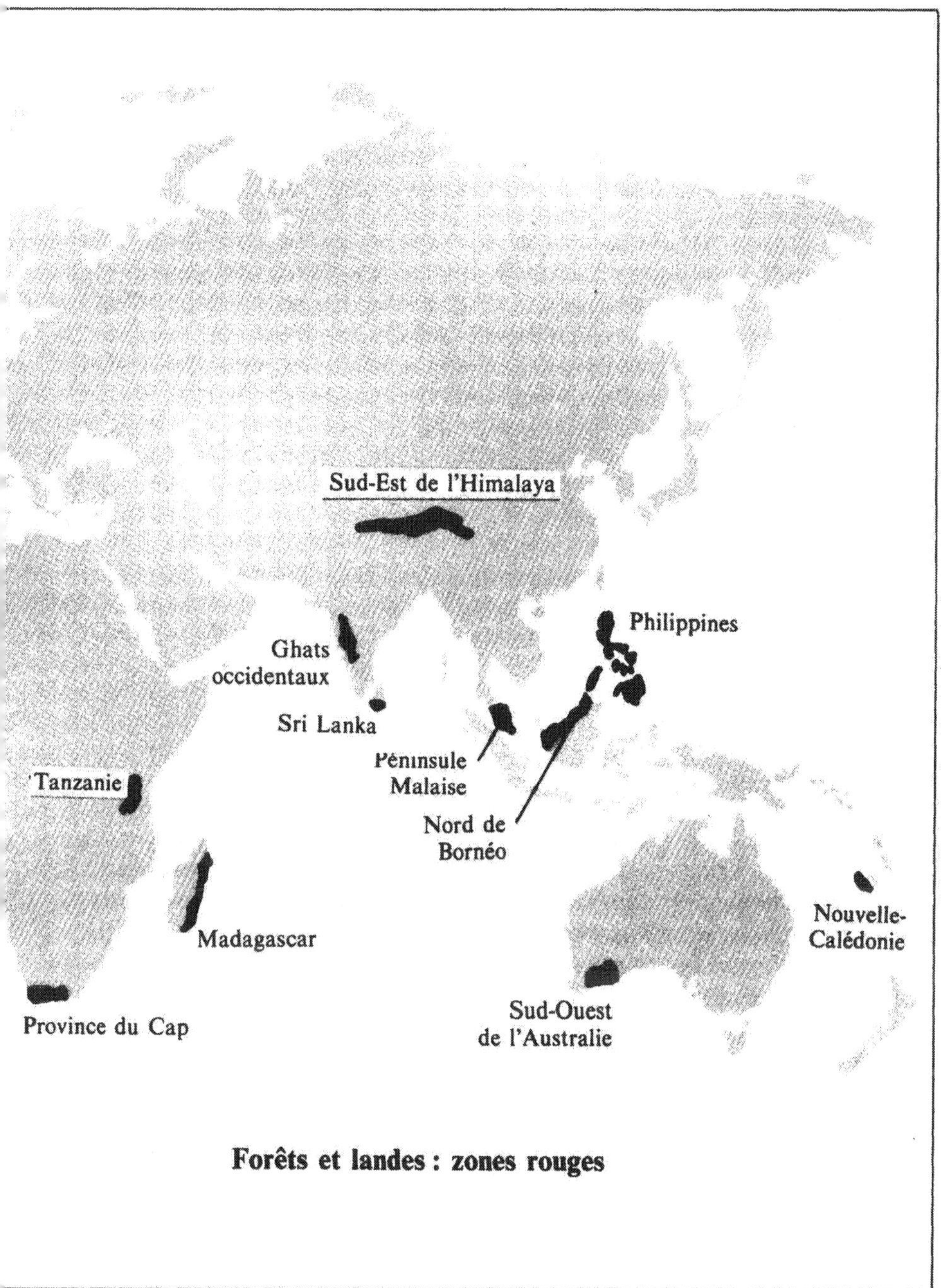

Forêts et landes : zones rouges

D'autres types de forêt non représentés ici sont également en danger d'extinction, de même qu'un grand nombre de lacs, de réseaux hydrographiques et de récifs coralliens. Les zones d'assez grandes dimensions, comme les forêts de la côte du Brésil et celles des Philippines, consistent en réalité en de nombreuses petites « zones rouges » dispersées entre crêtes montagneuses, vallées et îles.

distinct. Il contient un quart de toutes les espèces de plantes trouvées dans l'ensemble formé par les États-Unis et le Canada. La moitié, soit 2 140 espèces, ne figure nulle part ailleurs dans le monde. Leur milieu est en train de se rétrécir rapidement, en raison de l'expansion des villes et des terres livrées à l'agriculture, et particulièrement le long des côtes du centre et du sud de la Californie.

Le centre du Chili. La végétation à caractère méditerranéen prédominant comprend trois mille espèces de plantes en Amérique du Sud, et représente légèrement plus de la moitié de la flore chilienne, concentrée sur seulement 6 % du territoire de ce pays. Elle n'existe plus que sur un tiers de la surface qu'elle couvrait originellement, et malheureusement, est localisée dans la partie la plus peuplée de ce pays. Les familles de paysans la soumettent à une forte pression, dans la mesure où elles s'en servent comme combustible et aussi comme fourrage pour leurs animaux domestiques.

La région du Chocó en Colombie. La forêt recouvrant la plaine côtière et les basses montagnes s'étend sur toute la longueur du pays. Le Chocó, comme est appelée cette région, d'après le nom de l'État qu'elle comprend, est arrosé par de très grosses pluies et doté de l'une des flores les plus riches, mais la moins explorée du monde. À l'heure actuelle, on en connaît 3 500 espèces, mais il y en a sûrement 10 000 au total ; on estime qu'un quart doit être endémique et une proportion plus petite, mais néanmoins substantielle, est inconnue de la science. Depuis le début des années 1970, la région du Chocó a été sans cesse pénétrée par des compagnies exploitant le bois et, dans une moindre mesure, par des Colombiens pauvres, avides de s'approprier des terres. Les forêts ont déjà été ramenées aux trois quarts de leur étendue originelle et sont actuellement détruites sur un rythme de plus en plus accéléré.

L'ouest de l'Équateur. Les forêts humides recouvrant les plaines et les contreforts des Andes, dans la portion située à l'ouest de l'Équateur – la Centinela en fait partie –, contenaient jadis dix mille espèces de plantes. Sur ce nombre, un quart était des espèces endémiques, comme dans la région très semblable du Chocó, plus au Nord. Ces forêts, remarquables par leurs orchidées et d'autres épiphytes, ont été presque complètement rasées. Elles correspondent, comme le dit Myers, à la plus rouge des zones rouges.

> On peut avoir une idée de l'ancienne diversité biotique grâce au Centre scientifique de Rio Palenque, à la pointe sud de la région, où survit la forêt primitive sur moins d'un kilomètre carré. Dans ce petit fragment, on trouve 1 200 espèces de plantes, dont 25 % d'endémiques à l'ouest de l'Équateur. Il est apparu que jusqu'à 100 espèces de Rio

Palenque sont inconnues de la science, 43 n'existent qu'en cet endroit, et un bon nombre ne comprennent que quelques individus, voire un seul.

Daniel Janzen a dit de ces espèces réduites à une population trop petite pour pouvoir se reproduire qu'elles étaient des « mortes vivantes ».

Les hautes terres de l'ouest de l'Amazonie. Les régions par lesquelles se termine à l'Ouest le Bassin amazonien forment un arc s'étendant de la Colombie jusqu'à la Bolivie, au Sud. Elles contiennent, de l'avis des biologistes, les faunes et les flores les plus riches du monde. Et les plus riches des terres riches en espèces endémiques sont les hautes terres de ces régions : celles-ci dessinent sur les pentes des Andes une ceinture de 50 kilomètres de large, l'altitude variant de 500 à 1 500 mètres. Sur chaque crête de montagne, vivent en grand nombre des plantes et des animaux, propres à chacune d'elles et uniques en leur genre, encore largement non étudiés. Les hautes terres amazoniennes, comme le versant ouest des Andes en Colombie et en Équateur, sont en train d'être rapidement colonisées. Dans le seul secteur de l'Équateur, la population est passée de 45 000 à environ 300 000 au cours des quarante dernières années. Environ 65 % des forêts des hautes terres ont déjà été rasées ou converties en plantations de palmiers à huile. On estime qu'elles auront perdu 95 % de leur superficie originelle, en l'an 2 000.

La côte atlantique du Brésil. Une forêt tropicale humide unique en son genre s'étendait jadis de Recife en direction du Sud, passant au niveau de Rio de Janeiro, et descendant jusqu'à Floria-nópolis. À son sujet, le jeune Charles Darwin écrivit jadis : « Des lianes s'enroulant autour de lianes – des tresses comme des cheveux – magnifiques lépidoptères – silence – hosanna – le plus parfait des silences – arbres élevés... Émerveillement, étonnement, et sublime dévotion, emplissent et élèvent l'esprit. » C'était en 1832, lorsque, en tant que naturaliste sur le *Beagle*, Darwin accosta pour la première fois en Amérique du Sud et jeta ses impressions sur le papier. Les forêts de la côte atlantique couvraient originellement environ un million de kilomètres carrés. Géographiquement isolées des forêts amazoniennes du nord et de l'ouest du Brésil, elles contiennent l'une des communautés biotiques les plus particulières et variées du monde. Mais le sud de la côte atlantique du Brésil est aussi la partie du pays la plus densément peuplée et la plus productive sur le plan agricole. Les forêts ont été réduites à moins de 5 % de leur étendue originelle, et ce qui reste ne survit en grande partie que dans les régions montagneuses escarpées. Ces vestiges sont le plus souvent protégés sous la forme de parcs et de réserves-

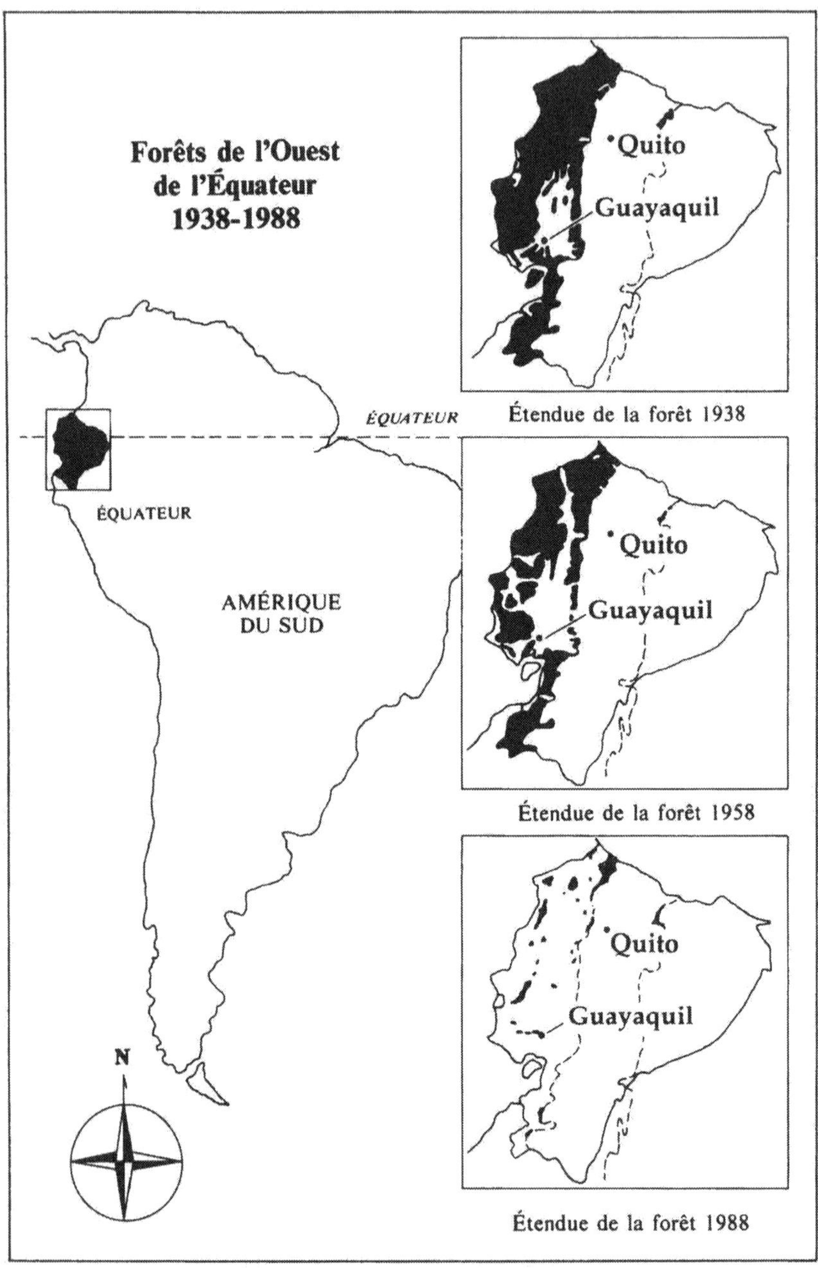

Plus de 90 % des forêts de l'ouest de l'Équateur ont été détruites pendant les quatre dernières décennies. On estime que cela a entraîné l'extinction immédiate ou à terme de plus de la moitié des espèces de plantes et d'animaux de la zone. De nombreuses autres zones biologiquement très variées, de par le monde, sont soumises aux mêmes agressions.

une dernière vision de l'Éden pour les nouvelles générations qui grouillent autour.

Le sud-ouest de la Côte-d'Ivoire. La forêt tropicale humide de la Côte-d'Ivoire et des zones adjacentes du Libéria, dont les couronnes atteignent de grandes hauteurs, forme une province floristique particulière de l'Afrique de l'Ouest. Elle couvrait jadis 160 000 kilomètres carrés. Les coupes de bois effrénées et la destruction par le feu à des fins agricoles l'ont réduite à 16 000 kilomètres carrés. Ce qu'il en reste continue à être coupé à un rythme pouvant atteindre 2 000 kilomètres carrés par an. Seul le Parc national Taï, mesurant 3 300 kilomètres carrés, est officiellement protégé ; mais même cette réserve subit la pression des coupes de bois illégales et de la prospection aurifère.

Les forêts de l'arc Est de la Tanzanie. La forêt des monts Usambara, décrite ci-dessus, n'est que l'une des neuf régions forestières de montagne, s'échelonnant le long de la Tanzanie orientale. Isolées jusqu'à un certain point depuis les temps préhumains, ces habitats sont le siège d'une évolution locale bouillonnante. Ils sont, par exemple, le foyer d'origine de dix-huit des vingt espèces connues de violettes en Afrique, et celui de seize des espèces de caféier sauvage. Ces forêts n'occupent plus que la moitié de leur superficie originelle et continuent à diminuer rapidement, par suite des incursions des populations tanzaniennes en pleine expansion.

La province floristique du Cap en Afrique du Sud. À la pointe sud de l'Afrique, il existe un paysage de lande particulier appelé le *fynbos*, qui est caractérisé par l'une des flores les plus inhabituelles et variées du monde. Dans les 89 000 kilomètres carrés qui en subsistent encore, on peut trouver 8 600 espèces de plantes. 73 % de celles-ci n'existent nulle part ailleurs dans le monde. Un tiers du fynbos a été perdu par suite de l'expansion de l'agriculture, du développement économique et des incursions d'espèces exotiques. Ce qui reste est en train de se fragmenter et de se dégrader rapidement. La plupart des espèces indigènes se rencontrent sur des territoires d'un kilomètre carré ou moins. On sait avec certitude que 26 d'entre elles sont éteintes et que 1 500 autres sont rares ou menacées – nombre qui dépasse celui de l'ensemble des espèces poussant dans les îles Britanniques. À moins que des mesures ne soient rapidement prises, l'Afrique du Sud perdra une grande partie de son patrimoine naturel.

Madagascar. Madagascar, la plus isolée des grandes îles du monde, possède une faune et une flore issues d'une évolution qui s'est faite de façon indépendante, à la mesure de l'isolement de l'île : 30 primates, tous lémuriens ; des reptiles et des amphibiens à 90 % endémiques, et comprenant notamment les deux tiers des espèces de caméléons dans le monde ; et 10 000 espèces de plantes, dont 80 % sont endémiques, comprenant notamment un millier d'espèces d'orchidées. Pour pourvoir aux besoins de leur population en forte croissance, les Malgaches appauvris ont recouru de façon intensive aux coupes et aux brûlis, sur des sols de forêt humide, de mauvaise qualité. En se forçant progressivement leur passage, les paysans ont détruit la plus grande partie de l'environnement biologique de classe mondiale qu'ils avaient reçu en héritage. En 1985, la forêt restante ne représentait plus qu'un tiers de l'étendue qu'elle couvrait lorsque les premiers colons arrivèrent à Madagascar, il y a quinze siècles. La destruction s'accélère à mesure que s'accroît la population, la plus grande partie des pertes ayant eu lieu depuis 1950.

Les pentes basses de l'Himalaya. Une ceinture de luxuriantes forêts de montagne encercle les versants sud et est de l'Himalaya, du Sikkim au nord de l'Inde, via le Népal et le Bhoutan, jusqu'aux provinces occidentales de la Chine. Il y vit un mélange complexe d'espèces tropicales provenant du Sud et d'espèces de zone tempérée, provenant du Nord. Une succession apparemment sans fin de profondes vallées et de crêtes acérées émiette la faune et la flore en un grand nombre d'ensembles locaux, contenant, par exemple, 9 000 espèces de plantes environ, dont 39 % sont restreintes à la région. Les forêts occupaient originellement 340 000 kilomètres carrés environ. Dans la mesure où elles sont situées au voisinage des régions les plus peuplées du monde, elles ont diminué des deux tiers et sont en train de fondre rapidement en raison des coupes de bois incontrôlées et des conversions des terres à l'agriculture.

Les Ghats occidentaux de l'Inde. Les Ghats occidentaux sont des montagnes s'étendant le long de la péninsule indienne. Sur leurs pentes descendant vers la mer, une forêt tropicale couvre environ 17 000 kilomètres carrés. Elle héberge 4 000 espèces de plantes connues, dont 40 % d'endémiques. Les populations humaines en expansion exercent une intense pression sur ces forêts, et les coupes pour le bois et l'agriculture se sont développées rapidement. Environ un tiers de la forêt a déjà disparu, et ce qui reste subit des pertes au rythme d'environ 2 à 3 % par an.

Sri Lanka. Les forêts humides de cette île située au large de la pointe sud de l'Inde constituent des reliques d'une province botanique ancienne, largement disparue, qui recouvrait autrefois toute la péninsule indienne. Elles abritent plus d'un millier d'espèces de plantes, dont la moitié endémiques. La population humaine atteignant une densité de 260 personnes par kilomètre carré, et la demande en bois et en terres cultivables étant très forte, l'étendue de la forêt a été réduite à un peu moins de 10 % de sa superficie originelle. La plus grande partie de ce qui reste de la forêt primitive figure sur un territoire restreint, de 56 kilomètres carrés, situé au sein de la forêt de Sinharaja, non loin de l'extrémité sud-ouest de l'île. Ce secteur est aussi le plus peuplé. Ce qui aggrave encore les choses est que ses habitants s'appuient sur l'agriculture et l'exploitation de la forêt pour survivre.

La péninsule malaise. La plus grande partie de la péninsule malaise était jadis recouverte d'une forêt tropicale. Celle-ci abritait au moins 8 500 espèces, dont un tiers d'endémiques. Au milieu des années 1980, la moitié de cette forêt était détruite. Presque tout ce qui en subsistait en plaine, le secteur le plus riche en diversité, avait été dégradé jusqu'à un certain point. La moitié environ des espèces d'arbres endémiques sont maintenant classées comme en danger ou éteintes.

Le nord-ouest de Bornéo. Il fut un temps où Bornéo était classiquement considérée comme l'archétype de la vaste jungle primitive. Cette image ne peut plus avoir cours aujourd'hui. La forêt est en train de diminuer rapidement, et une grande partie des 11 000 espèces de plantes qui y résident, ainsi que des espèces animales dont on ne connaît pas le nombre, sont menacées. Le tiers nord de l'île, où la biodiversité est importante et l'endémicité des plantes approche 40 %, a été soumis à d'intenses coupes de bois. Dans l'État de Sarawak, membre de la fédération de Malaysia, l'étendue de la forêt a été réduite de près de la moitié, et la plus grande partie de ce qui reste a été confiée aux entreprises réalisant les coupes de bois.

Les Philippines. Cette région insulaire est au bord d'un effondrement de grande ampleur en ce qui concerne sa biodiversité. Isolées du continent asiatique, mais assez proches de l'Indonésie pour en recevoir des espèces de plantes et d'animaux colonisatrices, fragmentées en 7 100 îles (ce qui favorise la formation de nouvelles espèces), les Philippines ont été le théâtre d'une évolution ayant conduit à une très vaste faune et flore, présentant des niveaux élevés d'endémicité. Au cours des cinquante dernières années, les deux-tiers de la forêt ont été rasés. Et, plus précisément, dans les régions de plaines, sa destruction a été quasi totale, à l'exception de 8 000 kilomètres carrés. Sur toutes les îles, d'intenses coupes de bois ont été pratiquées jusqu'au point où elles sont devenues non rentables économiquement, stade après lequel des exploitations agricoles se sont mises en place. La demande de terres nouvelles par la population en expansion met en danger la forêt restante sur les hautes terres. Il est prévu de faire des réserves qui mesureraient 6 450 kilomètres carrés, soit 2 % de la superficie totale de l'archipel. Pour le moins, il faut s'attendre à ce que les pertes finales soient élevées. Au moment où j'écris, la population de l'aigle des Philippines (ou aigle des singes), le majestueux symbole de la faune de ce pays, est réduite à deux cents individus ou même moins.

La Nouvelle-Calédonie. C'est mon île préférée : assez éloignée de la côte est de l'Australie pour avoir engendré une faune et une flore uniques en leur genre ; assez vaste pour héberger un grand nombre d'animaux et de plantes ; et assez proche des archipels mélanésiens au Nord, pour avoir reçu des éléments de cette province biogéographique différente. Pour le naturaliste, la Nouvelle-Calédonie est un creuset où tout se mêle, et un lieu empli de mystères. L'un des plus beaux jours de ma vie a été de grimper sur le Mont Mou et de randonner le long de sa crête à travers une forêt d'araucarias enveloppée de brume, dans laquelle je trouvai une communauté biotique purement indigène dont je n'avais jamais rencontré une seule espèce auparavant. Les forêts de Nouvelle-Calédonie abritent 1 575 espèces de plantes, dont 89 % sont endémiques, ce qui est étonnant. Les Néo-Calédoniens, y compris les colons français, ont exploité l'environnement avec désinvolture, faisant des coupes de bois, ouvrant des exploitations minières, déclenchant des feux de broussailles qui ont fait reculer les forêts les plus sèches. Il reste moins de 1 500 kilomètres carrés de forêts, couvrant 9 % de la superficie de l'île. Pour voir la Nouvelle-Calédonie telle qu'elle était jadis, il faut grimper sur les pentes montagneuses trop éloignées ou trop inclinées pour que les forestiers s'y soient risqués.

L'Australie du Sud-Ouest. La vaste lande à l'ouest de Nullarbor Plain a réalisé son évolution sous un climat méditerranéen et dans un état d'isolement semblable à ce qui a conditionné l'apparition du fynbos, en Afrique du Sud. Elle ressemble aussi à ce dernier sur le plan de l'apparence physique et rivalise avec lui pour ce qui concerne la diversité, abritant 3 630 espèces de plantes, dont 78 % ne se retrouvent nulle part ailleurs dans le monde. Lorsque je l'ai visitée en 1955, l'environnement était presque dans sa condition primitive. Vous pouviez, en beaucoup d'endroits, vous tenir debout, au milieu des broussailles arrivant à hauteur de la taille, et regarder sans obstacles l'horizon dans toutes les directions. Au printemps, les fleurs s'épanouissaient, splendides, à profusion. Depuis lors, l'étendue couverte par cette végétation a été réduite de moitié, principalement afin de convertir des terres à l'agriculture. Elle a été en outre dégradée par des opérations minières, l'invasion par des mauvaises herbes exotiques, et de fréquents incendies. Un quart de ses espèces sont maintenant classées comme rares ou menacées d'extinction.

Il s'agit donc des dix-huit « zones rouges », mais la liste n'est pas close. Il y a d'autres candidates parmi les régions couvertes de forêts, et notamment celles où restent des reliquats de forêts tropicales humides : au Mexique, en Amérique Centrale, aux Antilles, au Libéria, dans le Queensland (Australie) et aux Hawaï. On peut y ajouter tout un ensemble d'habitats entièrement différents : les Grands Lacs de l'Afrique de l'Est, et leur équivalent en Sibérie, le lac Baïkal ; pratiquement tous les réseaux hydrographiques du monde situés à proximité de régions extrêmement peuplées, depuis le Tennessee jusqu'au Gange, et même à certains affluents de l'Amazone ; la mer Baltique et celle d'Aral, cette dernière ne périssant pas simplement en tant qu'écosystème, mais en tant qu'étendue d'eau ; et une myriade de parcelles isolées au sein d'habitats riches en espèces telles que vastes prairies, déserts et forêts tropicales à feuilles caduques.

Et il y a aussi les récifs coralliens. Ces forteresses de la diversité biologique au sein des zones d'eau peu profondes en mer tropicale sont en train de se délabrer sous les assauts combinés de l'homme et de la nature. Bien qu'ayant un profil topographique stable, les récifs présentent une composition extrêmement changeante. Affectés par les caprices de la météorologie et du climat, ils ont toujours opéré localement des avancées et des retraites. Les ouragans transforment périodiquement une partie des récifs des Caraïbes en amas de décombres ; mais ils se rétablissent toujours. Le phénomène dénommé « El Niño », consistant en un réchauffement des courants océaniques au niveau de l'équateur dans l'est du Pacifique, est responsable d'une lourde mortalité. En 1982-1983, il a atteint ses plus fortes intensités depuis deux siècles et a tué d'énormes quantités de coraux le long des côtes de Costa Rica, du Panama, de Colombie et de l'Équateur.

Dans des circonstances normales, les récifs se remettent des destructions naturelles au bout de quelques décennies. Mais à présent, l'effet des activités humaines vient s'ajouter à ces perturbations ordinaires, et les barrières récifales sont désormais continuellement dégradées dans des conditions où les probabilités de régénération sont moins grandes. Dans vingt pays différents, les récifs coralliens sont touchés, de la région des Cayes de Floride et des Antilles à celle du Golfe de Panama et des îles Galápagos ; du Kenya et des Maldives en direction de l'Est, à travers une grande bande d'Asie tropicale, et, vers le Sud, en direction de la Grande Barrière de Corail de l'Australie. En certains endroits, la diminution de la superficie occupée par les récifs approche les 10 %. Au large de Key Largo en Floride, elle est de 30 %, et elle s'est surtout manifestée depuis 1970. On peut énumérer les principales causes de cette diminution des récifs à l'échelle mondiale : dans le désordre, il s'agit de la pollution (le déversement de pétrole dans la mer, pendant la « guerre du Golfe », en a été un exemple catastrophique) ; l'échouage accidentel des pétroliers ; le dragage ; l'exploitation des matériaux rocheux des récifs ; la cueillette excessive des espèces récifales les plus recherchées des décorateurs et des collectionneurs.

Le déclin des récifs s'accompagne de la décoloration des coraux, par suite de la perte de pigments chez les zooxanthelles : il s'agit des algues unicellulaires qui vivent dans les tissus des coraux et sont responsables d'une large proportion de la fixation de l'énergie par photosynthèse. Ces dernières meurent ou bien perdent une grande partie des pigments photosynthétiques qu'elles contiennent dans leurs cellules. De façon comparable à des plantes vertes étiolées et rabougries ayant germé dans l'obscurité, les coraux présentent alors une apparence malingre, et à moins d'un renversement du processus, ils meurent. La décoloration est une réaction généralisée de stress. Elle est consécutive à un échauffement ou à un refroidissement excessifs, ou bien à la pollution chimique, ou bien encore à la dilution de l'eau de mer par l'eau douce, toutes ces causes résultant des activités humaines.

Pendant les années 1980, la décoloration des coraux s'est produite sur des récifs distribués sur une grande partie des tropiques. Ce phénomène s'est déroulé de façon rapide le plus souvent dans des endroits où la température de l'eau s'est très nettement élevée. On a estimé que si les mers tropicales peu profondes se réchauffaient même de peu, c'est-à-dire d'un à deux degrés au cours du siècle prochain, de nombreuses espèces de coraux s'éteindraient (cela a été le cas de trois d'entre elles dans le Pacifique oriental, rien que pendant le phénomène El Niño de 1982-1983) et certains récifs pourraient disparaître totalement. Il est possible que la décoloration des coraux durant la dernière décennie ait été le premier pas en direction de la catastrophe planétaire que l'on s'attend à voir se produire en conséquence de l'élévation du taux de gaz carbonique dans l'atmosphère – possible, mais pas prouvé. En fait, la décoloration des coraux, durant les années 1980, s'est produite en certains endroits à la surface de la planète, mais non en d'autres. Elle a probablement été le résultat de toute une série de facteurs, le réchauffement de l'eau de mer ne constituant que l'un d'entre eux. Les spécialistes de la biologie marine, tout en guettant les prochains signes, sont enclins à affirmer que le plus grand péril immédiat pour les récifs coralliens provient des destructions physiques et de la pollution, et non pas d'une tendance mondiale au réchauffement.

Mais pour la plupart des écosystèmes, il existe effectivement un danger à long terme dû à une modification du climat. Si les prévisions de réchauffement planétaire, même modeste, s'avèrent exactes, la faune et la flore mondiales vont se trouver prises dans un étau. D'un côté, elles sont rapidement réduites par la déforestation et d'autres formes de destruction directe de l'habitat. D'un autre côté, elles sont menacées par l'effet de serre. Tandis que la réduction des habitats terrestres se fait sentir avec le plus de force au niveau des communautés biotiques tropicales, on s'attend à ce que le réchauffement climatique ait le plus grand impact sur les communautés biotiques des régions tempérées, froides et polaires. On considère qu'un glissement des climats plus chauds en direction des pôles, au rythme de cent kilomètres ou plus par siècle (ce qui correspond à un mètre par jour ou plus), est, en tout cas, une possibilité à envisager. Cette évolution conduirait bientôt à laisser subsister la vie sauvage dans des sortes de réserves, à régime plus chaud, en arrière du front de progression des températures, et beaucoup d'espèces de plantes et d'animaux ne pourraient tout simplement pas quitter celles-ci et périraient. Les archives fossiles soutiennent cette prédiction d'une capacité limitée de dispersion. Tandis que la dernière calotte glaciaire se retirait de l'Amérique du Nord, il y a neuf mille ans, l'épicéa réussit à se répandre à la vitesse de deux cents kilomètres par siècle, mais les aires de répartition de la plupart des autres espèces d'arbres ne se déplacèrent qu'à des vitesses de dix à quarante kilomètres par siècle. Ce rappel historique suggère qu'à moins d'essayer de transplanter des écosystèmes entiers, des milliers d'espèces indigènes verraient leurs populations se disloquer. Combien s'adapteraient au changement de climat et ne migreraient pas vers le nord, et combien s'éteindraient ? Personne ne connaît la réponse.

Il semble bien que les organismes peuplant aujourd'hui la toundra et les mers polaires n'auraient aucun endroit où aller, même si le réchauffement planétaire n'était que modeste, car les pôles Nord et Sud représentent des points terminaux. Toutes les espèces des hautes latitudes, de la cladonie des rennes à l'ours polaire, risqueraient de s'éteindre.

Dans un autre domaine, la fonte des glaces polaires se traduirait par la montée du niveau de la mer et, sous toutes les latitudes, les zones côtières, hébergeant un grand nombre d'espèces, seraient inondées. Selon les estimations, l'élévation du niveau de la mer serait comprise entre un demi-mètre et deux mètres. Aux États-Unis, la Floride serait la région la plus sévèrement touchée sur le plan biologique. Plus de la moitié des animaux et des plantes rares, spécialisés dans l'existence tout au bord de l'eau, vivent ici. Dans le Pacifique Ouest, de nombreux atolls et même deux petites nations insulaires, Kiribati et Tuvalu, seraient largement recouvertes par la mer.

C'est le succès démographique humain qui a conduit le monde à cette crise de la biodiversité. Les êtres humains sont des mammifères appartenant à la classe des animaux ayant un poids de l'ordre de cinquante kilos, et sont membres d'un groupe, les primates, remarquable pour sa faible représentation numérique au sein de la biosphère. Ils sont devenus cent fois plus nombreux que n'importe quel autre animal de taille comparable, vivant sur la terre ferme, dans l'histoire de la vie sur la planète. Quel que soit le critère envisagé, l'humanité est écologiquement anormale. Notre espèce s'approprie entre 20 et 40 % de l'énergie solaire accumulée sous forme de matière organique par les plantes vivant sur les continents. Il est impossible que nous puissions mobiliser en notre faveur une telle proportion des ressources terrestres, sans que cela n'affecte considérablement la plupart des autres espèces.

Dans la chute de la biodiversité entraînée par l'essor de l'humanité, il existe une autre terrible dissymétrie : les plus riches des nations hébergent sur leurs territoires les communautés biotiques les plus petites et les moins intéressantes, tandis que les nations les plus pauvres, handicapées par l'explosion démographique et le manque de connaissances scientifiques, sont établies sur des régions comprenant les plus riches communautés biotiques. En 1950, les pays industrialisés représentaient le tiers de la population mondiale. Cette proportion est tombée à un quart en 1985, et on s'attend à ce qu'elle descende jusqu'à un sixième en 2025, date à laquelle la population mondiale aura augmenté de 60 %, pour atteindre huit milliards d'individus. On ne peut manquer d'être frappé par cet aspect ironique de l'histoire : si la technologie du XIXe siècle était née au sein des forêts tropicales humides au lieu des forêts de chênes et de pins de la zone tempérée, il nous resterait très peu de biodiversité à sauver.

Mais quelle est, de façon précise, l'ampleur de la crise ; autrement dit, combien d'espèces sont en train de disparaître ? Les biologistes ne peuvent fournir de chiffres absolus, parce qu'ils ignorent en premier lieu l'ordre de grandeur, même approximatif, du nombre des espèces vivant sur la Terre. Il n'a été donné de nom scientifique qu'à probablement moins de 10 % d'entre elles. Nous ne pouvons pas estimer le pourcentage des espèces en train de s'éteindre chaque année dans le monde entier et dans la plupart des habitats, y compris les récifs coralliens, les déserts, et les prairies alpestres, parce que les études nécessaires n'ont pas été faites.

On peut, cependant, essayer de saisir ce qui se passe dans l'un des plus riches environnements, les forêts tropicales humides, et de déterminer le taux d'extinction en espèces qui y prévaut. Il est possible de mener à bien cet important calcul, parce que, grâce aux efforts de la FAO (Food and Agriculture Organization) – un organisme de l'ONU – et de pionniers de la recherche comme Norman Myers, on sait maintenant à quel rythme procède la destruction des forêts tropicales humides. Sur la base de cette donnée, on peut alors déduire à quelle vitesse les espèces sont en train de s'éteindre ou d'être condamnées. Et puisque ces forêts tropicales hébergent plus de la moitié des espèces de plantes et d'animaux sur la Terre, les estimations auxquelles nous arrivons à leur sujet nous permettent de nous faire une grossière idée de la sévérité de la crise de la biodiversité.

Avant d'essayer de faire cette extrapolation, je suis obligé d'examiner la question des capacités de régénération des forêts tropicales humides. En dépit de leur extraordinaire richesse, en dépit de leur réputation de croissance exubérante (« la jungle a rapidement reconquis les terres défrichées comme si de rien n'était »), ces forêts sont parmi les plus fragiles de tous les habitats. Beaucoup d'entre elles poussent sur des « déserts humides » – des sols de mauvaise qualité, lessivés par les fortes pluies. Les deux tiers de la superficie mondiale occupée par les forêts consistent en terres tropicales jaunes ou rouges, qui sont généralement acides et pauvres en substances nutritives. Le fer et l'aluminium, qui y figurent en concentrations élevées, forment avec le phosphore des composés insolubles, ce qui rend cet élément indisponible pour les plantes. Les composés dans lesquels entrent le calcium et le potassium sont dissous par les pluies, et ces éléments sont rapidement emportés par les eaux de ruissellement. Seule une minime fraction des substances nutritives s'infiltre au-delà de cinq centimètres de profondeur en dessous de la surface.

Au cours des cent cinquante millions d'années qu'elles ont existé, les forêts tropicales humides ont néanmoins évolué de façon à devenir plus denses et plus hautes. À tout moment, la plus grande partie du carbone et une importante fraction des substances nutritives à l'intérieur de l'écosystème sont retenues au sein des tissus végétaux vivants et du bois mort. Aussi, la litière et l'humus figurant sur le sol ne sont, dans la plupart des cas, pas plus épais que dans n'importe quelle autre forêt de par le monde. Par endroits, on peut voir des portions de terre nue. Partout, existent des signes de décomposition rapide sous l'action des champignons et des termites. Lorsqu'on coupe et brûle une portion de forêt, les cendres et les matériaux résultant des décompositions font entrer suffisamment de substances nutritives dans le sol pour permettre une croissance vigoureuse d'herbes et d'arbrisseaux pendant deux ou trois ans. Puis les teneurs du sol en substances nutritives vont en décroissant jusqu'à des niveaux trop bas pour permettre d'obtenir de bonnes quantités de céréales ou de fourrages. Les paysans sont obligés d'épandre des engrais ou de se rabattre sur la portion de forêt suivante, recommençant le cycle des abattages et des brûlis.

La capacité de régénération des forêts tropicales humides est aussi limitée par la fragilité des graines disséminées par les arbres. Dans la plupart des espèces, elles germent en quelques jours ou semaines. Elles n'ont pas le temps d'être transportées par les animaux ou les courants d'eau à travers les zones déboisées jusqu'à des sites favorables pour la croissance des jeunes pousses. La plupart germent et meurent dans les sols brûlants et stériles des clairières. Sur les sites où ont été pratiquées des déforestations, on a pu observer que la régénération complète d'une forêt peut prendre des siècles. Par exemple, bien que la forêt d'Angkor date de l'abandon de la capitale khmère en 1431, elle est encore structurellement différente des forêts plus anciennes de la même région. Le processus de régénération de la forêt tropicale humide est généralement si lent, particulièrement après des implantations agricoles, qu'on n'a pas pu faire jusqu'ici d'estimations de sa vitesse. Dans certaines zones, où les dégâts sont extrêmement importants, la fertilité du sol faible, et où n'existe à proximité aucune forêt pouvant fournir des graines, la restauration pourrait très bien ne jamais s'accomplir, sauf avec l'aide de l'homme.

L'écologie des forêts tropicales humides contraste fortement avec celle des forêts et des prairies des régions tempérées, plus au nord. En Amérique du Nord et en Eurasie, la matière organique n'est pas complètement fixée dans les tissus végétaux vivants. Une grande proportion gît relativement inemployée dans l'épaisse litière et l'humus du sol. Les graines sont plus résistantes au stress et capables de rester en sommeil pendant de longues périodes, permettant d'attendre le retour des conditions favorables d'humidité et de température. C'est pourquoi il est possible de couper et de brûler de grandes portions de forêts ou de prairies herbeuses, de faire paître le bétail ou pousser des récoltes pendant des années sur les zones dégagées, et voir ensuite le retour de la végétation après l'abandon des terres cultivées, rétablissant quasiment l'état originel en une centaine d'années. En un mot, l'Ohio n'est pas l'Amazonie. Et à l'échelle de la planète, le Nord a eu plus de chance que le Sud.

En 1979, les forêts tropicales humides étaient réduites à 56 % de l'étendue qu'elles occupaient durant la préhistoire. Les observations faites par satellites ou par survols aériens à basse altitude ou au niveau du sol ont montré que ce qui en restait – de concert avec les forêts de la région des moussons, moins étendues – est en train de diminuer au rythme d'environ 75 000 kilomètres carrés par an, soit 1 % de leur superficie. Par diminution, il faut entendre des zones où la forêt est complètement détruite, plus un seul arbre ne restant debout ; ou bien il s'agit de zones où elle est si gravement dégradée que la plupart des arbres mourront peu de temps après. La principale cause de la déforestation reste le développement de la petite agriculture, et en particulier la pratique des cultures sur brûlis qui conduit à l'installation permanente de petites exploitations agricoles ; tout de suite après, par l'importance, viennent les coupes de bois à des fins commerciales et l'aménagement des ranchs pour l'élevage du bétail.

Pendant les années 1980, le rythme de la déforestation s'est accéléré partout. Il a atteint de tragiques proportions en Amazonie brésilienne. Dans cette région, les gens disent qu'il existe trois saisons : la saison sèche, la saison humide, et la saison des *queimadas*, c'est-à-dire des brûlis. Durant cette dernière, qui est courte, des armées de petits paysans et de péons, employés par de gros propriétaires terriens, allument des incendies pour débarrasser la terre des arbres tombés et des broussailles. En 1987, pendant quatre mois, de juillet à octobre, on a brûlé cinquante mille kilomètres carrés, à travers quatre États (l'Acre, le Mato Grosso, le Pará et le Rondonia). Une superficie analogue a été détruite l'année suivante. La déforestation est provoquée par les travaux, soutenus par le gouvernement, d'ouverture de routes et d'installation d'exploitations agricoles. Cela atteint les proportions d'un holocauste, les effets s'en étendant sur de grandes parties du Brésil. « La nuit, grondante et rougeoyante », a écrit la journaliste Marlise Simons, « la forêt semble être en état de guerre. » Selon un rapport de l'Institut pour la recherche spatiale : « La fumée dense issue des incendies de l'Amazonie, au plus fort de la saison, se répand sur des millions de kilomètres carrés, provoquant des problèmes de santé dans les populations, des fermetures d'aéroports, des perturbations du trafic aérien, provoquant divers accidents sur les voies fluviales et les routes, et polluant l'atmosphère de la Terre, en général. » Une pollution à l'échelle de la planète en résulte, en effet. Les feux allumés au Brésil ont produit du gaz carbonique contenant plus de 500 millions de tonnes de carbone, 44 millions de tonnes de monoxyde de carbone, plus de 6 millions de tonnes de particules, et un million de tonnes d'oxydes d'azote et d'autres polluants. Une grande partie de ces matériaux a atteint la couche supérieure de l'atmosphère et voyagé sous la forme d'un panache en direction de l'Est au-dessus de l'Atlantique.

En 1989, les forêts tropicales humides du monde entier avaient été réduites à environ 8 millions de kilomètres carrés, soit légèrement moins de la moitié de l'étendue qu'elles occupaient durant la préhistoire. Elles étaient en train d'être détruites au rythme de 142 000 kilomètres carrés par an, soit 1,8 % de leur étendue, c'est-à-dire près du double du rythme de 1979. Cela correspond à la destruction d'une superficie équivalente à un terrain de football chaque seconde. Dit d'une autre façon, ce qui restait en 1989 des forêts tropicales humides occupait une superficie à peu près équivalente à celle des quarante-huit États contigus des États-Unis, et elles étaient en train d'être réduites d'une superficie équivalente à celle de la Floride chaque année.

Quel est l'impact de cette destruction sur la biodiversité présente dans les forêts tropicales ? Afin de fixer une limite inférieure au-dessus de laquelle on pourra raisonnablement situer le taux d'extinction des espèces, j'aurai recours à ce que nous savons de la relation entre la superficie des habitats et le nombre des espèces qu'ils hébergent. En science, on se tourne classiquement vers des modèles de ce genre quand on ne peut faire de mesures directes. Ils donnent de premières approximations qui peuvent être améliorées petit à petit, à mesure que l'on dispose de meilleurs modèles et de davantage de données.

Le premier modèle auquel on peut faire appel est basé sur la relation évoquée plus haut entre la superficie et le nombre des espèces hébergées, et appuyée sur de nombreuses observations : $S = CA^z$, où S est le nombre des espèces, A est la superficie du territoire sur lequel vivent les espèces, et C et z sont des constantes qui varient d'un groupe d'organismes à un autre et d'un lieu à un autre. Dans le but de calculer le taux d'extinction des espèces, on peut ignorer C ; z seul a de l'importance. Dans la grande majorité des cas, la valeur de z se situe entre 0,15 et 0,35. Elle dépend de la nature des organismes considérés et des types d'habitat dans lesquels ils se trouvent. Lorsque les espèces sont capables de se disperser facilement d'un endroit à un autre, la valeur de z est faible. C'est le cas des oiseaux. Au contraire, pour les escargots et les orchidées, la valeur de z est élevée.

Plus la valeur de z est élevée, plus grand sera le nombre des espèces qui finalement s'éteindront après que la superficie du territoire aura été réduite. Je dis « finalement s'éteindront » : tandis que certaines espèces condamnées peuvent disparaître rapidement quand on pratique des coupes dans une forêt ou que l'on assèche partiellement un lac, d'autres espèces déclinent lentement et traînent un moment avant de disparaître. Dit de façon plus précise, lorsque la superficie d'un territoire subit une réduction, le taux d'extinction des espèces s'élève et reste au-dessus de son niveau de base originel, jusqu'à ce que le nombre des espèces soit passé d'un niveau d'équilibre élevé à un niveau d'équilibre inférieur. De façon empirique, et pour bien faire comprendre le message, on peut dire que lorsque la superficie est réduite au dixième de sa taille de départ, le nombre des espèces diminuera de moitié au bout d'un temps plus ou moins long. Cela correspond à une valeur de z de 0,30, réellement proche de celle qui est souvent rencontrée dans la nature.

En 1989, la superficie de l'ensemble des forêts tropicales humides était en train de décliner à raison de 1,8 %, rythme dont on peut raisonnablement penser qu'il s'est maintenu au début des années 1990. En supposant que z ait une valeur moyenne de 0,30, on peut estimer que la réduction annuelle de la superficie des forêts se traduit par une réduction du nombre des espèces de 0,54 %. Essayons de donner une fourchette pour le taux d'extinction de la plupart des organismes, en estimant les chiffres minimum et maximum envisageables. Pour la valeur de z la plus basse ayant un certain degré de vraisemblance, soit 0,15, le taux d'extinction serait de 0,27 % par an ; pour la valeur de z la plus élevée et qui soit aussi vraisemblable, 0,35, le taux d'extinction serait de 0,63 %. *En très gros, donc, on peut s'attendre à ce que la réduction de la superficie occupée par les forêts tropicales humides, entraîne au rythme actuel, l'extinction plus ou moins rapide d'environ 0,5 % des espèces vivant dans la forêt chaque année.* Plus précisément, les groupes auxquels est attachée une valeur faible de z seront le moins affectés, et ceux ayant une valeur élevée de z, le seront le plus. Si la plupart des groupes d'organismes ont une valeur de z faible, le taux global d'extinction sera plus près de 0,27 % ; et si la plupart des organismes ont une valeur de z élevée, le taux d'extinction global approchera 0,63 %. On ne possède pas assez de données pour pouvoir deviner où se situe le véritable chiffre entre ces deux valeurs extrêmes.

Si la destruction des forêts tropicales humides continue au rythme actuel jusqu'en 2023, la moitié de ce qui reste actuellement de forêts aura disparu. Cela aura entraîné une extinction des espèces qui se situera, au total, entre 10 % (sur la base d'une valeur de z de 0,15) et 22 % (sur la base d'une valeur de 0,35) de l'ensemble des espèces. Si l'on prend la valeur intermédiaire « moyenne » de z de 0,30, la proportion des espèces éteintes au total au bout de ce laps de temps sera de 0,19 %. En gros, donc, si la déforestation continue au rythme actuel encore pendant trente ans, un dixième à un quart des espèces vivant dans ces forêts aura disparu. Si celles-ci présentent une biodiversité aussi élevée que le pensent la plupart des biologistes, cette élimination à elle seule se traduira donc par une diminution de 5 à 10 % ou plus – probablement beaucoup plus – de toutes les espèces présentes sur la terre, en l'espace de trente ans. Si l'on y ajoute tous les habitats riches en espèces et en voie de déclin, comme les landes, les forêts tropicales sèches, les lacs, les rivières et les récifs coralliens, le bilan s'alourdit énormément.

Sur la base de la relation superficie-nombre d'espèces, on peut donc appréhender en grande partie le phénomène d'extinction à l'échelle de la planète, mais non sa totalité. Il est nécessaire de recourir à un second modèle. Tandis que sont coupés les derniers arbres, que la dernière parcelle de forêt est convertie en pâturage ou en champ de maïs, la courbe superficie-nombre d'espèces s'écarte du décours prévu pour plonger vers zéro. Aussi longtemps qu'un petit reste de forêt existe quelque part, disons sur une crête montagneuse dans l'ouest de l'Équateur, un nombre appréciable d'espèces va persister, la plupart représentées par de minuscules populations. Certaines seront condamnées, à moins que d'héroïques efforts ne soient entrepris pour les transplanter en de nouveaux lieux. Mais pour le moment, elles s'accrochent. Lorsque le dernier petit morceau de forêt ou d'un autre habitat naturel sera détruit, et que la superficie occupable par les espèces tombera de 1 % à zéro, un grand nombre d'espèces périra immédiatement. C'est ce qui se passe pour des milliers de Centinela de par le monde, des extinctions silencieuses tandis que tombent les derniers arbres. Quand l'île Cebu des Philippines a été totalement déboisée, neuf sur dix des espèces d'oiseaux vivant uniquement sur cette île se sont immédiatement éteintes, et la dixième est en danger de connaître leur sort. Nous ignorons comment prendre en compte au niveau global de la planète les pertes en espèces résultant de ces extinctions totales à petite échelle. Une chose est sûre : puisque ces dernières ont réellement lieu, l'estimation du taux d'extinction des espèces au niveau de la planète, basée sur la relation superficie-nombre d'espèces, est certainement sous-évaluée. Regardons quel serait l'impact de la destruction des dernières centaines de kilomètres carrés occupées par des réserves naturelles : dans la plupart des cas, plus de la moitié des espèces originelles s'éteindraient immédiatement. Si ces réserves correspondaient à des refuges pour des espèces trouvées nulle part ailleurs, ce qui est le cas pour de nombreuses espèces de plantes et d'animaux habitant les forêts tropicales humides, la perte en biodiversité à l'échelle planétaire serait immense.

On peut pousser encore plus loin cette façon d'envisager un monde parsemé d'holocaustes miniatures. Prenons le cas imaginaire dans lequel toutes les espèces habitant dans les forêts tropicales humides auraient une distribution très locale, limitée à un petit nombre de kilomètres carrés, à la manière des espèces de plantes endémiques sur la Centinela. À mesure que l'on coupe la forêt, le pourcentage de pertes en espèces approche, mais n'égale jamais tout à fait le pourcentage de pertes en superficie de forêt. Donc, sur la base de cette estimation, on pourrait dire que dans les prochaines trente années le monde perdrait non seulement la moitié de sa couverture de forêt, mais aussi près de la moitié des espèces vivant dans cet habitat. Heureusement, cette supposition est excessive. Certaines espèces d'animaux et de plantes habitant les forêts tropicales humides possèdent de larges distributions géographiques. Aussi le taux d'extinction en espèces est moindre que celui de la réduction de la superficie.

Il résulte de toutes ces considérations que la proportion d'espèces perdues lors de la réduction de moitié de la superficie couverte par les forêts tropicales humides sera supérieure à 10 % et inférieure à 50 %. Mais il faut remarquer que cette fourchette de pourcentages concerne les pertes attendues du fait de la réduction de la superficie uniquement, et de toute façon, se situe dans le domaine des prévisions les moins pessimistes. Un petit nombre d'espèces dans les parcelles de forêt restantes connaîtront l'extinction sur le mode du « coup de fusil », c'est-à-dire à la suite d'une chasse ou d'une cueillette excessives, à la manière du ara de Spix ou du gui de Nouvelle-Zélande. D'autres seront balayées par des maladies nouvelles, des mauvaises herbes importées, ou des animaux comme le rat ou le porc sauvage. Ce second type de pertes ira en s'intensifiant à mesure que les parcelles deviendront plus petites et se prêteront plus facilement à l'intrusion humaine.

Personne n'a la moindre idée de l'ampleur à laquelle pourrait arriver l'action combinée de toutes ces forces de destruction dans tous les habitats. On ne peut être sûr que du minimum estimé dans le cas des forêts tropicales humides : 10 % d'extinction pour une diminution de moitié de la superficie. Mais, étant donné que z a une valeur généralement élevée et qu'il existe des facteurs d'extinction additionnels dont on ne connaît pas encore l'importance, le chiffre réel pourrait aisément atteindre 20 % en 2023 et s'élever jusqu'à 50 % ou plus ultérieurement. Un taux d'extinction de 20 % par rapport à la biodiversité de la planète, tous habitats confondus, est tout à fait dans l'ordre des possibilités, si le rythme actuel de destruction de l'environnement continue.

À quelle vitesse diminue la biodiversité ? Les chiffres les plus sûrs que j'ai donnés correspondent à l'estimation du pourcentage des extinctions d'espèces qui se produiront finalement à la suite de la destruction des forêts tropicales humides. Combien de temps prendra ce « finalement » ? Lorsqu'une forêt est ramenée de, disons, 100 kilomètres carrés à 10, certaines extinctions se produiront vraisemblablement de façon immédiate. Cependant, le nouvel équilibre décrit par l'équation $S = CA^z$ ne sera pas atteint tout de suite. Certaines espèces perdureront sous forme de populations dangereusement réduites. Des modèles mathématiques élémentaires prédisent que le nombre des espèces présentes dans un territoire de 10 kilomètres carrés déclinera selon un rythme continuellement décroissant, rapidement pour commencer, puis lentement, à mesure que se rapprochera le nouvel équilibre fixé à un niveau plus bas. Le raisonnement expliquant ce processus est simple : au début, il y a de nombreuses espèces promises à l'extinction, et elles disparaissent donc à un rythme élevé ; ultérieurement, seul un petit nombre est en danger d'extinction et le rythme ralentit. Dans sa forme idéale, les espèces s'éteignant indépendamment les unes des autres, ce mode de déroulement des phénomènes s'appelle une *décroissance exponentielle.*

Sur la base de ce modèle de décroissance exponentielle, Jared Diamond et John Terborgh ont approché le problème de la façon suivante. Ils se sont intéressés à l'élévation du niveau de la mer d'il y a 10 000 ans, à la fin de l'Âge glaciaire : elle a déterminé l'isolement de petites bandes de terre qui avaient été auparavant reliées à l'Amérique du Sud, ou à la Nouvelle-Guinée ou aux îles principales de l'Indonésie. Lorsque les flots les ont entourées, ces petites bandes de terre sont devenues des « îles-cordons ». Les îles de Tobago, Margarita, Coiba et la Trinité faisaient originellement partie de l'Amérique du Sud ou de l'Amérique centrale, et partageaient alors la riche faune d'oiseaux de ce continent. De façon similaire, Yapen, Aru et Misool étaient reliées à la Nouvelle-Guinée et partageaient la même faune qu'elle, avant de devenir des îles bordant ses côtes. Diamond et Terborgh ont étudié les oiseaux, qui sont d'excellents indicateurs d'extinction, car ils sont faciles à observer et à identifier. Les deux chercheurs sont arrivés à la même conclusion : après la submersion des langues de terre les reliant aux masses principales, les « îles-cordons » ont subi d'autant plus rapidement des pertes en espèces qu'elles étaient plus petites. Ces extinctions se sont produites de façon assez régulières pour répondre au modèle de décroissance exponentielle. Cherchant à étendre l'analyse sous les tropiques d'Amérique, Terborgh s'est tourné vers l'île de Barro Colorado, laquelle a été formée lors de la création du lac de Gatún, au moment de la construction du canal de Panama. Dans ce cas, l'horloge n'a pas commencé à battre il y a dix mille ans, mais cinquante ans avant l'étude. Appliquant la formule de décroissance exponentielle à une île de cette taille (17 kilomètres carrés), Terborgh a prédit qu'il aurait dû s'éteindre 17 espèces d'oiseaux pendant les premiers 50 ans. On a établi que le nombre réel d'espèces ayant disparu durant cette période était de 13, soit 12 % des 108 espèces se reproduisant originellement sur cette île.

Étant donné que le déclin de la biodiversité est un phénomène complexe, ce résultat a paru trop beau pour être vrai : se pouvait-il que les données sur l'extinction des oiseaux de Barro Colorado fussent si proches de celles prédites par une formule tirée de l'observation d'îles et de périodes beaucoup plus grandes, même si ce n'est que d'un facteur deux ? Mais d'autres études sur des îles d'un nouveau type ont conduit à des résultats similaires, s'accordant assez bien au modèle de décroissance exponentielle – et ces résultats sont attristants. Ces îles d'un nouveau type sont, en effet, des parcelles de forêt isolées au sein de terres cultivées issues de la déforestation. Quand la dimension de ces « îles » se situe dans la fourchette de 1 à 25 kilomètres carrés, le taux d'extinction des espèces d'oiseaux pendant la première centaine d'années est de 10 à 50 %. Également, comme la théorie le prédit, le taux d'extinction est plus élevé dans les parcelles les plus petites, et augmente abruptement quand la superficie descend en dessous d'un kilomètre carré. Ainsi, par exemple, considérons le cas, au Brésil, de trois parcelles de forêt subtropicale, entourées de terres cultivées depuis environ une centaine d'années. Leur superficie s'échelonnait de 0,2 à 14 kilomètres carrés ; les espèces d'oiseaux qui y résidaient ont subi des taux d'extinction allant de 14 à 62 %, dans l'ordre inverse. Dans un coin opposé du monde, une parcelle de forêt de 0,9 kilomètre carré, constituant le Jardin botanique de Bogor (Indonésie), s'est aussi trouvée isolée en conséquence de la déforestation. Dans les premières cinquante années, elle a perdu 20 des 62 espèces d'oiseaux qui y nichaient. Encore un autre exemple dans un environnement différent : on a observé des taux comparables d'extinctions locales des espèces d'oiseaux dans la zone de grande culture du blé, au sud-ouest de l'Australie, après que l'on eut détruit 90 % de la forêt d'eucalyptus originelle et que le restant ait été fragmenté en petites parcelles.

Il est impossible de donner des chiffres absolus en matière de déclin de la biodiversité dans les forêts tropicales humides, année après année, et dans le monde entier, même pour des groupes zoologiques bien connus comme les oiseaux – on ne peut donner que des pourcentages de pertes. Néanmoins, pour que l'on puisse se rendre compte des dimensions de l'hémorragie, permettez-moi de présenter les estimations les plus prudentes que l'on puisse raisonnablement tirer de notre conception actuelle du processus de l'extinction. Je ne considérerai que les pertes en espèces découlant de la réduction en superficie des forêts, en prenant la valeur de z la plus faible envisageable (0,15). Je ne prendrai pas en compte les extinctions dues à la cueillette ou à la chasse excessives ou aux invasions par des organismes étrangers. Je me baserai sur une estimation relativement modeste du nombre des espèces vivant dans les forêts tropicales humides, dix millions, et je supposerai, en outre, que de nombreuses espèces possèdent des distributions géographiques vastes. Avec ces paramètres pourtant prudents, choisis de façon délibérée pour aboutir à une conclusion qui soit la plus optimiste possible, on arrive à un nombre d'espèces condamnées chaque année de 27 000. Cela en représente 74 par jour, ou 3 par heure.

Si, dans le passé, la durée de vie moyenne des espèces avait été de l'ordre d'un million d'années, en l'absence d'interférence humaine, un chiffre courant pour certains groupes figurant dans les archives fossiles, on pourrait en déduire que le taux normal d'extinction « en bruit de fond » avait été d'environ une espèce par million d'espèces par an. Les activités humaines ont accru l'extinction d'un facteur 1 000 ou 10 000 au-dessus de ce niveau de base, dans la forêt tropicale humide, par le simple effet de la réduction de sa superficie. Il est clair que nous sommes en plein cœur de l'une des grandes crises d'extinction de l'histoire de la Terre.

Chapitre 13

DES RICHESSES INEXPLOITÉES

La biodiversité est l'une des plus grandes richesses de la planète, et pourtant la moins reconnue comme telle. On peut apercevoir certains des bienfaits qu'elle peut nous procurer en rappelant le cas exemplaire du maïs *Zea diploperennis*, une espèce sauvage voisine du maïs cultivé, découverte dans les années 1970 par un étudiant mexicain dans l'État de Jalisco, au centre-ouest du Mexique, c'est-à-dire au sud de Guadalajara. Cette nouvelle espèce, résistante aux maladies, est unique en son genre parmi les différentes espèces actuelles de maïs en ce qu'elle se comporte comme une plante vivace. Si l'on transférait ses gènes au maïs cultivé (*Zea mays*), cela pourrait augmenter la productivité de cette céréale dans le monde entier, ce qui se chiffrerait sans doute en milliards de dollars. Cependant, le maïs de Jalisco a été découvert à temps. Il n'occupait pas plus de dix hectares dans une région montagneuse, et il s'en est fallu d'une semaine qu'il ne connaisse l'extinction par l'action combinée de la machette et du feu.

On peut affirmer en toute certitude qu'il existe une vaste gamme d'espèces encore inconnues, susceptibles de nous procurer d'autres bienfaits. Un coléoptère rare vivant sur une orchidée dans une lointaine vallée des Andes sécrète peut-être une substance qui pourrait guérir le cancer du pancréas. Une espèce herbacée dont il n'existe plus que vingt plants en Somalie pourrait s'avérer capable de pousser dans les déserts salés du monde entier, et y devenir une plante à fourrage. Il est impossible d'évaluer l'importance du trésor représenté par la biodiversité, sauf à reconnaître qu'il est immense et que son avenir est des plus incertains.

Pour commencer, il est nécessaire d'établir une nouvelle classification des problèmes écologiques d'une façon qui reflète de plus près la réalité. Il en existe deux grandes catégories, et seulement deux. L'une correspond à l'altération du milieu physique, de sorte qu'il devient impropre à la vie : ce sont les problèmes maintenant bien connus de la pollution par des composés toxiques, de la diminution de la couche d'ozone, du réchauffement du climat par suite de l'effet de serre, et de la diminution de la superficie des terres cultivables et des nappes phréatiques – tous effets impulsés par la croissance incessante des populations humaines. Tous ces problèmes peuvent être résolus, si nous en manifestons la volonté. On peut remettre l'environnement en état et le maintenir à un niveau proche de l'optimum pouvant assurer le bien-être humain.

La deuxième catégorie correspond à la perte de la diversité biologique. Ses causes profondes sont liées à la destruction de l'environnement physique, mais elle en est par ailleurs radicalement différente sur le plan qualitatif. On ne peut, bien sûr, réparer les pertes, mais le mouvement pourrait être ralenti pour retrouver le rythme, à peine perceptible, qui prévalait durant la préhistoire. Si l'on arrivait, ce faisant, à un monde légèrement moins riche sur le plan biotique que celui reçu en héritage par l'humanité, on aurait au moins regagné un équilibre dans le taux des naissances et des morts d'espèces. Cette démarche aurait, en outre, un côté positif dont est dépourvue celle visant à simplement stopper la destruction de l'environnement physique : le simple fait d'essayer de résoudre la crise de la biodiversité peut avoir des retombées bénéfiques inédites, car sauver des espèces demande de les étudier soigneusement, et bien les connaître peut conduire à exploiter leurs propriétés de façon nouvelle.

Si l'on a pris conscience de la valeur pratique des espèces sauvages, c'est grâce à un style nouveau de défense de l'environnement, autrement dit grâce à une révolution, survenue ces vingt dernières années, dans les conceptions sur la conservation de la biodiversité. Hormis certains cas d'ignorance ou de malveillance, il n'y a plus de guerre idéologique entre les partisans de la conservation des espèces et ceux du développement économique. Les deux camps admettent que santé et prospérité déclinent lorsque l'environnement se détériore. Tous deux se rendent compte qu'on ne peut recueillir de produits utiles chez des espèces éteintes. Si, dans les espaces naturels qui, petit à petit, s'évanouissent, on se mettait à rechercher les matériaux génétiques intéressants, au lieu de continuer à les détruire pour quelques stères de plus de bois de construction ou quelques ares supplémentaires de terre à cultiver, ils pourraient être à la source d'une bien plus grande richesse économique. Les espèces sauvées peuvent aider à donner une impulsion nouvelle à l'industrie du bois, à l'agriculture, à la pharmacie, et à d'autres industries localisées ailleurs. Les espaces naturels sont comme des fontaines magiques : plus on en tire de connaissances et de produits intéressants, plus on pourra en tirer.

L'ancienne démarche dans le domaine de la conservation de la biodiversité était celle de « l'abri bétonné ». Transformez les plus riches des espaces naturels en sanctuaires sous la forme de parcs et de réserves, et mettez-les sous la surveillance de gardes. Les gens s'affaireront à leurs problèmes dans le reste du monde, hors des réserves, et voudront bien reconnaître la grande valeur de ce qui est conservé à l'intérieur de celles-ci, à la manière dont ils accordent du prix à leurs cathédrales et à leurs mausolées nationaux. Les parcs et les gardes sont nécessaires, sans aucun doute. Cette démarche a eu un certain succès aux États-Unis et en Europe, mais elle ne peut connaître le même succès dans les pays en voie de développement pour la bonne raison que les gens les plus pauvres, dont les populations connaissent l'expansion la plus rapide, vivent au voisinage des sites les plus riches en diversité biologique. Un paysan péruvien qui coupe la forêt pour subvenir aux besoins de sa famille, gagnant parcelle après parcelle, à mesure que la terre s'épuise en substances nutritives, va abattre plus d'espèces d'arbres qu'il n'en existe dans toute l'Europe. S'il n'y a pas d'autres moyens pour lui de gagner sa vie, les arbres tomberont.

Les promoteurs du style nouveau de défense de l'environnement agissent sur la base de cette réalité. Ils estiment que seuls de nouveaux moyens permettant de tirer des revenus de la terre déjà défrichée ou des espaces naturels encore intacts eux-mêmes pourront sauver la biodiversité du rouleau compresseur de la pauvreté humaine. Une course est engagée pour mettre au point des techniques, tirer davantage de revenus des espaces naturels sans les exterminer, et pour donner à la main invisible qui guide le marché libre une couleur verte.

Cette révolution s'est accompagnée d'un autre changement, étroitement lié, dans les conceptions relatives à la biodiversité : l'attention prioritaire ne porte plus à présent sur les espèces, mais sur les écosystèmes dans lesquels elles vivent. Ce n'est pas que l'on estime moins les espèces vedettes, telles que le panda ou le séquoia, mais on les considère aussi comme des parapluies protecteurs pour les écosystèmes dont elles font partie. Les écosystèmes, de leur côté, sont considérés de valeur égale, dans la mesure où ils contiennent des milliers d'espèces moins visibles, et cela justifie les puissants efforts déployés pour les préserver, avec ou sans les espèces vedettes. Lorsque le dernier tigre de Bali a été tué en 1937, le reste de la biodiversité présente sur cette île n'a pas perdu son importance.

Les espèces humbles et méconnues sont souvent, en fait, les

véritables vedettes. La pervenche rose de Madagascar (*Catharanthus roseus*) est un exemple d'espèce passée de l'obscurité à la célébrité, grâce à ses propriétés biochimiques. Plante d'apparence discrète, dotée de fleurs à cinq pétales, elle produit deux alcaloïdes, la vinblastine et la vincristine, qui peuvent guérir les patients atteints de deux des plus terribles cancers, la maladie de Hodgkin, frappant surtout des adultes jeunes, et la leucémie lymphoïde aiguë, qui était généralement équivalente à une condamnation à mort pour les enfants. Les revenus tirés de la production et de la vente de ces deux substances dépassent cent quatre-vingts millions de dollars par an. Et cela nous ramène au dilemme de la gestion des richesses biologiques du monde par les plus pauvres. Il existe cinq autres espèces de pervenches à Madagascar. L'une d'entre elles, *Catharanthus coriaceus*, approche de l'extinction, tandis que le dernier de ses habitats naturels, dans la région de Betsileo, sur les hauts plateaux du centre, est rasé afin d'ouvrir des terres à l'agriculture.

Peu de gens savent à quel point nous dépendons déjà des organismes sauvages dans le domaine des médicaments. L'aspirine, le produit pharmaceutique le plus largement employé dans le monde, provient de l'acide salicylique, qui a été découvert dans la filipendule (*Filipendula ulmaria*). Ce composé a été, plus tard, combiné à l'acide acétique pour donner l'acide acétylsalicylique, le plus efficace des analgésiques. Aux États-Unis, un quart de toutes les prescriptions traitées par les pharmacies sont des substances extraites des plantes. En outre, 13 % proviennent des micro-organismes et 3 % des animaux. Autrement dit, plus de 40 % des médicaments proviennent des êtres vivants. Or, ces substances ne représentent qu'une minuscule fraction de la multitude disponible. On n'a recherché des alcaloïdes que dans 3 % des plantes à fleurs du monde entier, environ 5 000 sur 220 000 espèces ; et encore cela n'a-t-il été fait que de manière limitée et au petit bonheur. Les propriétés anti-cancéreuses de la pervenche rose ont été découvertes tout à fait par hasard, simplement parce que cette espèce était largement représentée et qu'on était en train d'étudier son efficacité réputée d'antidiurétique.

Dans les annales des sciences, tout comme dans celles du folklore, on peut trouver des quantités d'autres exemples de plantes et d'animaux à la source de remèdes « de bonne femme » très prisés, mais n'ayant encore jamais été évalués par la recherche biomédicale. L'arbre appelé margousier (*Azadirachta indica*), apparenté à l'acajou, est une espèce indigène de l'Asie tropicale, pratiquement inconnue dans le monde occidental. Selon un rapport récent de l'U.S. National Research Council, les habitants de l'Inde lui attachent beaucoup de prix. « Pendant des siècles, des millions

La pervenche rose, plante de Madagascar, est la source de deux alcaloïdes dotés d'une puissante activité anti-cancéreuse.

de personnes se sont nettoyé les dents avec des brindilles de margousier, répandu du jus extrait de ses feuilles sur leurs affections cutanées, consommé du thé de margousier comme boisson tonique, placé des feuilles de cet arbre dans leur lit, leurs livres, leurs greniers, leurs placards et leurs armoires pour éloigner les insectes indésirables. Cet arbre a permis le soulagement de tant de douleurs, de fièvres et d'infections différentes, ainsi que d'autres désagréments, qu'il a été appelé la « pharmacie du village ». Pour des millions d'Indiens, le margousier possède de miraculeuses vertus et, à présent, les scientifiques, de par le monde, commencent à penser qu'ils ont peut-être raison. »

On ne devrait jamais repousser avec dédain les récits rapportant de telles propriétés en ne les considérant que comme des superstitions ou des légendes. Les êtres vivants sont d'extraordinaires chimistes. D'une certaine façon, ils sont, pris ensemble, supérieurs à tous les chimistes du monde, par leur aptitude à réaliser la synthèse de molécules organiques d'intérêt pratique. Au fil de millions de générations, chaque espèce de plantes, d'animaux et de micro-organismes a expérimenté toutes sortes de substances chimiques pour faire face à ses besoins particuliers. Chaque espèce a subi, en nombre astronomique, des mutations et des recombinaisons génétiques affectant sa machinerie biochimique. Les produits expérimentaux ainsi obtenus ont été testés par les forces inflexibles de la sélection naturelle, génération après génération. La classe particulière de substances chimiques dans laquelle une espèce donnée excelle dépend de façon précise de la niche que celle-ci occupe. La sangsue, qui est un ver annélide « vampire », doit faire en sorte que le sang de ses victimes continue à couler, une fois qu'elle les a mordus. Sa salive contient un anticoagulant appelé l'hirudine, que les chercheurs ont isolé et dont les médecins se servent pour traiter les hémorroïdes, les rhumatismes, les thromboses et les contusions, toutes conditions dans lesquelles la coagulation du sang provoque des douleurs ou s'avère dangereuse. L'hirudine dissout facilement les caillots de sang qui menacent de faire échouer les greffes de peau. Une autre substance de ce type figure dans la salive d'une chauve-souris vampire d'Amérique centrale et du Sud, et on s'en sert pour mettre au point des médicaments prévenant l'infarctus. Elle débarrasse les artères de leurs caillots deux fois plus vite que les substances pharmaceutiques conventionnelles, tout en limitant son rayon d'action à la zone où siège le caillot. Une troisième substance de ce type a été isolée du venin d'un serpent de Malaisie, appelé le trigonocéphale.

Ces découvertes de substances intéressantes chez des espèces sauvages ne représentent qu'une petite partie de ce qu'il est possible d'attendre. Une fois que le composé actif est identifié chimiquement, on peut en faire la synthèse en laboratoire, souvent pour un prix de revient inférieur à celui de l'extraction à partir des tissus des organismes vivants. L'étape suivante consiste à prendre le composé en question comme prototype d'une classe entière de nouvelles substances que l'on peut synthétiser et tester. Certaines de ces dernières peuvent se révéler plus efficaces que le prototype chez des sujets humains, ou guérir des maladies qui n'avaient jamais été soignées jusque-là par des composés chimiques de leur classe. La cocaïne, par exemple, est un anesthésique local, mais elle a aussi servi de modèle pour la synthèse en laboratoire d'un grand nombre d'anesthésiques spéciaux, plus stables, moins toxiques, et moins susceptibles de se prêter à la toxicomanie, que le produit naturel. Voici une brève liste des substances pharmaceutiques dérivées de plantes et de champignons :

Substance pharmacologique	Plante source	Usage
Atropine	Belladone (*Atropa belladonna*)	Anticholinergique
Broméline	Ananas (*Ananas comosus*)	Anti-inflammatoire
Caféine	Thé (*Camelia sinensis*)	Stimulant du système nerveux central
Camphre	Camphrier (*Cinnamomium camphora*)	Rubéfiant
Cocaïne	Coca (*Erythroxylon coca*)	Anesthésique local
Codéine	Pavot (*Papaver somniferum*)	Analgésique
Colchicine	Colchique (*Colchicum autumnale*)	Agent anti-cancéreux
Digitoxine	Digitale (*Digitalis purpurea*)	Stimulant cardiaque
Diosgénine	Ignames sauvages (*Dioscorea* sp.)	Contraceptifs féminins
L-Dopa	Dolique de Floride (*Mucuna derringiana*)	Soigne la maladie de Parkinson
Ergométrine	Ergot du seigle (*Claviceps purpurea*)	Anti-hémorragique et anti-migraineux
Glaziovine	*Ocotea glaziovii*	Antidépresseur
Gossypol	Cotonnier (*Gossypium* sp.)	Contraceptif masculin
Indicine N-oxyde	*Heliotropium indicum*	Anti-leucémique
Menthol	Menthe (*Menta* sp.)	Rubéfiant
Monocrotaline	*Crotalaria sessiflora*	Anti-cancéreux (local)

Substance pharmacologique	Plante source	Usage
Morphine	Pavot (*Papaver somniferum*)	Analgésique
Papaïne	Papayer (*Carica papaya*)	Dissout les excès de protéines et les mucus
Pénicilline	Moisissure du genre Penicillium (surtout *Penicillium chrysogenum*)	Antibiotique général
Pilocarpine	*Pilocarpus* sp.	Soigne le glaucome et la bouche sèche
Quinine	Quinquina (*Cinchona ledgeriana*)	Anti-paludéen
Réserpine	Serpentaire indien (*Rauwolfia serpentina*)	Anti-hypertenseur
Scopolamine	Stramoine métel (*Datura metel*)	Sédatif
Strychnine	Vomiquier (*Strychnos nuxvomica*)	Stimulant du système nerveux central
Taxol	If du Pacifique (*Taxus brevifolia*)	Anti-cancéreux (cancer des ovaires)
Thymol	Thym (*Thymus vulgaris*)	Soigne les infections fongiques
D-tubocurarine	*Chondrodendron* et *Strychnos* sp.	Composé actif du curare ; relaxant musculaire en chirurgie
Vinblastine Vincristine	Pervenche rose (*Catharanthus roseus*)	Anti-cancéreux

Les plantes sauvages peuvent également offrir de brillantes perspectives dans le domaine alimentaire. Actuellement, seul un petit nombre d'espèces, potentiellement importantes sur le plan économique, sont présentes sur les marchés mondiaux. Il existe peut-être trente mille espèces de plantes dont certaines parties peuvent se consommer. Tout au long de l'histoire, on a fait pousser ou on a cueilli sept mille d'entre elles. Mais, sur ces dernières, seulement vingt espèces fournissent actuellement 90 % de l'alimentation mondiale en végétaux ; et sur ces 20, seulement trois – le blé, le maïs et le riz – en rendent compte de plus de la moitié. Il s'agit donc d'une bien faible biodiversité, exagérément déterminée par les climats frais ; et dans la plus grande partie du monde, ces plantes sont semées en monocultures sensibles aux maladies et aux attaques des insectes et des vers nématodes.

Les fruits permettent bien d'apercevoir comment les ressources des plantes sont sous-utilisées. Une douzaine d'espèces de la zone tempérée – pomme, pêche, poire, fraise, et toute la gamme bien connue – dominent les marchés du Nord et sont aussi utilisées sous les tropiques. Par contraste, au moins trois mille autres espèces sont disponibles dans ces dernières régions, et sur celles-ci, deux cents sont réellement utilisées. Certaines d'entre elles, la chérimole, la papaye, la mangue ont récemment rejoint la banane comme important produit d'exportation, tandis que la carambole, le tamarin, et le jubéa ont fait une prometteuse apparition. Mais la plupart des consommateurs du Nord n'ont pas encore savouré l'orange de Quito (le « fruit royal des Andes »), le génipape, le ramboutan, et les quasi légendaires durione et mangouste, regardés par les connaisseurs comme les fruits numéro un du monde entier. Voici une liste d'autres plantes alimentaires dont la culture pourrait être développée :

Espèce	Localisation	Usage
Arracacha (*Arracacia xanthorrhiza*)	Andes	Tubercules ressemblant à des carottes, au goût délicat
Amarantes (3 espèces de *Amaranthus*)	Amérique andine et tropicale	Graines et feuilles comestibles ; fourrage ; croissance rapide ; résistance à la sécheresse
Courge fétide (*Cucurbita foetidissima*)	Déserts du Mexique et du Sud-Ouest des États-Unis	Tubercules comestibles, source d'huile comestible ; croissance rapide en terres arides, impropres aux plantes classiques
Mauritier courbé (*Mauritia flexuosa*)	Basses terres d'Amazonie	« Arbre de vie » des Amérindiens ; fruits riches en vitamines ; moelle prise comme pain ; cœur de palmier tiré des pousses
Corossolier (*Annona muricata*)	Amérique tropicale	Fruit au goût délicieux ; mangé brut ou préparé en boisson sucrée, dans les yaourts et glaces
Orange de Quito (*Solanum quitoense*)	Colombie, Équateur	Fruit apprécié dans boissons sucrées
Passerage de Meyen (*Lepidium meyenii*)	Hautes Andes	Plante résistante au froid ; racine ressemblant au radis, au goût particulier ; proche de l'extinction
Spiruline (*Spirulina platensis*)	Lac Tchad, Afrique	Cyanobactérie, croissant en filaments comestibles très nutritifs ; croissance rapide dans eaux salées
Tomate en arbre (*Cyphomandra betacea*)	Amérique du Sud	Fruit allongé au goût délicieux

Espèce	Localisation	Usage
Ulluque *(Ullucus tuberosus)*	Hautes Andes	Tubercules ressemblant à la pomme de terre ; feuilles comestibles, délicieuses ; adaptée aux climats froids
Uville *(Pouroma cecropiaefolia)*	Ouest de l'Amazonie	Fruit mangé brut ou transformé en vin ; croît rapidement, robuste
Bénincase *(Benincasa hispida)*	Asie tropicale	Chair ressemblant au melon, utilisée en légume, dans les soupes et les desserts ; croît rapidement ; plusieurs récoltes par an

Si nos régimes alimentaires présentent peu de variété, ce n'est pas tant le résultat d'un choix que celui du hasard. Nous continuons à dépendre des espèces de plantes découvertes et cultivées par nos ancêtres du néolithique dans les diverses régions où est née l'agriculture : la Méditerranée et le Proche-Orient, l'Asie centrale, la corne de l'Afrique, la zone du riz en Asie tropicale, les hautes terres du Mexique et d'Amérique centrale, et les terres d'altitude moyenne à élevée dans les Andes. Quelques-unes de ces plantes cultivées ont joui d'une préférence et ont été répandues dans le monde entier, s'incorporant à presque toutes les cultures existantes. Si les colons européens d'Amérique du Nord n'avaient pas suivi la tradition et s'étaient résolument tournés vers les plantes cultivées indigènes de leur nouvelle terre, les citoyens des États-Unis et du Canada se nourriraient aujourd'hui de graines de tournesol, de topinambour, de noix de pacane, de myrtilles, de baies de la canneberge et de raisins de la muscadine. Seules ces plantes alimentaires relativement mineures poussaient sur le continent américain au nord du Mexique.

Cependant, même étendue à la totalité de la gamme des plantes cultivées du néolithique, l'agriculture ne toucherait qu'à une toute petite partie de ce qui peut l'être. En coulisses, il existe des dizaines de milliers d'autres espèces auxquelles on n'a pas encore eu recours, et dont on peut montrer que beaucoup sont supérieures à celles en usage actuellement. Parmi celles-ci, l'une des vedettes potentielles est le haricot ailé *(Psophocarpus tetragonolobus)* de Nouvelle-Guinée. On peut l'appeler l'espèce « qui en donne plus ». Tout est comestible dans cette plante, depuis les feuilles ressemblant à celles de l'épinard jusqu'aux gousses jeunes que l'on peut utiliser comme des haricots verts, ainsi qu'aux jeunes graines semblables à des pois, et aux tubercules qui, cuits à l'eau, frits, cuits au four ou

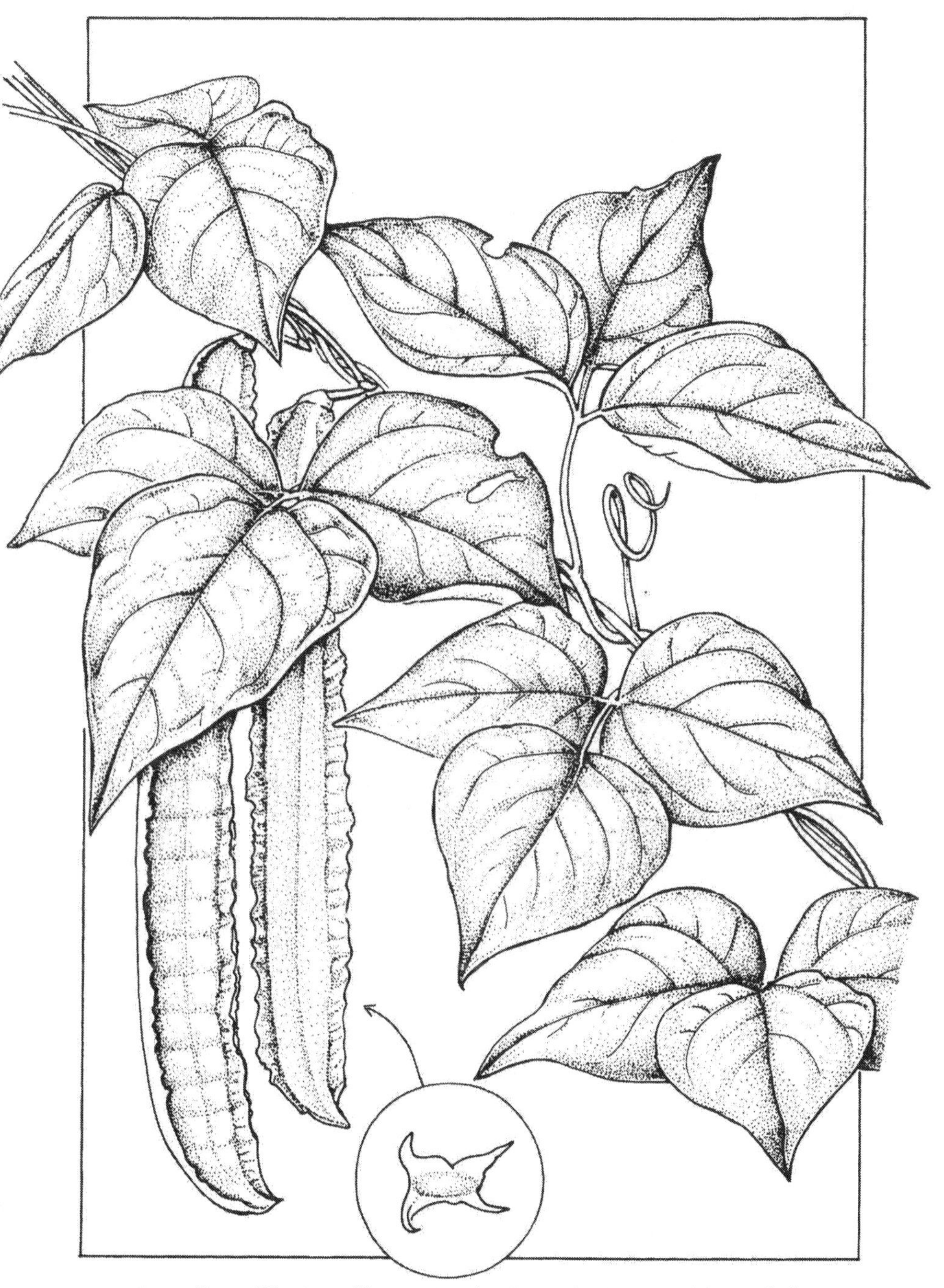

Le haricot ailé est un légume des tropiques dont on peut dire qu'« il en donne plus » tant il a de nombreuses utilisations possibles.

rôtis, sont plus riches en protéines que les pommes de terre. Les graines mûres ressemblent à des graines de soja. On peut les cuire telles quelles ou les moudre pour obtenir de la farine ou les transformer en un liquide ayant le goût du café, mais dépourvu de caféine. En outre, cette plante croît à une vitesse phénoménale, atteignant une longueur de quatre mètres en quelques semaines. Pour finir, le haricot ailé est une légumineuse ; il présente sur ses racines des nodules fixateurs de l'azote et ne nécessite presque pas d'engrais. Outre ses propriétés de plante comestible, il peut servir à augmenter la fertilité du sol pour d'autres plantes cultivées. Avec un peu d'amélioration génétique grâce à la sélection artificielle, le haricot ailé pourrait permettre d'élever le niveau de vie de millions de personnes dans les pays tropicaux les plus pauvres.

Sur la base des connaissances et des traditions, en très grande partie non écrites, des peuples indigènes, on a réuni une masse considérable d'informations sur les plantes sauvages et semi-cultivées. C'est un fait remarquable qu'à l'exception de la noix de la macadamie d'Australie, tous les fruits, charnus ou secs, connus dans les pays occidentaux ont été, au départ, découverts par des peuples indigènes. On peut affirmer que les Incas ont été les champions de tous les temps par la gamme de plantes cultivées qu'ils sont arrivés à accumuler. Bien qu'il n'ait pas bénéficié de l'invention de la roue, de l'argent, de la métallurgie du fer, ou de l'écriture, ce peuple des Andes a réussi à élaborer une agriculture sophistiquée, comprenant presque autant de plantes que celles connues des paysans d'Europe et d'Asie réunis. Leurs nombreuses plantes domestiques, cultivées sur les pentes des hautes terres et les plateaux à climat frais, se sont révélées particulièrement bien adaptées pour les pays tempérés. Des Incas, nous avons reçu le haricot de Lima, le poivron, la pomme de terre et la tomate. Mais beaucoup d'autres espèces et souches, et notamment une centaine de variétés de pommes de terre, sont encore cultivées uniquement dans les Andes. Les conquérants espagnols ont appris à utiliser un petit nombre de pommes de terre, mais ils sont passés à côté d'une énorme quantité d'autres plantes à tubercules – et pourtant certaines étaient plus productives et savoureuses que les plantes finalement retenues. Leurs noms sont, sans aucun doute, peu familiers : balisier rouge, « haricot à tubercules », arracacha, passerage de Meyen, « Capucine à tubercules », « Belle de nuit à tubercules », oca, ulluque, et « poire de terre ». L'une, la passerage de Meyen, est au bord de l'extinction, n'étant plus représentée que sur dix hectares sur le plateau le plus élevé du Pérou et de la Bolivie. Ses racines renflées, ressemblant au radis noir, sont riches en sucre et en amidon. Leur goût sucré très particulier les fait considérer comme une friandise par la poignée de personnes qui ont encore le privilège de pouvoir les consommer.

Une autre plante de premier plan cultivée dans les Amériques est l'amarante. Elle commence seulement maintenant à arriver sur le marché aux États-Unis, principalement en tant qu'aliment de complément aux céréales. Parmi les soixante espèces sauvages dont ils disposaient, les Indiens, du Mexique à l'Amérique du Sud, ont cultivé trois espèces sur une grande échelle à l'époque pré-colombienne. Les graines de l'amarante sont très nutritives, et les jeunes feuilles ont un goût agréable d'épinard, lorsqu'on les cuit. Cette plante pousse si bien en climat frais et sec qu'elle était cultivée autant que le maïs au moment de la Conquête. Elle aurait pu devenir l'une des plantes cultivées les plus en vogue dans le monde, après la colonisation espagnole, n'eût été des circonstances historiques peu ordinaires, racontées par Jean Marx :

> Il y a cinq cents ans, l'amarante était, par ses graines, un composant de base de l'alimentation des Aztèques, et elle était intégrée dans leurs rites religieux. Ils faisaient des figurines sacrées avec une pâte obtenue avec des graines d'amarante moulues et grillées, mêlées au sang de victimes de sacrifices humains. Au cours des fêtes religieuses, ces figurines étaient brisées en morceaux et ceux-ci étaient consommés par les fidèles, une pratique que les Conquistadors espagnols estimèrent être une perverse parodie de l'Eucharistie catholique. Lorsqu'ils soumirent les Aztèques en 1519, ils bannirent leur religion et, avec elle, la culture de l'amarante.

Les préjugés et l'inertie ont toujours ralenti le progrès de l'agriculture. Les raisons pour lesquelles des plantes sauvages sont restées inexploitées sont mystérieuses, comme on peut le voir dans le cas des édulcorants naturels. On a trouvé une plante, en Afrique de l'Ouest, le katemfe ou « arbre aux fruits miraculeux du Soudan » (*Thaumatococcus daniellii*), qui produit une protéine mille six cents fois plus sucrante que le saccharose. Une seconde plante de l'Ouest africain, la « baie inespérée » (*Dioscoreophyllum cumminsii*) donne une substance trois mille fois plus sucrante. Il existe manifestement une énigme : jusqu'où la série s'étend-elle ainsi chez les plantes sauvages ? Personne n'a jamais essayé de répondre à cette question, dans ce cas particulier, ni dans d'autres, d'intérêt pratique. Prenons, par exemple, un second cas, également instructif, les fruits du palmier d'Amazonie appelé « attalée » (*Orbignya phalerata*) qui continuent à être récoltés sur l'arbre à l'état sauvage ou semi-sauvage, et pourtant, ils représentent, à notre connaissance, la source la plus riche du monde en huile végétale. Un peuplement de cinq cents arbres produit environ cent vingt-cinq barils par an, chaque arbre donnant une énorme masse de cent kilos de fruits. Selon les régions, on utilise aussi diverses parties de l'arbre pour

L'amarante cultivée, l'une des principales plantes alimentaires des Amérindiens, pourrait avoir un potentiel économique de dimension mondiale.

faire des tourteaux pour le bétail, de la pâte à papier, de la paille pour couvrir les toits ou tresser des paniers, et finalement du charbon de bois. L'attalée n'a jamais été cultivée en vue d'une exploitation commerciale plus systématique, et n'a jamais été plantée sur une grande échelle hors des hautes terres fertiles et des plaines alluviales, zones où elle poussait originellement en tant que plante sauvage.

L'agriculture sur terres salées, grâce à des plantes tolérantes au sel, est actuellement en sommeil. Cela permettrait pourtant de cultiver des sols qui, jusque-là, n'étaient pas arables. Dans une ferme expérimentale au Mexique, les cultivateurs ont commencé à utiliser l'eau de mer pour irriguer des plantations de salicorne, une plante vivant naturellement dans les marais salants. Cette petite plante charnue produit une huile ressemblant à celle du carthame. Elle donne deux tonnes de graines oléagineuses par hectare et par an, plus un résidu fibreux qui peut être utilisé pour nourrir le bétail. Au Pakistan, une plante herbacée provenant de la région désertique de Kallar Kahar est cultivée sur des terres saturées en eau salée, puis récoltée comme fourrage pour les animaux. Dans le désert très inhospitalier d'Atacama, au nord du Chili, où il peut ne pas pleuvoir pendant sept années successives, l'arbre de la pampa de Tamarugal plonge ses racines à travers une couche de sel épaisse d'un mètre pour aller chercher de l'eau saumâtre dans la profondeur du sol. Cette plante extraordinaire peut pousser en bois ouverts et susciter la croissance d'une végétation à la surface du sol, dans des régions qui seraient autrement stériles. Les moutons élevés dans les forêts de ces arbres croissent presque aussi rapidement que ceux qui sont élevés sur des pâturages de bonne qualité ailleurs dans le monde.

L'histoire de l'élevage des animaux s'est faite, elle aussi, au petit bonheur, tout comme celle de l'agriculture. De même que les plantes cultivées, les animaux que l'on voit dans les basses-cours et les champs correspondent, pour la plupart, à ceux qui ont été domestiqués à l'origine par nos ancêtres du néolithique, il y a dix mille ans, dans les zones tempérées d'Europe et d'Asie. Nous en sommes restés à une gamme limitée de mammifères ongulés, le cheval, le bœuf, l'âne, le chameau, le porc, la chèvre, tous mal adaptés à la plupart des habitats dans le monde, et souvent responsables de spectaculaires destructions de l'environnement. Dans beaucoup de cas, les ressources assurées localement par ces espèces sont inférieures à celles que pourraient procurer des espèces sauvages auxquelles l'humanité ne s'est pas intéressée.

Un bon exemple de la supériorité des espèces sauvages est fournie par la tortue de rivière de l'Amazonie, du genre *Podocnemis*. Les sept espèces connues sont considérées comme d'excellentes sources de protéines par les populations locales. Elles fournissent une viande de très bonne qualité, qui constitue la base d'agréables plats dans l'art culinaire indigène. À mesure que les bords des rivières ont été plus densément peuplés, les tortues ont fait l'objet d'une chasse excessive et plusieurs espèces sont maintenant en danger d'extinction. Mais ces animaux sont faciles à élever. Chaque femelle pond un amas d'œufs pouvant comprendre jusqu'à cent cinquante unités, et les jeunes croissent rapidement. L'une des espèces, la géante *Podocnemis expansa*, atteint une longueur de près d'un mètre et un poids de cinquante kilos. On peut la cantonner dans des réservoirs de béton ou dans ces mares naturelles qui se forment parallèlement au lit des rivières, dans les régions de plaines d'inondation. Sa nourriture consiste en végétaux aquatiques et en fruits, ce qui est très peu onéreux. Dans ces conditions, la tortue fournit vingt-cinq tonnes de viande par an et par hectare, soit plus de quatre cents fois ce que donne le bétail élevé dans les pâturages voisins gagnés sur la forêt environnante. Dans la mesure où les plaines d'inondation représentent 2 % de la superficie de la région amazonienne, le potentiel commercial est énorme. La tortue, en outre, détruit beaucoup moins l'environnement que le bétail ou d'autres animaux exotiques que l'on introduit dans ces régions, avec de désastreuses conséquences.

Des avantages similaires sont offerts par l'iguane vert, « le poulet des arbres ». C'est une sorte de gros lézard, dont la chair est légère et savoureuse. Les paysans des régions humides d'Amérique du Centre et du Sud considèrent celle-ci, depuis des siècles, comme une friandise. Certains des lecteurs vont peut-être trouver repoussante l'idée de manger un reptile. Mais c'est vraiment une question de culture. En un sens phylogénétique, le poulet et les autres oiseaux ne sont rien d'autre que des reptiles à sang chaud, dotés d'ailes, et en tout cas, l'art culinaire abonde en créatures visuellement bien plus horrifiantes, depuis le homard jusqu'au requin renard.

Mais je digresse. Les iguanes sont devenus rares dans la plus grande partie de leur aire de répartition, à la suite d'une chasse excessive, et un spécimen peut aujourd'hui atteindre vingt-cinq dollars au marché noir panaméen. Bien qu'ils soient protégés par la loi dans plusieurs pays d'Amérique latine, ces grands reptiles sont en déclin en raison de la destruction accélérée de leur habitat forestier. Si les paysans épargnaient un peu plus la forêt, ils auraient plus d'iguanes à mettre dans leur marmite. « Mais un paysan qui a une famille à nourrir, et même si celle-ci aime bien la viande d'iguane, » ont fait remarquer Chris Wille et Diane Jukofsky, « aura plutôt tendance à couper et à brûler les arbres pour livrer des terres à l'élevage et à l'agriculture – donnant des

La tortue de rivière géante de l'Amazonie, espèce facile à élever dans les plaines d'inondation et qui dépasse de loin le bétail comme source potentielle de viande.

biens qui peuvent se vendre. Il est vrai que l'on peut faire de délicieux repas avec les iguanes, mais ils ne vous donneront pas de quoi vêtir les gosses. »

Le résultat est une spirale descendante à la fois pour les forêts et pour les paysans. Mais on peut arriver à renverser la marche des choses. Comme Dagmar Werner l'a montré par d'impressionnantes expériences faites sur le terrain, on peut, au moyen d'une gestion avisée, arriver à obtenir dix fois plus de viande d'iguane que de viande de bétail sur des terres de même superficie, et ceci en épargnant la plus grande partie de la forêt. L'astuce consiste à élever un lot de reproducteurs, à incuber les œufs, puis à protéger les nouveau-nés pendant la période où ils sont le plus vulnérables, puis à les lâcher dans la forêt. Les iguanes vont alors se nourrir des feuilles dans le couvert des arbres, et peut-être aussi de déchets de cuisine qu'on pourra leur jeter. Quand ils auront atteint une taille suffisante, on pourra alors les recueillir. Il sera aussi nécessaire de faire de l'élevage pour l'exportation sur une large échelle, et d'apporter des corrections aux lois protégeant les iguanes dans les régions où se pratiquera leur élevage. Voici une liste sommaire des quelques animaux sauvages qui pourraient être élevés en vue d'une production alimentaire commerciale :

Espèce	Distribution	Usages
Babiroussa (*Babyrussa babyrussa*)	Indonésie : Moluques et Célèbes	Porc de pleine forêt ; se nourrit de végétaux riches en cellulose, et donc moins dépendant en grains
Cabiai (*Hydrochoeris hydrochoeris*)	Amérique du Sud	Le plus gros rongeur du monde ; sa chair est estimée ; élevage facile en habitat ouvert, près de points d'eau
Ortalide (genre *Ortalis*, nombreuses espèces)	Amérique du Sud et du Centre	Oiseau ; pourrait être le poulet des tropiques ; vit en populations denses ; adaptable aux habitations humaines ; croît très vite
Gaur (*Bos gaurus*)	De l'Inde à la péninsule malaise	Espèce menacée, voisine du bœuf domestique ; alternative au bétail
Iguane vert (*Iguana iguana*)	Amérique tropicale	Poulet des arbres : nourriture traditionnelle indigène depuis sept mille ans ; croissance rapide ; faibles coûts d'élevage
Guanaco (*Lama guanicoe*)	Des Andes à la Patagonie	Espèce menacée, apparentée au lama ; excellente source de viande, de fourrure et de cuir ; peut être élevé de façon rentable
Tortue marine de Ridley (*Lepidochelys olivacea*)	Plages de l'Inde et côtes Pacifique du Mexique et de l'Amérique centrale	Tortue qui sort de la mer pour pondre ses œufs ; ceux-ci peuvent être cueillis en masse sur des plages protégées
Paca (*Cuniculus paca*)	Amérique tropicale	Gros rongeur à la chair estimée ; généralement capturé à l'état sauvage mais peut être gardé en petites bandes dans des coins de forêt

Espèce	Distribution	Usages
Porc nain (*Sus salvanus*)	Nord-est de l'Inde	L'une des espèces de mammifères les plus en danger du monde ; source potentielle de nouveaux gènes pour le porc domestique
Gangas (genre *Pterocles*, nombreuses espèces)	Déserts d'Afrique et d'Asie	Oiseaux ressemblant au pigeon, adaptés aux déserts les plus arides ; domestication envisageable
Vigogne	Andes centrales	Espèce menacée, apparentée au lama ; bonne source de viande, fourrure et cuir ; peut être élevée de façon rentable

La mise en œuvre de telles innovations aurait pour but d'accroître la productivité et la richesse, dans des conditions de perturbation minime des écosystèmes naturels et de pertes faibles en biodiversité. Si on les choisit et les gère judicieusement, les espèces considérées au départ comme exotiques finissent par devenir familières et par être préférées aux autres – tout en restant sans danger pour l'environnement.

À la catégorie des espèces « championnes », comme la tortue des rivières et l'iguane, on peut ajouter le babiroussa, un animal ressemblant au porc habitant la forêt tropicale humide des Célèbes, et des îles Sula, Togian et Buru, dans l'est de l'Indonésie. Le babiroussa est une drôle de créature, du genre de celles qu'on ne voit normalement que dans les zoos – il est élancé, et sa peau est grise et en grande partie nue ; les mâles possèdent des canines supérieures qui poussent vers le haut comme des défenses, perçant la chair du museau, et se recourbant vers le front, sans jamais entrer dans la bouche. Les plus proches parents connus du babiroussa, tous éteints, erraient jadis dans les forêts de l'Europe. L'adulte est plus gros que la plupart des hommes, pesant jusqu'à cent kilos. En dépit de son apparence de démon de la mythologie hindouiste, cette espèce a été domestiquée par les peuples d'Indonésie habitant les forêts et constitue une importante source de viande. Cependant, le caractère qui le rend très intéressant sur le plan de l'exploitation commerciale est son statut de porc capable de rumination. Son estomac est vaste et comprend différents compartiments comme celui d'un mouton, trait unique en son genre, qui lui a apparemment permis de se nourrir largement de feuilles et d'autres parties des végétaux très riches en cellulose. Avec un peu de chance, le babiroussa pourrait, ailleurs dans le monde, rejoindre les rangs du porc domestique, son élevage n'exigeant qu'un fourrage peu onéreux et partout disponible.

On peut arriver à conjuguer croissance éonomique et protection de la nature en élevant des espèces au sein de leurs écosystèmes naturels, comme dans le cas de la tortue de rivière, de l'iguane et du babiroussa, ou par le transfert d'espèces robustes dans des régions marginales ne possédant que quelques espèces endémiques. Le domaine où l'on peut s'attendre à la plus grande expansion économique est celui de l'aquaculture, c'est-à-dire l'élevage des poissons, des huîtres et autres mollusques, ainsi que d'autres organismes marins ou d'eau douce, dans des pièces d'eau spécialement aménagées, ou encore, dans le cas des mollusques, à la surface de casiers installés dans les estuaires. Plus de 90 % du poisson consommé par les êtres humains dans le monde entier est obtenu par la pêche des espèces sauvages dans leur milieu naturel. Ce système de production primitif perdure, malgré l'existence de techniques d'aquacultures sophistiquées – on sait, en particulier, élever le poisson en mares artificielles ou dans d'autres types d'aménagements, depuis quatre mille ans. Si on le voulait vraiment, on pourrait augmenter énormément, en une ou deux décennies, la production de protéines animales par aquaculture. « Si l'aquaculture possède de telles potentialités, c'est en raison de deux particularités, » a écrit Norman Myers :

> Premièrement, les animaux qui vivent dans l'eau ont un net avantage par rapport à ceux vivant au sol : la densité de leur corps est presque la même que celle de l'eau dans laquelle ils sont plongés, de sorte qu'ils n'ont pas à investir de l'énergie dans le soutien du poids de leur corps ; par conséquent, ils peuvent consacrer à la croissance bien plus d'énergie que ne peuvent le faire les animaux vivant sur la terre ferme. Deuxièmement, les poissons, en tant qu'animaux à sang froid, dépensent peu d'énergie pour maintenir leur corps à une certaine température. La carpe, par exemple, peut convertir en chair la nourriture assimilée, une fois et demie plus vite que ne peuvent le faire le porc ou le poulet, et deux fois plus vite que le bœuf ou le mouton. Le minuscule crustacé, ressemblant à une crevette, appelé *Daphnia* peut, lorsqu'il est élevé dans un milieu riche en substances nutritives, engendrer presque vingt tonnes de matière organique en moins de cinq semaines, ce qui représente dix fois le rythme de synthèse du soja – et au dixième du coût par unité de protéine produite.

L'aquaculture actuelle ressemble à l'agriculture et à l'élevage en ce qu'elle n'exploite qu'une petite partie de la biodiversité disponible. Elle est extrêmement dépendante des espèces premières rencontrées par hasard par les sociétés humaines qui ont inventé l'une ou l'autre de ces pratiques. Elle porte sur trois cents espèces de poissons dans le monde entier. Mais 85 % de sa production dépend de quelques espèces de carpes seulement, tandis que le tilapia rend compte de la plus grande partie des 15 % restants. Le nombre des espèces de poissons connues de la science s'élève actuellement à plus de dix-huit mille, et il y en a probablement encore des milliers d'autres inconnues. Il se pourrait qu'au bout du compte, une petite minorité seulement s'avérera avoir un intérêt commercial ; mais même s'il ne s'agissait que de 10 %, cela aurait pour effet d'augmenter considérablement la biodiversité exploitée.

Il est tout à fait possible pour l'industrie d'augmenter la productivité, tout en préservant la diversité biologique, et de procéder de telle façon que l'une conduise à l'autre. Les forêts du monde entier, par exemple, sont soumises à la pression d'une demande croissante en pâte à papier. À Bornéo et dans les anciennes forêts d'Amérique du Nord, des peuplements de milliers d'espèces d'arbres sont convertis en pâte à papier sur un rythme accéléré. On s'attend à ce qu'il en soit fabriqué quatre cents millions de tonnes annuellement à la fin du siècle. Pourtant, on peut faire des journaux et des boîtes en carton sans pour autant transformer des forêts en pâte à papier. Le chanvre du Deccan (*Hibiscus cannabinus*), une plante d'Afrique de l'Est apparentée au coton et à l'okra, est supérieur aux plantes ligneuses traditionnelles sous pratiquement tous les aspects. Ressemblant au bambou, mais portant des fleurs du type de l'hibiscus, cette plante atteint cinq mètres de haut à maturité, en seulement quatre ou cinq mois. Dans le sud des États-Unis, le chanvre du Deccan donne trois à cinq fois plus de pâte que les arbres, et il n'est besoin que d'un traitement chimique minime pour blanchir les fibres. Les peuplements, à l'état jeune, peuvent être coupés au moyen d'une machine semblable à celle dont on se sert pour moissonner la canne à sucre.

On peut aussi produire en masse de la pâte et des fibres à partir de jeunes plants d'arbres que l'on fait pousser sous une forme remarquable appelée « herbe ligneuse ». Selon une technique encore au stade expérimental, on fait croître les jeunes arbres en peuplements denses et on les fauche comme de l'herbe, tandis qu'ils sont encore jeunes et flexibles. Le matériau végétal ainsi recueilli est ensuite converti en pâte à papier, en combustible ou en matière alimentaire pour le bétail. Si l'on choisit de bonnes espèces d'arbres, les jeunes plants peuvent croître très vite et pousser à partir de rhizomes souterrains, comme l'herbe, et ne nécessitent donc pas d'être re-semés. Et lorsqu'il s'agit de légumineuses, ils apportent de l'azote au sol, réduisant les besoins en engrais.

Les plantations de chanvre du Deccan et d'« herbe ligneuse » constituent les dernières innovations au sein d'une saga qui a commencé avec l'origine de l'agriculture. Les inventions cruciales, faites ici et là, il y a cinq à dix mille ans, ont consisté à cultiver certaines espèces d'intérêt alimentaire, déjà récoltées à l'état sauvage, puis à sélectionner les meilleures variétés au sein des espèces en question. Les chasseurs-cueilleurs devaient avoir compris depuis des millénaires que les plantes produisent des graines, lesquelles se développent pour donner des plantes. Planter les graines en des endroits convenables n'a dû être, pour eux, qu'une petite étape supplémentaire. À partir du moment où ils ont su cultiver les plantes sur des sols préparés, et sélectionner les meilleures pour donner la génération suivante, on peut dire qu'ils ont acquis le statut de paysans, et que l'agriculture était née. Un mouvement avait été lancé, qui, selon l'image de Erich Hoyt, devait conduire les plantes et leurs descendantes à effectuer une fantastique chevauchée jusque dans l'histoire moderne.

Aujourd'hui, on trouve, dans les anciens sites géographiques de l'agriculture néolithique, non seulement les variétés domestiques poussant sur les terres agricoles, mais aussi les espèces sauvages originelles, continuant à survivre à leur voisinage, dans les habitats naturels qui se rétrécissent. Cette présence combinée des souches domestiques et sauvages fait de ces sites les quartiers généraux de la diversité génétique. On les appelle des « centres de Vavilov », en hommage au travail de pionnier du botaniste russe Nicolaï Vavilov qui, dans les années 1920 et 1930, a parcouru l'Afghanistan, l'Éthiopie, le Mexique, l'Amérique centrale et les régions les plus éloignées de l'Union soviétique, pour recueillir des plantes pouvant être utilisées en agriculture. Plus récemment, d'autres botanistes ont augmenté nos connaissances dans le domaine de la géographie des centres de diversité génétique. Les centres de Vavilov n'ont rien de mystérieux. Ce sont, en grande partie, simplement les sites où a commencé l'agriculture, et ils sont donc inclus dans les aires de répartition des espèces de plantes qui ont été choisies par les premiers paysans. En Asie du Sud-Ouest, par exemple, on trouvait les graminées qui ont donné l'orge et le blé. Au Mexique, poussaient le maïs sauvage, la courge et le haricot, et au Pérou, l'ancêtre de la pomme de terre.

L'agriculture se développant, la pratique de la sélection artificielle a permis d'obtenir des variétés aux riches feuillages, aux gros tubercules, et aux fruits fondants, toutes caractéristiques particulièrement appréciées des êtres humains. Les plantes qui présentent de telles spécialisations ne sont, dès lors, plus capables de pousser, sans assistance, dans leurs habitats originaux. À ma connaissance, aucune souche domestique n'a jamais réoccupé l'habitat naturel de ses ancêtres pour y pousser de façon compétitive. Les souches domestiques sont aussi plus vulnérables aux maladies, aux insectes et aux autres nuisibles. La sélection artificielle a toujours représenté un compromis entre la création d'un trait jugé désirable par l'homme et l'abandon involontaire, mais inévitable, de certaines capacités génétiques de résistance aux ennemis naturels.

Avec le développement de la Révolution Verte, ce type de compromis s'est accentué. Durant les quarante dernières années, on a fait pousser et on a cultivé en masse des souches extrêmement productives, et les espèces domestiques sont devenues encore plus spécialisées et homogènes qu'auparavant. En Inde, les paysans faisaient pousser jusqu'à trente mille variétés de riz. Cette diversité s'amenuise à un rythme si rapide qu'en l'an 2005, les trois-quarts des champs de riz pourraient bien ne plus contenir que dix variétés.

Dans un monde qui a été créé par la sélection naturelle, l'homogénéité est synonyme de vulnérabilité. La pureté des lignées diminue la résistance aux maladies ; or, des monocultures étalées de façon contiguë sur de vastes surfaces constituent une invitation pour des ennemis bénéficiant d'une puissance nouvelle. Les grandes rizières d'Asie, rendues encore plus vulnérables par les cultures pluri-annuelles, ont été exposées à la propagation rapide de maladies, pouvant mettre en question les moyens de subsistance de millions de personnes. Dans les années 1970, le virus du nanisme du riz a dévasté les cultures de l'Inde à l'Indonésie. Heureusement, il existait encore suffisamment d'espèces et de variétés de riz sauvages pour faire face à ce problème. L'Institut international du riz a testé 6 273 types de riz pour rechercher le caractère génétique de résistance à cette maladie. Un seul s'est avéré posséder les gènes requis, l'espèce indienne, par ailleurs de médiocre qualité, *Oriza nivara* (que les scientifiques n'ont découvert qu'en 1966). On l'a fait croître de concert avec le type cultivé le plus répandu, afin d'obtenir un hybride résistant à la maladie. Ce dernier est maintenant cultivé sur 110 000 kilomètres carrés de rizières en Asie.

La plus grande partie des plantations de café du Brésil descend d'un seul caféier d'Afrique de l'Est. Les premières avaient été faites aux Antilles, et une partie de leur descendance a été ensuite transférée en Amérique du Sud. En 1970, la rouille du café, une maladie qui avait déjà détruit la plupart des plantations de Sri Lanka, est apparue au Brésil et s'est répandue en Amérique centrale, mettant en difficulté l'économie de plusieurs pays. Il se trouve que des variétés sauvages de café croissent encore dans la province de Kaffa, au sud-ouest de l'Éthiopie, région dont on suppose qu'elle a été le centre originel du café domestique. On y a, en tout cas, trouvé des gènes de résistance à la rouille du café, et on les a transférés par hybridation aux variétés cultivées au Brésil et en

Amérique centrale, juste à temps pour sauver toute l'économie de ces pays.

Les espèces cultivées doivent en gros 50 % de leur accroissement de productivité aux techniques de sélection artificielle et d'hybridation, autrement dit à des techniques agronomiques visant délibérément à faire circuler les gènes entre espèces et variétés. La tomate actuelle (*Lycopersicon esculentum*) bénéficie des gènes de nombreuses espèces et races apparentées. Neuf lignées au moins, toutes originaires d'Amérique du Centre et du Sud, ont fourni des traits intéressants à cette plante cultivée, ou, en tout cas, possèdent des gènes pouvant apporter de telles contributions :

> *Lycopersicon cheesmanii.* Endémique des îles Galápagos ; peut être irriguée avec de l'eau de mer.
> *Lycopersicon chilense.* Résistance à la sécheresse.
> *Lycopersicon chmielewskii.* Couleur intense. Plus riche en glucides.
> *Lycopersicon esculentum cerasiforme.* Tolérance aux températures élevées et à l'humidité.
> *Lycopersicon hirsutum.* Espèce de haute altitude ; résistante à beaucoup de maladies et de nuisibles.
> *Lycopersicon parviflorum.* Couleur intense. Plus riche en matériaux solides solubles.
> *Lycopersicon pennellii.* Résistance à la sécheresse. Plus riche en vitamine C et en glucides.
> *Lycopersicon peruvianum.* Résistance aux nuisibles ; riche source de vitamine C.
> *Lycopersicon pimpinellifolium.* Résistance à de nombreuses maladies ; acidité plus faible ; plus riche en vitamines.

L'obtention de la tomate actuelle a été un exploit agronomique, s'étendant sur de nombreuses générations. Une espèce ou une race que l'on croise avec une lignée domestique apporte avec elle un lot de gènes moins désirables, qui ont pour effet de diminuer le rendement et la qualité de la production. Les agronomes s'efforcent de faire disparaître ces gènes au moyen de croisements répétés, consistant à interféconder les hybrides avec les souches domestiques, de façon à préserver seulement les gènes désirables des souches domestiques et sauvages dans la lignée nouvelle. Il faut enfin remarquer que l'hybridation classique ne peut se réaliser qu'entre espèces et souches assez semblables pour être croisées entre elles, comme dans le cas des multiples espèces apparentées à *Lycopersicon esculentum*.

À présent, cependant, on a les moyens de court-circuiter les techniques classiques de l'hybridation et de la sélection artificielle. Le génie génétique permet de transférer des gènes directement, en les excisant des chromosomes d'une espèce et en les insérant dans les chromosomes d'une autre, sans qu'il y ait besoin d'hybrider la totalité des génomes. En d'autres termes, la sexualité a été contournée. En outre, il est possible d'échanger des gènes entre espèces de plantes si différentes entre elles que l'hybridation ordinaire serait impossible. Thomas Eisner a décrit les possibilités ouvertes par le génie génétique au moyen d'images frappantes :

> De nos jours, les espèces doivent être considérées comme bien plus que des assemblages de gènes uniques en leur genre. En raison des progrès du génie génétique, il faut les envisager aussi comme des collections de gènes potentiellement transférables. Une espèce n'est pas seulement un volume relié de la bibliothèque de la nature. C'est aussi un ouvrage à feuillets mobiles, dont les pages individuelles, les gènes, peuvent être disponibles pour des transferts sélectifs et la modification d'autres espèces.

Si l'on traite une espèce appartenant au genre de la tomate comme un cahier à feuillets mobiles, elle peut mêler ses gènes à ceux d'une espèce hors du genre, disons d'une plante de la famille des solanacées, ou même au-delà de ce groupe taxinomique, d'une plante à fleur radicalement différente. Autrement dit, une espèce peut, de cette façon, donner ou acquérir des traits comme la résistance à certaines maladies, de plus gros fruits, la résistance au froid, la possibilité de croître tout au long de l'année, et ainsi de suite pour toute la gamme des qualités biologiques désirables. Les possibilités sont là, et toute espèce ou race est donc d'autant plus précieuse pour l'humanité d'aujourd'hui.

Je ne veux pas dire qu'il faut maintenant envisager tout écosystème comme une sorte d'usine à produits utiles. La nature sauvage a ses propres mérites et n'a pas besoin de justifications supplémentaires. Mais tout écosystème, y compris ceux qui figurent dans les réserves destinées à conserver un peu de nature sauvage, peut être la source d'espèces domestiquables en d'autres lieux ou de gènes transférables à des espèces déjà domestiquées.

Les forêts tropicales humides seront le lieu idéal où mettre à l'épreuve ce principe utilitariste. Actuellement, la pratique la plus rentable, dans la plupart des pays tropicaux, consiste simplement à couper tous les arbres d'une parcelle donnée, puis à passer à une autre. Le prix des terrains est si peu élevé qu'il est possible de faire des bénéfices en détruisant la forêt primitive, ce qui permet d'acquérir de nouveaux terrains et de continuer ce cycle, jusqu'à ce que le dernier des arbres soit abattu. La démarche alternative consisterait à prendre les forêts tropicales humides comme des sources de produits « mineurs » tels que fruits comestibles, huiles, latex, fibres et substances pharmaceutiques.

La question cruciale, du point de vue économique, est de savoir si le revenu tiré des produits mineurs est assez élevé pour que cela justifie de préserver les forêts tropicales humides en tant que sources de ces produits. Il s'est avéré que la réponse était affirmative, au moins en certains endroits et même avec les connaissances limitées dont nous disposons. En 1989, Charles Peters, Alwyn Gentry et Robert Mendelsohn ont démontré que, non seulement les produits mineurs, en Amazonie péruvienne, étaient potentiellement plus rentables à long terme, mais encore qu'ils l'étaient beaucoup plus que les classiques coupes de bois pratiquées en une seule fois. Sur les 275 espèces d'arbres qu'ils ont identifiées dans une parcelle de un hectare, près de la ville de Mishana, 72 (soit 26 %) donnaient des fruits ou des légumes ou du chocolat sauvage, ou du latex, tous ces produits pouvant être vendus sur le marché péruvien. Le produit annuel brut, après déduction des coûts de la récolte et du transport, a été estimé à 422 dollars. La parcelle de Mishana contient assez d'arbres pour fournir un revenu net de mille dollars en bois remis à la scierie et obtenu en une seule coupe – ce qui est la pratique habituelle. Renouvelée sur un très petit nombre d'années, la récolte des fruits et du latex pourrait donc engendrer un revenu dépassant celui obtenu par la simple déforestation. Même si l'on abattait les arbres de haute rentabilité à des intervalles permettant l'obtention d'une quantité maximum de bois, le revenu à long terme ne serait encore que le dixième de celui donné par la récolte des fruits et du latex. Voici quelles sont les richesses inexploitées de la forêt tropicale de Mishana (un hectare) :

Produit	Nombre de plants	Production annuelle par plant	Valeur ($ U.S.)
Fruits de palmiers			
Aguaje	8	195,8 livres	177,60
Aguajillo	25	66,15 livres	75,00
Sinamillo	1	3 000 fruits	22,50
Ungurahui	36	80,48 livres	115,92
Autres fruits comestibles			
Charichuelo	2	100 fruits	1,50
Lachehuya	2	1 060 fruits	70,67
Naranjo podrido	3	150 fruits	112,50
Masaranduba	1	800 fruits	3,75
Tamamuri	3	500 fruits	11,25
Autres produits comestibles			
Cacao sacha (chocolat sauvage)	3	50 fruits	22,50
Shimbillo (légume)	9	200 fruits	27,00
Arbre à caoutchouc			
Shiringa (latex)	24	4,41 livres	57,60
Total	117		697,79
Coût de la récolte et du transport			276,00
Valeur nette			421,79

Cette évaluation du revenu fourni par la parcelle de Mishana est, en réalité, très prudente, car elle n'est fondée que sur des produits commercialement testés et dépend d'un marché encore bien peu développé. Il n'y a encore guère eu de travaux, jusqu'à présent, permettant d'évaluer, sur le plan économique, des écosystèmes entiers, sur la base des espèces pouvant donner des produits alimentaires ou pharmaceutiques, aussi bien que de celles pouvant fournir des moyens de lutte contre les nuisibles ou d'enrichir les sols. Presque toutes les espèces de grande potentialité sont détruites, lorsqu'on coupe la forêt dans le but d'obtenir du bois et des terres pour l'agriculture. Ces vieux modes d'exploitation, liés aux marchés transmis par les traditions des conquistadors et soumis aux caprices du commerce international, ne tirent que faiblement parti de la richesse de la forêt tropicale humide. C'est d'ailleurs vrai, à un degré à peine moindre, pour l'exploitation des forêts de la zone tempérée.

Les économistes s'efforcent actuellement de faire entrer la nature sauvage et les êtres vivants dans leurs équations. Ils ont créé une nouvelle discipline, l'économie écologique, consacrée à la préservation de l'environnement et à sa productivité à long terme. Je pense qu'ils arriveront à évaluer de façon précise la partie de la biodiversité dont on peut faire l'inventaire et que l'on peut soumettre à une analyse des coûts et des bénéfices, de la même façon que cela a déjà été accompli pour les produits consommables de la parcelle de Mishana. Ils pourront aussi y ajouter des revenus tirés de l'« écotourisme ». En effet, de plus en plus de personnes des pays développés désireront voir, même brièvement, la nature dans son état primitif (avant l'apparition de l'homme). En 1990, le tourisme était devenu, au Costa Rica, le deuxième poste le plus important dans les recettes tirées de l'extérieur, avant les exportations de bananes et serrant de près celles du café. Les forêts tropicales humides utilisées de cette façon rapportent maintenant beaucoup plus à l'hectare que les coupes destinées à ouvrir des terres au pâturage et à l'agriculture. L'« écotourisme » est devenu le troisième poste le plus important dans les recettes du Ruanda, augmentant rapidement et talonnant le café et le thé. La raison en est que ce petit pays surpeuplé d'Afrique de l'Est est un lieu où

Au verso : Dans la corne d'abondance des espèces à potentiel économique majeur, on trouve (*de gauche à droite*) : le mangoustan (fruits ronds), la pervenche rose, le margousier, le palmier à huile, l'iguane, le babiroussa (sorte de porc), l'if du Pacifique (aux feuilles en aiguilles), l'arbre de la pampa de Tamarugal (*au-dessus*), et encore le margousier (*en-dessous*), le guanaco (ressemblant à un chameau), l'amarante, le chanvre du Deccan (avec des fleurs), le cabiai, la passerage de Meyen (aux tubercules ressemblant à des carottes), le paca, le gaur (ressemblant au bétail), et le haricot ailé. À l'extrême gauche, une cosse desséchée de ce légume a été représentée, gisant sur le sol.

Le simple fait d'essayer de résoudre la crise de la biodiversité peut avoir des retombées bénéfiques inédites, car sauver des espèces demande de les étudier soigneusement, et bien les connaître peut conduire à exploiter leurs propriétés de façon nouvelle.

vit le gorille des montagnes. Tant que le Ruanda protégera cet animal, celui-ci l'aidera à survivre.

Au-delà de l'évaluation des biens, les économistes n'arrivent pas à élaborer des explications satisfaisantes. S'ils peuvent évaluer en dollars le tourisme et le commerce des denrées, ils n'ont, dans d'autres domaines, que des étalons trop élastiques et mal calibrés. Ils n'ont pas de moyen sûr pour évaluer les services rendus par les écosystèmes, c'est-à-dire fournis par leurs espèces, seules ou en combinaison – la qualité du sol que nous labourons, de l'air que nous respirons, de l'eau que nous utilisons. Les écosystèmes naturels influencent l'atmosphère, laquelle, à son tour, contrôle la température, le régime des vents et des précipitations. Les vastes forêts tropicales humides de l'Amazonie sont à l'origine de la moitié de leurs chutes de pluie. À mesure qu'elles sont coupées, l'approvisionnement en eau, dans cette région, diminue en proportion. Les modèles mathématiques des cycles de précipitation et d'évaporation suggèrent qu'il existe un seuil critique pour le couvert forestier, en dessous duquel les forêts ne pourront pas perdurer, ce qui convertira irréversiblement l'immense bassin amazonien en une terre de garrigues. La dessication pourrait peut-être même s'étendre ensuite en direction du Sud, atteignant certaines des zones agricoles les plus riches du Brésil.

Lorsque les forêts sont rasées, les éléments qui entrent dans la composition du bois et des tissus sont partiellement convertis en gaz contribuant à l'effet de serre. Puis, lorsque les forêts repoussent, une certaine quantité de ces éléments est rappelée dans la matière solide. La destruction des forêts dans le monde entier entre 1850 et 1980 a précipité dans l'atmosphère terrestre entre 90 et 120 milliards de tonnes de gaz carbonique, ce qui n'est pas très éloigné des 165 milliards de tonnes fournies par la combustion du charbon, du pétrole et du gaz. À eux deux, ces processus ont élevé la concentration de gaz carbonique dans l'atmosphère de plus de 25 %, ce qui a amorcé le processus de réchauffement de la planète et d'élévation du niveau de la mer. Le second gaz par ordre d'importance qui participe à l'effet de serre, le méthane, a doublé à peu près dans le même temps. On pense que 10 à 15 % de son augmentation ont été fournis par la déforestation tropicale. Si l'on replantait quatre millions de kilomètres carrés de forêt dans les régions tropicales, soit l'équivalent de la moitié de la superficie du Brésil, cela annulerait le processus d'augmentation du gaz carbonique atmosphérique entraîné par les activités humaines. En outre, la montée du taux de méthane et d'autres gaz participant à l'effet de serre serait ralentie.

Les sols eux-mêmes sont créés par les organismes. Les systèmes racinaires font éclater les rochers, ce qui donne de la terre et des cailloux. Mais un sol est davantage qu'une roche réduite en morceaux. C'est un écosystème complexe comprenant une vaste gamme de plantes, de minuscules animaux, de champignons et de microorganismes, vivant ensemble en un délicat équilibre, faisant circuler des substances nutritives sous la forme de solutions et de minuscules particules. Un sol en « bonne santé » respire et bouge, littéralement. Son équilibre microscopique est nécessaire à l'existence des écosystèmes dans la nature et dans les cultures.

La simple expression « services rendus par les écosystèmes » semble évoquer quelque chose de banal et d'ordinaire, comme l'élimination des déchets ou la régulation de la qualité de l'eau. Mais si seulement une petite quantité des organismes « ouvriers » participant à ces services disparaissait, la vie de l'homme y perdrait, devenant notablement plus difficile. Notre espèce est fautive en ne reconnaissant pas et en méprisant même les organismes dont l'existence permet la nôtre.

Comment peut-on alors estimer la valeur de la biodiversité ? L'approche économétrique traditionnelle, mesurant les prix des marchés et les flux touristiques en dollars, sous-estimera toujours la vraie valeur des espèces sauvages. Aucune de ces dernières n'a jamais été prise en compte pour l'ensemble de ce qu'elle peut apporter : profit commercial, connaissance scientifique, et plaisir esthétique. En outre, aucune n'existe dans la nature à l'état isolé. Toute espèce fait partie d'un écosystème ; chacune est spécialisée dans un rôle, et est constamment mise à l'épreuve à mesure que s'étend son influence dans la chaîne alimentaire. Si elle disparaît, cela entraîne des changements chez d'autres espèces, faisant augmenter la population de certaines et en faisant diminuer d'autres, peut-être même jusqu'à l'extinction, risquant ainsi de déclencher une spirale descendante de l'ensemble.

De quelle ampleur serait cette dernière chute ? La relation entre la biodiversité et la stabilité d'un écosystème est l'un des domaines les moins bien explorés de toute la science. D'après un petit nombre d'études d'importance cruciale sur les forêts, nous savons qu'une biodiversité plus grande augmente la capacité d'un écosystème à retenir et à conserver les substances alimentaires. Étant donné des espèces de plantes multiples, la surface foliaire est plus également répartie. En outre, plus est grand le nombre d'espèces de plantes, plus est large la gamme des spécialisations présentées par les feuilles et les racines, et plus la végétation dans son ensemble pourra absorber de substances alimentaires dans tous les coins et recoins, à tout moment, en toute saison. En ce sens, les orchidées et les autres épiphytes des forêts tropicales représentent peut-être le point extrême atteint par la biodiversité, puisqu'elles captent des particules de terre transportées par les courants d'air et les brouillards, qui, autrement, auraient été emportées au loin. En résumé, un écosystème maintenu en pleine activité grâce à l'interaction de multiples espèces, est un écosystème qui a le moins de risques de s'effondrer.

Si les espèces participant à un écosystème donné commencent à s'éteindre, à partir de quel moment l'ensemble entier va-t-il hoqueter et être déstabilisé ? Nous ne pouvons le dire avec certitude, parce que nous ne connaissons pas suffisamment l'histoire naturelle de la plupart des organismes, et qu'il n'y a pas eu, jusqu'ici, d'expériences sur la chute des écosystèmes. Cependant, essayons d'imaginer quel *pourrait* être le déroulement d'une telle chute, provoquée dans le cadre d'une expérience. Si nous nous mettions à démanteler graduellement un écosystème, éliminant une espèce après l'autre, les conséquences exactes de chaque étape seraient impossibles à prédire, mais un résultat d'ordre général serait certain : à un moment donné, l'écosystème subirait un effondrement. La plupart des communautés d'organismes sont cimentées par les redondances du système. Dans de nombreux cas, deux espèces (ou plus) écologiquement similaires vivent dans la même zone, et n'importe laquelle peut plus ou moins occuper les niches de celles ayant subi l'extinction. Mais inévitablement, la résilience finirait par être sapée, l'efficacité des chaînes alimentaires diminuerait, les flux de substances alimentaires déclineraient, et finalement, l'une des espèces « clés de voûte » serait frappée par l'extinction. Elle entraînerait d'autres espèces avec elle, peut-être dans une proportion tellement élevée que la structure physique de l'habitat en serait altérée. Dans la mesure où l'écologie est une science encore à l'état primitif, personne ne sait, dans la plupart des cas, quelles sont les espèces « clés de voûte ». Nous avons tendance à penser que les organismes de ce type doivent être grands – loutres marines, éléphants, sapins de Douglas, têtes coralliennes – mais il pourrait tout aussi bien s'agir des minuscules invertébrés, algues et micro-organismes qui grouillent dans le substrat : ce sont eux qui représentent la plus grande partie du protoplasme d'un écosystème et ils y mettent en jeu la plus grande masse de substances alimentaires.

Les économistes parlent de la valeur d'option d'une espèce, lorsque cette valeur n'a pas encore été mesurée ; mais la notion de valeur d'option est l'une des plus curieuses et insaisissables de toute l'économie. Son plus grand problème, dans le cas de la valeur d'une espèce, est qu'elle s'applique à chacun des trois aspects sous lesquels, classiquement, on cherche à arriver à une estimation : son utilité, son caractère plaisant (sur le plan esthétique), et sa valeur morale. « À mesure que le temps passe », a observé Bryan Norton,

...nos connaissances relatives à telle ou telle espèce vont en augmentant en ce qui concerne chacun de ces aspects et, dès lors, nous pourrons éventuellement lui trouver d'autres emplois. Et peut-être que nous l'apprécierons alors différemment sur le plan esthétique. Et dans la mesure où nos valeurs morales évoluent, certaines espèces seront peut-être, dans l'avenir, jugées moralement intéressantes, alors que ce n'est pas le cas aujourd'hui. Si, à première vue, chiffrer en dollars ces valeurs d'options peut sembler une entreprise ardue, la situation est en réalité bien pire. On ne peut commencer à attribuer de valeur d'option qu'après avoir identifié une espèce donnée, deviné à quels usages elle pourrait se prêter, chiffré en dollars ceux-ci, et estimé la probabilité de futures découvertes.

La tentative d'attribuer une valeur aux espèces a conduit à deux types de démarches en matière de conservation. La première repose sur une analyse coûts-bénéfices, qui considère isolément chaque espèce menacée, jauge les bénéfices visibles, et ceux pouvant éventuellement être escomptés, estime les coûts entraînés par sa conservation, et décide, sur la base de cette comparaison, s'il faut investir en terres et en temps pour la préserver. La seconde approche met en avant une notion de standard minimum de sécurité, qui traite chaque espèce comme une ressource irremplaçable pour l'humanité, à préserver pour notre postérité, à moins que les coûts n'en soient démesurés.

Assurément, la prudence et le juste souci de la postérité penchent en faveur du standard minimum de sécurité. Les analyses de coûts-bénéfices sous-estiment constamment les bénéfices nets que l'on peut attendre des espèces, puisqu'il est toujours plus facile de mesurer les coûts de la conservation que les gains procurés, même en termes purement monétaires. Les richesses sont là, en friche dans la nature, attendant d'être utilisées par nos mains, prises en compte par notre intelligence, appréciées en notre âme. Ce serait une folie que de laisser n'importe quelle espèce périr, au nom d'arguments économiques, si puissants soient-ils, simplement parce qu'il s'est trouvé que son nom avait été écrit à l'encre rouge.

Chapitre 14

LES SOLUTIONS

Tout pays possède trois formes de richesse : matérielle, culturelle et biologique. Les deux premières ne nous paraissent pas difficiles à comprendre, car elles forment la substance de notre vie quotidienne. La richesse biologique est une notion prise beaucoup moins au sérieux, et c'est sans doute la raison fondamentale pour laquelle la biodiversité est en crise. Cela représente une erreur stratégique majeure, que nous aurons de plus en plus à regretter dans l'avenir. La biodiversité est une source potentielle de richesse matérielle sous la forme d'aliments, de médicaments et d'agréments. La faune et la flore font aussi partie du patrimoine d'un pays ; elles sont le produit de millions d'années d'une évolution centrée sur ce lieu, et par suite, devraient compter parmi les préoccupations nationales tout autant que les traits propres à la langue et à la culture du pays.

La richesse biologique du monde est en train de passer à travers un goulot d'étranglement qui durera sans doute cinquante ans ou davantage. La population humaine mondiale compte maintenant plus de 5,4 milliards d'individus, et on s'attend à ce qu'elle atteigne 8,5 milliards en 2 025, puis plafonne entre 10 à 15 milliards vers le milieu du siècle prochain. Avec une pareille augmentation phénoménale de la biomasse humaine, avec une demande croissant toujours plus vite en biens matériels et en énergie de la part des pays en voie de développement, il y aura, d'ici peu de temps, de moins en moins de place disponible pour la plupart des espèces d'animaux et de plantes.

L'explosion des populations humaines crée un problème de dimensions épiques : comment franchir le goulot d'étranglement et atteindre le milieu du siècle prochain avec le moins de pertes possible pour la biodiversité et le plus petit coût envisageable pour l'humanité ? En théorie au moins, les rythmes d'extinction et les coûts économiques peuvent être simultanément minimisés : plus on se servira et épargnera d'autres êtres vivants, plus notre propre espèce augmentera sa productivité et sa sécurité. Les générations futures bénéficieront des sages décisions que la nôtre aura prises en faveur de la diversité biologique.

Nous avons le plus urgent besoin d'un développement de nos connaissances et d'une éthique pratique prenant en compte une échelle de temps plus longue que celle habituellement envisagée. L'éthique idéale devra être fondée sur des règles inventées pour faire face à des problèmes si complexes ou de si lointaine portée dans l'avenir que leur solution se situe au-delà du discours ordinaire. Les problèmes d'environnement sont fondamentalement éthiques. Ils demandent une vision portant simultanément sur le court et le long terme. Ce qui paraît bon actuellement pour les individus et les sociétés peut aisément s'avérer mauvais dans dix ans, et ce qui peut sembler idéal pour les prochaines décennies peut être désastreux pour les générations futures. C'est une tâche difficile que de décider ce qui est le mieux pour l'avenir proche et lointain : les impératifs en paraissent souvent contradictoires, et les connaissances et les règles éthiques qui s'y rapportent sont en grande partie manquantes.

Si l'on admet que la biodiversité est en grand danger, que faire ? Même actuellement, alors que le problème ne fait que commencer à attirer notre attention, il n'y a guère de doutes sur ce qu'il faut entreprendre. La solution demandera que coopèrent des disciplines séparées depuis longtemps par leurs traditions pratiques et universitaires. La biologie, l'anthropologie, l'économie, l'agriculture, la politique et le droit devront trouver un langage commun. Leur conjonction a déjà permis la naissance d'un nouveau champ de recherches : les études sur la biodiversité. Il s'agit de l'exploration systématique de la gamme entière de la diversité organique et de la recherche sur l'origine de cette dernière, ainsi que sur les méthodes permettant de la préserver et de la mettre au service de l'humanité. Les recherches sur la biodiversité ont donc un volet à la fois scientifique – formant une branche de la biologie pure – et un volet appliqué – formant une branche des biotechnologies et des sciences sociales. Elles traitent de la biologie au niveau des organismes entiers et des populations, de la même façon que les études biomédicales traitent de la biologie des cellules et des molécules. Tandis que ces dernières concernent la santé des personnes, les premières concernent la santé de la partie vivante de la planète et son adéquation à l'espèce humaine. Je vais maintenant présenter un programme de recherches qui, je crois, peut recevoir l'assentiment de la majorité de ceux qui se préoccupent de la biodiversité. Toutes ces recherches répondent au même but : sauver et permettre l'utilisation du maximum de biodiversité possible, à l'échelle de la planète, et ceci, indéfiniment.

1. *Inventaire de la faune et de la flore mondiales.* Les biologistes entament actuellement les recherches sur la biodiversité en avançant « dans le brouillard ». Ils n'ont qu'une très vague idée du nombre des espèces présentes sur la Terre et des endroits où l'on peut trouver la majorité d'entre elles ; dans 99 % des cas, leur biologie est inconnue. Les spécialistes de la systématique sont conscients de l'urgence du problème, mais sont loin d'être d'accord sur la meilleure façon de le résoudre. Certains ont recommandé que l'on mette en chantier un inventaire mondial, dans le cadre duquel on s'attacherait à découvrir et à classer toutes les espèces. D'autres, notant à juste raison le manque de personnel, de fonds et de temps, pensent qu'il est plus réaliste de commencer par identifier rapidement les habitats menacés contenant le plus grand nombre d'espèces endémiques en danger d'extinction (autrement dit, il s'agirait d'identifier rapidement toutes les « zones rouges »).

Afin de faire passer les études de systématique au niveau requis par la crise d'extinction actuelle, ses praticiens doivent se mettre d'accord sur un programme précis, assorti d'un échéancier et d'une estimation des coûts. Il est probable que la stratégie la plus adéquate devrait être mixte, visant à faire l'inventaire complet des espèces de la planète, mais s'étalant sur cinquante années et procédant à plusieurs niveaux, autrement dit, à différentes échelles d'espace et de temps, depuis l'identification des « zones rouges » jusqu'à l'inventaire mondial, avec des étapes de ré-évaluation et d'ajustement tous les dix ans. À l'approche de la fin de chaque décennie, on vérifierait l'état d'avancement des travaux et on définirait les nouvelles directions à prendre. Dès le départ, on accorderait la plus grande attention aux plus « rouges » des « zones rouges », connues ou soupçonnées.

On peut envisager trois niveaux. Le premier correspond au programme RAP (Rapid Assessment Program ou « Programme de recensement rapide ») mis en place par l'organisme appelé « Conservation International », dont le siège est à Washington, et qui se consacre à la préservation de la biodiversité de la planète. Le but est de faire rapidement, sur plusieurs années, l'inventaire des espèces présentes au sein d'écosystèmes mal connus et qui pourraient correspondre à des « zones rouges », afin de pouvoir formuler des recommandations pour les actions et les études supplémentaires à entreprendre d'urgence. Les zones visées seraient d'étendue limitée, comme une seule vallée ou une montagne isolée. Puisqu'on connaît si mal la classification de la grande majorité des organismes, et qu'il y a si peu de spécialistes pour mener à bien l'approfondissement de ce sujet, il est pratiquement impossible de dresser le catalogue complet de toutes les espèces composant la faune et la flore d'un habitat menacé, même de petites dimensions. C'est pourquoi le Programme de recensement rapide fait plutôt appel à des équipes scientifiques composées de spécialistes de groupes zoologiques que l'on peut appeler les « groupes privilégiés d'organismes complexes » – ces groupes correspondent à des organismes tels que les plantes à fleurs, les reptiles, les mammifères, les oiseaux, les poissons et les papillons ; ils sont suffisamment bien connus pour pouvoir être inventoriés immédiatement et peuvent donc servir de « représentants » pour la totalité de la communauté biotique qui les entoure.

Le deuxième niveau d'inventaire correspond à celui du programme BIOTROP (d'après « Neotropical Biological Diversity Program » – Programme de recherches sur la diversité biologique néotropicale) de l'université du Kansas et de tout un ensemble d'autres universités nord-américaines qui se sont regroupées à la fin des années 1980. Au lieu de se concentrer sur des foyers localisés d'intense extinction comme dans le cadre du programme RAP, le programme BIOTROP explore plus systématiquement de vastes aires dont on pense qu'elles sont de grandes « zones rouges », ou du moins qu'elles contiennent de multiples « zones rouges ». Il s'agit, par exemple, des versants orientaux des Andes et de diverses forêts du Guatemala et du sud du Mexique. Outre l'identification des sites plus particulièrement menacés, ce programme poursuit des objectifs plus vastes, tels que la mise en place de stations de recherche dispersées dans toute l'aire étudiée couvrant différentes latitudes et altitudes. Pour commencer, le travail porte sur un petit nombre d'organismes complexes privilégiés. Puis, il est étendu à des groupes moins familiers, tels que les fourmis, les coléoptères et les champignons, dans la mesure où l'on en a recueilli suffisamment de spécimens et que l'on a recruté les spécialistes correspondants pour les étudier. Au bout d'un certain temps, on ajoute à l'inventaire des espèces des études précises sur les précipitations pluvieuses, les températures et d'autres caractéristiques de l'environnement. Les plus importantes et les mieux équipées des stations ont beaucoup de chance d'évoluer vers des centres de recherche biologique à long terme, dans lesquels les postes de direction seront occupés par des scientifiques du pays hôte. Ils pourront également servir à former des scientifiques d'autres pays.

Nous arrivons maintenant au troisième niveau, le plus élevé de l'inventaire de la biodiversité. Grâce à l'accumulation des travaux menés de par le monde dans le cadre des programmes RAP et

BIOTROP, qui s'accompagne d'études monographiques de différents groupes, la description du monde vivant va petit à petit donner une image très détaillée de la biodiversité planétaire. L'augmentation des connaissances va inévitablement s'accélérer, même si le volume des recherches est constant, simplement parce que celles-ci vont engendrer des économies d'échelle. Les coûts pour chaque nouvelle espèce répertoriée dans l'inventaire vont diminuer à mesure que seront mises au point de nouvelles méthodes de collecte et de distribution des spécimens, et que seront améliorées les procédures d'accès à l'information. Les coûts ne sont pas simplement additifs lorsqu'on inclut des groupes ne faisant pas partie des « groupes d'élites » mais, au contraire, déclinent, par espèce recensée. Les botanistes, par exemple, peuvent recueillir les insectes vivant sur les plantes qu'ils étudient, identifiant d'ailleurs ces hôtes à l'intention des entomologistes, et ces derniers peuvent faire la même chose dans l'autre sens. On peut recueillir, sur toute l'étendue d'habitats entiers, des échantillons de certains groupes, comme les reptiles, les coléoptères et les araignées, puis les distribuer aux spécialistes concernés.

À mesure que l'inventaire de la biodiversité progressera sur plusieurs niveaux, les connaissances accumulées constitueront des pôles d'attraction pour les autres sciences. Les guides pour l'observation sur le terrain, ainsi que les traités illustrés stimuleront les imaginations, tandis que par le biais des réseaux où circule l'information spécialisée, des géologues, des généticiens, des biochimistes et d'autres scientifiques viendront se joindre à l'entreprise. Il sera logique de rassembler la plus grande partie des travaux dans des centres d'étude de la biodiversité, où l'on accumulera les données et où l'on élaborera les nouveaux projets de recherche. Le prototype en est l'Institut national de la biodiversité (Instituto Nacional de Biodiversidad) du Costa Rica, INBio en raccourci, établi dans la banlieue de San José, capitale de cet État. Le but de l'INBio est rien moins que de rendre compte de toutes les plantes et animaux de ce petit pays d'Amérique centrale, soit plus d'un demi-million d'espèces, et de se servir de cette information pour améliorer l'état de l'environnement et de l'économie au Costa Rica. Il peut sembler étrange que ce soit un pays en voie de développement qui soit à l'avant-garde d'une telle entreprise scientifique concertée, mais d'autres vont l'imiter. Des cartes détaillées de la distribution des plantes et de beaucoup d'espèces d'animaux ont été établies en Grande-Bretagne, en Suède, en Allemagne et dans d'autres pays européens, sous l'égide de gouvernements ou d'entreprises privées. Tandis que je suis en train d'écrire ce livre, la Smithsonian Institution aux États-Unis a proposé d'établir un centre national d'étude de la biodiversité, et ce projet fait l'objet de vastes discussions. Le

Congrès doit voter des lois qui l'entérineraient, mais ce n'est pas encore fait.

En fait, le centre national des États-Unis ne partira pas de rien. Beaucoup d'espèces d'organismes ont déjà été étudiées soigneusement et leur distribution cartographiée. Plusieurs États, comme le Massachusetts et le Minnesota, ont lancé des programmes de recherche visant à identifier, à l'intérieur de leurs frontières, les espèces de plantes et de vertébrés en danger d'extinction. Depuis une quinzaine d'années, une fondation dénommée Nature Conservancy, l'une des fondations privées américaines de premier plan, mène un travail semblable dans l'ensemble des États. Cette entreprise, qui a conduit à l'établissement de Centres de données sur le patrimoine naturel, a été récemment étendue à quatorze pays des Caraïbes et d'Amérique Latine.

La microgéographie est un autre élément qui va se révéler d'une importance cruciale dans les études de la biodiversité à tous les niveaux. Il s'agit de la cartographie de la structure des écosystèmes, avec des détails suffisamment précis pour pouvoir faire une estimation de l'effectif des populations des espèces individuelles et des conditions dans lesquelles elles croissent et se reproduisent. La technologie en existe déjà sous la forme des « Systèmes d'information géographique » : il s'agit de séries de données sur la topographie, la végétation, les sols, l'hydrographie et la répartition des espèces, enregistrées en mémoire d'ordinateur dans le cadre d'un système de coordonnées communes. Lorsqu'elle est appliquée à la biodiversité et aux espèces en danger, cette recherche cartographique est appelée *détection des brèches*. Même incomplet, ce dernier type d'analyse peut permettre d'évaluer le degré d'efficacité des parcs et réserves existants. Il peut être utilisé pour aider à répondre aux questions plus larges soulevées par la pratique de la conservation. Est-ce que les zones protégées contiennent effectivement le plus grand nombre possible d'espèces endémiques ? Est-ce que les fragments d'habitats subsistants sont assez grands pour permettre d'entretenir indéfiniment les populations ? Et quelle sorte de nouvelles terres faut-il prévoir d'acquérir, compte tenu de leur coût ?

La même information pourra être utilisée pour découper de grandes régions en zones. Des territoires seront délimités en tant que réserves inviolables. D'autres seront définis comme les meilleurs endroits possibles pour l'exploitation de certains produits naturels ; d'autres en tant que zones tampons, utilisées à certains moments pour l'agriculture et la chasse contrôlée, et d'autres en tant que terres totalement disponibles pour les usages humains. Dans le cadre des objectifs les plus vastes, le modelage du paysage jouera un rôle décisif. Dans les endroits où l'environnement est en grande

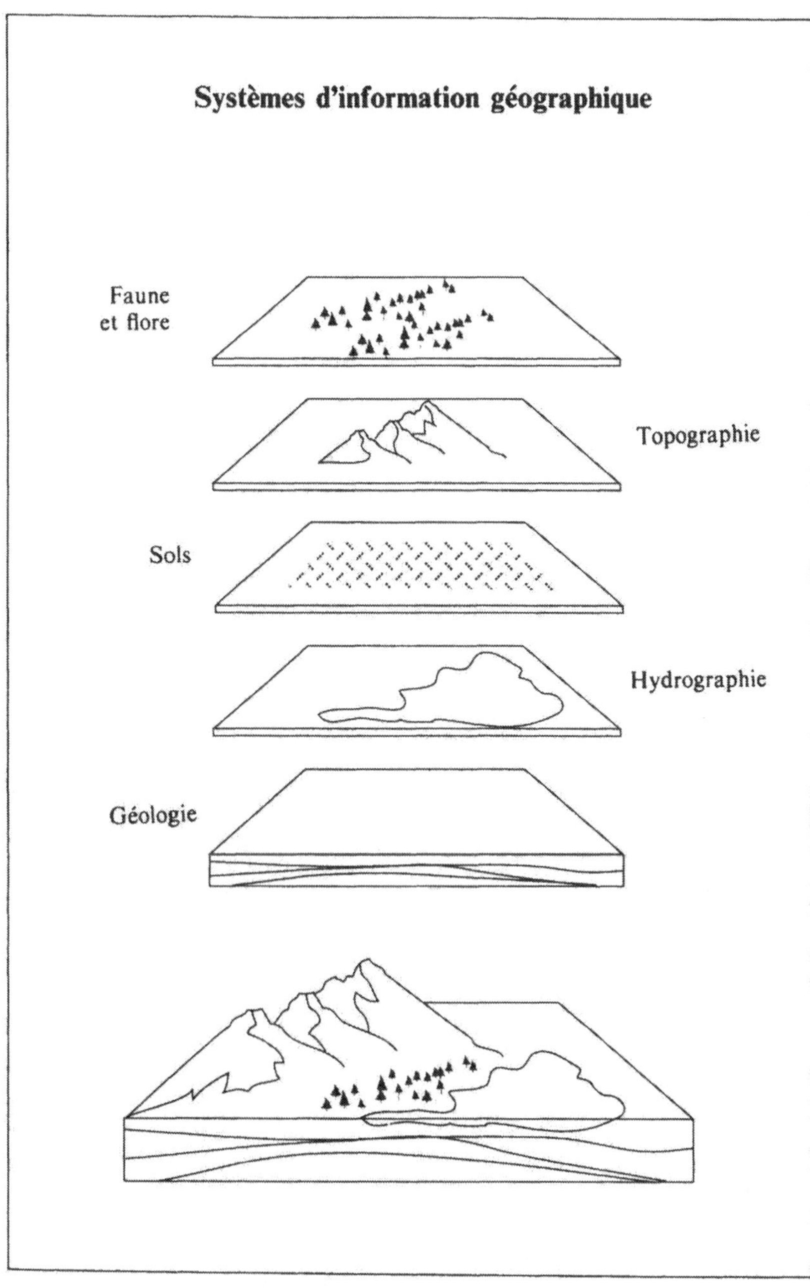

Les « Systèmes d'information géographique » fournissent les informations sur les environnements physiques et biologiques en recoupant différentes séries de données. Ils peuvent servir à gérer le territoire de façon à protéger les espèces et les écosystèmes en danger, y compris par l'aménagement de réserves naturelles.

partie soumis aux activités humaines, la diversité biologique peut encore être maintenue à de hauts niveaux grâce à l'ingénieuse distribution de bois, de haies, de réseaux hydrographiques, de réservoirs, de mares et de lacs artificiels. Les grands plans d'aménagement du territoire ne devront pas seulement combiner les critères d'efficacité économique et de beauté du paysage, mais aussi ceux de la préservation des espèces et des races.

Les données des « Systèmes d'information géographique » peuvent, en outre, aider à définir des « biorégions », autrement dit des aires telles que les bassins hydrographiques ou les grandes forêts, réunissant des écosystèmes communs, mais s'étendant souvent au-delà des territoires des municipalités, des États ou même des pays. Une rivière peut avoir un sens sur le plan économique ou militaire, en marquant la séparation entre deux unités politiques, mais elle n'en a aucun par rapport à l'aménagement du territoire. Les tentatives de mise en place de « biorégions » aux États-Unis ont déjà une longue histoire, mais elles restent encore peu concluantes. Elles remontent au moins à 1891, époque à laquelle les efforts de John Muir pour l'établissement de parcs nationaux et d'un système domanial de gestion des forêts ont été couronnés de succès. Depuis les années 1930, la reconnaissance de « biorégions » a reçu de plus en plus l'aval du gouvernement, dans le cadre de différents programmes, depuis la mise en place de l'Administration de la Vallée du Tennessee, qui a géré le territoire et fait construire des barrages hydro-électriques sur une grande partie du sud-est des États-Unis, jusqu'à l'aménagement de la Route pittoresque nationale des Appalaches, à la gestion par l'État et le niveau fédéral du système hydrographique de la Floride du Sud et des Everglades, et aux multiples activités de régulation et de promotion entreprises par la Commission des Bassins Hydrographiques de la Nouvelle-Angleterre pendant son fonctionnement de 1967 à 1981.

On peut trouver de nombreux autres exemples de travail au niveau de « biorégions », aux États-Unis, mais on ne peut pas dire que cet ensemble d'initiatives ait conduit à l'apparition d'une philosophie définie de l'aménagement du territoire. On ne peut pas dire non plus que la préservation de la biodiversité ait été promue au rang d'objectif autre que subsidiaire. En fait, les grands barrages construits sous l'égide de l'Autorité de la Vallée du Tennessee, s'ils ont bien fourni de l'électricité à bon marché à une région déshéritée, ont, par mégarde, anéanti une part substantielle de la faune propre à cette rivière. Dans ce cas précis, le peu d'attention accordée à la biodiversité n'a pas résulté d'une décision délibérée, mais d'une méconnaissance de la faune et de la flore de la région considérée.

Les tentatives d'aménager de façon efficace des zones et des

« biorégions » doivent donc s'appuyer nécessairement sur la systématique. C'est une science qui demande beaucoup de personnel. Les scientifiques qui étudient la classification d'organismes particuliers, comme les mille-pattes ou les fougères, sont souvent, par défaut, les seuls experts qui peuvent parler de la biologie générale de ces êtres vivants. Environ quatre mille de ces spécialistes, aux États-Unis et au Canada, s'efforcent de mener à bien la classification des milliers d'espèces de plantes, d'animaux et de micro-organismes qui vivent sur ce continent. À des degrés divers, ils sont aussi responsables de la classification des millions d'espèces se rencontrant ailleurs dans le monde, puisqu'il y a encore moins de systématiciens en activité dans les autres pays. Il n'y a probablement pas plus de mille cinq cents systématiciens professionnels expérimentés capables de s'occuper de façon compétente des organismes tropicaux, c'est-à-dire de plus de la moitié de la biodiversité mondiale. Il y a donc pénurie d'experts, comme, par exemple, dans le cas des termites, ces insectes qui sont des organismes de premier plan pour la décomposition du bois et les rivaux du ver de terre pour le retournement des sols. De plus, ils représentent 10 % de la biomasse animale sous les tropiques et sont parmi les plus destructeurs des insectes nuisibles. Or il y a exactement trois personnes qualifiées, capables de traiter de la classification des termites, dans le monde entier. Autre cas instructif : les acariens oribatidés, minuscules organismes tenant à la fois de l'araignée et de la tortue, sont les animaux les plus abondants au niveau du sol. Ce sont les plus grands consommateurs d'humus et de spores de champignons, et ils représentent donc des éléments cruciaux au sein des écosystèmes des sols, et ceci, presque partout. En Amérique du Nord, un seul expert s'occupe à plein temps de leur classification.

Avec si peu de personnes, il semble impossible de mener à bien un inventaire complet des vastes réserves de biodiversité à l'échelle de la planète. Mais comparé avec ce qui a été osé et fait en physique des hautes énergies, en génétique moléculaire et dans d'autres branches de la « big science », le but à atteindre n'est pas si démesuré que cela. On pourrait arriver à faire l'inventaire de dix millions d'espèces en cinquante ans, même avec les méthodes anciennes les moins efficaces. En admettant qu'un systématicien travaille à un rythme régulier, traitant dix espèces par an – ce qui comprendrait le temps de « faire du terrain » pour collecter les spécimens, celui de l'étude des spécimens en laboratoire, celui de la préparation des publications, plus le temps des vacances et de la vie familiale – il faudrait donc un million d'années par personne pour mener l'entreprise à bien. Étant donné que la vie active d'un scientifique s'étend sur quarante ans, il faudrait donc que 25 000 professionnels y consacrent leur carrière. Le nombre des systématiciens ainsi requis représente moins de 10 % de la population actuelle des scientifiques en activité, rien qu'aux États-Unis, et il est bien en deçà du nombre des hommes figurant en permanence dans l'armée de la Mongolie, sans parler du nombre de personnes engagées dans le commerce de détail dans le comté de Hinds, dans le Mississipi. Les volumes des publications, à raison d'une page par espèce, occuperaient 12 % des étagères de la bibliothèque du Museum de zoologie comparée de l'université Harvard, l'une des plus grandes institutions où l'on se consacre à la systématique.

J'ai fondé ces estimations sur l'emploi des méthodes les moins efficaces que l'on puisse imaginer, afin de voir si l'inventaire total de la biodiversité planétaire peut se faire dans des conditions plausibles. En fait, le travail des systématiciens peut être accéléré dans de grandes proportions, grâce à de nouvelles techniques qui tendent maintenant à se répandre. Au moyen d'un ensemble de programmes informatiques déjà en service dans plusieurs milliers d'institutions de par le monde, appelé « Système d'analyse statistique », les identifications taxinomiques et la provenance des spécimens individuels peuvent être enregistrées dans des mémoires d'ordinateur et automatiquement intégrées à des catalogues et des cartes. Grâce à l'informatique, les espèces sont automatiquement comparées au niveau d'un grand nombre de traits, au moyen de mesures objectives de similarité, selon la méthode de la *phénétique*. Toujours grâce à l'assistance de l'ordinateur, il est également possible de déduire quels sont les arbres généalogiques les plus vraisemblables entre espèces, d'après la méthode appelée *cladistique*. La microscopie électronique à balayage, de son côté, a permis d'accélérer l'étude iconographique des insectes et des autres petits organismes. D'ici quelque temps, l'informatique permettra l'identification instantanée des espèces grâce à des analyses d'image, tandis que seront repérés par le même moyen les spécimens appartenant à de nouvelles espèces. Les biologistes pourront bientôt bénéficier de la consultation automatisée des publications, qui permet de retrouver des descriptions et des études de groupes particuliers d'organismes à partir d'ordinateurs personnels de bureau.

Toutes les données biologiques sur les espèces, quelle que soit leur nature – écologie, physiologie, usage sur le plan économique, statut en tant que vecteur ou parasite ou nuisance agricole – peuvent être entrées dans des bases informatisées. On peut y ajouter les séquences d'ADN et d'ARN ainsi que des cartes génétiques. La banque de données génétiques, GenBank, a été créée dans le but de stocker en mémoire d'ordinateur toutes les séquences connues d'ADN et d'ARN, ainsi que les informations biologiques corrélatives. En 1990, elle avait accumulé trente-cinq millions de séquences portant sur mille deux cents espèces de plantes, d'animaux et de micro-organismes. Le rythme d'accumulation des données est en train de s'accroître rapidement, avec l'arrivée de techniques de séquençage améliorées.

2. *Création de la richesse biologique.* À mesure que l'inventaire des espèces ira en s'enrichissant, il ouvrira la voie à des études bio-économiques, autrement dit à une évaluation grossière du potentiel économique d'écosystèmes entiers. Toute communauté d'organismes contient des espèces ayant une valeur marchande potentielle – bois de construction et produits tirés des plantes sauvages, exploités sur une base continue ; graines et pousses pouvant donner des plantes cultivées hors de leur zone d'origine, à des fins alimentaires ou ornementales ; champignons et micro-organismes à cultiver pour obtenir des substances pharmaceutiques ; organismes de toutes sortes offrant de nouvelles connaissances scientifiques, conduisant à encore d'autres applications pratiques. Et les habitats sauvages ont une valeur touristique, qui ira croissant à mesure qu'un public toujours plus nombreux voyagera et apprendra à apprécier l'histoire naturelle.

À partir du moment où l'on aura décidé de prendre en compte l'analyse bio-économique dans le cadre de la gestion du territoire, les écosystèmes se trouveront protégés du fait qu'il leur sera assigné une valeur économique future. Cela permettra, en effet, de prendre de vitesse les processus de destruction de communautés entières d'organismes – processus entamés parce que, par ignorance, on a supposé que les organismes en question n'avaient aucune valeur. Lorsque les flores et les faunes locales seront mieux connues, on pourra décider comment les gérer de façon optimale – savoir s'il faut les protéger, si l'on peut en extraire des produits de façon rentable, ou si l'on peut détruire leurs habitats afin que ceux-ci soient complètement occupés par l'homme. Les partisans de la conservation de la nature ne veulent pas du tout entendre parler de destruction. Mais, il n'en reste pas moins que c'est une possibilité parfaitement envisageable pour la plupart des gens, qui ne sont pas suffisamment informés des dangers encourus. Tôt ou tard, il faudra que le savoir et la raison triomphent. Je suis prêt à parier que les écosystèmes seront sauvés à partir du moment où ils seront devenus familiers au grand public ; en effet, les valeurs bio-économique et esthétique d'un écosystème croissent à mesure que chaque espèce-membre est examinée à son tour – de même que croissent aussi les sentiments en faveur de la préservation. Lorsqu'une destruction est envisagée, il paraît sage que la loi impose des délais, puis que la science évalue les risques. Il est probable alors que la familiarisation avec l'écosystème qui en résultera conduise à sa préservation. Il existe un aspect implicite du comportement humain qui possède une grande importance pour la politique de la conservation : *mieux un écosystème sera connu, moins il est probable qu'il sera détruit*. Comme Baba Dioum, un spécialiste sénégalais de la conservation de la nature, l'a dit : « En définitive, nous ne préserverons que ce que nous aimerons, nous n'aimerons que ce que nous comprendrons, nous ne comprendrons que ce qu'on nous aura appris. »

Dans le cadre de la mise en valeur économique d'un écosystème, il existe une démarche qui revêt une importance cruciale : c'est celle que Thomas Eisner a appelée la *prospection chimique*, autrement dit la recherche chez les espèces sauvages de nouvelles substances thérapeutiques et d'autres produits chimiques utiles. Ce type de prospection est justifié par tout ce que nous savons de l'évolution organique. Chaque espèce est issue d'une évolution qui en a fait une usine chimique unique en son genre, fabriquant des substances qui lui permettent de survivre dans un monde implacable. Une espèce nouvellement découverte d'un ver nématode est peut-être capable de produire un antibiotique d'une puissance extraordinaire ; un papillon de nuit, qui n'a pas encore reçu de nom, synthétise peut-être une substance capable de bloquer la multiplication des virus d'une façon que n'auraient jamais imaginée les biologistes moléculaires. Un champignon symbiotique prélevé sur les radicelles d'un arbre dont l'espèce est presque éteinte pourrait donner une nouvelle classe de promoteurs de la croissance chez les plantes. Une herbe obscure pourrait être la source d'un répulsif pour l'agressive simulie – enfin. Des millions d'années de mise à l'épreuve par la sélection naturelle ont fait des êtres vivants des chimistes d'une habileté surhumaine, des champions de la lutte contre la plupart des problèmes biologiques qui peuvent saper la santé humaine.

Dans la mesure où la prospection chimique dépend énormément de la classification, il est tout à fait indiqué de la mener de concert avec l'inventaire de la biodiversité. Pour que cette recherche soit couronnée de succès, il est nécessaire que les scientifiques travaillent dans des laboratoires équipés de matériels de pointe, lesquels sont généralement disponibles uniquement dans les pays industrialisés. En 1991, la société Merck, la plus grande firme pharmaceutique du monde, a accepté de verser à l'Institut national de la biodiversité du Costa Rica un million de dollars pour mener à bien son travail de « criblage ». L'institut collectera et identifiera les organismes, envoyant les échantillons chimiques des espèces les plus prometteuses aux laboratoires Merck, afin qu'ils soient testés sur le plan médical. Si cela aboutit à la commercialisation de substances naturelles, la firme pharmaceutique versera une partie de ses bénéfices au gouvernement du Costa Rica, lequel affectera ces sommes aux programmes de protection de la nature. Dans le passé, Merck avait mis sur le marché quatre produits tirés d'organismes vivant dans le sol (ailleurs qu'au Costa Rica). L'un d'entre eux, dérivé d'une moisissure, s'appelle le Mevacor : c'est un produit très efficace pour faire baisser le taux sanguin du cholestérol. En 1990, Merck a vendu pour 735 millions de dollars de cette seule substance. Il est donc à prévoir qu'une seule découverte au Costa Rica – une substance commercialisée tirée de, par exemple, d'une seule espèce sur les douze mille espèces de plantes et les trois cent mille espèces d'insectes qui, selon nos estimations, vivent dans ce pays – pourrait largement rembourser Merck de la totalité de ses investissements.

Des raisons historiques expliquent aussi pourquoi Merck et d'autres firmes se tournent de plus en plus vers la prospection chimique. La recherche de substances thérapeutiques et autres produits chimiques dans la nature est passée par plusieurs phases. Dans les années 1960 et 1970, les firmes pharmaceutiques avaient décidé de ne plus faire de « criblage » des plantes, parce que cette recherche était jugée trop compliquée et coûteuse. Étant donné qu'avec les techniques disponibles à l'époque, il fallait tester dix mille espèces avant qu'une seule ne donne une substance intéressante, et qu'il fallait compter des millions de dollars avant qu'un produit ne soit effectivement commercialisé, les bénéfices obtenus au bout du compte paraissaient plutôt maigres. Les firmes pharmaceutiques s'étaient alors tournées vers les nouvelles techniques de la microbiologie et de la synthèse chimique, dans l'espoir de mettre au point les mirobolants agents thérapeutiques d'une nouvelle ère de la médecine, à partir des produits chimiques courants. Il semblait plus « scientifique » et direct, et peut-être moins coûteux, de compter sur l'ingéniosité humaine, plutôt que sur une chimie de la nature issue de l'évolution dans de lointaines jungles. Cependant, les produits naturels restèrent des chemins de traverse potentiels, des sortes de voies vers l'Ouest de Christophe Colomb, pour ceux qui désiraient acquérir les techniques essentielles. À présent, le pendule est en train de revenir dans l'autre sens, là encore grâce à des progrès technologiques : l'automatisation des tests biologiques permet aux grandes firmes de passer au « crible » cinquante mille échantillons par an, constitués de fragments minimes de tissu ou d'extraits, qu'on leur envoie par avion de n'importe quelle partie du monde.

Le passage des organismes sauvages à la commercialisation peut parfois être raccourci en s'aidant des indices fournis par le savoir populaire et la médecine traditionnelle des peuples indigènes. Il est tout à fait remarquable que sur 119 produits pharmaceutiques utilisés dans le monde entier, 88 ont été découverts par l'observation des pratiques de la médecine traditionnelle. Si l'on faisait l'inventaire des connaissances de toutes les cultures indigènes du monde, cela donnerait une bibliothèque de dimensions comparables à celle d'Alexandrie. Les Chinois, par exemple, emploient, à des fins médicinales, des extraits tirés de six mille plantes sur les trente mille espèces de leur pays. Parmi elles, figure l'artémisine, un terpène tiré de l'armoise annuelle (*Artemisia annua*), et qui semble prometteuse en tant que produit alternatif à la quinine dans le traitement du paludisme. Étant donné que les deux substances ont des structures moléculaires totalement différentes, il aurait fallu beaucoup plus de temps pour découvrir l'artémisine, si elle n'avait eu sa réputation bien établie dans le folklore.

Une grande partie de la pharmacopée traditionnelle est tout à fait fiable, dans la mesure où, pendant des générations, elle a sauvé la vie de nombreuses personnes et fondé la réputation des chamans. Les techniques d'extraction et les dosages ont été testés par essais et erreurs un nombre incalculable de fois. Mais cette culture traditionnelle non écrite, de même qu'un grand nombre des plantes et des animaux qu'elle concernait, est en train de disparaître rapidement, à mesure que les tribus quittent leurs terres originelles pour s'établir dans des fermes ou dans des villes et des villages. Lorsqu'elles embrassent de nouveaux métiers, leurs langues se perdent rapidement, ainsi que leurs vieilles coutumes. Au cours des années 1980, les dix mille Punans de Bornéo (à l'exception de cinq cents d'entre eux) ont abandonné leur séculaire mode de vie semi-nomade dans les forêts et se sont installés dans des villages. À présent, leurs traditions sont en train de disparaître rapidement. Eugene Linden remarque : « les villageois savent que leurs anciens avaient l'habitude de guetter l'apparition d'un certain papillon, car il semblait toujours annoncer l'arrivée d'une troupe de sangliers et promettre une bonne chasse. De nos jours, la plupart des Penans ne se rappellent plus de quel papillon il s'agissait. » De l'autre côté du monde, 90 des 270 tribus indiennes du Brésil ont disparu depuis 1900, et les deux tiers de celles qui restent comptent moins de mille membres chacune. Beaucoup d'entre elles ont perdu leurs terres et sont en train d'oublier leur culture.

Les petites exploitations agricoles, de par le monde, sont en train de céder la place aux monocultures de l'agrotechnologie. Les jardins surélevés des Incas ont presque tous disparu ; ceux, extrêmement variés, d'Amérique centrale et d'Afrique de l'Ouest, sont menacés. Relancer la petite agriculture locale est aussi un autre but des études sur la biodiversité. Il s'agit de la rendre économiquement plus intéressante, tout en faisant en sorte qu'elle préserve les ressources génétiques qui contribueront à assurer les récoltes de l'avenir. À partir des centres de recherche, on peut espérer diffuser vers les régions les plus adaptées à leur utilisation, des espèces et des souches de grande efficacité économique, allant du maïs vivace à l'amarante et aux iguanes. Le prototype de ce genre d'action est mené par le biais du Centre d'entraînement et de recherche en agriculture tropicale, installé à Turrialba au Costa Rica. Créé par l'Organisation des États américains en 1942, ce centre cultive de vastes échantillons de nombreuses espèces de plantes, et notamment des souches de cacaoyer et d'autres plantes tropicales, résistantes aux maladies. Ses chercheurs expérimentent des méthodes de propagation pour les plantes cultivées et les arbres fournissant du bois, mettent au point des programmes de préservation des lieux sauvages, recherchent de nouvelles souches et de nouvelles espèces de plantes à cultiver, et enseignent les nouvelles méthodes de l'agriculture et de la conservation des espèces. Dans l'avenir, il serait intéressant que les institutions de ce type ne se consacrent pas seulement à ce genre d'activité, mais s'appliquent aussi à faire de la prospection chimique et des transferts de gènes entre espèces sauvages et domestiques.

3. *Promotion d'un développement viable.* Les paysans pauvres du Tiers Monde sont prisonniers d'une spirale descendante liant l'accroissement de la pauvreté à une destruction accrue de la diversité. Pour s'en sortir, il faut que leur travail leur fournisse de quoi se nourrir, se loger et se soigner, toutes choses que la grande majorité des gens des pays industrialisés tiennent comme allant de soi. Sans cela, n'ayant pas accès aux marchés, écrasés par l'explosion démographique, ils se tournent de plus en plus vers les dernières ressources biologiques sauvages. Ils chassent les animaux vivant à proximité de leurs habitations, coupent des forêts qu'on ne pourra pas faire repousser, mettent leurs troupeaux sur n'importe quelle terre d'où on ne pourra pas les déloger par la force. Ils utilisent des plantes cultivées mal adaptées à leur environnement, pendant beaucoup trop d'années, parce qu'ils ne connaissent pas d'autres alternatives. Leurs gouvernements, manquant de ressources fiscales suffisantes, accablés par une énorme dette extérieure, collaborent à la dévastation de l'environnement. Recourant à une astuce comptable, ils font entrer les ventes de forêts et d'autres ressources naturelles irremplaçables dans le produit national brut, sans compter au titre des dépenses les dommages permanents infligés à l'environnement.

Une éducation adéquate est refusée aux pauvres. Ils ne peuvent tous trouver de place en ville ; dans la plupart des pays, et particulièrement sous les tropiques, l'industrialisation sera bien trop lente pour absorber plus qu'une petite fraction de la force de travail. Ces milliards de gens qui se débattent dans les difficultés devront donc, pendant le siècle prochain au moins, être cantonnés aux zones rurales. Le problème se ramène alors à cette question : comment les habitants des pays en développement pourront-ils tirer un revenu décent de la terre sans détruire celle-ci ?

Le terrain d'essai du développement viable sera constitué par les forêts tropicales. Si l'on pouvait sauver ces dernières tout en permettant à l'économie locale de se développer, la crise de la biodiversité s'apaiserait de façon considérable. Toutefois, ce conditionnel recouvre de terribles difficultés, sociales et techniques. Mais de nombreuses voies pour s'en sortir ont été proposées, et certaines ont même été testées avec succès.

L'une des démonstrations les plus intéressantes qui ait été faite à ce jour a été évoquée dans le chapitre précédent : dans les forêts tropicales humides du Pérou, il a été montré que la récolte de produits naturels, autres que le bois de construction, pouvait donner des revenus semblables à ceux des coupes de bois et de l'agriculture, même avec les débouchés limités que constituent les marchés locaux existants. Cette pratique a été développée sur une base régulière par les récolteurs du latex au Brésil, sans qu'ils l'aient le moins du monde théorisée, ni étudiée sur le plan des coûts et des bénéfices. Ces *seringueros*, comme on les appelle localement, sont les descendants d'immigrants venus du nord-est du Brésil, qui ont colonisé de petites parties de l'Amazonie au cours du XIXᵉ siècle et ont pu gagner leur vie de façon régulière grâce à la récolte du latex. Ils sont au nombre d'un demi-million et tirent leur revenu, aujourd'hui, non seulement du latex, mais aussi des noix brésiliennes, des cœurs de palmiers, des fèves tonkas et autres produits de la nature sauvage. Chaque famille possède, sur les pistes de récolte du latex, une maison construite en forme de feuille de trèfle. Outre la cueillette des produits sauvages, les seringueros pratiquent la chasse, la pêche et une agriculture à petite échelle dans les clairières de la forêt. Dans la mesure où ils dépendent fondamentalement de la biodiversité, les seringueros s'attachent à préserver la forêt en tant qu'écosystème stable et productif. Ils font, en réalité, pleinement partie de l'écosystème forestier. En 1987, le gouvernement brésilien les a autorisés à établir des zones réservées à l'exploitation des produits naturels sur des terres appartenant à l'État, avec des baux renouvelables de trente-trois ans et l'interdiction de pratiquer des coupes de bois.

Les zones réservées à l'exploitation des produits naturels relèvent d'un progrès conceptuel majeur, mais à elles seules elles ne pourront pas sauver plus qu'une petite portion des forêts tropicales humides. En 1980, les possessions personnelles des seringueros occupaient 2,7 % de la superficie de la région nord de l'Amazonie brésilienne (comprenant les États d'Amazonas et d'Acre), tandis que les fermes et les ranches en occupaient 24 %. Seule une petite partie des nouveaux immigrants affluant maintenant dans cette région peuvent vivre de l'exploitation des produits naturels. Les autres vont chercher un revenu comme ils le pourront, et ce sera surtout en étendant les zones livrées à l'agriculture. La clé de l'avenir de l'Amazonie – et d'autres régions forestières tropicales – sera de savoir si la façon dont ces immigrants pourront gagner leur vie conduira à la préservation ou à la destruction des forêts. « Le vrai problème, écrit John Browder, n'est pas de délimiter des zones consacrées à l'exploitation des produits naturels, mais plutôt de savoir comment intégrer ces pratiques d'exploitation viable (ainsi que d'autres types de gestion de la forêt) dans les stratégies économiques des propriétés rurales existantes (c'est-à-dire des petites fermes, tout comme des grands ranches). Celles-ci sont, en effet, responsables de la plus grande partie de la dévastation de la forêt tropicale humide en Amazonie. Fondamentalement, le problème n'est pas de savoir quelles zones de forêt réserver à l'exploitation des produits naturels, mais de savoir comment faire des gens de meilleurs gestionnaires de la forêt. »

Il est possible de tirer du bois de construction de la forêt vierge d'Amazonie (ainsi que des autres grandes forêts tropicales restantes), largement et avantageusement, tout en limitant les pertes en biodiversité. La méthode de choix, d'abord suggérée par Gary Hartshorn en 1979, puis développée par d'autres forestiers, s'appelle « l'abattage par bandes ». S'il est vrai que les bassins forestiers situés dans les basses terres ne présentent pratiquement pas de relief, la plupart possèdent des pentes bien définies, parcourues d'un réseau dense de torrents. L'abattage par bandes imite la chute naturelle des arbres qui crée des échancrures linéaires dans la forêt, les clairières artificielles étant aménagées de façon à suivre le profil du terrain. La technique est décrite par Carl Jordan :

> Le procédé consiste à abattre les arbres au sein d'une bande qui suit le profil de la pente, parallèlement aux torrents. Sur le bord supérieur de la bande, une route est aménagée pour l'évacuation des troncs. L'exploitation de la bande terminée, on ne travaille plus dans cette zone de la forêt pendant quelques années, c'est-à-dire jusqu'à ce que des arbrisseaux commencent à croître au sein de la bande où a été réalisée la coupe de bois. Alors, les forestiers vont procéder à l'abattage au sein d'une autre bande, cette fois-ci au-dessus de la route. L'avantage de ce système est que des substances nutritives fournies par ce deuxième abattage sont amenées par les eaux de ruissellement au niveau de la bande du premier abattage, où les arbrisseaux en cours de régénération peuvent en bénéficier. Par ailleurs, les graines fournies par la portion de forêt située au-dessus de la zone déboisée vont atterrir au sein de la bande la plus fraîchement coupée. Au contraire, dans le cadre des coupes de bois traditionnelles (faites sans précaution), il n'y a pas d'arbrisseaux

avec des racines bien développées, capables de retenir les substances nutritives, ni de source de graines pour la régénération de la forêt.

Tout cela est très bien, mais comment persuader les gouvernements et les paysans concernés d'adopter des innovations telles que la délimitation de zones de forêt consacrées à l'exploitation des produits naturels ou la pratique de l'abattage par bandes ? Pour arriver à mettre en œuvre la formule du développement viable, il faudra compter autant sur l'éducation et le changement social que sur la science. De modestes initiatives sont en cours de par le monde, permettant de tirer partout la même conclusion : si l'on emploie des procédés adaptés à chaque cas particulier, on peut arriver à concilier développement économique et conservation de la biodiversité. On peut arriver à persuader les gens ; ils comprennent où est leur intérêt à long terme et peuvent adapter leurs pratiques à ce but. Voici trois programmes en cours en Amérique latine, rencontrant un plein succès.

– Selon une loi du Panama, les Indiens Cunas ont la souveraineté sur les îles San Blas et sur trois cent mille hectares de forêt adjacente sur le continent. Les Cunas entretiennent des « sanctuaires spirituels », c'est-à-dire des zones de forêt primitive, dans lesquelles seules certaines espèces d'arbres peuvent être coupées et aucune exploitation agricole n'est autorisée. Les villageois tirent de la mer la plus grande partie de leurs protéines et de la forêt, leur bois, leur gibier et leurs remèdes médicinaux. Enfin, ils cultivent des plantes domestiques dans des clairières qu'ils ont aménagées sur des superficies limitées. Lorsque la construction de l'autoroute Pan-Américaine frôla leur terre, les Indiens Cunas délimitèrent une réserve forestière et en assumèrent la garde par leurs propres hommes. Ouvertes sur le monde extérieur, accueillantes pour les visiteurs, leurs tribus ont néanmoins choisi de décourager l'immigration et de préserver leur propre culture au sein du riche milieu naturel dans lequel ils vivent depuis des siècles.

– La plus grande partie de l'Amérique centrale, contrairement à la terre des Cunas, souffre d'érosion des sols et de leur épuisement en substances nutritives par suite d'une culture excessive de maïs et d'autres plantes domestiques, elle-même consécutive à la surpopulation. Lorsque la production décline, les paysans envahissent les zones vierges restantes, à la recherche de terre arable. Ce processus a pris un tour particulièrement aigu dans la région Güinope du Honduras. En 1981, deux fondations privées, l'une internationale, l'autre hondurienne, ont commencé, sous les auspices du gouvernement, à mettre en œuvre un programme pilote dans certains villages Güinope dans le but d'élever la productivité et de restaurer la terre. Ils ont introduit des techniques telles que la réalisation de fossés de drainage des eaux, l'adaptation des labours au profil du terrain, l'instauration de barrières herbeuses et l'intercalation au sein des cultures de légumes enrichissant le sol en azote. Ce sont les paysans eux-mêmes qui ont fait les travaux sur le terrain et payé les dépenses nécessaires à leur réalisation. En l'espace de quelques années, les rendements ont triplé et l'émigration a pratiquement cessé. Les nouvelles techniques agricoles ont commencé à diffuser vers les zones adjacentes.

– Lorsque la route dénommée « Carretera Marginal de la Selva » a été tracée à travers la vallée de Palcazú au Pérou, 85 % de la terre était encore couverte par la forêt tropicale humide. Comme la plus grande partie des versants orientaux des Andes situées sous les tropiques, cette vallée était biologiquement riche, contenant, par exemple, plus d'un millier d'espèces d'arbres. Il y vivait également trois mille Indiens Amueshas et un nombre égal de colons qui depuis une cinquantaine d'années avaient construit de petites fermes. Une fois ouverte au commerce avec l'extérieur, le destin classique d'une vallée amazonienne est d'être complètement déboisée par les nouveaux immigrants et les compagnies forestières, puis de voir s'installer de petites fermes et des ranches pour le bétail. Le sol acide et peu épais perd bientôt la plus grande partie de ses phosphates libres et de ses autres substances nutritives, ce qui ouvre la voie à la phase suivante : érosion, pauvreté et abandon partiel. Dans le cas de la vallée de Palcazú, l'Agence américaine pour le développement international (USAID) a pu proposer un plan de développement différent, avalisé par le gouvernement. Ce plan demandait de pratiquer les coupes de bois (en vue de son exploitation comme matériau de construction) selon la technique de l'abattage par bandes, programmé de façon à permettre une régénération perpétuelle de la forêt au cours de rotations s'étalant sur trente à quarante ans. Les terres les plus propices pouvaient être converties à l'agriculture et à l'élevage, de façon permanente, mais sur des superficies limitées. Le plan demandait également l'établissement d'une réserve sur le réseau hydrographique des montagnes adjacentes de la chaîne de San Matias, et l'aménagement d'un parc national sur les montagnes voisines de la chaîne de Yanachagan. Avec un peu de chance, la vallée de Palcazú permettra à une population humaine bien portante et à une partie de la biodiversité du Pérou d'atteindre le siècle prochain.

Les terres sauvages et la diversité biologique sont légalement la propriété de nations particulières, mais, d'un point de vue éthique, elles appartiennent à la communauté planétaire. La perte en espèces où que ce soit sur le globe entame la richesse du monde entier. De nos jours, les pays les plus pauvres sont en train de dilapider rapidement leurs ressources naturelles et de détruire inconsciemment la plus grande partie de leur biodiversité, dans la mesure où ils s'efforcent par tous les moyens de faire face à la dette extérieure et d'élever le niveau de vie de leurs ressortissants. En fonction des nécessités telles qu'ils les perçoivent, ils poursuivent des politiques visant à procurer les plus grands profits à court terme, mais qui s'avèrent destructrices pour l'environnement. Les nations créancières riches aggravent ces pratiques en encourageant le marché libre au niveau des pays pauvres, mais en soutenant leurs propres paysans au moyen de subventions.

Ainsi, par exemple, la tristement célèbre « filière du hamburger » entre les États-Unis et l'Amérique centrale. En 1983, le marché des États-Unis offrant d'excellents débouchés à la viande de bœuf, les propriétaires terriens du Costa Rica avaient augmenté la superficie des pâturages au point que la forêt ne couvrait plus que 17 % de la superficie qu'elle occupait originellement. Pendant un moment, ce pays a été le premier exportateur mondial de viande de bœuf à destination des États-Unis. Puis la demande des consommateurs ayant quelque peu changé et le marché ayant chuté, le Costa Rica s'est retrouvé avec des terres dénudées et une érosion des sols généralisée. Il avait aussi perdu une partie de sa diversité biologique.

Les pays en voie de développement sont en concurrence sur le marché libre international et sont donc fortement incités, de ce fait, à investir dans des monocultures, comme la banane, le sucre de canne, ou le coton. Dans ce but, les gouvernements subventionnent le défrichage des terres vierges et l'emploi excessif de pesticides et d'engrais. La course à l'augmentation des revenus tirés de l'exportation conduit aussi à concentrer toujours plus d'hectares dans les mains d'un petit nombre de propriétaires terriens politiquement favorisés. Les petits paysans sont alors forcés de rechercher de nouvelles terres à la productivité marginale, y compris dans les zones vierges. Menacés par la ruine, ils n'ont pas d'autre choix que de pénétrer dans les forêts tropicales aux sols pauvres, les bassins hydrographiques situés sur les flancs des montagnes escarpées, les marécages côtiers, et autres derniers refuges de la biodiversité de la planète.

Cette marche vers le précipice est accélérée par la politique de soutien à leur propre agriculture que pratiquent les nations les plus riches. Actuellement, les subventions accordées aux agriculteurs des pays développés atteignent un total de trois cents milliards de dollars par an, soit six fois l'aide officielle aux pays du Tiers Monde. Lorsque les pays de la Communauté européenne ont récemment lancé un grand programme d'élevage intensif du bétail, ils ont créé un énorme marché artificiel pour le manioc. En réponse, les propriétaires terriens de Thaïlande se sont mis à couper encore

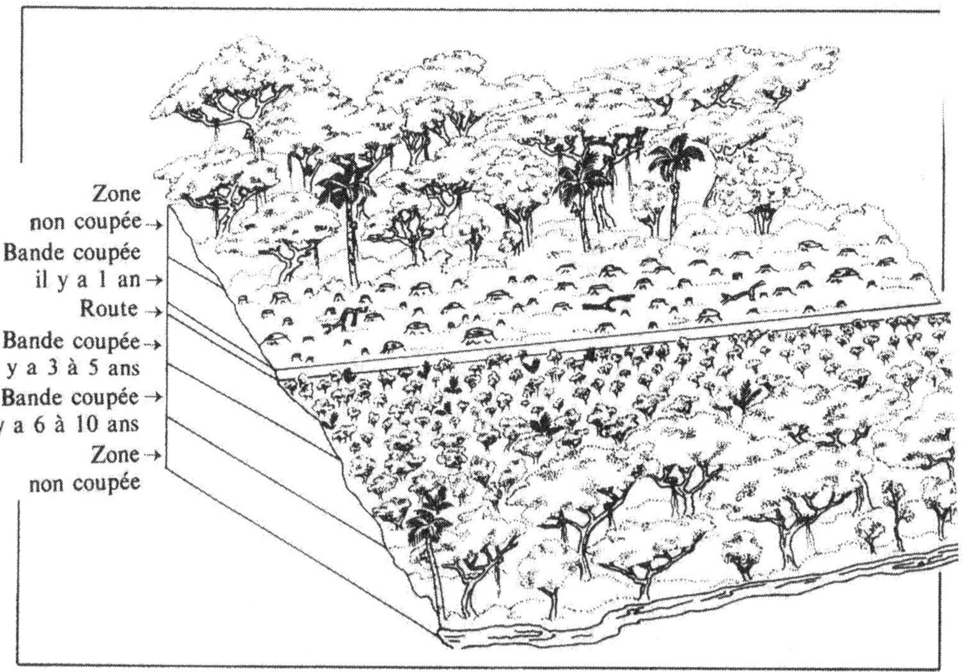

L'abattage par bandes permet d'exploiter le bois de construction avec un rendement suffisant, dans les forêts relativement fragiles, comme le sont les forêts tropicales humides. Cela consiste à couper les arbres selon une bande épousant le profil du terrain, assez étroite pour permettre une régénération naturelle en peu d'années. On coupe ensuite les arbres sur une autre bande située au-dessus de la première et ainsi de suite, suivant un cycle qui peut s'étaler sur plusieurs décennies.

plus dans la forêt tropicale afin de développer la culture de cette céréale et, ce faisant, ont poussé un grand nombre de paysans vivant en autosubsistance à émigrer dans la forêt profonde et sur les versants montagneux sujets à l'érosion. Lorsque les États-Unis ont limité les quotas d'importation de canne à sucre pour venir en aide aux producteurs américains, les quantités importées des Caraïbes ont chuté de 73 % en dix ans, faisant perdre leur travail dans les plantations à un grand nombre de pauvres et les obligeant à se tourner vers une agriculture de subsistance dans des habitats marginaux. Les extravagantes subventions du Japon à ses propres producteurs de riz, au nom du maintien d'une tradition agricole ancienne (le signe idéographique japonais pour riz veut dire « source de vie »), ont des conséquences décourageantes pour les populations de l'Asie du Sud-Est qui cultivent aussi le riz. Là encore, les retombées négatives sur l'environnement en sont accrues.

Les pays les plus riches fixent les règles du commerce international. Ils fournissent la plus grande partie des prêts et de l'aide directe, et assument les transferts de technologie en direction des pays les plus pauvres. Il est de leur responsabilité d'user de ces pouvoirs avec sagesse, d'une façon qui, à la fois, améliore l'équilibre économique de ces derniers partenaires commerciaux et protège l'environnement au niveau de la planète. Ils auront eux-mêmes à pâtir des conséquences néfastes, si les accords commerciaux et les programmes d'aide internationale n'ont pas tenu compte des terres vierges et de la biodiversité.

La plus grande menace qui pèse sur ces dernières est, en fait, l'explosion démographique. En présence de celle-ci, la perspective d'un développement viable n'est qu'une construction théorique fragile. Affirmer, comme beaucoup le font, que les difficultés de beaucoup de pays du Tiers Monde ne sont pas dues à leurs énormes populations, mais à de mauvaises conceptions ou à une mauvaise utilisation des terres, relève du sophisme. Si le Bangladesh comptait dix millions d'habitants au lieu de cent quinze millions, son peuple de pauvres pourrait vivre dans des fermes prospères, à distance suffisante des dangereuses plaines d'inondation, au sein du milieu naturel et stable des hautes terres. Beaucoup de commentateurs recourent encore, de façon incroyable, à un argument qui est un pur sophisme : ils disent que la Hollande ou le Japon constituent des modèles de sociétés densément peuplées, mais prospères. Mais ces deux pays sont des nations industrialisées extrêmement spécialisées, et dépendent d'importations massives de ressources naturelles en provenance du reste du monde. Si toutes les nations possédaient le même nombre de personnes par kilomètre carré, leur qualité de vie s'orienterait plutôt vers celle du Bangladesh que vers celle du Japon, et leurs irremplaçables ressources naturelles rejoindraient bientôt le statut des sept merveilles du monde, en tant que vestiges d'une histoire ancienne.

Chaque nation mène une politique économique et une politique étrangère. Le temps est venu de parler plus ouvertement d'une politique démographique. Par là, je n'entends pas seulement le bridage de la croissance lorsque la population atteint des sommets, comme en Inde ou en Chine, mais une politique fondée sur la solution rationnelle de ce problème : quelle est, pour chaque pays, de l'avis de ses citoyens informés, la population *optimale*, compte tenu de la démographie mondiale ? Pour y répondre, il faudra dresser un bilan prenant en considération l'image que la société veut avoir d'elle-même, les ressources naturelles du pays, sa géographie, ainsi que le rôle spécifique à long terme qu'il pourra le plus efficacement jouer au sein de la communauté internationale. La mise en œuvre de la politique démographique demandera d'encourager le contrôle des naissances ou au contraire de relâcher celui-ci, ainsi que de réguler l'immigration, toutes mesures visant à obtenir une densité de population déterminée, ainsi qu'une distribution des âges bien définie. Pour atteindre l'objectif d'une population optimale, il faudra considérer, pour la première fois, l'ensemble des processus qui lient l'économie à l'environnement, l'intérêt national aux biens communs planétaires, le bien-être de la génération actuelle à celui des générations futures. Ces questions ne devront pas seulement être abordées dans des comités de réflexion d'experts, mais dans des débats publics. Si l'humanité choisit alors la voie de l'appauvrissement, pour elle-même et pour le reste du monde vivant, du moins l'aura-t-elle fait les yeux ouverts.

4. *Sauver ce qui reste.* On peut envisager, pour sauver la biodiversité, de mettre en œuvre toutes sortes de programmes, mais tous ne sont pas sérieux. Arrêtons-nous un instant sur l'un d'entre eux souvent évoqué par les futurologues. Supposons que nous ayons perdu la course à la préservation de l'environnement, et que tous les écosystèmes naturels aient péri. Pourrait-on créer de nouvelles espèces en laboratoire, après que les spécialistes de l'ingénierie génétique aient appris à produire des êtres vivants en partant de composés organiques bruts ? C'est douteux. Il n'est pas sûr que l'on puisse engendrer artificiellement des organismes, du moins aussi complexes que des plantes à fleurs ou des papillons – ni des amibes, d'ailleurs. Même si l'on avait ce pouvoir (rappelant celui des dieux), cela ne résoudrait qu'une partie du problème, et le plus facile, de surcroît. Les ingénieurs travailleraient en ignorant quelle a été l'histoire des êtres vivants éteints qu'ils voudraient simuler. Ils ne sauraient rien des innombrables épisodes de mutations et de sélection naturelle responsables de la mise en place de milliards de nucléotides dans les génomes à présent disparus. Et il ne serait pas possible d'en déduire plus que de minuscules fragments. Ces « néo-espèces » ne seraient que des créations de l'esprit humain – à la nature totalement modelable, ne devant rien ni aux contingences de l'histoire, ni aux contraintes de l'adaptation – et seraient incapables de vivre sans l'intervention de l'homme. Les écosystèmes qu'on leur construirait, tels des zoos ou des jardins botaniques, nécessiteraient d'être étroitement surveillés.

Mais trêve de science-fiction. Passons à un autre programme destiné à sauver la biodiversité au moyen de grands artifices techniques – remède que l'on entend souvent évoquer au cours de colloques scientifiques ou de discussions de couloir. Pourrait-on ressusciter les espèces éteintes en partant de l'ADN existant encore dans les spécimens et les fossiles conservés dans les muséums ? Là encore, la réponse est non. On a réussi à séquencer de petites portions d'ADN extrait d'une momie égyptienne datant de 2 400 ans, ou de feuilles fossiles de magnolia datant de dix-huit millions d'années, mais ce n'était que de toutes petites portions de programmes génétiques, et en plus, leurs séquences de nucléotides étaient irrémédiablement brouillées. Dans ces conditions, cloner ces organismes ou un mammouth ou un dodo, équivaudrait, comme l'a récemment dit le biologiste moléculaire Russell Higuchi, à vouloir reconstituer une grande encyclopédie écrite en une langue inconnue et déchirée en petits morceaux – de plus, sans se servir de ses mains.

Passons à une autre éventualité régulièrement soulevée : et si l'on ne se souciait pas du problème et qu'on laissait l'évolution naturelle remplacer les espèces en train de disparaître ? Cette solution, pour être viable, demanderait que nos descendants veuillent bien attendre de nombreux millions d'années. À la suite des cinq grands épisodes d'extinction de l'histoire géologique, il a fallu de dix à cent millions d'années avant que la biodiversité ne soit pleinement reconstituée. À supposer que l'espèce *Homo sapiens* ait une longévité aussi grande, le processus de récupération demanderait qu'une vaste partie des terres revienne à l'état sauvage. Dans la mesure où l'humanité s'est approprié ou a perturbé 90 % de la surface des terres, elle a déjà condamné la plus grande partie des théâtres de l'évolution naturelle. Et même si nous arrivions à restituer à la nature autant de terres, et si nous pouvions attendre aussi longtemps, les nouveaux ensembles biotiques qui apparaîtraient, seraient très différents de ceux que l'on aurait détruits.

Alors, pourquoi ne pas recueillir des échantillons de tissus de toutes les espèces actuellement vivantes et les congeler dans l'azote liquide ? On pourrait les cloner plus tard de façon à régénérer des organismes entiers. Cette technique est employée pour certains micro-organismes, tels que des virus, des bactéries et des levures, de même que des spores de champignons. La Collection Américaine des Cultures Microbiennes, sise à Rockville dans le Maryland, comporte plus de cinquante mille espèces suspendues dans l'immobilité et l'inactivité biochimique absolues, prêtes à être réchauffées et rappelées à la vie, dès que nécessaire. Ces cultures sont utilisées par les chercheurs, surtout par les biologistes moléculaires et les spécialistes de la recherche médicale. Pour les grands organismes, on pourrait envisager de les conserver ainsi dans l'azote liquide sous la forme d'œufs fécondés congelés : on pourrait, quand on le voudrait, les faire se développer jusqu'au stade de l'individu adulte. On pourrait même, dans ce but, partir de fragments de tissus indifférenciés. Cela a été fait pour des organismes aussi complexes que des carottes et des grenouilles.

Supposons donc, pour les besoins de la discussion, que toutes les espèces de plantes et d'animaux pourraient être sauvées de cette façon, les biologistes ayant amélioré les techniques de congélation et de réchauffement. Le cryotorium dévolu à leur stockage, telle une arche de Noé, devrait héberger des dizaines de millions d'espèces. La préservation de la faune et de la flore même d'un seul habitat menacé (disons, par exemple, une forêt sur une crête de montagne en Équateur) représenterait une immense entreprise, mettant en jeu des milliers d'espèces, dont la plupart sont encore inconnues de la science. Même si on arrivait à la mener à bien au niveau des espèces, on ne pourrait, en pratique, inclure qu'une petite partie de la diversité génétique de chacune d'entre elles. À moins de disposer de millions d'échantillons, de vastes gammes de souches génétiques naturelles seraient perdues. Et lorsque viendrait le moment de réchauffer les embryons congelés et de replacer les espèces dans la nature, la base physique des écosystèmes – comme la nature du sol, l'assortiment particulier de ses substances nutritives, le régime des précipitations, etc. – aurait été altérée au point que la restauration des ensembles biotiques serait douteuse. La cryopréservation est, au mieux, une opération de la dernière chance, qui pourrait être employée pour sauver un petit nombre d'espèces et de souches choisies, et qui seraient promises autrement à une mort certaine. C'est loin d'être la meilleure façon de sauver des écosystèmes et cela pourrait aisément échouer. Il serait tragique d'avoir à mettre une communauté entière d'organismes dans l'azote liquide. Prendre une telle décision relèverait de l'indécence, dans le sens le plus fort de ce mot.

Jusqu'ici, j'ai parlé de la conservation des espèces et des souches génétiques hors du cadre de leurs habitats naturels. Toutes les méthodes de ce type ne relèvent pas de la science-fiction ou ne sont pas forcément répugnantes. Certaines sont déjà en œuvre, en ce qui concerne les plantes : il s'agit des banques de semences. Celles-ci sont soumises à une dessication et conservées dans des entrepôts durant de longues périodes. Il y règne des températures basses (environ −20°C), mais il n'y est pas fait appel à l'azote liquide, qui fige toute vie. Les botanistes ont montré que cette technique est efficace pour la conservation de la plupart des souches de plantes cultivées. Une centaine de pays possèdent des banques de semences et en augmentent constamment les stocks par le biais d'échanges avec d'autres banques et l'organisation de nouvelles expéditions chargées d'en rapporter. Leurs activités reçoivent le soutien du « Bureau vert », le Conseil international des ressources phytogénétiques (IBPGR), une organisation scientifique autonome, dont le siège est situé à Rome, et qui fait partie du réseau des Centres internationaux de recherche agricole. En 1990, plus de deux millions de lots de graines étaient stockés dans ces banques, représentant plus de 90 % des variétés géographiques locales connues – des races locales, comme on les appelle – au sein des espèces de plantes cultivées à usage alimentaire. Y sont particulièrement bien représentés le blé, le maïs, l'avoine, la pomme de terre, le riz et le millet. On s'efforce à présent d'y inclure les parents sauvages des plantes cultivées actuelles, comme le maïs vivace du Mexique, si prometteur. Cette technique pourrait être étendue à la flore sauvage du monde entier, c'est-à-dire aux plantes non cultivées de la planète.

Mais les banques de semences ne vont pas sans poser de sérieux problèmes. Jusqu'à 20 % des espèces de plantes, soit cinquante mille en tout, possèdent des graines « récalcitrantes », qui ne peuvent être stockées selon les techniques classiques. Même si l'on arrivait à perfectionner ces dernières de façon à pouvoir stocker les semences de toutes les espèces de plantes – ce qui est une perspective peu vraisemblable dans un futur immédiat – la tâche consistant à collecter et à conserver les graines de milliers d'espèces et de races menacées d'extinction serait formidable. Les efforts de l'ensemble des banques de semence ont, à ce jour, à peine réussi à couvrir une centaine d'espèces, et en outre, on ne dispose pour celles-ci, dans de nombreux cas, que d'une représentation médiocre et il n'est pas assuré que leurs semences survivent à la conservation. Autre difficulté : si l'on faisait totalement confiance aux banques de semence, et que les espèces disparaissaient dans la nature, les spécimens ayant survécu grâce à cette technique seraient privés de leurs insectes pollinisateurs, de leurs champignons vivant sur leurs racines, et d'autres partenaires symbiotiques, car tous ces organismes ne peuvent être conservés par le froid. La plupart des symbiotes s'étant éteints, les espèces « sauvées » au moyen des banques ne pourraient donc être replantées dans la nature.

D'autres méthodes de conservation des plantes « hors site », recourent, de façon plus réaliste, à des populations poussant et se reproduisant en jardin. Il existe environ mille trois cents jardins botaniques et arboretums dans le monde, dont beaucoup hébergent des espèces en danger d'extinction ou éteintes à l'état sauvage. En juin 1991, vingt de ces institutions aux États-Unis, qui figuraient dans le registre des Collections nationales des plantes en danger, possédaient des semences, des plants et des boutures de 372 espèces indigènes des États-Unis. Certains des jardins botaniques d'Amérique du Nord et d'Europe ont un répertoire d'espèces plus ouvert sur le monde. L'Arboretum Arnold de l'université de Harvard, pour sa part, est célèbre par sa collection d'arbres et d'arbrisseaux asiatiques. Les magnifiques jardins botaniques de Kew, en Angleterre, se sont courageusement lancés dans la tentative de préserver et de cultiver les derniers restes de la flore de Sainte-Hélène, notamment ses arbres.

Les animaux sont beaucoup plus difficiles à conserver « hors site » que les plantes et les micro-organismes. Les zoos et autres installations similaires ont essayé de faire face à cette tâche, mais dans des proportions qui restent très en deçà de ce qui serait nécessaire. À la fin des années 1980, les institutions de ce type, dont on connaissait les effectifs en animaux, regroupaient, dans le monde entier, des populations reproductrices de 540 000 individus, appartenant à plus de 3 000 espèces de mammifères, oiseaux, reptiles, et amphibiens. Cela représentait grossièrement 13 % des espèces connues de vertébrés terrestres. Les zoos disposant des plus grandes ressources financières, comme ceux de Londres, Francfort, Chicago, New York, San Diego et Washington, mènent des recherches fondamentales et vétérinaires, dont les résultats peuvent être appliqués aux populations à la fois captives et sauvages. La liste des animaux figurant dans 223 zoos d'Europe et d'Amérique du Nord est suivie en permanence par le Programme International d'Inventaire des Espèces (ISIS), qui se sert de ces données pour coordonner les opérations de préservation et de croisement entre reproducteurs. Les institutions de recherche et les zoos qui relèvent du programme ISIS n'ont pas seulement pour but de sauver les espèces en danger, mais aussi d'en réintroduire dans leurs habitats originels, dès lors que des terres sont disponibles. C'est ce qu'ils ont réussi à faire dans le cas de trois espèces : l'oryx d'Arabie ; le putois aux pieds noirs ; et le singe-lion à tête dorée. Des essais sont en cours ou sont prévus pour au moins quatre autres espèces : le condor de Californie ; l'étourneau de Bali ; le râle de Guam ; et le cheval de Przewalski, l'ancêtre de tous les chevaux domestiques. Les institutions relevant du Programme ISIS essayent de se tenir prêtes pour le cas où le grand panda, le rhinocéros de Sumatra et le tigre de Sibérie, qui sont actuellement au bord du précipice, s'éteindraient à l'état sauvage.

Malgré tous leurs efforts, les zoos, parcs zoologiques, aquariums et institutions de recherches ne peuvent, cependant, faire mieux que ralentir la marée de l'extinction d'une façon à peine perceptible. Même les groupes d'animaux auxquels le public accorde toutes ses faveurs ne peuvent être complètement pris en charge. Les spécialistes de la conservation estiment que seulement deux mille espèces de mammifères, oiseaux et reptiles, peuvent être sauvées si on les élève en captivité, une tâche qui est au-delà des possibilités actuelles. Pour sa part, William Conway, directeur du zoo très complet mis en place par la Société zoologique de New York, estime que les installations existant de par le monde peuvent héberger des populations viables de neuf cents espèces environ, au maximum. Dans le meilleur des cas, les individus qui survivraient ainsi ne porteraient qu'une petite fraction des gènes originaux présents au sein de leur espèce. Et bien pire : absolument rien n'a été prévu pour les milliers

---

Au verso : La faune et la flore de la Nouvelle-Angleterre font l'objet d'inventaires et d'analyses au moyen de programmes informatiques de plus en plus sophistiqués.

*Si l'on admet que la biodiversité est en grand
danger, que faire ? La solution demandera
que coopèrent des disciplines séparées depuis
longtemps par leurs traditions pratiques
et universitaires.*

d'espèces d'insectes et d'invertébrés qui sont également en danger d'extinction.

Les scientifiques sont donc conduits à cette conclusion : la conservation des espèces « hors site » n'a pas, et n'aura jamais, l'ampleur suffisante pour faire face au problème. Certaines de ces pratiques constituent d'intéressants filets de sécurité pour le petit nombre des espèces menacées que la biologie a le mieux étudiées et que le public veut bien protéger. Mais même si, dans tous les pays, on choisissait de financer l'agrandissement dans de vastes proportions des dépôts cryobiologiques, des banques de semences, des jardins botaniques et des zoos, cela ne pourrait pas matériellement être mis en place assez rapidement pour sauver une majorité d'espèces, parmi celles menacées d'extinction du seul fait de la destruction de leurs habitats. Le gros problème pour les biologistes est que plus de 90 % des espèces de champignons, d'insectes et d'autres petits organismes dans le monde entier n'ont pas été recensées. Même pour les petites populations que l'on sauverait, ils n'ont aucun moyen de s'assurer qu'elles représenteraient un échantillon suffisant de la diversité génétique existant dans leur espèce. Et ils n'ont que de très vagues idées sur la manière dont on pourrait reconstituer des écosystèmes à partir des espèces sauvées, si même un exploit pareil était possible. Enfin, tout cela serait extrêmement coûteux, ce qui ne serait pas le moindre des problèmes.

En définitive, il apparaît que les méthodes de conservation « hors site » pourront sauver un petit nombre d'espèces – lesquelles, sans cela, seraient condamnées –, mais pour ce qui concerne la biodiversité à l'échelle de la planète, la voie et l'espoir sont représentés par la préservation des écosystèmes naturels. Si l'on accepte cette conclusion, il nous faut alors affronter la réalité constituée par ces deux données : premièrement, les habitats naturels sont en train de disparaître à une vitesse accélérée, et avec eux, tout un pan de la biodiversité du monde entier ; deuxièmement, on ne peut pas sauver ces habitats si les procédés employés pour ce faire ne se traduisent pas par des avantages économiques pour les pauvres gens qui vivent dans les régions considérées. Un jour ou l'autre, l'idéalisme et les nobles desseins l'emporteront, dans le monde. Un jour ou l'autre, les populations bénéficieront de la sécurité économique et feront grand cas, pour elle-même, de la biodiversité existant dans leurs régions. Mais, pour le moment, elles n'ont pas la sécurité économique, et il ne leur, et ne nous, reste plus de temps.

On ne sauvera la diversité biologique qu'en faisant appel à trois démarches, mises en œuvre en une judicieuse synergie : la recherche scientifique ; les investissements financiers ; les mesures réglementaires édictées par les gouvernements. La science aura pour objectif d'ouvrir la voie par l'approfondissement des connaissances théoriques et pratiques. Les investissements financiers devront créer des marchés viables. Les mesures prises par les gouvernements auront pour but de promouvoir le mariage entre la croissance économique et la conservation des espèces.

L'action prioritaire dans le domaine de la conservation doit être de repérer les « zones rouges » à la surface du globe et de protéger la totalité de l'environnement qui en relève. Il faut, en effet, se consacrer prioritairement à la protection d'écosystèmes entiers, parce que même les espèces bénéficiant de la plus grande célébrité aux yeux du public ne sont que la partie émergée de l'iceberg – celui-ci correspondant aux milliers d'espèces moins connues qui vivent avec elles et sont également menacées. La loi fédérale la plus globale aux États-Unis s'appelle la « Loi sur les espèces en danger ». Promulguée en 1973, elle entoure d'un bouclier protecteur les espèces de « poissons, de plantes et de la faune sauvage, en général » qui sont « en danger et menacées » par les activités humaines. Amendée en 1978, cette loi concerne aussi maintenant les sous-espèces. Elle représente une initiative courageuse, mais va sûrement constituer, dans l'avenir, le cadre d'affrontements de plus en plus nombreux. À mesure que le milieu naturel diminue de superficie, le nombre des espèces qui peuvent y vivre diminue indéfiniment lui aussi. En d'autres termes, certaines espèces sont condamnées à s'éteindre, même si la totalité de l'habitat restant était préservé à partir de maintenant. L'un des principes de l'écologie, comme je l'ai souligné, est que le nombre des espèces sera divisé au bout d'un certain temps par un facteur allant, en gros, de la racine sixième à la racine cubique du facteur par lequel la superficie a été divisée. Étant donné que la grande majorité des espèces de micro-organismes, de champignons et d'insectes ne sont pas bien connues, elles sont tombées dans les oubliettes quand la Loi sur les Espèces en Danger a été élaborée. De nombreux conflits ont déjà éclaté entre partisans du développement économique et de la conservation des espèces, au sujet de certains oiseaux, mammifères ou poissons. Lorsque les connaissances sur les écosystèmes auront progressé, on s'apercevra que des espèces moins visibles sont aussi menacées et le nombre des conflits ira en grandissant.

Il existe une façon de se sortir de ce dilemme, autre que celle consistant à abandonner complètement toute protection de la faune et de la flore d'Amérique. À mesure que l'inventaire de la biodiversité avancera, des « zones rouges » apparaîtront avec évidence. On en connaît déjà des exemples pour lesquels on dispose de bonnes observations, comme les récifs coralliens crénelés des Cayes de Floride et les forêts tropicales humides de Hawaï et de Porto Rico. À mesure que l'on décèlera d'autres habitats locaux en danger, il leur sera assigné la plus grande des priorités pour leur conservation. Cela veut dire que, dans la plupart des cas, ils seront déclarés « réserves inviolables ». Dans les « zones orange », autrement dit dans des régions moins menacées ou contenant peu d'espèces rares, on pourra déterminer des zones où une activité économique pourra partiellement se développer, une partie centrale consacrée à une réserve pour les espèces et les races endémiques, et des bandes « tampons » distribuées autour de celle-ci, laissées partiellement à l'état sauvage. Dans les régions d'agriculture et d'exploitation forestière, on s'efforcera de gérer mieux le territoire pour permettre l'hébergement d'espèces et de races rares.

Toutes ces actions combinées, judicieusement gérées, permettront d'atteindre à une certaine efficacité. Mais il sera nécessaire aussi d'avoir une Loi sur les Espèces en Danger ou une loi équivalente, afin d'avoir un filet de sécurité pour toutes les formes de vie menacées dans toutes sortes d'environnement, qu'elles figurent dans des réserves ou non. Finalement, dans les rares cas où les coûts paraîtront intolérables à l'électorat, on cherchera un compromis au moyen d'une gestion des populations. Cela veut dire que l'on transplantera telle ou telle espèce dans un habitat convenable du voisinage, ou que l'on restaurera son environnement dans les endroits où elle avait préalablement connu l'extinction, extérieurs à la zone de conflit, ou – quand toutes les autres solutions auront échoué – on l'exilera dans un jardin botanique ou un zoo, ou tout autre lieu de conservation « hors site ».

La relation espèces-superficie gouvernant la biodiversité montre que les parcs et les réserves existants ne suffiront pas à sauver toutes les espèces qu'elles hébergeront. Actuellement, il n'y a que 4,3 % de la superficie des terres fermes sur la planète placées sous protection légale. Elles sont réparties entre des parcs nationaux, des stations scientifiques, et d'autres formes de réserves. Ces fragments de territoires représentent des habitats isolés qui ont récemment subi une réduction, de sorte que leur faune et leur flore vont continuer à décliner jusqu'à ce qu'un nouvel équilibre stable et souvent de niveau inférieur soit atteint. Plus de 90 % de la superficie des terres fermes restant, comprenant notamment la plupart des habitats à haute diversité, a été altéré. Si cette altération continue jusqu'à ce que la plupart des réserves naturelles extérieures aient été balayées, la majorité des espèces terrestres dans le monde sera soit éteinte, soit en grand danger. Et en outre, même les réserves existantes sont actuellement menacées. Elles sont envahies de braconniers et de personnes cherchant illégalement à extraire des minerais ; des voleurs de bois de constructions y travaillent à leurs lisières ; des promoteurs du développement industriel s'arrangent à convertir certaines espaces à leurs fins. Pendant les récentes guerres civiles en Éthiopie, au Soudan, en Angola, Ouganda, et dans d'autres pays africains, de nombreux parcs nationaux ont été laissés en ruines.

Aussi devrions-nous essayer de porter la superficie des réserves de 4,3 à 10 % de la surface des terres fermes mondiales, de façon à y inclure le plus possible d'habitats non perturbés, la priorité étant accordée aux « zones rouges » de la planète. L'un des moyens les plus prometteurs pour atteindre ce but est de mettre en œuvre des échanges de dettes contre des mesures de protection de la nature. Voici comment ils sont actuellement pratiqués : des organisations qui se consacrent à la conservation de la biodiversité, comme par exemple « Conservation International », « Nature Conservancy », et le Fonds Mondial pour la Nature (WWF) des États-Unis recherchent des capitaux dans le but de racheter au rabais une partie de la dette commerciale d'un pays, ou alors persuadent les banques créancières d'en faire don d'une partie. Cette première étape est plus facile qu'on peut l'imaginer, car de nombreux pays en développement ont du mal à faire face à leurs engagements. Les créances sont alors échangées contre de la monnaie locale ou contre des obligations émises à des taux intéressants. Le capital accru ainsi réalisé est consacré à promouvoir des actions de conservation, notamment sous la forme d'achats de terre, de programmes d'éducation pour la protection de l'environnement, et d'amélioration de la gestion des terres. En 1992, vingt accords de ce type, pour une valeur totale de cent dix millions de dollars, avaient été passés avec neuf pays : la Bolivie, le Costa Rica, la République Dominicaine, l'Équateur, le Mexique, Madagascar, la Zambie, les Philippines et la Pologne.

En février 1991, pour ne prendre qu'un exemple, l'organisation appelée « Conservation International » a été autorisée à acheter aux créanciers du Mexique pour quatre millions de dollars de sa dette. Après escompte sur les marchés secondaires, le coût réel de cet achat ne sera que de 1,8 million de dollars. L'organisation en question a accepté de faire grâce de la totalité de ses créances ainsi acquises en échange de l'engagement du gouvernement mexicain de lancer un vaste programme d'actions de conservation, pour un montant de 2,6 millions de dollars. Parmi celles-ci, la plus importante sera celle de la préservation de la région forestière de Lacandan, dans l'extrême sud du Mexique, la plus grande forêt tropicale humide d'Amérique du Nord.

Jusqu'ici, la dette des pays du Tiers Monde n'a été réduite que d'un dix-millième grâce à ce système d'échange entre dette et protection de la nature. Par ailleurs, ce type d'arrangement n'est pas dénué d'inconvénients pour les pays qui y souscrivent, en particulier parce que cela tend à faire gonfler exagérément les dépenses intérieures et qu'un peu d'inflation risque d'être engendrée. Mais ces problèmes ne sont que temporaires, et sont bientôt compensés par les immenses gains réalisés, dollar par dollar, dans la stabilisation de l'environnement.

Les stratégies les plus puissantes sont représentées, cependant, par les subventions libres des nations les plus riches, prises en mains par les organisations d'assistance internationale, de façon à ce qu'elles soient attribuées à bon escient. La plus importante de ces dernières est l'Organisation pour l'Environnement Mondial (Global Environment Facility ou GEF), établie en 1990 par la Banque mondiale, le Programme des Nations Unies pour l'Environnement, et le Programme des Nations Unies pour le Développement. Au moment où j'écris ce livre, 450 millions de dollars ont été engagés pour promouvoir l'installation de parcs nationaux, mettre en œuvre l'exploitation des forêts dans le sens du développement viable, et constituer des fonds de dépôts consacrés à l'environnement dans les pays en voie de développement. Des propositions faites par le Boutan, l'Indonésie, la Papouasie (Nouvelle-Guinée), les Philippines, le Vietnam et la République Centrafricaine ont déjà été approuvées ou sont en cours d'examen. Il est apparu que deux difficultés majeures venaient compliquer l'action menée par l'Organisation pour l'Environnement Mondial. L'une d'elles est la capacité d'absorption limitée des pays recevant l'aide. Ne disposant que de peu de personnes entraînées et de conseils qualifiés, les dirigeants des différents pays concernés trouvent difficiles de choisir les meilleurs projets et de les lancer véritablement. Plus important, les subventions n'étant accordées que sur un petit nombre d'années, cela ne permet pas d'envisager une gestion et une protection correctes des réserves le jour où elles ne seront plus attribuées. Craignant de se retrouver au chômage, les meilleurs professionnels chercheront vraisemblablement d'autres activités pour assurer leur avenir. La solution de ces deux problèmes pourrait résider dans l'établissement d'un fonds national de dépôt, qui pourrait alimenter les programmes de conservation de façon graduelle et pendant de nombreuses années. Un organisme financier de ce type a récemment été établi au Boutan, avec l'aide du Fonds Mondial pour la Nature (WWF).

Nous en arrivons maintenant au mode d'établissement des réserves elles-mêmes. Dans la mesure où il est décidé de mettre de la terre de côté, le but fondamental est de localiser les réserves dans les régions de plus haute diversité et de les faire aussi vastes que possible. Un autre objectif est d'aménager leurs formes et de les espacer de façon à garantir la plus grande efficacité. À ce propos, un débat s'est élevé parmi les spécialistes de la conservation des espèces : faut-il instituer sur les terres allouées une « seule grande réserve ou plusieurs petites réserves » ? Pour le dire le plus simplement possible, une seule grande réserve permet d'entretenir de plus grandes populations de chaque espèce, mais elles se retrouvent toutes comme des œufs dans le même panier. Un incendie ou une inondation catastrophique pourrait précipiter dans l'extinction une grande partie de la biodiversité régionale. Si l'on scindait la réserve en plusieurs petites unités, cela résoudrait ce problème, mais cela diminuerait aussi la dimension des populations hébergées ; par suite, chacune d'entre elles risquerait d'être plus vulnérable à l'extinction. Toutes pourraient facilement décliner à l'occasion d'une perturbation de grande ampleur, comme une sécheresse ou un refroidissement hors de saison.

Certains biologistes ont suggéré une solution de compromis à ce dilemme, consistant à créer de petites réserves reliées par des corridors d'habitat vierge. Par exemple, plusieurs parcelles de forêt (disons de dix kilomètres carrés chacune) pourraient être reliées par des bandes forestières de cent mètres de large. Ainsi, si une espèce disparaissait de l'une des parcelles, elle pourrait y être remplacée par des colons immigrant d'une autre parcelle par l'intermédiaire des corridors. Les critiques n'ont pas manqué de faire aussitôt remarquer que ce système présentait aussi des inconvénients : les maladies, les prédateurs et les organismes concurrents d'origine exotique pourraient tout aussi bien se servir de ces corridors pour se propager à travers tout le réseau. Puisque toutes les populations des différentes parcelles sont petites et vulnérables, elles pourraient toutes tomber les unes après les autres comme une rangée de dominos. Je doute qu'il existe un principe général de dynamique des populations permettant de résoudre cette controverse, du moins pas de la manière simple suggérée par l'aspect géométrique du problème. Il semble plutôt qu'il faille étudier chaque écosystème en particulier, pour choisir la meilleure configuration, laquelle dépendra des espèces présentes en son sein, et des fluctuations année après année de son environnement physique. Pour le moment, les biologistes spécialistes de la conservation seront d'accord pour reconnaître la validité de cette règle capitale : pour sauver le maximum de biodiversité, il faut que les réserves soient les plus grandes possible.

5. *Restaurer les habitats naturels.* La sinistre marque de notre époque aura été la réduction des habitats naturels jusqu'au point où une substantielle proportion des espèces de plantes et d'animaux – certainement plus de 10 % – a déjà disparu ou est promise à une extinction proche. Le bilan pour les races génétiques n'a jamais été estimé, mais il est presque certainement plus lourd que celui des espèces. Cependant, il est encore temps de sauver de nombreuses

espèces « mortes vivantes » – celles qui sont si près du précipice qu'elles disparaîtront bientôt, même si l'on s'arrangeait pour qu'elles ne soient plus perturbées. Ce sauvetage peut être accompli au moyen de la restauration et même de l'agrandissement des habitats naturels : le nombre des espèces survivantes pourrait alors remonter la courbe logarithmique qui relie la biodiversité à la superficie disponible. C'est ainsi que pourrait prendre fin la grande crise d'extinction. Le siècle prochain sera, je crois, l'ère de la restauration écologique.

À la suite de l'abandon des petites fermes, la superficie des forêts de conifères et d'arbres feuillus, dans l'est des États-Unis, s'est accrue au hasard au cours des cent dernières années. Des tentatives délibérées d'accroître les zones sauvages sont également en cours. En 1935, les premières initiatives dans ce sens ont été prises et se sont traduites par l'aménagement de vingt-quatre hectares en une prairie de hautes herbes, dans le cadre de l'arboretum de l'université du Wisconsin. Ce dernier a, depuis, été le siège d'un Centre d'étude de la réhabilitation écologique qui se consacre à la recherche et au rassemblement des informations sur les différentes opérations en cours dans d'autres parties du pays. Celles-ci sont au nombre de plusieurs centaines et visent toutes à agrandir la superficie des habitats naturels et à remettre en bon état les écosystèmes dégradés. La nature de ces derniers représente une vaste gamme, allant des bois de sidéroxylon des îles Santa Catalina aux prairies « Tobosa » dans l'Arizona, du sous-étage de la chênaie des montagnes Santa Monica de Californie aux magnifiques forêts ouvertes de montagne dans le Colorado et aux derniers vestiges de savanes dans l'Illinois. En font partie également les marais salants ou d'eau douce de la Californie jusqu'en Floride et au Massachusetts.

Au Costa Rica, une audacieuce entreprise a été lancée par le spécialiste d'écologie américain Daniel Janzen et les responsables locaux en matière de conservation : la constitution du Parc national de Guanacaste, réserve de cinquante mille hectares dans le secteur nord-ouest du pays. Le parc sera créé – au sens littéral – en plantant et faisant croître une forêt tropicale sèche sur des terres qui étaient consacrées à l'élevage du bétail. Cette idée est née de la constatation qu'en Amérique centrale la forêt sèche est encore plus menacée que la forêt humide, ne couvrant plus que 2 % de la superficie qu'elle occupait originellement. Il est prévu de se servir de parcelles restantes de la forêt originelle pour ensemencer une superficie de plus en plus grande sur les terres à bétail. Cette conversion sera rendue d'autant plus facile que la région n'est que faiblement habitée. La forêt régénérée permettra de protéger le réseau hydrographique, procurera un revenu grâce au tourisme évalué à au moins un million de dollars par an, et ouvrira des emplois aux habitants de la région. Plus important encore à long terme, cette initiative sauvera une portion significative du patrimoine naturel du Costa Rica.

J'ai parlé jusqu'ici du sauvetage et de la régénération des écosystèmes existants. Il viendra un temps où il sera possible de faire davantage, avec l'aide des connaissances scientifiques. Le retour à un Éden biologique pourrait aussi comprendre la création de flores et de faunes « artificielles », c'est-à-dire résultant de l'assemblage d'espèces soigneusement choisies, en provenance de différentes parties du monde, et introduites dans des habitats appauvris. Cette idée m'est venue à l'esprit tandis que je m'étais assis, en une fin d'après-midi, au bord du lac artificiel situé presque au centre du campus de l'université de Miami, lequel est entouré par la communauté urbaine dense de Coral Gables. Au moins six espèces de poissons nageaient dans l'eau saumâtre claire, dans une zone de deux mètres au bord du rivage, certains en solitaires, d'autres en bancs. La plupart étaient exotiques. Leur beauté et leur diversité inhabituelle me faisaient penser à un récif corallien qui aurait été nouvellement créé. Tandis que le soleil baissait à l'horizon et que l'eau s'assombrissait, un gros poisson prédateur, probablement une orphie, creva la surface au milieu du lac. Un petit alligator se glissa hors des roseaux et se mit à patrouiller en pleine eau. Au-delà du rivage le plus éloigné, une troupe de perroquets retournait bruyamment à son dortoir en haut des palmiers. Ils appartenaient à l'une des vingt espèces exotiques (ou davantage) qui se reproduisent ou se rencontrent dans la région de Miami, toutes provenant d'individus échappés de captivité ou délibérément relâchés. Ainsi la famille des perroquets, les Psittacidés, était revenue en force en Floride, seulement quelques décennies après l'extermination de la perruche de Caroline, dernière de ces espèces endémiques en Amérique du Nord. Avec leurs ailes flamboyantes, ils saluaient la mémoire de l'espèce indigène disparue.

Je m'empresse d'ajouter qu'il est dangereux de vouloir introduire sans retenue des espèces exotiques n'importe où. Elles s'installeront ou non dans leur nouveau milieu – entre 10 et 50 % des espèces d'oiseaux introduites y ont réussi, selon les régions du monde considérées, et le nombre des essais faits pour les introduire. Les espèces exotiques peuvent devenir des nuisibles, ou peuvent obliger les espèces indigènes à émigrer. Un petit nombre d'entre elles, comme le lapin, la chèvre, le porc et la tristement célèbre perche du Nil, sont capables, non seulement de provoquer des extinctions d'espèces, mais aussi de dégrader des habitats entiers. L'écologie est une science encore trop jeune pour être capable de prédire à quel résultat pourrait conduire l'assemblage calculé de communautés biotiques. Personne, ayant le moindre sens des responsabilités, reprendrait le risque d'introduire des espèces destructrices au sein d'écosystèmes déjà perturbés et affaiblis. Nous ne devons pas non plus nous illusionner en pensant que les communautés biologiques de « synthèse » augmentent la biodiversité planétaire. Elles ne font qu'augmenter la biodiversité locale, en étendant l'aire de distribution et la taille de la population d'espèces choisies.

Cependant la recherche des lois qui permettraient de réaliser des assemblages « artificiels » de communautés biotiques est une entreprise intellectuelle très audacieuse. Si elle était couronnée de succès, on pourrait faire en sorte que des régions privées de leurs communautés biotiques naturelles puissent redevenir des lieux de haute diversité biotique, pouvant bénéficier d'un environnement stable. On pourrait faire renaître un riche assemblage de formes vivantes dans les déserts. Les espèces déjà éteintes dans la nature et qui n'existent plus que dans les zoos ou les jardins botaniques pourraient relever en priorité d'un tel projet. Transplantées dans des communautés biotiques appauvries ou « artificielles », elles pourraient vivre indéfiniment en tant qu'espèces orphelines au sein d'écosystèmes d'adoption. Même si elles avaient perdu leur habitat originel, elles retrouveraient ainsi sécurité et indépendance. Nous serions récompensés en les voyant retourner à l'état sauvage – et nous saurions que ce serait gagné lorsque nous nous sentirions autorisés à relâcher notre surveillance, et à venir leur rendre visite en tant que partenaires, quand l'envie nous en prendrait. Un petit nombre d'espèces joueront le rôle de « porteuses ». En tant qu'éléments clés (cela pourra être, par exemple, un arbre capable de grandir rapidement et de fournir un abri à beaucoup d'autres espèces de plantes et d'animaux), elles auront une part excessivement importante dans le maintien de la cohésion des nouvelles communautés.

Finalement, la question la plus intéressante est de savoir quelle part de biodiversité mondiale sortira avec nous du goulot d'étranglement dans cinquante ou cent ans. Laissez-moi avancer une estimation. Si l'on persiste à ne pas reconnaître la crise de la biodiversité et que les habitats naturels continuent à décliner, nous perdrons au moins un quart des espèces du monde entier. Si l'on essaie d'y faire face grâce aux connaissances et à la technologie déjà en notre possession, nous pourrons peut-être maintenir les pertes à 10 %. À première vue, la différence ne paraît pas énorme. Mais elle l'est pourtant ; cela correspond à des millions d'espèces.

Je n'ai pas d'hésitation à réclamer l'intervention de la loi et la mise en œuvre d'accords internationaux dans le but de préserver la richesse biologique, plutôt que le recours à des impôts incitatifs et à l'achat d'autorisations de polluer. Dans des sociétés démocratiques, les gens peuvent espérer que leurs gouvernements soient liés par une sorte de serment d'Hippocrate transposé dans le domaine de l'écologie, consistant à ne s'engager dans aucune action mettant sciemment la biodiversité en danger. Mais cela ne suffit pas. L'engagement doit être plus profond que cela : il s'agit de ne laisser, en toute connaissance de cause aucune espèce périr et de prendre, dans la limite du raisonnable, toutes les dispositions pour protéger pour toujours chaque espèce et chaque race. La responsabilité morale du gouvernement en matière de conservation de la biodiversité est du même ordre que dans le domaine de la santé publique ou de la défense nationale. La préservation des espèces au fil des générations se situe au-delà des capacités des individus ou même des institutions privées les plus puissantes. Dans la mesure où l'on estime que la biodiversité est une richesse collective irremplaçable, sa protection doit être garantie par la loi.

Chapitre 15

UNE ÉTHIQUE POUR L'ENVIRONNEMENT

La sixième grande crise d'extinction de l'histoire géologique est donc en cours, par l'entremise du genre humain. Il existe donc maintenant sur la Terre une force capable de briser le creuset de la biodiversité. C'est ce qui m'apparut de façon particulièrement aiguë cette nuit de tempête à Fazenda Dimona, tandis que les éclairs illuminaient la forêt, révélant dans le détail son organisation. En temps ordinaire, il est rarement possible d'apercevoir l'anatomie interne d'une forêt avec une telle clarté. Sa lisière est masquée par une végétation secondaire épaisse et, au bord des rivières, le couvert tombe jusqu'au niveau du sol. Cette vision nocturne était un fantastique artefact, un dernier aperçu de la beauté sauvage.

Quelques jours plus tard, je m'apprêtais à quitter Fazenda Dimona : je rassemblais mes vêtements tachés de boue, donnais mon couteau imitation suisse au cuisinier, en guise de cadeau d'adieu ; regardais encore une fois un vol de perroquets verts d'Amazonie ; étiquetais et entassais mes spécimens dans des malles renforcées ; rangeais mon carnet de notes à côté d'un exemplaire tout corné du roman policier d'Ed McBain, *Ice*, qui, parce que j'avais négligé d'apporter d'autres lectures, était maintenant gravé dans ma mémoire.

Des grincements de boîte de vitesses annoncèrent l'approche du camion venu nous chercher, moi et deux ouvriers forestiers, pour nous ramener à Manaus. Dans l'éblouissante clarté du soleil, nous le regardions traverser un grand pâturage, un terrain jonché de souches et de tronçons noircis par le feu, terrain de bataille où ma forêt avait finalement connu sa défaite. Durant le parcours, j'essayais de ne pas regarder les champs dénudés. Puis, abandonnant mes tentatives de conversation en portugais, je me repliais sur moi-même et me mis à poursuivre des rêves éveillés. Quatre vers splendides de Virgile me vinrent à l'esprit, les seuls dont j'ai jamais pu me rappeler, où la Sibylle prévient Énée des dangers du monde souterrain :

> Il est facile de descendre à l'Averne :
> La porte du sombre Pluton est ouverte nuit et jour.
> Mais revenir sur ses pas, reparaître en haut à la lumière,
> C'est là une tâche laborieuse...

Comment était la Terre dans son état naturel, avant l'homme ? C'est le mystère que nous avons reçu pour mission de résoudre, ce qui devrait nous permettre de remonter au lieu de naissance de notre esprit. Mais cette Terre « verte » est en train de disparaître. Entamer le chemin du retour paraît de plus en plus difficile, chaque année qui passe. Si un danger se profile à l'horizon de la trajectoire humaine, ce n'est pas tellement au sujet de la survie de notre propre espèce, mais plutôt dans la réalisation de cette suprême ironie de l'histoire évolutive : au moment où l'évolution organique est sur le point de « s'auto-comprendre » par l'intermédiaire de l'esprit humain, elle envoie au néant ses plus belles créations. Et ainsi, l'humanité se ferme les portes de son passé.

La création de la biodiversité actuelle a été lente et progressive : il a fallu 3 milliards d'années avant que les océans ne commencent à se peupler d'une profusion d'animaux, et encore trois cent cinquante autres millions d'années pour installer les forêts tropicales humides dans lesquelles plus de la moitié des espèces sur la Terre vivent aujourd'hui. Il y a eu des successions de dynasties. Certaines espèces se sont divisées en deux espèces-filles (ou plus), et ces dernières se sont divisées à leur tour, ce qui a donné des foules de descendants : ceux-ci se sont déployés en infinies combinaisons d'herbivores, de carnivores, de nageurs, de planeurs, de coureurs et de fouisseurs. Ces ensembles faunistiques ont ensuite cédé la place, par des extinctions partielles ou totales, à de nouvelles dynasties, et ainsi de suite, ce qui a conduit le flot du vivant à grossir progressivement jusqu'à atteindre un pic de biodiversité – juste avant l'arrivée de l'homme. La vie a connu des plateaux au cours de ce processus, et, à cinq reprises, elle a subi des crises d'extinction, à l'issue desquelles il lui a fallu dix millions d'années pour s'en remettre. Mais la tendance était vers le haut. Aujourd'hui la diversité du monde vivant est plus grande qu'elle n'était il y a cent millions d'années, et beaucoup plus grande que cinq cents millions auparavant.

La plupart des dynasties ont regroupé des espèces qui se sont répandues de façon disproportionnée, donnant des dynasties de plus petites dimensions. Chaque espèce et ses descendants, formant une petite tranche de l'ensemble, ont vécu en moyenne quelques centaines de milliers ou quelques millions d'années. La longévité a été variable selon les groupes taxinomiques. Les lignées d'échinodermes, par exemple, ont persisté plus longtemps que celles des plantes à fleurs, et les unes ou les autres ont duré davantage que les lignées de mammifères.

99 % des espèces qui ont jamais vécu sont maintenant éteintes. La faune et la flore modernes sont composées des survivants qui, d'une manière ou d'une autre, se sont arrangés pour se faufiler à travers toutes les radiations et extinctions de l'histoire géologique. De nombreux groupes contemporains, comme les rats, les grenouilles ranidées, les papillons nymphalidés et les plantes de la famille des Composées, ont atteint leur statut de dominants à l'échelle de la planète, peu de temps avant l'ère de l'Homme. Nouvelles ou anciennes toutes les espèces qui vivent actuellement sont les descendantes directes des organismes qui vécurent il y a 3,8 milliards d'années. Ce sont des bibliothèques génétiques vivantes, contenant des séquences nucléotidiques, les équivalents de mots et de phrases, qui représentent l'enregistrement des événements évolutifs survenus tout au long de ces immenses périodes. Les organismes plus complexes que les bactéries – les protistes, les champignons, les plantes, les animaux – contiennent entre un et dix milliards de symboles nucléotidiques, plus qu'assez, en termes d'information pure, pour composer l'équivalent de l'*Encyclopediae Britannica*. Chaque espèce est le résultat de mutations et de recombinaisons trop complexes pour pouvoir être saisies par la simple intuition. Chacune a été sculptée par un nombre astronomique d'étapes de sélection naturelle qui ont tué ou écarté de la reproduction la grande majorité des organismes la composant, avant qu'ils n'aient pu achevé leur cycle vital. Vues sous l'angle du temps évolutif, toutes les espèces sont nos parentes éloignées, parce que nous partageons avec elles des ancêtres lointains. Nous continuons à nous servir d'un vocabulaire commun, le code génétique, même s'il a été adapté à des langages héréditaires radicalement différents.

Telle est la vérité profonde et cachée de toutes les sortes d'organismes, qu'ils soient gros ou petits, qu'il s'agisse d'insectes ou d'herbes folles. La fleur qui pousse dans le mur lézardé *est* un miracle. Et peut être regardée comme tel, sinon à l'aune de cette connaissance totale (par laquelle « je saurais qui est l'homme et qui est Dieu ») jugée mauvaise par Tennyson – le romantique de l'ère victorienne –, du moins à la lumière de tout ce que nous apprend la biologie moderne. Chaque sorte d'organisme a atteint cette qualité, ayant édifié pas à pas, au long de son histoire, de brillants artifices lui permettant de survivre et de se reproduire, dans des conditions extrêmement difficiles.

Les organismes sont encore plus remarquables en combinaisons. Extrayez la fleur de sa fente, secouez la terre de ses racines, recueillez celle-ci dans votre main, et examinez-la à fort grossissement. Dans cette terre noire, il y a plein d'êtres vivants : des foules d'algues, de champignons, de nématodes, d'acariens, de collemboles, de vers enchytréidés, des milliers d'espèces de bactéries. Cette poignée n'est peut-être qu'un minuscule fragment d'un écosystème, mais en raison des programmes génétiques des êtres qui la peuplent, il y figure peut-être plus d'information et d'organisation que sur les surfaces de toutes les planètes réunies. C'est un échantillon de la force vivante qui gouverne la Terre – et continuera à le faire avec ou sans nous.

Nous pouvons penser que le monde a été complètement exploré. Presque toutes les montagnes et les rivières, il est vrai, ont reçu un nom, les relevés des côtes et des reliefs effectués, le plancher des océans cartographié jusque dans les plus grandes profondeurs, l'atmosphère étudiée par strates et chimiquement analysée. La planète est à présent continuellement surveillée depuis l'espace par des satellites ; et, ce qui n'est pas le moindre, l'Antarctique, le dernier continent vierge, est devenu une station de recherche, et une halte touristique (onéreuse). Même si 1 400 000 espèces ont été découvertes (dans le sens minimal où l'on en a recueilli des spécimens et où on leur a donné un nom scientifique formel), le nombre total de celles qui vivent sur la Terre se situe quelque part entre dix et cent millions. Personne ne peut dire avec certitude lequel de ces deux chiffres est le plus proche de la réalité. Sur les espèces qui ont reçu un nom scientifique, moins de 10 % ont été étudiées à un niveau plus fin que l'observation des grandes lignes de l'anatomie. La révolution de la biologie moléculaire et de la médecine a été accomplie sur la base d'un pourcentage encore plus petit d'espèces, comme la bactérie du côlon, le maïs, la mouche du vinaigre, le rat blanc de laboratoire, le singe rhésus, et l'homme, représentant au total pas plus d'une centaine d'espèces.

Ravis de la continuelle apparition de nouvelles technologies et aidés généreusement, financièrement, pour faire de la recherche médicale, les biologistes n'ont exploré de façon approfondie qu'une étroite tranche de la biosphère. Il s'agit maintenant de finir la cartographie de celle-ci, autrement dit d'élargir latéralement le secteur qui est répertorié et de faire avancer la grande entreprise linéenne. La raison la plus déterminante pour ce faire est que, contrairement au reste de la science, l'étude de la biodiversité doit faire face à une limite temporelle. Les espèces sont en train de disparaître à un rythme accéléré en raison de l'action de l'homme, essentiellement à cause de la destruction des habitats vierges, mais aussi à cause de la pollution et de l'introduction d'espèces exotiques dans les environnements naturels restants. J'ai dit plus haut qu'un cinquième ou davantage des espèces de plantes et d'animaux pourrait disparaître ou être condamné à une extinction précoce d'ici les années 2020, si nous ne faisons rien pour arrêter le processus. Cette estimation découle de la relation quantitative connue entre la superficie de l'habitat et le nombre des espèces qui peut y être hébergé. La courbe superficie-biodiversité s'appuie sur cette observation très répandue, bien que non universelle : lorsqu'on étudie de près certains groupes d'organismes, tels que les escargots, les poissons et les plantes à fleurs, le phénomène d'extinction y est très répandu. Corollairement, les vestiges de plantes et d'animaux découverts dans les sites archéologiques correspondent généralement à des espèces et des races éteintes. À mesure que les dernières forêts vont être abattues dans des forteresses forestières comme les Philippines ou l'Équateur, le déclin du nombre des espèces va aller en s'accélérant. Dans le monde entier, le taux des extinctions est déjà des centaines ou des milliers de fois plus élevé qu'avant la venue de l'homme. Et elles ne peuvent être compensées par l'apparition évolutive de nouvelles espèces, si ce n'est sur des périodes de temps qui n'ont aucun sens pour l'espèce humaine.

Pourquoi s'en soucier ? dira-t-on. Quelle importance cela a-t-il que certaines espèces s'éteignent, ou même que la moitié de toutes les espèces du monde disparaissent ? Laissez-moi récapituler. De nouvelles sources de connaissances scientifiques seront perdues. Ce sera également le cas de toutes sortes de produits qui auraient pu aider au développement de la médecine, de l'agriculture, de la mise au point de remèdes pharmaceutiques ou de substituts du pétrole, de l'exploitation des bois de construction ou de celle des fibres et pulpes à usage industriel, de l'élaboration de procédés botaniques de restauration des sols, etc. Il est à la mode dans certains secteurs de la société de considérer comme négligeable tout ce qui est petit et mal connu, tel que les insectes et les herbes folles. Mais c'est oublier qu'un papillon de nuit obscur d'Amérique latine a sauvé les pâturages d'Australie de l'envahissement par un cactus ; que la pervenche rose a fourni un remède pour guérir la maladie de Hodgkin et la leucémie lympuëcytique aiguë de l'enfant ; que l'écorce de l'if du Pacifique offre de nouveaux espoirs pour les patientes atteintes de cancer de l'ovaire ou du sein ; qu'une substance chimique extraite de la salive de la sangsue permet de dissoudre les caillots sanguins survenant au cours d'opérations chirurgicales ; et ainsi de suite, la liste de ces exploits étant déjà longue, en dépit du fait que les recherches dans ce type de direction sont restées jusqu'ici limitées.

Il est également facile d'oublier à quel point les écosystèmes sont utiles à l'homme. Ils enrichissent les sols et créent l'air même que nous respirons. Sans ces services, l'espèce humaine n'aurait plus longtemps à vivre une vie qui serait d'ailleurs déplaisante. La matrice fondamentale sur laquelle repose le monde vivant est formée par les plantes vertes et des légions de micro-organismes et d'animaux, pour la plus grande part petits et obscurs – en d'autres termes, la matrice comporte une large part de micro-organismes, d'insectes et d'herbes folles. Ces êtres vivants remplissent avec efficacité le rôle de « tissu » de soutien du monde organique, parce qu'ils sont extrêmement divers, et qu'ils grouillent sur chaque mètre carré de la surface de la Terre, s'y répartissant en de multiples fonctions. Ils font marcher le monde précisément de la manière dont nous souhaiterions qu'ils le fassent marcher, parce que l'espèce humaine est apparue par évolution au sein de la communauté des êtres vivants et que nos fonctions corporelles sont finement ajustées à l'environnement particulier qui existait déjà. Notre Mère la Terre, qui a reçu récemment la dénomination de Gaïa, n'est rien de plus que l'ensemble des êtres vivants et de l'environnement physique qu'ils déterminent à chaque instant, un environnement qui se déstabilisera et deviendra mortel si les organismes sont trop perturbés. Il pourrait exister une quasi-infinité d'autres « planètes mères », chacune avec sa flore et sa faune particulières, et toutes avec des environnements hostiles à la vie humaine. Si nous ne prenons pas en compte la biodiversité, nous risquons de nous retrouver dans un environnement qui nous sera étranger. Nous serons devenus comme ces dauphins pilotes qui, inexplicablement, s'échouent sur les rivages de la Nouvelle-Angleterre.

L'espèce humaine a co-évolué avec le reste du monde vivant sur cette planète-ci ; les autres mondes possibles ne sont pas représentés dans nos gènes. Certes, les scientifiques ont encore à mettre un nom sur la plupart des espèces d'organismes, et ils n'ont que de vagues idées sur la façon dont fonctionnent les écosystèmes, mais ces lacunes n'autorisent pas à supposer que la biodiversité peut diminuer indéfiniment, sans danger pour l'humanité elle-même. Les études de terrain montrent que lorsque la biodiversité décline, la qualité des services fournis par les écosystèmes baisse. Les observations faites sur ces derniers montrent que leur chute peut se faire de manière imprévisible et brutale. En effet, à mesure que les extinctions progressent, certaines des espèces perdues peuvent s'avérer des « clés de voûtes », dont la disparition entraîne celle d'autres espèces et déclenche une série de ricochets dans la population des espèces survivantes. La perte d'une espèce « clé de voûte » est comparable à l'effet produit par la rencontre accidentelle de la mèche d'une perceuse avec une ligne électrique : un grand nombre de lampes s'éteignent partout.

Les services rendus par les écosystèmes sont importants pour le bien-être de l'humanité. Mais on ne peut les prendre comme base fondamentale d'une éthique durable de l'environnement. Si quelque chose peut avoir un prix, il peut aussi être dévalué, vendu, mis au rebut. Certains peuvent s'imaginer que l'humanité peut continuer à vivre confortablement dans un monde biologiquement appauvri. Ils pensent que la technologie est parfaitement capable de créer un environnement complètement artificiel, que la vie humaine peut encore prospérer dans un monde façonné de bout en bout par l'homme. Les remèdes médicinaux pourront être tous synthétisés à partir des composés ordinaires figurant dans les laboratoires de chimie ; la nourriture produite par quelques dizaines d'espèces de plantes cultivées ; l'atmosphère et le climat régulés par l'énergie de la fusion contrôlée par ordinateur ; et la Terre remodelée en tant que vaisseau de l'espace au sens littéral plutôt que métaphorique, le personnel de pilotage étant posté sur le pont, observant des cadrans et appuyant sur des boutons. Tel est l'aboutissement de la philosophie de l'invulnérabilité humaine : ne pleurez pas le passé ; l'humanité représente un nouveau palier dans l'évolution de la biosphère ; les espèces qui entravent le progrès doivent périr ; la science et la technologie ouvriront de nouvelles voies. Levez votre regard vers le ciel et voyez les étoiles qui nous attendent.

Réfléchissons : le progrès humain n'est pas seulement déterminé par la raison, mais aussi par les émotions particulières à notre propre espèce, soutenues et tempérées par la raison. Ce qui fait que nous sommes des personnes et non des ordinateurs, ce sont les émotions. Nous comprenons mal notre vraie nature et en quoi consiste le fait d'être humain, et par suite, nous ne savons pas dans quelle direction nos descendants pourraient souhaiter un jour que nous ayons dirigé le Vaisseau Terre. Nos ennuis, comme l'a dit Vercors dans *Plus ou moins homme*, proviennent du fait que nous ne savons pas qui nous sommes, et sommes incapables de nous accorder sur ce que nous voulons être. La cause fondamentale de cet échec de la compréhension est notre ignorance de nos origines. Nous ne sommes pas arrivés sur cette planète en tant qu'étrangers. L'humanité fait partie de la nature ; c'est une espèce qui a évolué parmi les autres espèces. Plus nous nous identifierons au reste du monde vivant, plus nous serons capables de découvrir rapidement les sources de la sensibilité humaine et d'acquérir les connaissances sur lesquelles fonder une éthique à long terme, et choisir préférentiellement une voie.

L'héritage humain ne remonte pas seulement aux huit mille ans traditionnellement admis par l'histoire attestée, mais au moins à deux millions d'années, c'est-à-dire à l'apparition des premiers « vrais » êtres humains, la première espèce du genre *Homo*. Au cours des milliers de générations, l'émergence de la culture doit avoir profondément été influencée par les phénomènes qui se sont produits dans l'évolution génétique, particulièrement ceux qui ont touché à l'anatomie et à la physiologie du cerveau. Inversement, l'évolution génétique doit avoir été puissamment guidée par les types de sélection mis en place au sein de la culture.

Ce n'est que dans une période toute récente de l'histoire humaine qu'est apparue l'idée selon laquelle l'humanité pouvait s'épanouir à part du reste du monde vivant. Les sociétés de tradition orale étaient en contact avec une extraordinaire profusion de formes vivantes. Leurs capacités mentales n'ont pu que partiellement faire face à un tel défi. Mais elles ont lutté pour en comprendre les aspects qui les concernaient le plus, car elles étaient conscientes que les solutions correctes apportées aux problèmes se traduisaient par la possibilité de continuer à vivre, en même temps qu'elles procuraient le sentiment de la réussite, tandis que les solutions inappropriées avaient pour conséquence la maladie, la faim et la mort. Il est impossible que l'empreinte de cet effort ait été effacée par quelques générations de vie urbaine. Je suggère qu'on peut en trouver trace dans certaines particularités de la nature humaine, comme par exemple celles-ci :

— Beaucoup de personnes manifestent des phobies, c'est-à-dire des aversions brutales et insurmontables, vis-à-vis d'objets et de circonstances qui représentent des menaces dans la nature : les précipices, les espaces clos, les espaces ouverts, les flots des rivières, les loups, les araignées, les serpents. Il y en a beaucoup moins à présenter des phobies à l'encontre de choses inventées récemment et bien plus dangereuses, comme les fusils, les couteaux, les automobiles et les prises électriques.

— Beaucoup de personnes sont repoussées et fascinées par les serpents, même si elles n'en ont jamais vu dans la nature. Dans la plupart des cultures, le serpent est l'animal sauvage dominant dans les mythes et le symbolisme religieux. Les habitants de Manhattan en rêvent aussi souvent que les Zoulous. Il semble qu'il y ait, à cela, une raison darwinienne. Les serpents venimeux ont été une importante cause de mortalité presque partout, de la Finlande à la Tasmanie, du Canada à la Patagonie ; la vigilance innée à leur sujet permet de sauver des vies. Un comportement analogue existe chez de nombreux primates, comme les singes de l'Ancien Monde et le chimpanzé : en présence d'un serpent, ces animaux hésitent, alertent les autres, le regardent intensément, et le surveillent jusqu'à ce qu'il soit parti. Chez les êtres humains, en un sens métaphorique plus large, le serpent des mythologies est doté de capacités à la fois constructrices et destructrices : Ashtarth chez les Cananéens ; les démons Fu-Hsi et Nu-Kua des Chinois de l'époque des Han ; Mudamma et Manasa dans l'hindouisme ; le serpent géant à trois têtes Nehebkau chez les anciens Égyptiens ; le serpent de la Genèse, porteur de la connaissance et de la mort ; et, chez les Aztèques, Cihuacoatl, déesse de l'enfantement et mère de la race humaine ; le dieu de la pluie Tlaloc ; et Quetzalcoatl, le serpent à plumes doté d'une tête humaine, dieu de l'étoile du matin et de celle du soir. Le pouvoir ophidien se manifeste encore dans la vie moderne : deux serpents enlacent la caducée, qui fut d'abord le bâton ailé de Mercure, messager des dieux, puis la marque de sauf-conduit des ambassadeurs et des hérauts, avant de devenir aujourd'hui l'emblème universel de la profession médicale.

— Pour la plupart des gens, le lieu d'habitation préféré est représenté par une proéminence au voisinage de l'eau, de laquelle on peut apercevoir un vaste paysage. On peut trouver sur les hauteurs les demeures des riches et des puissants, les tombes des grands, des temples, des parlements, et des monuments commémorant la gloire tribale. De nos jours, un tel emplacement relève du choix esthétique, et la possibilité de s'y installer est révélatrice du statut social. Dans des temps plus anciens, cela répondait à des nécessités pratiques : cette proéminence offrait un lieu de retraite et un point de vue panoramique permettant d'apercevoir de très loin l'arrivée de tempêtes ou de forces ennemies. Toutes les espèces animales choisissent leur habitat de façon que les individus puissent bénéficier de la meilleure combinaison des facteurs de sécurité et d'alimentation. Durant la plus grande partie de leur histoire lointaine, les êtres humains ont vécu dans les savanes tropicales et subtropicales de l'est de l'Afrique : il s'agit de paysages ouverts, parsemés de rivières, de lacs, d'arbres et de taillis. Les peuples d'aujourd'hui, s'ils en ont la possibilité, choisissent d'organiser leurs résidences, leurs parcs et jardins selon une topographie similaire. Ils ne simulent ni les jungles denses, qu'affectionnent les gibbons, ni les prairies sèches, que préfèrent les babouins hamadryas. Dans leurs jardins, ils plantent des arbres qui ressemblent aux acacias, aux sterculiers, et autres arbres indigènes des savanes africaines. La couronne d'arbre idéale qui est recherchée est constamment plus large que haute, avec des branches inférieures assez basses pour pouvoir y grimper, et les feuillages consistent en feuilles composées ou en forme d'aiguilles.

— Quand elle en a les moyens et les loisirs, une large population pratique la randonnée, la chasse, la pêche, l'observation des oiseaux ou le jardinage. Aux États-Unis et au Canada, il y a plus de gens qui visitent les zoos et les aquariums qu'on en trouve dans le public des manifestations sportives. Ils se rendent en foule dans les parcs nationaux pour voir les paysages naturels, se postant en haut de proéminences afin d'apercevoir les terrains accidentés, les cours d'eau bondissants et les animaux en liberté. Ils font de grands voyages pour pouvoir flâner sur les rivages, pour des raisons qu'ils ne peuvent exprimer avec des mots.

Tout cela constitue des exemples de ce que j'ai appelé la *biophilie*, ce lien que les êtres humains cherchent inconsciemment à établir avec les autres êtres vivants. À la biophilie, on peut ajouter l'idée de la nature sauvage, laquelle correspond à toutes les étendues et les communautés de plantes et d'animaux encore non touchées par les activités humaines. Au sein de la nature sauvage, les gens voyagent à la recherche d'une vie nouvelle et de l'émerveillement, et ils reviennent de ces lieux sauvages pour rejoindre les parties du monde totalement contrôlées par l'homme et rendues physiquement sûres. La nature sauvage apporte la paix à l'âme, parce qu'elle n'a pas besoin qu'on s'occupe d'elle ; elle est au-delà de l'invention humaine. La nature sauvage est la métaphore de la liberté sans limites – une image provenant de notre mémoire tribale élaborée au temps où l'humanité se répandait de par le monde, vallée après vallée, île après île, confiante dans les dieux, croyant fermement que la terre vierge se poursuivait sans cesse au-delà de l'horizon.

Je fais état de toutes ces attitudes fréquemment observées non comme des preuves d'une nature humaine innée, mais plutôt pour suggérer que, dans le cadre d'un environnement sauvage, nous nous mettons à réfléchir plus profondément et soulevons les questions philosophiques centrales, celles des origines de l'homme. Nous ne nous comprendrons pas encore nous-mêmes et descendrons plus bas, loin des cieux, si nous oublions à quel point le monde naturel fait sens pour nous. De nombreux signes montrent que la perte de la biodiversité ne fait pas que mettre en danger le corps, mais menace aussi l'esprit. Si cela est vrai, les changements qui se produisent actuellement vont répandre le mal sur toutes les générations à venir.

L'impératif éthique devrait donc être avant tout : prudence. Il nous faudrait considérer que chaque parcelle de biodiversité a une valeur inestimable, tandis que nous apprendrions à lui trouver des usages et arriverions à comprendre ce qu'elle signifie pour l'humanité. Il faudrait ne pas permettre l'extinction, en connaissance de cause, de toute espèce ou race. Et au-delà du simple sauvetage, il nous faudrait commencer à restaurer les environnements naturels, afin d'accroître les populations sauvages, et colmater l'hémorragie de la richesse biologique. Il ne peut pas y avoir de tâche plus exaltante que de commencer l'ère de la restauration, qui retissera la merveilleuse diversité de la vie autour de nous.

La prise de conscience qu'il est en train de se produire de rapides changements dans l'environnement appelle à la mise en œuvre d'une éthique indépendante des autres systèmes de croyance. Les personnes religieuses, pensant que la vie est apparue sur Terre d'un seul coup, grâce à Dieu, diront que nous sommes en train de détruire la Création ; et ceux qui perçoivent la biodiversité comme le produit d'une évolution aveugle seront d'accord. Et en ce qui concerne l'autre grande division philosophique, cela n'a pas d'importance de savoir si les espèces ont des droits autonomes ou, inversement, si le raisonnement moral est du seul ressort de l'homme. Les défenseurs de chacun de ces deux points de vue semblent destinés à prendre la même position en ce qui concerne la conservation des espèces.

Se préoccuper de l'environnement relève presque de la métaphysique, et toutes les personnes qui réfléchissent peuvent sûrement y trouver un terrain d'entente. Car, en dernière analyse, qu'est-ce que la morale, sinon les impératifs de la conscience, modulés par l'examen rationnel de la conséquence des actes ? Et qu'est-ce qu'un précepte fondamental, sinon un précepte qui s'applique à toutes les générations ? Une éthique durable de l'environnement devra non seulement préserver la santé et la liberté de notre espèce, mais aussi la possibilité de connaître ce monde dans lequel l'esprit humain est né.

NOTES

1. Tempête sur l'Amazonie

Certaines parties de ce chapitre proviennent d'articles publiés antérieurement : « Storm over the Amazon », dans *On Nature : Nature, Landscape, and Natural History* (sous la direction de Daniel Halpern), North Point Press, San Francisco, 1987, p. 157-159 ; et « Rain Forest Canopy : The High Frontier », *National Geographic*, n° 180, décembre 1991, p. 78-107. J'ai développé le sujet sur lequel je réfléchissais ce soir-là dans une monographie destinée aux spécialistes, *Success and Dominance in Ecosystems : The Case of Social Insects*, Ecological Institute, Oldendorf/Luhe, Allemagne, 1990.

Les réflexions de Jöns Jacob Berzelius sont tirées de son *Manuel de Chimie* (vol. 3, 1818), telles qu'elles sont citées par Carl Gustaf Bernhard, « Berzelius, Creator of the Chemical Language », reproduit du *Saab-Scania Griffin 1989/1990*, par l'Académie royale des sciences de Suède.

Les protéines anti-gel des poissons nothoteniidés ont fait l'objet d'un article par Joseph T. Eastman & Arthur L. de Vries, « L'adaptation des poissons de l'Antarctique », *Pour La Science*, n° 111, janvier 1987, p. 32.

Les études les plus complètes sur les archéobactéries, dont certaines existent dans les environnements les plus hostiles de la terre, ont été menées par Carl R. Woese et ses collègues. Voir Robert Pool, « Pushing the Envelope of Life », *Science*, n° 247, 1990, p. 158-247. Certains biologistes, et notamment Woese, considèrent que ces organismes représentent un règne distinct, séparé des vraies bactéries et des autres procaryotes constituant le règne des Monères.

2. Krakatau

L'ouvrage faisant autorité sur l'éruption de 1883 à Krakatau, et comprenant notamment les témoignages personnels et les comptes rendus de recherche de l'époque, est celui de Tom Simkin & Richard S. Fiske, *Krakatau 1883 : The Volcanic Eruption and its Effects*, Smithsonian Institution Press, Washington D.C., 1983. Des détails supplémentaires sur le raz-de-marée et la propagation des vagues à grande distance sont donnés par Susanna Van Rose & Ian F. Mercer, *Volcanoes*, Harvard University Press, Cambridge, 1991. Les études sur la recolonisation de Rakata sont récapitulées dans Robert H. MacArthur & Edward O. Wilson, *The Theory of Island Biogeography*, Princeton University Press, Princeton, 1967 ; Ian W.B. Thornton et al., « Colonization of the Krakatau Islands by Vertebrates : Equilibrium, Succession and Possible Delayed Extinction », *Proceedings of the National Academy of Sciences*, n° 85, 1988, p. 515-518 ; I.W.B. Thornton and T.R. New, « Krakatau Invertebrates : The 1980s Fauna in the Context of a Century of Recolonization », *Philosophical Transactions of the Royal Society of London*, ser. B, n° 322, 1988, p. 493-522 ; et P.A. Rawlinson, A.H.T. Widjoya, M.N. Hutchinson, and G.W. Brown, « The Terrestrial Vertebrate Fauna of the Krakatau Islands, Sunda Strait, 1883-1986 », *Philosophical Transactions of the Royal Society of London*, ser. B, n° 328, 1990, p. 3-28. L'estimation de la température des ponces après l'éruption a été faite par Noboru Oka de l'Université Kagoshima, citée d'après une communication personnelle par Thornton and New, « Krakatau Invertebrates. »

3. Les grandes extinctions

Ma documentation sur l'épisode d'extinction crétacée et le débat « météorite versus volcans » a été constituée par de nombreuses sources, et notamment par l'ouvrage *Extinctions* (sous la direction de Matthew H. Nitecki), University of Chicago Press, Chicago, 1984 ; celui de Steven M. Stanley, *Extinction*, Scientific American Books, New York, 1987 ; l'article de ce même auteur, « Periodic Mass Extinction of the Earth's Species », *Bulletin of the American Academy of Arts and Sciences*, n° 40, t. 8, 1987, p. 29-48 ; l'ouvrage de David M. Raup, *Extinction : Bad Genes or Bad Luck ?*, Norton, New York, 1991 (traduit en français sous le titre *De l'extinction des espèces*, Gallimard, Paris, 1993) ; les articles de Paul Whalley, « Insects and Cretaceous Mass Extinctions », *Nature*, n° 327, 1987, p. 562 ; de Carl O. Moses, « A Geochemical Perspective on the Causes and Periodicity of Mass Extinctions », *Ecology*, n° 70, t. 4, 1989, p. 812-823 ; et de William Glen, « What Killed the Dinosaurs ? », *American Scientist*, n° 78, t. 4, p. 354-370, 1990. Stanley, par exemple, a plaidé de façon tout à fait convaincante en faveur du refroidissement climatique terrestre à long terme comme facteur principal des extinctions de masse, y compris pour celle du Crétacé. Whalley a analysé en détail la façon dont ont survécu les insectes. L'histoire des plantes à fleurs au cours des extinctions est décrite par Andrew H. Knoll, dans *Extinctions* (sous la direction de Nitecki), p. 21-68 et par R.A. Spicer, « Plants at the Cretaceous-Tertiary Boundary », *Philosophical Transactions of the Royal Society of London*, ser.B, n° 325, 1989, p. 291-305. Le bilan des plus récentes données fossiles à la frontière K-T, pour de nombreux groupes d'organismes, est dressé dans *Evolution and Extinction*, numéro spécial (sous la direction de W.G. Chaloner et A. Hallam), des *Philosophical Transactions of the Royal Society of London*, série B, n° 325, 1989, p. 239-488. Des données supplémentaires non publiées sont fournies par Richard A. Kerr dans « Dinosaurs and Friends Snuffed Out ? », *Science*, n° 251, 1991, p. 160-162.

La façon dont les convictions obéissent au « Principe de Certitude » a été exposée par Robert H. Thouless, « The Tendency to Certainty in Religious Belief », *British Journal of Psychology*, n° 26, t. 1, 1935, p. 16-31. Thouless écrivait : « Il existe une réelle tendance chez les gens à passer progressivement d'un certain niveau de croyance à la quasi-certitude. Pour la plupart, le doute et le scepticisme ne sont pas des états d'esprit courants, et je crois, qu'ils ne les effleurent que transitoirement. »

La preuve d'un impact météoritique géant dans la région des Caraïbes, à la fin du Crétacé, est rapportée dans l'article de J.M. Florentin, R. Maurasse & Gautam Sen, « Impacts, Tsunamis, and the Haïtian Cretaceous-Tertiary Boundary Layer », *Science*, n° 252, 1991, p. 1690-1693. Ces auteurs arrivent à la conclusion qu'un immense impact météoritique, au voisinage de Beloc à Haïti, « a engendré des microtektites qui se sont déposées pour former une couche presque pure à la base. Les matériaux vaporisés sous l'effet du choc, contenant des éléments extraterrestres en quantité anormalement élevée, se sont déposés en dernier, en même temps que les sédiments carbonatés. La totalité de la couche ne s'est consolidée que faiblement. Ensuite, un autre événement perturbateur, peut-être un tsunami géant, a partiellement remanié les dépôts initiaux ... Cela a pu conduire à mêler encore un peu plus les microfossiles du Crétacé et du Tertiaire, comme on peut l'observer à Beloc et ailleurs ».

Les taux d'extinction par familles et espèces pendant la crise permienne, calculés à partir d'une analyse de raréfaction, sont donnés par David M. Raup, « Size of the Permo-Triassique Bottleneck and its Evolutionary Implications », *Science*, n° 206, 1979, p. 217-218. La déclaration de cet auteur, selon laquelle l'ensemble des organismes complexes a connu une quasi-extinction, figure dans un grand article ultérieur, « Diversity Crises in the Geological Past », paru dans *Biodiversity* (sous la direction de E.O. Wilson & Frances M. Peter), National Academy Press, Washington D.C., 1988, p. 51-57. Une analyse indépendante des mêmes données, prenant en considération non seulement le refroidissement planétaire, mais aussi les mouvements de régression (retrait) des mers peu profondes, est fournie par Douglas H. Erwin dans « The End-Permian Mass Extinction : What Really Happenened and Did It Matter ? », *Trends in Ecology and Evolution*, n° 4, t. 8, 1989, p. 225-229.

Les données incriminant des éruptions volcaniques massives au moment de la crise d'extinction permienne ont été présentées par Paul R. Renne & Asish R. Basu, « Rapid Eruption of the Siberian Traps Flood Basalts at the Permo-Triassic Boundary », *Science*, n° 253, 1991, p. 176-179.

En 1984, David Raup et J.John Sepkoski Jr. ont suggéré que les extinctions à grande échelle avaient pu obéir à une périodicité de vingt-six millions d'années. Cette proposition était fondée sur des données relatives aux familles d'animaux marins. L'hypothèse de Raup-Sepkoski a déclenché un flot de spéculations sur les causes extraterrestres possibles de ce phénomène périodique, telles que le rapprochement ou l'alignement cyclique de la Terre avec des corps célestes encore non découverts, ce qui déterminerait des pluies de météorites ou de comètes. Selon l'une des spéculations les plus curieuses qui ait été avancée, il existerait une étoile-compagne du Soleil, que les uns ont appelé « Nemesis », d'autres : « Étoile de la Mort. » Mais cette dernière idée a été sérieusement mise en doute par une série d'arguments reposant sur les datations géologiques, l'analyse statistique, et les études taxinomiques. Le jury n'a pas encore rendu son verdict, mais, il y a beaucoup de chance que celui-ci soit négatif. Pour le passage en revue de cette dernière question, consulter D.M. Raup, *The Nemesis Affair*, Norton, New York, 1986 et *Extinction : Bad Genes or Bad Luck?*, Norton, New York, 1991 (traduit en français sous le titre *De l'extinction des espèces*, Gallimard, Paris, 1993) ; S.M. Stanley, *Extinction*, Scientific American Books, New York, 1987 ; et une série d'articles écrits par des paléobiologistes dans *Ecology* (sous la direction de Edward F. Connor), n° 70, t. 4, 1989, p. 801-834. En 1991, Raup a déclaré que la moitié des paléontologistes les mieux informés sur le sujet était en faveur de la notion de périodicité ; l'autre moitié n'y croyait pas.

4. *L'unité fondamentale*

Des descriptions et des analyses complètes des concepts de l'espèce sont données dans l'ouvrage de Douglas J. Futuyama, *Evolutionary Biology*, 2nd ed., Sinauer, Sunderland, Mass., 1986 ; dans l'article de A.R. Templeton, « The Meaning of Species and Speciation : A Genetic Perspective », paru dans *Speciation and its consequences* (sous la direction de Daniel Otte & John A. Endler), Sinauer, Sunderland, 1989, p. 3-27 ; et dans l'ouvrage de E. Mayr & Peter D. Ashlock, *Principles of Systematic Zoology*, 2nd ed., MacGraw Hill, New York, 1991. Les données sur la situation actuelle des populations de tigres figurent dans l'article de Lynn A. Maguire & Robert C. Lacy, « Allocating Scarce Resources for Conservation of Endangered Subspecies : Partitioning Zoo Space for Tigers », *Conservation Biology*, n° 4, t. 2, 1990, p. 157-166.

L'histoire du lien entre paludisme et espèces jumelles de *Anopheles maculipennis* est passée en revue dans Ernst Mayr, *Systematics and the Origin of Species*, Columbia University Press, New York, 1942.

Une histoire du concept biologique de l'espèce est donnée par l'un de ses principaux artisans, Ernst Mayr, dans *Evolution and the Diversity of Life : Selected Essays*, Harvard University Press, Cambridge, 1976.

L'idée d'espèce en tant qu'individu a été défendue avec vigueur par Michael T. Ghiselin, « Categories, Life and Thinking », *Behavioral and Brain Sciences*, n° 4, t. 2, 1981, p. 269-313.

Le couplet sur les ions, chanté par le groupe de Cavendish sur l'air de « My darling Clementine », est rapporté par l'un des étudiants de Rutherford, Samuel Devons, dans son article, « Rutherford and the Science of his Day », *Notes and Records of the Royal Society of London*, n° 45, t. 2, 1991, p. 221-242.

Le phénomène d'hybridation chez les chênes et la nature des semi-espèces sont discutés par Alan T. Whittemore & Barbara A. Schaal, « Interspecific Gene Flow in Sympatric Oaks », *Proceedings of the National Academy of Sciences*, n° 88, 1991, p. 2540-2544.

La plus grande fréquence de l'isolement reproductif complet chez les espèces de plantes tropicales a été remarquée par Alwyn H. Gentry, « Speciation in Tropical Forests », article paru dans l'ouvrage *Tropical Forests : Botanical Dynamics, Speciation, and Diversity*, Academic Press, New York, 1989, p. 113-134.

5. *Les nouvelles espèces*

Les grandes lignes de la formation des espèces sont bien exposées par Douglas J. Futuyma, *Evolutionary Biology*, 2nd ed., Sinauer, Sunderland, Mass., 1986. Certains aspects particuliers sont traités de façon plus spécialisée dans *Speciation and its Consequences* (sous la direction de Daniel Otte & John A. Endler), Sinauer, Sunderland, 1989.

L'évolution sur le mode gradualiste de l'espèce humaine intermédiaire *Homo erectus* est décrite par Wu Rukang et Lin Shenglong, « L'homme de Pékin », *Pour La Science*, n° 70, août 1983, p. 21-29.

Les données sur le moment de l'accouplement chez les papillons du ver à soie géant sont fournies par Phil & Nellie Rau, « The Sex Attraction and Rhythmic Periodicity in the Giant Saturniid Moths », *Transactions of the Academy of Science of St. Louis*, n° 26, 1929, p. 83-221.

Les parades nuptiales des araignées salticidées sont décrites par Jocelyn Crane, « Comparative Biology of Salticid Spiders at Rancho Grande, Venezuela. Part 4 : An Analysis of Display », *Zoologica* (New York), n° 34, t. 4, 1949, p. 159-214.

L'idée de définir formellement des sous-espèces, afin d'aider à prendre des décisions en matière de politique de conservation, a été avancée par Stephen J. O'Brien et Ernst Mayr, dans leur article « Bureaucratic Mischief : Recognizing Endangered Species and Subspecies », *Science*, n° 251, 1991, p. 1187-1188. Dans ce même article, ils ont aussi examiné le statut du puma de Floride.

Les mécanismes d'isolement ultra-simples des papillons appelés « tordeuses » sont décrits par Wendell L. Roelofs & Richard L. Brown, « Pheromones and Evolutionary Relationships of Tortricidac » *Annual Review of Ecology and Systematics*, n° 13, 1982, p. 395-422.

Les articles généraux les plus importants sur les diverses modalités de la spéciation sympatrique sont ceux de Guy L. Bush, « Modes of Animal Speciation », *Annual Review of Ecology and Systematics*, n° 6, 1975, p. 339-364 ; Scott R. Diehl and G.L. Bush, « The Role of Habitat Preference in Adaptation and Speciation », in *Speciation and its Consequences* (sous la direction de Daniel Otte & John A. Endler), Sinauer, Sunderland, 1989, p. 345-365 ; et Catherine A. & Maurice J. Tauber, « Sympatric Speciation in Insects : Perception and Perspective », dans *Speciation* (dirigé par Otte & Endler), p. 307-344. La théorie de la spéciation sympatrique par l'intermédiaire des races d'hôtes a été principalement développée par Guy Bush. Elle a été discutée et quelque peu mise en doute dans l'article de Douglas J. Futuyma & Gregory C. Mayer, « Non-Allopatric Speciation in Animals », *Systematic Zoology*, n° 29, t. 3, 1980, p. 254-271. Futuyma et Mayer estiment que « les conditions requises pour l'accomplissement de la spéciation sympatrique médiée par les races d'hôte, sont tellement contraignantes que bien peu d'espèces peuvent sans doute y satisfaire ».

6. Les forces de l'évolution

Les données sur le nombre de gènes responsables de la variation dans les traits simples sont fournies par l'article de Russell Lande, « The Minimum Number of Genes Contributing to Quantitative Variation Between and Within Populations », *Genetics*, n° 99, t. 3,4, 1981, p. 541-553.

Les vitesses d'évolution dues aux changements de fréquence dans des gènes uniques sont données dans l'ouvrage de Daniel Hartl & Andrew G. Clark, *Principles of Population Genetics*, 2nd ed., Sinauer, Sunderland, 1989.

La variation allométrique des mandibules et des cornes des coléoptères mâles est passée en revue dans l'article de J.T. Clark, « Aspects of Variation in the Stag Beetle » *Lucanus cervus* (L.)(Coleoptera : Lucanidae), *Systematic Entomology*, n° 2, t. 1, 1977, p. 9-16. Le rôle de l'allométrie dans le système des castes chez les fourmis est présenté en détail par Bert Hölldobler & Edward O. Wilson, *The Ants*, Harvard University Press, Cambridge, 1990.

Pour des exemples montrant les liens étroits entre micro-évolution et macro-évolution, voir : en ce qui concerne la radiation adaptative des drépanidinés de Hawaï, Walter J. Bock, « Microevolutionary sequences as a Fundamental Concept in Macroevolutionary Models », *Evolution*, n° 24, t. 4, 1970, p. 704-722. Cet exemple est aussi présenté dans le chapitre 7 du présent livre ; en ce qui concerne l'apparition d'un nouveau type de mâchoire chez les serpents bolyériinés de Round Island, Thomas H. Frazzetta, *Complex Adaptations in Evolving Populations*, Sinauer, Sunderland, 1975 ; et en ce qui concerne l'apparition de nouvelles races chromosomiques et de nouveaux types adaptatifs chez le spalax du Moyen-Orient, Eviatar Nevo, « Speciation in Action and Adaptation in Subterranean Mole Rats : Patterns and Theory », *Bolletino Zoologia*, n° 52, t. 1-2, p. 65-95, 1985.

La théorie des équilibres ponctués a été présentée pour la première fois par Niles Eldredge & Stephen Jay Gould, « Punctuated Equilibria : An Alternative to Phyletic Gradualism », in *Models in Paleobiology* (sous la direction de T.J.M. Schopf), Freeman, Cooper, San Francisco, 1972, p. 82-115 ; et développée ensuite par Gould, « Is a New and General Theory of Evolution Emerging ? », *Paleobiology*, n° 6, t. 1, 1980, p. 119-130, et par Eldredge, *Time Frames : The Rethinking of Darwinian Evolution and the Theory of Punctuated Equilibria*, Simon and Schuster, New York, 1985. Parmi les critiques les plus radicales, il faut citer Richard Dawkins, *The Blind Watchmaker*, Norton, New York, 1986 ;

Max K. Hecht & Antoni Hoffman, « Why Not Neo-Darwinism ? A Critique of Paleobiological Challenges », *Oxford Surveys in Evolutionary Biology*, n° 3, 1986, p. 1-47 ; et Jeffrey Levinton, *Genetics, Paleontology and Macroevolution*, Cambridge University Press, New York, 1988. On a trouvé que les données originellement présentées par Eldredge et Gould ne se conformaient pas au modèle de l'équilibre ponctué ; voir William L. Brown Jr., « Punctuated Equilibrium Excused : The Original Examples Fail To Support It », *Biological Journal of the Linnean Society*, n° 31, 1987, p. 383-404.

L'idée d'une sélection au niveau des espèces qui serait visible dans les archives fossiles a été pour la première fois présentée, sur la base de données paléontologiques, par Steven M. Stanley, « A Theory of Evolution above the Species Level », *Proceedings of the National Academy of Sciences*, n° 72, 1975, p. 646-650. L'argumentation fondamentale a été ensuite développée par Elisabeth S. Vrba & Stephen Jay Gould, « The Hierarchical Expansion of Sorting and Selection », *Paleobiology*, n° 12, t. 2, 1986, p. 217-228. La théorie génétique fondamentale avait cependant été mise au point antérieurement au niveau d'un modèle de populations de la même espèce en compétition, et suivant exactement les mêmes lignes que la sélection au niveau de l'espèce. Les articles les plus importants dans ce domaine sont ceux de Richard Levins, « Extinction », in *Some Mathematical Questions in Biology* (sous la direction de M. Gerstenhaber), American Mathematical Society, Providence, 1970 ; et Scott A. Boorman & Paul R. Levitt, « Group Selection on the Boundary of a Stable Population », *Proceedings of the National Academy of Sciences*, n° 69, t. 9, 1972, p. 2711-2713. Le phénomène de prolifération des espèces chez les insectes, permis par une alimentation à base de plantes, a été étayé par Charles Mitter, Brian Farrell & Brian Wiegmann, « The Phylogenetic Study of Adaptive Zones : Has Phytophagy Promoted Insect Diversification ? », *American Naturalist*, n° 132, t. 1, 1988, p. 107-128. Le rapport entre aire de dispersion des espèces et taux d'extinction chez les mollusques est fourni par David Jablonski, « Heritability at the Species Level : Analysis of Geographic Ranges of Cretaceous Mollusks », *Science*, n° 288, 1987, p. 360-363, et « Estimates of Species Duration : Response », *Science*, n° 240, 1988, p. 969. La notion de cycle taxonique a été introduite par E.O. Wilson, « The Nature of the Taxon Cycle in the Melanesian Ant Fauna », *American Naturalist*, n° 95, 1961, p. 169-193 ; et récemment testée par James K. Liebherr & Ann E. Hajek, « A Cladistic Test of the Taxon Cycle and Taxon Pulse Hypotheses », *Cladistics*, n° 6, 1990, p. 39-59. Elisabeth Vrba a analysé les taux d'extinction chez les antilopes africaines et d'autres bovidés dans « African Bovidae : Evolutionary Events since the Miocene », *South African Journal of Science*, n° 81, 1985, p. 263-266, et dans « Mammals as a Key to Evolutionary Theory », *Journal of Mammalogy*, n° 73, t. 1, 1992, p. 1-28. Pour finir, l'exemple des plantes du désert chez lesquelles la sélection au niveau des organismes entre en contradiction avec la sélection au niveau des espèces a été suggéré par des données fournies par l'article de Delbert C. Wiens et al., « Developmental Failure and Loss of Reproductive Capacity in the Rare Paleoendemic Shrub *Dedeckera eurekensis* », *Nature*, n° 338, 1989, p. 65-67 ; des hypothèses alternatives pour rendre compte de ces mêmes données ont été passées en revue par Deborah Charlesworth, « Evolution of Low Female Fertility in Plants : Pollen Limitation, Resources Allocation and Genetic Load », *Trends in Ecology and Evolution*, n° 4, t. 10, 1989, p. 289-292.

7. *Les radiations adaptatives*

L'estimation du nombre des espèces d'insectes endémiques dans les îles Hawaï est donnée par F.G. Howarth, S.H. Sohmer & W.D. Duckworth, « Hawaiian Natural History and Conservation Efforts », *BioScience*, n° 38, t. 4, 1988, p. 232-238.

Les drépanidinés de Hawaï sont passés en revue par Walter J. Bock, « Microevolutionary Sequences as a Fundamental Concept in Macroevolutionary Models », *Evolution*, n° 24, t. 4, 1970, p. 704-722, et J. Michael Scott et al., « Conservation of Hawaï's Vanishing Avifauna », *BioScience*, n° 38, t. 4, 1988, p. 238-253. J'ai ajouté des informations supplémentaires fournies par Storrs L. Olson (communication personnelle) qui, avec Helen F. James, a mené les études pionnières sur les espèces subfossiles dont l'extinction a été provoquée par les colons polynésiens originels de Hawaï.

La description des forces physiques mises en jeu par les pics est donnée par Philip R.A. May et al., « Woodpecker and Head Injury », *Lancet*, 28 février, 1976, p. 454-455 ; et « Woodpecker Drilling Behavior : An Endorsement of the Rotational Theory of Impact Brain Injury », *Archives of Neurology*, n° 36, 1979, p. 370-373.

L'ouvrage faisant autorité sur les pinsons géospizinés est celui de Peter R. Grant, *Ecology and Evolution of Darwin's Finches*, Princeton University Press, Princeton, 1986. Un autre exposé de grand intérêt, plus accessible à un large public, est celui de Sherwin Carlquist, *Island Life : A Natural History of the Islands of the World*, Natural History Press, Garden City, 1965.

Le meilleur exposé sur l'évolution des Composées dans les îles est fourni par Sherwin Carlquist dans *Island Life* et dans *Island Biology*, Columbia University Press, New York, 1974. Des observations plus récentes sur la flore de Sainte-Hélène sont rapportées par Mark Williamson, « St. Helena Ebony Tree Saved », *Nature*, n° 309, 1984, p. 581. Les données sur les coléoptères de Sainte-Hélène, pour la plupart éteints, sont tirées de l'étude classique de T. Vernon Wollaston, *Coleoptera Sanctae-Helenae*, John Van Voorst, Londres, 1877, laquelle a été mise à jour par P. Basilewski et J.C. Decelle dans leur introduction à « La faune terrestre de l'île de Sainte-Hélène », Annales du Musée royal de l'Afrique Centrale, Tervuren, Belgique, *Sciences zoologiques*, n° 192, 1972, p. 1-9.

Les mœurs alimentaires extrêmement variables du pinson des îles Cocos ont été découvertes par Tracey K. Werner & Thomas W. Sherry et rapportées par ces auteurs dans « Behavioral Feeding Specialization in *Pinaroloxias inornata*, the " Darwin's Finch " of Cocos Island, Costa Rica », *Proceedings of the National Academy of Sciences*, n° 84, 1987, p. 5506-5510.

Des études très complètes sur l'évolution des poissons cichlidés figurent dans l'ouvrage *Evolution of Fish Species Flocks* (sous la direction de Anthony A. Echelle & Irv Kornfield), University of Maine Press, Orono, 1984, sous forme d'articles écrits par Wallace J. Dominey, P. Humphry Greenwood, Leslie S. Kaufman, Karel F. Liem, Kenneth R. McKaye, Richard E. Strauss, et Frans Witte. Les données moléculaires sur l'origine des cichlidés du lac Victoria sont fournies par Axel Meyer et al, « Monophyletic Origin of Lake Victoria Cichlid Fishes Suggested by Mitochondrial DNA Sequences », *Nature*, nº 347, 1990, p. 550-553. Une étude récente sur les espèces du lac Victoria est présentée par F. Witte & M.J.P van Oijen, « Taxonomy, Ecology and Fishery of Lake Victoria Haplochromine Trophic Groups », *Zoologische Verhandelingen*, nº 262, 1991, p. 1-47. L'estimation du taux des extinctions provoquées par la perche du Nil est donnée par C.D.N. Barel et al, « The Haplochromine Cichlids in Lake Victoria : an Assessment of Biological and Fisheries Interests », in *Cichlid Fishes : Behaviour, Ecology and Evolution* (sous la direction de M.H.A. Keenleyside), Chapman and Hall, Londres, 1991, p. 258-279.

Le rôle de la plasticité de l'anatomie et du comportement dans la macro-évolution est souligné par Mary Jane West-Eberhard, « Phenotypic Plasticity and the Origins of Diversity », *Annual Review of Ecology and Systematics*, nº 20, 1989, p. 249-278. Elle fournit de nombreux et intéressants exemples montrant comment la formation de nouvelles espèces peut se faire rapidement durant de brefs épisodes d'isolement géographique. Un processus analogue est invoqué par Wallace J. Dominey, « Effects of Sexual Selection and Life History on Speciation : Species Flocks in African Cichlids and Hawaiian *Drosophila* », in Echelle & Kornfield, *Evolution of Fish Species Flocks*.

L'exemple de l'omble arctique et de ses formes multiples est décrit par Skúli Skúlason, David L.G. Noakes & Sigurdur S. Snorrason, « Ontogeny of Trophic Morphology in Four Sympatric Morphs of Arctic Charr *Salvelinus alpinus* in Thingvallavatn, Iceland », *Biological Journal of the Linnean Society*, nº 38, 1989, p. 281-301.

Certaines parties de la description de la radiation adaptative des requins sont reprises de mon article « In Praise of Sharks », *Discover*, nº 6, t. 7, 1985, p. 40-42, 48, 50-53.

La description du grand requin blanc par Hugh Edwards figure dans *Sharks* (sous la direction de J.D. Stevens), Facts on File, New York, 1987, p. 212. Des exposés faisant autorité sur l'histoire naturelle des requins sont donnés par d'autres auteurs dans le même volume et aussi dans l'ouvrage de Victor G. Springer & Joy P. Gold, *Sharks in Question*, Smithsonian Institution Press, Washington D.C., 1989.

Le cas des attaques de sous-marins nucléaires par des squalelets féroces est rapporté par C. Scott Johnson, « Sea creatures and the Problem of Equipment Damage », *U.S. Naval Institute Proceedings*, août 1978, p. 106-107.

Le cas du requin grande-gueule, qui connaît des développements rapides actuellement, est rapporté dans Springer & Gold, *Sharks in Question*. Une description de la migration verticale de cet animal figure dans le numéro de mars 1991 de *National Geographic*. J'ai bénéficié d'une information directe grâce aux conversations que j'ai eues avec Robert J.

Lavenberg, du Muséum d'histoire naturelle du comté de Los Angeles, qui a étudié le second spécimen de Californie à l'état vivant dans son habitat naturel.

Une quatrième radiation adaptative de mammifères s'est produite dans la grande île de Madagascar, engendrant une vaste gamme de lémurs (qui sont des primates primitifs ressemblant à des singes) et de tenrecs (qui sont des insectivores ressemblant soit à des musaraignes, soit à des taupes, soit à des hérissons). Mais le déploiement des types adaptatifs majeurs au sein de la faune est loin d'atteindre ce qui s'est passé en Australie, ou en Amérique du Sud ou sur le Continent mondial.

L'inventaire classique des mammifères australiens est celui de Ellis Troughton, *Furred Animals of Australia*, Angus and Robertson, Londres, 1941. Une monographie sur les mammifères australiens, dans laquelle la conservation des espèces a fait l'objet d'une attention particulière, est parue plus récemment : il s'agit de l'ouvrage magnifiquement illustré de Tim Flannery, *Australia's Vanishing Mammals*, RD Press, Surry Hills, New South Wales, 1990.

Une excellente description du « Grand Échange Américain » est donnée par George Gaylord Simpson, *Splendid Isolation : the Curious History of South American Mammals*, Yale University Press, New Haven, 1980. Le bilan le plus récent des données fossiles et biogéographiques sur cet événement, sur lequel ma propre présentation s'appuie largement, est fourni par les articles de Larry G. Marshall et al., « Mammalian Evolution and the Great American Interchange », *Science*, nº 215, 1982, p. 1351-1357 ; et de L.G. Marshall, « Land Mammals and the Great American Interchange », *American Scientist*, nº 76, 1988, p. 380-388. Une description détaillée des espèces qui se sont éteintes est fournie par Elaine Anderson, « Who's Who in the Pleistocene : A Mammalian Bestiary », in *Quaternary Extinctions* (sous la direction de Paul S. Martin & Richard G. Klein), University of Arizona Press, Tucson, 1984, p. 40-89.

J'ai traité de la question du rapport entre diversité, longévité et prédominance de façon plus formalisée dans *Success and Dominance in Ecosystems : The Case of the Social Insects*, Ecology Institute, Oldendorf/ Luhe, 1991. La longévité est définie comme la durée d'une espèce et de toutes les espèces qui en descendent au cours des temps géologiques. Mais j'y ajouterais à présent une précision et définirais plutôt la longévité d'après la durée géologique des traits par lesquels une espèce et ses descendants sont diagnostiqués, comme la possession d'une glande particulière, ou d'une structure osseuse, ou d'une corne de forme donnée. La fin d'un groupe d'espèces peut ainsi découler soit d'une extinction au sens absolu (c'est-à-dire de la mort de toutes les populations), soit d'une « extinction de chrono-taxon », dans le cadre de laquelle les populations du groupe d'espèces considéré acquièrent un nouvel ensemble de traits suffisamment différents, permettant de les assigner à un genre différent ou même à un taxon de plus haut niveau.

8. *La biosphère inexplorée*

Une mise au point pertinente sur les embranchements que l'on peut distinguer chez les organismes est fournie par Lynn Margulis & Karlene V. Schwartz, *Five Kingdoms : An Illustrated Guide to the Phyla of Life on Earth*, Freeman, San Francisco, 1982. Ce livre a cependant manqué de peu la description des loricifères par R.M. Kristensen, « Loricifera, a New Phylum with Aschelminthes Characters from the Meiobenthos », *Zeitschrift für Zoologische Systematik und Evolutionforschung*, n° 21, t. 3, 1983, p. 163-108, 1983. Une mise au point récente sur les loricifères est présentée dans l'article de Richard C. & Gary J. Brusca, *Invertebrates*, Sinauer, Sunderland, 1990.

L'estimation du nombre d'espèces décrites par groupe zoologique est tirée de mon article « The Current State of Biological Diversity », paru dans *Biodiversity* (sous la direction de E.O. Wilson et F.M. Peter), National Academy Press, Washington D.C., 1988, p. 3-18. Des exposés détaillés sur la biodiversité et le degré de confiance que l'on peut accorder aux estimations du nombre des espèces sont présentés individuellement pour de nombreux groupes dans *Synopsis and Classification of Living Organisms* (sous la direction de Sybil P. Parker), vols 1. et 2., McGrawHill, New York, 1982. J'ai puisé dans cet ouvrage la plupart de mes estimations qui m'ont conduit à avancer le total de 1,4 million d'espèces pour le monde entier. En 1978, T.R.E. Southwood a donné l'estimation de 1,4 million d'espèces décrites, sans compter les champignons, les algues, les bactéries et d'autres monères – son article figure dans *Diversity of Insects Faunas* (sous la direction de Laurence A. Mound & Nadia Waloff), Blackwell, Londres, 1978, p. 19-40. Lorsqu'on ajoute les groupes manquants, le total de Southwood atteint 1,5 million d'espèces. L'article de Nigel E. Stork, « Insect Diversity : Facts, Fiction and Speculation », *Biological Journal of the Linnean Society*, n° 35, 1988, p. 321-337, cite une estimation non publiée de N.M. Collins de 1,8 million d'espèces, mais ne portant que sur les plantes et les animaux ; si l'on ajoute les champignons et les monères, ce chiffre s'élève à 1,9 million. J'ai tendance à penser que ce dernier est trop élevé, tandis que le mien est peut-être trop bas.

La description de ce que pourrait être le monde sans les insectes est une spéculation reprenant de façon modifiée celle que j'avais avancée lors de ma conférence du 7 mai 1987 au National Zoological Park à Washington D.C., intitulée « The Little Things That Run the World », et publiée ultérieurement dans *Conservation Biology*, n° 1, t.4, 1987, p. 344-346.

Les estimations de Terry Erwin concernant la diversité des arthropodes de la forêt tropicale humide ont été présentées pour la première fois dans « Tropical Forests : Their Richness in Coleoptera and Other Arthropod Species », *Coleopterists' Bulletin*, n° 36, t.1, 1982, p. 74-75, et dans « Beetles and Other Insects » in *Tropical Rain Forest : Ecology and Management*, (sous la direction de S.L. Sutton, T.C. Whitmore & A.C. Chadwick), Blackwell, Londres, 1983, p. 59-75. Une analyse critique de ces estimations est présentée dans Robert M. May, « How Many Species Are There on

Earth ? », *Science*, n° 241, 1988, p. 1441-1449, et « How Many Species ? », *Philosophical Transactions of the Royal Society of London*, ser. B, n° 330, 1990, p. 293-304 ; dans Nigel Stork, « Insect Diversity », et communication personnelle ; et dans Kevin J. Gaston, « The Magnitude of Global Insect Species Richness », *Conservation Biology*, n° 5, t.3, 1991, p. 283-296. La présentation que j'en donne ici est une version modifiée de mon article « Rain Forest Canopy : The High Frontier », *National Geographic*, n° 180, décembre 1991, p. 78-107.

C. William Beebe a écrit au sujet du couvert encore inexploré de la forêt tropicale humide dans C.W. Beebe, G.Inness Hartley & Paul G. Howes, *Tropical Wild Life in British Guiana*, New York Zoological Society, New York, 1917.

Nos connaissances sur la biodiversité des grands fonds océaniques ont fait l'objet d'un bilan dans J. Frederick Grassle, « Deep-Sea Benthic Biodiversity », *BioScience*, n° 41, t. 7, 1991, p. 464-469.

L'estimation de la diversité chez les bactéries du sol au moyen de l'hybridation entre brins d'ADN, est décrite dans deux articles par Jostein Goksøyr, Vigdis Torsvik, et leurs collègues, *Applied and Environmental Microbiology*, n° 56, t. 3, 1990, p. 776-787. J'ai bénéficié d'autres manuscrits non publiés, aimablement communiqués par Jostein Goksøyr.

La règle des 70 % d'appariement entre molécules d'ADN a été proposée par le Comité Ad Hoc pour le rapprochement des procédures en systématique bactérienne dans *International Journal of Systematic Bacteriology*, n° 37, 1987, p. 463-464.

Les nouvelles flores bactériennes découvertes à l'occasion de sondages terrestres de grande profondeur sont décrites par Carl B. Fliermans & David L. Balkwill, « Microbial Life in Deep Terrestrial Subsurfaces », *BioScience*, n° 39, t. 6, 1989, p. 370-377.

La diversité des champignons est l'un des autres domaines inconnus, son ampleur approchant peut-être celle des bactéries. Essayant récemment d'en donner une estimation, David L. Hawksworth situe le nombre des espèces connues à soixante-neuf mille, mais le nombre réel des espèces existant sur la terre est vraisemblablement de l'ordre de un million et demi. « The Fungal Dimension of Biodiversity : Magnitude, Significance, and Conservation », *Mycological Research*, n° 95, t. 6, 1991, p. 641-655.

La symbiose des insectes coccidés, des levures et des bactéries est décrite par Paul Buchner, *Endosymbiosis of Animals with Plant Microorganisms*, Interscience Publishers, Wiley, New York, 1965, p. 271-272.

Les informations sur la découverte de nouvelles espèces de baleines et de marsouins sont tirées de W.F.J. Mörzer Bruyns, *Field Guide of Whales and Dolphins*, C.A. Mees, Amsterdam, 1971, et de Katherine Ralls & Robert L. Brownell Jr., « A Whale of a New Species », *Nature*, n° 350, 1991, p. 560.

Une explication technique, mais claire, de la notion d'équitabilité et d'autres mesures de la diversité existant dans les faunes et les flores locales, est donnée par Anne E. Magurran, *Ecological Diversity and Its Measurement*, Princeton University Press, Princeton, 1988.

Le dénombrement des règnes et des embranchements chez les êtres vivants est inspiré de l'ouvrage de Lynn Margulis & Karlene V. Schwartz,

Five Kingdoms : An Illustrated Guide to the Phyla of Life on Earth, Freeman, San Francisco, 1982. Certains soutiennent que l'on pourrait distinguer un sixième embranchement, celui des Archéobactéries, mais il n'existe pas de consensus à ce sujet chez les systématiciens.

Cette histoire naturelle de l'autour des palombes dans la Forêt Noire est tirée de Roger Terry Peterson, Guy Monfort & P.A.D. Hollom, *A Field Guilde to the Birds of Britain and Europe*, 2nd ed., Houghton Mifflin, Boston, 1967. Selon Hans Löhrl (communication personnelle par l'intermédiaire d'Ernst Mayr), l'autour des palombes, une espèce menacée dans certaines parties de l'Amérique, non seulement continue de survivre dans la Forêt Noire, mais s'est multiplié au point de menacer le grand tétras (le gros coq de bruyère, cible des chasseurs).

À propos de la mesure de la diversité génétique : les estimations concernant les allozymes sont tirées de Robert K. Selander, « Genic Variation in Natural Populations », in *Molecular Evolution* (sous la direction de F.J. Ayala), Sinauer, Sunderland, 1976, p. 21-45 ; et « Genetic Variation in Natural Populations : Patterns and Theory », *Theoretical Population Biology*, nº 13, t. 1, 1978, p. 121-177. Les autres aspects de la recherche sur les allozymes et les plus récentes mesures sur la diversité au niveau des nucléotides sont donnés par Wen-Hsiung Li & Dan Graur, *Fundamentals of Molecular Evolution*, Sinauer, Sunderland, 1991, et R.K. Selander, Andrew G. Clark & T.S. Whittam, *Evolution at the Molecular Level*, Sinauer, Sunderland, 1991. Je suis reconnaissant à Russell Lande des précieux avis qu'il m'a donnés concernant l'estimation de la diversité génétique totale basée sur ces recherches.

9. La création des écosystèmes

Le rôle de la loutre marine en tant qu'espèce « clé de voûte » est décrit dans David O. Duggins, « Kelp Beds and Sea Otters : An Experimental Approach », *Ecology*, nº 61, t. 3, 1980, p. 447-453.

L'exemple des jaguars et des pumas en tant qu'espèces « clés de voûte » est présenté par John Terborgh, « The Big Things That Run the World – A Sequel to E.O. Wilson », *Conservation Biology*, nº 2, t. 4, 1988, p. 402-403. La multiplication par dix des coatis et des rongeurs en l'absence de jaguars et de pumas sur l'île de Barro Colorado est une estimation fondée sur une comparaison avec la faune de Cocha Cashu, au Pérou, où vivent encore de grands félins.

Le rôle des grands mammifères africains en tant qu'espèces « clés de voûte » est bien montré dans l'article de Norman Owen-Smith, « Megafaunal Extinctions : The Conservation Message from 11 000 years B.P. », *Conservation Biology*, nº 3, t. 4, 1989, p. 405-412.

Le passage sur les fourmis de visite est adapté de mon ouvrage, *Success and Dominance in Ecosystems : The Case of the Social Insects*, Ecology Institute, Oldendorf/Luhe, 1990.

Les règles d'assemblage des communautés biotiques ont été déduites de l'observation des oiseaux de Nouvelle-Guinée par Jared M. Diamond, « Assembly of Species Communities », in *Ecology and Evolution of*

Communities (sous la direction de M.L. Cody & J.M. Diamond), Harvard University Press, Cambridge, 1975, p. 342-444. Une critique de la démarche de Diamond a été avancée, sur la base d'une analyse statistique, par Daniel Simberloff, « Using Island Biogeographic Distributions To Determine If Colonization Is Stochastic », *American Naturalist*, n° 112, 1978, p. 713-726 ; « Competition Theory, Hypothesis Testing, and Other Community-Ecology Buzzwords », *American Naturalist*, n° 122, 1983, p. 626-635. Une synthèse passant en revue de nombreux groupes de micro-organismes et d'animaux a été récemment fournie par James A. Drake, « Communities as Assembled Structures : Do Rules Govern Pattern ? », *Trends in Ecology and Evolution*, n° 5, t. 5, 1990, p. 159-164. Drake, qui arrive à la conclusion que les règles d'assemblage basées sur la compétition existent réellement, recourt aussi à la comparaison avec la construction d'un puzzle pour décrire la séquence des colonisations. On trouvera d'autres approches des règles d'assemblage, généralement favorables au rôle de la compétition, sous la plume des auteurs de *Community Ecology* (sous la direction de Jared Diamond & Ted J. Case), Harper and Row, New York, 1986.

L'histoire de la compétition entre les fourmis de feu est racontée dans Hölldobler et Wilson, *The Ants.*

Le phénomène d'augmentation de la compétition, suivie de sa relaxation, chez les pinsons de Darwin, est décrit par Peter R. Grant, *Ecology and Evolution of Darwin's Finches*, Princeton University Press, Princeton, 1986.

Le déplacement de trait chez les pinsons de Darwin a été pour la première fois suggéré par David Lack dans son ouvrage classique *Darwin's Finches*, Cambridge University Press, Cambridge, 1947. Ce phénomène a été étayé de façon extrêmement précise et convaincante par Peter Grant dans un autre classique datant de 1986, *Ecology and Evolution of Darwin's Finches*. La comparaison entre les pinces et les différents types de bec a été avancée par Robert I. Bowman, dans le cadre d'une analyse détaillée figurant dans son article « Morphological Differentiation and Adaptation in the Galápagos Finches », *University of California Publications in Zoology*, n° 58, 1961, p. 1-302.

La relation entre prédation et nombre d'espèces chez les mollusques de la zone intertidale est rapportée par Robert T. Paine, « Food Web Complexity and Species Diversity », *American Naturalist*, n° 100, 1966, p. 65-75.

Je suis très reconnaissant à Michael Huben de m'avoir montré comment extraire et examiner les acariens vivant sur la peau du front.

Pour des synthèses faisant autorité sur les chaînes alimentaires, voir Joel E. Cohen, *Food Webs and Niche Space*, Princeton University Press, Princeton, 1978 ; *Community Food Webs* (sous la direction de Joel E. Cohen, Frédéric Briand & Charles M. Newman), Springer, New York, 1990 ; et Stuart L. Pimm, John H. Lawton & Joel E. Cohen, « Food Web Patterns and Their Consequences », *Nature*, n° 350, 1991, p. 669-674.

L'étrange prédation réciproque des larves de moustiques et des protozoaires dans le genre *Lambornella* a été rapportée par Jan O. Washburn et al, « Predator-Induced Trophic Shift of a Free-Living Ciliate : Parasitism of Mosquito Larvae by Their Prey », *Science*, nº 240, 1988, p. 1193-1195.

10. *La biodiversité atteint son maximum*

Les détails sur la biologie des tapis microbiens et des stromatolites sont donnés par David J. Des Marais, « Microbial Mats and the Early Evolution of Life », *Trends in Ecology and Evolution*, nº 5, t. 5, 1990, p. 140-144 ; et par des textes de conférences de J. William Schopf publiés dans l'ouvrage de Steve Olson, *Shaping the Future : Biology and Human Values*, National Academy Press, Washington D.C., 1989.

Les détails sur l'histoire de la diversité ont été empruntés à diverses sources et, en particulier, à l'article de Andrew H. Knoll & John Bauld, « The Evolution of Ecological Tolerance in Prokaryotes », *Transactions of the Royal Society of Edinburgh, Earth Sciences*, nº 80, 1989, p. 209-223 ; à des textes de conférences de J. William Schopf publiés dans l'ouvrage de Steve Olson, *Shaping the Future : Biology and Human Values* ; à l'article de Philip W. Signor, « The Geologic History of Diversity », *Annual Review of Ecology and Systematics*, nº 21, 1990, p. 509-539 ; et à celui de Mark A.S. McMenamin, « La multiplication des espèces animales », *Pour La Science*, juin 1987, p. 90. Les informations sur les spores des premières plantes terrestres et les terriers des invertébrés sont tirées de l'article de Gregory J. Retallack & Carolyn R. Feakes, « Trace Fossil Evidence for Late Ordovician Animals on Land », *Science*, nº 235, 1987, p. 61-63. J'ai aussi bénéficié d'un manuscrit non publié par A.H. Knoll & Heinrich D. Holland, « Oxygen and Proterozoïc Evolution : An Update ».

Le concept de progrès évolutif présenté ici a d'abord été exposé dans mon ouvrage *Success and Dominance in Ecosystems : the Case of the Social Insects*, Ecology Institute, Oldendorf/Luhe, 1990.

L'idée d'une moyenne se déplaçant vers des animaux plus grands et plus complexes au cours des temps géologiques est développée par Geerat J. Vermeij, *Evolution and Escalation : An Ecological History of Life*, Princeton University Press, Princeton, 1987 ; et par John Tyler Bonner, *The Evolution of Complexity by Means of Natural Selection*, Princeton University Press, Princeton, 1988.

La date de −550 millions d'années donnée pour le début du Cambrien, et donc de l'éon Phanérozoïque, correspond à un consensus chez les paléontologistes, selon Simon Conway Morris (communication personnelle). Le lien entre l'élévation de la teneur en oxygène de l'atmosphère et l'apparition des animaux macroscopiques à la fin du Précambrien et au début du Cambrien a été pour la première fois proposé par Preston Cloud, dans le cadre d'un modèle théorique.

L'estimation des taux d'extinction chez les organismes marins se fonde sur de nombreuses études des archives fossiles du Permien et du Trias, qui sont passées en revue par D.H. Erwin, « The End-Permian Mass Extinction », *Annual Review of Ecology and Systematics*, nº 21, 1990, p. 69-91.

Le scénario du « champ de bataille » est tiré de l'ouvrage de David

430 NOTES

M. Raup, *Extinction : Bad Genes or Bad Luck ?*, Norton, New York, 1991. Il a été inspiré par ses méthodes d'estimation des taux d'extinction en fonction du rang taxinomique dans « Taxonomic Diversity Estimation Using Rarefaction », *Paleobiology*, n° 1, t. 4, 1975, p. 333-342. J'ai donné à ma présentation de ce « scénario » une tournure plus militaire.

Une analyse qui fait autorité sur l'explosion cambrienne de la vie dans les océans est celle de S. Conway Morris, « Burgess Shale Faunas and the Cambrian Explosion », *Science*, n° 246, 1989, p. 339-346. Plusieurs des problematica, y compris *Hallucigenia*, semblent être apparentés à l'embranchement actuel des Onychophores, ainsi que le suggèrent L. Ramsköld & Hou Xianguang, « New Early Cambrian Animal and Onychophoran Affinities of Enigmatic Metazoans », *Nature*, n° 351, 1991, p. 225-228. La diagnose du bizarre *Wiwaxia corrugata* a été faite par Nicholas J. Butterfield, « A Reassessment of the Enigmatic Burgess Shale Fossil *Wiwaxia corrugata* (Matthew) and its Relationship to the Polychaete *Canadia spinosa* Walcott », *Paleobiology*, n° 16, t. 3, 1990, p. 287-303.

La corrélation entre répartition des continents sur la planète et diversité à l'échelle mondiale a été analysée par Signor ; voir son ouvrage « Geologic History of Diversity ».

La tendance à l'enrichissement des faunes et des flores locales est étayée par J. John Sepkoski Jr. et al, « Phanerozoïc Marine Diversity and the Fossil Record », *Nature*, n° 293, 1981, p. 435-437 ; et Andrew H. Knoll, « Patterns of Change in Plant Communities through Geological Time », in *Community Ecology* (sous la direction de Jared M. Diamond & Ted J. Case), Harper and Row, New York, 1986, p. 126-141.

À propos des gradients en espèces, en fonction de la latitude : les données numériques sur les espèces nicheuses sont tirées de Adrian Forsyth, *Portraits of the Rain Forest*, Camden House, Camden East, Ontario, 1990. Raymond A. Paynter m'a fourni le chiffre concernant les espèces colombiennes. Une liste des publications étayant la notion de gradient de diversité en fonction de la latitude dans une vaste gamme de plantes et d'animaux est donnée par George C. Stevens, « The Latitudinal Gradient in Geographical Range : How So Many Species Coexist in the Tropics », *American Naturalist*, n° 133, t. 2, 1989, p. 240-256.

Les chiffres sur la diversité des plantes tropicales et sur celle des plantes des pays tempérés sont donnés par Peter H. Raven, « The Scope of the Plant Conservation Problem World-Wide », in *Botanic Gardens and the World Conservation Strategy* (sous la direction de David Bramwell, Ole Hamann, V.H. Heywood & Hugh Synge), Academic Press, New York, 1987, p. 19-29. Le dénombrement, par Alwyn H. Gentry, des espèces d'arbres au Pérou (le record mondial) est donné dans son article « Tree Species Richness of Upper Amazonian Forests », *Proceedings of the National Academy of Sciences*, n° 85, 1988, p. 156-159. L'estimation de la diversité des arbres à Bornéo par Peter Ashton n'a pas fait l'objet de publication et m'a été fournie dans le cadre d'une communication personnelle.

Les données sur la diversité des papillons du Pérou et du Brésil sont citées par Gerardo Lamas, Robert K. Robbins & Donald J. Harvey, « A Preliminary Survey of the Butterfly Fauna of Pakitza, Parque Nacional del Manu, Peru, with an Estimate of its Species Richness », *Publicaciones del Museo de Historia Natural, Universidad Nacional Mayor de San Marcos, Serie A Zoologia*, n° 40, 1991, p. 1-19 ; et par Thomas C. Emmel & George T. Austin, « The Tropical Rain Forest Butterfly Fauna of Rondonia, Brazil : Species Diversity and Conservation », *Tropical Lepidoptera*, n° 1, t. 1, p. 1-12, 1990.

J'ai tiré de mon étude sur les fourmis recueillies sur un seul arbre de la forêt tropicale humide du Pérou, l'article « The Arboreal Ant Fauna of Peruvian Amazon Forests : A First Assessment », *Biotropica*, n° 19, t. 3, 1987, p. 245-251. Terry L. Erwin a fait l'estimation du nombre des espèces de coléoptères dans une forêt tropicale humide du Panama, dans « Tropical Rain Forests : Their Richness in Coleoptera and Other Arthropod Species », *Coleopterist's Bulletin*, n° 36, t. 1, 1982, p. 74-75. Les chiffres sur la diversité des coléoptères en Amérique du Nord et dans le monde sont donnés par Ross H. Arnett Jr., *American Insects : A Handbook of the Insects of America North of Mexico*, Van Nostrand Reinhold, New York, 1985.

La corrélation établie par David J. Currie entre la richesse en espèces de vertébrés et d'arbres d'Amérique du Nord et les facteurs de l'environnement est présentée dans son article « Energy and Large-Scale Patterns of Animal- and Plant-Species Richness », *American Naturalist*, n° 137, t. 1, 1991, p. 27-49.

La règle de Rapoport, comme George Stevens l'a appelé, a été proposée par le biologiste argentin Eduardo H. Rapoport dans son livre *Aerography : Geographical Strategies of Species*, Pergamon, New York, 1982 (la version originale espagnole avait paru en 1975). Stevens lui-même, cependant, a dressé la liste des données, tirées de nombreuses publications, qui ont permis de régler ce point. Il a aussi fait le lien entre la règle de Rapoport – selon laquelle les espèces des zones tempérées ont des aires de répartition étalées sur une plus vaste gamme de latitudes – et le besoin qu'ont ces espèces d'occuper des milieux locaux plus variables. Le rétrécissement des aires de distribution en fonction de l'altitude sur les pentes des montagnes tropicales pour la même raison – ce qui est fondamentalement la même chose que la règle de Rapoport – est une notion qui a été introduite en 1967 par Daniel H. Janzen, « Why Mountain Passes Are Higher in the Tropics », *American Naturalist*, n° 101, p. 233-349.

Le charençon de Nouvelle-Guinée qui porte un jardin d'algues, de lichens et de mousses sur son dos a été découvert par J. Linsley Gressitt, « Epizoic Symbiosis », *Entomological News*, n° 80, t. 1, 1969, p. 1-5.

Dynamine hoppi et beaucoup d'autres espèces de papillons rares et magnifiques sont décrites par Philip J. de Vries, *The Butterflies of Costa Rica and Their Natural History : Papilionidae, Pieridae, Nymphalidae*, Princeton University Press, Princeton, 1987.

Le modèle « sources de production versus sources de disparition » a fait l'objet d'une étude critique par H. Ronald Pulliam, « Sources, Sinks, and Population Regulation », *American Naturalist*, n° 132, t. 5, 1988, p. 652-661. Il a été particulièrement bien étayé par l'étude exhaustive de la diversité des arbres au Panama, par Stephen Hubbell and Robin Foster :

« Commonness and Rarity in a Neotropical Forest : Implications for Tropical Tree Conservation », in *Conservation Biology : The Science of Scarcity and Diversity* (sous la direction de Michael E. Soulé), Sinauer, Sunderland, 1986, p. 205-231.

La présentation des épiphytes est une version modifiée, tirée de mon article « Rain Forest Canopy : the High Frontier », *National Geographic*, n° 180, décembre 1991, p. 78-107.

Il a été pour la première fois souligné par Howard L. Sanders que le cas des animaux des grands fonds océaniques soutenait l'hypothèse de la stabilité de l'environnement comme facteur de la diversité ; voir son article : « Marine Benthic Diversity : A Comparative Study », *American Naturalist*, n° 102, 1968, p. 243-282.

L'analyse des effets de la taille des organismes sur la diversité biologique est effectuée par D.R. Morse et al., « Fractal Dimension of Vegetation and the Distribution of Arthropod Body Lengths », *Nature*, n° 314, 1985, p. 731-733 ; et par Robert M. May, « How Many Species Are There on Earth ? », *Science*, n° 241, 1988, p. 1441-1449.

G. Evelyn Hutchinson et Robert H. MacArthur sont les auteurs de la loi de l'accroissement logarithmique de la biodiversité en fonction de la taille décroissante des organismes, qu'ils ont proposée dans l'article « A Theoretical Ecological Model of Size Distributions among Species of Animals », *American Naturalist*, n° 93, 1959, p. 117-125.

L'analyse fractale de la taille des niches comme déterminant de la biodiversité, a été présentée par Morse et ses collègues dans leur article « Fractal Dimension ». Ces biologistes ont mesuré les surfaces réelles des végétaux pour cerner les différents types d'univers perçus par les organismes de différentes tailles.

L'univers des acariens vivant dans le plumage des perroquets est décrit par Tila M. Pérez & Warren T. Atyeo, « Site Selection of the Feather and Quill Mites of Mexican Parrots », in *Acarology VI* (sous la direction de D.A. Griffiths & C.E. Bowman), Ellis Horwood, Chichester, Angleterre, 1984, p. 563-570. Des détails supplémentaires m'ont été aimablement fournis par Tila Pérez dans le cadre d'une communication personnelle.

Les derniers jours de la perruche de Caroline sont décrits par Doreen Buscami, « The Last American Parakeet », *Natural History*, n° 87, t. 4, 1978, p. 10-12.

Les études statistiques les plus complètes sur les facteurs affectant le nombre des espèces animales ont récemment été menées par Kenneth P. Dial & John M. Marzluff. Voir « Are the Smallest Organisms the Most Diverse ? », *Ecology*, n° 69, t. 5, 1988, p. 1620-1624 ; « Nonrandom diversification within Taxonomic Assemblages », *Systematic Zoology*, n° 38, t. 1, 1989, p. 26-37 ; et « Life History Correlates of Taxonomic Diversity », *Ecology*, n° 72, t. 2, 1990, p. 428-439.

Le passage sur la diversité des insectes et leur prééminence dans le monde est fondé sur mon article « First Word », *Omni*, n° 12, septembre 1990, p. 6.

Les raisons de la grande variété et de l'importance écologique des insectes sont examinées par T.R.E. Southwood, « The Components of

Diversity », in *Diversity of Insects Faunas* (sous la direction de Laurence A. Mound & Nadia Waloff), Blackwell, Londres, 1978, p. 19-40.

La description de la radiation adaptative des mammifères africains est une version modifiée tirée de Charles J. Lumsden & Edward O. Wilson, *Promethean Fire*, Harvard University Press, Cambridge, 1983.

11. La vie et la mort des espèces

L'exposé sur l'extinction du gui de Nouvelle-Zélande s'appuie sur l'article de David A. Norton, « *Trilepidea adamsii* : An Obituary for a Species », *Conservation Biology*, n° 5, t. 1, 1991, p. 52-57.

Les données sur les taux d'extinction des organismes marins sont tirées des articles de David M. Raup, « Extinction : Bad Gene or Bad Luck ? », *Acta geològica hispànica*, n° 16, t. 1-2, 1981, p. 25-33 ; et « Evolutionary Radiations and Extinction », in *Patterns of Change in Evolution* (sous la direction de H.D. Holland & A.F. Trandall), Dahlem Konferenzen, Abakon Verlagsgesellschaft, Berlin, 1984, p. 5-14.

La constance approximative de l'extinction des espèces au sein d'un clade – et de clades au sein de clades plus grands – a été mise en évidence par Leigh Van Valen, « A New Evolutionary Law », *Evolutionary Theory*, n° 1, 1973, p. 1-30. Un examen critique des données sur la longévité des espèces et des clades, confirmant la notion d'une constance des extinctions, mais avec de nombreuses exceptions, est fourni par Jeffrey Levinton, *Genetics, Paleontology and Macroevolution*, Cambridge University Press, New York, 1988.

L'histoire récente des antilopes et des buffles africains, comprenant notamment un épisode d'extinction de masse il y a 2,5 millions d'années, est rapportée de façon détaillée par Elisabeth S. Vrba, « African Bovidae : Evolutionary Events since the Miocene », *South African Journal of Science*, n° 81, 1985, p. 263-266.

La formation rapide de nouvelles espèces de plantes dans les Andes est une notion défendue par Alwyn H. Gentry & Calaway H. Dodson, « Diversity and Biogeography of Neotropical Vascular Epiphytes », *Annals of the Missouri Botanical Garden*, n° 74, 1987, p. 205-233.

La naissance de l'île de Surtsey, le 14 novembre 1963, a été suivie de sa colonisation par les plantes et les animaux d'une façon analogue à ce qui s'est passé sur Krakatau (chapitre 2), bien qu'avec beaucoup moins d'espèces. L'histoire de cette île est rapportée en détail par Sturla Fridriksson, *Surtsey : Evolution of Life on a Volcanic Island*, Halsted Press, Wiley, 1975. Les Islandais ont été témoins d'épisodes similaires à de nombreuses reprises. Le poème datant du Xe siècle *Völuspá* parle des éruptions volcaniques comme des colères du géant du feu Surtur Le Noir : « Les étoiles brûlantes tombées/ du Ciel tourbillonnent./ De plus en plus ardentes sont la vapeur/ et la flamme vivante./ Jusqu'au point où le feu s'élance très haut/ presque jusqu'au Ciel lui-même. » Le nom de Surtsey signifie « île de Surtur ».

La théorie de la biogéographie insulaire a été présentée en 1963 par Robert H. MacArthur & Edward O. Wilson, « An Equilibrium Theory of

Insular Zoogeography », *Evolution*, n° 17, t. 4, p. 373-387, et développée dans notre ouvrage *The Theory of Island Biogeography*, Princeton University Press, Princeton, 1967. Elle a été discutée et améliorée, et les versions actuelles les meilleures sont peut-être celles qui sont présentées par Mark Williamson, *Island Populations*, Oxford University Press, Oxford, 1981 ; et « Natural Extinctions on Islands », *Philosophical Transactions of the Royal Society of London*, ser. B, n° 325, 1989, p. 457-468. La règle selon laquelle la multiplication par dix de la superficie d'une île conduit au doublement du nombre des espèces qui y vivent, a été suggérée pour la première fois par Philip J. Darlington, *Zoogeography : the Geographical Distribution of Animals*, Wiley, New York, 1957.

L'expérience biogéographique des Cayes de Floride est rapportée dans Daniel S. Simberloff & Edward O. Wilson, « Experimental Zoogeography of Islands : Defaunation and Monitoring Techniques », *Ecology*, n° 50, t. 2, 1969, p. 267-278 ; et dans « Experimental Zoogeography of Islands : A Two-Year Record of Colonization », *Ecology*, n° 51, t. 5, 1970, p. 934-937. La théorie de la biogéographie insulaire, et en particulier sa proposition centrale sur l'équilibre dynamique du nombre des espèces, a été testée dans le cadre de nombreuses autres expériences recourant à des systèmes miniaturisés, comme par exemple des diatomées sur les bords de ruisseaux ou des micro-organismes dans des bouteilles. Les études sur les renouvellements en espèces dans des groupes d'îles de surface variée ont aussi contribué à la tester, de même que les analyses des recolonisations « post-catastrophe » de Krakatau et Surtsey.

Les premiers résultats des « Recherches sur les parcelles de forêt » au Brésil sont rapportés dans l'article de Thomas Lovejoy et al, « Ecosystem Decay of Amazon Forest Remnants », in *Extinction* (sous la direction de Matthew H. Nitecki), University of Chicago Press, Chicago, 1984, p. 295-325 ; et de Lovejoy et al, « Edge and Other Effects of Isolation on Amazon Forest Fragments », in *Conservation Biology : The Science of Scarcity and Diversity* (sous la direction de Michael Soulé), Sinauer, Sunderland, 1986, p. 257-285. Les pertes en diversité chez les coléoptères ont été démontrées par Bert C. Klein, « Effects of Forest Fragmentation on Dung and Carrion Beetle Communities in Central America », *Ecology*, n° 70, t. 6, 1989, p. 1715-1725.

La théorie de la probabilité d'extinction est présentée de concert avec les données sur les petites îles britanniques où elle est mise à l'épreuve, dans l'article de Stuart Pimm, H. Lee Jones & Jared Diamond, « On the Risk of Extinction », *American Naturalist*, n° 132, t. 6, 1988, p. 757-785. Dans *The Theory of Island Biogeography* (1967), MacArthur et Wilson fournissent des équations mettant en évidence que la longévité des populations dépend fortement de la taille de la population et des rythmes de naissance et de décès des individus qui en sont membres.

Les renseignements sur les espèces d'oiseaux en danger d'extinction en Amérique du Nord sont tirés de John W. Terborgh, « Preservation of Natural Diversity : The Problem of Extinction Prone Species », *BioScience*, n° 24, t. 12, 1974, p. 715-722 ; et *Where Have All The Birds Gone ? Essays on the Biology and Conservation of Birds That Migrate to the American Tropics*, Princeton University Press, Princeton, 1989 ; David S. Wilcove

& J.W. Terborgh, « Patterns of Population Decline in Birds », *American Birds*, n° 38, t. 1, 1984, p. 10-13 ; et Russell Lande, « Genetics and Demography in Biological Conservation », *Science*, n° 241, 1988, p. 1455-1460. Les diverses modalités de la rareté chez les organismes ont fait l'objet d'un classement par Deborah Rabinowitz, Sara Cairns & Theresa Dillon, « Seven Forms of Rarity and Their Frequency in the Flora of the British Isles », in *Conservation Biology : The Science of Scarcity and Diversity* (sous la direction de Michael E. Soulé), Sinauer, Sunderland, 1986, p. 182-204.

Le passage sur les escargots du Paléozoïque habitant sur le pôle anal des crinoïdes est tiré de Steven M. Stanley, « Periodic Mass Extinctions on the Earth's Species », *Bulletin of the American Academy of Arts and Sciences*, n° 40, t. 8, 1987, p. 29-48.

Mon étude de l'extinction chez les fourmis des Antilles a été présentée dans « Invasion and Extinction in the West Indian Ant Fauna : Evidence from the Dominican Amber », *Science*, n° 229, 1985, p. 265-267.

La citation de Steven Stanley sur la plus grande longévité des mollusques abondant dans les archives fossiles est tirée de « Periodic Mass Extinctions », p. 34-36.

La règle des 50-500 pour la taille minimum d'une population a été introduite par Ian Robert Franklin, « Evolutionary Changes in Small Populations », in *Conservation Biology : an Evolutionary-Ecological Perspective* (sous la direction de Michael Soulé & Bruce A. Wilcox), Sinauer, Sunderland, 1980, p. 135-149. Les équivalents léthaux dans la constitution génétique des animaux de zoo ont été étudiés par John W. Senner, « Inbreeding Depression and the Survival of Zoo Populations », in *Conservation Biology* (sous la direction de Soulé et Wilcox), p. 209-224 ; et par Katherine Ralls, Jonathan D. Ballou & Alan Templeton, « Estimates of Lethal Equivalents and the Cost of Inbreeding in Mammals », *Conservation Biology*, n° 2, t. 2, 1988, p. 185-193. La règle des 50-500 est ré-examinée par Otto Frankel & Michael Soulé, in *Conservation and Evolution*, Cambridge University Press, Cambridge, 1981, et de façon plus critique par Russell Lande, « Genetics and Demography in Biological Conservation », *Science*, n° 241, 1988, p. 1455-1460.

Les minuscules populations du térébrionidé aptère de Frigate Island et du cloporte de Socorro sont décrites dans *The IUCN Invertebrate Red Data Book*, Unwin Brothers, Old Woking, 1983, et celle de l'arbre appelé « hau kuahiwi » de Kauai dans *Plant Conservation* (Center fo Plant Conservation), n° 3, t. 4, 1988, p. 1-8.

Le concept de métapopulation, avancé par Richard Levins en 1970, a été plus récemment exploré par Isabelle Olivieri et al., « The Genetics of Transient Populations : Research at the Metapopulation Level », *Trends in Ecology and Evolution*, n° 5, t. 7, 1990, p. 207-210 ; et de façon très détaillée par un certain nombre d'auteurs dans *Metapopulation Dynamics : Empirical and Theoretical Investigations* (sous la direction de Michael

Gilpin & Ilkka Hanski), Academic Press, New York, 1991, un livre constitué par la ré-impression du *Biological Journal of the Linnean Society*, n° 42, t. 1-2, 1991.

Les renseignements sur le papillon bleu de Karner proviennent d'un texte intitulé « Minimum Area Requirements for Long-Term Conservation of the Albany Pine Bush and Karner Blue Butterfly : An Assessment » ; il s'agit d'un rapport non publié établi pour l'État de New York par Thomas J. Givnish, Eric S. Menges & Dale F. Schweitzer, 9 août 1988, que je cite avec la permission des auteurs. Le papillon bleu de Karner est l'une des quelques métapopulations dispersées constituant la race orientale du papillon bleu *Lycaeides melissa*. Il a été formellement décrit par Vladimir Nabokov, le romancier et distingué collectionneur de papillons.

Les derniers jours du ara de Spix dans la nature ont été rapportés par Jorgen B. Thomsen & Charles A. Munn, « *Cyanopsitta spixii* : A Non-Recovery Report », *Parrotletter*, n° 1, t. 1, 1987, p. 6-7 ; et dans un article bref, « Lone Macaw Makes a Vain Bid for Survival », *New Scientist*, 18 août 1990. Je dois à Jorgen Thomsen les renseignements supplémentaires sur le statut du dernier mâle survivant.

12. La biodiversité menacée

Je suis reconnaissant à Alwyn H. Gentry de m'avoir communiqué l'histoire de la Centinela. Certaines des caractéristiques de sa flore sont décrites par Gentry dans « Endemism in Tropical versus Temperate Plant Communities », in *Conservation Biology : The Science of Scarcity and Diversity*, Sinauer, Sunderland, 1986, p. 153-181. Une histoire de la déforestation en Équateur est rapportée dans : Calaway Dodson & Gentry, « Biological Extinction in Western Ecuador », *Annals of the Missouri Botanical Gardens*, n° 78, t. 2, 1991, p. 273-295.

Sur l'extinction de masse des oiseaux polynésiens. L'extinction des oiseaux de Hawaï provoquée par les premiers colonisateurs polynésiens est décrite par Storrs L. Olson & Helen F. James, « Descriptions of Thirty-Two New Species of Birds from the Hawaïan Islands, Part 1 : Non-Passeriformes », *Ornithological Monographs*, n° 45, 1991, p. 1-88. La destruction des faunes d'oiseaux dans d'autres parties de la Polynésie est rapportée dans David W. Steadman, « Extinctions of Birds in Eastern Polynesia : A Review of the Record and Comparisons with Other Pacific Island Groups », *Journal of Archaeological Science*, n° 16, 1989, p. 177-205 ; et dans Tom Dye & D.W. Steadman, « Polynesian Ancestors and Their Animal World », *American Scientist*, n° 78, 1990, p. 207-215. L'histoire de l'île Henderson est racontée par Steadman & Olson, « Bird Remain from an Archaelogical site on Henderson Island, South Pacific : Man-Caused Extinctions on an " Uninhabited " Island », *Proceedings of the National Academy of Sciences*, n° 82, 1985, p. 6191-6195.

L'ouvrage faisant autorité sur les extinctions de la fin de l'ère Glaciaire, il y a environ onze mille ans, est le livre collectif *Quaternary*

Extinctions : A Prehistoric Revolution (sous la direction de Paul S. Martin & Richard G. Klein), University of Arizona Press, Tucson, 1984. Les auteurs consultés ici sont, par ordre d'apparition : David W. Steadman & Paul S. Martin (extinctions pléistocènes en Amérique du Nord et oiseaux de la fin du Pléistocène) ; Leslie F. Marcus & Rainer Berger (mégafaune de la fin du Pléistocène, telle qu'elle se présentait à Rancho La Brea) ; Larry D. Agenbroad (mammouths) ; Arthur M. Phillips III (paresseux terrestres) ; C. Vance Haynes (culture de Clovis et extinction de la mégafaune) ; Jared Diamond (faune d'oiseaux d'Islande) ; James E. King & Jeffrey J. Saunders (mastodontes), S. David Webb (extinctions mammaliennes en Amérique du Nord durant les 10 derniers millions d'années) ; et Donald K. Grayson (histoire des explications du XIXᵉ siècle sur les extinctions du Pléistocène).

L'extinction des moas et d'autres oiseaux endémiques de Nouvelle-Zélande est racontée par Michael M. Trotter & Beverley McCulloch, Atholl Anderson & Richard Cassels, in *Quartenary Extinctions* (sous la direction de Martin et Klein) ; et plus récemment, de nouveau par Anderson in *Prodigious Birds : Moas and Moa-hunting in prehistoric New Zealand*, Cambridge University Press, New York, 1990.

Le sort qui a été réservé aux faunes malgache et australienne est décrit Robert E. Dewar, Peter Murray, Duncan Merrilees & D.R. Horton in *Quartenary Extinctions* (sous la direction de Martin et Klein).

L'argumentation de Jared Diamond accusant l'homme préhistorique de la destruction de la mégafaune mondiale reprend, en l'améliorant, celle développée par Paul Martin et d'autres auteurs. Elle comporte, en outre, des données provenant de ses propres recherches sur les oiseaux du Pacifique. Elle figure dans un article intitulé « Quaternary Megafaunal Extinctions : Variations on a Theme by Paganini », *Journal of Archaeological Science*, n° 16, 1989 , p. 167-175.

La mort du pic impérial au Mexique a été rapportée par George Plimpton, « Un gran pedazo de carne », *Audubon Magazine*, n° 79, t. 6, 1977, p. 10-25.

La provenance des espèces exotiques et leurs effets sont traités dans *Ecology of Biological Invasions of North America and Hawaii* (sous la direction de Harold A. Mooney & James A. Drake), Springer, New York, 1986.

Les espèces de poissons éteintes et vulnérables en Amérique du Nord sont passées en revue par Jack E. Williams et al., « Fishes of North America. Endangered, Threatened or of Special Concern : 1989 », *Fisheries* (American Fish Society), n° 14, t. 6, 1989, p. 2-20 ; R.R. Miller et al., « Extinctions of North American Fishes During the Past Century », *Fisheries*, n° 14, t. 6, 1989, p. 22-38 ; et Jack E. Williams & Robert R. Miller, « Conservation Status of the North American Fish Fauna in Fresh Water », *Journal of Fish Biology*, n° 37 (A), 1990, p. 79-85. Je suis reconnaissant à Karsten E. Hartel de m'avoir communiqué son analyse non publiée de données sur le déclin des espèces.

Les anecdotes sur l'extinction des oiseaux sont basées sur l'article de Jared M. Diamond, « The Present, Past, and Future of Human-Caused Extinction », *Philosophical Transactions of the Royal Society of London*, ser. B, nº 325, 1989, p. 469-477 ; et l'ouvrage de John Terborgh, *Where Have All the Birds Gone ? Essays on the Biology and Conservation of Birds that Migrate to the American Tropics*, Princeton University Press, Princeton, 1989.

Sur les taux élevés des extinctions de poissons d'eau douce, voir Diamond, et Walter R. Courtenay Jr. & Peter B. Moyle, « Introduced Fishes, Aquaculture, and the Biodiversity Crisis », *Abstracts, 71st Annual Meeting, American Society of Ichthyologists and Herpetologists*, et Irv Kornfield & Kent E. Carpenter, « Cyprinids of Lake Lanao, Philippines : Taxonomic Validity, Evolutionary Rates and Speciation Scenarios », in *Evolution of Fish Species Flocks* (sous la direction de Anthony A. Echelle & Irv Kornfield), University of Maine Press, Orono, 1984. Le total de dix-huit espèces de cichlidés, accepté classiquement dans les études sur la foule d'espèces de cyprinidés du lac Lanao, est peut-être excessif, bien que les Maranaos, habitants de cette région, les reconnaissent tous. Certaines des « espèces » pourraient être, en fait, des morphes au sein d'espèces très plastiques, sur le même principe que les cichlidés du Mexique ou de l'omble arctique que j'ai décrits au chapitre 7. Quelle que soit la conclusion que l'on adopte sur le plan taxinomique, il n'en reste pas moins que la radiation adaptative des cyprinidés du lac Lanao a atteint un point considérable pour un seul lac. Or, elle a été presque complètement anéantie durant les cinquante dernières années. Le sort réservé aux poissons du lac Victoria est décrit par Christopher G. Barlow & Allan Lisle, « Biology of the Nile Perch *Lates niloticus* (Pisces : Centropomidae) with Reference to its Proposed Role as a Sport Fish in Australia », *Biological Conservation*, nº 39, t. 4, 1987, p. 269-289 ; Daniel J. Miller, « Introduction and Extinction of Fish in the African Great Lakes », *Trends in Ecology and Evolution*, nº 4, t. 2, 1989, p. 56-59 ; et C.D.N. Barel et al, « The Haplochromine Cichlids in Lake Victoria : An Assessment of Biological and Fisheries Interests », in *Cichlid Fishes : Behaviour, Ecology and Evolution* (sous la direction de M.H.A. Keenleyside), Chapman & Hall, 1991, p. 258-279.

Le déclin des mollusques d'eau douce fait l'objet d'une documentation dans *The IUCN Invertebrate Red Data Book*, International Union for Conservation of Nature and Natural Resources, Gland, Suisse, 1983.

Les escargots arboricoles de Moorea ont été l'objet d'études classiques de micro-évolution par Henry E. Crampton et Bryan C. Clarke. Leur destruction totale est décrite par James Murray, Elizabeth Murray, Michael S. Johnson & Bryan Clarke, « The extinction of *Partula* on Moorea », *Pacific Science*, nº 42, t. 3,4, 1988, p. 150-153. Je suis reconnaissant à Bryan Clarke de m'avoir communiqué des informations supplémentaires sur cet épisode. La perte des escargots arboricoles de Hawaï fait l'objet d'une documentation dans *The IUCN Invertebrate Red Data Book* (1983).

Les espèces de plantes menacées des États-Unis sont dénombrées par Linda R. McMahan, « CPC Survey Reveals 680 Native U.S. Plants May Become Extinct within 10 years », *Plant Conservation* (Center for Plant Conservation), nº 3, t. 4, 1988, p. 1-2. Les espèces déjà éteintes ont été recensées par Michael O'Neal et d'autres membres du CPC en 1992 (communication personnelle). Les renseignements sur l'espèce endémique de Porto Rico *Banara vanderbiltii* proviennent de John Popenoe, « One of the World's Rarest Species », *Plant Conservation*, n° 3, t. 4, 1988, p. 6.

Le nombre des espèces d'invertébrés menacées et en danger d'Europe a été rapporté par Eladio Fernandez-Galiano dans *IUCN Special Report Bulletin* (International Union for Conservation of Nature and Natural Resources), n° 18, t. 7-9, 1987, p. 7. En 1989, 501 espèces d'insectes ont été enregistrées comme menacées selon les stipulations de l'U.S. Endangered Species Act. Cela ne représente qu'environ 1 % de la faune totale connue, mais c'est probablement aussi une grossière sous-estimation, découlant du fait que tous les groupes, à l'exception de quelques-uns, sont mal connus sur le plan taxinomique.

Le déclin des champignons en Europe est passé en revue par John Jaenike, « Mass Extinction of European Fungi », *Trends in Ecology and Evolution*, n° 6, t. 6, 1991, p. 174-175. Il n'a pas encore été mené d'études semblables en Amérique du Nord.

Le cas de la chouette tachetée nordique est discuté par Russell Lande, « Demographic Models of the Northern Spotted Owl (*Strix occidentalis caurina*) », *Oecologia*, n° 75, t. 4, 1988, p. 601-607, et « Genetics and Demography in Biological Conservation », *Science*, n° 241, 1988, p. 1455-1460.

Les grenouilles et les salamandres rares du Pacifique Nord-Ouest sont décrites par Hartwell H. Welsh Jr., « Relictual Amphibians and Old-Growth Forests », *Conservation Biology*, n° 4, t. 3, 1990, p. 308-319.

Un catalogue des habitats en danger et menacés est fourni dans *The IUCN Invertebrate Red Data Book* (1983).

Les dix-huit « zones rouges » de Norman Myer sont énumérées dans deux articles, « Threatened Biotas : " Hot Spots " in Tropical Forests », *Environmentalist*, n° 8, t. 3, 1988, p. 187-208 ; et « The Biodiversity Challenge : Expanded Hot-Spots Analysis », *Environmentalist*, n° 10, t. 4, 1990, p. 243-256.

L'état présent de la forêt brésilienne de la côte atlantique est détaillé dans *The Last Rain Forests : A World Conservation Atlas* (sous la direction de Mark Collins), Oxford University Press, New York, 1990. Ce livre magnifiquement illustré contient des cartes montrant l'étendue antérieure et actuelle de toutes les grandes forêts tropicales. C'est la meilleure des références courantes pour ce type de livre.

Parmi les préoccupations des écologistes, les forêts tropicales d'arbres à feuilles caduques sont restées à l'arrière-plan des forêts tropicales humides ; mais elles sont encore en plus grand péril. Parce qu'elles occupent des terres potentiellement cultivables ou pouvant être livrées à l'élevage, et qu'elles sont facilement coupées, elles représentent l'un des milieux mondiaux les plus fortement exploités. En Amérique centrale, elles ont été réduites à moins de 10 % de leur étendue originelle. Les forêts tropicales à feuilles caduques sont intermédiaires entre les forêts tropicales humides et les forêts à feuilles caduques des zones tempérées pour ce qui concerne leur degré de biodiversité. Une synthèse est présentée par Manuel Lerdau, Julie Whitbeck et N. Michele Holbrook, « Tropical Deciduous Forest : Death of a Biome », *Trends in Ecology and Evolution*, n° 6, t. 7, 1991, p. 201-233.

La réduction des récifs coralliens, sous l'effet de causes naturelles et de perturbations dues à l'homme, est rapportée dans « Coral Reefs off 20 Countries Face Assaults from Man and Nature », *New York Times*, 27 mars, 1990 ; Peter W. Glynn, « Coral Reef Bleaching in the 1980s and Possible Connection with Global Warming », *Trends in Ecology and Evolution*, n° 6, t. 6, 1991, p. 175-179, ; et Leslie Roberts, « Greenhouse Role in Reef Stress Unproven », *Science*, n° 253, 1991, p. 258-259.

L'impact du réchauffement climatique sur la biodiversité a fait l'objet de prédictions par Robert L. Peters & Joan D.S. Darling, « The Greenhouse Effect and Nature Reserves », *BioScience*, n° 35, t. 11, p. 707-717, 1985 ; Andy Dobson, Alison Jolly & Dan Rubinstein, « The Greenhouse Effect and Biological Diversity », *Trends in Ecology and Evolution*, n° 4, t. 3, 1989, p. 64-68 ; et *Global Warming and Biological Diversity* (sous la direction de Robert L. Peters & Thomas E. Lovejoy), Yale University Press, New Haven, 1992. Les explications que je donne ici sont tirées de ces sources et de mon article « La diversité du vivant menacée », *Pour La Science*, n° 145, novembre 1989, p. 66.

Les possibles conséquences de la montée du niveau de la mer sur la biodiversité sont examinées par Walter V. Reid & Mark C. Trexler, *Drowning the National Heritage : Climate Change and U.S. Coastal Biodiversity*, World Resources Institution, Washington D.C., 1991.

L'estimation de la proportion d'énergie que s'approprie l'espèce humaine actuellement a été faite par Peter M. Vitousek, Paul R. Ehrlich, Anne H. Ehrlich & Pamela A. Mason, « Human Appropriation of the Products of Photosynthesis », *BioScience*, n° 36, 1986, p. 368-373. Ces auteurs se sont fondés sur la production nette primaire, autrement dit la quantité d'énergie restant après soustraction de la respiration des producteurs primaires (essentiellement les plantes) du montant total de l'énergie (essentiellement solaire) qui est fixée biologiquement. Cette appropriation comprend les produits consommés tels que les ressources alimentaires, les fibres et le bois de construction ; les produits des terres consacrées exclusivement aux besoins humains (c'est-à-dire de toutes les terres cultivées et pas seulement de celles consacrées aux plantes directement consommées par l'homme) ; les terres brûlées dans le cadre du déboisement ; et les terres consacrées aux habitations ou abandonnées car devenues improductives. L'appropriation des ressources marines par l'homme reste relativement faible. Le rapport de la taille corporelle à la densité de population et à la consommation d'énergie chez les espèces animales est analysé par James H. Brown & Brian A. Maurer, « Macro-ecology : The Division of Food and Space among Species on Continents », *Science*, n° 243, 1989, p. 1145-1150.

L'évolution probable des effectifs de la population mondiale est tirée de *The Economist Book of Vital World Statistics*, Times Books, 1990.

Le passage sur la fragilité des forêts tropicales humides est tiré de mon article « The Current State of Biological Diversity » , in *Biodiversity* (sous la direction de E.O. Wilson & F.M. Peters), National Academy Press, Washington D.C., 1988, p. 3-18 ; de celui de Christopher Uhl, « Restoration of Degraded Lands in Amazon Basin », *ibid.*, p. 326-362 ; et de T.C. Whitmore, « Tropical Forests Nutrients : Where Do We Stand ? A *Tour d'Horizon* » in *Mineral Nutrients in Tropical Forest and Savanna*

Ecosystems (sous la direction de J. Proctor), Blackwell Scientific Publications, Boston, 1990, p. 1-13.

Les informations sur la destruction de la forêt amazonienne au cours de l'année 1987 sont données par Mac Margolis, « Thousand of Amazon Acres Burning », *Washington Post*, 8 septembre 1988 ; Marlise Simons, « Vast Amazon Fires, Man-Made, Linked to Global Warming », *New York Times*, 12 août 1988 ; et « Amazon Holocaust : Forest Destruction in Brazil, 1987-1988 », *Briefing Paper*, Friends of the Earth, Londres, 1988.

L'estimation du rythme de la déforestation tropicale pour l'année 1989 est tirée du rapport de Norman Myers, *Deforestation Rates in Tropical Forest and Their Climatic Implications*, Friends of the Earth, Londres, 1989. Elle est basée sur des données obtenues pays par pays. Myers donne un résumé de son étude dans « Tropical Deforestation : The Latest Situation », *BioScience*, n° 41, t. 5, 1991, p. 282. Il définit les forêts tropicales moites – ce qui est à peu près équivalent de « forêts tropicales humides » – comme des « forêts à feuilles persistantes ou partiellement à feuilles persistantes, situées dans des régions ne recevant pas moins de 100 millimètres d'eau chaque mois pendant deux années sur trois, et dont les moyennes annuelles de température sont de 24° C ou plus, de sorte qu'il n'y gèle jamais ; dans ces forêts, certains arbres peuvent être à feuilles caduques ; elles se situent à des altitudes inférieures à 1 800 mètres (bien qu'atteignant souvent 1 800 mètres en Amazonie, mais pas plus de 750 mètres en Asie du Sud-Est) ; et lorsqu'elles ont atteint leur maturité, on peut y reconnaître plusieurs strates plus ou moins distinctes ». À la fin de 1991, l'Organisation des Nations-Unies pour l'alimentation et l'agriculture (FAO) a publié un rapport préliminaire (« Second Interim Report on the State of Tropical Forests ») qui, de façon indépendante, donne les mêmes indications que Myers. Les auteurs estiment qu'en 1981-1990, les forêts tropicales ont été coupées au rythme de 170 000 kilomètres carrés par an. Ce chiffre est de 20 % plus élevé que celui de Myers, mais les estimations de la FAO ont été fondées sur des données qui incluaient le défrichage de forêts plus petites que celles considérées par Myers, de même que des peuplements de bambous. Plus précisément, les forêts ont été définies, dans cette dernière étude, comme des collections d'arbres ou de bambous dont un minimum de 10 % de l'étendue couverte par leurs cimes est associé à des flores et des faunes sauvages et des sols relativement peu perturbés. L'étendue des forêts préhistoriques est étudiée dans l'article de Peter H. Raven, « The Scope of the Plant Conservation Problem World-Wide », in *Botanic Gardens and World Conservation Strategy* (sous la direction de David Bramwell, Ole Hamann, V.H. Heywood & Hugh Synge), Academic Press, New York, 1987, p. 20-29. L'histoire de l'estimation du rythme de la déforestation tropicale, des années 1970 jusqu'au rapport de Myers de 1989, est examinée par J.A. Sayer & T.C. Whitmore, « Tropical Moist Forests : Destruction and Species Extinction », *Biological Conservation*, n° 55, t. 2, 1991, p. 199-213. Leur conclusion est que la déforestation s'est accentuée durant les années 1980. Ces auteurs mettent en doute que l'extinction se soit, en conséquence, beaucoup accrue, mais ils ne font référence à aucune des données ou des modèles disponibles dans la littérature.

Une liste très fournie des très nombreuses valeurs de z, établies pour les faunes et les flores du monde entier, est donnée par Mark Williamson, *Island Populations*, Oxford University Press, New York, 1981.

À propos des extinctions d'espèces résultant de la diminution des forêts tropicales humides : des estimations semblables à celles que j'ai avancées pour le monde entier ont été faites indépendamment par Daniel S. Simberloff, pour les plantes et les oiseaux des tropiques dans les Amériques, dans son article, « Are we on the Verge of a Mass Extinction in Tropical Rain Forests ? » in *Dynamics of Extinction* (sous la direction de David K. Elliott), Wiley, New York, 1986, p. 165-180. Simberloff pense que la diminution de moitié de la forêt tropicale humide originelle, attendue pour la fin de ce siècle (ce qui est comparable, mais non identique au défrichage de la moitié de la superficie encore couverte actuellement par cette forêt), entraînera l'extinction de 15 % des espèces de plantes – 13 600 en tout. Si les forêts ne sont sauvées qu'au moyen des parcs et des réserves existantes, l'extinction touchera 66 % des espèces. Pour les oiseaux du Bassin amazonien, les chiffres sont de 12 et 70 % respectivement.

L'extinction des oiseaux de Cebu est citée par Jared Diamond, « Playing Dice with Megadeath », *Discover*, avril 1990, p. 55-59.

Le recours aux « îles-cordons » pour estimer le rythme des extinctions d'espèces a été introduit par Jared Diamond, « Biogeographic Kinetics : Estimation of Relaxation Times for Avifaunas of Southwest Pacific Islands », *Proceedings of the National Academy of Sciences*, n° 69, 1972, p. 3199-3203, et « " Normal " Extinctions of Isolated Populations », in *Extinction* (sous la direction de Matthew H. Nitecki), University of Chicago Press, Chicago, 1984, p. 191-246 ; et par John Terborgh, « Preservation of Natural Diversity : The Problem of Extinction-Prone Species », *BioScience*, n° 24, t. 12, 1974, p. 715-722. Le modèle de décroissance exponentielle du nombre des espèces est hypothétique et non encore prouvé, car les taux d'extinctions sont difficiles à établir sur les îles isolées : Stanley H. Faeth & Edward F. Connor, « Supersaturated and Relaxing Island Faunas : A Critique of the Species-Age Relationship », *Journal of Biogeography*, n° 6, t. 4, p. 1979, p. 311-316.

L'extinction des oiseaux dans des parcelles isolées de la forêt brésilienne a été rapportée dans l'article de Edwin O. Willis, « The Composition of Avian Communities in Remanescent Woodlots in Southern Brazil », *Papéis avulsos de zoologia*, n° 33, t. 1, 1979, p. 1-25. L'étude parallèle dans le Jardin Botanique de Bogor a été décrite par Jared M. Diamond, K. David Bishop & S. Van Valen, « Bird Survival in an Isolated Javan Woodland : Island or Mirror ? », *Conservation Biology*, n° 1, t. 2, 1987, p. 132-142. Le déclin de l'avifaune dans la région des cultures du blé dans le sud-ouest de l'Australie a été rapporté par D.A. Saunders, « Changes in the Avifauna of a Region, District and Remnant as a Result of Fragmentation of Native Vegetation : the Wheatbelt of Western Australia », *Biological Conservation*, n° 50, t. 1-4, 1989, p. 99-135.

13. Des richesses inexploitées

La découverte d'une nouvelle espèce de maïs, vivace, est rapportée par Hugh H. Iltis, John F. Dobley, Rafael Guzmán, & Batia Pazy, « *Zea diploperennis* (Gramineae) ; A New Teosinte from Mexico », *Science*, n° 203, 1979, p. 186-188. Le lieu où pousse la population sauvage de maïs vivace, ainsi que les champs environnants, représentant 139 000 hectares, ont été placés sous le statut de Réserve par le gouvernement mexicain (Sierra de Manantlán Biosphere Reserve), dans le but de protéger ce maïs et d'autres espèces sauvages apparentées aux plantes cultivées. Cela protégera aussi d'autres plantes indigènes ainsi que des animaux tels que l'ocelot et le jaguar.

Le statut de la pervenche *Catharanthus* de Madagascar est décrit dans Mark Plotkin et al, *Ethnobotany in Madagascar : Overview, Action Plan, Database*, International Union for Conservation of Nature and Natural Resources and World Wide Fund for Nature, Gland, 1985. D'autres détails, et notamment une discussion concernant les promesses thérapeutiques des alcaloïdes, sont fournis par l'article de Thomas Eisner, « Prospecting for Nature's Chemical Riches », *Issues in Science and Technology*, n° 6, t. 2, 1990, p. 31-34. Les alcaloïdes tirés de la pervenche rose ont donné les résultats suivants en clinique : la vinblastine accroît le taux de survie à dix ans des patients atteints de la maladie de Hodgkin, le faisant passer de 2 % à 58 % ; et la vincristine accroît le taux de survie à dix ans des patients atteints de leucémie lymphocytique aiguë, le faisant passer de 20 % à 80 %. Ces substances sont aussi efficaces dans le cadre d'autres cancers, et notamment la tumeur de Wilms, les tumeurs cérébrales primaires, et les cancers du sein, du col de l'utérus et du testicule. Voir Margery L. Oldfield, *The Value of Conserving Genetic Resources*, Sinauer, Sunderland, 1989.

Des renseignements sur l'origine naturelle des médicaments utilisés aux États-Unis sont fournis dans l'ouvrage de Chris Hails, *The Importance of Biological Diversity*, World Wide Fund for Nature, 1989.

Un exposé faisant autorité sur les substances pharmaceutiques tirées des plantes, comprenant notamment une liste de 119 substances utilisées sous forme pure, est fourni par Norman R. Farnsworth, « Screening Plants for New Medicines », in *Biodiversity* (sous la direction de E.O. Wilson & F.M. Peter), National Academy Press, Washington D.C., 1988, p. 83-97. Des données supplémentaires sont apportées par D.D. Soejarto & N.R. Farnsworth, « Tropical Rain Forests : Potential Source of New Drugs ? », *Perspectives in Biology and Medicine*, n° 32, t. 2, 1989, p. 244-256.

Les propriétés du margousier sont décrites dans l'ouvrage, *Neem : A Tree for Solving Global Problems* (sous la direction de Noel D. Vietmeyer), National Academy Press, Washington D.C., 1992.

Des explications sur les sangsues et l'anti-coagulant qu'elles produisent sont données par Paul S. Wachtel, « Return of the Bloodsucker », *International Wildlife*, septembre 1987, p. 44-46. Un article de magazine sur les nouveaux anti-coagulants trouvés chez les chauves-souris appelées « vampires » et les Crotalidés a été publié dans *Science*, n° 253, 1991, p. 621.

La liste des substances pharmaceutiques tirées des plantes et des champignons est tirée de Hails, *The Importance of Biological Diversity* ; D.D. Soejarto & N.R. Farnsworth, « Tropical Rain Forests : Potential Source of New Drugs ? », *Perspectives in Biology and Medicine*, n° 32, t. 2, 1989, p. 244-256 ; et Margery L. Oldfield, *The Value of Conserving Genetic Resources*, Sinauer, Sunderland, 1989. Un nombre impressionnant de produits naturels amérindiens, dont peu ont fait l'objet d'une étude à ce jour, sont décrits par Richard E. Schultes & Robert F. Raffauf, *The Healing Forest : Medicinal and Toxic Plants of the Northwest Amazonia*, Dioscorides Press, Portland, 1990.

Les exemples de plantes alimentaires et fourragères aux premiers stades du développement économique sont empruntés, pour partie, au très estimé « livre vert », *Underexploited Tropical Plants with Promising Economic Value*, publié par National Academy Press en 1975. Ce travail fait partie d'une collection financée par l'Académie nationale des sciences des États-Unis et dirigée par le Comité de la science et de la technologie pour le développement international (BOSTID). D'autres ouvrages de cette collection sont importants, comme *Tropical Legumes : Resources for the Future*, 1979 ; *The Winged Bean : A High-protein Crop for the Tropics*, 2ᵉ édition, 1981 ; *Amaranth : Modern Prospects for an Ancient Crop*, 1983 ; et *Lost Crops of the Incas*, 1989. Des synthèses également utiles, dans un langage relativement accessible, sont représentées par l'ouvrage de Margery L. Oldfield, *The Value of Conserving Genetic Resources*, Sinauer, Sunderland, 1989, et l'article de Noel D. Vietmeyer, « Lesser-Known Plants of Potential Use in Agriculture and Forestry », *Science*, n° 232, 1986, p. 1379-1384. Les meilleures introductions, écrites dans le langage de la vulgarisation, et qui ont fait beaucoup avancer cet important sujet, sont l'ouvrage de Norman Myers, *A Wealth of Wild Species : Storehouse for Human Welfare*, Westview Press, Boulder, 1983 ; et le bilan établi par Myers dans le petit livre, *The Wild Supermarket*, World Wild Fund for Nature, Gland, 1990.

Les usages possibles d'espèces sauvages de plantes et d'animaux sont détaillés dans les études citées ci-dessus de Margery Oldfield, Norman Myers, et les auteurs de *Biodiversity*, et de ceux de l'ouvrage de Hails, *The Importance of Biological Diversity*. L'agriculture inca est décrite dans Hugh Popenoe, Noel D. Vietmeyer, et tout un ensemble de co-auteurs, *Lost Crops of the Incas*, National Academy Press, Washington D.C., 1989.

L'histoire de l'amarante en tant que plante cultivée par les Amérindiens est racontée par Jean L. Marx, « Amaranth : A Comeback for the Food of the Americas ? », *Science*, 1977, n° 198, p. 40.

Les qualités remarquables de l'attalée sont décrites dans l'ouvrage de Anthony B. Anderson, Peter H. May & Michael J. Balick, *The Subsidy from Nature : Palm Forests, Peasantry, and Developments on an Amazon Frontier*, Columbia University Press, New York, 1991.

Les promesses des plantes tolérantes au sel sont explorées par deux publications de National Academy Press, réalisées sous la direction du Comité de la Science et de la Technologie pour le Développement International, *Underexploited Tropical Plants with Promising Economic Value* (1975) ; et *Saline Agriculture : Salt-Tolerant Plants for Developing Countries*. Une analyse critique de ce dernier ouvrage est fournie par Susan Turner-Lewis, *National Research Council News Report*, mai 1990, p. 2-4.

Le statut et le potentiel économique de la tortue de rivière *Podocnemis* sont décrits par Russell A. Mittermeier, « South American River Turtles : Saving Their Future », *Oryx*, n° 14, t. 3, 1978, p. 222-230.

La description des espèces animales sauvages en tant que sources alimentaires potentielles est basée sur *Little-Known Asian Animals with a Promising Economic Future* (sous la direction de Noel D. Vietmeyer), National Academy Press, Washington D.C., 1983 ; Oldfield, *The Value of Conserving Genetic Resources ; Neotropical Wildlife Use and Conservation* (sous la direction de John G. Robinson & Kent H. Redford), University of Chicago Press, Chicago, 1991 ; et *Microlivestock* (sous la direction de Noel D. Vietmeyer), National Academy Press, Washington D.C., 1991.

Chris Wille et Diane Jufofsky ont écrit un article sur l'iguane vert, intitulé « Savory " Chicken of the Tree " Could Play a Role in Saving Forests », *Canopy* (Rainforest Alliance), été 1991, p. 7. Dagmar Werner, qui s'appelle elle-même plaisamment « la mère iguane », a fourni un rapport technique sur l'élevage et la commercialisation de cette espèce : « The Rational Use of Green Iguanas », dans *Neotropical Wildlife Use and Conservation* (sous la direction J.G. Robinson & K.H. Redford), University of Chicago Press, Chicago, 1991, p. 181-201.

Le passage sur l'aquaculture est basé sur l'ouvrage de Myers, *A Wealth of Wild Species*.

Les nouvelles sources de pâte à papier sont évoquées d'après Myers, *A Wealth of Wild Species*.

« L'herbe ligneuse » est décrite par Sinyan Shen dans son article « Biological Engineering for Sustainable Biomass Production » paru dans Wilson & Peter, *Biodiversity*, p. 377-389.

Le passage sur l'histoire des parents sauvages et la diversité génétique des plantes cultivées est basé sur Erich Hoyt, *Conserving the Wild Relatives of Crops*, International Board for Plant Genetic Resources, International Union for Conservation of Nature and Natural Resources, and World Wide Fund for Nature, Rome et Gland ; 1988, Hails, *The Importance of Biological Diversity* ; Cary Fowler & Pat Mooney, *Shattering : Food, Politics, and the Loss of Genetic Diversity*, University of Arizona Press, Tucson, 1990 ; et « Bad Seed », une analyse du livre de Fowler et Mooney par Ann Misch dans *World-Watch*, n° 4, t. 4, 1991, p. 39-40.

La comparaison entre une espèce et un ouvrage à feuillets mobiles a été faite par Thomas Eisner dans son article « Chemical Ecology and Genetic Engineering : The Prospects for Plant Protection and the Need for Plant Habitat Conservation », *Symposium on Tropical Biology and Agriculture*, Monsanto Company, St. Louis, 15 juillet 1985.

L'analyse du potentiel économique de la forêt tropicale amazonienne est fournie par Charles M. Peters, Alwyn H. Gentry & Robert O. Mendelsohn, « Valuation of an Amazonian Rain Forest », *Nature*, n° 339, 1989, p. 655-656. Le tableau comptable détaillé est dû à Charles M. Peters, tel qu'il a été publié dans le *New York Times*, 4 juillet 1989.

Les contributions les plus importantes à la nouvelle discipline de l'économie écologique sont celles de Herman E. Daly, *Steady-State Economics*, Freeman, San Francisco, 1977 ; et plus récemment, *Ecological Economics : The Science and Management of Sustainability* (sous la direction de Robert Constanza), Columbia University Press, New York, 1991. Une analyse critique de cette discipline, du point de vue d'un militant écologiste, est fournie par David W. Orr, « The Economics of Conservation », *Conservation Biology*, n° 5, t. 4, 1991, p. 439-441. Un nouveau journal consacré à ce sujet, *Ecological Economics*, a été lancé par Elsevier (New York) en 1989. Un autre, *Ecological Engineering*, de sujet voisin, a été lancé à son tour par le même éditeur en 1992.

L'« écotourisme » a fait l'objet d'une analyse par Elizabeth Boo, *Ecotourism : The Potentials and Pitfalls*, World Wildlife Fund, Washington D.C., 1990. Je suis reconnaissant à Gary Hartshorn et James Hirsch de m'avoir communiqué des informations sur les revenus tirés de l'écotourisme au Costa Rica, et à Elizabeth Boo sur les données les plus récentes concernant le Ruanda. Selon Hirsch, l'écotourisme a fourni 7 %, soit vingt millions de dollars, des 275 millions de dollars dépensés par les visiteurs du Costa Rica en 1990.

Les conséquences possibles de la destruction de la forêt amazonienne sur le climat de la région ont été analysées par J. Shukla, C. Nobre & P. Sellers, « Amazon Deforestation and Climate Change », *Science*, n° 247, 1990, p. 1322-1325.

Le rôle de la déforestation tropicale dans l'accumulation de gaz carbonique dans l'atmosphère a été analysé par beaucoup d'auteurs ; les sources utilisées ici sont : Richard A. Houghton & George M. Woodwell, « Le réchauffement de la Terre », *Pour la Science*, n° 140, juin 1989, p. 22, et R.A. Houghton, « Emission of Greenhouse Gases », in Myers, *Deforestation Rates in Tropical Forest*, p. 53-62.

Le rôle des organismes vivants dans la formation des sols est décrit dans Paul R. et Anne H. Ehrlich, *Healing the Planet : Strategies for Resolving the Environmental Crisis*, Addison-Wesley, 1991.

Les données en faveur du rôle de la biodiversité dans la conservation et la circulation des substances nutritives dans les forêts sont passées en revue par Ariel E. Lugo, « Diversity of Tropical Species : Questions That Elude Answers », *Biology International* (International Union of Biological Sciences, Paris), n° 19 spécial, 37 pages, 1988.

L'analyse de Bryan Norton sur la valeur d'option des espèces est donnée dans « Commodity, Amenity, and Morality : the Limits of Quantification in Valuing Biodiversity », in *Biodiversity* (sous la direction de Wilson et Peters), p. 200-205. Les aspects généraux de l'analyse économique sont expliqués par d'autres auteurs dans le même volume, et notamment Nyle C. Brady, J. William Burley, Robert J.A. Goodland, et John Spears. Ils sont aussi traités par Harold J. Morowitz, « Balancing

Species Preservation and Economic Considerations », *Science*, n° 253, 1991, p. 752-754.

Ma réflexion sur les fondements économiques et moraux de la pratique de la conservation a été alimentée par les écrits de philosophes qui se consacrent spécialement aux problèmes d'éthique, tels que David Ehrenfeld, *The Arrogance of Humanism*, Oxford University Press, New York, 1978 ; Bryan Norton, « Commodity » et *Why Preserve Natural Variety ?*, Princeton University Press, Princeton, 1987 ; Peter Singer, *The Expanding Circle : Ethics and Sociobiology*, Farrar, Straus & Giroux, New York, 1981 ; Holmes Rolston III, *Philosophy Gone Wild : Essays in Environmental Ethics*, Prometheus Books, Buffalo, 1986, et *Environmental Ethics : Duties to and Values in the Natural World*, Temple University Press, Philadelphia, 1988 ; Alan Randall, « The Value of Biodiversity », *Ambio*, n° 20, t. 2, 1991, p. 64-68 ; et les auteurs de *The Preservation of Species : The Values of Biological Diversity* (sous la direction de Bryan G. Norton), Princeton University Press, Princeton, 1986.

14. Les solutions

La discussion sur l'éthique de la conservation est basée en partie sur mon ouvrage *Biophilia*, Harvard University Press, Cambridge, 1984. La définition de l'éthique, en général, vient de Aldo Leopold, *A Sand County Almanac and Sketches Here and There*, Oxford University Press, New York, 1949.

La présentation des études sur la biodiversité qui est faite ici, ainsi que de leurs développements possibles, est tirée de Paul R. Ehrlich & Edward O. Wilson, « Biodiversity Studies : Science and Policy », *Science*, n° 253, 1991, p. 758-762.

La démarche consistant à faire l'inventaire de la biodiversité planétaire en procédant à trois niveaux a été élaborée avec la coopération de Peter H. Raven.

Le programme RAP de recherche des « zones rouges » est décrit par Sarah Pollock, « Biological SWAT Team Ranks for Diversity, Endemism », *Pacific Discovery*, n° 44, t. 3, 1991, p. 6-7.

Une présentation de l'INBio, l'Institut national de la Biodiversité du Costa Rica, est fournie par Laura Tangley, « Cataloging Costa Rica's Diversity », *BioScience*, n° 40, t. 9, 1990, p. 633-636 ; et par Daniel H. Janzen, l'un des fondateurs de l'INBio, dans « How To Save Tropical Biodiversity », *American Entomologist*, n° 37, t. 3, 1991, p. 159-171. Un institut équivalent aux États-Unis est envisagé par la « Loi sur la Conservation de la diversité biologique nationale et la recherche sur l'environnement » – loi qui, en février 1992, restait à discuter devant le Congrès.

Le recours aux Systèmes d'information géographique pour faire la cartographie des écosystèmes est décrit par J. Michael Scott et al., « Species Richness : A Geographic Approach to Protecting Future Biological Diversity », *BioScience*, n° 37, t. 11, 1987, p. 782-788. La même méthode, mais sur une échelle beaucoup plus vaste, a été mise en œuvre par Éric Dinerstein et Éric D. Wikramanayake pour dresser un bilan des réserves et des parcs en Asie et dans l'ouest du Pacifique, dans leur article « Beyond " Hotspots " : How to Prioritize Investments in Biodiversity in the Indo-Pacific Region », *Conservation Biology*, en préparation. Les procédés permettant d'établir les cartes de répartition des espèces en danger d'extinction sont donnés par de nombreux auteurs dans *Rare Plant Conservation : Geographical Data Organization* (sous la direction de Larry E. Morse & Mary Sue Henifin), New York Botanical Garden, New York, 1981.

Le recours au modelage du paysage, dans le but d'augmenter la biodiversité, a fait l'objet d'amples débats. Les points les plus importants sont traités dans des chapitres distincts par Bryn H. Green, Larry D. Harris (avec John F. Eisenberg), et David Western, dans *Conservation for the Twenty-First Century* (sous la direction de D. Western & Mary C. Pearl), Oxford University Press, New York, 1989.

Le concept de « bio-région », qui remonte au XIXe siècle et a été développé sous sa forme moderne par Raymond F. Dasmann, Peter Berg, Charles H.W. Foster et d'autres auteurs, est étudié dans C.H.V. Foster, *Experiments in Bioregionalism : The New England River Basins Story*, University Press of New England, Hanover, 1984, et « Bioregionalism », *Renewable Resources Journal*, n° 4, t. 3, 1986, p. 12-14.

La pénurie de systématiciens est signalée dans mes articles « The Biological Diversity Crisis : A Challenge to Science », *Issues in Science and Technology*, n° 2, t. 1, 1985, p. 20-29, et « Time to Revive Systematics », *Science*, n° 230, 1985, p. 1227.

Les progrès effectués par GenBank dans le recueil des séquences d'ADN et d'ARN sont décrits par Christian Burks et al., in *Molecular Evolution : Computer Analysis of Protein and Nucleic Acid Sequences* (sous la direction de Russell F. Doolitle), Academic Press, New York, 1990, p. 3-22.

Les propos de Baba Dioum sur les connaissances et la conservation des espèces sont cités par John Hopkins, « Preserving Native Biodiversity », Sierra Club special publication, San Francisco, 1991.

Le concept de prospection chimique a été développé par Thomas Eisner à la fin des années 1980 et présenté dans « Prospecting for Nature's Chemical Riches », *Issues in Science and Technology*, n° 6, t. 2, 1990, p. 31-34 ; et « Chemical Prospecting : A Proposal for Action », in *Ecology, Economics, Ethics : The Broken Circle* (sous la direction de F. Herbert Bormann & Stephen R. Kellert), Yale University Press, New Haven, 1991, p. 196-202.

L'accord passé en 1991 entre Merck et l'Institut national de la biodiversité du Costa Rica a été rapporté par William Booth, « U.S. Drug Firm Signs Up To Farm Tropical Forests », *Washington Post*, 21 septembre 1991. La façon cyclique dont l'industrie pharmaceutique s'est intéressée aux produits naturels est décrite par Deborah Hay, « Pharmaceutical Industry's Renewed Interests in Plants Could Sow Seeds of Rainforest Protection », *The Canopy* (Rainforest Alliance), printemps 1991, p. 1-7. L'utilisation des espèces de plantes et d'animaux sauvages comme sources de substances thérapeutiques est passée en revue par Norman R. Farnsworth, « Screening Plants for New Medicines », in *Biodiversity* (sous la direction de E.O. Wilson & F.M. Peters), National Academy Press, Washington D.C., 1988, p. 83-97.

Les informations sur les substances pharmaceutiques découvertes grâce aux remèdes des guérisseurs sont rapportées dans Farnsworth, « Screening Plants ». D'excellentes et brèves descriptions des connaissances « traditionnelles » et de la disparition progressive des personnes qui les possèdent, sont données par Mark J. Plotkin, « The Outlook for New Agricultural and Industrial Products from the Tropics », in *Biodiversity* (sous la direction de Wilson & Peter), p. 106-116, et par Eugene Linden, « Lost Tribes, Lost Knowledge », *Time*, 23 septembre 1991, p. 46-56. Les informations sur la médecine chinoise traditionnelle ont été fournies par Peter H. Raven (communication personnelle), et celles sur l'artémisine proviennent de Daniel L. Klayman, « *Quinghaosu* (Artemisin) : An Antimalarial Drug from China », *Science*, n° 228, 1985, p. 1049-1055, et de Xuan-De Luo & Tchia-Tchiang Chen, « The Chemistry, Pharmacology and Clinical Applications of Quinghaosu (Artemisin) and its Derivatives », *Medicinal Research Reviews*, n° 7, t. 1, 1987, p. 29-52.

Les activités du Centre d'entraînement et de recherches en agriculture tropicale, au Costa Rica, sont décrites par Laura Tangley in « Fighting Central America's Other War », *BioScience*, n° 37, t. 11, 1987, p. 772-777.

La pratique erronée des gouvernements, aussi bien que des Services de statistique des Nations Unies et de la Banque mondiale, consistant à ne pas prendre en compte la déforestation et la consommation d'autres ressources naturelles dans leurs bilans des pertes nationales, est rapportée par Malcolm Gillis, « Economics, Ecology and Ethics : Mending the Broken Circle for Tropical Forests », in Bormann & Kellert, *Ecology, Economics, Ethics*, p. 155-179.

Les zones réservées à l'extraction des produits naturels en Amazonie sont décrites par Walter V. Reid, James N. Barnes & Brent Blackwelder, *Bankrolling Successes : A Portfolio of Sustainable Development Projects*, Environmental Policy Institute and National Wildlife Federation, Washington D.C., 1989, et Philip M. Fearnside, « Extractive Reserves in Brazilian Amazonia », *BioScience*, n° 39, t. 6, 1989, p. 387-393. Une critique de la notion de zones réservées à l'extraction des produits naturels est présentée par John O. Browder, « Extractive Reserves Will Not Save Tropics », *BioScience*, n° 40, t. 9, 1990, p. 626.

Le mouvement des seringueros brésiliens des années 1980 a été violemment attaqué par les riches propriétaires terriens de l'ouest de l'Amazonie. Le 22 décembre 1988, son leader, Chico Mendes, a été assassiné par des tueurs. Ce meurtre et les circonstances de la bataille pour la maîtrise sur l'environnement amazonien sont relatés dans l'ouvrage de Andrew Revkin, *The Burning Season*, Houghton Mifflin, Boston, 1990.

L'abattage par bandes, en tant que pratique compatible avec la viabilité de la forêt, est décrit par Carl F. Jordan dans « Amazon Rain Forests », *American Scientist*, n° 70, 1982, p. 394-401, et par Gary S. Hartshorn, « Natural Forest Management by the Yanesha Forestry Cooperative in Peruvian Amazonia », in *Alternative to Deforestation : Steps Toward Sustainable Use of the Amazon Rain Forest* (sous la direction de A.B. Anderson), Columbia University Press, New York, 1990, p. 128-137.

Les exemples de développement local viable réussis en Amérique latine sont empruntés à Reid, Barnes & Blakwelder, *Bankrolling Successes.* Une présentation de projets locaux d'exploitation sur le mode viable de la forêt tropicale humide par extraction de produits naturels est faite dans *Technologies to Sustain Tropical Forest Resources* (sous la direction de Leonard Berry et al.), Office of Technology Assessment, U.S. Congress, 1984.

L'impact des pratiques commerciales et des politiques de subvention chez les nations riches est décrit par Roger D. Stone & Eve Hamilton, *Global Economics and the Environment : Towards Sustainable Rural Development in the Third World,* Council on Foreign Relations, 1991.

Le bilan actuel des recherches sur l'ADN figurant dans les fossiles et les vestiges archéologiques est effectué par Jeremy Cherfas, « Ancient DNA : Still Busy after Death », *Science,* n° 253, 1991, p. 1354-1356.

L'état actuel de conservation des souches microbiennes est décrit dans « American Type Culture Collection Seeks To Expand Research Effort », *Scientist,* n° 4, t. 16, 1990, p. 1-7.

Les banques de semences ont fait l'objet d'une étude de synthèse par Erich Hoyt, *Conserving the Wild Relatives of Crops,* International Board for Plant Genetic Resources, etc, Rome et Gland, 1988 ; Jeffrey A. McNeeley et al, *Conserving the World's Biological Diversity,* International Union for Conservation of Nature and Natural Resources, World Resources Institute, etc, Gland et Washington D.C., 1990 ; Joel I. Cohen et al, « Ex Situ Conservation of Plant Genetic Resources : Global Development and Environmental Concerns », *Science,* n° 253, 1991, p. 866-872.

La Collection nationale des plantes en danger d'extinction a fait l'objet d'un article dans *Plant Conservation,* n° 6, t. 1, 1991, p. 6-7.

La capacité des zoos et des parcs d'animaux en captivité à conserver la biodiversité est évaluée par William Conway, « Can Technology Aid Species Preservation ? », in *Biodiversity* (sous la direction de Wilson et Peter), p. 263-268 ; et par Colin Tudge, *Last Animals at the Zoo,* Hutchinson Radius, Londres, 1991.

Le nombre des espèces de mammifères menacées d'extinction et nécessitant d'être secourues est tiré de Michael Soulé et al, « The Millenium Ark : How Long a Voyage, How Many Staterooms, How Many Passengers ? », *Zoo Biology,* n° 5, 1986, p. 101-104. William Conway est cité au sujet des limites des zoos par Edward C. Wolf, *On the Brink of Extinction : Conserving the Diversity of Life,* Worldwatch Institute, Washington D.C., 1987.

Une série de recommandations pour sauver les écosystèmes tropicaux, a été avancée pour la première fois en 1980 par Peter H. Raven et al, *Research Priorities in Tropical Biology,* National Academy Press, Washington D.C., 1980, Les actions actuellement en cours sont passées en revue par les auteurs de *Biodiversity* (sous la direction de Wilson et Peter) ; par McNeely et al., *Conserving ;* par Janet N. Abramovitz, *Investing in Biological Diversity : U.S. Research and Conservation Efforts in Developing Countries,* World Resources Institute, Washington D.C.,

1991 ; et par les auteurs de *Global Biodiversity Strategy* (sous la direction de Kathleen Courrier), World Resources Institute, Washington D.C. ; World Conservation Union, Gland ; United Nations Environment Program, New York, 1992.

Les stipulations de la Loi américaine sur les espèces en danger, ainsi que celles d'autres réglementations internationales, sont passées en revue par Robert Boardman, *International Organization and the Conservation of Nature*, Indiana University Press, Bloomington, 1981 ; par Michael J. Bean, *The Evolution of National Wildlife Law*, Praeger, New York, 1983 ; et par Simon Lyster, *International Wildlife Law*, Grotius, Cambridge, Angleterre, 1985.

Un bilan sur les parcs nationaux et d'autres réserves est présenté par Walter V. Reid & Kenton R. Miller, *Keeping Options Alive : The Scientific Basis for Conserving Biodiversity*, World Resources Institute, Washington D.C., 1989 ; et par Michael E. Soulé, « Conservation : Tactics for a Constant Crisis », *Science*, n° 253, 1991, p. 744-750. Le pourcentage de surface terrestre sous protection légale est tiré de *1990 United Nations List of National Parks and Protected Areas*.

Le système d'échange des dettes contre des mesures de protection de la nature a été bien expliqué par José Márcio Ayres, « Debt-for-Equity Swaps and the Conservation of Tropical Rain Forests », *Trends in Ecology and Evolution*, n° 4, t. 11, 1989, p. 331-332 ; et par Roger D. Stone & Eve Hamilton, *Global Economics and the Environment*, Council on Foreign Relations, New York, 1991. J'ai aussi utilisé une thèse de maîtrise de University College, par Victoria C. Drake, « Debt-for-Nature Swaps : an Economic Appraisal ». L'accord réalisé au Mexique a été rapporté par Mark A. Uhlig, « Mexican Debt Deal May Save Jungle », *New York Times*, 26 février 1991. L'idée de l'échange des dettes contre des mesures de protection de la nature a été pour la première fois proposée par Thomas Lovejoy de la Smithsonian Institution.

La controverse sur la « grande réserve unique versus plusieurs petites réserves » est examinée, avec des conclusions différentes, par James F. Quinn & Alan Hastings, « Extinctions in Subdivided Habitats », *Conservation Biology*, n° 1, t. 3, 1987, p. 198-208 ; et par Michael E. Gilpin, « A Comment on Quinn and Hastings : Extinction in Subdivided Habitats », *Conservation Biology*, n° 2, t. 3, 1988, p. 290-292. Les avantages versus désavantages des corridors entre les petites réserves sont passés en revue par William Stolzenburg, « The Fragment Connection », *Nature Conservancy*, juillet-août 1991, p. 18-25.

Le progrès de la réhabilitation écologique aux États-Unis peut être suivi dans les numéros de *Restoration and Management Notes*, publié par University of Wisconsin Press depuis 1982. Un exposé récent sur le « renouveau » de la prairie et les espoirs et les craintes des spécialistes de la réhabilitation est donné par William K. Stevens, « Green-Thumbed Ecologists Resurrect Vanished Habitats », *New York Times*, 19 mars 1991. La création d'une nouvelle forêt tropicale sèche dans le Parc National de Guanacaste de Costa Rica est décrite par Reid et al, *Bankrolling Successes*.

L'histoire des introductions d'espèces animales dans de nouveaux milieux est passée en revue par Paul R. Ehrlich, « Which Animal Will Invade ? » in *Ecology of Biological Invasions of North America and Hawaii* (sous la direction de Harold A. Mooney & James A. Drake), Springer, New York, 1986.

Ariel L. Lugo a estimé que les espèces exotiques sont un bon moyen d'accroître la biodiversité locale. Tout en reconnaissant que ce type d'introduction présente des risques élevés et qu'il est nécessaire de retirer les éléments mettant en danger la flore et la faune indigènes, il remarque que la plupart de ces espèces se sont acclimatées sans créer de problèmes écologiques. « Les espèces exotiques paraissent le mieux réussir dans les environnements perturbés par l'homme. Elles peuvent fournir des aliments et des fibres sans provoquer de dégâts écologiques. Par exemple, lorsqu'ils sont gérés correctement, certains arbres exotiques croissent bien dans des habitats très dégradés, où ils contribuent à réhabiliter les sols et à réétablir les espèces indigènes. » (« Removal of Exotic Organisms », *Conservation Biology*, n° 4, t. 4, 1990, p. 345.)

15. *Une éthique pour l'environnement*

L'avertissement donné par la Sibylle à Énée est tiré de *L'Énéide* de Virgile. (La traduction française des vers latins est celle de M. Lefaure, le Livre de Poche, Paris, 1973, livre VI, p. 164.)

Le fait que le public américain est plus nombreux à fréquenter les zoos et les aquariums que les rencontres sportives professionnelles (football, base-ball, basket-ball, hockey sur glace) est cité par le *Directory of the American Association of Zoological Parks and Aquaria* (sous la direction de Linda Boyd), Ogle Bay Park, Wheeling, West Virginia, 1990-1991.

L'attirance innée des êtres humains pour le monde naturel est un sujet que j'ai développé dans mon ouvrage *Biophilia*, Harvard University Press, Cambridge, 1984. Les mythes liés aux serpents sont traités dans le magistral ouvrage de Balaji Mundkur, *The Cult of the Serpent : An Interdisciplinary Survey of its Manifestations and Origins*, State University of New York Press, Albany, 1983. La notion de lieu idéal d'habitation comme adaptation biologique est une idée qui a été développée par Gordon H. Orians, « Habitat Selection : General Theory and Application to Human Behavior » in *The Evolution of Human Social Behavior* (sous la direction de Joan S. Lockard), Elsevier North Holland, New York, 1980, p. 46-66 ; et « An Ecological and Evolutionary Approach to Landscape Aesthetics », in *Landscape Meanings and Values* (sous la direction de Edmund C. Penning-Rowsell & David Lowenthal), Allen & Unwin, Londres, 1986, p. 3-22.

D'excellents ouvrages ont traité de la place occupée par la nature dans l'imagination humaine au cours de l'histoire, surtout en Europe et en Amérique, comme celui de Roderick Nash, *Wilderness and the American Mind*, Yale University Press, New Haven, 1967 ; et celui de Max Oelschlaeger, *The Idea of Wilderness : From Prehistory to the Age of Ecology*, Yale University Press, New Haven, 1991.

GLOSSAIRE

Dans ce glossaire, on trouvera également des renseignements biographiques sur les scientifiques et d'autres auteurs ayant contribué aux études sur la biodiversité, mentionnés dans ce livre.

Abattage par bandes : abattage d'arbres (pour le bois de construction) procédant par bandes étroites de terrain, suivant les contours de la topographie, ce qui permet à la forêt de se régénérer rapidement et assure une exploitation continue et protège la faune et la flore indigènes.

Adaptation : ajustement de certains traits anatomiques (comme une couleur) ou de processus physiologiques (comme une activité respiratoire) ou de types de comportements (comme une parade sexuelle), de façon à augmenter la probabilité qu'un organisme survive et se reproduise. Également le processus évolutif qui conduit à la formation de ce trait.

ADN : acide désoxyribonucléique. Le matériel héréditaire fondamental de tous les organismes vivants ; substance chimique des gènes.

Agent évolutif (ou force évolutive) : tout facteur dans l'environnement externe ou dans le corps des organismes eux-mêmes, qui induit un changement dans la fréquence des gènes au sein des populations, et donc une évolution.

Allèle : variante particulière d'un gène, lorsque celui-ci en possède plusieurs. Par exemple, l'anémie falciforme est due à une variante particulière d'un gène donné ; une autre variante de celui-ci participe à la formation de l'hémoglobine normale.

Allométrie : processus par lequel une partie du corps se développe plus rapidement que le reste, de sorte que plus est gros l'organisme, plus est grande la disproportion ; les grands mâles de nombreuses sortes de coléoptères et de cervidés, par exemple, développent des cornes énormes, en comparaison du reste du corps.

Allopatrie : distribution d'une population dans une zone géographique différente de celle occupée par la population souche.

Alvarez, Luis W. (1911-1988) : physicien des particules de l'université de Californie à Berkeley ; il a dirigé l'équipe qui a découvert une quantité élevée d'iridium à la frontière Crétacé-Tertiaire et l'a interprétée comme résidu d'une gigantesque collision de la Terre avec un ou des météorites.

Amphibien : membre de la classe des vertébrés appelée Amphibia, tel qu'une grenouille ou une salamandre.

Analogie : en biologie, ressemblance de morphologie et de fonction entre deux structures rencontrées chez deux sortes d'organismes, ressemblance qui ne doit rien à la descendance d'ancêtres communs. Les ailes des oiseaux et des insectes sont analogues (leur ressemblance illustre une analogie), bien qu'elles ne soient pas apparues à partir du même organe chez un ancêtre commun. Voir *Homologie.*

Analyse bio-économique : étude de la valeur économique potentielle de tous les organismes au sein d'un écosystème, depuis les produits naturels qu'ils peuvent fournir jusqu'à leur intérêt au regard de l'écotourisme.

Angiosperme : plante à fleurs, membre de l'embranchement de plantes le plus répandu sur les continents, caractérisé par des graines et des fruits.

Annélide : ver de l'embranchement Annelida, tel qu'un ver de terre, une sangsue ou une néréis.

Arthropode : membre de l'embranchement Arthropoda, tel qu'un insecte, une araignée ou un crustacé, caractérisé par la possession d'un squelette externe formé de pièces articulées.

Autochtone : une espèce est dite autochtone lorsqu'elle est apparue par évolution en un certain lieu géographique, tel que la Nouvelle-Zélande ou le lac Victoria, et qu'on ne la trouve qu'en ce lieu. Voir *Endémique.*

Bactéries : organismes unicellulaires microscopiques procaryotes, c'est-à-dire dépourvus de toute membrane nucléaire enveloppant leur matériel génétique.

Banque de semences : institution ayant pour but de stocker des graines représentant une grande diversité d'espèces et de souches, particulièrement pour les plantes domestiques et leurs apparentées sauvages.

Benthos abyssal : l'ensemble des organismes vivant sur le plancher (ou à proximité) des grands fonds océaniques.

Biodiversité : la diversité des organismes considérée à tous les niveaux, depuis les variants génétiques appartenant à la même espèce jusqu'aux gammes des espèces et aux gammes des genres, familles, et des catégories taxinomiques de plus haut niveau. Elle comprend également la diversité des écosystèmes, lesquels sont constitués à la fois de la communauté des organismes vivant au sein d'habitats particuliers et de l'ensemble des conditions physiques qui y règnent.

Biogéographie : l'étude scientifique de la répartition géographique des organismes.

Biologie de la conservation : discipline relativement nouvelle, traitant de la biodiversité des processus naturels qui l'engendrent, et des techniques utilisables pour la maintenir, face aux perturbations de l'environnement provoquées par l'homme.

Biologie évolutionniste : terme recouvrant une vaste gamme de disciplines qui ont en commun de traiter des processus évolutifs et, donc, de la création de la biodiversité. La biologie évolutionniste comprend l'étude de l'évolution moléculaire, de l'écologie, de la biologie des populations, de la systématique, de la biogéographie, et des aspects comparés de l'anatomie, de la physiologie et du comportement animal.

Biomasse : poids total (en général, il s'agit du poids de matière sèche) d'un groupe donné d'organismes dans une zone particulière comme, par exemple, tous les oiseaux vivant dans un bois ou toutes les algues d'une mare ou tous les organismes du monde entier.

Biome : grande catégorie d'habitat dans une région particulière du monde, telle que la toundra du nord du Canada ou la forêt tropicale humide du bassin amazonien.

Bio-région : un ensemble naturel continu, tel qu'un système de rivières ou une chaîne de montagnes, assez vaste pour s'étendre au-delà des frontières politiques.

Biota : l'ensemble de la faune, de la flore et des micro-organismes d'une région donnée. On parle souvent de ces derniers comme d'une flore ou d'une faune, suivant les groupes taxinomiques auxquels ils appartiennent – par exemple, la flore bactérienne.

Biotique : qui se rapporte aux caractéristiques des faunes, des flores et des écosystèmes.

Bush, Guy L. (1929-) : entomologiste et biologiste évolutionniste de l'université d'État du Michigan ; le chef de file des recherches sur les races d'hôtes et leur rôle dans la formation de nouvelles espèces.

Cambrien : terme désignant la première période de l'ère paléozoïque, qui s'est étendue de −550 à −500 millions d'années, et qui a été marquée par une augmentation considérable du nombre et de la diversité des organismes marins (c'est ce que l'on appelle l'explosion cambrienne de l'évolution animale).

Caractère : trait doté d'une variabilité telle qu'il peut être utilisé pour la classification de l'organisme qui le porte, comme par exemple un organe floral variable chez les plantes à fleur ou d'une formule dentaire variable chez les mammifères.

Centre de Vavilov : région dans laquelle figurent des plantes sauvages apparentées aux plantes qui y sont cultivées ; c'est donc un centre d'une diversité génétique extraordinaire pour les espèces. Dénommé d'après le botaniste russe Nikolaï Vavilov.

Chaîne alimentaire : au sein d'une communauté d'organismes, la chaîne formée par les prédateurs et leur proie, les prédateurs qui se nourrissent des prédateurs, et ainsi de suite, en partant des plantes assurant la photosynthèse, jusqu'aux prédateurs situés tout en haut de la chaîne (comme les rapaces et les félidés) et aux organismes « décomposeurs », c'est-à-dire qui consomment les restes des animaux morts.

Chromosome : structure visible au microscope optique et généralement en forme de bâtonnet, portant les gènes. Les chromosomes sont constitués d'ADN, la substance chimique des gènes, et d'une matrice protéique de soutien.

Chrono-espèce : population ayant subi une évolution telle qu'elle peut être regardée comme une espèce différente, même si elle ne s'est pas divisée en plusieurs espèces co-existantes ; le fait qu'elle se soit divisée en deux espèces au cours du temps est apprécié de façon subjective par une estimation du degré de changement intervenu.

Clade : groupe d'espèces descendant toutes d'un ancêtre commun. Les félidés du genre *Felis*, qu'ils soient vivants ou éteints, font partie d'un clade descendant d'un seul ancêtre qui a vécu dans le passé géologique. Le clade comprend l'ancêtre.

Classe : dans la classification, groupe d'espèces dérivant d'un ancêtre commun de rang taxinomique inférieur à l'embranchement et supérieur à celui de l'ordre ; et représentant donc un ou plusieurs ordres.

Co-évolution : évolution de deux espèces (ou plus) en raison d'influences réciproques ; par exemple, de nombreuses espèces de plantes à fleurs et les insectes qui les pollinisent ont co-évolué d'une façon qui a rendu leur relation plus efficace.

Cohen, Joel E. (1944-) : professeur de biologie des populations à l'université Rockefeller ; l'un des chefs de file en matière d'interprétation des chaînes alimentaires au sein des écosystèmes.

Commensalisme : une forme de symbiose (coexistence intime) dans laquelle l'une des espèces profite de l'association sans que cela ne nuise ni ne profite à l'autre espèce.

Communauté : l'ensemble des organismes – plantes, animaux et micro-organismes – qui vivent dans un habitat particulier et réagissent les uns sur les autres, en faisant partie d'une chaîne alimentaire ou par le biais de leurs diverses influences sur l'environnement physique.

Convergence : en biologie évolutive, synonyme d'évolution convergente ; il s'agit de la similitude croissante au cours de l'évolution de deux espèces (ou plus) non apparentées. Exemple : le loup placentaire de l'hémisphère nord et son remarquable « sosie » : le « loup » marsupial d'Australie.

Conway Morris, Simon (1951-) : paléontologiste de l'université de Cambridge ; chef de file dans le domaine des recherches sur l'explosion cambrienne des invertébrés et les débuts de l'évolution des arthropodes.

Cryopréservation : stockage des organismes et des tissus à très basse température, généralement dans l'azote liquide.

Cyanobactéries : autrefois appelées algues bleues, ces organismes ne sont pas de vraies algues, mais des procaryotes unicellulaires ressemblant à des bactéries. Elles ont été des éléments dominants lors des premiers temps de l'histoire de la vie et jouent encore un rôle écologique éminent.

Cycle vital : période de la vie d'un organisme s'étendant du moment où il est conçu (généralement à la fécondation) jusqu'au moment où il se reproduit.

Darwin, Charles Robert (1809-1882) : fondateur, avec Alfred Russel Wallace, de la théorie de l'évolution par la sélection naturelle, auteur de l'*Origine des espèces* ; il est donc le créateur du mode de pensée évolutionniste qui imprègne toute la biologie d'aujourd'hui.

Darwinisme : conception de l'évolution dans laquelle la sélection naturelle joue le rôle premier, originellement proposée par Charles Darwin. L'interprétation actuelle de ce processus est appelée « néo-darwinisme » ; elle fait la synthèse de tout ce que nous savons sur l'évolution du point de vue de la génétique, de l'écologie et d'autres disciplines.

Dème : population d'organismes au sein de laquelle les accouplements se font complètement au hasard – un concept théorique important en fonction duquel peuvent être calculés les degrés de consanguinité et de dérive génétique.

Démographie : étude des taux de naissance, des taux de mortalité, de la distribution des âges, de la proportion des sexes et de la dimension des populations – une discipline fondamentale au sein de l'écologie.

Déplacement de caractère : processus évolutif qui amène deux espèces à s'éloigner l'une de l'autre en acquérant de plus grandes différences, par suite d'une compétition aiguë ou d'un risque d'hybridation abaissant la survie et la fertilité.

Dérive continentale : mouvement de séparation graduelle des continents, qui se déroule de façon constante depuis deux cents millions d'années.

Dérive génétique : évolution de la constitution génétique d'une population sous l'effet des seuls processus au hasard.

Développement viable : exploitation de la terre et des eaux de façon à assurer une production indéfinie, sans dégâts pour l'environnement, et idéalement sans perte pour la biodiversité indigène.

DeVries, Philip J. (1952-) : biologiste spécialiste de la faune tropicale, auteur du guide très prisé des naturalistes *The Butterflies of Costa Rica* (1987).

Diamond, Jared M. (1937-) : professeur à l'université de Californie à Los Angeles ; a étudié la faune d'oiseaux de la Nouvelle-Guinée et est l'inventeur du concept des règles d'assemblages des communautés biotiques. C'est un spécialiste influent des processus d'extinction.

Diploïde : qui possède deux jeux de chromosomes dans chaque cellule. La condition diploïde apparaît généralement avec la fécondation, au cours de laquelle un jeu de chromosomes apporté par le mâle est réuni à un autre jeu de chromosomes apporté par la femelle. Voir *Haploïde*.

Disharmonie : dans les études de biodiversité, désigne la représentation très exagérée de certains groupes d'organismes et la sous-représentation ou l'absence d'autres sur une île ou un continent, en raison des aléas de la dispersion. Exemple : il n'y a ni pics, ni fourmis indigènes dans les îles Hawaï, mais toute une gamme de drépanidinés et de guêpes.

Diversité : voir *Biodiversité*.

Dominance : en génétique, désigne l'expression préférentielle d'une variante génétique par rapport à une autre, lorsqu'elles figurent toutes deux dans la même cellule ; le gène de la coagulation normale du sang, par exemple, est dominant par rapport à celui déterminant l'hémophilie (coagulation anormale), chez les êtres humains. En écologie, ce terme fait allusion à la plus grande abondance et à la plus grande influence écologique d'une espèce ou d'un groupe d'espèces par rapport aux autres. Dans le domaine du comportement animal, c'est la préséance d'un individu par rapport à un autre au sein d'un groupe social.

Drépanocytose : maladie héréditaire déterminée par la modification d'un seul gène, ce qui entraîne la déformation en forme de faucille (ou falciforme) des globules rouges dans le sang ; induit une anémie lorsque le gène fautif est présent en double dose.

Échange de dettes contre des mesures de protection de la nature : rachat ou remise d'une partie de la dette de pays pauvres en échange du lancement de programmes locaux de conservation, notamment sous la forme d'achats de terres.

Échinoderme : membre de l'embranchement Echinodermata, tel qu'une étoile de mer ou un oursin.

Écologie : étude scientifique des interactions des organismes avec leur environnement, lequel comprend le milieu physique et les autres organismes qui y vivent.

Économie écologique : nouveau domaine d'études interdisciplinaires consacré à la protection de la nature et à la recherche d'un développement économique viable.

Écosystème : l'ensemble des organismes vivant dans un milieu donné, comme un lac ou une forêt (ou, en allant dans le sens des dimensions croissantes, un océan ou la planète entière), et la partie physique de l'environnement avec laquelle ils interagissent. L'ensemble des organismes, considéré seul, constitue ce que l'on appelle une communauté biotique.

Écotourisme : tourisme centré sur les particularités attrayantes de l'environnement, et notamment la faune et la flore.

Ehrlich, Paul R. (1932-) : professeur à l'université de Stanford ; chef de file dans les recherches sur la dynamique des populations et les processus d'extinction ; en outre, ses nombreux livres et articles écrits en collaboration avec Anne H. Ehrlich ont attiré l'attention de l'opinion internationale sur les problèmes d'environnement.

Eisner, Thomas (1929-) : professeur à Cornell University ; entomologiste de premier plan et fondateur de l'écologie chimique ; a lancé la notion de « prospection chimique ».

Eldredge, Niles (1943-) : conservateur des invertébrés fossiles au Museum américain d'histoire naturelle ; spécialiste faisant autorité dans le domaine des trilobites, et créateur avec Stephen Jay Gould de la théorie des équilibres ponctués.

Électrophorèse : méthode par laquelle des substances, surtout des protéines ou des acides nucléiques, sont séparées les unes des autres sur la base de leur charge électrique et de leur poids moléculaire. Utilisée dans l'étude de la diversité des espèces et des organismes au sein des espèces.

Embranchement : le plus haut niveau de classification en dessous du règne. Exemples : l'embranchement Mollusca (escargots, coquillages, pieuvres) ; l'embranchement Pterophyta (fougères).

En danger : au voisinage de l'extinction. Se réfère à une espèce ou à un écosystème si réduit ou si fragile qu'il (ou elle) est condamné(e) ou du moins mortellement vulnérable.

Endémique : se dit d'une espèce ou d'une race indigène d'un lieu donné et que l'on ne trouve qu'ici. Si elle est apparue en ce même endroit par évolution, on dit aussi qu'elle est autochtone.

Environnement : terme désignant ce qui entoure un organisme ou une espèce, autrement dit l'écosystème dans lequel il vit, ce qui comprend à la fois l'environnement physique et les autres organismes avec lesquels il est en contact.

Éon : la subdivision de plus grande ampleur des temps géologiques. La plus récente, l'éon Phanérozoïque, correspond aux 550 derniers millions d'années.

Épiphylle : plante qui croît sur les feuilles d'autres sortes de plantes ; autrement dit, c'est une forme spécialisée d'épiphyte.

Épiphyte : plante qui croît sur d'autres sortes de plantes, de façon neutre ou bénéfique, et non pas en tant que parasite. Exemple : la plupart des espèces d'orchidées et de broméliacées.

Époque : division des temps géologiques venant juste en dessous du niveau de la période. Nous vivons actuellement dans l'époque baptisée « Récent », qui a commencé il y a dix mille ans, à la fin de l'époque Pléistocène – aussi appelée l'« Âge Glaciaire ».

Équilibre en espèces : nombre d'espèces (autrement dit, biodiversité) se maintenant à un niveau constant dans une île ou une parcelle d'habitat isolée, en raison d'un équilibre entre l'immigration de nouvelles espèces et l'extinction des anciennes résidentes. Voir aussi *Biogéographie*.

Ère : grande subdivision des temps géologiques, juste en dessous du niveau de l'éon. L'éon Phanérozoïque, par exemple, est divisé en trois ères : le Paléozoïque (la plus ancienne) ; le Mésozoïque ; et le Cénozoïque (la plus récente).

Erwin, Terry L. (1940-) : conservateur en entomologie au Muséum National des États-Unis ; un des experts les plus en pointe en matière de coléoptères, très connu pour son travail d'estimation de la diversité des insectes et des autres arthropodes dans les forêts tropicales.

Espèce : unité fondamentale de la classification, consistant en une population (ou une série de populations) d'organismes étroitement apparentés et similaires. Chez les organismes se reproduisant sexuellement, l'espèce est définie de façon plus rigoureuse par le concept biologique de l'espèce : il s'agit alors d'une population ou d'une série de populations d'organismes qui se croisent entre eux sans difficulté dans les conditions naturelles, mais non avec les membres des autres espèces.

Espèce « clé de voûte » : espèce, comme la loutre marine, qui influence l'abondance et la survie de nombreuses espèces dans la communauté dans laquelle elle vit. Sa disparition et son retour peuvent provoquer des changements relativement importants dans la composition de la communauté et quelquefois même dans la structure physique de l'environnement.

Espèces asexuelles : populations d'organismes assez différentes pour être considérées comme des espèces, même si elles ne se reproduisent pas sexuellement et si l'on ne peut pas leur appliquer le critère de l'isolement reproductif.

Espèces jumelles : espèces qui se ressemblent au point qu'il est difficile de les distinguer, du moins aux yeux d'observateurs humains.

Ethnobotanique : étude de la biologie végétale telle qu'elle est comprise par les autres cultures – surtout celles de tradition orale – et de l'utilisation pratique qu'elles font des plantes.

Études sur la biodiversité : examen systématique de la totalité de la gamme des différentes sortes d'organismes, ainsi que des technologies permettant sa conservation et son exploitation au bénéfice de l'humanité.

Études de réhabilitation écologique : étude de la structure et de la régénération des communautés de plantes et d'animaux, ayant pour but l'agrandissement ou la restauration d'écosystèmes menacés d'extinction.

Eucaryote : organisme dont l'ADN est enveloppé par des membranes nucléaires. La grande majorité des organismes est eucaryote ; seules les bactéries et un petit nombre d'êtres vivants microscopiques sont dépourvues de ces membranes nucléaires.

Évolution : en biologie, ce terme désigne le changement, de quelque nature qu'il soit, dans la constitution génétique d'une population d'organismes. L'évolution peut être d'ampleur variable, allant des petits changements dans la fréquence de gènes mineurs jusqu'à l'apparition de séries de nouvelles espèces. Les changements de petite ampleur sont appelés micro-évolution ; et ceux qui se situent à l'autre extrême, macro-évolution.

Exclusion compétitive : extinction d'une espèce en raison de la compétition que lui livre une autre espèce présente dans le même habitat.

Extinction : arrêt d'une lignée d'organismes, à quelque niveau taxinomique que ce soit, de la sous-espèce à l'espèce et aux catégories taxinomiques plus élevées, allant du genre à l'embranchement. L'extinction peut être locale : dans ce cas, une ou plusieurs populations au sein d'une espèce donnée (ou d'un autre niveau taxinomique) disparaissent, mais d'autres continuent à survivre ailleurs ; elle peut être aussi totale : dans ce cas toutes les populations composant l'espèce disparaissent. Lorsque les biologistes parlent d'extinction d'une espèce donnée, sans autre précision, ils entendent : extinction totale.

Extinctions centineléennes : expression proposée dans ce livre pour désigner l'extinction des espèces restées inconnues, c'est-à-dire non répertoriées par les scientifiques.

Famille : dans la classification hiérarchique des organismes, groupe d'espèces descendant d'ancêtres communs, se situant à un niveau plus élevé que le genre et plus bas que l'ordre. Il s'agit, en fait, d'un ensemble de genres. Exemple : les Félidés (apparentés au chat) ou les Fagacées (apparentées au hêtre ou au chêne).

Faune : ensemble des animaux figurant en un lieu particulier.

Faune du Continent mondial : faune dominante ayant évolué en Afrique, Europe, Asie et Amérique du Nord (ensemble qui formait, à cette époque, le Continent mondial) pendant l'ère Cénozoïque (laquelle a couvert les soixante-six derniers millions d'années). Les différentes masses constituant le Continent mondial ont été reliées de façon assez étroite pour permettre des échanges périodiques d'espèces, ce qui a été particulièrement visible chez les mammifères.

Flore : ensemble des plantes figurant en un lieu particulier.

Forêt tropicale humide : aussi connue plus techniquement sous le nom de *forêt tropicale dense humide* : il s'agit d'une forêt recevant plus de deux cents centimètres par an de précipitations, réparties assez également tout au long de l'année ; cela permet le développement d'une végétation formée d'arbres à feuilles larges et persistantes, dont les cimes se répartissent généralement sur plusieurs strates, et forment un écran suffisamment opaque pour bloquer 90 % du rayonnement solaire avant qu'elle ne touche le sol.

Fossile : vestige, de quelque nature qu'il soit, laissé par un organisme, tel qu'une trace dans le sol ou une pièce de squelette minéralisée, et qui a été conservé au cours des temps géologiques – ce qui veut dire, généralement, antérieurement à dix mille ans.

Fréquence génique : par rapport à l'ensemble d'une population, il s'agit du pourcentage de gènes figurant au niveau d'un locus donné sous une forme déterminée (allèle), par opposition à une autre – par exemple, l'allèle de l'hémoglobine drépanocytaire par opposition à l'allèle de l'hémoglobine normale.

Gène : unité fondamentale de l'hérédité.

Génome : l'ensemble des gènes d'un organisme particulier ou d'une espèce particulière.

Génotype : constitution génétique d'un organisme, relative à la détermination d'un seul trait (comme la couleur des yeux) ou d'un ensemble de traits (couleur des yeux, type sanguin, etc.).

Gentry, Alwyn H. (1945-) : botaniste spécialiste de la flore tropicale, attaché au Jardin Botanique du Missouri ; l'un des chercheurs les plus éminents dans le domaine de l'inventaire des plantes d'Amérique du Sud.

Genre : groupe d'espèces similaires descendant d'ancêtres communs. Exemples : le genre *Canis* qui comprend le loup, le chien et autres espèces de ce type ; ou bien le genre *Quercus*, qui comprend toutes les sortes de chênes.

Goksøyr, Jostein (1922-) : professeur de microbiologie à l'université de Bergen, en Norvège ; l'un des pionniers de la mise au point des techniques d'estimation de la biodiversité bactérienne.

Gould, Stephen Jay (1941-) : professeur de géologie et conservateur des fossiles d'invertébrés à l'université de Harvard ; l'un des vulgarisateurs et commentateurs actuels les plus influents dans le domaine de la biologie évolutionniste : co-auteur avec Niles Eldredge de la théorie des équilibres ponctués.

Gradient de biodiversité en fonction de la latitude : tendance, très répandue, mais non universelle, selon laquelle la biodiversité va en croissant, lorsqu'on se dirige des régions polaires vers l'Équateur.

Grand Échange Américain : migration des mammifères d'Amérique du Nord vers le Sud et d'Amérique du Sud vers le Nord, qui prit place lorsqu'un pont terrestre émergea au niveau du Panama actuel, il y a 2,5 millions d'années. Ce processus a continué jusqu'à ce jour. Les paléontologistes se sont beaucoup préoccupés des mammifères, parce que ceux-ci ont laissé d'excellentes archives paléontologiques, mais les plantes et d'autres types d'animaux ont également effectué ces migrations.

Grant, Peter R. (1936-) : professeur de zoologie à l'université Princeton ; spécialiste de l'écologie des vertébrés et chef de file dans le domaine des recherches sur l'écologie et la micro-évolution des pinsons de Darwin.

Guilde : groupe d'espèces figurant dans un même lieu et recourant aux mêmes ressources alimentaires. Exemple : les insectes d'une prairie de Rhode Island qui se nourrissent du pollen du solidage ; les rapaces d'une forêt tropicale humide de Bolivie se nourrissant de passereaux.

Habitat : milieu d'un certain type, comme les rives d'un lac ou une prairie d'herbes hautes ; ce terme désigne aussi un milieu particulier dans un lieu géographique donné comme, par exemple, la forêt de montagne de Tahiti.

Habitat en forme d'île : parcelle représentant un habitat, séparée d'autres parcelles du même type ; exemple : une clairière au sein d'une forêt ou un lac au sein d'une région aride. Les habitats en forme d'île sont l'objet des mêmes processus évolutifs et écologiques que les « vraies » îles.

Haploïde : qui ne possède qu'un seul jeu de chromosomes. Cet état caractérise les ovules et les spermatozoïdes, les cellules qui constituent le plus souvent la génération haploïde dans la succession cyclique des générations du cycle vital.

Hétérozygote : qui possède deux variantes d'un gène (allèles) au niveau d'une position chromosomique donnée, mais situées chacune sur un chromosome distinct. Une personne porteuse d'un allèle de l'hémoglobine falciforme et d'un allèle de l'hémoglobine normale est dite hétérozygote pour ce trait. Voir *Homozygote*.

Homologie : en biologie, similitude de structure ou de physiologie ou de comportement entre deux espèces, en raison de la descendance d'un ancêtre commun, que la fonction soit ou non la même. Exemple : le bras de l'homme ou l'aile de la chauve-souris. On dit aussi de deux chromosomes du même type figurant chez le même individu qu'ils sont homologues.

Homozygote : qui possède la même variante génétique (allèle) sur les deux membres d'une paire de chromosome. Une personne porteuse de l'allèle de l'hémoglobine falciforme sur ses deux chromosomes est dite homozygote pour ce trait. Voir *Hétérozygote*.

Hubbell, Stephen J.P. (1942-) : professeur de biologie à Princeton University ; spécialiste éminent d'écologie tropicale, il a lancé l'étude à long terme de la diversité des arbres sur l'île de Barro Colorado, au Panama.

Hybrides : descendants immédiats de parents génétiquement dissemblables ; se dit surtout des descendants de parents appartenant à des espèces distinctes.

Influence de la densité : influence des facteurs de l'environnement qui ralentissent la croissance d'une population lorsque les organismes deviennent plus nombreux et donc plus densément concentrés. Les facteurs en question comprennent la compétition, la pénurie alimentaire, les maladies, la prédation et l'émigration.

Invertébré : tout animal dépourvu de colonne vertébrale ou de pièces osseuses enfermant la moelle épinière. La plupart des animaux sont des invertébrés, des anémones de mer aux vers de terre, aux araignées et aux papillons.

Janzen, Daniel H. (1939-) : professeur à l'Université de Pennsylvanie ; spécialiste éminent de la biologie tropicale ; très connu pour sa tentative de régénérer la forêt à feuilles caduques d'Amérique centrale.

Knoll, Andrew H. (1951-) : professeur de paléobotanique à l'université de Harvard ; l'un des principaux spécialistes de l'histoire de la vie, depuis les tout premiers micro-organismes du début du Précambrien jusqu'aux plantes à fleurs actuelles.

Lichen : organisme composite formé d'un champignon et d'une cyanobactérie ou d'une algue unicellulaire. La symbiose de ces deux sortes d'organismes est mutuellement bénéfique.

Lovejoy, Thomas E. (1941-) : secrétaire adjoint pour les affaires externes de la Smithsonian Institution ; spécialiste des oiseaux d'Amérique du Sud, il a lancé le gigantesque Programme de recherches sur la dynamique biologique des Parcelles de Forêt en Amazonie brésilienne.

MacArtur, Robert H. (1930-1972) : professeur à l'université de Pennsylvanie et à l'université de Princeton ; brillant théoricien de l'écologie scientifique et fondateur de la théorie de la biogéographie insulaire.

Macro-évolution : évolution à grande échelle, s'accompagnant de grands changements de l'anatomie ou d'autres traits biologiques, quelquefois accompagnée de radiation adaptative. Voir *Micro-évolution*.

Mammifère : animal de la classe Mammalia, caractérisé par la possession de glandes mammaires productrices de lait et d'une fourrure recouvrant le corps.

Marsupial : animal, tel qu'un opossum ou un kangourou, caractérisé (chez la plupart des espèces) par une poche, appelée marsupium, où figure la glande mammaire et qui sert de réceptacle pour le jeune.

Martin, Paul S. (1928-) : paléontologiste et professeur à l'université de l'Arizona ; l'un des principaux tenants de l'hypothèse selon laquelle les extinctions de masse de la mégafaune quaternaire auraient été provoquées par l'homme préhistorique.

May, Robert M. (1936-) : professeur d'écologie à l'université d'Oxford ; théoricien éminent de la biologie des populations et spécialiste important des processus naturels sous-jacents à la biodiversité.

Mayr, Ernst (1904-) : professeur honoraire de l'université de Harvard ; doyen de la biologie évolutionniste ; l'un des fondateurs du néo-darwinisme et du concept biologique de l'espèce.

Mécanisme d'isolement intrinsèque : toute différence héréditaire entre deux espèces les empêchant de s'hybrider sans difficulté dans le cadre de conditions naturelles. Exemple : des saisons de reproduction différentes ; une cour sexuelle différente ; des habitats différents.

Mégafaune : ensemble des plus gros animaux, pesant plus de dix kilos, tels que le cerf, les grands félins, les éléphants et les autruches.

Méiose : division cellulaire conduisant à la réduction du nombre des chromosomes, de sorte qu'ils passent de deux jeux à un seul ; ce processus, chez la plupart des organismes évolués, préside à la formation des cellules sexuelles. Voir *Mitose*.

Mésozoïque : ère des Reptiles ou ère des Dinosaures, s'étendant de −245 millions d'années à −66 millions d'années.

Métamorphose : changement radical dans la forme du corps, la physiologie et le comportement d'un organisme, au cours de sa croissance et de son développement.

Métapopulation : ensemble de populations partiellement isolées appartenant à la même espèce. Celles-ci sont capables d'échanger des individus et de recoloniser les sites où l'espèce a récemment connu des extinctions.

Microbiologie : étude scientifique des organismes microscopiques, en particulier des bactéries.

Micro-évolution : changement évolutif de petite ampleur, tel qu'un accroissement de la taille ou d'un organe, généralement sous la dépendance d'un petit nombre de gènes. Voir *Macro-évolution*.

Mitose : division cellulaire dans laquelle les chromosomes sont exactement répliqués, sans diminution de leur nombre. Voir *Méiose*.

Modèle de la production-disparition des populations : modèle hypothétique selon lequel la diversité en espèces s'accroît, surtout dans les forêts tropicales, lorsque certaines espèces trouvent dans des zones restreintes des conditions favorables pour produire un surplus d'émigrants, lesquels se dispersent et vont coloniser des sites moins favorables du voisinage, où ils disparaissent.

Mollusque : animal appartenant à l'embranchement Mollusca, tel qu'un escargot ou un coquillage.

Mutation : dans sa définition large, tout changement génétique chez un organisme, qu'il s'agisse d'une altération dans l'ADN constitutif des gènes ou d'un changement dans la structure ou le nombre des chromosomes. Les mutations forment le matériau de base de l'évolution.

Mutualisme : symbiose dans laquelle les deux partenaires en tirent bénéfice.

Mycorhize : association symbiotique entre champignons et racines des plantes.

Myers, Norman (1934-) : botaniste britannique et biologiste spécialiste de la conservation des espèces ; on lui doit d'avoir identifié les « zones rouges » de la biodiversité planétaire ; l'un des plus grands spécialistes dans l'étude de cette dernière.

Néo-darwinisme : conception actuelle du processus évolutif, assignant un rôle central à la sélection naturelle ; cette dernière est une notion qui a été originellement avancée par Darwin et est, à présent, substantiellemnt étayée par la génétique, l'écologie et d'autres disciplines modernes de la biologie.

Niche : terme vague mais utile en écologie, désignant la place occupée par une espèce dans un écosystème – définie par le lieu où elle vit, la nature de ce qu'elle mange, le territoire sur lequel elle déambule à la recherche de sa nourriture, sa saison d'activité, et ainsi de suite. Sur un plan plus abstrait, une niche est la place ou le rôle potentiel d'une espèce au sein d'un écosystème donné, dans lequel elle peut ou non être apparue par évolution.

Niveau trophique : groupe d'organismes qui tirent leur énergie de la même partie des chaînes alimentaires, au sein d'une communauté biologique. Exemples : les producteurs primaires, qui sont surtout les plantes ; et les herbivores, les animaux qui consomment les plantes.

Noyau : en biologie, le corpuscule central dense, entouré d'une membrane nucléaire double, et contenant les chromosomes et les gènes.

Olson, Storrs (1944-) : conservateur en paléontologie au Muséum National des États-Unis ; autorité reconnue en ce qui concerne les oiseaux fossiles et pionnier des études sur l'extinction des faunes d'oiseaux insulaires, en particulier celles d'Hawaï (menées avec Helen F. James).

Paire de bases : paire de bases nucléotidiques constituant un symbole donné au sein de l'information génétique. De façon, générale, l'adénine (A) est appariée à la thymine (T), tandis que la cytosine (C) est appariée à la guanine (G). Chaque base est positionnée sur l'un des brins de la double hélice et fait face à l'autre base, positionnée au même niveau sur l'autre brin. Le message est ensuite lu, en tant que séquence de quatre combinaisons possibles de « lettres », AT, TA, CG et GC. Les versions alternatives d'un même gène (ou allèles) diffèrent les unes des autres au niveau de la séquence des « lettres » définissant leur message.

Paléontologie : étude scientifique des fossiles et de tous les aspects de la vie des espèces éteintes.

Patrimoine génétique collectif : l'ensemble des gènes de la totalité des organismes appartenant à une population.

Période : subdivision des temps géologiques venant juste en dessous de l'ère. Par exemple, l'ère mésozoïque (l'ère des Reptiles) est divisée en trois périodes : le Trias, le Jurassique et le Crétacé.

Permien : dernière période du Paléozoïque, qui s'est étendue de −290 millions d'années à −245 millions d'années, et qui s'est terminée par la plus grande crise d'extinction de tous les temps.

Phanérozoïque : grande division des temps géologiques (éon) durant laquelle la plus grande partie de la biodiversité s'est manifestée (et continue à se manifester) ; elle a débuté il y a 550 millions d'années.

Phases haploïde/diploïde du cycle vital : remplacement cyclique d'une génération d'organismes haploïdes (ne possédant qu'un chromosome de chaque sorte par cellule) par une génération d'organismes diploïdes (deux chromosomes de chaque sorte par cellule). Dans la plupart des espèces, la génération haploïde ne comprend que les ovules et les spermatozoïdes, lesquels fusionnent pour donner la génération diploïde, laquelle, au bout d'un certain temps, produit des ovules et des spermatozoïdes, autrement dit la génération haploïde suivante.

Phénotype : les traits apparents d'un organisme, déterminés par l'interaction de son génotype (patrimoine héréditaire) et l'environnement dans lequel il se développe.

Phylogénie : l'histoire évolutive d'un groupe particulier d'organismes, tels que des antilopes et des orchidées, appuyée par l'arbre généalogique des espèces qui composent le groupe.

Phytoplancton : la composante végétale du plancton, par opposition au zooplancton, la partie animale.

Pimm, Stuart L. (1949-) : théoricien de la biologie des populations et spécialiste d'écologie à l'université de Tennessee ; l'un des auteurs les plus importants sur les processus d'extinction.

Placentaire : qui appartient au groupe des mammifères caractérisé par la possession d'un placenta servant à alimenter le fœtus, et qui comprend la grande majorité des espèces de mammifères actuelles. Voir *Marsupial*.

Plancton : organismes qui flottent passivement dans la mer et dans l'air, comprenant surtout des micro-organismes et de minuscules plantes et animaux.

Pléistocène : époque des temps géologiques qui précède le Récent, et durant laquelle les glaciers continentaux avancèrent puis se retirèrent, et l'espèce humaine apparut. Cette époque a commencé il y a 2,5 millions d'années et s'est terminée avec la fin de l'Âge glaciaire, il y a dix mille ans.

Polyploïdie : état d'une cellule ou d'un organisme dont le nombre des jeux complets de chromosomes est plus grand que deux. La polyploïdie est un moyen fréquemment employé lors de la multiplication des espèces, en particulier chez les plantes.

Population : en biologie, tout groupe d'organismes appartenant à la même espèce et figurant dans le même lieu, au même moment.

Procaryote : organisme dont l'ADN n'est pas enveloppé dans des membranes nucléaires ; par suite, les cellules d'un organisme procaryote ne contiennent pas de noyau bien défini. La plupart des procaryotes sont des bactéries. Voir *Eucaryote*.

Prospection chimique : recherche systématique d'espèces sauvages de plantes, d'animaux et de micro-organismes en tant que sources de substances naturelles pouvant être utilisées, notamment en médecine.

Protiste : membre du règne Protista (ou Protoctista), lequel comprend les protozoaires, les algues et les formes apparentées.

Protozoaire : membre d'un groupe d'organismes unicellulaires, comprenant les amibes et les ciliés, généralement assignés au règne Protista.

Quaternaire : seconde et dernière période de l'ère cénozoïque, faisant suite à la période appelée Tertiaire et comprenant les époques appelées Pléistocène et Récent. Le Quaternaire s'étend donc de −2,5 millions d'années jusqu'à aujourd'hui.

Race d'hôte : population d'organismes génétiquement distincte, se nourrissant sur un type de plante et vivant au sein d'autres populations de la même espèce se nourrissant sur d'autres types de plantes ; on pense que cela représente un stade intermédiaire dans la genèse de nouvelles espèces.

Radiation adaptative : l'évolution d'une espèce donnée en de nombreuses espèces menant des modes de vie variés et occupant la même région géographique. Exemple : l'apparition des kangourous, des koalas et des autres marsupiaux actuels, à partir d'un ancêtre lointain unique.

Raup, David M. (1933-) : professeur de paléontologie à l'université de Chicago ; un des spécialistes les plus éminents en matière d'analyse de la diversification et des extinctions.

Raven, Peter H. (1936-) : directeur du Jardin botanique du Missouri à Saint-Louis ; spécialiste reconnu de botanique tropicale, il a lancé des études sur la diversité des plantes du monde entier.

Règles d'assemblage : règles prescrivant les combinaisons particulières d'espèces pouvant vivre ensemble au sein d'une communauté de plantes et d'animaux, ainsi que la succession d'étapes par lesquelles elles s'y insèrent.

Règne : la catégorie la plus élevée de la classification des organismes. On reconnaît habituellement cinq règnes, appelés respectivement Plantae (les plantes) ; Animalia (les animaux) ; Fungi (les champignons) ; Protista – ou Protoctista – (algues et « animaux » unicellulaires) ; et Monera (bactéries et proches apparentés).

Relation espèces-superficie : relation existant entre la superficie d'une île ou de quelque autre région géographique bien délimitée, et le nombre des espèces qui peut y vivre. Une approximation en est donnée par l'équation $S = CA^z$, où A est la superficie, S le nombre des espèces et C et z sont des constantes dépendant du lieu et du groupe d'organismes (des oiseaux, des arbres ...) envisagés.

Sélection naturelle : contribution différentielle à la nouvelle génération par différents types génétiques appartenant à la même population ; c'est le mécanisme de l'évolution proposé par Darwin. Processus distinct de la sélection artificielle, dont le principe est le même, mais qui est guidé par l'homme.

Sélection au niveau des espèces : multiplication et extinction différentielle d'espèces en raison de leurs différences dans certains traits, processus qui détermine une expansion des variantes favorisées à travers toute la flore et la faune.

Sepkoski, J. John, Jr. (1948-) : professeur de paléontologie à l'université de Chicago ; collaborateur de David Raup, il est l'un des spécialistes éminents des études sur la diversification et les extinctions.

Services rendus par les écosystèmes : rôle joué par les organismes dans la création d'un environnement sain pour l'homme, depuis la production d'oxygène jusqu'à la formation des sols et la détoxification de l'eau.

Simberloff, Daniel (1942-) : professeur d'écologie à l'université d'État de Floride ; pionnier de la biogéographie insulaire.

Soulé, Michael E. (1936-) : professeur dans le département des études sur l'environnement à l'université de Californie à Santa Cruz ; l'un des fondateurs de la biologie de la conservation des espèces.

Sous-espèce : subdivision au sein de l'espèce. Généralement définie de façon plus précise comme une race géographique : autrement dit, il s'agit d'une population ou d'une série de populations occupant une région définie et différant génétiquement des autres races géographiques de la même espèce. Voir *Race d'hôte*.

Southwood, T.R.E. (1931-) : sir Richard Southwood, vice-chancelier de l'université d'Oxford ; l'un des auteurs majeurs de la théorie et de la mesure de la diversité.

Spéciation : processus de la formation des espèces : séquence complète des événements conduisant à la division d'une population d'organismes en deux populations (ou plus) reproductivement isolées.

Spéciation allopatrique : synonyme de spéciation géographique.

Spéciation géographique : aussi appelée spéciation allopatrique. Il s'agit du processus de divergence conduisant jusqu'au niveau de l'espèce des populations appartenant originellement à la même espèce, mais qui ont été isolées par une barrière physique, telle qu'un détroit maritime, un fleuve ou une chaîne de montagne.

Spéciation sympatrique : division d'une espèce-souche en deux espèces-filles, sans intervention d'une barrière géographique l'ayant fragmenté initialement en populations isolées.

Stanley, Steven M. (1941-) : professeur de paléobiologie à l'université Johns Hopkins ; spécialiste reconnu dans le domaine des fossiles d'invertébrés, il a contribué à mettre au point la théorie de la sélection au niveau des espèces.

Steadman, David W. (1951-) : scientifique de haut niveau en zoologie au Muséum d'État de New York ; avec Storrs Olson, un chef de file dans les recherches sur l'histoire fossile et l'histoire des extinctions d'oiseaux dans les îles, particulièrement en Polynésie.

Symbiose : association de deux espèces (ou plus) pour mener une vie commune dans le cadre d'une relation écologique intime et prolongée. Exemple : l'association d'algues et de cyanobactéries avec des champignons donne les lichens.

Sympatrique : se dit d'espèces qui se rencontrent dans un même lieu, par exemple lorsque leurs répartitions géographiques se recoupent.

Systématique : étude scientifique de la biodiversité. Terme parfois utilisé de façon synonyme à « taxinomie » : dans ce cas, il recouvre les études de classification pure et les reconstructions des phylogénies (relations entre les espèces) ; à d'autres occasions, ce terme est utilisé de façon plus large pour désigner les études couvrant tous les aspects de la biodiversité (comme sa genèse et son contenu).

Tapis microbien : fine couche de bactéries et de cyanobactéries (« algues bleues ») se formant sur des surfaces nues, sécrétant quelquefois une matrice calcaire appelée stromatolite ; l'un des plus anciens écosystèmes, persistant encore aujourd'hui dans quelques milieux, tels que les eaux intertidales peu profondes.

Taxinomie : science (et art) de la classification des organismes. Voir aussi *Systématique*.

Téphra : fragments de roches et cendres éjectés au cours d'une éruption volcanique.

Terborgh, John (1936-) : professeur de biologie à l'université Duke ; botaniste et zoologue, spécialement connu pour ses études à long terme de l'écologie des oiseaux et des mammifères dans les forêts tropicales.

Tertiaire : première période de l'ère cénozoïque, commençant après la fin de l'ère mésozoïque (ère des Reptiles), il y a 66 millions d'années, et se terminant avant le début de l'époque pléistocène, il y a 2,5 millions d'années. Elle est suivie de la période dite Quaternaire (Pléistocène plus Récent).

Théorie de la biogéographie insulaire : concepts et modèles mathématiques rendant compte du nombre des espèces d'organismes qui figurent sur des îles ou dans des habitats isolés. La notion centrale de cette théorie est que le nombre des espèces arrive à un équilibre, lorsque l'immigration de nouvelles espèces et l'extinction des espèces déjà résidentes procède au même rythme.

Thornton, Ian W. B. (1926-) : professeur de zoologie à l'université de La Trobe, Australie ; a dirigé les expéditions récentes sur Krakatau.

Triploïde : cellule ou organisme possédant trois jeux complets de chromosomes.

Vertébré : tout animal possédant une colonne vertébrale renfermant la moelle épinière. Il existe cinq grands groupes de vertébrés vivant actuellement : les poissons, les amphibiens (grenouilles, salamandres et cécilies), reptiles, oiseaux et mammifères.

Vrba, Elisabeth S. : professeur de géologie à l'Université Yale ; spécialiste faisant autorité sur l'histoire fossile des mammifères africains et auteur éminent de la théorie de la sélection au niveau des espèces.

Webb, S. David (1936-) : conservateur des vertébrés au Muséum d'État de Floride ; l'un des plus grands auteurs dans le domaine de l'évolution des mammifères du Nouveau Monde.

Zone réservée à l'extraction de produits naturels : habitat sauvage duquel on peut tirer du bois de construction, du latex ou d'autres produits naturels, de façon continue, avec le minimum de dégâts pour l'environnement, et idéalement, sans extinction d'espèces indigènes.

Zone rouge : région du monde, comme l'île de Madagascar, riche en espèces endémiques menacées d'extinction par des perturbations de l'environnement.

Zooplancton : la composante animale du plancton, par opposition au phytoplancton, la partie végétale.

INDEX

REMERCIEMENTS

D'une certaine façon, la préparation de ce livre a commencé lorsque j'étais étudiant à l'université de l'Alabama, à la fin des années 1940, et que je recherchais des restes de la nature dans les petits ravins creusés dans l'argile rouge et les petits ruisseaux pollués. J'étais souvent découragé, mais j'espérais toujours que le monde serait, ailleurs, dans un meilleur état. Mon parcours intellectuel prit une orientation décisive, en 1953, tandis que j'étudiais sur le terrain la faune de la Sierra Trinidad à Cuba : sur les routes boueuses que je remontais péniblement à la recherche de la forêt tropicale humide, des camions passaient, roulant vers Cienfuegos, avec leurs chargements de grumes – les derniers restes des arbres. Dans les années qui suivirent, j'ai souvent été témoin de la même scène dans d'autres pays. Je me suis rendu compte que le monde n'était *pas* en meilleur état ailleurs. Ce livre a pris forme dans mon esprit, de façon plus nette, en septembre 1986, lors du Forum national sur la Biodiversité, tenu à Washington, D.C., sous les auspices de l'Académie nationale des sciences et de la Smithsonian Institution. Là, je me retrouvais avec soixante biologistes, économistes, agronomes, et représentants de disciplines voisines, pour examiner, enfin, de manière approfondie et avec une attention exceptionnelle de la part des médias, la biodiversité à l'échelle de la planète, en tant que sujet central des problèmes d'environnement.

L'étude de la diversité biologique, dans ses rapports avec les affaires humaines, est une discipline très éclectique, qui n'en est qu'à ses premiers pas. Pour écrire cette tentative de synthèse, j'ai bénéficié des conseils et de l'encouragement d'un grand nombre de collègues, spécialistes de disciplines très variées. J'ai le plaisir de les nommer dans la liste ci-dessous, tout en les exonérant des erreurs et des omissions qui, comme des pièges cachés, ont pu persister tandis que le livre entrait dans le processus de sa fabrication (février 1992).

Larry D. Agenbroad (extinctions de la mégafaune au Quaternaire)
Peter S. Ashton (flores tropicales)
Richard O. Bierregaard Jr. (biodiversité de la forêt tropicale humide)
Elizabeth Boo (écotourisme)
Kenneth J. Boss (mollusques)
William H. Bossert (modèles espèces-superficie)
Bryan C. Clarke (mollusques)
Rita C. Colwell (microbiologie)
Simon Conway Morris (biodiversité au Cambrien)
Jared M. Diamond (extinction)
Eric Dinerstein (analyse des bioréserves)
Victoria C. Drake (échange dettes contre mesures de protection de la nature)
Donald A. Falk (plantes des États-Unis)
Richard T.T. Forman (analyse des politiques d'aménagement des paysages)
Charles H.W. Foster (biorégions)
David G. Furth (diversité des coléoptères)
Douglas J. Futuyma (théorie de l'évolution)
Alwyn H. Gentry (flores tropicales)
Thomas J. Givnish (métapopulations de papillons)
Jostein Goksøyr (diversité bactérienne)
Jerry Harrison (réserves naturelles dans le monde)
Karsten E. Hartel (ichtyologie)
Gary S. Hartshorn (politique de la sylviculture)
Michael Huben (acariens)
Helen F. James (extinction des oiseaux hawaïens)
David P. Janos (mycorrhizes)
Robert E. Jenkins (inventaires de biodiversité)
Carl F. Jordan (sylviculture tropicale)

Laurent Keller (entomologie)
Andrew H. Knoll (histoire géologique de la vie)
Russell Lande (diversité génétique)
Robert J. Lavenberg (requins)
Karel F. Liem (ichtyologie)
Hans Löhrl (oiseaux européns)
Jane Lubchenco (écosystèmes marins)
Ariel E. Lugo (extinction dans les forêts tropicales)
Denis H. Lynn (diversité des protozoaires)
David R. Maddison (génétique, systématique)
Michael A. Mares (extinction) Mayr Ernst (formation d'espèces)
Kenton R. Miller (conservation et politique nationale)
Russell A. Mittermeier (biologie de la conservation)
Gary Morgan (mammifères cénozoïques)
Norman Myers (déforestation et extinctions)
Storrs L. Olson (extinction des oiseaux hawaïens)
Michael O'Neal (extinctions chez les plantes)
Raymond A. Paynter Jr. (ornithologie)
Tila M. Pérez (acariens)
David Pilbeam (évolution humaine)
Mark J. Plotkin (économie botanique, ethnobotanique)
James F. Quinn (extinctions des mammifères)
Katherine Ralls (diversité au Crétacé)
David M. Raup (extinctions en paléontologie)
Peter H. Raven (diversité des plantes, ethnobotanique)
Jamie Resor (économie et subventions internationales)
Michael H. Robinson (parcs zoologiques)

Gustavo A. Romero (orchidées)
Jose P.O. Rosado (reptiles)
Cristián Samper K. (forêts sud-américaines)
G. Allan Samuelson (coléoptères)
J. William Schopf (histoire géologique de la vie)
Richard E. Schultes (ethnobotanique)
Raymond Siever (ère Cénozoïque)
Daniel S. Simberloff (extinctions)
Tom Simkin (Krakatau)
Otto T. Silbrig (évolution des plantes)
Andrew Spielman (moustiques)
Steven M. Stanley (histoire géologique de la vie, théorie de l'évolution)
David W. Steadman (oiseaux du Pacifique, extinctions)
Martin H. Steinberg (anémie falciforme)

Peter F. Stevens (diversité des plantes)
Roger D. Stone (conservation et analyse politique)
Nigel E. Stork (diversité des arthropodes)
Jorgen B. Thomsen (perroquets)
Ian W. B. Thornton (Krakatau)
Barry D. Valentine (diversité des coléoptères)
Noël D. Vietmeyer (économie et botanique)
Elisabeth S. Vrba (théorie de l'évolution, évolution des mammifères)
S. David Webb (évolution des mammifères)
T.C. Whitmore (extinctions et sylviculture tropicale)
Delbert Wiens (évolution des plantes)
Irene K. Wilson (mise au point du manuscrit)

Comme pour tous mes livres et articles depuis 1966, j'ai bénéficié du travail méticuleux et inestimable de Kathleen M. Horton pour les recherches bibliographiques et la préparation du manuscrit. Cela a été aussi un plaisir de travailler avec Sarah Landry, George Ward et Amy Bartlett Wright pour la préparation des illustrations et avec Mark Moffett et Darlyne Murawski pour la sélection des photographies au sein de leurs belles collections de clichés d'histoire naturelle.

Plusieurs graphiques et dessins proviennent de travaux antérieurement publiés par d'autres auteurs. *Chapitre 3* : Le graphique de distribution au cours du temps des cinq grandes crises d'extinction est extrait de David M. Raup et John J. Sepkoski Jr., « Mass extinction in the Marine Fossil Record », *Science*, n° 215, 1982, p. 1501-1503. *chapitre 8* : La structure en couches de la litière et de l'humus dans les forêts à feuilles caduques, ainsi que les données sur la distribution des arthropodes dans ces couches, sont adaptées librement de figures et de données présentées dans l'ouvrage de Gerhard Eisenbeis & Wilfried Wichard, *Atlas zur Biologie der Bodenarthropoden*, Gustav Fischer, Stuttgart, 1985. Le paysage des espèces, dans lequel une idée du nombre des espèces dans chaque groupe zoologique est donnée par la dimension de l'organisme choisi pour le représenter, est un mode de représentation qui a été utilisé pour la première fois par Quentin D. Wheeler, « Insect Diversity and Cladistic Constraints », *Annals of the Entomological Society of America*, n° 83, t. 6, 1990, p. 1031-1047. La figure présentée ici est une interprétation réalisée par Amy Bartlett Wright. *Chapitre 9* : L'idée de représenter les règles d'assemblage des écosystèmes sous la forme d'un puzzle a été reprise de James A. Drake,

« Communities as Assembled Structures : Do Rules Govern Pattern ? », *Trends in Ecology and Evolution ?*, nº 5, t. 5, 1990, p. 159-164. *Chapitre 9* : L'illustration représentant l'essaim des fourmis de visite a été réalisée par Katherine Brown-Wing et publiée dans mon ouvrage *Success and Dominance in Ecosystems : The Case of the Social Insects*, Ecology Institute, Oldendorf/Luhe, Allemagne, 1990. *Chapitre 10* : La coupe transversale d'un tapis microbien est tirée de David J. Des Marais, « Microbial Mats and the Early Evolution of Life », *Trends in Ecology and Evolution*, nº 5, t. 5, 1990, p. 140-144, 1990. Le graphique illustrant l'essor de la diversité locale des plantes est basé sur un diagramme d'Andrew H. Knoll, « Patterns of Change in Plant Communities through Geological Time », in *Community Ecology* (sous la direction de Jared M. Diamond & Ted J. Case), Harper and Row, New York, 1986, p. 126-141. *Chapitre 11* : La carte de distribution du papillon chalcédoine de Californie est une version modifiée d'une carte présentée par Susan Harrison, Dennis D. Murphy & Paul R. Ehrlich, « Distribution of the Bay Checkerspot Butterfly, *Euphydrias editha baryensis* : Evidence for a Metapopulation Model », *American Naturalist*, nº 132, t. 3, 1988, p. 360-382. *Chapitre 12* : Le diagramme des extinctions de masse concernant les mégafaunes mammaliennes durant les 100 000 dernières années est une version modifiée de celui publié par Paul S. Martin, « Prehistoric Overkill : The Global Model », in *Quaternary Extinctions : A Prehistoric Revolution* (sous la direction de P.S. Martin & Richard G. Klein), University of Arizona Press, Tucson, 1984, p. 354-403. Les cartes des « zones rouges » sont basées sur les publications de Norman Myers, citées dans les notes. La carte de l'histoire de la déforestation en Équateur est tirée d'une illustration fournie par Calaway H. Dodson & Alwyn H. Gentry, « Biological Extinction in Western Ecuador », *Annals of the Missouri Botanical Garden*, nº 78, t. 2, 1991, p. 273-295. *Chapitre 14* : la figure illustrant la façon dont fonctionnent les Systèmes d'Information Géographique est une version modifiée de celle présentée par J. Michael Scott, cité dans les notes. Le diagramme de l'abattage par bandes est une version légèrement modifiée d'une figure de Carl F. Jordan, « Amazon Rain Forests », *American Scientist*, nº 70, 1982, p. 394-401, reprise avec l'autorisation de l'auteur et de l'éditeur, Sigma Xi.

Le traducteur remercie le professeur G. Aymonin, du Muséum National d'Histoire Naturelle, pour son aide dans la recherche d'équivalents français pour les noms vernaculaires de certaines plantes tropicales.

CRÉDITS ILLUSTRATIONS

Sarah Landry

Illustratrice d'histoire naturelle bien connue, a fait la plus grande partie des dessins de l'ouvrage de E.O Wilson, *Sociobiology* (1975). Elle a également illustré de nombreux livres, des journaux comme *Scientific American* et d'autres revues, des guides naturalistes de Peterson, et les murs des aquariums de Baltimore, du Tennessee, de la Nouvelle-Angleterre et d'Osaka.

Aquarelles des pages : 22-23, 54-55, 70-71, 102-103, 184-185, 194-195, 356-357, 390-391.

Mark W. Moffett

Professeur d'entomologie au Muséum de zoologie comparée de l'Université Harvard ; a étudié et photographié toutes sortes de faunes tropicales de par le monde. Il a fourni des articles et des photographies à de nombreuses publications, et en particulier à *National Geographic*.

Photographies des pages couleurs.

Darlyne Murawski

Étudie les arbres et les papillons des tropiques, notamment en Amérique centrale et au Sri Lanka. Elle a publié ses observations dans de nombreux périodiques scientifiques, et est actuellement en train d'écrire un article et de réaliser des photographies pour *National Geographic*.

Photographies des pages couleurs.

Amy Bartlett Wright

A étudié la technique de l'illustration scientifique à la Smithsonian Institution et à la Rhode Island School of Design, a participé à plusieurs livres sur les insectes et la nature, comme en particulier *The Social Biology of Wasps*. Elle est en train d'écrire et de préparer des illustrations pour *The Peterson First Guide to Caterpillars*.

Figures des pages : 59, 77-78, 83, 98, 109, 123, 134, 140-141, 151-152, 167-168, 176-177, 220, 247, 256, 270, 274, 283, 333, 339, 342, 345.

George Ward a réalisé les cartes, les diagrammes et les graphiques. L'illustration représentant l'essaim de fourmis de visite, page 199, est de Katherine Brown-Wing. Les peintures du dernier chapitre, de Pablo César Amaringo et de Roxana Elizabeth Marin, sont reproduites avec l'aimable autorisation de Luis Eduardo Luna et de North Atlantic Press, éditeur de *Ayahuasca Visions*.

Note : Les personnes désirant reproduire les illustrations de ce livre doivent en demander l'autorisation écrite de l'éditeur et doivent obligatoirement mentionner le nom des artistes et des auteurs des photographies.

TABLE DES MATIÈRES

Nature violente, vie résiliente

L'essor de la biodiversité

L'impact humain

Imprimé par Lightning Source France
1 avenue Gutenberg
78310 Maurepas

N° d'édition : 7381-0221-Y